包装测试技术

BAOZHUANG CESHI JISHU

主编　李志强　张书彬

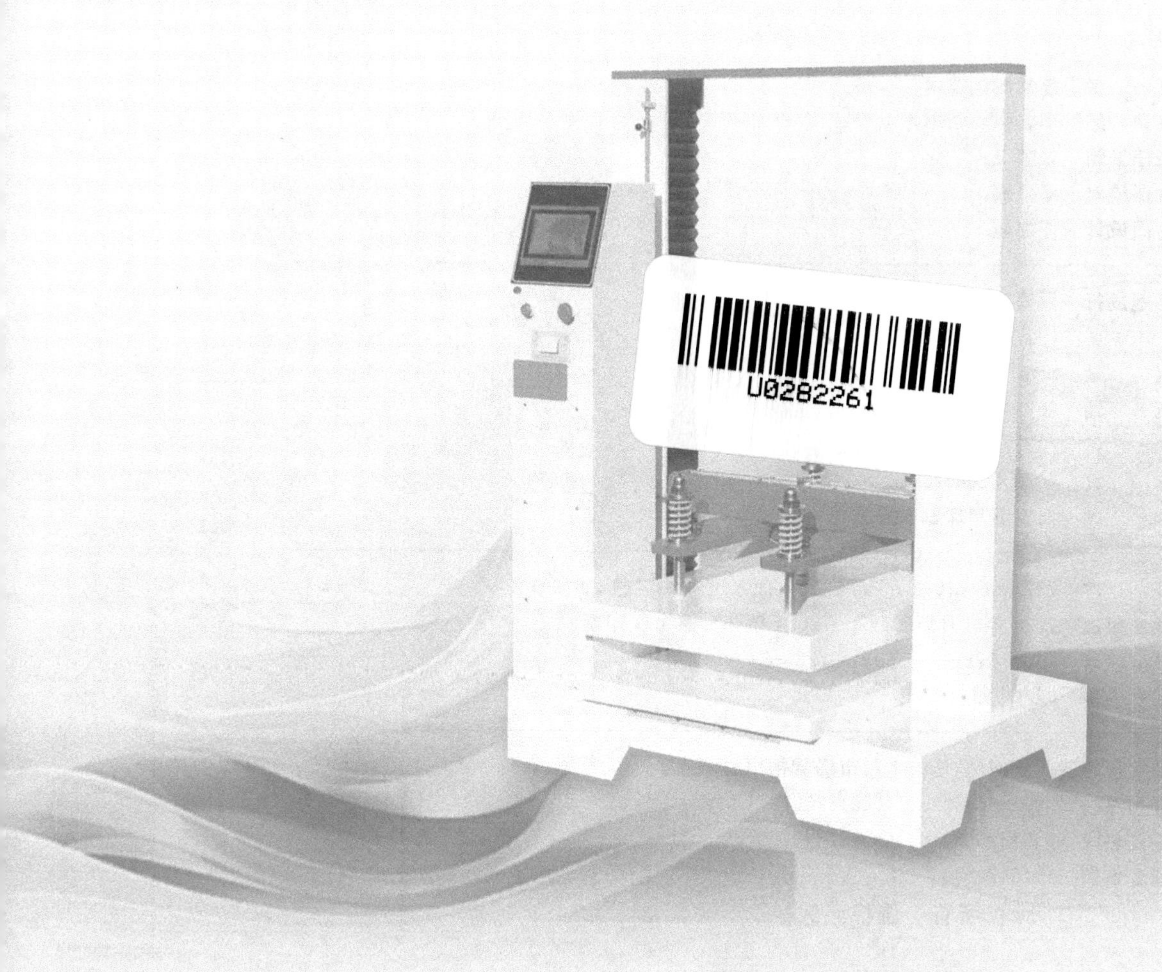

图书在版编目(CIP)数据

包装测试技术 / 李志强，张书彬主编. — 西安 ：西安交通大学出版社，2024.8
ISBN 978-7-5693-3723-5

Ⅰ. ①包… Ⅱ. ①李… ②张… Ⅲ. ①包装技术—检测
Ⅳ. ①TB487

中国国家版本馆 CIP 数据核字(2024)第 069337 号

书　　名 包装测试技术
主　　编 李志强　张书彬
责任编辑 郭鹏飞
责任校对 邓　瑞
封面设计 任加盟

出版发行 西安交通大学出版社
(西安市兴庆南路 1 号　邮政编码 710048)
网　　址 http://www.xjtupress.com
电　　话 (029)82668357　82667874(市场营销中心)
(029)82668315(总编办)
传　　真 (029)82668280
印　　刷 西安五星印刷有限公司

开　　本 787 mm×1092 mm　1/16　**印张** 22　**字数** 519 千字
版次印次 2024 年 8 月第 1 版　　2024 年 8 月第 1 次印刷
书　　号 ISBN 978-7-5693-3723-5
定　　价 58.00 元

如发现印装质量问题，请与本社市场营销中心联系。
订购热线：(029)82665248　(029)82667874
投稿热线：(029)82668818　QQ：21645470
读者信箱：21648470@qq.com

前　言

中国是世界重要的包装产品生产国、消费国和出口国，自2009年开始，中国包装工业总产值超过日本，成为仅次于美国的全球第二大包装工业大国。2022年9月，中国包装联合会发布《中国包装工业发展规划(2021—2025年)》，提出“十四五”期间，包装产业发展增速略高于国民经济平均增速；至“十四五”末，年总产值突破3万亿元，占国内生产总值(GDP)比重达到2.5%左右。目前我国包装还处于大而不强的地位，急需发展具有自主创新和自有知识产权的相关产品。

为适应我国包装行业快速的发展势头，为包装测试工作提供参考，本书作者在多年包装测试技术理论研究和实践的基础上，结合国内外包装测试新技术、新成果和新发展，编写了这本《包装测试技术》。

包装测试包括包装物、包装件和包装工艺过程中的测试，它是测试技术在包装工程中的应用和延伸。本书分为四大部分，第1章为概述；第2至第5章讲述包装测试技术的基础理论；第6至第8章讲述包装工程中常用的物理量的测试、包装物和运输包装件的测试；第9章讲述虚拟仪器技术。

本书由陕西科技大学李志强和重庆工商大学张书彬编写。第1章、第2章、第3章、第4章、第8章、第9章由陕西科技大学李志强编写，第5章、第6章、第7章由重庆工商大学张书彬编写。

由于编者学识水平有限，书中的疏漏恳请各位专家、读者批评指正。

李志强

2024年4月

目　　录

第1章　绪　论

1.1　包装测试概述

1.1.1　测试与包装测试

测试是测量和试验的总称。工程中的测量是指确定被测对象某一属性量值的工作，一般使用仪器仪表来实现，例如用温度计测定温度，用加速度传感器测试加速度等。测量是重新认识客观世界的工具，也是对任何理论或设计的最终检验，是一切研究、设计和开发的基础，它的作用在工程中十分显著。试验是指为了考察某物的性能而从事的某种活动。所以，凡需要考察事物的状态变化和特征，并要对它进行定量描述时都离不开测试工作。

测试工作的实质是从测试对象中获取必要的信息。这里所说的信息是指被测对象的客观存在状态或运动状态的特征。信息总要通过某些变化着的物理量表现出来，这就是信号，信息含于信号之中。例如，包装件振动系统的固有频率和阻尼是我们感兴趣和需要的信息，它们包含在包装件的振动信号中，通过测量包装件的位移，并对测量数据进行分析，就可以得到此包装件振动系统的固有频率和阻尼。

包装测试则是指包装物、包装件和包装工艺过程中的测试。包装物测试是指包装材料和包装容器等的测试。包装件的测试是指为了满足流通环境的要求而对包装件进行的性能测试和模拟试验。例如，在复合材料包装、保鲜包装中，需要对复合薄膜的透气性、透湿性、粘合强度、热封强度、透氧率等进行测试分析。

包装测试是检验包装材料、包装容器性能，评定包装件在流通过程中性能的一种手段。它包含有包装测量和包装试验两个方面的内容。包装测量，就是把包装件中的某些信息，如包装件在流通过程中的位移、速度、加速度、外力、温度、湿度等物理量检测出来，并加以量度；包装试验，就是通过包装试验方法，如压力试验、堆码试验、跌落试验、连续冲击试验、斜面冲击试验、吊摆试验、六角滚筒试验、滚动试验、振动试验、起吊试验、耐候试验、高温试验、低温试验、喷淋试验、透湿度试验、透氧试验、低压试验、渗漏试验、长霉试验、盐雾试验和运输试验等，把包装件所存在的许多信息中的某种信息，用专门装置人为地激发出来，以便测量。包装测试技术就是以解决上述两个课题为目的的一门技术科学。

1.1.2　包装测试技术的目的和任务

包装测试技术是一门研究包装材料、包装容器和包装件的性能测试与分析的科学技术，用于检验包装材料、包装容器的性能，评定包装件在流通过程中的性能。它既包括对包装材料、包装容器和包装件的性能测试与分析，还包括各种包装试验方法。在采用复合塑料防潮包装、保鲜包装中，需要对复合薄膜的透气性、透湿性、粘合强度、热封强度、抗针孔强度等进行测试分析。在运输包装系统设计中，需要对缓冲材料或结构的静态压缩特性、动态缓冲特性、蠕变与恢复特性、振动传递特性，包装容器承载能力，以及包装件的抗压、抗冲击、抗振动性能等进行测试分析。在啤酒灌装工艺中，对气体压力、液体流量、灭菌温度等物理参数的检测或控制，是保证啤酒包装质量的重要条件。

包装测试的目的是评定包装的好坏程度及效果，即在确定的流通条件下，检验包装件的防护性能是否良好；考察包装件可能引起的损坏，以及研究其损坏原因和预防措施；比较不同包装的优劣；检查包装件以及所用包装材料、包装容器的性能是否符合有关标准、规范和法令。

包装测试的主要任务可概括为以下几个方面。

(1)检测包装材料、包装容器、包装件的性能，评定其质量。例如，瓦楞纸板的戳穿强度测定；缓冲材料的缓冲性能测定；软包装容器的透气性、透湿性测试；玻璃包装容器的内应力检测；包装件的跌落、冲击、振动测试，等等。

(2)模拟流通环境，检验被包装产品的可靠性。运输包装件的流通过程主要包括装卸搬运、运输、储存三个环节，导致产品破损的因素很多。因此，国家标准规定，运输包装件的基本试验是在实验室里进行的，如冲击试验、振动试验、抗压试验、堆码试验和滚动试验等，人工模拟流通环境或重现包装件在流通过程中可能遇到的各种危害，从而评定包装的保护功能。

(3)实现自动化包装。在现代包装生产中，通过对工艺参数的测试和数据收集，实现对设备状态的检测、质量控制和故障诊断。

(4)为包装工程科学研究奠定基础。现代包装工程的特点是，包装材料绿色环保化，包装方法多样化，包装技术现代化，包装过程自动化，包装结构合理化等。对这些问题的研究，必须依靠必要的测试方法和测试手段。

对包装材料、容器、包装件进行必要的测试，可以优化包装设计，提高包装质量，扩大产品影响，对提高企业、社会的经济效益都具有十分重要的意义。包装测试也是包装设计中一个最基本的、不可忽视的内容之一。一个好的试验方案能够预测包装件在流通过程中可能出现的结果，不仅能给物流运输包装设计提供基本理论依据，还能使企业节约包装费用，获得更多的利润。另外，高质量的管理也要求对包装过程的每个环节进行客观的测定检验。

包装测试如何正确选择测试项目，主要是根据流通过程各个环节中可能出现的危害来确定，因此要求了解这些危害对包装件所产生的影响或损坏；对于所选用的测试项目进行模拟或重现上述影响或损坏的危害作用的能力有确切的了解。正确选择测试项目还应根据不同的测试目的，并要适当考虑测试设备条件、测试时间、测试样品(用于测试的包装件)数量、测试费用、以往的测试经验等因素。

测试样品应在具有相同包装和相似的流通过程的包装件中随机抽取，进行每项测试的样品数量不应少于3件。进行多项测试应对每组测试样品均按顺序进行测试，但对特定目的的测试可以对多组样品按顺序分别进行各项测试。如果测试的目的仅仅是评定包装容器的性能，则可以采用有缺陷的产品（模拟物）作为测试样品的内装物，但在测试前必须对其缺陷进行记录。对于具有研究目的的测试，还可以用模型作为测试样品的内装物。进行测试的测试样品的状态应该是模拟或重现包装件在流通过程中经受危害时的状态。

包装工程技术人员的基本任务有两个，一是包装结构设计、包装工艺规程设计、包装工艺装备设计；二是要保证包装工艺过程的正常运行，对设备或系统进行调试和维护保养。这两项任务都需要把测试作为手段，以提供重要而必需的数据资料。

另外，包装测试是包装工艺过程自动控制的基础。所谓控制是指要保证实际工况与要求工况处于预定的差异范围之内，而系统的控制部分必须能分辨差异的大小和方向并做出有效的反应。例如，在啤酒厂，必须连续地监测工艺过程中的压力、温度、流量等，测试结果通常要显示记录下来，并用来对流程进行控制。这时，测试工作就成为包装工艺过程的重要组成部分。

1.1.3　包装测试系统的组成

包装测试系统一般由试验激发装置、传感器、中间变换装置、数据处理装置和显示记录装置组成（见图1－1）。包装测试过程包含有许多环节，如以适当的方式激励被测对象，对信号进行检测与转换、信号的调理、分析与处理，显示与记录，以及必要时以电量形式输出测试结果等。

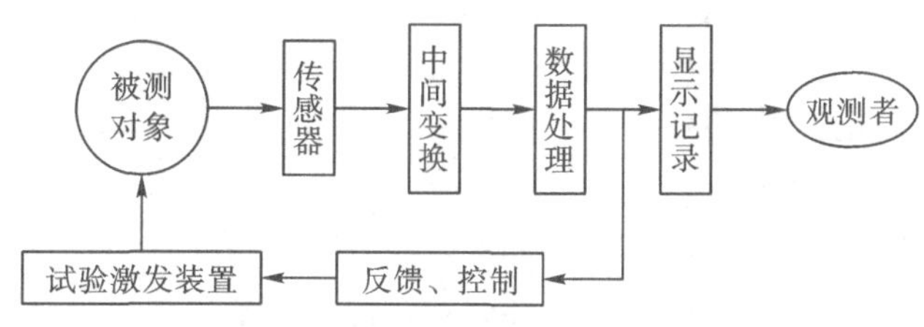

图1－1　包装测试系统的组成

试验激发装置的作用是对被测对象进行激励，以使被测物理量显现出来。激励装置有机械激励、电磁激励和风激励等。例如，把包装件固定在振动台上，振动台对包装件进行激励，使包装件的振动位移或振动加速度显现出来。

传感器直接作用于被测对象，并能按一定规律将测量转换成输出的电信号。它包括敏感器和转换器两部分。敏感器一般是将被测量（如压力、位移、速度、加速度、温度、湿度等）转换成某种容易检测的信号，而转换器是将这种信号变成易于传输、记录、处理的电信号。传感器的作用是感受被测物理量并把它转换成与之相对应的，容易检测、传输或处理的量值形式（通常为电量）。

中间变换装置的作用是对信号进行某种变换和加工，是把来自传感器的信号转换成更适合进一步传输和处理的形式。这种信号的转换多数是电信号之间的转换，如幅值放大、滤波、调制解调、阻抗变换、频率的变化等。

数据处理装置的作用是对测试结果进行必要的处理，是对来自中间变换装置的信号进行各种运算、滤波和分析。如误差分析、曲线描绘与拟合、信息提取等，数据处理装置一般为计算机、频谱分析仪等。

显示记录装置的作用是将来自中间变换环节的信号，以观测者易于观察和分析的形式来显示测试结果或将测试结果进行存储。

反馈、控制环节主要用于闭环控制系统中的测试系统。

所有这些测试环节必须遵循的基本原则是，各个环节的输出量与输入量之间应保持一一对应和尽量不失真的关系，尽可能地减少或消除各种干扰。

目前测试系统的发展趋势是经 A/D 转换后采用计算机进行数据分析、处理，并经 D/A 转换控制被测对象，这样大大地提高了测试速度和精度。例如，缓冲包装材料的动态缓冲特性测试系统由缓冲材料试验机、数据采集与处理系统两大部分组成，如图 1-2 所示。采用该测试系统和动态压缩试验方法，可以测试、分析缓冲包装材料的动态缓冲特性，得到缓冲材料的最大加速度-静应力曲线、缓冲系数-静应力曲线，利用这些曲线可以进行缓冲包装设计。

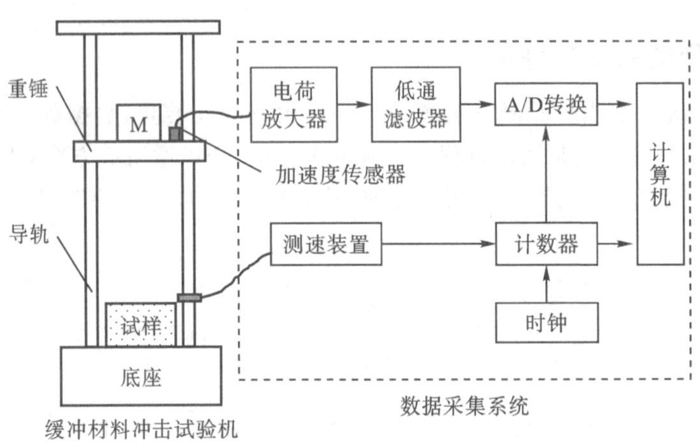

图 1-2　动态缓冲特性测试系统

在数据采集处理系统中，通过加速度传感器获得冲击加速度信号，压电加速度计将此信号转换成电荷信号，经由电荷放大器的放大、滤波输出后，再经 A/D 转换器转换成数字信号，输入连接的计算机中，经过软件处理，就可显示加速度-时间历程、位移-时间等曲线，冲击初速度、峰值加速度、速度变换等，进而拟合出最大加速度-静应力曲线，缓冲系数-静应力曲线。由于冲击台与导轨之间存在摩擦，实际的跌落冲击初速度和理论上的跌落冲击初速度会存在一定的误差，测速装置的作用是就是检测该速度，保证误差不大于国标要求的±2%，若误差大于该允许值时，就要通过调整跌落高度来保证实际冲击初速度等于理论上的初速度。陕西科技大学刘乘教授研究的缓冲材料冲击试验机通过增加位移传感器及编码器可达到记录压缩位移、数字控制跌落高度等功能，配套的测试软件具有分析冲击谱等功能。

1.1.4　现代测试技术的发展动向

现代测试技术，既是促进科学技术发展的重要技术，又是科学技术发展的结果。现代科技的发展不断向测试技术提出新的要求，推动着测试技术的发展。与此同时，测试技术在不断吸取和综合各个科技领域（如物理学、化学、生物学、材料科学、微电子学、计算机科学和工艺学等）的新成果，新的测试原理、测试方法、测试手段、测试仪器也在不断出现。

近年来,新技术的兴起促使测试技术蓬勃发展,尤其在以下几个方面的发展最为突出。

(1)改进电路设计,广泛采用运算放大器和各种集成电路,大大简化了测试系统,提高了系统特性。例如有效地减少了负载效应、线性误差等。

(2)新型传感器层出不穷,并向微型化、智能化发展。目前发展最迅速的新材料是半导体、陶瓷、光导纤维、磁性材料及所谓的"智能材料"(如形状记忆合金、具有自增殖功能的生物体材料等)。这些材料的开发,不仅使可测量大量增多,使力、热、光、磁、湿度、气体、离子等方面的一些参量的测量成为现实,也使集成化、小型化和高性能传感器的出现成为可能。此外,当原有控制材料性能的相关技术已取得长足的进步时,将会完全改变原有敏感元件设计的概念:从根据材料特性来设计敏感元件,转变成按照传感器要求来合成所需的材料。

(3)广泛应用信息技术,特别是计算机技术和信息处理技术。参数测量和数据处理以计算机为核心,使测量、分析、处理、打印、绘图、状态显示及故障报警向自动化、智能化、集成化、网络化方向发展;测试仪器向高精度、多功能、小型化、在线监测、性能标准化方向发展。

(4)测量范围更宽。

1.2 包装测试的主要内容和基本要求

1.2.1 包装测试的主要内容

(1)测试与包装测试的概念,包装测试技术的目的、任务,包装测试系统的组成,现代测试技术的发展动向,包装试验方法标准。

(2)测试信号分析的基本概念,包括周期信号、非周期信号、随机信号,数字信号处理。

(3)测试系统特性分析,包括静态特性和动态特性的描述及测定方法,测量误差及其分析方法。

(4)包装测试常用传感器,包括电阻式传感器、电容式传感器、电感式传感器、压电式传感器、磁电式传感器、光电式传感器以及新型传感器,传感器选用原则。

(5)信号调理与记录,包括电桥,调制与解调,滤波,数/模、模/数转换器,放大器,显示和记录仪器。

(6)典型物理量的测试,包括温度、湿度、位移、重量、压力、流量、冲击振动等。

(7)包装材料及容器测试,纸包装材料及容器测试、塑料薄膜性能测试、塑料容器性能测试、玻璃容器性能测试、金属容器性能测试、集装容器性能测试。

(8)运输包装试验,试样预处理及运输包装件的气象环境试验,运输环境数据采集与分析综合,产品特性试验方法,缓冲包装材料的特性试验,运输包装件的性能试验及大纲的编制。

(9)虚拟仪器技术,包括虚拟仪器概述及 LabVIEW。

1.2.2 包装测试的基本要求

包装测试工作的内容十分广泛,根据包装工程技术人员从事的工作大致可分为,包装机械测试、包装工艺过程中的测试、流通环境的测试、包装材料及包装容器的测试、运输包装件的测试、包装印刷测试等。当然还可以按别的方法对包装测试工作进行分类，如军品的包装测试和民品的包装测试，物理量测试、化学量测试、生物量测试等。

要在包装测试技术课程中全部涵盖这些内容是很困难的。包装测试技术课程首先要使学生掌握测试技术的基础理论和基本方法。通过这部分内容的学习，学生将基本掌握测试信号分析的概念，测试装置的静态特性和动态特性及虚拟仪器技术，正确选择和使用测试装置，各种常用物理量的测试方法和数据处理的有关知识，特别是频谱分析的基础知识。一方面为学生学习后一部分内容打下良好基础，同时也为以后从事各种包装测试工作奠定基础。作为一般测试技术的应用和延伸，本课程的后一部分介绍常用的各类包装材料、包装容器及运输包装件的测试方法。

通过本课程的学习，学生应达到以下基本要求。

(1)掌握周期信号和非周期信号的频谱概念，了解随机信号的相关分析和谱估计的理论，了解数字信号处理的方法。

(2)掌握测试装置静态特性和动态特性的描述方法、动态特性的计算法和试验测定法，根据测试装置的特性正确选择测试装置。

(3)了解各类传感器的工作原理和性能，了解传感器的选用原则。

(4)了解信号调理与记录的原理，了解常用显示记录仪器的原理和使用方法。

(5)了解各种典型物理量的测试方法。

(6)掌握各种包装材料和包装容器的测试方法。

(7)掌握运输包装件的测试方法。

(8)了解虚拟仪器。

1.3 包装试验方法标准

1.3.1 国际包装试验标准

国际标准是指国际标准化组织(ISO)和国际电工委员会(IEC)所制定的标准，以及国际标准化组织公布的其他国际组织所规定的某些标准。包装国际标准主要是ISO标准和《国际海上危险货物运输规则》(简称《国际危规》)。《国际危规》是由国际海事组织(IMO)发布的。

ISO成立于1947年2月，ISO/TC122(国际标准化组织第122技术委员会)是在1966年成立的，其主要任务是制定包装国际标准，协调世界范围内的包装标准化工作，与其他国际性组织合作研究有关包装标准化问题。与包装机包装试验有密切联系的技术组织有ISO/TC6(纸与纸板技术委员会)、ISO/TC51(托盘技术委员会)、ISO/TC52(金属容器技术委员会)、ISO/TC63(玻璃容器技术委员会)和ISO/TC104(集装箱技术委员会)。ISO标准中所包括的包装试验方法标准有包装基础标准、包装材料标准及试验方法标准、包装容器标准及其试验方法标准、托盘与集装箱标准等。

在《国际海上危险货物运输规则》中，对每种危险货物的特性、注意事项、包装、标志和堆码要求都做了规定，还给出了危险货物的垂直冲击跌落试验、防渗漏试验、液压试验、堆码试验、制桶试验五项试验方法。

1.3.2　中国包装试验标准

1. 国家标准

国家标准简称国标(GB)。我国的包装试验国家标准包括包装综合基础标准、包装专业基础标准和产品包装标准。包装综合基础标准包括包装导则、包装术语、包装标志、包装尺寸、运输包装件基本试验方法、包装管理等。包装专业基础标准包括包装技术和包装方法、包装机械、包装印刷、包装容器及试验方法、包装材料及试验方法、试验设备等。产品包装标准包括产品包装、标志、运输储存等。

2. 国家军用标准

国家军用标准简称国军标(GJB),属于军工产品标准。由于军工产品的包装要求比民用产品高,国军标所规定的指标一般都比国标高,试验条件更严苛。国军标包装试验方法很多,如《常规兵器定型试验方法　弹药包装试验》《封存包装通则》《军用装备环境试验方法》《军用通信设备通用技术条件　包装、运输和储存要求》《炮兵光学仪器环境试验方法》《战略导弹仪器包装》和《控制微电机包装》等。在GJB367.5《军用通信设备通用技术条件　包装、运输和储存要求》中规定了包装件的"恒定湿热试验""起吊试验""堆垛试验""振动试验""公路运输试验""淋雨试验""自由跌落试验""支棱、支角跌落试验""滚动实验""斜面冲击试验""吊摆试验"共11项试验方法。

3. 专业(部)标准

除国家标准国家军用标准外,专业(部)标准中也制定了一些包装试验方法标准。如兵器工业系统的《军用包装试验方法》。航空、航天、核工业、电子工业等国防工业部也都制定了一些专用的包装试验方法的部标,如《出口战术导弹包装通用技术条件》《710升贮运容器》《一般电子产品运输包装试验方法　总则》《一般电子产品运输包装试验方法　振动》《一般电子产品运输包装试验方法　跌落》《一般电子产品运输包装试验方法　堆码》《一般电子产品运输包装试验方法　翻滚》《一般电子产品运输包装试验方法　淋雨》《航空辅机产品运输包装件试验方法》等。原轻工部也制定了一些试验方法标准,如《塑料薄膜包装袋热合强度测定方法》《聚苯乙烯泡沫塑料包装材料》和《聚丙烯编织袋》等。

1.3.3　美国包装试验标准

包装试验方法的标准有ASTM标准、FED标准和MIL标准等。

1. ASTM标准

ASTM即美国材料与试验协会。ASTM的包装试验方法标准主要收集在15.09卷《纸、包装、软质阻隔材料、办公复制品》中。包装材料的试验方法标准分散在不同卷内,如03.01卷《金属-机械试验、高温及低温试验》;03.02卷《金属腐蚀及侵蚀》;08.01卷《塑料(Ⅰ)》;08.02卷《塑料(Ⅱ)》;08.03卷《塑料(Ⅲ)》;15.02卷《玻璃、卫生陶瓷》;15.06卷《粘结剂》等。

2. FED 标准

FED 标准即美国联邦标准。FED-STD－101《包装材料试验方法》是由美国军方提出由联邦政府发布的较完整的包装试验方法标准，被美军包装试验所采用，如 MIL-P－116《封存包装方法》中所要求的包装件的性能试验，全部按照 FED-STD－101 中的试验方法进行。FED 标准包括材料的强度及弹性试验方法、材料对环境的阻抗性试验方法、材料的一般物理性能试验方法，以及容器、包装件及包装材料的性能试验方法和化学分析等。

3. MIL 标准

MIL 标准即美国军用标准。我国军用包装试验已广泛采用 MIL 标准中有关包装的试验方法，如 MIL-STD－202《电气元件和电子元件试验方法》、MIL-STD－810《环境试验方法和工作导则》、美国军用手册 MIL-HDBK－138《商用和军用集装箱检验手册（干货型）》中的试验方法等。另外，在 MIL-STD－794《设备和零件的包装和装箱》、MIL-HDBK－304《缓冲包装设计》、MIL-HDBK－776《包装工程设计手册》和 MIL-B－131《可热焊封的软质防潮包装材料》、MIL-B－81705《可热焊封的防潮防静电材料》、MIL-B－46506《弹药包装丝捆木箱》、MIL-C－2139《弹药包装用螺旋缠绕沥青纸筒》、MIL-E－6060《防潮包装封套》、MIL-P－116《封存包装方法》、MIL-P－14232《军用零件、设备和工具的包装》等标准中都有相应的包装试验方法。

1.3.4 ISTA 标准

国际安全运输协会，简称 ISTA，是一个专注于运输包装的组织。一直致力于协助会员开发有效的包装、验证方法、后勤系统等，以此提高产品的运输包装安全性，从而帮助企业减少产品在运输和搬运过程中遇到的损失。ISTA 协会发布了一系列的标准、测试程序、测试项目等文件，作为对运输包装的安全性能进行评估的统一依据。ISTA 测试程序定义了包装应如何发挥作用来保护内装物。运用 ISTA 测试程序减少运输环境中的风险，增加包装产品安全交货的信心。对于出口产品的包装，必须特别注意包装的方法及其完整性，以确保产品能安全无损的到达客户手中。为了避免产品在运输和搬运的过程中可能出现破损而导致售后成本的增加，国际安全运输协会建议企业在产品正式销售前，采用相应 ISTA 系列的标准方法对包装进行测试，以期将产品运输损坏风险降到最低。

ISTA 在 60 年前率先提出了包装性能测试和认证的概念，今天他们的测试程序和认证计划处于运输包装的最前沿。ISTA 会员包括制造和配送产品的托运商、提供配送手段的承运人、提供包装材料和服务的供应商以及进行包装产品性能检测的实验室。

ISTA 包装安全性测试目的：

（1）减少产品的损坏和流失，以保证产品价值；

（2）节省分销成本；

（3）减少和消除索赔争议；

（4）缩短包装开发的时间，增强市场投放信心；

（5）提高客户满意度和产品的市场占有率。

ISTA 包装安全性测试系列。

ISTA 1 系列：非模拟整体性能测试；
ISTA 2 系列：部分模拟性能测试；
ISTA 3 系列：全面模拟性能测试；
ISTA 4 系列：加强模拟性能测试；
ISTA 5 系列：集中模拟测试指导；
ISTA 6 系列：会员企业测试标准，Amazon、SAMSCLUB、Fedex 等；
ISTA 7 系列：开发测试项目。

1.4 包装测试大纲及试验报告

1.4.1 测试大纲的编制

由于产品使用地点和流通过程不尽相同，即使同一产品也不可能由产品标准具体规定所测试的项目。因此应根据实际流通过程中可能出现的危害及测试目的，对不同情况的包装件编制不同的测试大纲。

所谓包装测试大纲就是进行包装材料、包装容器和包装件性能测试所依据的技术文件，其内容包括试验项目、温湿度预处理、试验强度、试验顺序、试验结果及评定标准等，包装测试大纲应符合产品标准以及相关的规范和法令。

测试大纲的编制程序包括：

(1)查明流通过程中的每个环节；

(2)查明每个环节包含的危害及其程度，以及发生的可能性；

(3)确定测试项目；

(4)确定试验强度基本值；

(5)确定测试顺序；

(6)确定主要测试设备、仪表及连接方法；

(7)评定测试结果。

在编制包装件测试大纲时，还要注意以下一些问题。

(1)在包装件的测试过程中，待研究的量和测试仪器或测试装置都有一些必须仔细控制的变量。例如包装件的热传导试验，必须包括可能失散到实验仪器所在实验室周围空气中的热量。而且周围空气的温度不同，失效的热量也不一样，因此必须把周围空气的温度控制在某个合理的恒定值上。特别是做包装的对比试验时，更要仔细控制两个试验的某些条件完全相同。

(2)对于试验结果的记录，必须作好周密的准备来记录结果，以及与试验有关的观察。然而，许多试验人员却在一些草稿纸上记录试验数据、结果，以及重要草图，或者在混乱的状态下进行这些工作，以致使有些记录出错或丢失。试验结果和数据应采用统一设计的表格进行记录。如果试验结果要送入计算机中进行处理，则必须考虑计算机的输入要求来选择记录方式。

(3)试验结束后，保持良好的笔记本，使试验设计、试验观察与理论预测等成为一项清晰而有顺序的记录。

1.4.2 试验报告

按照包装测试大纲的规定完成所有试验之后,需要编写试验报告。试验报告的主要内容包括:测试样品的数量和分组、包装及内装物的详细记录、测试设备、仪器型号规格、温湿度预处理条件、测试现场的环境条件、测试量值、测试操作记录、测试结果分析及影响因素,测试日期、工作人员签名、试验的理论依据和参考文献等。

对试验报告的内容,应认真核实,特别是数据信息,必须正确无误。

试验报告必须简明扼要。如能用图表清楚地说明概念的就用图表,而不必再加文字说明,换句话说,试验报告必须言语精练。

习　题

1. 简述测试与包装测试的概念。
2. 简述包装测试的主要目的与任务,包装测试在缓冲包装设计中的作用。
3. 结合实际论述包装测试系统的组成及各部分的作用。
4. 简述现代测试技术发展的方向。
5. 目前进行包装测试参考的主要标准有哪些?
6. 简述 ISTA 包装安全性测试的目的。
7. 包装测试大纲编制的主要程序有哪些?

第2章　测试信号分析

在包装生产、设计和包装件的流通过程中，需要观测大量的物理现象和物理参数的变化，并将此转换为一定形式可测量的信号。例如，在运输包装件的测试中将包装件在冲击和振动中的加速度信号检测出来，进行分析和处理。然而在包装测试中所检测的量绝大部分是非电量，例如，加速度、位移、压力等，非电量经传感器转换为电量后，再经变换电路转换为与之相应的电流信号或电压信号，这个电流信号或电压信号就是测试信号。在实际测试工作中，由于测试装置本身的原因及外界其他因素的干扰，或是在检测被测量的同时混入了其他输入源，测试信号中既包含了被测量的信息，同时也包含了各种干扰噪声，测试信号分析就是要研究测试信号的构成和特征值，研究如何从测试信号中提取反映被测量的有用信息。

2.1　信号的分类及描述

2.1.1　信号的定义

信号是信号本身在其传输的起点到终点的过程中所携带的信息的物理表现。

例如，在研究一个质量弹簧系统在受到一个激励后的运动状况时，可以通过系统质量块的位移时间关系来描述。反映质量块位移的时间变化过程的信号则包含了该系统的固有频率和阻尼比的信息。

噪声也是一种信号，噪声的定义是任何干扰对信号的感知和解释的现象。

信噪比是用来对信号被噪声所污染的程度的一种度量。信噪比 ξ 表达为信号功率 P_s 与噪声功率 P_n 之比：

$$\xi = P_s/P_n \tag{2-1}$$

通常将信噪比用分贝所测量的对数刻度来表示：

$$\xi_{dB} = 10\lg\xi \tag{2-2}$$

必须指出的是，信号与噪声的区别纯粹是人为的，且取决于使用者对两者的评价标准。在某种场合中被认为是干扰的噪声信号，另一种场合却可能是有用的信号。例如，齿轮噪声对工作环境来说是一种“污染”，但这种噪声也是齿轮传动缺陷的一种表现，因而可用来评价齿轮副的运动状态，并用它来对齿轮传动机构进行故障诊断，从这个意义上来讲，它又是一个有用的信号。

2.1.2　信号的分类

根据信号随时间变化的规律，可以将信号分为确定性信号和非确定性信号（随机信号）

两大类。

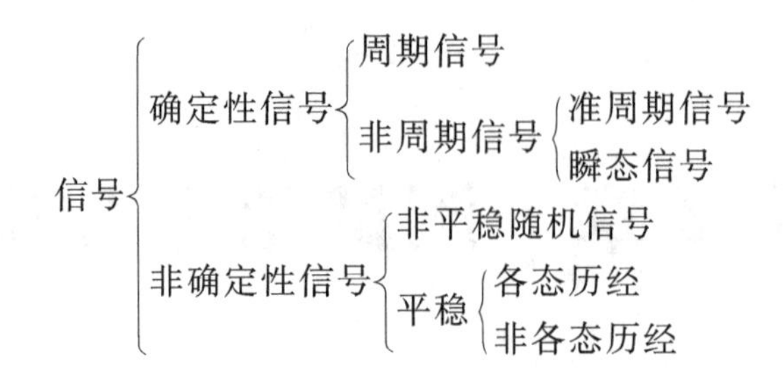

1. 确定性信号

可以用明确的数学关系式描述的信号称为确定性信号。可进一步分为周期性信号、非周期性信号。

周期性信号是每间隔一定的时间重复出现的信号。典型周期信号如图 2－1 所示。它满足数学关系式：

$$x(t) = x(t + nT) \tag{2-3}$$

式中，T 为周期，$T=2\pi/\omega_0=1/f$；$n=0,\pm1,\pm2,\cdots$；ω_0 为基频；f 为频率。

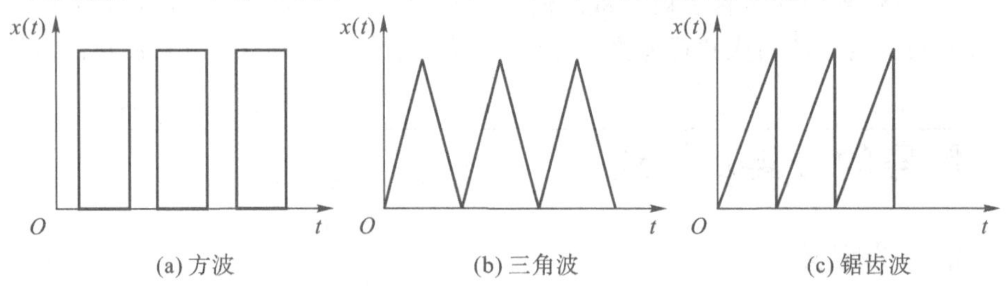

图 2－1 典型的周期信号

例如，振动台的正弦振动，信号发生器输出的周期方波、周期锯齿波等均属于周期性信号。一般周期信号（如周期方波、周期三角波等）是由多个乃至无穷多个频率成分（频率不同的谐波分量）叠加所组成，叠加后存在公共周期。

非周期性信号往往具有瞬变性。例如，包装件跌落时的冲击力、起吊时钢丝绳的拉力变化等均属于瞬变的非周期信号。非周期信号又可分为准周期信号和瞬态信号。准周期信号也是由多个频率成分叠加的信号，但叠加后不存在公共周期（见图 2－2）。一般非周期信号

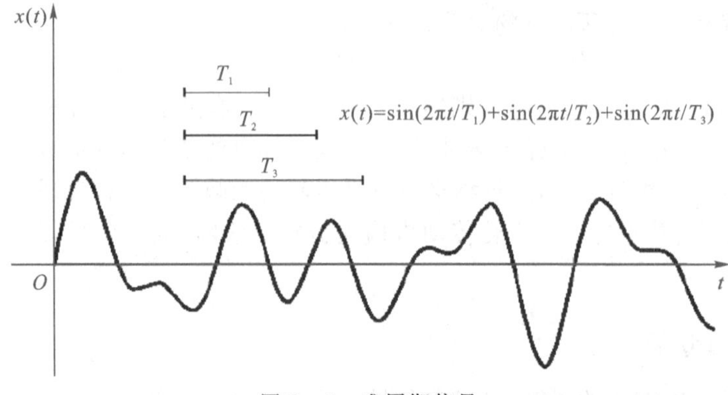

图 2－2 准周期信号

是在有限时间存在，或随时间的增加而幅值衰减至零的信号，称为瞬态信号（见图 2－3）。

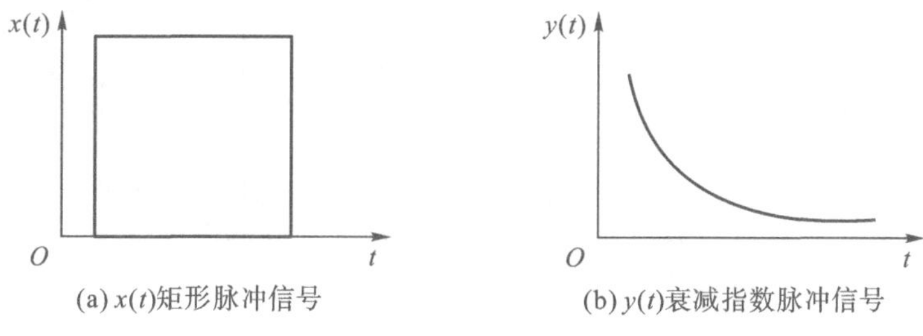

(a) $x(t)$矩形脉冲信号　(b) $y(t)$衰减指数脉冲信号

图 2－3　瞬态信号

2. 非确定性信号

非确定性信号也称为随机信号，它不能用确定的数学关系描述，也无法预知未来时刻的值，它所描述的物理现象是一种随机过程，具有不能被预测的特性且只能通过统计观察来加以描述的信号。例如，飞机在大气中的浮动、汽车在路面上行驶时所产生的震动、环境噪声、包装件的跌落过程中的冲击等。随机信号又可分为平稳随机信号和非平稳随机信号。

(1)平稳随机信号。信号的统计特征是时不变的（见图 2－4）。平稳随机信号又分为各态历经和非各态历经。如果一个平稳随机信号的统计平均值等于该信号的时间平均值，则称为各态历经的。

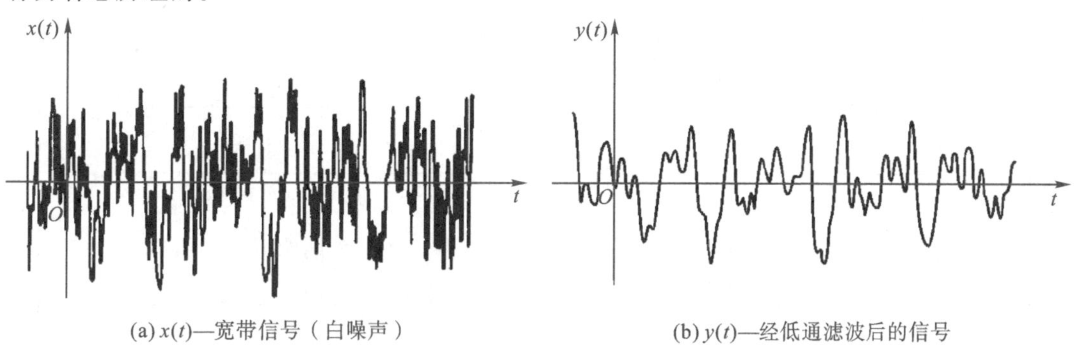

(a) $x(t)$—宽带信号（白噪声）　(b) $y(t)$—经低通滤波后的信号

图 2－4　平稳随机信号

(2)非平稳随机信号。不具有上述特点的随机信号称为非平稳随机信号（见图 2－5）。

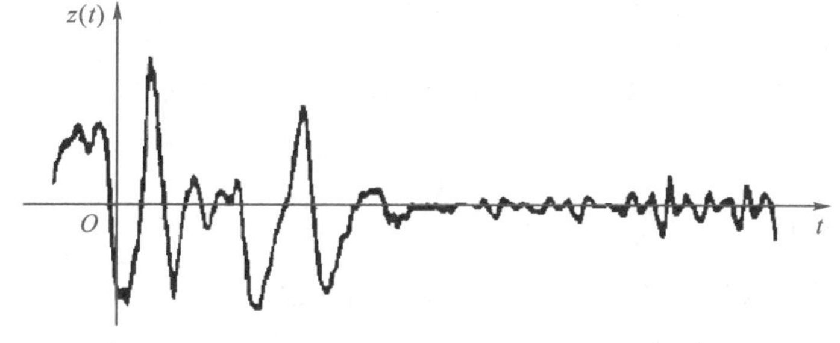

图 2－5　非平稳随机信号

此外，按信号独立变量的性质分为连续（模拟）信号和离散信号。如图 2－6(a)中的 $x(t)$ 是连续的曲线，而图 2－6(b)中仅当 $n=0,1,2,\cdots$ 处给出了离散值 $x(n)$，$x(n)$ 也表示离散序列。

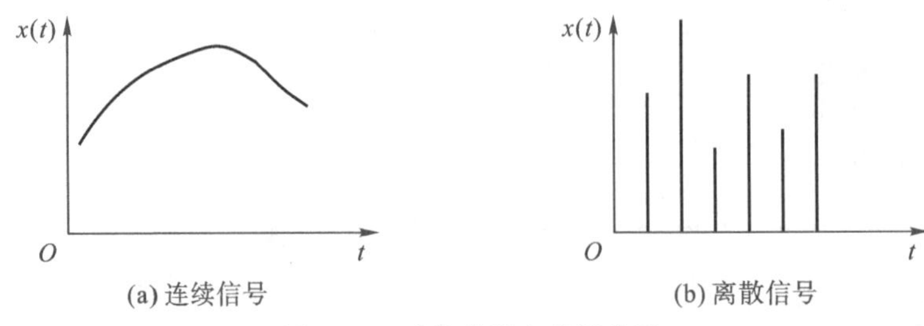

(a) 连续信号　　　　(b) 离散信号

图 2-6　连续信号和离散信号

若信号的独立变量或自变量是连续的，则称该信号是连续信号；若信号的独立变量或自变量是离散的，则称该信号为离散信号。对连续信号来说，信号的独立变量（时间 t 或其他量）是连续的，而信号的幅值或值域可以是连续的，也可以是离散的。自变量和幅值均为连续的信号称为模拟信号。自变量是连续、但幅值为离散的信号称为量化信号，如表 2-1 所示。

表 2-1　信号区分的四种形式

时间	幅值	
	连续	离散
连续	$x(t)$ O t 模拟信号	$x_q(t)$ O t 量化信号
离散	$x(t_k)$ O t 被采样信号	$x_q(t_k)$ $x_q(t_k)=x(k)$ O t 数字信号

对于离散信号来说，若信号的自变量及幅值均为离散的，则称为数字信号，因为它们能表达为一个数字序列，因此有时亦称这样的信号为序列。若信号的自变量为离散值、但其幅值为连续值时，称该信号为被采样信号。

实际应用中，连续信号与模拟信号两词常不加区分，而离散信号与数字信号两词也常互相通用。

2.1.3　信号的描述

描述一个信号的变化过程通常有时域和频域两种方法。

通常以时间 t 为独立变量来描述信号幅值的变化，称为信号的时域描述。信号的时域描述主要反映信号的幅值随时间变化的特征，它们反映了信号变化的快慢和波动情况，因此时域描述比较直观、形象、便于观察和记录，但不能揭示信号的频率结构特征。有时为了研究信号的频率结构，需要描述信号中各频率成分的幅值、相位与频率的关系，称为信号的频域描述。在测试中常把时域描述的信号进行变换，转换成各个频率对应的幅值、相位，称为信号的频域描述，即以频率为独立变量来表示信号。频域描述可以反映信号各频率成分的幅值和相位特征。

信号的时域、频域描述可以通过数学工具进行相互转换，而且含有相同的信息量。一般从时域数学表达式转换为频域表达式称为频谱分析，以频率为横坐标，分别以幅值和相位为纵坐标，便可得到信号的幅频谱和相频谱。

换言之，时域描述以时间 t 为横坐标，频域描述则以频率 f，或 ω 为横坐标。值得指出的是，无论是时域描述还是频域描述，均是从不同的侧面对同一信号进行描述，不同的描述域之间有确定的对应关系。例如，周期方波可以看成是一系列不同频率的正弦波叠加而成的。图 2-7(a)表示了时域和频域对同一信号的描述及二者之间的关系；图 2-7(b)表示了一、三、五次谐波所合成的信号。

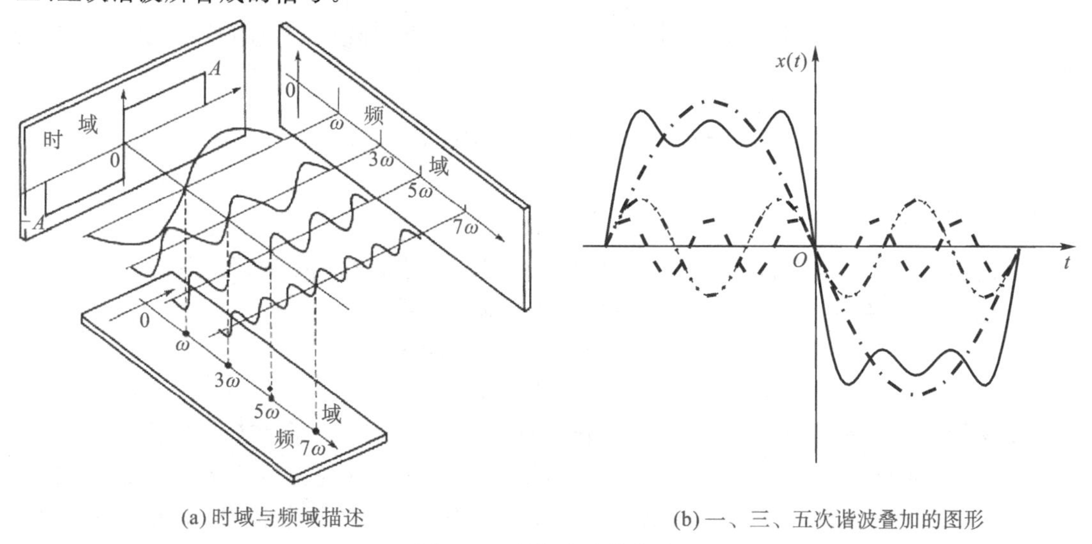

(a) 时域与频域描述　　(b) 一、三、五次谐波叠加的图形

图 2-7　周期方波的描述

2.2　周期信号

信号的频域分析也称为频谱分析，是对时域描述的信号通过数学变换变为频域分析的方法。以频率为独立变量建立幅值、相位与频率的关系。

2.2.1　周期信号的频域描述

1. 三角函数展开式

一个周期信号 $x(t)$，只要它在$[-T/2, T/2]$内满足狄里克雷条件，即函数连续或者具有有限个第一类间断点，函数极限值有限，函数是绝对可积的，那么就可以展开为傅氏级数。工程测试中的周期信号，大都满足该条件。傅里叶技术的三角函数形式为

$$x(t) = a_0 + \sum_{n=1}^{\infty}(a_n \cos n\omega_0 t + b_n \sin n\omega_0 t) \tag{2-4}$$

式中，ω_0 为圆频率或角频率，$\omega_0=\frac{2\pi}{T}$；T 为周期；a_0，a_n，b_n 为傅里叶系数。a_0 为常值分量(或直流分量)，表示信号在一个周期内的平均值；a_n 为余弦分量的幅值；b_n 为正弦分量的幅值。其中：

$$a_0=\frac{1}{T}\int_{-T/2}^{T/2}x(t)\mathrm{d}t$$

$$a_n=\frac{2}{T}\int_{-T/2}^{T/2}x(t)\cos n\omega_0 t\mathrm{d}t \quad n=1,2,3\cdots$$

$$b_n=\frac{2}{T}\int_{-T/2}^{T/2}x(t)\sin n\omega_0 t\mathrm{d}t \quad n=1,2,3\cdots$$

傅里叶系数 a_n 和 b_n 均为 $n\omega_0$ 的函数，其中 a_n 是 n 或 $n\omega_0$ 的偶函数，$a_{-n}=a_n$；而 b_n 是 n 或 $n\omega_0$ 的奇函数，$b_{-n}=-b_n$。

将式(2-4)中正、余弦函数的同频率项合并整理，可得到信号 $x(t)$ 的另外一种形式的傅里叶级数表达式：

$$x(t)=a_0+\sum_{n=1}^{\infty}A_n\cos(n\omega_0 t+\varphi_n) \tag{2-5}$$

式中，$A_n=\sqrt{a_n^2+b_n^2}$ $n=1,2,\cdots$；$\varphi_n=\arctan\frac{-b_n}{a_n}$。

A_n 为信号频率成分的幅值，φ_n 为初相位。其中 A_n 是 n 或 $n\omega_0$ 的偶函数，$A_{-n}=A_n$；而 φ_n 是 n 或 $n\omega_0$ 的奇函数，$\varphi_{-n}=-\varphi_n$。系数间还有如下关系：

$$a_n=A_n\cos\varphi_n \qquad n=1,2,\cdots$$

$$b_n=-A_n\sin\varphi_n$$

从式(2-5)可知，周期信号可分解成众多具有不同频率的正、余弦(谐波)分量，式中第一项 a_0 为周期信号中的常值或直流分量，从第二项依次向下分别称为信号的基波或一次谐波、二次谐波、三次谐波、……、n 次谐波。基波的频率与信号的频率相同，高次谐波的频率为基频的整数倍。A_n 为 n 次谐波的幅值，φ_n 为 n 次谐波的其初相角。在周期函数 $x(t)$ 的频谱分析中，称 A_n，φ_n 分别为的幅值谱和相位谱，将信号的角频率 ω_0 作为横坐标，可分别画出信号幅值 A_n 和相角 φ_n，随频率 ω_0 变化的图形，A_n、φ_n 分别称为信号 $x(t)$ 的幅值频谱图和相位频谱图，它清楚地表明一个周期信号包含了哪些频率分量，各频率分量的幅值和各频率分量的初相位，即信号的频率结构。由于 $n=0,1,2,\cdots$，故幅值频谱图、相位频谱图表现为在 $\omega=n\omega_0$ 处的一根根平行于纵轴的离散谱线，由于这些谱线仅出现于 $\omega>0$ 的一边，故为单边频谱。

周期信号的展开为傅里叶级数的关键是确定各系数，要快速求解其系数，可以利用函数的奇偶特性。

当 $x(t)$ 为奇函数时，$a_0=0$，$a_n=0$，此时

$$x(t)=\sum_{n=1}^{\infty}b_n\sin n\omega_0 t$$

当 $x(t)$ 为偶函数时，$b_n=0$，此时

$$x(t)=a_0+\sum_{n=1}^{\infty}a_n\cos n\omega_0 t$$

［例 2.1］　求如图 2-8 所示周期性方波的频谱，周期内的表达式为

$$x(t)=\begin{cases}A & 0<t<T/2\\ 0 & t=0\\ -A & -T/2<t<0\end{cases}$$

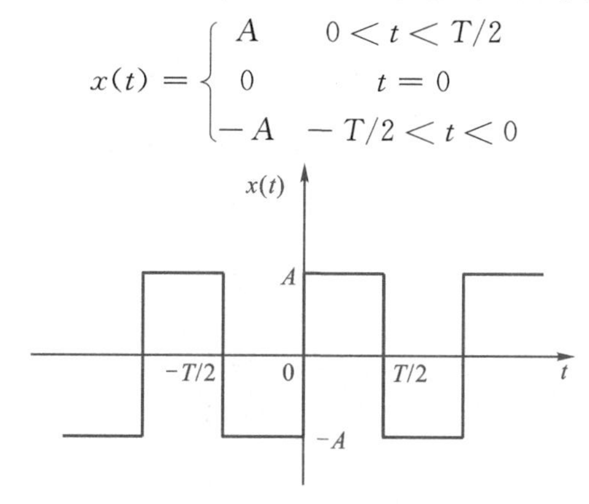

图 2-8　周期性方波

解　该函数为奇函数，故 $a_0=0, a_n=0$；

$$\begin{aligned}b_n&=\frac{2}{T}\int_{-T/2}^{T/2}x(t)\sin n\omega_0 t\mathrm{d}t\\&=\frac{2}{T}\int_{-T/2}^{0}-A\sin n\omega_0 t\mathrm{d}t+\frac{2}{T}\int_{0}^{T/2}A\sin n\omega_0 t\mathrm{d}t\\&=\frac{4}{T}\int_{0}^{T/2}A\sin n\omega_0 t\mathrm{d}t\\&=\frac{2A}{n\pi}(1-\cos n\pi)\\&=\begin{cases}1 & n=2,4,6\cdots\\ \dfrac{4A}{n\pi} & n=1,2,5\cdots\end{cases}\end{aligned}$$

周期方波信号的傅里叶级数表达式：

$$\begin{aligned}x(t)&=\frac{4A}{\pi}(\sin\omega_0 t+\frac{1}{3}\sin 3\omega_0 t+\frac{1}{5}\sin 5\omega_0 t+\cdots)\\&=\frac{4A}{\pi}\left[\cos(\omega_0 t-\frac{\pi}{2})+\frac{1}{3}\cos(3\omega_0 t-\frac{\pi}{2})+\frac{1}{5}\cos(5\omega_0 t-\frac{\pi}{2})+\cdots\right]\end{aligned}$$

频谱图如图 2-9 所示，其幅频谱仅包含信号的基波和奇次谐波，各次谐波的幅值以 $1/n$ 的倍数收敛。信号的相频谱中，基波和各次谐波的相角均为 $-\pi/2$。可以看到，信号本身可以用傅里叶级数中的某几项之和来逼近。所取的项数越多（n 越大），近似的精度就越高。

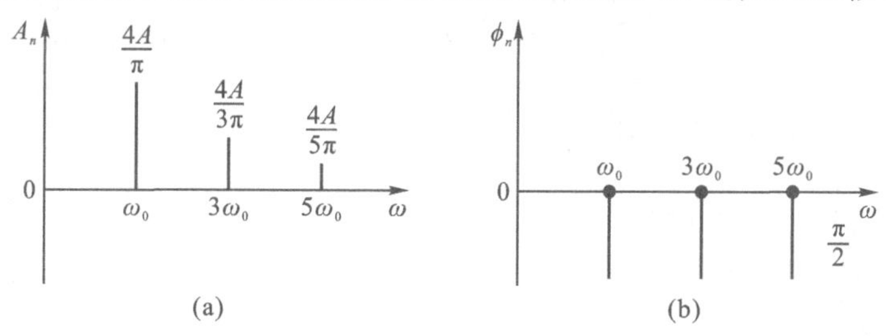

图 2-9　周期性方波频谱图

图 2-10 示出用方波信号 $x(t)$ 的傅里叶级数来逼近 $x(t)$ 本身的情形。

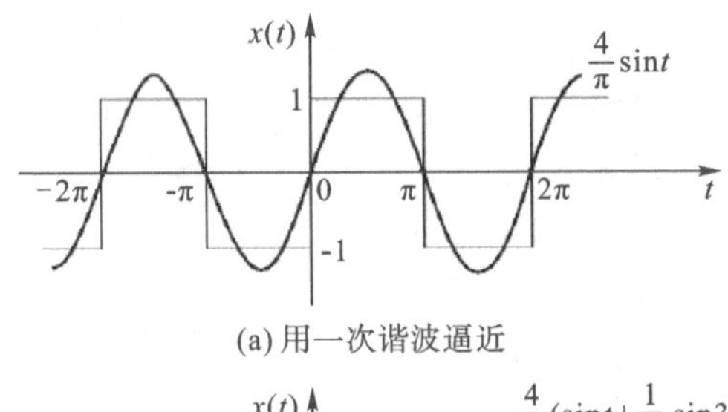

(a) 用一次谐波逼近

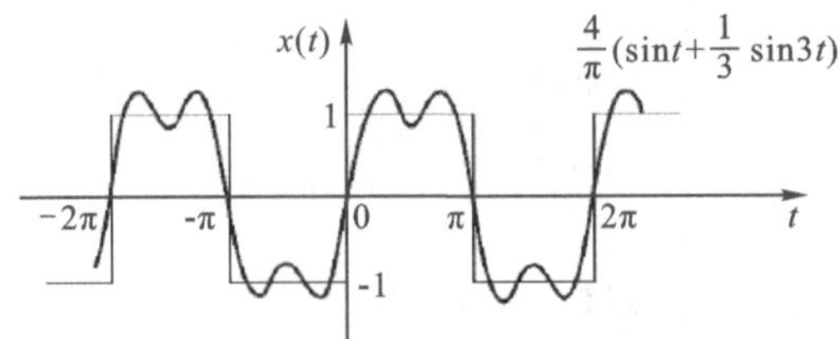

(b) 用一次和三次谐波之和逼近

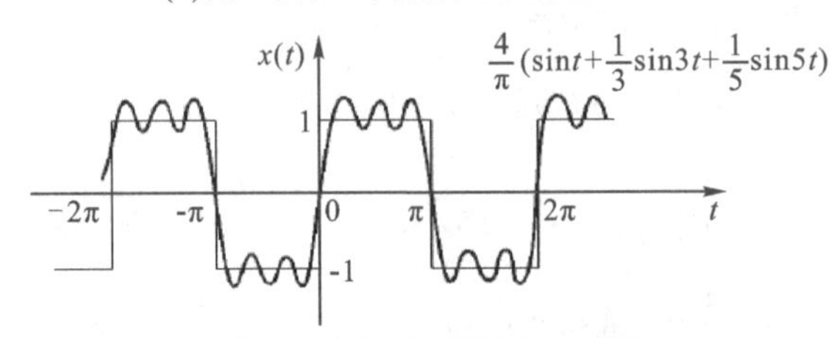

(c) 用一次、三次和五次谐波之和逼近

图 2-10　用傅里叶级数的部分项之和逼近信号

2. 复指数展开式

傅里叶级数可以写成复数函数形式。根据欧拉公式：

$$e^{\pm jn\omega_0 t} = \cos n\omega_0 t \pm j\sin n\omega_0 t$$

$$\cos n\omega_0 t = \frac{1}{2}(e^{-jn\omega_0 t} + e^{jn\omega_0 t})$$

$$\sin n\omega_0 t = \frac{1}{2j}(e^{jn\omega_0 t} - e^{-jn\omega_0 t})$$

代入式(2-5)，则有

$$\begin{aligned} x(t) &= a_0 + \sum_{n=1}^{\infty}\left(\frac{a_n - jb_n}{2}e^{jn\omega_0 t} + \frac{a_n + jb_n}{2}e^{-jn\omega_0 t}\right) \\ &= C_0 + \sum_{n=1}^{\infty}(C_n e^{jn\omega_0 t} + C_{-n}e^{-jn\omega_0 t}) \qquad n = 1,2,3,\cdots \end{aligned} \tag{2-6}$$

其中：$C_0 = a_0$，$C_n = \dfrac{a_n - jb_n}{2}$，$C_{-n} = \dfrac{a_n + jb_n}{2}$

a_n 为 n 偶函数，b_n 为 n 奇函数，则

$$x(t) = \sum_{n=-\infty}^{\infty} C_n e^{jn\omega_0 t} \qquad n = 0, \pm 1, \pm 2, \cdots \tag{2-7}$$

式(2-6)和式(2-7)即为傅里叶级数的指数形式。

将(2-4)中 a_n,b_n 代入 C_n 的表达式中,则:

$$\begin{aligned} C_n &= \frac{a_n - \mathrm{j}b_n}{2} \\ &= \frac{1}{T}\left[\int_{-T/2}^{T/2} x(t)\cos n\omega_0 t\mathrm{d}t - \mathrm{j}\int_{-T/2}^{T/2} x(t)\sin n\omega_0 t\mathrm{d}t\right] \\ &= \frac{1}{T}\int_{-T/2}^{T/2} x(t)\mathrm{e}^{-\mathrm{j}n\omega_0 t}\mathrm{d}t \qquad n = 0, \pm 1, \pm 2, \cdots \end{aligned} \tag{2-8}$$

式(2-8)为计算指数形式傅里叶级数的复系数的 C_n 公式。C_n 是 $n\omega_0$ 离散频率的函数,称为周期信号 $x(t)$的离散频谱。一般为复数,可写为

$$C_n = |C_n|\mathrm{e}^{\mathrm{j}\varphi_n} = \mathrm{Re}C_n + \mathrm{j}\mathrm{Im}C_n$$

式中,$|C_n|$和 φ_n 分别为复系数 C_n 的振幅和相位,$\mathrm{Re}C_n$ 和 $\mathrm{Im}C_n$ 分别表示 C_n 的实部与虚部,且有

$$|C_n| = \sqrt{(\mathrm{Re}C_n)^2 + (\mathrm{Im}C_n)^2}$$

$$\varphi_n = \arctan\frac{\mathrm{Im}C_n}{\mathrm{Re}C_n}$$

两种形式傅里叶级数的系数 A_n、φ_n、C_n 之间存在如下的关系:

$$A_0 = C_0 = a_0$$

$$A_n = 2|C_n| = \sqrt{a_n^2 + b_n^2}$$

$$\arg C_n = \varphi_n = \arctan\frac{-b_n}{a_n}$$

$$\arg C_{-n} = -\varphi_n$$

以$|C_n|$和 φ_n 为纵坐标,以 ω 为横坐标,画出的图形分别称为复数幅值频谱图和复数相位频谱图。特殊地,当$|C_n|$为实数时,可用 $C_n-\omega$ 的一张复数频谱图表示,$C_n>0$ 表明 $\varphi_n=0$,$C_n<0$ 表明 $\varphi_n=\pi$(或者$-\pi$)。由于式(2-8)中,$n=0,\pm1,\pm2,\cdots$,故$|C_n|-\omega$、$\varphi_n-\omega$ 亦表现为在 $n\omega_0$ 处的一根根离散谱线。因 $C_n=C_{-n}^*$,故$|C_n|-\omega$ 是以纵轴为对称的,$\varphi_n-\omega$ 为原点对称。与前述的三角形式 $A_n-\omega$、$\varphi_n-\omega$ 不同的是,$|C_n|-\omega$、$\varphi_n-\omega$ 为双边频谱,即在频率轴的负端也有谱线。在式(2-8)的推导中不难发现,负频率的出现是由于引入欧拉公式的结果,物理意义上的负频率并不存在。复数频谱图仅仅是对于周期信号 $x_f(t)$频率结构的另一种描述方式。必须搞清楚它和物理意义上的幅值频谱 $A_n-\omega$、$\varphi_n-\omega$ 相位频谱 $\varphi_n-\omega$ 的关系。

[例 2.2] 求如图 2-11 所示周期性矩形脉冲的频谱,其中周期矩形脉冲的周期为 T,脉冲宽度为 τ,一个周期内的表达式为

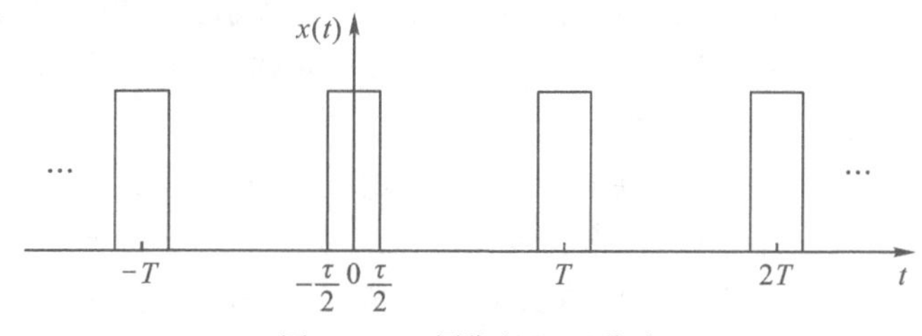

图 2-11　周期性矩形脉冲

$$x(t)=\begin{cases}0 & -T/2\leqslant t<-\tau/2\\ E & -\tau/2\leqslant t<\tau/2\\ 0 & -\tau/2\leqslant t<T/2\end{cases}$$

解 复数频谱

$$C_0=\frac{1}{T}\int_{-T/2}^{T/2}x(t)\mathrm{d}t=\frac{1}{T}\int_{-\tau/2}^{\tau/2}E\mathrm{d}t=\frac{E\tau}{T}$$

$$C_n=\frac{1}{T}\int_{-T/2}^{T/2}x(t)\mathrm{e}^{-\mathrm{j}n\omega_0 t}\mathrm{d}t=\frac{1}{T}\int_{-\tau/2}^{\tau/2}E(\cos n\omega_0 t-\mathrm{j}\sin n\omega_0 t)\mathrm{d}t$$

$$=\frac{E}{n\pi}\sin\frac{n\pi\tau}{T}\qquad n=0,\pm1,\pm2,\cdots$$

其复数傅里叶级数展开式为

$$x(t)=\frac{E\tau}{T}+\sum_{n=-\infty}^{\infty}\frac{E}{n\pi}\sin\frac{n\pi\tau}{T}\mathrm{e}^{\mathrm{j}n\omega_0 t}$$

其幅值谱和相位谱为

$$A_0=C_0=\frac{E\tau}{T}$$

$$A_n=2\mid C_n\mid=\frac{2E}{n\pi}\mid\sin\frac{n\pi\tau}{T}\mid\qquad n=1,2,\cdots$$

$$\varphi_n=\begin{cases}0 & \left(\sin\frac{n\pi\tau}{T}>0\right)\\ \pi(\text{或者}-\pi) & \left(\sin\frac{n\pi\tau}{T}<0\right)\end{cases}$$

这是一个含参变量 τ 的频谱函数，设 $T=4\tau$ 时，则：

$$A_0=\frac{E}{4}$$

$$A_n=\frac{2E}{n\pi}\mid\sin\frac{n\pi}{4}\mid,n\omega_0=\frac{n\pi}{2\tau}\qquad n=1,2,\cdots$$

$$\varphi_n=\begin{cases}0 & (n=0,1,2,3,9,10,11,\cdots)\\ -\pi & (n=5,6,7,13,14,15,\cdots)\end{cases}$$

其三角形式的傅里叶级数展开式为

$$x(t)=\frac{E}{4}+\frac{\sqrt{2}E}{\pi}\cos\frac{\pi t}{2\tau}+\frac{E}{\pi}\cos\frac{\pi t}{2\tau}+\cdots$$

其复数频谱图如图 2-12(a)所示，其幅值频谱图 A_n-ω 和相位频谱图 φ_n-ω 如图 2-12(b)所示。

该例中，C_n 为实数，通常可用一张复数频谱图 C_n-ω 表示。这里为了说明 $|C_n|$-ω、φ_n-ω 分别和 A_n-ω、φ_n-ω 的关系，特意画出了 $|C_n|$-ω、φ_n-ω 曲线图。值得注意的是当 C_n 为复数时必须用 $|C_n|$-ω、φ_n-ω 两张图表示。

从本例可以看出，已知 A_n-ω，要画出 $|C_n|$-ω 曲线图时，只需对应以 $n=1,2,\cdots$，把 $n\omega_0$ 处的谱线 A_n 一分为二，一半($A_n/2$)保留于 $n\omega_0$ 处，另一半置于 $-n\omega_0$ 处即可。这是由于 $A_n=2|C_n|=|C_n|+|C_{-n}|$ 的缘故。而直流分量不变($C_0=A_0$)。要由 φ_n-ω 画出 $\arg C_n$-ω 时，遵循这样的规则：在 $\omega>0$ 侧，$\arg C_n$-ω 的谱图原封不动照搬 φ_n-ω 的谱图，然后按

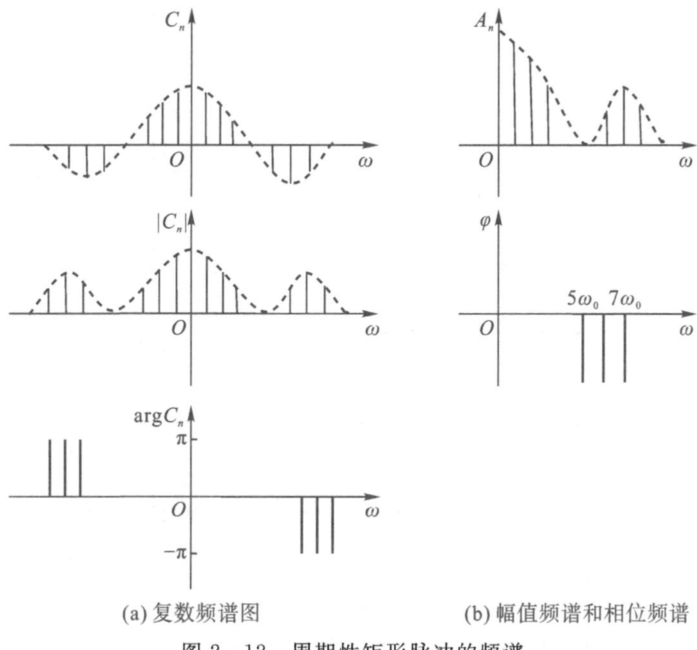

图 2－12　周期性矩形脉冲的频谱

$\arg C_n = \arg C_{-n}$，即以原点为对称画出 $\omega<0$ 侧的谱图即可。

由于 C_n 一般为复数，以 $\mathrm{Re}C_n$ 和 $\mathrm{Im}C_n$ 为纵坐标，以 ω 为横坐标，画出的图形分别称为实部频谱和虚部频谱。

［**例 2.3**］　画出正余弦函数的实、虚部频谱图。

解　由欧拉公式可知，正余弦函数可表示为复指数函数形式

$$\cos n\omega_0 t = \frac{1}{2}(\mathrm{e}^{\mathrm{j}n\omega_0 t} + \mathrm{e}^{-\mathrm{j}n\omega_0 t})$$

$$\sin n\omega_0 t = \frac{1}{2\mathrm{j}}(\mathrm{e}^{\mathrm{j}n\omega_0 t} - \mathrm{e}^{-\mathrm{j}n\omega_0 t})$$

其频谱图如图 2－13 所示。

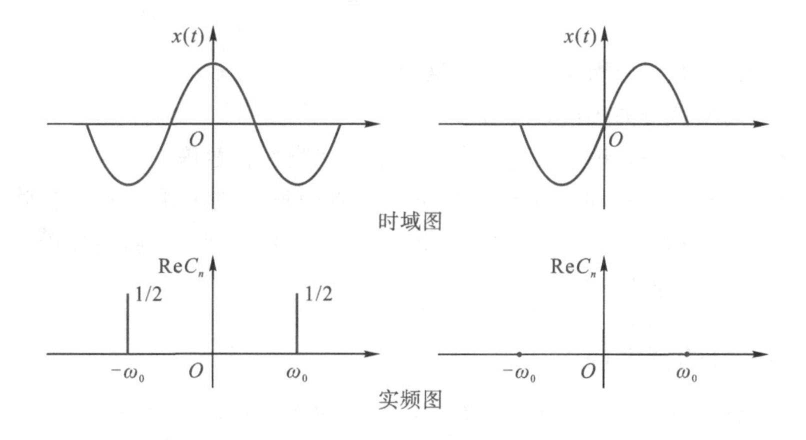

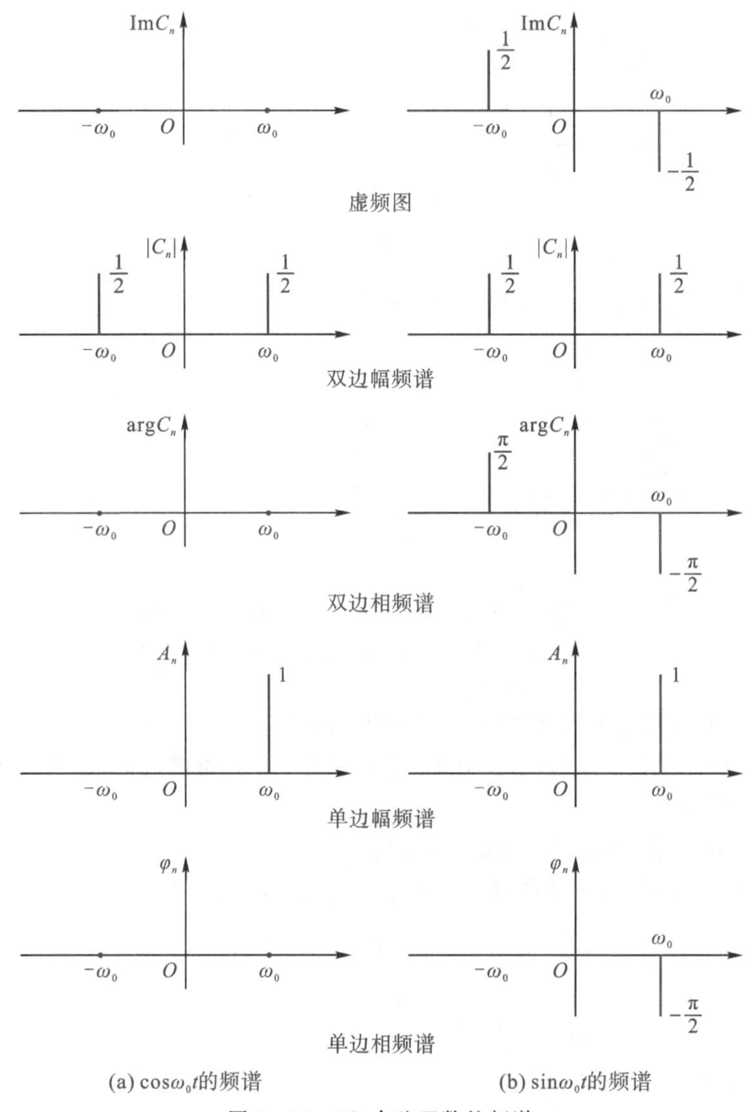

图 2-13 正、余弦函数的频谱

由上面的分析可归纳出周期信号的频谱特点如下。

(1)离散性:周期信号的频谱是离散的。

(2)谐波性:谱图上的每根谱线所对应的频率是基频的整数倍。

(3)收敛性:各频率分量的谱线高度与对应谐波的振幅成正比。工程中常见的周期信号,其谐波幅度总的趋势是随着谐波次数的增加而减小的。因此,在频谱分析中往往忽略那些次数过高的谐波分量的影响。

2.2.2 周期信号的强度描述

周期信号的强度以峰值、绝对均值、有效值和平均功率来表述,如图 2-14 所示。

峰值 x_p 是信号可能出现的最大瞬时值,即

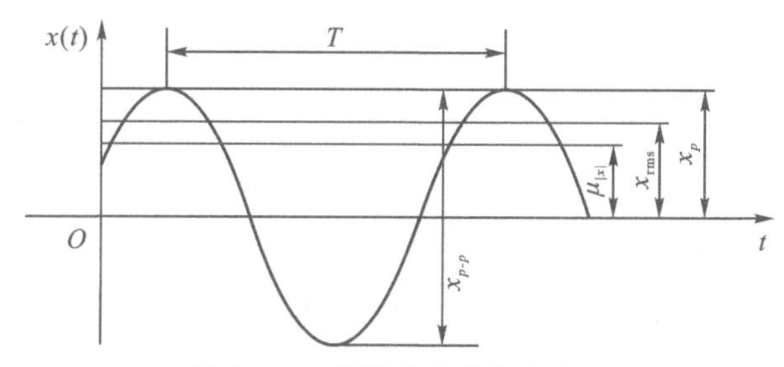

图 2-14　周期信号的强度表示

$$x_p = |x(t)|_{max} \tag{2-9}$$

峰-峰值 x_{p-p} 是在一个周期中最大瞬时值 x_{max} 与最小瞬时值 x_{min} 之差。

$$x_{p-p} = |x_{max} - x_{min}| \tag{2-10}$$

周期信号的均值是指周期信号在一个周期内对时间的平均值，即

$$\mu_x = \frac{1}{T}\int_0^T x(t)\,\mathrm{d}t \tag{2-11}$$

它是信号的常值分量。

周期信号全波整流后的均值就是信号的绝对均值，$\mu_{|x|}$，即

$$\mu_{|x|} = \frac{1}{T}\int_0^T |x(t)|\,\mathrm{d}t \tag{2-12}$$

有效值是信号的均方根值 x_{rms}，即

$$x_{rms} = \sqrt{\frac{1}{T}\int_0^T x^2(t)\,\mathrm{d}t} \tag{2-13}$$

有效值的平方-均方值就是信号的平均功率 P_{av}，即

$$P_{av} = \frac{1}{T}\int_0^T x^2(t)\,\mathrm{d}t \tag{2-14}$$

它反映信号功率的大小。

2.3　非周期信号

非周期函数的频谱是建立在傅里叶变换的基础之上的。在傅里叶变换理论中，对于进行傅里叶变换的函数 $x(t)$，要求它除了满足狄里克雷条件外，还要求它在无穷区间上满足绝对可积，即 $\int_{-\infty}^{\infty} |x(t)|\,\mathrm{d}t < \infty$，这是古典意义的傅氏变换。实际上，工程中很多常用的函数，如单位阶跃函数、单位脉冲函数、符号函数、正弦函数等均不满足绝对可积的条件，但又需要对它们进行频谱分析，这时可借助 δ 函数的理论对这一类的函数进行傅氏变换，这就产生了广义的傅里叶变换。事实上，由于 δ 函数的引入，几乎所有的信号均存在广义傅里叶变换。

2.3.1　非周期信号的频域描述

一个周期信号 $x(t)$ 的傅里叶级数为

$$x(t) = \sum_{n=-\infty}^{\infty} C_n e^{jn\omega_0 t} \tag{2-15}$$

式中，

$$C_n = \frac{1}{T}\int_{-T/2}^{T/2} x(t) e^{-jn\omega_0 t} dt \tag{2-16}$$

一个非周期函数 $x(t)$，可以看成一个周期函数 $x(t)$，其周期 $T\to\infty$ 时的极限情况。当 $T\to\infty$ 时，区间 $(-\frac{T}{2},\frac{T}{2})$ 趋于 $(-\infty,+\infty)$，频率间隔 $\Delta\omega=n\omega_0-(n-1)\omega_0=\frac{2\pi}{T}$ 变为无穷小的量 $d\omega$，离散频率 $n\omega_0$ 变成连续频率 ω，求和符号 $\sum$ 变为积分 $\int$，周期 $T=\frac{2\pi}{\omega_0}$ 变为 $\frac{2\pi}{d\omega}$。将式(2-16)代入式(2-15)得到

$$\begin{aligned} x(t) &= \lim_{\Delta\omega\to 0} \frac{\Delta\omega}{2\pi}\left[\sum_{n=-\infty}^{\infty}\int_{-T/2}^{T/2} x(t) e^{-jn\omega_0 t} dt\right] e^{jn\omega_0 t} \\ &= \frac{1}{2\pi}\int_{-\infty}^{+\infty}\left[\int_{-\infty}^{+\infty} x(t) e^{-j\omega t} dt\right] e^{j\omega t} d\omega \end{aligned} \tag{2-17}$$

式(2-17)中括号中的积分为

$$X(\omega) = \int_{-\infty}^{+\infty} x(t) e^{-j\omega t} dt \tag{2-18}$$

它是变量 ω 的函数。式(2-18)可写为

$$x(t) = \frac{1}{2\pi}\int_{-\infty}^{+\infty} X(\omega) e^{j\omega t} d\omega \tag{2-19}$$

将 $X(\omega)$ 称为 $x(t)$ 的傅里叶变换，而将 $x(t)$ 称为 $X(\omega)$ 的逆傅里叶变换，两者之间存在一一对应的关系，称 $x(t)$，$X(\omega)$ 为傅里叶变换对，记为

$$x(t) \underset{\text{IFT}}{\overset{\text{FT}}{\Longleftrightarrow}} X(\omega)$$

上述公式中的角频率 ω 用频率 f 来代替，由于 $\omega=2\pi f$，则式(2-18)、式(2-19)可变为

$$X(f) = \int_{-\infty}^{+\infty} x(t) e^{-j2\pi ft} dt \tag{2-20}$$

$$x(t) = \frac{1}{2\pi}\int_{-\infty}^{+\infty} X(f) e^{j2\pi ft} df \tag{2-21}$$

相应的傅里叶变换对可写成：

$$x(t) \underset{\text{IFT}}{\overset{\text{FT}}{\Longleftrightarrow}} X(f)$$

从式(2-21)可知，一个非周期函数可分解成频率 f 连续变化的谐波的叠加，式中 $X(f)df$ 是谐波 $e^{j2\pi ft}$ 的系数，决定着信号的振幅和相位。由于不同的频率 f，$X(f)df$ 项中的 df 是相同的，而只有 $X(f)$ 才反映不同谐波分量的振幅与相位的变化情况，因此称 $X(f)$ 或 $X(\omega)$ 为 $x(t)$ 的连续频谱。由于 $X(f)$ 一般为实变量 f 的复函数，故可将其写为

$$X(f) = |X(f)| e^{j\varphi(f)} \tag{2-22}$$

上式中的 $|X(f)|$（或 $|X(\omega)|$，变量为 ω 时）为非周期信号 $x(t)$ 幅值谱，$\varphi(f)$（或 $\varphi(\omega)$，变量为 ω 时）称为 $x(t)$ 的相位谱。由式(2-17)形式推导中可以看出，当 $\Delta\omega\to 0$ 时，基频 $\omega_0\to d\omega$，说明它包含了从零到无穷大的所有频率成分，各频率分量的幅值 $[X(\omega)d\omega/2\pi]$ 则趋于无穷小，所以频谱不能用幅值表示，而必须用密度函数表示，故也称 $X(f)$ [或 $X(\omega)$] 为频

谱密度函数，$X(f)$[或 $X(\omega)$]为幅值频谱密度函数，也简称为频谱；称 $\varphi(f)$[或 $\varphi(\omega)$]为相位频谱密度。

尽管非周期信号的幅值谱 $|X(f)|$ 与周期信号的幅值谱 $|C_n|$ 在名称上相同，但 $|X(f)|$ 是连续的，$|C_n|$ 为离散的。此外，二者在量纲上也不一样。$|C_n|$ 与信号幅值量纲一致，$|X(f)|$ 的量纲与信号量纲不一致，而 $x(t)$ 与 $X(f)\mathrm{d}f$ 的量纲一致，$|X(f)|$ 是单位频宽上的幅值。

综上所述，非周期信号频谱的特点：

(1)非周期信号可分解成许多不同频率的正弦、余弦分量之和，但它包含了从零到无穷大的所有频率分量；

(2)非周期信号的频谱是连续的；

(3)非周期信号的频谱由频谱密度函数来描述，表示单位频宽上的幅值和相位(即单位频宽内所包含的能量)；

(4)非周期信号频域描述的数学基础是傅里叶变换。

[例 2.4]　求图 2-15 所示的单边指数函数的 $e^{-at}\xi(t)(a>0)$ 频谱。

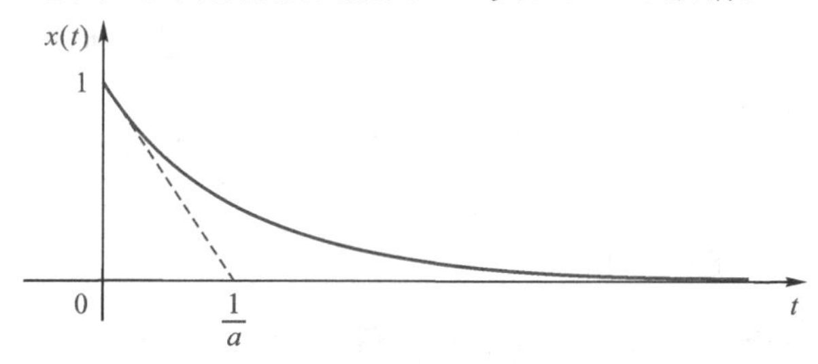

图 2-15　单边指数函数

解　根据式(2-20)，有

$$X(f)=\int_{-\infty}^{+\infty}x(t)e^{-j2\pi ft}\,dt=\int_{-\infty}^{+\infty}e^{-at}\xi(t)e^{-j2\pi ft}\,dt=\int_{0}^{\infty}e^{-at}e^{-j2\pi ft}\,dt=\frac{1}{a+j2\pi f}$$

于是，
$$\begin{cases}|X(f)|=\dfrac{1}{\sqrt{a^2+(2\pi f)^2}}\\[2ex]\varphi(f)=-\arctan\dfrac{2\pi f}{a}\end{cases}$$

其幅频谱与相频谱如图 2-16 所示。

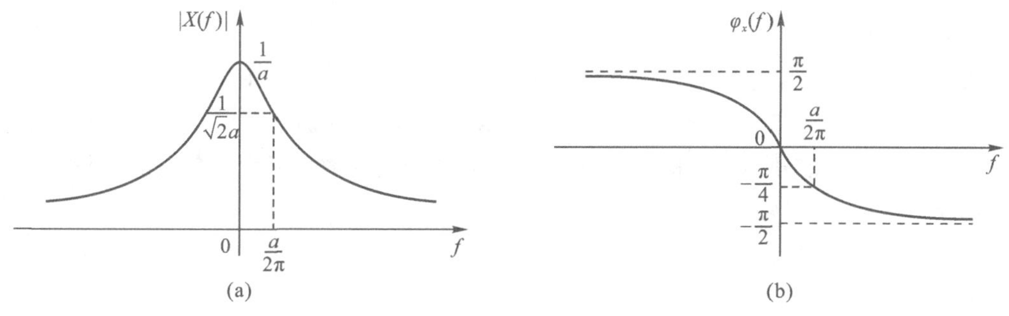

图 2-16　单边指数函数的频谱

[例 2.5] 求矩形窗函数的频谱。

解 矩形窗函数是信号分析中重要的函数之一，通常用来对无限长的信号进行有限的截断处理，即加窗处理。窗函数的时域表达式为

$$x(t)=\begin{cases}1, & |t|\leqslant \tau/2\\ 0, & |t|>\tau/2\end{cases}$$

根据式(2-20)，有

$$X(\omega)=\int_{-\infty}^{+\infty}x(t)\mathrm{e}^{-\mathrm{j}\omega t}\mathrm{d}t=\int_{-\tau/2}^{\tau/2}1\cdot \mathrm{e}^{-\mathrm{j}\omega t}\mathrm{d}t$$

$$=\frac{1}{\mathrm{j}\omega}(\mathrm{e}^{-\mathrm{j}\omega\tau/2}-\mathrm{e}^{\mathrm{j}\omega\tau/2})=\tau\frac{\sin\frac{\omega\tau}{2}}{\frac{\omega\tau}{2}}=\tau\mathrm{sinc}\left(\frac{\omega\tau}{2}\right)$$

其幅值谱和相位谱分别为

$$|X(\omega)|=\tau\left|\mathrm{sinc}\left(\frac{\omega\tau}{2}\right)\right|$$

$$\varphi(\omega)=\begin{cases}0 & \frac{4n\pi}{\tau}<|\omega|<\frac{2(2n+1)\pi}{\tau}\\ \pm\pi & \frac{2(2n+1)\pi}{\tau}<|\omega|<\frac{4(n+1)\pi}{\tau}\end{cases}$$

其中，$\mathrm{sin}c(x)=\frac{\sin x}{x}$称为抽样函数。

它以 2π 为周期，并随 x 的增加而作衰减振荡。$\mathrm{sin}c(x)$是偶函数，在 $n\pi(n=\pm1,2,\cdots)$处其值为零。

从矩形脉冲信号的频谱可以得出以下结论(见图 2-17)：

(1)当脉冲宽度 τ 很大时，信号的能量将大部分集中在 $\omega=0$ 附近；

(2)当脉冲宽度 $\tau\to\infty$时，脉冲信号变成直流信号，频谱函数只在 $\omega=0$ 处存在；

(3)当脉冲宽度 τ 减小时，频谱中的高频成分增加，信号频带宽度增大；

(4)当脉冲宽度 $\tau\to0$ 时，矩形脉冲变成无穷窄的脉冲(相当于单位冲击信号)，频谱函数成为一条平行于 ω 轴的直线，并扩展到全部频谱范围，信号的频带宽度趋于无穷。

2.3.2 傅里叶变换的主要性质

1. 线性叠加性

若 $x_1(t)\Leftrightarrow X_1(\omega)$，$x_2(t)\Leftrightarrow X_2(\omega)$，则对应两个任意常数 a 和 b，有

$$ax_1(t)+bx_2(t)\Leftrightarrow aX_1(\omega)+bX_2(\omega)$$

上式表明时域信号增大 a 倍时，则其频域信号的频谱函数也增大 a 倍；几个时域信号合成后的频谱函数，等于各个信号频谱函数之和。

2. 对称性(对偶性)

若 $x(t)\Leftrightarrow X(\omega)$

则 $X(t)\Leftrightarrow 2\pi x(-\omega)$

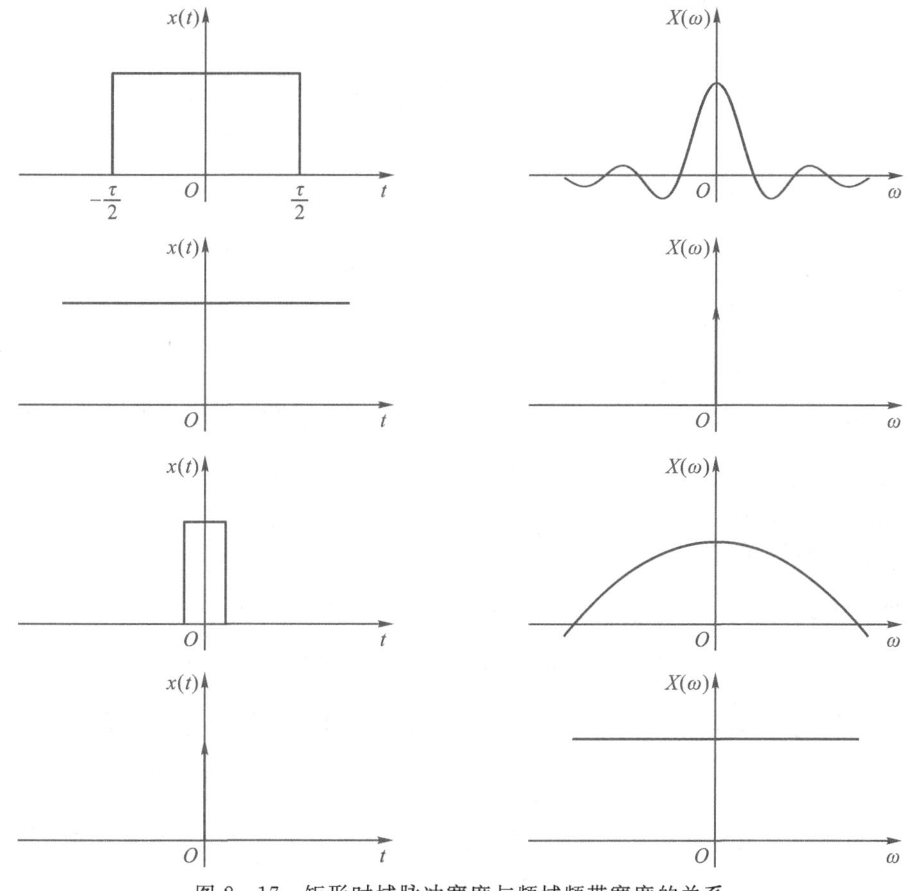

图 2-17　矩形时域脉冲宽度与频域频带宽度的关系

证明　因为

$$x(t)=\frac{1}{2\pi}\int_{-\infty}^{+\infty}X(\omega)\mathrm{e}^{\mathrm{j}\omega t}\mathrm{d}\omega$$

故有

$$2\pi x(-t)=\int_{-\infty}^{+\infty}X(\omega')\mathrm{e}^{\mathrm{j}\omega' t}\mathrm{d}\omega'$$

将上式中的变量 t 换成 ω，得

$$2\pi x(-\omega)=\int_{-\infty}^{+\infty}X(\omega)\mathrm{e}^{\mathrm{j}\omega'\omega}\mathrm{d}\omega'$$

由于积分与变量无关，再将上式汇总的 ω' 换为 t，于是得

$$2\pi x(-\omega)=\int_{-\infty}^{+\infty}X(t)\mathrm{e}^{\mathrm{j}\omega t}\mathrm{d}t$$

上式表明，时间函数 $X(t)$ 傅里叶变换为 $2\pi(-\omega)$。

对称性表明：若偶函数 $x(t)$ 的频谱函数为 $X(\omega)$，则与 $X(\omega)$ 波形相同的时域函数 $X(t)$ 的频谱密度函数与原信号 $x(t)$ 有相似的波形如图 2-18 所示。

3. 时间尺度特性

若 $x(t)\Leftrightarrow X(\omega)$

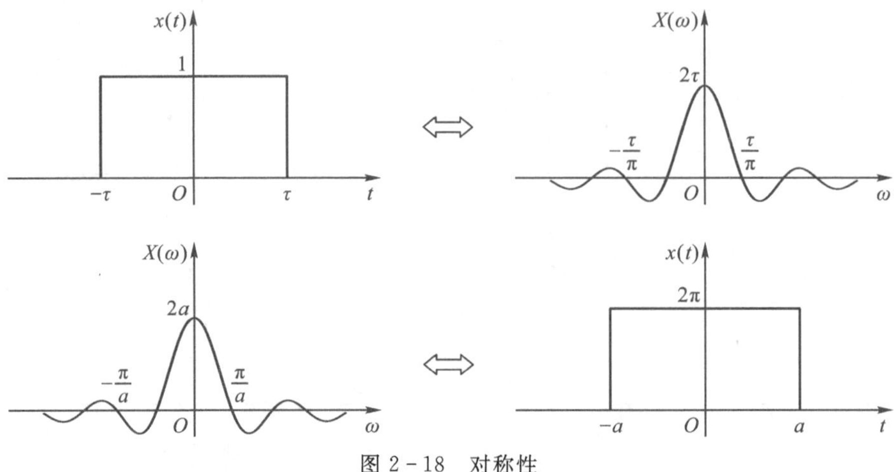

图 2-18　对称性

则 $x(at) \Leftrightarrow \frac{1}{|a|}X(\frac{\omega}{a})$

证明　设 $a>0$，则 $x(at)$ 的傅里叶变换为

$$F[x(at)] = \int_{-\infty}^{+\infty} x(at)\mathrm{e}^{-\mathrm{j}\omega t}\,\mathrm{d}t$$

上式中 $F[\ ]$ 表示傅里叶变换，$F^{-1}[\ ]$ 表示傅里叶逆变换。做变量置换设 $u=at$，则

$$F[x(at)] = \int_{-\infty}^{+\infty} x(u)\mathrm{e}^{-(\mathrm{j}\omega u/a)}\,\frac{\mathrm{d}u}{a} = \frac{1}{a}X(\frac{\omega}{a})$$

若 $a<0$，则

$$F[x(at)] = \frac{-1}{a}X(\frac{\omega}{a})$$

综上，则有

$$x(at) \Leftrightarrow \frac{1}{|a|}X(\frac{\omega}{a})$$

时间尺度特性表明：信号在时域中沿时间轴压缩 a 倍（$a>1$），则在频域中频谱函数的频带加宽 a 倍，而幅值压缩 $1/a$ 倍；反之，信号在时域中扩展时（$a<1$），在频域中将引起频带变窄，但幅值增高如图 2-19 所示。

4. 奇偶虚实性

函数 $x(t)$ 的傅里叶变换 $X(\omega)$ 是变量 ω 的复数函数。按定义有

$$\begin{aligned} X(-\omega) &= \int_{-\infty}^{+\infty} x(t)\mathrm{e}^{\mathrm{j}\omega t}\,\mathrm{d}t \\ &= \int_{-\infty}^{+\infty} x(t)\cos\omega t\,\mathrm{d}t + \mathrm{j}\int_{-\infty}^{+\infty} x(t)\sin\omega t\,\mathrm{d}t \end{aligned}$$

$$\begin{aligned} X(\omega) &= \int_{-\infty}^{+\infty} x(t)\mathrm{e}^{-\mathrm{j}\omega t}\,\mathrm{d}t \\ &= \int_{-\infty}^{+\infty} x(t)\cos\omega t\,\mathrm{d}t - \mathrm{j}\int_{-\infty}^{+\infty} x(t)\sin\omega t\,\mathrm{d}t \end{aligned}$$

则：

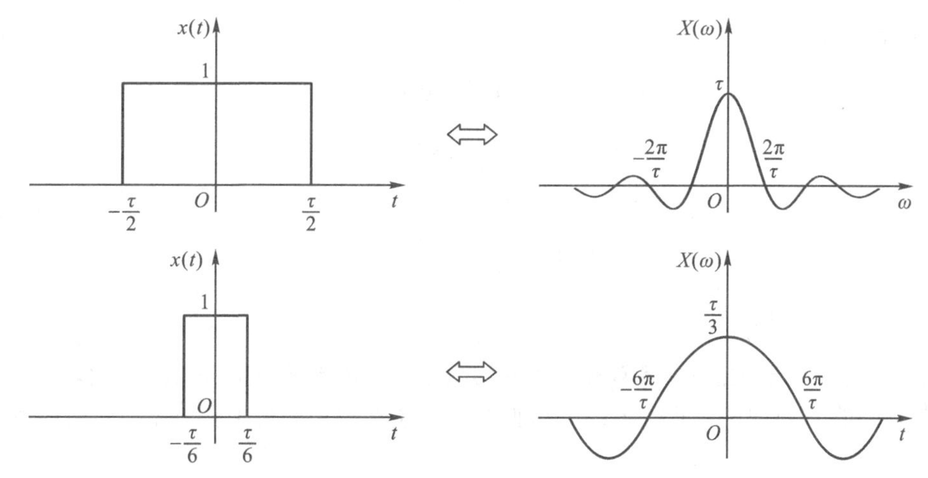

图 2-19　窗函数的尺度变换($a=3$)

$$X(\omega)=X^*(-\omega)$$
$$\mathrm{Re}X(\omega)=\mathrm{Re}X(-\omega)$$
$$\mathrm{Im}X(\omega)=-\mathrm{Im}X(-\omega)$$

因此,若 $x(t)$ 为实偶函数,则 $\mathrm{Im}X(\omega)=0$,$X(\omega)=\mathrm{Re}X(\omega)$ 为实偶函数;若 $x(t)$ 为实奇函数,则 $\mathrm{Re}X(\omega)=0$,$X(\omega)=\mathrm{Im}X(\omega)$ 为虚奇函数;如果 $x(t)$ 为虚函数,则以上结论的虚实位置互换。

5. 时移特性

若 $x(t)\Leftrightarrow X(\omega)$

则 $x(t-t_0)\Leftrightarrow X(\omega)\mathrm{e}^{-\mathrm{j}\omega t_0}$

证明　根据傅里叶变换定义有

$$F[x(t-t_0)]=\int_{-\infty}^{+\infty}x(t-t_0)\mathrm{e}^{-\mathrm{j}\omega t}\mathrm{d}t$$

令 $u=t-t_0$,则

$$F[x(t-t_0)]=\int_{-\infty}^{+\infty}x(u)\mathrm{e}^{-\mathrm{j}\omega(u+t_0)}\mathrm{d}u=\mathrm{e}^{-\mathrm{j}\omega t_0}X(\omega)$$

时移特性表明:时域信号沿时间轴平移(延迟)时间 t_0,则在频域中需乘以因子 $\mathrm{e}^{-\mathrm{j}\omega t_0}$,即幅频特性不变,相频谱中相角的改变与频率成正比,为 $-\omega t_0$,因此时域的时移对应频域的相移。

6. 频移特性

若 $x(t)\Leftrightarrow X(\omega)$

则 $x(t)\mathrm{e}^{\pm\mathrm{j}\omega_0 t}\Leftrightarrow X(\omega\mp\omega_0)$

证明　根据傅里叶变换定义

$$F[x(t)\mathrm{e}^{\mathrm{j}\omega_0 t}]=\int_{-\infty}^{+\infty}x(t)\mathrm{e}^{-\mathrm{j}\omega t}\mathrm{e}^{\mathrm{j}\omega_0 t}\mathrm{d}t=\int_{-\infty}^{+\infty}x(t)\mathrm{e}^{-\mathrm{j}(\omega-\omega_0)t}\mathrm{d}t=X(\omega-\omega_0)$$

频移特性表明:若时域信号乘以因子 $\pm\omega_0 t$,则对应的频谱 $X(\omega)$ 将沿频率轴平移 ω_0,频谱形状无变化。这种频率搬移过程,在电子技术中就是调幅过程。

7. 卷积性质

两个函数 $x_1(t)$、$x_2(t)$的卷积，$x_1(t)*x_2(t)$定义为

$$x_1(t)*x_2(t)=\int_{-\infty}^{+\infty}x_1(\tau)x_2(t-\tau)\mathrm{d}\tau$$

若 $x_1(t)\Leftrightarrow X_1(\omega)$，$x_2(t)\Leftrightarrow X_2(\omega)$

则 $x_1(t)*x_2(t)\Leftrightarrow X_1(\omega)\cdot X_2(\omega)$

$x_1(t)\cdot x_2(t)\Leftrightarrow\dfrac{1}{2\pi}X_1(\omega)*X_2(\omega)$

前者称为时域卷积性质，后者称为频域卷积性质。通常卷积的积分计算比较困难，但利用卷积性质可以使信号分析大为简化，因此卷积性质在信号分析中具有十分重要的意义。

(1)时域卷积。

证明 根据卷积定义有

$$x_1(t)*x_2(t)=\int_{-\infty}^{+\infty}x_1(\tau)x_2(t-\tau)\mathrm{d}\tau$$

其傅里叶变换为

$$\begin{aligned}F[x_1(t)*x_2(t)]&=\int_{-\infty}^{+\infty}\mathrm{e}^{-\mathrm{j}\omega t}\left[\int_{-\infty}^{+\infty}x_1(\tau)x_2(t-\tau)\mathrm{d}\tau\right]\mathrm{d}t\\&=\int_{-\infty}^{+\infty}x_1(\tau)\left[\int_{-\infty}^{+\infty}x_2(t-\tau)\mathrm{e}^{-\mathrm{j}\omega t}\mathrm{d}t\right]\mathrm{d}\tau\end{aligned}$$

由时移性可知

$$\int_{-\infty}^{+\infty}x_2(t-\tau)\mathrm{e}^{-\mathrm{j}\omega t}\mathrm{d}t=X_2(\omega)\mathrm{e}^{-\mathrm{j}\omega t}$$

代入上式得

$$\begin{aligned}F[x_1(t)*x_2(t)]&=\int_{-\infty}^{+\infty}x_1(\tau)X_2(\omega)\mathrm{e}^{-\mathrm{j}\omega t}\mathrm{d}\tau\\&=X_2(\omega)\int_{-\infty}^{+\infty}x_1(\tau)\mathrm{e}^{-\mathrm{j}\omega t}\mathrm{d}\tau\\&=X_1(\omega)\cdot X_2(\omega)\end{aligned}$$

(2)频域卷积。

傅里叶逆变换有

$$\begin{aligned}F^{-1}[\frac{1}{2\pi}X_1(\omega)*X_2(\omega)]&=\left(\frac{1}{2\pi}\right)^2\int_{-\infty}^{+\infty}\mathrm{e}^{\mathrm{j}\omega t}\int_{-\infty}^{+\infty}X_1(\tau)X_2(\omega-\tau)\mathrm{d}\tau\mathrm{d}\omega\\&=\left(\frac{1}{2\pi}\right)^2\int_{-\infty}^{+\infty}X_1(\tau)\int_{-\infty}^{+\infty}X_2(\omega-\tau)\mathrm{e}^{\mathrm{j}\omega t}\mathrm{d}\tau\mathrm{d}\omega\\&=\frac{1}{2\pi}\int_{-\infty}^{+\infty}X_1(\tau)\mathrm{e}^{\mathrm{j}t\tau}\mathrm{d}\tau\cdot\frac{1}{2\pi}\int_{-\infty}^{+\infty}X_2(\omega-\tau)\mathrm{e}^{\mathrm{j}(\omega-\tau)t}\mathrm{d}\omega\\&=x_1(t)\cdot x_2(t)\end{aligned}$$

8. 时域积分和微分特性

若 $x(t)\Leftrightarrow X(\omega)$，则$\dfrac{\mathrm{d}x(t)}{\mathrm{d}t}\Leftrightarrow\mathrm{j}\omega X(\omega)$，进而可扩展为$\dfrac{\mathrm{d}^n x(t)}{\mathrm{d}t^n}\Leftrightarrow(\mathrm{j}\omega)^n X(\omega)$

若 $X(t)=0$ 则有 $\int_{-\infty}^{t} x(t)\mathrm{d}t \Leftrightarrow \frac{1}{\mathrm{j}\omega}X(\omega)$

9. 频域积分和微分特性

若 $x(t)\Leftrightarrow X(\omega)$，则 $(-\mathrm{j}t)x(t)\Leftrightarrow \frac{\mathrm{d}X(\omega)}{\mathrm{d}\omega}$，进而可扩展为 $(-\mathrm{j}t)^n x(t)\Leftrightarrow \frac{\mathrm{d}^n X(\omega)}{\mathrm{d}\omega^n}$

若 $x(t)=0$ 则有 $\frac{x(t)}{-\mathrm{j}t}\Leftrightarrow \int_{-\infty}^{\infty} X(\omega)\mathrm{d}\omega$

2.3.3　单位脉冲函数(δ 函数)及其频谱

δ 函数是一个广义函数，也是一个理想函数，工程上称其为单位脉冲函数。说它是一个理想函数，是因为它的能量只集中于一点 $t=0$。数学表达式为

$$\delta(t)=\begin{cases}\infty, & t=0\\ 0, & t\neq 0\end{cases}$$

且 $\int_{-\infty}^{\infty}\delta(t)\mathrm{d}t=1$，如图 2-21 所示。

可以看出，$\delta(t)$ 的函数描述及其图形是普通函数中所没有的，因而称其为理想函数，它在信号分析中占有极其重要的地位。

1. δ 函数的性质

乘积性质：函数 $x(t)$ 与 $\delta(t)$ 相乘，则下两式成立

$$x(t)\cdot\delta(t)=x(0)\cdot\delta(t)$$

$$x(t)\cdot\delta(t-t_0)=x(t_0)\cdot\delta(t-t_0)$$

筛选性质(积分性质)：若 $x(t)$ 是一个无穷次可微函数，则

$$\int_{-\infty}^{+\infty}x(t)\delta(t)\mathrm{d}t=x(0)$$

$$\int_{-\infty}^{+\infty}x(t)\delta(t-t_0)\mathrm{d}t=x(t_0)$$

卷积性质：

$$x(t)*\delta(t)=x(t)$$

$$x(t)*\delta(t\pm T)=x(t\pm T)$$

证明如下：

$$x(t)*\delta(t)=\int_{-\infty}^{+\infty}x(\tau)\delta(t-\tau)\mathrm{d}\tau=\int_{-\infty}^{+\infty}x(\tau)\delta(\tau-t)\mathrm{d}\tau=x(t)$$

函数 $x(t)$ 和 $\delta(t)$ 卷积的性质就是在图形上的描述，就是将 $x(t)$ 在发生脉冲函数的坐标位置上重新构图，如图 2-20 所示。

2. δ 函数的频谱

由 δ 函数的筛选性质，可得 δ 函数的频谱为

$$X(\omega)=\int_{-\infty}^{+\infty}\delta(t)\mathrm{e}^{-\mathrm{j}\omega t}\mathrm{d}t=\mathrm{e}^0=1$$

其逆变换为 $\delta(t)=\frac{1}{2\pi}\int_{-\infty}^{+\infty}1\cdot\mathrm{e}^{\mathrm{j}\omega t}\mathrm{d}\omega$

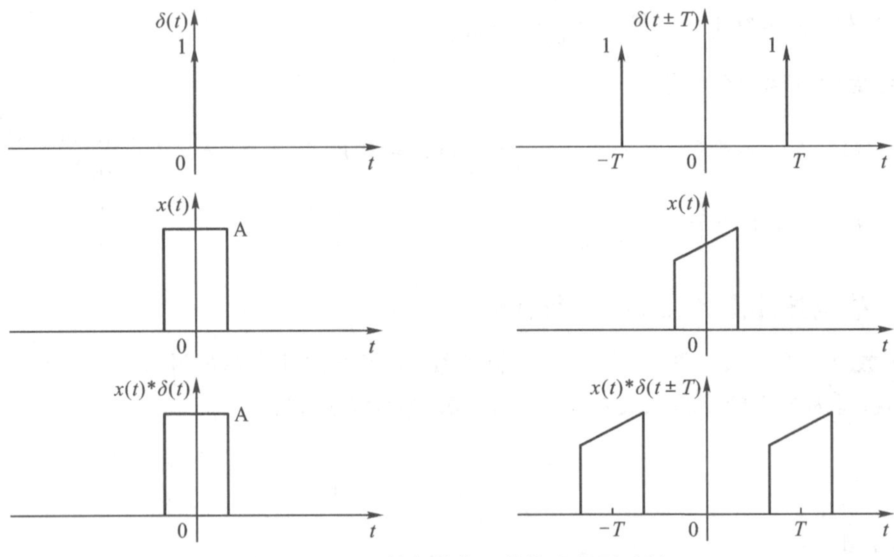

图 2－20　δ 函数与其他函数的卷积图示例

从而有傅里叶变换对：

$$\delta(t) \Leftrightarrow 1$$

其频谱如图 2－21 所示。δ 函数的频谱表明它是一个频带无限宽且等强度的，具有这种频谱性质的信号是理想的白噪声。

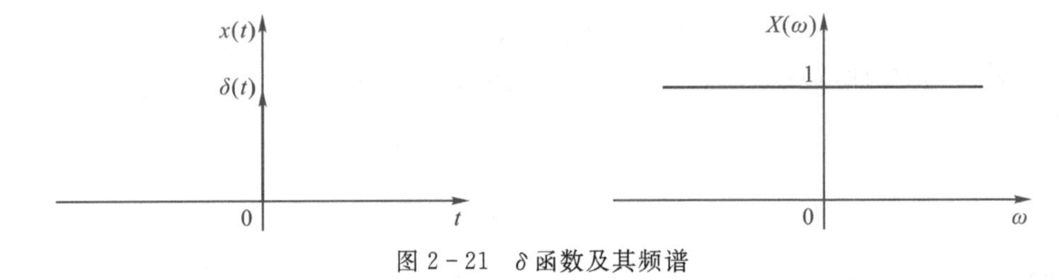

图 2－21　δ 函数及其频谱

利用傅里叶变换的时移性还可得到单位脉冲函数 $\delta(t-t_0)$ 的傅里叶变换对：

$$\delta(t-t_0) \Leftrightarrow e^{-j\omega t_0}$$

利用对称性，又可得到以下的傅里叶变换对：

$$e^{j\omega t_0} \Leftrightarrow 2\pi\delta(\omega-\omega_0)$$

$$1 \Leftrightarrow 2\pi\delta(\omega)$$

2.3.4　广义频谱函数

引入了 δ 函数后，使得那些在无穷区间上，不满足绝对可积的函数在进行傅里叶变换后有了确定值，这就是广义频谱函数。图 2－22 为符号函数，直流、阶跃函数以及 δ 函数的广义频谱函数及各自的频谱图。

此外，可以利用 δ 函数求出式(2－7)的离散频谱。即

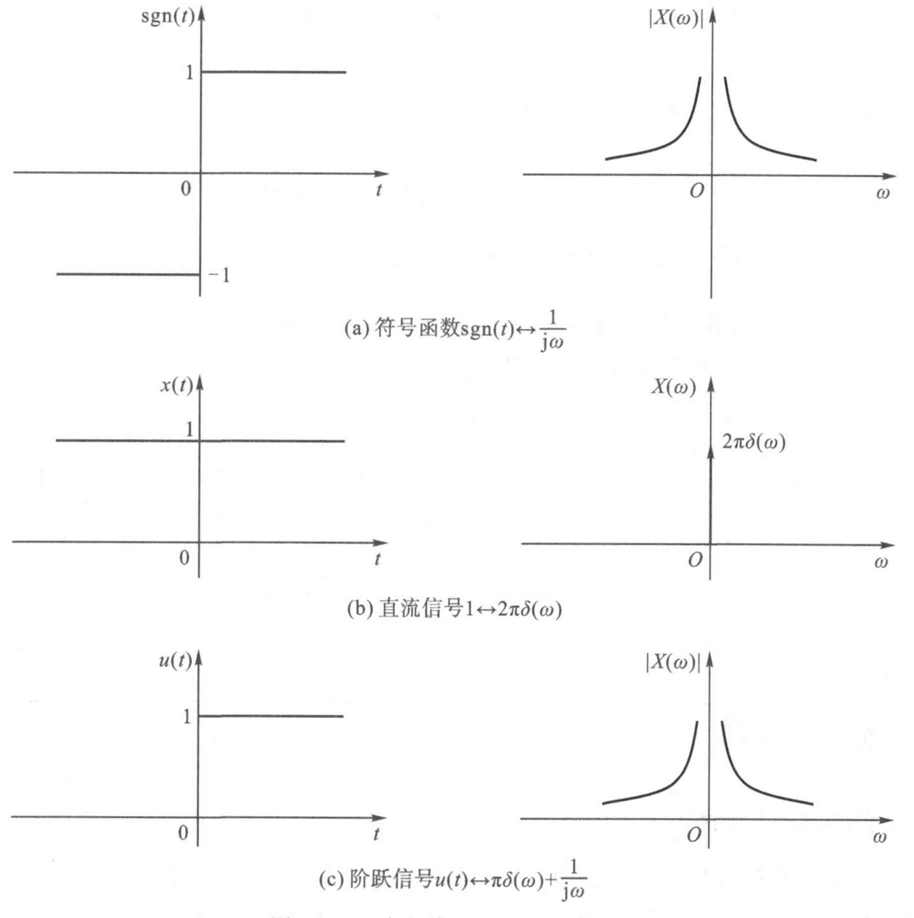

(a) 符号函数$\mathrm{sgn}(t)\leftrightarrow\frac{1}{\mathrm{j}\omega}$

(b) 直流信号$1\leftrightarrow 2\pi\delta(\omega)$

(c) 阶跃信号$u(t)\leftrightarrow\pi\delta(\omega)+\frac{1}{\mathrm{j}\omega}$

图 2-22　广义傅里叶变换及其频谱

$$
\begin{aligned}
X(\omega) &= F[x(t)] = F\Big[\sum_{-\infty}^{+\infty} C_n \mathrm{e}^{\mathrm{j}n\omega_0 t}\Big] \\
&= 2\pi \sum_{-\infty}^{+\infty} C_n \delta(\omega - n\omega_0)
\end{aligned}
\tag{2-23}
$$

其中 $C_n = \dfrac{1}{T}\displaystyle\int_{-T/2}^{T/2} x(t)\mathrm{e}^{-\mathrm{j}n\omega_0 t}\mathrm{d}t$

式(2-23)表明，周期函数的傅里叶变换是等间隔的脉冲，其幅值（强度）被傅里叶级数的系数所加权。

［例 2-6］ 求等间隔脉冲序列的幅值谱密度。

解　设等间隔脉冲序列为

$$
\delta_{T_s} = \sum_{n=-\infty}^{\infty} \delta(t - nT_s) \qquad (n = \pm 1, \pm 2, \cdots)
$$

其中，T_s 为脉冲序列的周期，$n=\pm 1,\pm 2,\cdots$。这个序列也称为采样序列，为采样周期。它的傅氏级数形式为

$$\delta_{T_s} = \frac{1}{T_s}\sum_{n=-\infty}^{\infty} e^{jn\omega_s t}$$

这个是一个幅值为$\frac{1}{T_s}$的等高序列(见图 2-23),由式(2-23)得

$$X(\omega) = 2\pi \sum_{n=-\infty}^{\infty} \frac{1}{T_s}\delta(\omega - n\omega_s) = \omega_s \sum_{n=-\infty}^{\infty} \delta(\omega - n\omega_s)$$

$$X(f) = \frac{1}{T_s}\sum_{n=-\infty}^{\infty} \delta(f - nf_s) \qquad (n = \pm 1, \pm 2, \cdots)$$

上式表明,等间隔脉冲序列的幅值谱密度仍是一个脉冲序列,即为离散频谱,但幅值的大小用强度 ω_s 来表示,即为无穷大的脉冲。

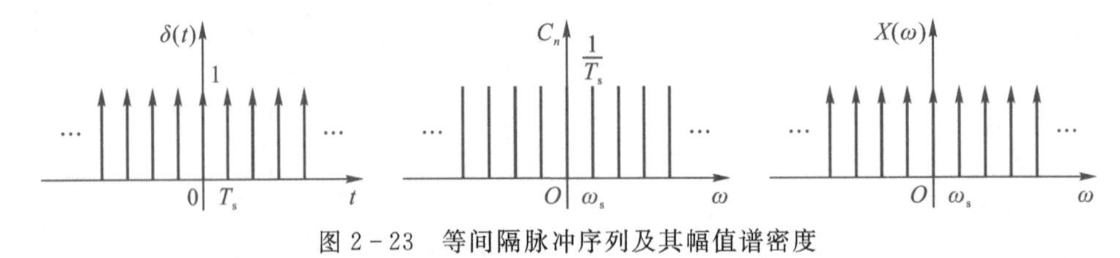

图 2-23 等间隔脉冲序列及其幅值谱密度

2.4 随机信号

2.4.1 随机信号概述

对于非确定性的随机信号,可以用分析随机变量的方法对其进行统计分析。

随机信号是一类十分重要的信号,随机信号的特点:时间函数不能用精确的数学关系式来描述;不能预测它未来任何时刻的准确值;对这种信号的每次观测结果都不同,但大量的重复观测可以看到它具有统计规律性,因而随机信号必须用概率统计方法以及频谱特征来描述和研究。

1. 随机过程的一般概念

对随机信号按时间历程所作的各次长时间观察记录称为样本函数,记为 $x_i(t)$。全部样本函数的集合(总体)称为随机过程,即为$\{x(t)\}$。即

$$\{x(t)\} = \{x_1(t), x_2(t), \cdots, x_i(t), \cdots\} \tag{2-24}$$

随机过程与样本函数的关系如图 2-24 所示。

2. 随机信号的分类

随机过程可以分为平稳和非平稳过程两类。平稳随机过程又分为各态历经和非各态历经,非平稳随机过程分为一般非平稳随机过程和瞬时随机过程。

$$随机过程\begin{cases}平稳随机过程\begin{cases}各态历经过程\\非各态历经过程\end{cases}\\非平稳随机过程\begin{cases}一般非平稳随机过程\\瞬时随机过程\end{cases}\end{cases}$$

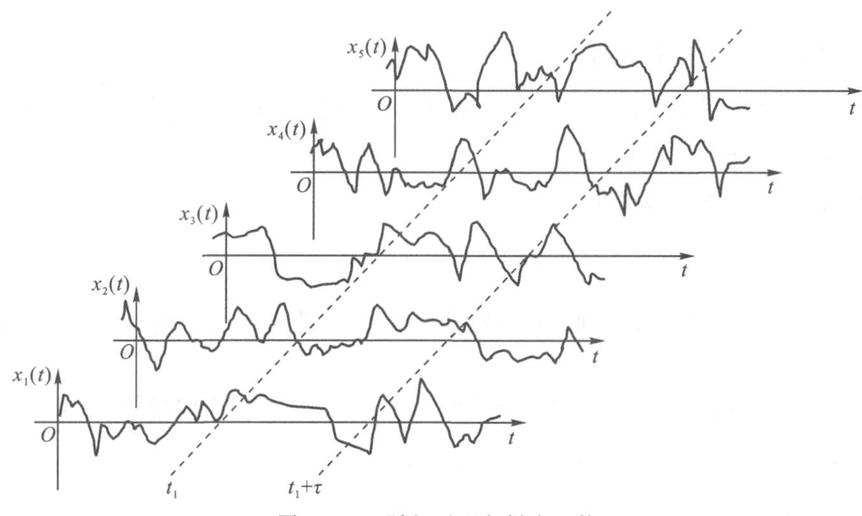

图 2-24　随机过程与样本函数

一般来说,任何样本函数 $x_i(t)$都无法代表随机过程$\{x(t)\}$。当 $t=t_k$ 时,$x_i(t_k)$是一个随机变量,表示该瞬时可能取值的集合。与描述一般随机变量相类似,可以利用随机过程$\{x(t)\}$的数字特征对其进行描述。随机过程在某一时刻 t_k 的随机变量的统计特征,采用总体平均所得的统计参数进行描述。

随机过程$\{x(t)\}$在时刻 t_1 的平均值 $\mu_x(t_1)$就是将全部样本函数在该瞬时之值$\{x(t_1)\}$相加后再除以样本函数的个数 N,当 N 趋于无穷大时,即

$$\mu_x(t_1)=\lim_{N\to\infty}\frac{1}{N}\sum_{i=1}^{N}x_i(t_1) \tag{2-25}$$

随机过程$\{x(t)\}$在 t_1 和 $t_1+\tau$ 两个不同时刻的相关性的总体平均,即自相关函数为

$$R_x(t_1,t_1+\tau)=\lim_{N\to\infty}\frac{1}{N}\sum_{i=1}^{N}x_i(t_1)x_i(t_1+\tau) \tag{2-26}$$

一般来说,当 $t_1\neq t_2$ 时,随机过程的统计参数是不相等的,即计算出来的 $\mu_x(t_1)$,$R_x(t_1+\tau)$将随着 t_1 的变化而变化,这样的随机过程称为非平稳随机过程。但有一类随机过程,当 $t_1\neq t_2$ 时,且 t_1、t_2 为任意值时满足:

$$\lim_{N\to\infty}\frac{1}{N}\sum_{i=1}^{N}x_i(t_1)=\lim_{N\to\infty}\frac{1}{N}\sum_{i=1}^{N}x_i(t_2)=\text{常数} \tag{2-27}$$

$$R_x(t_1,t_1+\tau)=R_x(t_2,t_2+\tau)=R_x(\tau) \tag{2-28}$$

则称这类随机过程为平稳随机过程。即平稳随机过程的条件是其均值为常数,其相关函数与时间的起点无关,只是时间间隔 τ 的函数。由于 $N\to\infty$,则表明仍需无穷多的样本记录。而实际工程测试中,对某一随机过程进行长时间的大量观察以取得足够多的样本函数,往往存在许多困难,甚至是不可能的。实践中确实存在这样的一类平稳随机过程——各态历经平稳随机过程,即各态历经平稳随机过程的均值和相关函数的总体平均与某个样本函数的时间平均相等。需要说明的是,在实际工作中对随机信号进行分析时,往往将其当作各态历经平稳随机过程进行处理,而无需验证它是否满足平稳性和各态历经性条件。

2.4.2 随机过程的主要统计参数

描述各态历经随机信号的主要统计参数有均值、方差、均方值、均方根值、概率密度函数、相关函数、功率谱密度函数等。

1. 均值、均方值、均方根值和方差

$$\mu_x = E[x] = \lim_{T\to\infty}\frac{1}{T}\int_0^T x(t)\mathrm{d}t \tag{2-29}$$

式中，$E[x]$为变量 x 的数学期望值；$x(t)$为样本函数；T 为观测的时间；均值 μ_x 为信号的常值分量。

随机信号的均方值 ψ_x^2 反映信号的能量或强度，它是 $x(t)$平方的均值，定义为

$$\psi_x^2 = E[x^2] = \lim_{T\to\infty}\frac{1}{T}\int_0^T x^2(t)\mathrm{d}t \tag{2-30}$$

式中，$E[x^2]$为变量 x^2 的数学期望值。

均方根值 x_{rms}为均方值 ψ_x^2 的平方根，即

$$x_{\mathrm{rms}} = \sqrt{\psi_x^2} = \sqrt{\lim_{T\to\infty}\frac{1}{T}\int_0^T x^2(t)\mathrm{d}t} \tag{2-31}$$

方差 σ_x^2 描述随机信号的动态分量，反映信号 $x(t)$偏离均值 μ_x 的波动情况，定义为

$$\sigma_x^2 = \lim_{T\to\infty}\frac{1}{T}\int_0^T [x(t)-\mu_x]^2\mathrm{d}t \tag{2-32}$$

方差的平方根 σ_x 称为标准偏差。

上述参数 μ_x，σ_x^2 和 ψ_x^2 之间的关系为

$$\sigma_x^2 = \psi_x^2 - \mu_x^2 \tag{2-33}$$

实际工程应用中，常常以有限长的样本记录来替代无限长的样本记录。用有限长度的样本函数计算出来的特征参数均为理论参数的估计值，因此随机过程的均值、方差和均方值的估计公式为

$$\hat{\mu}_x = \frac{1}{T}\int_0^T x(t)\mathrm{d}t \tag{2-34}$$

$$\hat{\psi}_x^2 = \frac{1}{T}\int_0^T x^2(t)\mathrm{d}t \tag{2-35}$$

$$\hat{x}_{\mathrm{rms}} = \sqrt{\hat{\psi}_x^2} = \sqrt{\frac{1}{T}\int_0^T x^2(t)\mathrm{d}t} \tag{2-36}$$

$$\hat{\sigma}_x^2 = \frac{1}{T}\int_0^T [x(t)-\hat{\mu}_x]^2\mathrm{d}t \tag{2-37}$$

2. 概率密度函数和概率分布函数

(1)概率密度函数 $p(x)$。随机信号的概率密度函数是表示信号的瞬时值落在指定区间$(x,x+\Delta x)$内的概率对 Δx 比值的极限值。如图 2-25 所示，在观察时间长度 T 的范围内，随机信号 $x(t)$的瞬时值落在区间$(x,x+\Delta x)$内的总时间为

$$T_x = \Delta t_1 + \Delta t_2 + \cdots + \Delta t_n = \sum_{i=1}^{n}\Delta t_i \tag{2-38}$$

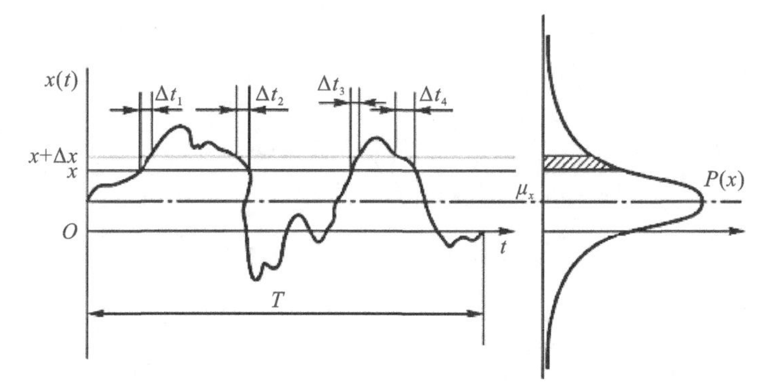

图 2-25　概率密度函数

当样本函数的记录时间 T 趋于无穷大时，T_x/T 的值就是幅值落在区间内$(x,x+\Delta x)$的概率。即

$$P[x < x(t) \leqslant x + \Delta x] = \lim_{T\to\infty} \frac{T_x}{T} \tag{2-39}$$

定义幅值概率密度函数 $p(x)$为

$$p(x) = \lim_{\Delta x\to 0} \frac{P[x < x(t) \leqslant \Delta x]}{\Delta x} = \lim_{\substack{\Delta x\to 0\\ T\to\infty}} \frac{T_x/T}{\Delta x} \tag{2-40}$$

信号的均值 μ_x、均方值 ψ_x^2 与概率密度函数 $p(x)$的关系为

$$\mu_x = \int_{-\infty}^{+\infty} x p(x) \mathrm{d}x \tag{2-41}$$

$$\psi_x^2 = \int_{-\infty}^{+\infty} x^2 p(x) \mathrm{d}x \tag{2-42}$$

(2)概率分布函数 $P(x)$。概率分布函数 $P(x)$表示随机信号的瞬时值低于某一给定值 x 的概率，即

$$P(x) = P[x(t) \leqslant x] = \lim \frac{T_x'}{T} \tag{2-43}$$

式中，T_x'为 $x(t)$值小于或等于 x 的总时间。

概率密度函数与概率分布函数间的关系为

$$p(x) = \lim_{\Delta x\to 0} \frac{P(x+\Delta x) - P(x)}{\Delta x} = \frac{\mathrm{d}P(x)}{\mathrm{d}x} \tag{2-44}$$

$$P(x) = \int_{-\infty}^{\infty} p(x) \mathrm{d}x \tag{2-45}$$

$x(t)$的值落在区间(x_1,x_2)内的概率为

$$P[x_1 < x(t) \leqslant x_2] = \int_{x_1}^{x_2} p(x) \mathrm{d}x = P(x_2) - P(x_1) \tag{2-46}$$

随机信号普遍存在于工程技术的各个领域，一般测试信号总是受到外界的干扰而混杂有噪声，而噪声信号所反映的正是一种随机过程。利用概率密度函数还可以识别不同的随机过程。这是因不同的随机信号其概率密度函数的图形也不同。图 2-26 所示是四种典型随机信号及其概率密度函数。

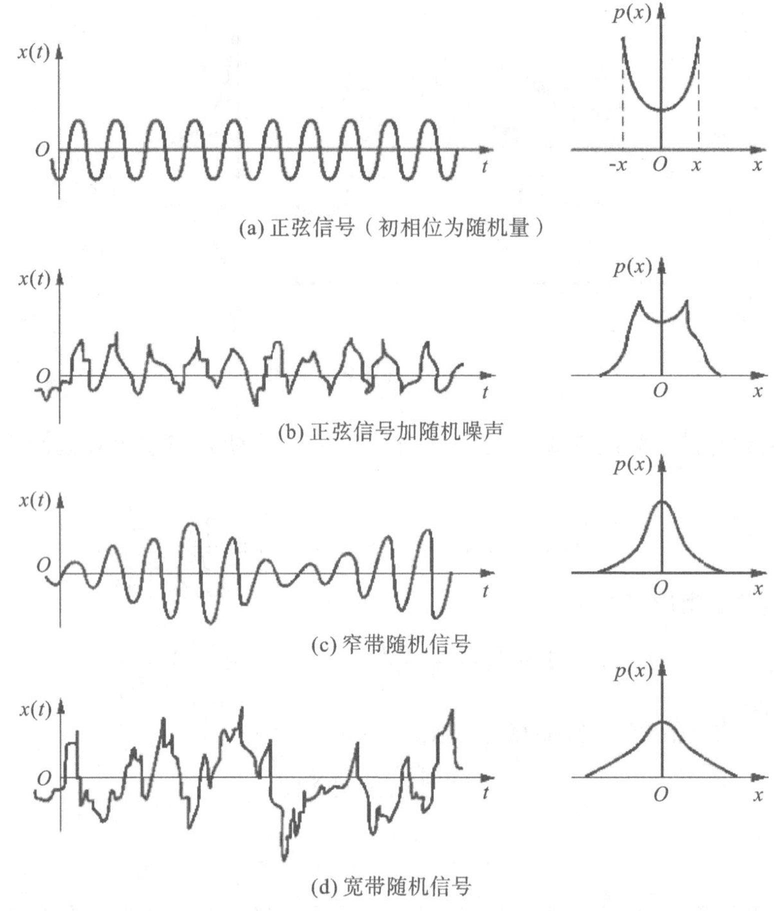

图 2-26　四种随机信号及其概率密度函数

2.4.3 时域相关性分析

时域中的相关分析和频域中的功率谱分析是在噪声背景下提取有用信息的有效方法，并获得广泛应用。

1. 相关与相关函数

在测试信号分析中，相关是一个非常重要的概念。所谓“相关”，是指变量之间的线性关系，对于确定性信号来说，两个变量之间可用函数关系来描述，两者一一对应并且为确定的数值。但两个随机变量间却不具有这种确定的关系。然而，它们之间却可能存在某种内涵的、统计上可确定的物理关系。图 2-27 所示为两个随机变量 x 和 y 的若干数据点的分布情况，其中图(a)是 x 和 y 精确线性相关的情形；图(b)是中等程度相关，其偏差常由于测量误差引起；图(c)为不相关情形，数据点分布很散，说明变量 x 和 y 间不存在确定性的关系。

评价变量 x 和 y 间线性相关程度的经典方法，是计算两变量的协方差 σ_{xy} 和相关系数 ρ_{xy}，其中协方差定义为

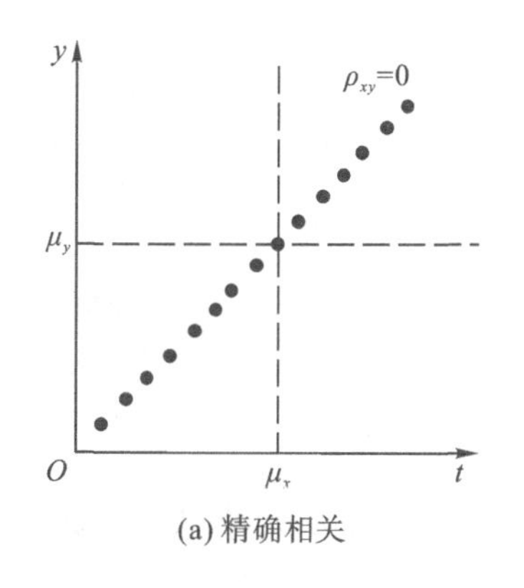

(a) 精确相关

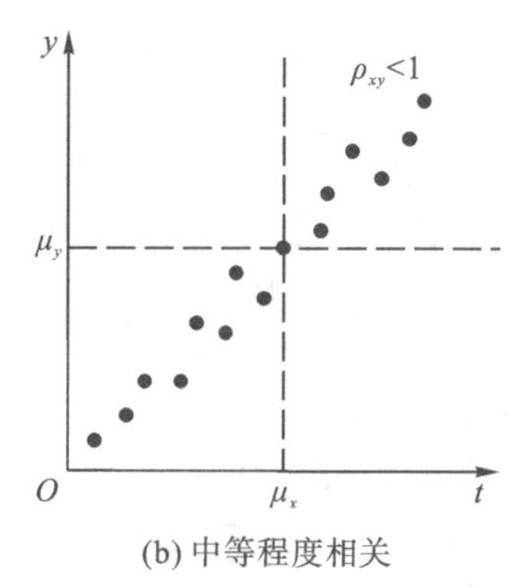

(b) 中等程度相关

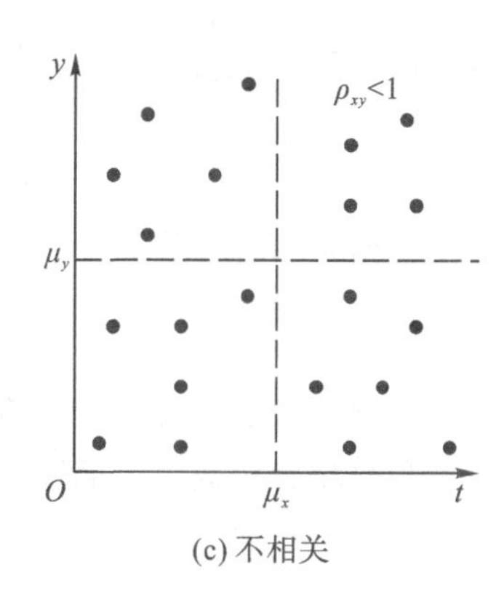

(c) 不相关

图 2-27　变量 x 和 y 的相关性

$$\sigma_{xy} = E[(x-\mu_x)(y-\mu_y)] = \lim_{N\to\infty}\frac{1}{N}\sum_{i=1}^{N}(x_i-\mu_x)(y_i-\mu_y) \tag{2-47}$$

式中，E 为数学期望；$\mu_x=E[x]$，为随机变量 x 的均值；$\mu_y=E[y]$，为随机变量 y 的均值。

相关性常用相关系数 ρ_{xy} 来表示，定义为

$$\rho_{xy} = \frac{\sigma_{xy}}{\sigma_x\sigma_y} = \frac{E[(x-u_x)(y-u_y)]}{\sigma_x\sigma_y} = \frac{\sigma_{xy}}{\sigma_x\sigma_y} \tag{2-48}$$

式中，σ_x，σ_y 分别为 x，y 的标准差，而 x，y 的方差分别为

$$\sigma_x^2 = E[(x-\mu_x)^2]$$

$$\sigma_y^2 = E[(x-\mu_y)^2]$$

根据许瓦兹不等式

$$E[(x-\mu_x)(y-\mu_y)]^2 \leqslant E[(x-\mu_x)^2]E[(y-\mu_y)^2]$$

$|\rho_{xy}|\leqslant 1$。当 $\rho_{xy}=\pm 1$ 时，说明两个随机变量 x、y 理想的线性相关；当 $\rho_{xy}=0$ 时，说明两个随机变量之间完全无关。

2. 自相关函数与互相关函数

(1)相关系数。设 $x(t)$、$y(t)$ 分别是某两个各态历经的随机过程的一个样本记录，$x(t+\tau)$ 和 $y(t+\tau)$ 分别是时移后的样本，且 $x(t)$ 与 $x(t+\tau)$、$y(t)$ 和 $y(t+\tau)$ 具有相同的均值和标准差。记 $\rho_{x(t)x(t+\tau)}$ 为 $\rho_x(\tau)$，称为自相关系数，$\rho_{x(t)y(t+\tau)}$ 为 $\rho_{xy}(\tau)$，称为互相关系数，那么由式(2-48)分别得到：

$$\begin{aligned}\rho_x(\tau) &= \frac{\lim\limits_{T\to\infty}\dfrac{1}{2T}\displaystyle\int_{-T}^{T}[x(t)-\mu_x][x(t+\tau)-\mu_x]\mathrm{d}t}{\sigma_x^2} \\ &= \frac{\lim\limits_{T\to\infty}\dfrac{1}{2T}\displaystyle\int_{-T}^{T}x(t)x(t+\tau)\mathrm{d}t-\mu_x^2}{\sigma_x^2}\end{aligned} \tag{2-49}$$

$$\begin{aligned}\rho_{xy}(\tau) &= \frac{\lim\limits_{T\to\infty}\dfrac{1}{2T}\displaystyle\int_{-T}^{T}[x(t)-\mu_x][y(t+\tau)-\mu_y]\mathrm{d}t}{\sigma_x\sigma_y} \\ &= \frac{\lim\limits_{T\to\infty}\dfrac{1}{2T}\displaystyle\int_{-T}^{T}x(t)y(t+\tau)\mathrm{d}t-\mu_x\mu_y}{\sigma_x\sigma_y}\end{aligned} \tag{2-50}$$

(2)自相关函数。在式(2-51)中定义自相关函数为

$$R_x(\tau)=\lim_{T\to\infty}\frac{1}{2T}\int_{-T}^{T}x(t)x(t+\tau)\mathrm{d}t \tag{2-51}$$

自相关函数反映了信号在时移中的相关性。则

$$\rho_x(\tau)=\frac{R_x(\tau)-\mu_x^2}{\sigma_x^2} \tag{2-52}$$

自相关函数具有以下性质(见图2-28):

①自相关函数为实偶函数。即 $R_x(-\tau)=R_x(\tau)$;

② τ 不同, $R_x(\tau)$ 不同,当 $\tau=0$ 时, $R_x(\tau)$ 取最大值,且等于信号的均方值, $R_x(0)=\psi_x^2=\sigma_x^2+\mu_x^2$;

③ $R_x(\infty)=\mu_x^2$;

④在整个时移域($-\infty<\tau<+\infty$)内, $R_x(\tau)$ 的取值范围为 $\sigma_x^2-\mu_x^2\leqslant R_x(\tau)\leqslant\sigma_x^2+\mu_x^2$。

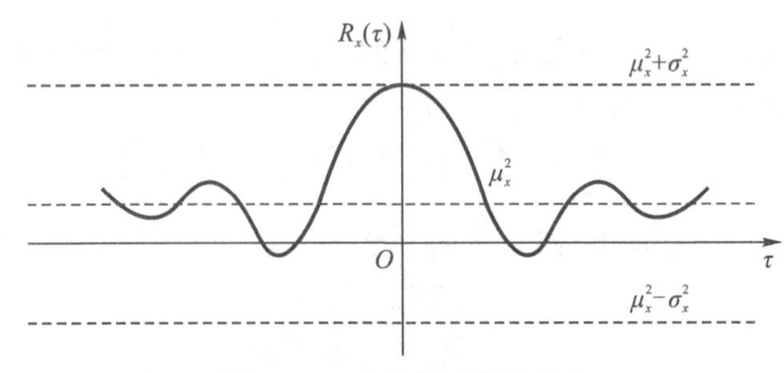

图2-28 自相关函数的性质

[例2-7] 求正弦函数 $x(t)=x_0\sin(\omega t+\varphi)$ 的自相关函数。

解 可以验证,具有圆频率为 ω,幅值为 x_0,初相位 φ 为随机变量的正弦函数,是一个均值为零的各态历经平稳随机过程。对于周期函数而言,其数字特征可以用一个周期内的时间平均值来表示。其自相关函数为

$$\begin{aligned}R_x(\tau)&=\lim_{T\to\infty}\frac{1}{2T}\int_{-T}^{T}x(t)x(t+\tau)\mathrm{d}t\\&=\frac{\omega}{2\pi}\int_0^{\frac{2\pi}{\omega}}x_0^2\sin(\omega t+\varphi)\sin[\omega(t+\tau)+\varphi]\mathrm{d}t\\&=\frac{x_0^2}{2\pi}\int_0^{2\pi}\sin\theta\sin(\theta+\omega\tau)\mathrm{d}\theta\\&=\frac{x_0^2}{2}\cos\omega\tau\end{aligned}$$

其中, $\theta=\omega t+\varphi$。当 $\tau=0$ 时, $R_x(0)=\frac{x_0^2}{2}$,达到最大值。比较正弦函数 $x(t)$ 和它的自相关函数 $R_x(\tau)$ 可知, $R_x(\tau)$ 中保留了 $x(t)$ 的幅值和频率信息,但丢失了初相位信息 φ,这也是自相关分析的一个缺点。

图2-29所示是四种典型信号的自相关函数图形。表明可以通过相关函数的图形来判别信号的类型。具体来说,当 τ 趋向很大值时, $R_x(\tau)$ 做周期性重复而不衰减,说明信号中含有某种频率的周期成分;当 τ 趋向于某一不大的值时, $R_x(\tau)$ 趋近于零,则说明信号中不含周

期成分,并且这个信号是一个随机信号。对于随机信号来说,还可以通过对 $R_x(\tau)$ 的衰减特性来判别随机信号的频带宽度。

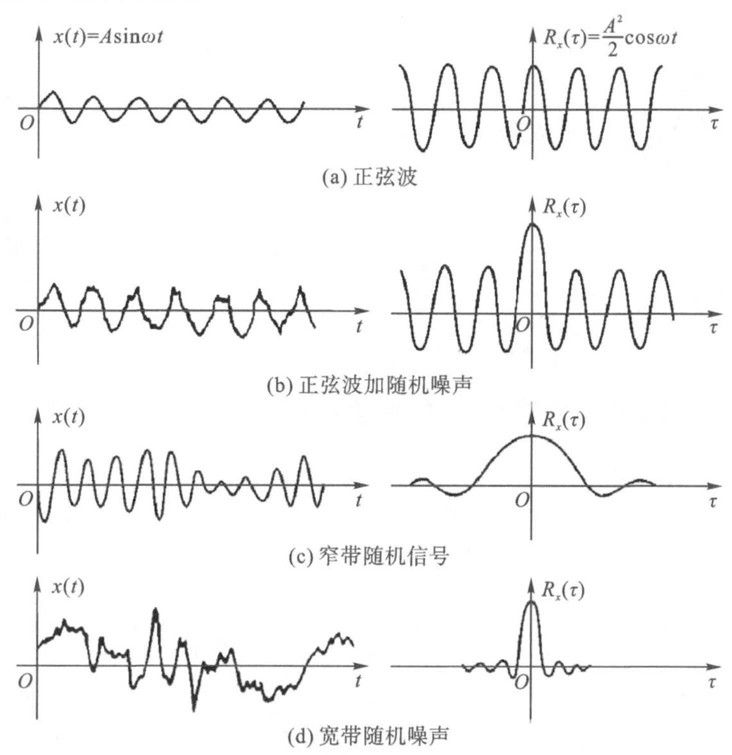

(a) 正弦波

(b) 正弦波加随机噪声

(c) 窄带随机信号

(d) 宽带随机噪声

图 2-29　四种典型信号的自相关函数

(3)互相关函数。在式(2-50)中定义互相关函数为

$$R_{xy}(\tau)=\lim_{T\to\infty}\frac{1}{2T}\int_{-T}^{T}x(t)y(t+\tau)\mathrm{d}t \tag{2-53}$$

互相关函数反映了两个信号在时移中的相关性。则

$$\rho_{xy}(\tau)=\frac{R_{xy}(\tau)-\mu_x\mu_y}{\sigma_x\sigma_y} \tag{2-54}$$

互相关函数具有以下性质:

①互相关函数是可正、可负的实函数。

②互相关函数非偶函数,亦非奇函数,是镜像对称,对称于纵轴(如图 2-30)。

$$R_{xy}(-\tau)=R_{yx}(\tau)$$

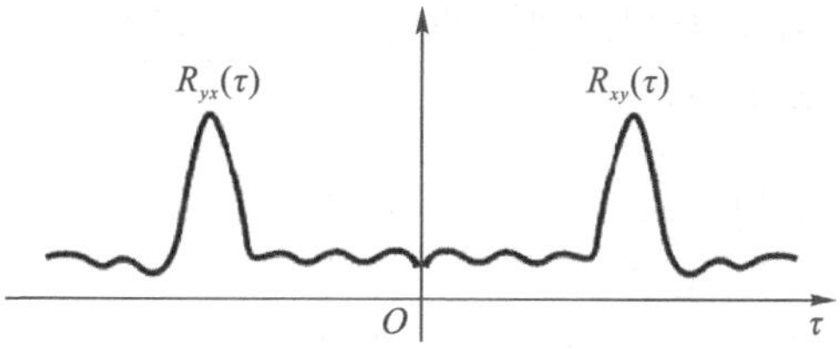

图 2-30　互相关函数对称于纵轴

③当 $\tau=\tau_d$ 时，$R_{xy}(\tau_d)$取最大值，说明 $x(t)$经系统的传输后其输出 $y(t)$较 $x(t)$滞后了 τ_d 值(见图 2-31)。

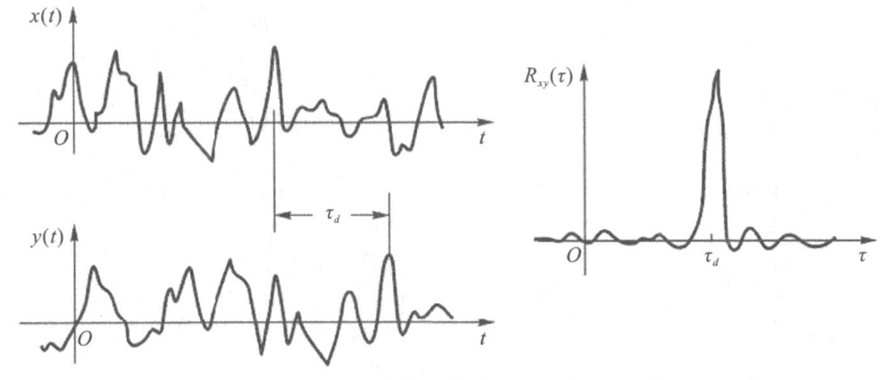

图 2-31　$x(t)$经系统的传输后其输出 $y(t)$较 $x(t)$滞后了 τ_0 值

④$\mu_x\mu_y-\sigma_x\sigma_y\leqslant R_{xy}(\tau)\leqslant\mu_x\mu_y+\sigma_x\sigma_y$(见图 2-32)。

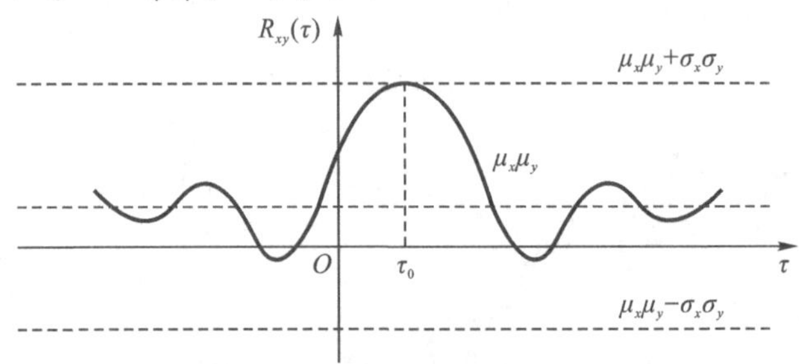

图 2-32　互相关函数的性质

⑤$R_{xy}(\infty)=\mu_x\mu_y$。

⑥频率相同的两个周期信号的互相关函数仍是周期信号，其周期与原信号相同。保留了周期信号的频率，幅值及相位差。

⑦两个不同频率的周期信号的互相关函数为零，即互不相关。

[例 2-8]　两个周期信号 $x(t)$和 $y(t)$，分别为

$$x(t)=x_0\sin(\omega t+\theta)$$
$$y(t)=y_0\sin(\omega t+\theta-\varphi)$$

式中，θ 为 $x(t)$对应于 $t=0$ 时刻的相位角；φ 为 $x(t)$与 $y(t)$的相位差。

试求其互相关函数 $R_{xy}(\tau)$。

解　因为 $x(t)$与 $y(t)$是具有相同周期的周期函数，故可用一个周期内的时间平均值来代替其整个事件历程的平均值。即

$$\begin{aligned}R_{xy}(\tau)&=\lim_{T\to\infty}\frac{1}{2T}\int_{-T}^{T}x(t)y(t+\tau)\mathrm{d}t\\&=\frac{\omega}{2\pi}\int_0^{\frac{2\pi}{\omega}}x_0y_0\sin(\omega t+\theta)\sin[\omega(t+\tau)+\theta-\varphi]\mathrm{d}t\\&=\frac{1}{2}x_0y_0\cos(\omega\tau-\varphi)\end{aligned}$$

可见，两个具有相同频率且为零均值的周期信号，其互相关函数中保留了两个信号的圆频率 ω、对应的幅值 x_0 和 y_0 以及相位差的信息。而对于两个非同频率的周期信号来说，可以证明它们的互相关函数等于零，也即两个非同频率的周期信号是互不相关的。互相关函数的这种性质，对于分析线性系统是非常有用的，它是实现在噪声背景下提取有用信息的重要方法，广泛应用于测试平均速度、流量和管道裂缝位置的检测等。

2.4.4　随机信号的功率谱

随机信号 $x(t)$ 是一个时域无限的信号，不具备绝对可积的条件，因此不能将随机信号直接进行傅里叶变换。但是，零均值平稳随机过程（若均值不为零，可以零均值化）的相关函数满足绝对可积的条件，如果对相关函数应用傅里叶变换，则可得到一种相应频域中描述随机信号的方法，这种傅里叶变换称为功率谱密度函数。

1. 自功率谱密度函数

设 $x(t)$ 为一零均值平稳随机过程（若均值不为零，可以零均值化），且 $x(t)$ 中无周期成分，其自相关函数 $R_x(\tau)$ 在当 $\tau\to\infty$ 时有

$$R_x(\tau\to\infty)=0$$

该自相关函数 $R_x(\tau)$ 满足傅里叶变换的条件 $\int_{-\infty}^{+\infty}|R_x(\tau)|<\infty$。对 $R_x(\tau)$ 作傅里叶变换有

$$S_x(\omega)=\int_{-\infty}^{\infty}R_x(\tau)e^{-j\omega\tau}d\tau \tag{2-55}$$

则

$$R_x(\tau)=\frac{1}{2\pi}\int_{-\infty}^{\infty}S_x(\omega)e^{j\omega\tau}d\omega \tag{2-56}$$

$S_x(\omega)$ 称为 $x(t)$ 的自功率谱密度函数，简称功率谱或自谱。功率谱与自相关函数 $R_x(\tau)$ 是傅里叶变换对。即

$$R_x(\tau)\underset{\text{IFT}}{\overset{\text{FT}}{\Longleftrightarrow}}S_x(\omega)$$

对于 $S_x(\omega)$ 有

（1）若令 $\tau=0$，由自相关函数和自功率谱的定义可知

$$R_x(0)=\lim_{T\to\infty}\frac{1}{2T}\int_{-T}^{T}x^2(t)dt=\frac{1}{2\pi}\int_{-\infty}^{\infty}S_x(\omega)d\omega \tag{2-57}$$

由此可见，时域无限信号 $x(t)$ 的平均功率可由 $R_x(0)$ 得出，也就是曲线 $\frac{1}{2\pi}S_x(\omega)$ 在 $(-\infty,+\infty)$ 区间所围成的面积，故也称 $S_x(\omega)$ 为功率谱密度函数。

（2）$S_x(\omega)$ 包含 $R_x(\tau)$ 的所有信息。

（3）$S_x(\omega)$ 是对称于纵轴的偶函数。在自功率谱中也就有单边谱 $G_x(\omega)$ 与双边谱 $S_x(\omega)$ 之分，且满足：

$$G_x(\omega)=2S_x(\omega)$$

其频谱图如图 2－33 所示。

由于 $S_x(\omega)$ 是偶函数，即只有实部而无虚部，因此没有相位谱。

（4）若截断随机信号 $x(t)$ 的幅值谱为 $|X(\omega)|$，借助傅里叶变换理论，有

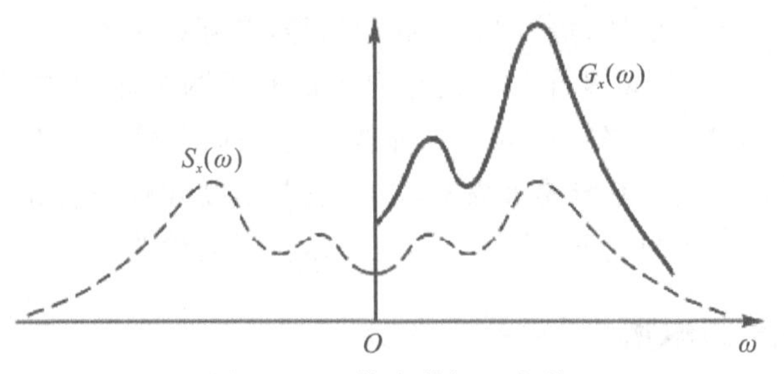

图 2-33　单边谱与双边谱

$$S_x(\omega)=|X(\omega)|^2$$

它表示 $S_x(\omega)$和$|X(\omega)|$一样，同样可以反映信号的频域结构，但 $S_x(\omega)$相当于$|X(\omega)|$的加权，即使得$|X(\omega)|$大的更大，小的更小，其频域结构特征更为明显，如图 2-34 所示。

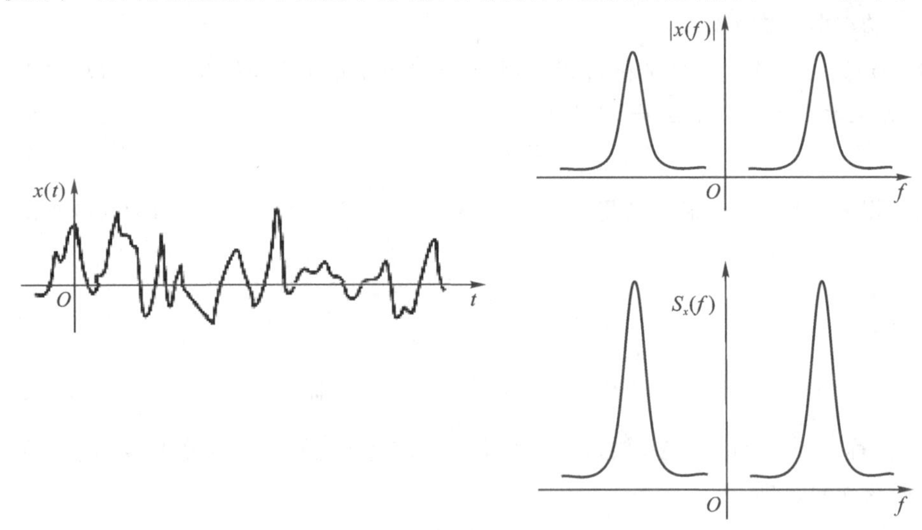

图 2-34　幅值谱与功率谱

2. 互功率谱密度函数

若互相关函数 $R_{xy}(\tau)$满足傅里叶变换的条件 $\int_{-\infty}^{+\infty}|R_{xy}(\tau)|<\infty$。对 $R_{xy}(\tau)$作傅里叶变换有

$$S_{xy}(\omega)=\int_{-\infty}^{\infty}R_{xy}(\tau)\mathrm{e}^{-\mathrm{j}\omega\tau}\mathrm{d}\tau \tag{2-58}$$

则

$$R_{xy}(\tau)=\frac{1}{2\pi}\int_{-\infty}^{\infty}S_{xy}(\omega)\mathrm{e}^{\mathrm{j}\omega\tau}\mathrm{d}\omega \tag{2-59}$$

为两个随机信号 $x(t)$与 $y(t)$的互谱密度函数，简称互谱密度函数或互谱。与其互相关函数 $R_{xy}(\tau)$构成傅氏变换对。

$$R_{xy}(\tau)\underset{IFT}{\overset{FT}{\Longleftrightarrow}}S_{xy}(\omega)$$

对于 $S_{xy}(\omega)$有

(1)$S_{xy}(\omega)$)包含的 $R_{xy}(\tau)$的所有信息。

(2)互谱 $S_{xy}(\omega)$一般为复数,是非奇非偶函数,它保留了相位信息。即

$$G_{xy}(\omega) = |G_{xy}(\omega)|\, e^{-j\theta_{xy}(\omega)}$$

其中 $G_{xy}(\omega)$为 $x(t)$与 $y(t)$的单边互谱。即

$$G_{xy}(\omega) = 2S_{xy}(\omega)$$

而 $\theta_{xy}(\omega)$为 $G_{xy}(\omega)$的相位。图 2-35 所示是典型的互谱密度函数。

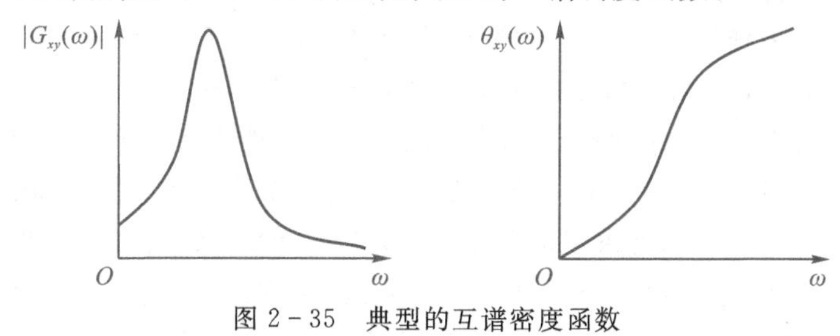

图 2-35　典型的互谱密度函数

2.5　数字信号处理

2.5.1　概述

随着计算机技术的飞速发展,处理信号的方法已由原来的模拟系统转变为数字技术处理。数字信号处理是利用计算机或专用信号处理设备,以数值计算的方法对信号进行采集、变换、综合、估值和识别等处理,从而达到提取有用信息并付诸各种应用的目的。数字信号处理具有处理精度高、灵活性强、抗干扰性强和计算速度快等特点。

数字信号处理的一般过程如图 2-36 所示,包括如下几个过程。

$x(t)$ → A/D → $x(nT)$ → 数字信号处理 → $y(nT)$ → D/A → $y(t)$

图 2-36　模拟信号用数字方法处理的过程

(1)模数(A/D)转换。模拟信号 $x(t)$经 A/D 转换后成为离散序列 $x(nT)$。

(2)根据需要对 $x(nT)$进行处理,经处理后得到离散序列 $y(nT)$。该过程一般在专业数字信号处理设备或计算机上进行。

(3)如有需要,可以将数字系统输出的序列 $y(nT)$经数模(D/A)转换为模拟量 $y(t)$输出。

2.5.2　A/D 转换和 D/A 转换

2.5.2.1　A/D 转换

1. A/D 转换过程

把连续时间信号转换为与其相对应的数字信号的过程称之为 A/D(模拟-数字)转换过程,反之则称为 D/A(数字-模拟)转换过程,它们是数字信号处理的必要程序。一般在进行

A/D 转换之前，需要将模拟信号经抗频混滤波器预处理，变成带限信号，再经 A/D 转换成为数字信号，最后送入数字信号分析仪或数字计算机完成信号处理。如果需要，再由 D/A 转换器将数字信号转换成模拟信号，去驱动计算机外围执行元件或模拟式显示、记录仪等。A/D 转换包括了采样、量化、编码等过程。

(1)采样：又称为抽样，是利用采样脉冲序列 $p(t)$，从连续时间信号 $x(t)$ 中抽取一系列离散样值，使之成为采样信号 $x(nT_s)$ 的过程。$n=0,1,\cdots$。T_s 称为采样间隔，或采样周期，$1/T_s=f_s$ 称为采样频率。由于后续的量化过程需要一定的时间 τ，对于随时间变化的模拟输入信号，要求瞬时采样值在时间 τ 内保持不变，这样才能保证转换的正确性和转换精度，这个过程就是采样保持。正是有了采样保持，实际上采样后的信号是阶梯形的连续函数。

(2)量化：又称幅值量化，把采样信号 $x(nT_s)$ 经过舍入或截尾的方法变为只有有限个有效数字的数，这一过程称为量化。若取信号 $x(t)$ 可能出现的最大值 A，令其分为 D 个间隔，则每个间隔长度为 $R=A/D$，R 称为量化增量或量化步长。当采样信号 $x(nT_s)$ 落在某一小间隔内，经过舍入或截尾方法而变为有限值时，则产生量化误差。如图 2-37 所示为信号的 6 等分量化过程。

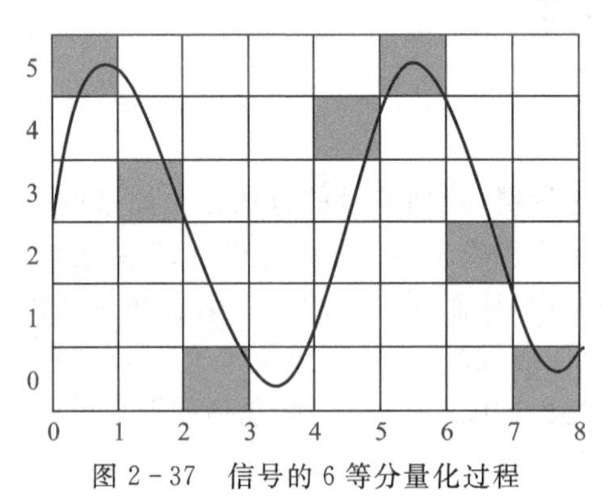

图 2-37　信号的 6 等分量化过程

一般又把量化误差看成是模拟信号作数字处理时的可加噪声，故而又称之为舍入噪声或截尾噪声。量化增量 D 愈大，则量化误差愈大，量化增量大小，一般取决于计算机 A/D 卡的位数。例如，8 位二进制为 $2^8=256$，即量化电平 R 为所测信号最大电压幅值的 1/256。

(3)编码：将离散幅值经过量化以后变为二进制数字的过程。信号 $x(t)$ 经过上述变换以后，即变成了时间上离散、幅值上量化的数字信号。

2. A/D 转换器的技术指标

(1)分辨力：A/D 转换器的分辨力用其输出二进制数码的位数来表示。位数越多，则量化增量越小，量化误差越小，分辨力也就越高。常用的有 8 位、10 位、12 位、16 位、24 位、32 位等。例如，某 A/D 转换器输入模拟电压的变化范围为 -10 V～$+10$ V，转换器为 8 位，若第一位用来表示正、负符号，其余 7 位表示信号幅值，则最末一位数字可代表 80 mV 模拟电压（10V×1/27≈80 mV），即转换器可以分辨的最小模拟电压为 80 mV。而同样情况，用一个 10 位转换器能分辨的最小模拟电压为 20 mV（10 V×1/29≈80 mV）。

(2)转换精度：具有某种分辨力的转换器在量化过程中由于采用了四舍五入的方法，因此最大量化误差应为分辨力数值的一半。如上例 8 位转换器最大量化误差应为 40 mV

(80 mV×0.5=40 mV),全量程的相对误差则为 0.4%(40 mV/10 V×100%)。可见,A/D 转换器数字转换的精度由最大量化误差决定。实际上,许多转换器末位数字并不可靠,实际精度还要低一些。

由于含有 A/D 转换器的模数转换模块通常包括有模拟处理和数字转换两部分,因此整个转换器的精度还应考虑模拟处理部分(如积分器、比较器等)的误差。一般转换器的模拟处理误差与数字转换误差应尽量处在同一数量级,总误差则是这些误差的累加和。例如,一个 10 位 A/D 转换器用其中 9 位计数时的最大相对量化误差为 2^9×0.5≈0.1%,若模拟部分精度也能达到 0.1%,则转换器总精度可接近 0.2%。

(3)转换速度:转换速度是指完成一次转换所用的时间,即从发出转换控制信号开始,直到输出端得到稳定的数字输出为止所用的时间。转换时间越长,转换速度就越低。转换速度与转换原理有关,如逐位逼近式 A/D 转换器的转换速度要比双积分式 A/D 转换器高许多。除此以外,转换速度还与转换器的位数有关,一般位数少的(转换精度差)转换器转换速度高。目前常用的 A/D 转换器转换位数有 8 位、10 位、12 位、14 位、16 位等,其转换速度依转换原理和转换位数不同,一般在几微秒至几百毫秒。

由于转换器必须在采样间隔 T_s 内完成一次转换工作,因此转换器能处理的最高信号频率就受到转换速度的限制。如 50 μs 内完成 10 位 A/D 转换的高速转换器,这样,其采样频率可高达 20 kHz。

2.5.2.2　D/A 转换过程和原理

1. D/A 转换过程

D/A 转换器是把数字信号转换为电压或电流信号的装置,其过程如图 2-38 所示。

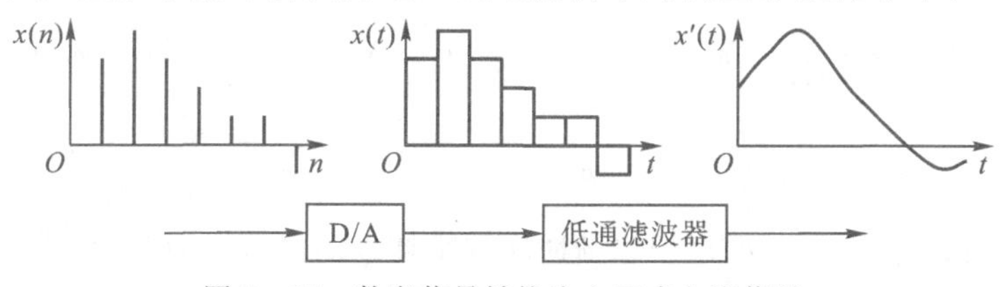

图 2-38　数字信号转换为电压或电流信号

D/A 转换器一般先通过 T 型电阻网络将数字信号转换为模拟电脉冲信号,然后通过零阶保持电路将其转换为阶梯状的连续电信号。只要采样间隔足够密,就可以精确地复现原信号。为减小零阶保持电路带来的电噪声,还可以在其后接一个低通滤波器。

2. D/A 转换器的主要技术指标

(1)分辨力:D/A 转换器的分辨力可用输入的二进制数码的位数来表示。位数越多,则分辨力也就越高。常用的有 8 位、10 位、12 位、16 位等。12 位 D/A 转换器的分辨力为 $1/2^{12}$=0.024%。

(2)转换精度:转换精度定义为实际输出与期望输出之比。以全程的百分比或最大输出电压的百分比表示。理论上 D/A 转换器的最大误差为最低位的 1/2,10 位 D/A 转换器的分辨力为 1/1024,约为 0.1%,它的精度为 0.05%。如果 10 位 D/A 转换器的满程输出为

10 V,则它的最大输出误差为 10 V×0.0005=5 mV。

(3)转换速度:转换速度是指完成一次 D/A 转换所用的时间,转换时间越长,转换速度就越低。

2.5.3 采样定理

1. 理想脉冲采样

理论上,模拟信号 $x(t)$的离散化可看成是用理想脉冲序列(或单位脉冲序列)$p(t)$对 $x(t)$进行采样,得到采样信号 $x_s(t)$。采用脉冲 $p(t)$的表达式为

$$p(t)=\sum_{-\infty}^{\infty}\delta(t-nT_s) \tag{2-60}$$

其傅里叶变换 $P(\omega)$为

$$\begin{aligned}P(\omega)&=\frac{2\pi}{T_s}\sum_{-\infty}^{\infty}\delta(\omega-n\omega_s)\\&=\omega_s\sum_{-\infty}^{\infty}\delta(\omega-n\omega_s)\end{aligned} \tag{2-61}$$

采样信号 $x_s(t)$的表达式为

$$\begin{aligned}x_s(t)&=x(t)\cdot p(t)=x(t)\cdot\sum_{-\infty}^{\infty}\delta(t-nT_s)\\&=\sum_{-\infty}^{\infty}x(nT_s)\delta(t-nT_s)\end{aligned} \tag{2-62}$$

$x_s(t)$的傅里叶变换 $X_s(\omega)$为

$$\begin{aligned}X_s(\omega)&=\frac{1}{2\pi}X(\omega)*P(\omega)=\frac{1}{2\pi}\cdot\frac{2\pi}{T_s}X(\omega)*\sum_{-\infty}^{\infty}\delta(\omega-n\omega_s)\\&=\frac{1}{T_s}\sum_{-\infty}^{\infty}\delta(\omega-n\omega_s)\end{aligned} \tag{2-63}$$

因此,一个连续信号 $x(t)$经过理想脉冲序列采样以后,它的频谱将沿着频率轴每隔一个采样频率 ω_s,重复出现一次,即其频谱产生了周期延拓,其幅值被采样脉冲序列的傅里叶系数($C_n=1/T_s$)所加权,其频谱形状不变如图 2-39 所示。

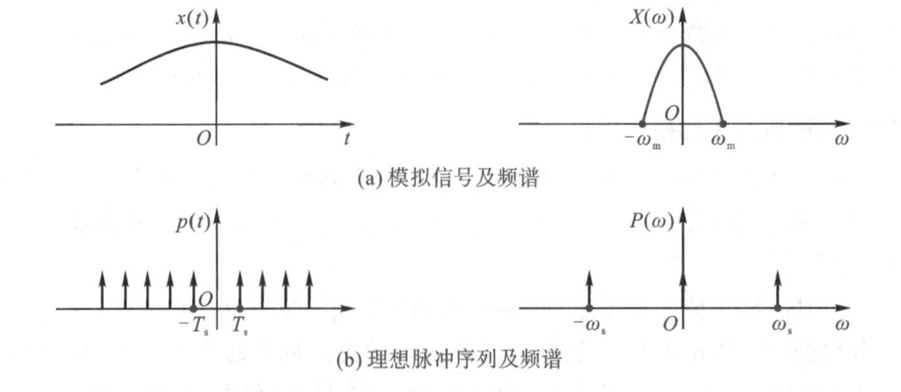

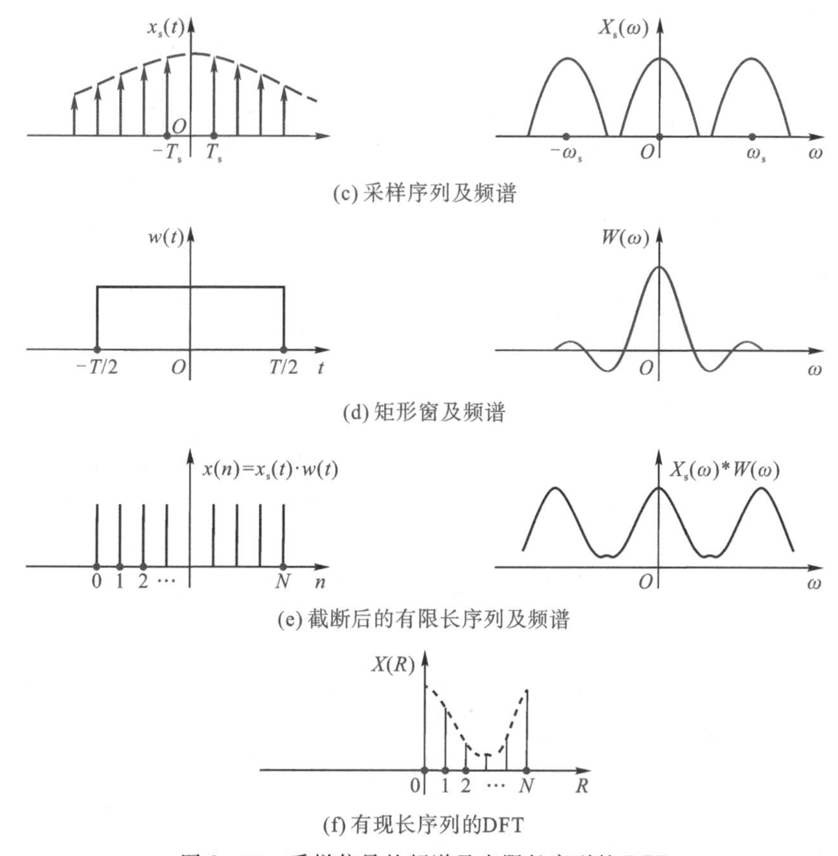

图 2－39　采样信号的频谱及有限长序列的 DFT

2. 采样定理

当对时域模拟信号采样时，应以多大的采样周期(或称采样时间间隔)采样，才不会丢失原始信号的信息，或者说，可由采样信号无失真地恢复出原始信号。

(1)频混现象：频混现象又称频谱混叠效应，它是由于采样信号频谱发生变化，而出现高、低频成分发生混淆的一种现象，如图 2－40 所示。信号 $x(t)$ 的傅里叶变换为 $X(\omega)$，其频带范围为 $-\omega_m \sim \omega_m$，如图 2－40(a)所示；采样信号 $x(t)$ 的傅里叶变换是一个周期谱图，其周期为 ω_s，并且 $\omega_s=2\pi/T_s$，T_s 为时域采样周期。当采样周期 T_s 较小时，$\omega_s>2\omega_m$，$X_s(\omega)$ 周期谱图相互分离如图 2－40(b)所示；当 T_s 较大时，$\omega_s<2\omega_m$，$X_s(\omega)$ 周期谱图相互重叠，即谱图之间高频与低频部分发生重叠，此时的 $X_s(\omega)$ 波形形状不再是 $X(\omega)$ 波形的简单重现，而是相互叠加后发生了畸变，这种畸变了的波形 $X_s(\omega)$ 已不能再真实反映 $X(\omega)$ 所含的信号如图 2－40(c)所示，此即频混现象，这将使信号复原时丢失原始信号中的高频信息。

从时域信号波形来看这种情况。图 2－41(a)是频率正确的情况，以及其复原信号；图 2－41(b)是采样频率过低的情况，复原的是一个虚假的低频信号。

当采样信号的频率低于被采样信号的最高频率时，采样所得的信号中混入了虚假的低频分量，这种现象叫作频率混叠。

(2)采样定理：由图 2－40 可知，当采用间隔(周期)为 T_s($T_s=2\pi/\omega_s$)的脉冲序列去采集

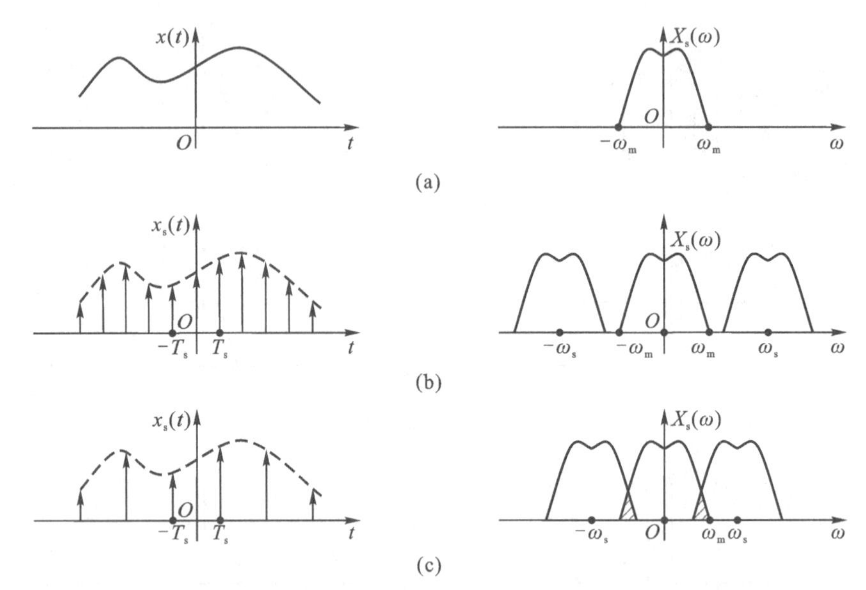

图 2-40　不同采样周期与采样信号频谱图的关系

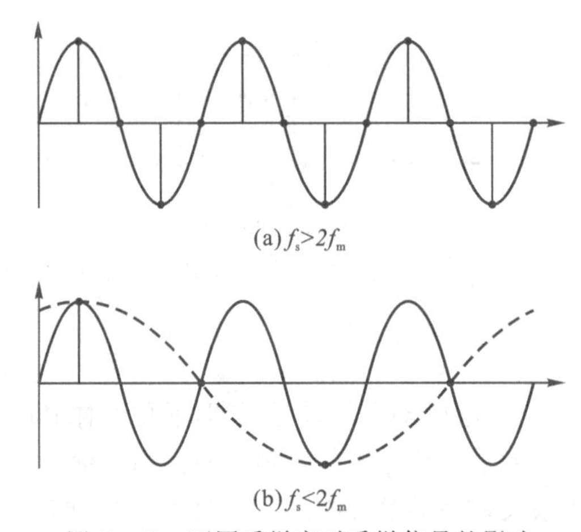

图 2-41　不同采样率对采样信号的影响

以 ω_m 为最高变化频率的模拟信号 $x(t)$时，只要满足 $\omega_s>2\omega_m$ 时，采样信号的周期谱图不发生重叠，即不产生频混现象。可以表述为，采样脉冲的频率 f_s 必须大于被分析信号 $x(t)$的最高频率 f_m 的两倍，即 $f_s>2f_m$(或 $\omega>\omega_m$)，这就是采样定理。

在对信号进行采样时，满足了采样定理，只能保证不发生频率混叠，保证对信号的频谱作逆傅里叶变换时，可以完全变换为原时域采样信号 $x_s(t)$；而不能保证此时的采样信号能真实地反映原信号 $x(t)$。工程实际中采样频率通常大于信号中最高频率成分的 3～5 倍。

2.5.4　时域截断——加窗处理

要将无限长的信号截断，方法是将其与有限宽的窗函数相乘，故称加窗处理。图 2-42 所示是两种不同宽度的矩形窗函数 $w(t)$对同一个余弦信号 $x(t)$加窗处理的时域和频域图形。

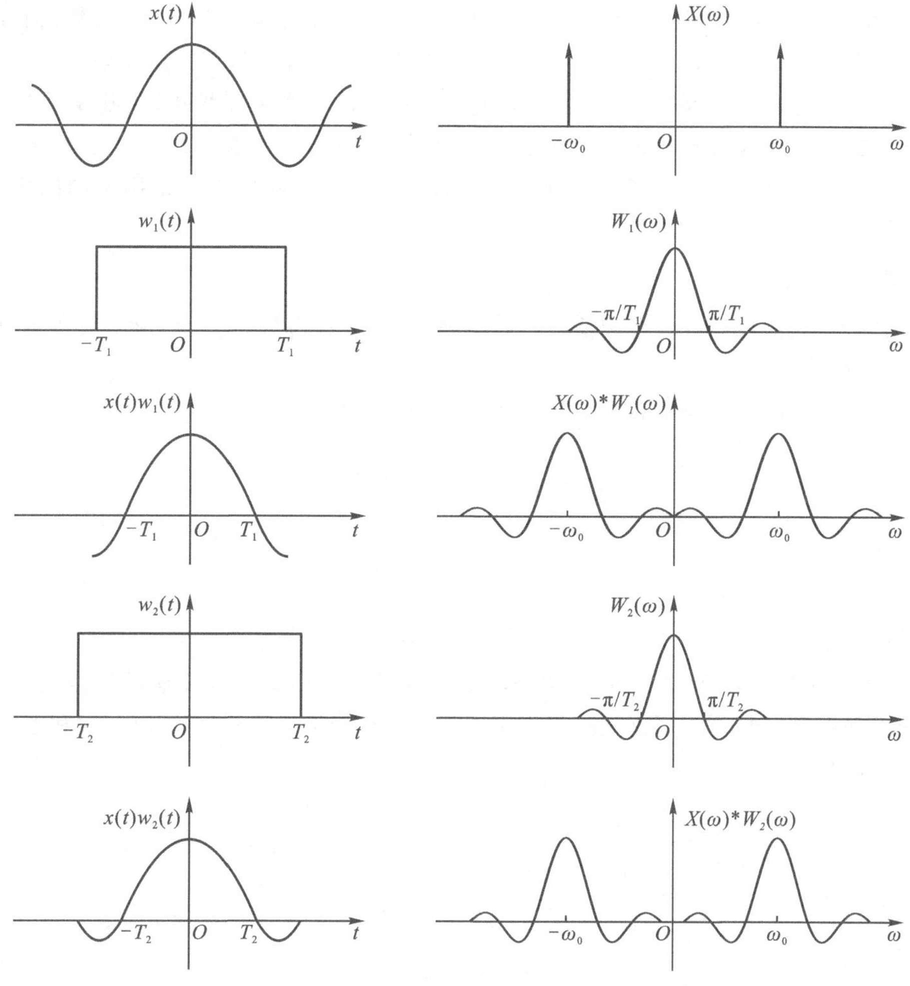

图 2-42 不同宽度的矩形窗对同一余弦信号的加窗处理

1. 能量泄漏

将无限长信号 $x(t)$ 的谱 $X(\omega)$ 与加窗截断后的有限长信号 $x(t)\cdot w(t)$ 的谱进行比较可知，它已不是原来的两条谱线，而是两段振荡的连续谱，这表明原来的信号被截断以后，其频谱发生了畸变，原来集中在 ω_0 处的能量被分散到两个较宽的频带中去了，即有限带宽 $X(\omega)$ 经截断后变成无限带宽 $x(t)*w(t)$，其原因是 $w(t)$ 是一个频带无限的函数，截断后的结果是将原来有限带宽的能量（集中于 ω_0，强度为 π）在无限带宽上进行了扩展，这就是所谓的能量泄漏。

信号截断以后产生的能量泄漏现象是必然的，因为窗函数 $w(t)$ 是一个频带无限的函数，所以即使原信号 $x(t)$ 是限带宽信号，而在截断以后也必然成为无限带宽的函数，即信号在频域的能量与分布被扩展了。又从采样定理可知，无论采样频率多高，只要信号一经截断，就不可避免地引起混叠，因此信号截断必然导致一些误差，这是信号分析中不容忽视的问题。如果增大截断长度 T，即矩形窗口加宽，则窗谱 $W(\omega)$ 将被压缩变窄（π/T 减小）。虽然理论上讲，其频谱范围仍为无限宽，但实际上中心频率以外的频率分量衰减较快，因而泄漏误差将减小。当窗口宽度 T 趋于无穷大时，则谱窗 $W(\omega)$ 将变为 $\delta(\omega)$ 函数，而 $\delta(\omega)$ 与 $X(\omega)$ 的卷积仍为 $H(\omega)$，这说明，如果窗口无限宽，即不截断，就不存在泄漏误差。

为了减少频谱能量泄漏，可采用不同的截取函数对信号进行截断，截断函数称为窗函数，简称为窗。泄漏与窗函数频谱的两侧旁瓣有关，如果两侧旁瓣的高度趋于零，而使能量相对集中在主瓣，就可以较为接近于真实的频谱，为此，在时间域中可采用不同的窗函数来截断信号。

2. 常用的窗函数

常用的窗函数有矩形窗、汉宁窗、三角窗、海明窗、指数窗等，这五种窗函数各具特色，必须根据具体情况加以选择。

(1)矩形窗。矩形窗属于时间变量的零次幂窗，函数形式为

$$w(t)=\begin{cases}\dfrac{1}{T} & |t|\leqslant T\\ 0 & |t|>T\end{cases}$$

相应的窗谱为

$$W(\omega)=\frac{2\sin\omega T}{\omega T}$$

矩形窗使用最多，习惯上不加窗就是使信号通过了矩形窗。这种窗的优点是主瓣比较集中，缺点是旁瓣较高，并有负旁瓣(见图 2-43)，导致变换中带进了高频干扰和泄漏，甚至出现负谱现象。

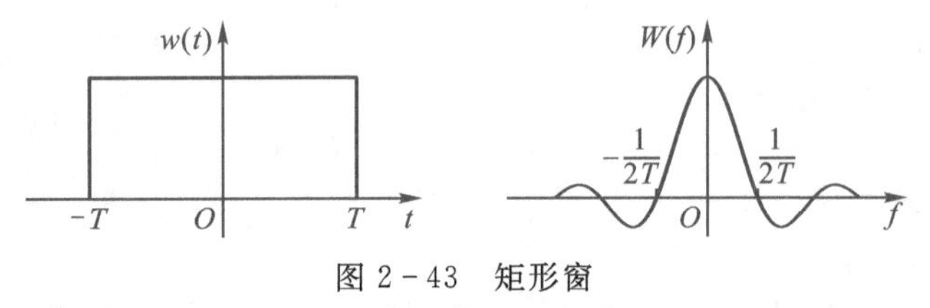

图 2-43 矩形窗

(2)三角窗。三角窗亦称费杰(Fejer)窗，是幂窗的一次方形式，其定义为

$$w(t)=\begin{cases}\dfrac{1}{T}\left(1-\dfrac{|t|}{T}\right) & |t|\leqslant T\\ 0 & |t|>T\end{cases}$$

相应的窗谱为

$$W(\omega)=\left(\frac{2\sin\omega T}{\omega T}\right)^2$$

三角窗与矩形窗比较，主瓣宽约等于矩形窗的两倍，但旁瓣小，而且无负旁瓣，如图 2-44 所示。

(3)汉宁窗。汉宁(Hanning)窗又称升余弦窗，其时域表达式为

$$w(t)=\begin{cases}\dfrac{1}{T}\left(\dfrac{1}{2}+\dfrac{1}{2}\cos\dfrac{\pi t}{T}\right) & |t|\leqslant T\\ 0 & |t|>T\end{cases}$$

相应的窗谱为

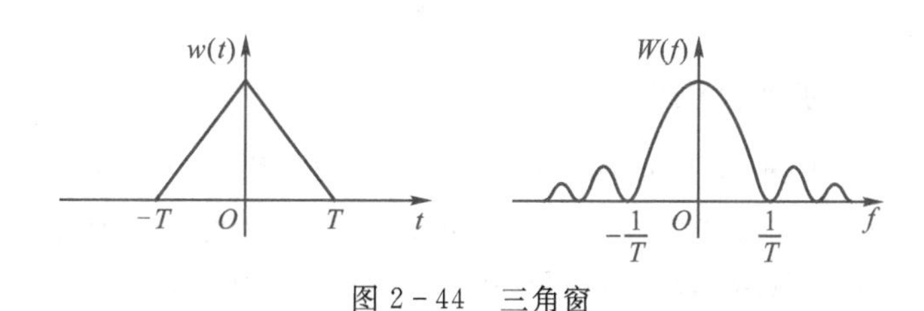

图 2-44　三角窗

$$W(\omega)=\frac{2\sin\omega T}{\omega T}+\frac{1}{2}\left[\frac{\sin(\omega T+\pi)}{\omega T+\pi}+\frac{\sin(\omega T-\pi)}{\omega T-\pi}\right]$$

可以看出，汉宁窗可以看作是 3 个矩形时间窗的频谱之和，或者说是 3 个 sinc(t)型函数之和，而括号中的两项相对于第一个谱窗向左、右各移动了 π/T，从而使旁瓣互相抵消，消去高频干扰和漏能，如图 2-45 所示。

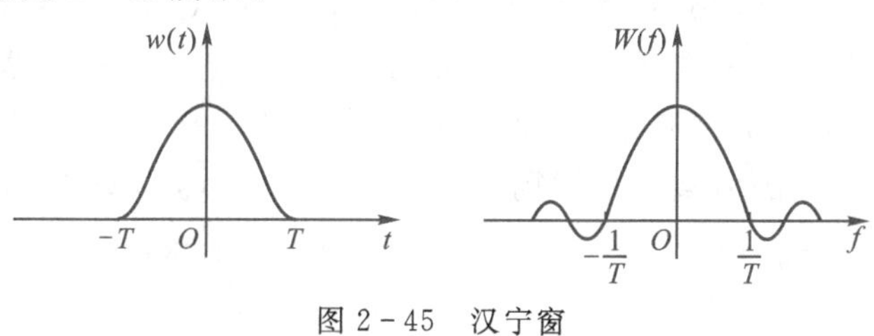

图 2-45　汉宁窗

图 2-46 表示汉宁窗与矩形窗的谱图对比，可以看出，汉宁窗主瓣加宽(第一个零点在$2\pi/T$处)并降低，旁瓣则显著减小。第一个旁瓣衰减−32 dB，而矩形窗第一个旁瓣衰减−13 dB。此外，汉宁窗的旁瓣衰减速度也较快，约为 60 dB/(10 oct)，而矩形窗为 20 dB/(10 oct)。由以上比较可知，从减小泄漏观点出发，汉宁窗优于矩形窗。但汉宁窗主瓣加宽，相当于分析带宽加宽，频率分辨力下降。

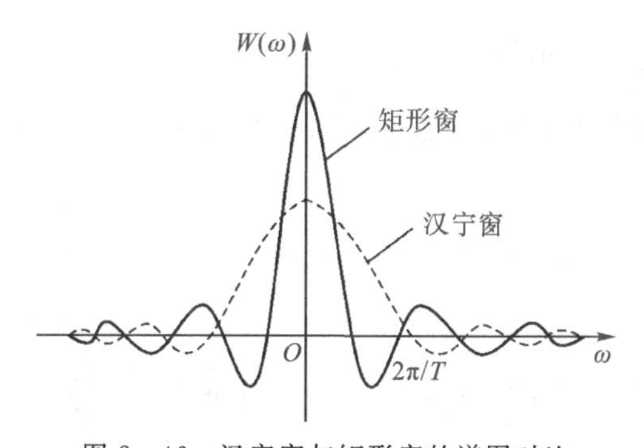

图 2-46　汉宁窗与矩形窗的谱图对比

对于窗函数的选择，应考虑被分析信号的性质与处理要求。如果仅要求精确读出主瓣频率，而不考虑幅值精度，则可选用主瓣宽度比较窄且便于分辨的矩形窗，例如测量物体的自振频率等；如果分析窄带信号，且有较强的干扰噪声，则应选用旁瓣幅度小的窗函数，如汉宁窗、三角窗等；对于随时间按指数衰减的函数，可采用指数窗来提高信噪比。

2.5.5 离散傅里叶变换(DFT)

离散傅里叶变换(Discrete Fourier Transform)一词是为适应计算机作傅里叶变换运算而引出的一个专用名词,这是因为对信号 $x(t)$ 进行傅里叶变换(FT)或逆傅里叶变换(IFT)运算时,无论在时域还是频域都需要进行包括$(-\infty,+\infty)$区间的积分运算,若在计算机上实现这一运算,则必须做到:

(1)把连续信号(包括时域、频域)改造为离散数据;

(2)把计算范围收缩到一个有限区间;

(3)实现正、逆傅里叶变换运算。

在这种条件下所构成的变换对称为离散傅里叶变换对。其特点是,在时域和频域中都只取有限个离散数据,这些数据分别构成周期性的离散时间函数和频率函数。

由图 2-38 可以看出,采样信号 $x_s(t)$ 的频谱 $X_s(\omega)$ 是把 $x(t)$ 的频谱 $X(\omega)$ 以 ω_s 为周期在频率轴上无限延展,$X_s(\omega)$ 是连续的,周期的。原模拟信号 $x(t)$ 的频谱 $X(\omega)$ 就是在 $X_s(\omega)$ 的区间$[-\omega_s/2,\omega_s/2]$上的值乘以采样周期 T_s。为求得 $X(\omega)$,只需求出在区间$[-\omega_s/2,\omega_s/2]$上 $X_s(\omega)$ 的值即可。由于 $X(\omega)=X^*(-\omega)$,所以只需求出 $X_s(\omega)$ 在区间$[0,\omega_s/2]$上的值就可求得 $X(\omega)$。

为了用数字计算的方法求 $X_s(\omega)$,还必须把无限长的采样信号 $x_s(t)$ 变成有限长的时间序列,这就需要 $x_s(t)$ 对其进行截断加窗处理。设截断后得到的长度为 N 的数字序列 $x(n)$,$(n=1,2,\cdots,N-1)$。该序列的频谱也具有周期性和连续性(见图 2-39)。由于截断,该频谱发生畸变。用一种叫做离散傅里叶变换的算法,可以给出其频谱在频率域上一个周期$(0\leqslant\omega\leqslant\omega_s)$内的以 $\omega_0=\dfrac{2\pi}{NT_s}$ 为间隔的 N 个频率点上的离散值 $X(k)$。

$$X(k)=\sum_{n=0}^{N-1}x(n)e^{\frac{-j2\pi kn}{N}}=\sum_{n=0}^{N-1}x(n)W_N^{nk}\qquad(k=1,2,\cdots,N-1)\qquad(2-64)$$

称 $X(k)$ 为的离散傅里叶变换,简记为 DFT。反过来,由于频域序列 $X(k)$ 也可求出对应的时间序列 $x(n)$:

$$x(n)=\sum_{n=0}^{N-1}X(k)e^{\frac{j2\pi kn}{N}}=\sum_{n=0}^{N-1}X(k)W_N^{-nk}\qquad(n=1,2,\cdots,N-1)\qquad(2-65)$$

式中,$W_N=e^{\frac{-j2\pi}{N}}$。

称 $x(n)$ 为 $X(k)$ 的离散傅里叶逆变换,简记为 IDFT。

2.5.6 快速傅里叶变换(FFT)

由式(2-64)和式(2-65)可知,如按这两条共识来做 DFT 运算,求出 N 个点的 $X(k)$ 需要做 N^2 次复数乘法和 $N(N-1)$ 次复数加法。而做一次复数乘法需要做四次实数相乘和两次实数相加,做一次复数加法需要做两次实数相加。因此当采样点数 N 很大时,计算量很大。例如当 $N=1024$ 时,乘法次数约为 100 万次。直至 1965 年,快速傅里叶变换(FFT)出现,才真正解决了这一问题。利用 FFT 计算 1024 点的离散傅里叶变换,乘法次数约为 5000 次,减少到原来的 1/200。

FFT 是 DFT 的快速算法，令 $N=2^M$，M 为正整数。将 $x(n)$ 序列分割成长度各为 $\frac{N}{2}$ 的奇序列和偶序列，即令 $n=2r$ 和 $n=2r+1$，$r=0,1,\cdots,\frac{N}{2}-1$，则式(2-64)可写为

$$\begin{aligned}X(k)&=\sum_{n=0}^{N-1}x(n)W_N^{nk}=\sum_{r=0}^{\frac{N}{2}-1}x(2r)W_N^{2rk}+\sum_{r=0}^{\frac{N}{2}-1}x(2r+1)W_N^{2(r+1)k}\\&=\sum_{r=0}^{\frac{N}{2}-1}x(2r)W_{\frac{N}{2}}^{rk}+W_N^k\sum_{r=0}^{\frac{N}{2}-1}x(2r+1)W_{\frac{N}{2}}^{rk}\end{aligned}\tag{2-66}$$

式中，$W_{\frac{N}{2}}=e^{-j\frac{2\pi}{\frac{N}{2}}}=e^{-j\frac{4\pi}{N}}$，这是因为 $W_N^2=e^{-2j\frac{2\pi}{N}}=e^{-j\frac{2\pi}{\frac{N}{2}}}=W_{\frac{N}{2}}$。

令 $X_0(k)=\sum_{r=0}^{\frac{N}{2}-1}x(2r)W_{\frac{N}{2}}^{rk}\qquad k=0,1,\cdots,\frac{N}{2}-1$

$X_1(k)=\sum_{r=0}^{\frac{N}{2}-1}x(2r+1)W_{\frac{N}{2}}^{rk}\qquad k=0,1,\cdots,\frac{N}{2}-1$

则

$$\begin{aligned}X(k)&=\sum_{r=0}^{\frac{N}{2}-1}x(2r)W_{\frac{N}{2}}^{rk}+W_N^k\sum_{r=0}^{\frac{N}{2}-1}x(2r+1)W_{\frac{N}{2}}^{rk}\\&=X_0(k)+W_N^kX_1(k)\qquad k=0,1,\cdots,N-1\end{aligned}\tag{2-67}$$

式中，$X_0(k)$ 和 $X_1(k)$ 分别为偶数列和奇数列的 DFT，由于偶数列和奇数列的长度为 $\frac{N}{2}$，故 $X_0(k)$ 和 $X_1(k)$ 只在 $k=0,1,\cdots,\frac{N}{2}-1$ 上有定义，而原 DFT 公式 $X(k)$ 是定义在 $k=0,1,\cdots,N-1$ 上的；故还必须定义从 $\frac{N}{2}$ 到 $N-1$ 的值。利用 DFT 的周期性和对称性能轻易做到这一点。

1. DFT 的周期性

$$W_N^{N+nk}=W_N^{nk}$$

$X_0(k)$ 和 $X_1(k)$ 是以 $\frac{N}{2}$ 为周期的，即

$$X_0(k)=X_0(k+\frac{N}{2})$$

$$X_1(k)=X_1(k+\frac{N}{2})$$

2. 利用复指数函数的对称性

$$W_N^{(k+\frac{N}{2})}=e^{-j2\pi(k+\frac{N}{2})}=W_N^ke^{-j\pi}=-W_N^k$$

因此式(2-67)完整地写成

$$X(k)=\begin{cases}X_0(k)+W_N^kX_1(k) & 0\leqslant k\leqslant\frac{N}{2}-1\\X_0(k-\frac{N}{2})-W_N^kX_1(k-\frac{N}{2}) & \frac{N}{2}\leqslant k\leqslant N-1\end{cases}\tag{2-68}$$

由此可见，这样就把 N 点的 DFT 表示成两个$\frac{N}{2}$点的 DFT。而$\frac{N}{2}$点的 DFT 的复数乘法次数为$\left(\frac{N}{2}\right)^2$，又该式计算 N 点 DFT 的复数乘法运算次数为$\frac{N(N+1)}{2}$，计算工作量减少了约一半。

注意到 $X_0(k)$和 $X_1(k)$又可表示为各自的偶数列和奇数列的 DFT，即表示为$\frac{N}{4}$点的 DFT 的组合，而$\frac{N}{4}$点的 DFT 又可表示为两个$\frac{N}{8}$点的 DFT 的组合，依次类推，最终归结为求两个点的 DFT。总之，由于利用了 DFT 的周期性和复指数函数的对称性，将 N 点的 DFT 表示成两个$\frac{N}{2}$点的 DFT 组合，从而使 DFT 的运算量大为减少，这就是 FFT 的原理。

2.5.7 功率谱密度

在连续时间信号分析中，相关函数与功率谱密度函数构成了傅里叶变换对。同理，在数字信号处理中，离散相关函数与离散功率谱密度函数也构成了傅里叶变换对。但这种情况下的离散相关函数与离散功率谱密度函数只是原信号的估计值，因为这时已人为地加窗截断并使其周期化。

设 $x(n)$，$y(n)$是对 $x(t)$，$y(t)$采样后得到的时间序列，其 DFT 分别是 $X(k)$和 $Y(k)$，则功率谱密度的估计值和互功率谱密度分别为

$$S_x(k) = \frac{1}{N} \mid X(k) \mid^2 \tag{2-69}$$

$$S_{xy}(k) = \frac{1}{N} X^*(k) Y(k) = S_{xy}^*(k) \tag{2-70}$$

式中，$X^*(k)$为 $X(k)$的共轭。

习　题

1. 简述信号的时域描述和频域描述的特点与用途。
2. 简述周期信号与非周期信号频谱的特点。
3. 什么是信号的频混，避免频混的办法有哪些？
4. 已知余弦信号 $x_1(t)=\cos(\omega_0 t+\varphi)$和 $x_2(t)=\cos(\omega_0 t-\varphi)$，求幅值谱图和相位谱图并做比较。
5. 如图题 5 所示周期性方波的复指数频谱，周期内的表达式为

$$x(t) = \begin{cases} A & 0 < t < T/2 \\ 0 & t = 0 \\ -A & -T/2 < t < 0 \end{cases}$$

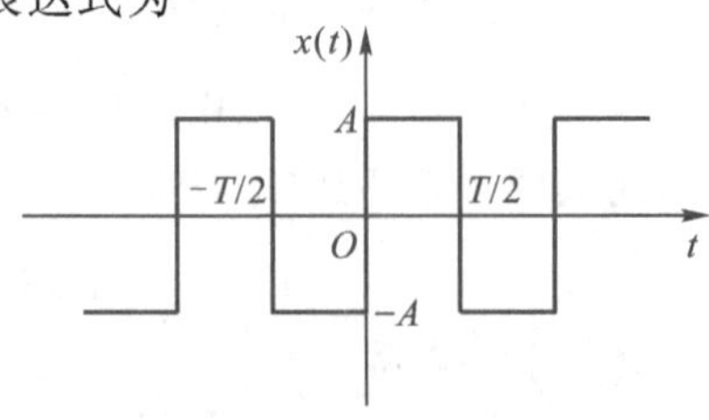

图题 5

6. 求正弦信号 $x(t)=x_0\sin(\omega t+\varphi)$的绝对均值 $\mu_{|x|}$和均方根值 x_{rms}。
7. 画出 $x(t)=\cos\omega_0 t$ 的单边谱、双边谱、实频谱及

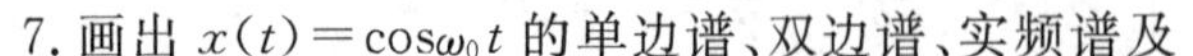

虚频谱。

8. 求单位阶跃函数和符合函数的频谱。

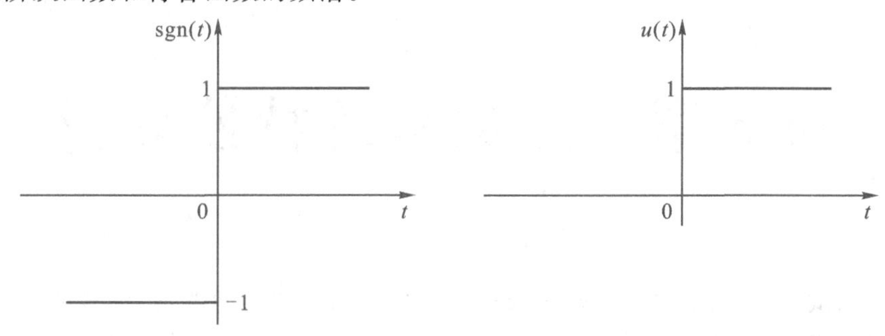

图题 8

9. 求矩形窗函数的频谱。

$$x(t)=\begin{cases}1, & |t|\leqslant\tau/2 \\ 0, & |t|>\tau/2\end{cases}$$

10. 求周期三角波的概率分布函数 $F(x)$ 与概率密度函数 $p(x)$。

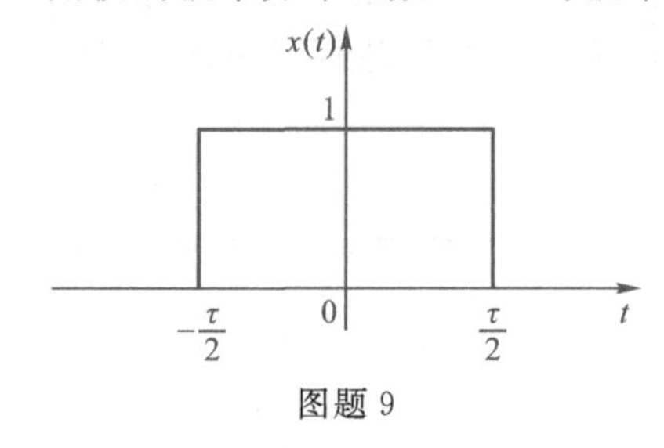

图题 9

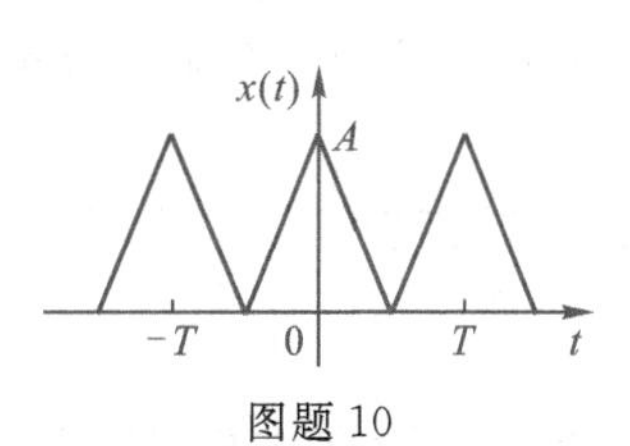

图题 10

11. 求周期三角波的自相关函数。

12. 求信号 $x(t)=x_0\sin(\omega t+\theta)$ 与 $y(t)=y_0\sin(\omega t+\theta-\varphi)$ 的互相关函数及互谱。

13. 证明：若 $x(t)\Leftrightarrow X(\omega)$，则 $X(t)\Leftrightarrow 2\pi x(-\omega)$。

14. 简述采样定理。

第3章　测试系统特性分析

要进行测试，首先面临的就是如何选择和使用测试装置的问题，从信号流的角度来看，测试装置的作用就是把输入信号（被测量）进行某种加工处理后将其输出，也就是输出信号（测试结果）。测试装置对信号做什么样的加工，是由测试装置的特性决定的，所以测试装置的特性直接关系测试的准确度和精度，由于受测试系统的特性以及信号传输过程中的干扰影响，输出信号的质量必定不如输入信号的质量。为了正确地描述或反映被测的物理量，实现“精确测试”或“不失真测试”，测试系统的选择及其传递特性的分析就显得非常重要。

测试系统是指由传感器、信号调理电路、信号处理电路、记录显示设备组成并具有获取某种信息功能的整体。测试系统的复杂程度取决于被测信息检测的难易程度，以及所采用的实验方法，对测试系统的基本要求是可靠、实用、通用、经济。

3.1　概　述

3.1.1　测试系统的基本要求

测试系统的组成如图3-1所示，由于测试目的和要求不同，测量对象又千变万化，此测试系统的组成、复杂程度都有很大差别。最简单的测试系统如用来进行温度测试的仅仅是一个液柱式温度计，而较完整的动态特性测试系统，其组成相当复杂。测试系统的概念是广义的，在测试信号流通过程中，任意连接输入、输出并有特定功能的部分，均可视为测试系统。

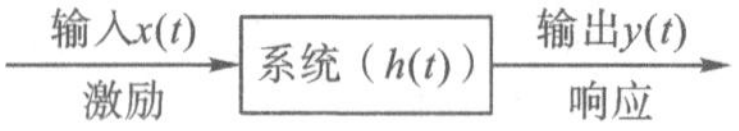

输入$x(t)$ → 系统（$h(t)$） → 输出$y(t)$

激励　　　　　　　　响应

图3-1　测试系统与其输入、输出关系图

对测试系统的基本要求就是使测试系统的输出信号能够真实地反映被测物理量的变化过程，不使信号发生畸变，即实现不失真测试。任何测试系统都有自己的传输特性，当输入信号用$x(t)$表示，测试系统的传输特性用$h(t)$表示，输出信号用$y(t)$表示，则通常的工程测试问题总是处理$x(t)$、$h(t)$和$y(t)$三者之间的关系，如图3-1所示，即

(1)若输入$x(t)$和输出$y(t)$是已知量，则通过输入、输出就可以判断系统的传输特性；

(2)若测试系统的传输特性$h(t)$已知，输出$y(t)$可测，则通过$h(t)$和$y(t)$可推断出对应于该输出的输入信号$x(t)$；

(3)若输入信号$x(t)$和测试系统的传输特性$h(t)$已知，则可推断和估计出测试系统的输

出信号 $y(t)$。

从输入到输出，系统对输入信号进行传输和变换，系统的传输特性将对输入信号产生影响，因此，要使输出信号真实地反映输入的状态，测试系统必须满足一定的性能要求。一个理想的测试系统应该具有如下特征：

(1)输入、输出应该具有一一对应关系，即单一的、确定的输入输出关系，对应于每个确定的输入量都应有唯一的输出量与之对应。

(2)其输出和输入呈线性关系，且系统的特性不应随时间的推移发生改变，满足上述要求的系统是线性时不变系统。

(3)响应速度快。

(4)动态测试时，必须保证信号的波形不发生失真。

因此具有线性时不变特性的测试系统为最佳测试系统。

3.1.2　线性系统及其主要特性

一个线性系统的输入-输出关系可用式(3-1)的微分方程来描述：

$$\begin{aligned} & a_n \frac{\mathrm{d}^n y(t)}{\mathrm{d}t^n} + a_{n-1} \frac{\mathrm{d}^{n-1} y(t)}{\mathrm{d}t^{n-1}} + \cdots + a_1 \frac{\mathrm{d}y(t)}{\mathrm{d}t} + a_0 y(t) \\ = & b_m \frac{\mathrm{d}^m x(t)}{\mathrm{d}t^m} + b_{m-1} \frac{\mathrm{d}^{m-1} x(t)}{\mathrm{d}t^{m-1}} + \cdots + b_1 \frac{\mathrm{d}x(t)}{\mathrm{d}t} + b_0 x(t) \end{aligned} \tag{3-1}$$

式中，$x(t)$为系统的输入；$y(t)$为系统的输出；$a_n, a_{n-1}, \cdots, a_1, a_0$ 和 $b_m, b_{m-1}, \cdots, b_1, b_0$ 为系统的物理参数。

若系统的上述物理参数均为常数，则该方程为常系数微分方程，所描述的系统即为线性定常数系统或线性时不变系统。线性时不变系统具有如下基本性质。

1. 叠加性

系统对各输入之和的输出等于各单个输入的输出之和，即

若 $x_1(t) \to y_1(t)$，$x_2(t) \to y_2(t)$；则 $x_1(t) \pm x_2(t) \to y_1(t) \pm y_2(t)$。

该特性表明，作用于线性时不变系统的各输入分量所引起的输出是互不影响的。因此，分析线性时不变系统在复杂输入作用下的总输出时，可以先将输入分解成许多简单的输入分量，求出每个简单输入分量的输出，再将这些输出叠加即可。这就给试验工作带来很大的方便，测试系统的正弦试验就是采用这种方法。

2. 比例性

常数倍输入所得的输出等于原输入所得输出的常数倍，即：

若 $x(t) \to y(t)$；则 $kx(t) \to ky(t)$。

3. 微分性

系统对原输入信号的微分等于原输出信号的微分，即

若 $x(t) \to y(t)$；则 $x'(t) \to y'(t)$。

4. 积分性

当初始条件为零时，系统对原输入信号的积分等于原输出信号的积分，即

若 $x(t) \rightarrow y(t)$；则 $\int_0^t x(t)\mathrm{d}t \rightarrow \int_0^t y(t)\mathrm{d}t$。

5. 频率保持性

若系统的输入为某一频率的谐波信号，则系统的稳态输出将为同一频率的谐波信号，即若 $x(t)=A\cos(\omega t+\varphi x)$；则 $y(t)=B\cos(\omega t+\varphi y)$。

非线性系统不具有这样的性质。例如，设某系统的输入 x 和输出 y 间具有 $y=x^2$ 的关系，若令 $x=\cos\omega_0 t$，则 $y=\frac{1}{2}(1+\cos 2\omega_0 t)$，显然输出的 y 的频率发生变化。通常的测试系统都可看成线性系统。但可能存在着非线性。用作静态测试时，测试装置如果存在着非线性时，可以实现对装置进行标定，通过修正运算或输出补偿技术来解决。如果是用作动态测试，一般很难修正或补偿，必将导致测试结果失真。

3.2 测试装置的静态特性

静态特性是在静态测试时，测试装置表现出的特性。静态测试则是指被测试信号不随时间变化或几乎不随时间变化的测试。在式(3-1)描述线性系统中，当系统的输入 $x(t)=x_0$(常数)，即输入信号的幅值不随时间变化或随时间的变化周期远远大于测试时间，因而输入与输出的各阶导数均为零，测试系统的微分方程变为

$$y=\frac{b_0}{a_0}x=Sx \tag{3-2}$$

因此，理想测试系统，其输入和输出的关系是过原点的一条直线，指点的斜率为 S。但实际的测试装置，其输入输出关系并非理想的直线，式(3-2)变为

$$y=S_1x+S_2x^2+S_3x^3+\cdots \tag{3-3}$$

静态特性也可用一条曲线来表示，该曲线称为测试系统的静态特性曲线(见图 3-2)或静态标定曲线，有时也称为静态校准曲线或定度曲线。静态标定曲线反映了测试系统输入、输出之间的静态传输特性。工程上通常采用试验的方法来确定静态标定曲线，根据静态标定曲线进行相应的数据处理，即可得到相应的静态特性参数。

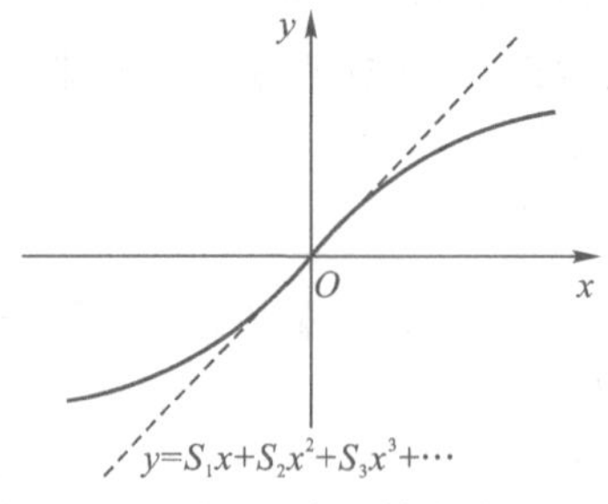

图 3-2 测试系统的静态特性曲线

但是，实际的测试系统一般并不是理想的线性定常系统，其静态标定曲线并不是直线，因此，通常将静态标定曲线拟合成直线，用拟合直线来近似地表示测试系统的静态特性。常用的确定拟合直线的方法有以下三种：

(1)最小二乘法。拟合直线通过坐标原点,并且使它与静态标定曲线上各输出量偏差 B_i 的平方和 $\sum_i B_i^2$ 为最小。这一方法较为精确,但计算复杂。

(2)端点连线法。将静态标定曲线上对应于量程上、下限的两点连线作为拟合直线。此方法较为简单,但不够精确。

(3)最大偏差比较法。使拟合直线与静态标定曲线的最大偏差比其他所有直线所形成的最大偏差都小。

因此有必要对测试装置的静态特性进行研究。描述静态特性的量有很多,主要有灵敏度、非线性度、漂移和回程误差等。

3.2.1　灵敏度

在静态测量中,通常用实验测试的办法求取装置的输入、输出关系的曲线,称为定度(标定曲线),也称为校准曲线。

灵敏度就是输出增量 Δy 与输入增量 Δx 的比值。即

$$S = \frac{\Delta y}{\Delta x} \tag{3-4}$$

灵敏度表征的是测试系统对输入信号变化的一种反应能力。对于理想的线性系统,其灵敏度应为常数。灵敏度的量纲取决于输入、输出的量纲,当输入输出量纲相同时,灵敏度是一个无量纲的常数,一般称为“放大系数”。但一般的测试装置总会存在一定的非线性,严格来说,灵敏度会随测量的变化而变化。通常总是用校准曲线的拟合直线的斜率作为该装置的灵敏度。

3.2.2　非线性度

非线性度是指装置输入、输出间保持线性关系的程度。非线性度用校准曲线偏离其拟合直线的程度来表示。即在装置的标称输出范围(全量程)A 内,校准曲线与拟合直线的最大偏差 B 与 A 的比值(见图 3-3)即

$$\text{非线性度} = \frac{B}{A} \times 100\% \tag{3-5}$$

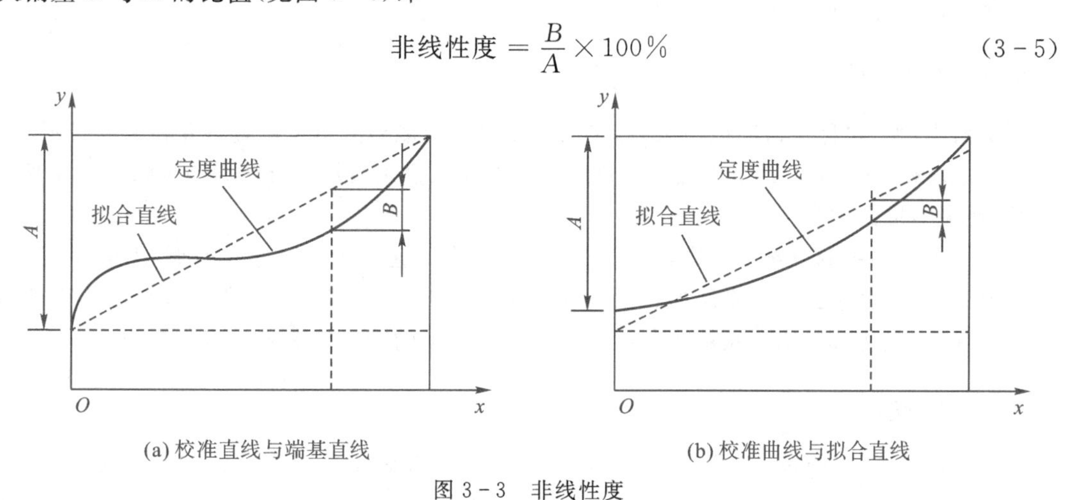

图 3-3　非线性度

3.2.3 漂移

漂移是指输入量不变,经一段时间后,因仪器内部温度变化或其他不稳定因素的影响,使输出量发生变化。产生漂移的原因有两个方面:一是测试系统自身结构参数的变化;二是外界工作环境参数的变化对输出的影响。最常见的漂移是温度漂移,即由于外界工作温度的变化而引起输出的变化。随着温度的变化,测试系统的灵敏度和零点位置也会发生漂移,并相应地称为灵敏度漂移和零点漂移。

3.2.4 回程误差

理想测试装置的输入输出应该是单调的,但实际上,有的测试系统有时候会出现非单调性,即对应一个输入量,存在着多个不同的输出量。这一表现为输入量由小增大和由大减少时,存在着不同的定度曲线。回程误差也称滞后量或变差,用对应于同一输入量所得的数值不同的两个输出量之差的最大值来表示(见图 3-4)。

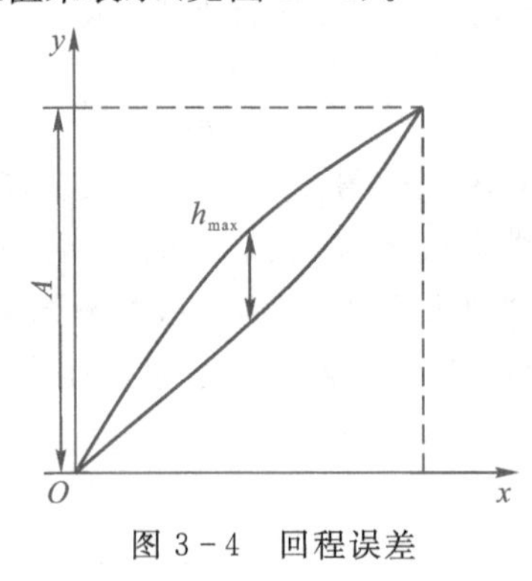

图 3-4 回程误差

产生滞后的原因是测试系统中运动部分的外摩擦、变形材料的内摩擦以及磁性材料的磁滞等。对于测量系统来说,希望滞后越小越好。为了减少滞后,应尽量减少摩擦面,并对变形零件进行热处理和稳定化处理。

3.2.5 分辨力

分辨力(率)也称灵敏阈或灵敏限,是指测试系统所能检测出来的输入量的最小变化量,通常用 Δx 来表示,是以最小单位输出量所对应的输入量来表示。分辨力与灵敏度有密切的关系,是灵敏度的倒数。

一个测试系统的分辨力越高,表示它所能检测出的输入量的最小变化量值越小。对于数字测试系统,其输出显示系统的最后一位所代表的输入量即为该系统的分辨力。对于模拟测试系统,是用其输出标尺最小分度值的一半所表示的输入量来表示其分辨力。

3.2.6 信噪比

信号功率与干扰(噪声)功率之比,称为信噪比,记为 SNR。并用分贝(dB)来表示。

$$\mathrm{SNR} = 10\lg \frac{N_s}{N_n}\ \mathrm{dB} \tag{3-6}$$

式中，N_s，N_n 为信号和噪声的功率。

有时用信号电压与噪声电压来表示，即

$$SNR = 20\lg \frac{V_s}{V_n}\ \mathrm{dB} \tag{3-7}$$

式中，V_s，V_n 为信号和噪声的电压。

3.3 测试装置动态特性的描述

测试装置的动态特性，是指装置的输入、输出随时间变化时装置所表现出的特性。例如，包装件跌落过程，输入、输出分别为包装件表面的冲击力和内装物所承受的作用力，在整个冲击过程中，内装物所受作用力是随冲击力不断变化而变化的。为了描述测试装置动态特性，一般以特定信号作为输入，用其输出或输出、输入的关系来表示系统的动态特性。

3.3.1 单位脉冲响应函数

当输入为单位脉冲函数时系统的输出即为单位脉冲响应函数，用 $h(t)$ 表示。脉冲响应函数是系统动态特性的时域描述。

设测试装置的单位脉冲响应函数为 $h(t)$，对于任意的输入 $x(t)$，输出 $y(t)$ 可表示为

$$y(t) = h(t) * x(t) = \int_0^{\infty} h(\tau)x(t-\tau)\mathrm{d}\tau \tag{3-8}$$

即输入信号与单位脉冲响应函数的卷积，其物理意义如图 3-5 所示，输入 $x(t)$ 可以分解为许多宽度为 $\Delta\tau$ 的一个个矩形脉冲之和，$t=n\Delta\tau$ 时的第 n 个矩形脉冲的高度为 $x(n\Delta\tau)$，当 $\Delta\tau$ 趋近于零时，矩形脉冲变为单位冲激信号，冲激强度可以看作是矩形脉冲的面积；在 $t=n\Delta\tau$ 时刻，矩形脉冲引起的响应为 $x(n\Delta\tau)\cdot\Delta\tau\cdot h(t-n\Delta\tau)$；各脉冲引起的响应之和就为输出 $y(t)$ 即为

$$y(t) \approx \sum_{n=0}^{\infty} x(n\Delta\tau)\Delta\tau h(t-n\Delta\tau)$$

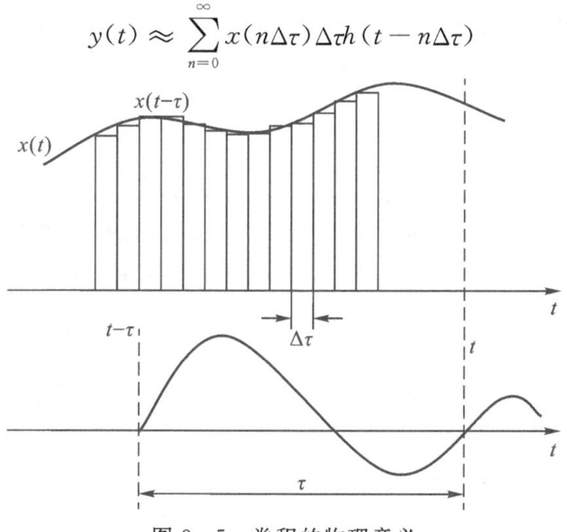

图 3-5　卷积的物理意义

当 $\Delta\tau\to 0$,对上式取极限得

$$y(t)=\lim_{\Delta\tau\to 0}\sum_{n=0}^{\infty}x(n\Delta\tau)\Delta\tau h(t-n\Delta\tau)$$
$$=\int_{0}^{\infty}h(\tau)x(t-\tau)\mathrm{d}\tau \tag{3-9}$$
$$=h(t)*x(t)$$

由此看出,单位脉冲响应必须满足 $t<0$ 时,$h(t)=0$ 的条件,这是由于仅当有脉冲作用后,原来处于静止的系统才会有响应产生。

3.3.2 阶跃响应函数

输入为单位阶跃函数 $u(t)$(见图 3-6)时,系统输出 $g(t)$为阶跃响应函数。阶跃响应是脉冲响应函数的积分。这是由于当把 $x(t)=u(t)$代入式(3-8)中,

$$g(t)=\int_{0}^{\infty}h(\tau)u(t-\tau)\mathrm{d}\tau=\int_{0}^{\infty}h(\tau)\mathrm{d}\tau \tag{3-10}$$

反之,脉冲响应函数则是阶跃响应函数的导数,即

$$h(\tau)=\frac{\mathrm{d}}{\mathrm{d}t}g(t) \tag{3-11}$$

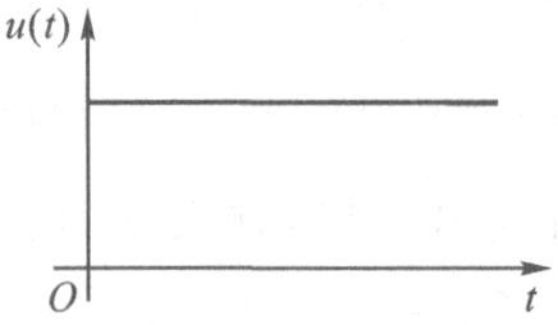

图 3-6 单位阶跃函数

3.3.3 传递函数

若 $y(t)$为时间变量 t 的函数,当 $t\leqslant 0$ 时,有 $y(t)=0$,则 $y(t)$的拉普拉斯变换 $Y(s)$定义为

$$Y(s)=\int_{0}^{\infty}y(t)\mathrm{e}^{-st}\mathrm{d}t \tag{3-12}$$

式中,s 为复变量,$s=\alpha+\mathrm{j}\omega$,$\alpha>0$;记作 $Y(s)=L[y(t)]$,其逆变换记为 $y(t)=L^{-1}[Y(s)]$。

拉普拉斯变换是一种积分变换,在测试中最常用的拉普拉斯变换的性质是微分定理,当函数 $y(t)$的初值及各阶导数的初值为零时,其 n 阶导数的拉普拉斯变换为

$$L\left[\frac{\mathrm{d}^n y(t)}{\mathrm{d}t^n}\right]=s^nY(s) \tag{3-13}$$

若系统的初始条件为零,即认为输入 $x(t)$与输出 $y(t)$以及其各阶导数的初始值(即 $t=0$ 时的值)均为零,对式(3-1)做拉氏变换得

$$a_ns^nY(s)+a_{n-1}s^{n-1}Y(s)+\cdots+a_1Y(s)+a_0Y(s)$$
$$=b_ms^mX(s)+b_{m-1}s^{m-1}X(s)+\cdots+b_1X(s)+b_0X(s)$$

将输入 $X(s)$和输出 $Y(s)$两者的拉普拉斯变换之比定义为传递函数 $H(s)$,即

$$H(s)=\frac{Y(s)}{X(s)}=\frac{b_m s^m+b_{m-1}s^{m-1}+\cdots+b_1 s+b_0}{a_n s^n+a_{n-1}s^{n-1}+\cdots+a_1 s+a_0} \tag{3-14}$$

其逆变换为

$$y(t)=L^{-1}[Y(s)]=L^{-1}[H(s)X(s)] \tag{3-15}$$

传递函数 $H(s)$ 表征了一个系统的传递特性，是在复数域中对系统特性的一种解析描述，包含了瞬态、稳态时间响应和频率响应的全部信息。式(3-14)分母中的 s 的幂次 n 称为传递函数的阶次。传递函数具有如下的特征：

(1) $H(s)$ 描述了系统本身的动态特性，由式(3-14)可以看出传递函数 $H(s)$ 与输入量 $x(t)$ 及系统的初始状态无关。

(2)由传递函数 $H(s)$ 所描述的一个系统对于任意具体的输入 $x(t)$ 都可明确给出相应的输出 $y(t)$。

(3)式(3-14)中的系数 $a_n, a_{n-1}, \cdots, a_1, a_0$ 和 $b_m, b_{m-1}, \cdots, b_1, b_0$ 是由测试系统本身结构特性所唯一确定的常数。

3.3.4　频率响应函数

对于稳定的线性定常数系统，可设 $s=\mathrm{j}\omega$，即原 $s=\alpha+\mathrm{j}\omega$ 中的 $\alpha=0$，此时式(3-14)变为

$$H(\mathrm{j}\omega)=\frac{Y(\mathrm{j}\omega)}{X(\mathrm{j}\omega)}=\frac{b_m(\mathrm{j}\omega)^m+b_{m-1}(\mathrm{j}\omega)^{m-1}+\ldots+b_1(\mathrm{j}\omega)+b_0}{a_n(\mathrm{j}\omega)^n+a_{n-1}(\mathrm{j}\omega)^{n-1}+\ldots+a_1(\mathrm{j}\omega)+a_0} \tag{3-16}$$

$H(\mathrm{j}\omega)$ 称为测试系统的频率响应函数，也可记为 $H(\omega)$。显然频率响应函数是传递函数的特例。不难看出把 $H(\mathrm{j}\omega)$ 表达式中的 $\mathrm{j}\omega$ 换成 s，就可得到传递函数；反之，把 $H(s)$ 中的 s 换成 $\mathrm{j}\omega$，就可得到频率响应函数。

由欧拉公式可知，$e^{\mathrm{j}\omega t}=\cos\omega t+\mathrm{j}\sin\omega t$，根据叠加原理，线性系统可用 $e^{\mathrm{j}\omega t}$ 代替正弦或余弦信号输入给系统。其响应可由式(3-8)求得

$$y(t)=\int_0^{\infty}h(\tau)e^{\mathrm{j}\omega(t-\tau)}\,\mathrm{d}\tau=e^{\mathrm{j}\omega t}\int_0^{\infty}h(\tau)e^{-\mathrm{j}\omega\tau}\,\mathrm{d}\tau \tag{3-17}$$

故频率响应函数又可定义为

$$H(\mathrm{j}\omega)=\int_0^{\infty}h(\tau)e^{-\mathrm{j}\omega\tau}\,\mathrm{d}\tau \tag{3-18}$$

则式(3-17)为

$$y(t)=H(\mathrm{j}\omega)e^{\mathrm{j}\omega t} \tag{3-19}$$

由此可见，当输入频率为 ω 的正弦波时，输出也是同频率的正弦波，只是振幅扩大了 $|H(\mathrm{j}\omega)|$ 倍，相位变化了 $H(\mathrm{j}\omega)$ 的幅角。即 $H(\mathrm{j}\omega)$ 表示输出相对输入的振幅比及相位差。由式(3-18)可知频率响应函数是脉冲响应函数的傅里叶变换，脉冲响应函数是频率响应函数的傅里叶逆变换。

$$h(t)=\frac{1}{2\pi}\int_{-\infty}^{+\infty}H(\mathrm{j}\omega)e^{\mathrm{j}\omega t}\,\mathrm{d}\omega \tag{3-20}$$

用传递函数和频率响应函数均可表达系统的传递特性，但两者的含义不同。在推导传递函数时，系统的初始条件设为零。而对于一个从 $t=0$ 开始所施加的简谐信号激励来说，采用拉普拉斯变换解得的系统输出将由两部分组成：由激励所引起的、反映系统固有特性的

瞬态输出以及该激励所对应的系统的稳态输出。如图 3－7(a)所示，系统在激励开始之后有一段过渡过程，经过一定的时间以后，系统的瞬态输出趋于定值，亦即进入稳态输出。图 3－7(b)所示的是频率响应函数描述下系统的输入与输出之间的对应关系。当输入为简谐信号时，在观察时系统的瞬态响应已趋近于零，频率响应函数 $H(\mathrm{j}\omega)$表达的仅仅是系统对简谐输入信号的稳态输出。因此用频率响应函数不能反映过渡过程，必须用传递函数才能反映全过程。

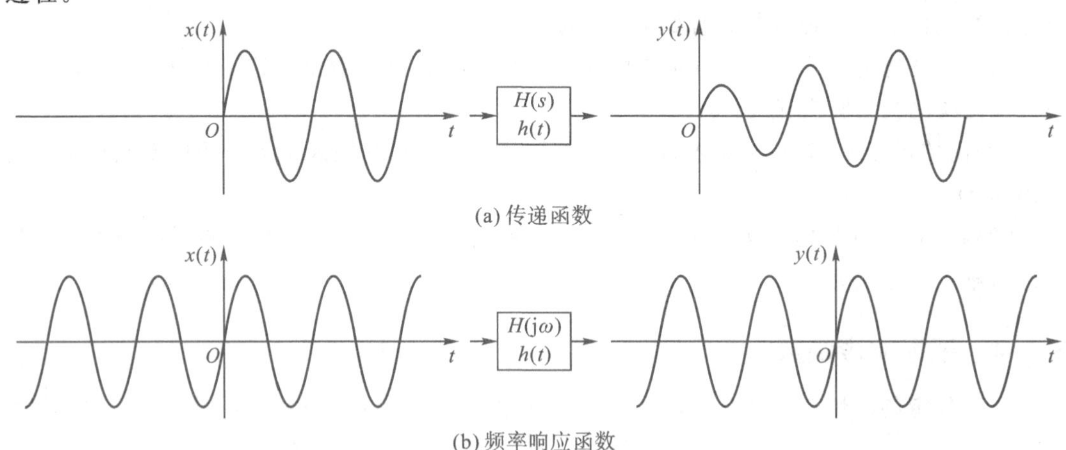

图 3－7　用传递函数和频率响应函数分别描述不同输入状态的系统输出

但是频率响应函数直观地反映了系统对不同频率输入信号的响应特性。在时间的工程技术问题中，为获得较好的测量效果，常常在系统处于稳态输出的阶段进行测试。因此在测试工作中常常用频率响应函数来描述系统的动态特性。频率响应函数是描述测试装置动态特性一个非常重要的参数。一般来说，频率响应函数 $H(\mathrm{j}\omega)$是一个复数，可以写成幅值与相角表达的形式，则有

$$H(\mathrm{j}\omega)=A(\omega)\mathrm{e}^{\mathrm{j}\varphi(\omega)}=A(\omega)\angle\varphi(\omega) \tag{3-17}$$

式中，$A(\omega)$为复数 $H(\mathrm{j}\omega)$的模

$$A(\omega)=\frac{|Y(\omega)|}{|X(\omega)|}=|H(\mathrm{j}\omega)| \tag{3-18}$$

$A(\omega)$ 反映了在线性时不变系统正弦信号激励下，其稳态输出与输入的幅值比随频率变化，称为系统的幅频特性。

$\varphi(\omega)$为 $H(\mathrm{j}\omega)$的幅角

$$\varphi(\omega)=\arg H(\mathrm{j}\omega)=\varphi_y(\omega)-\varphi_x(\omega) \tag{3-19}$$

幅角 $\varphi(\omega)$反映了稳态输出与输入的相位差随频率的变化，称为系统的相频特性。

也可以将 $H(\mathrm{j}\omega)$用实部和虚部的组合形式来表达：

$$H(\mathrm{j}\omega)=P(\omega)+\mathrm{j}Q(\omega) \tag{3-20}$$

则 $P(\omega)$和 $Q(\omega)$均为 ω 的实函数，式(3－18)也可写成

$$A(\omega)=\sqrt{P^2(\omega)+Q^2(\omega)} \tag{3-21}$$

以 ω 为自变量分别画出 $P(\omega)$和 $Q(\omega)$的图形，分别称为实频特性曲线和虚频特性曲线。以 ω 为自变量分别画出 $A(\omega)$和 $\varphi(\omega)$的图形，所得的曲线分别称为幅频特性曲线和相频特

性曲线。将自变量 ω 用对数坐标即 $\lg(\omega)$ 表达，幅值用 $A(\omega)$ 分贝（dB）数即 $20\lg A(\omega)$ 来表示，此时所得的对数幅频曲线与对数相频曲线称为伯德（Bode）图。另外一种表达系统幅频与相频特性的作图法称为奈奎斯特（Nyquist）图法，它是以系统 $H(\mathrm{j}\omega)$ 的实部 $P(\omega)$ 为横坐标，虚部 $Q(\omega)$ 为纵坐标，画出其随 ω 变化的曲线，且在曲线上注明响应频率，图中自坐标原点到曲线上某一频率点所作的矢量长便表示该频率点的幅值 $|H(\mathrm{j}\omega)|$，该向径与横坐标轴的夹角便代表了频率响应的幅角 $\angle H(\mathrm{j}\omega)$。

3.4　测试装置动态特性计算法

获取测试装置动态特性的方法有计算法和实验测定法。采用计算法时，首先要列出装置的微分方程，然后计算系统的频率响应函数或其他参数，最后再由实验来判断计算的精确性。试验测定法则是直接用实验来测定装置的动态特性。采用计算法时，列出系统微分方程后，有两条途径求解系统的动态特性（见图 3－8）。

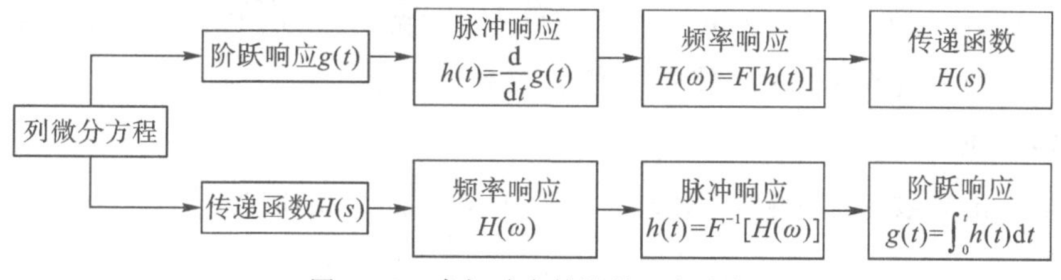

图 3－8　求解动态特性的两条途径

第一条途径由于要解微分方程，故一般仅用于一阶或二阶系统。第二条途径，无论是对低阶系统还是变阶系统都适用，另外由于在动态特性中频率响应函数是最常用的，故一般都按该途径来求系统的动态特性。

3.4.1　一阶系统

如图 3－9 所示 RC 低通滤波电路，设其输入电压为 $x(t)$，输出电压为 $y(t)$，电流为 i，则有

$$x(t)=Ri+\frac{1}{C}\int i\mathrm{d}t$$

$$y(t)=\frac{1}{C}\int i\mathrm{d}t$$

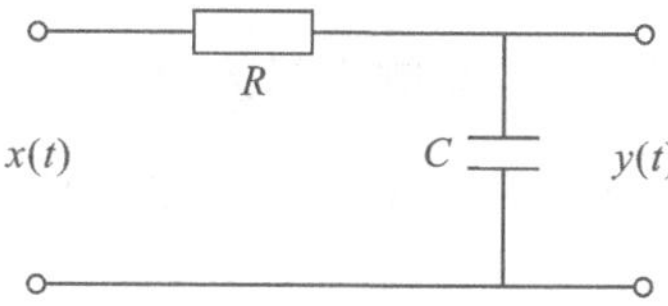

图 3－9　RC 低通滤波电路

消去 i，并令 $\tau=RC$，则有

$$\tau \frac{\mathrm{d}}{\mathrm{d}t}y(t) + y(t) = x(t) \tag{3-22}$$

如上的输入输出关系可用常系统一阶微分方程表示的系统统称为一阶系统。式(3-22)是典型的一阶系统的微分方程。下面由前述的途径一来求一阶系统的阶跃响应、脉冲响应、频率响应和传递函数。

1. 阶跃响应

由于输入信号 $x(t)=u(t)$，故式(3-22)变为

$$\tau \frac{\mathrm{d}}{\mathrm{d}t}y(t) + y(t) = 1 \qquad (t > 0) \tag{3-23}$$

在初始条件 $y(0)=0$ 下解此微分方程，则求得阶跃响应函数为

$$g(t) = 1 - \mathrm{e}^{-t/\tau} \tag{3-24}$$

图 3-10 为一阶系统的阶跃响应，当 $t=\tau$ 时，$g(t)=0.632$，称 τ 为时间常数。可见，一阶系统在单位阶跃激励下的稳态输出为零，且进入稳态的时间 $t \to \infty$。但当 $t=4\tau$ 时，$y(4\tau)=0.982$，误差小于 2%；当 $t=5\tau$ 时，$y(5\tau)=0.993$，误差小于 1%；所以对于一阶系统，时间常数 τ 是表示其特性的一个重要物理量，且越小越好。

2. 脉冲响应

阶跃响应的导数为脉冲响应，对式(3-24)求导，得脉冲响应为

$$h(t) = \frac{\mathrm{d}}{\mathrm{d}t}g(t) = \frac{1}{\tau}\mathrm{e}^{-t/\tau} \tag{3-25}$$

一阶系统的脉冲响应如图 3-11 所示，当 $t=\tau$ 时，达到 $t=0$ 时值的 36.8%。显然，脉冲响应也完全由时间常数决定。

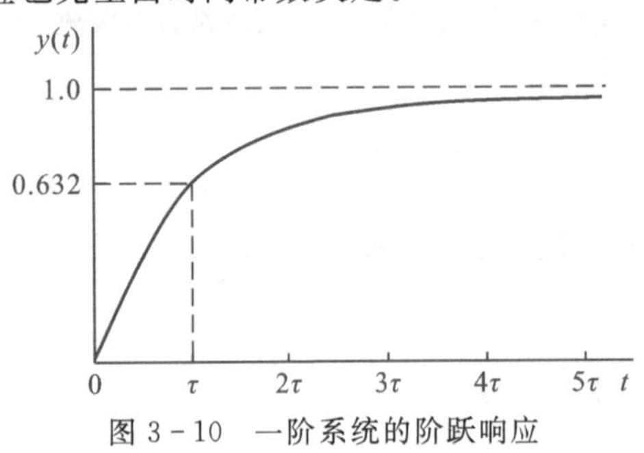

图 3-10 一阶系统的阶跃响应

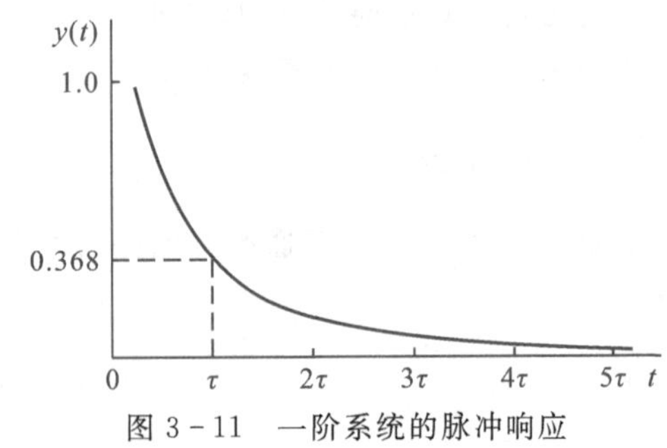

图 3-11 一阶系统的脉冲响应

3. 频率响应

对式(3-24)做傅里叶变换，即得频率响应函数为

$$\begin{aligned} H(\mathrm{j}\omega) &= \int_0^{\infty} \frac{1}{\tau}\mathrm{e}^{-t/\tau}\mathrm{e}^{-\mathrm{j}\omega t}\,\mathrm{d}t \\ &= \frac{1}{1+\mathrm{j}\omega\tau} \end{aligned} \tag{3-26}$$

一阶系统的幅频特性和相频特性如图 3-12 所示；其伯德图和奈奎斯特图分别如图 3-13 和图 3-14 所示。由图 3-12 可见，一阶系统的时间常数越小，$A(\omega)$ 的值在越宽的频率范围内可看作常数(在一定误差范围内)。

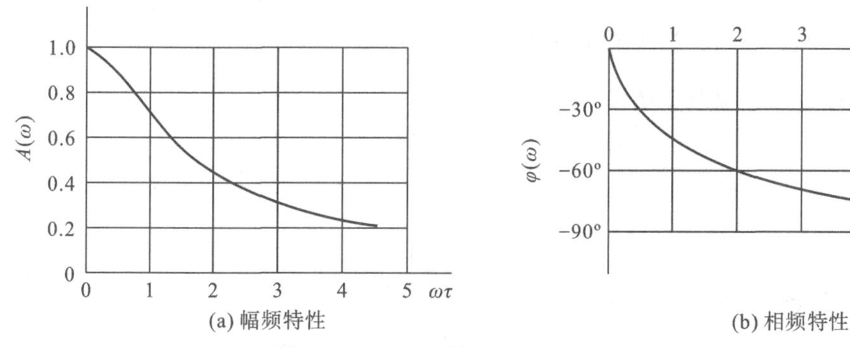

图 3－12　一阶系统的幅频特性和相频特性

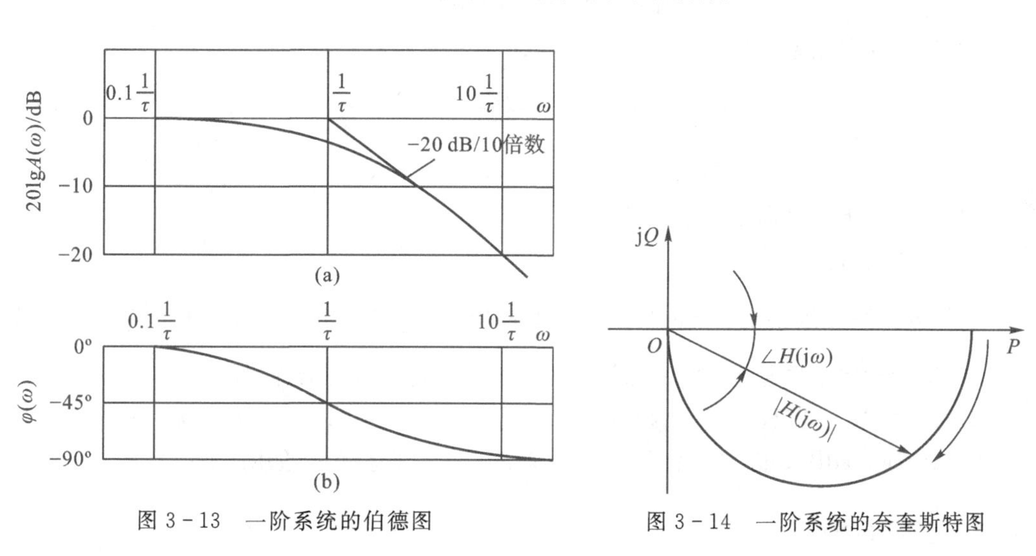

图 3－13　一阶系统的伯德图

图 3－14　一阶系统的奈奎斯特图

［例 3－1］　已知系统的频率响应函数 $H(j\omega)=\dfrac{1}{1+j\omega\tau}(\tau=0.2\ s)$，输入信号 $x(t)=2\sin 2t$，求其输出 $y(t)$。

解　$H(j\omega)=\dfrac{1}{j\tau\omega+1}=\dfrac{1}{(\tau\omega)^2+1}-j\dfrac{\tau\omega}{(\tau\omega)^2+1}$

$$A(\omega)=\sqrt{\frac{1}{[(\tau\omega)^2+1]^2}+\frac{(\tau\omega)^2}{[(\tau\omega)^2+1]^2}}=\frac{1}{\sqrt{(\tau\omega)^2+1}}=\frac{1}{\sqrt{1+(0.2\times 2)^2}}=0.93$$

$$\varphi(\omega)=\operatorname{argtan}(\tau\omega)=\operatorname{argtan}(0.2\times 2)=-21.8°$$

$$y(t)=1.86\sin(2t-21.8°)$$

4. 传递函数

下面我们用途径二来求解一般性一阶系统，其微分方程为

$$a_1\frac{dy(t)}{dt}+a_0y(t)=b_0x(t) \tag{3-27}$$

任何测试系统如果遵循式(3－27)的数学关系则被定义为一阶测试系统。可写成

$$\tau\frac{dy(t)}{dt}+y(t)=Sx(t) \tag{3-28}$$

式中，τ 为时间常数，$\tau=\frac{a_1}{a_0}$；S 为系统灵敏度，$S=\frac{b_0}{a_0}$。

对式(3-28)做拉普拉斯变换，则有

$$\tau sY(s)+Y(s)=SX(s)$$

则传递函数为

$$H(s)=\frac{S}{\tau s+1} \tag{3-29}$$

其频率响应函数为

$$H(\mathrm{j}\omega)=\frac{S}{\mathrm{j}\omega\tau+1}=\frac{S}{1+(\omega\tau)^2}-\mathrm{j}\frac{S}{1+(\omega\tau)^2} \tag{3-30}$$

其幅频特性和相频特性为

$$A(\omega)=|H(\mathrm{j}\omega)|=\frac{S}{\sqrt{1+(\mathrm{j}\omega)^2}} \tag{3-31}$$

$$\varphi(\omega)=\angle H(\mathrm{j}\omega)=-\arctan(\omega\tau) \tag{3-32}$$

其中负号表示输出信号滞后于输入信号。

一阶系统具有如下特性：

(1)外激频率 ω 远小于 $1/\tau$ 时($\omega<\frac{1}{5\tau}$)，其幅值 $A(\omega)$ 接近于1(误差不超过2%)；一般来说一阶系统的时间常数越小，$A(\omega)$ 的值在越宽的频率范围内可看作常数。

(2)时间常数 τ 是反映一阶系统特性的重要参数。在 $\omega=1/\tau$ 处，设系统灵敏度 $S=1$，则 $A(\omega)=0.707(-3\mathrm{dB})$，相位滞后45°。时间常数 τ 决定了系统所适用的频率范围。

3.4.2 二阶系统

可用二阶常系数微分方程描述的系统称为二阶系统。弹簧阻尼质量系统和动圈式仪表的振子等都是二阶系统。其微分方程为

$$a_2\frac{\mathrm{d}^2y(t)}{\mathrm{d}t^2}+a_1\frac{\mathrm{d}y(t)}{\mathrm{d}t}+a_0y(t)=b_0x(t) \tag{3-33}$$

可变为

$$\frac{\mathrm{d}^2y(t)}{\mathrm{d}t^2}+2\zeta\omega_\mathrm{n}\frac{\mathrm{d}y(t)}{\mathrm{d}t}+\omega_\mathrm{n}^2y(t)=S\omega_\mathrm{n}^2x(t) \tag{3-34}$$

式中，S 为系统的灵敏度，$S=\frac{b_0}{a_0}$；ω_n 为系统的无阻尼固有频率，$\omega_\mathrm{n}=\sqrt{\frac{a_0}{a_2}}$；$\zeta$ 为系统阻尼比，$\zeta=\frac{a_1}{2\sqrt{a_0a_2}}$。

1. 传递函数

对式(3-34)两边做拉普拉斯变换得

$$\left(\frac{s^2}{\omega_\mathrm{n}^2}+\frac{2\zeta s}{\omega_\mathrm{n}}+1\right)Y(s)=SX(s) \tag{3-35}$$

二阶系统的传递函数为

$$H(s)=\frac{S\omega_n^2}{s^2+2\zeta\omega_n s+\omega_n^2} \tag{3-36}$$

2. 频率响应函数

频率响应函数为

$$H(\omega)=\frac{S\omega_n^2}{\omega_n^2+2\zeta\omega_n j\omega-\omega^2}=\frac{S}{1-\left(\frac{\omega}{\omega_n}\right)^2+2j\zeta\frac{\omega}{\omega_n}} \tag{3-37}$$

二阶系统的频率响应函数是由 ω_n 和 ζ 决定的。其幅频特性和相频特性分别为

$$A(\omega)=|H(\omega)|=\frac{S}{\sqrt{\left[1-\left(\frac{\omega}{\omega_n}\right)^2\right]^2+4\zeta^2\left(\frac{\omega}{\omega_n}\right)^2}} \tag{3-38}$$

$$\varphi(\omega)=\arg[H(\omega)]=-\operatorname{argtan}\frac{2\zeta\left(\frac{\omega}{\omega_n}\right)}{1-\left(\frac{\omega}{\omega_n}\right)^2} \tag{3-39}$$

若令 $S=1$，画出二阶系统的幅频和相频特性曲线，如图 3-15 所示，可见

(1)阻尼比 ζ 对二阶系统的动态特性影响很大，频率响应随阻尼比的 ζ 不同而不同，当 $\frac{\omega}{\omega_n}=\sqrt{1-2\zeta^2}$，$A(\omega)$取最大值为 $A(\omega)_{\max}=\frac{1}{2\zeta\sqrt{1-\zeta^2}}$，并且当 $\zeta>0.707$ 时，$A(\omega)$将没有峰值。为获得在较宽的频率范围内减少稳态响应的动误差，阻尼比应设计为 $\zeta=0.65\sim0.7$。

(2)二阶系统的频率响应随固有频率 ω_n 而不同。固有频率 ω_n 越高，稳态响应动误差小的工作频率范围宽，一般工作频率取 $\omega\leqslant(0.6\sim0.8)\omega_n$。因此测试系统的固有频率 ω_n 应尽可能提高。

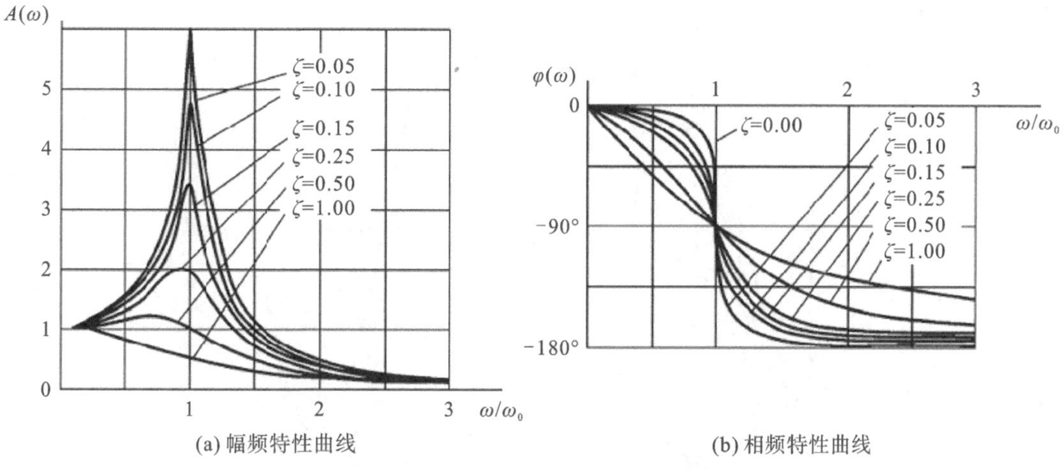

图 3-15　二阶系统的幅频和相频特性曲线

3. 脉冲响应函数

设灵敏度 $S=1$，单位脉冲响应函数为

$$h(t)=\frac{\omega_{\mathrm{n}}}{\sqrt{1-\zeta^{2}}}\mathrm{e}^{-\mathrm{j}\omega_{\mathrm{n}}t}\sin\sqrt{1-\zeta^{2}}\,\omega_{\mathrm{n}}t\text{(欠阻尼情况},\zeta<1\text{)}\tag{3-40}$$

$$h(t)=\omega_{\mathrm{n}}^{2}t\mathrm{e}^{-\mathrm{j}\omega_{\mathrm{n}}t}\text{(临届阻尼情况},\zeta=1\text{)}\tag{3-41}$$

$$h(t)=\frac{\omega_{\mathrm{n}}}{\sqrt{\zeta^{2}-1}}\left[\mathrm{e}^{-(\zeta-\sqrt{\zeta^{2}-1})\omega_{\mathrm{n}}t}-\mathrm{e}^{-(\zeta+\sqrt{\zeta^{2}-1})\omega_{\mathrm{n}}t}\right]\text{(过阻尼情况},\zeta>1\text{)}\tag{3-42}$$

其图形如图 3-16 所示。

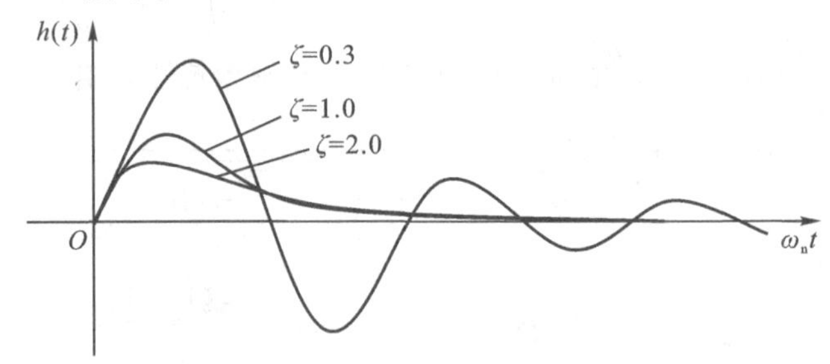

图 3-16 二阶系统脉冲响应函数曲线

4. 阶跃响应函数

设灵敏度 $S=1$，阶跃响应函数为

$$g(t)=1-\mathrm{e}^{-\zeta\omega_{\mathrm{n}}t}\left(\cos\sqrt{1-\zeta^{2}}\,\omega_{\mathrm{n}}t+\frac{\zeta}{\sqrt{1-\zeta^{2}}}\sin\sqrt{1-\zeta^{2}}\,\omega_{\mathrm{n}}t\right),(\zeta<1)\tag{3-43}$$

$$g(t)=1-\mathrm{e}^{-\zeta\omega_{\mathrm{n}}t}(1+\omega_{\mathrm{n}}t),(\zeta=1)\tag{3-44}$$

$$g(t)=1-\mathrm{e}^{-\zeta\omega_{\mathrm{n}}t}\left(\cos\sqrt{\zeta^{2}-1}\,\omega_{\mathrm{n}}t+\frac{\zeta}{\sqrt{1-\zeta^{2}}}\sin\sqrt{\zeta^{2}-1}\,\omega_{\mathrm{n}}t\right),(\zeta>1)\tag{3-45}$$

其曲线如图 3-17 所示。

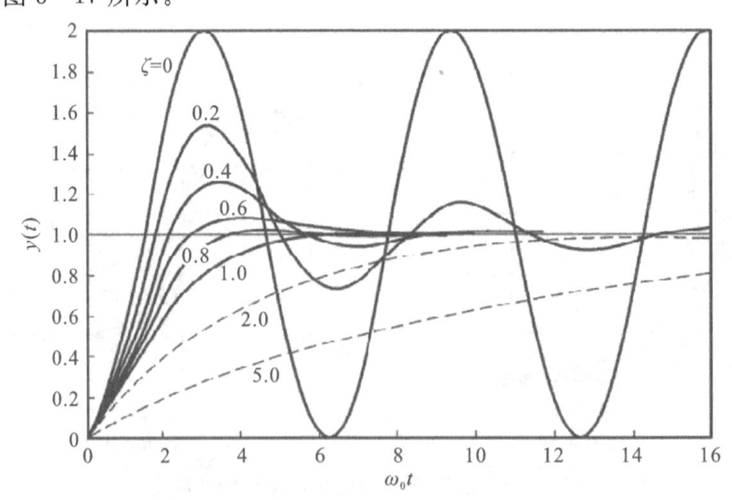

图 3-17 二阶系统不同阻尼比时的单位阶跃响应曲线

二阶测试系统的单位阶跃响应具有如下性质：

(1)阶跃响应曲线形状取决于阻尼比 ζ，$\zeta>1$ 时，曲线缓慢增大，逐渐趋于 1，但不会超过 1；$\zeta<1$ 时，曲线做减幅振荡，逐渐趋于 1；$\zeta=1$ 时，介于两者之间，不产生振动；$\zeta=0$ 时，产生

持续振荡永无休止。

(2)进入稳态的时间取决于系统的固有频率 ω_n 和阻尼比 ζ。ω_n 越高,系统响应越快;ζ 值过大,则趋于稳态的时间过长,ζ 值过小,由于产生振荡之故,趋于稳态的时间仍然很长,因此,为提高响应速度,通常取 $\zeta=0.6\sim0.8$。

(3)二阶系统在单位阶跃激励下的稳态输出误差为零。

3.4.3　高阶系统

一般的测试装置总是稳定系统,即满足 $\lim\limits_{t\to\infty}h(t)=0$。系统传递函数式(3-14)中的分母中 s 的幂次总高于分子中 s 的幂次,即 $n>m$,所以 n 阶系统的传递函数可以写成:

$$H(s)=\sum_{i=1}^{r}\frac{q_i}{s+p_i}+\sum_{i=1}^{(n-r)/2}\frac{\alpha_i s+\beta_i}{s^2+2\zeta_i\omega_{ni}+\omega_{ni}^2} \tag{3-46}$$

式中,α_i、β_i、ω_{ni}、q_i、p_i 和 ζ_i 为常量。该式表明,任何一个系统均可分解成若干一阶、二阶系统。

3.4.4　环节的串联和并联

包装测试中,往往需要把几台测试装置串联和并联起来,构成包装测试系统。

两个串联函数各为 $H_1(s)$和 $H_2(s)$的环节,将其串联,如图 3-18 所示,设串联后两环节没有能量交换,即一个环节不会对另一环节的传递函数产生影响,串联后系统的传递函数设为 $H(s)$,则

$$H(s)=\frac{Y(s)}{X(s)}=\frac{Z(s)}{X(s)}\frac{Y(s)}{Z(s)}=H_1(s)\cdot H_2(s) \tag{3-47}$$

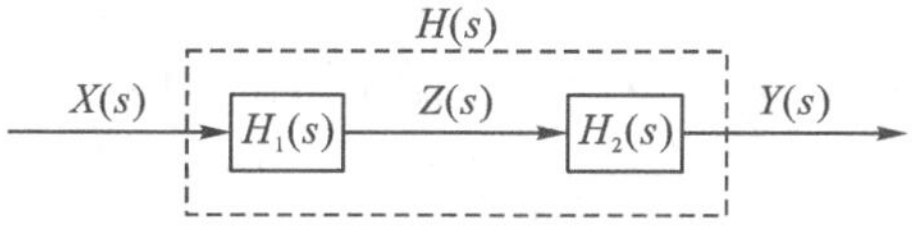

图 3-18　两个系统的串联

对于 n 个环节串联组成的类似系统,有

$$H(s)=\prod_{i=1}^{n}H_i(s) \tag{3-48}$$

若两个系统并联,如图 3-19 所示,则因

$$Y(s)=Y_1(s)+Y_2(s) \tag{3-49}$$

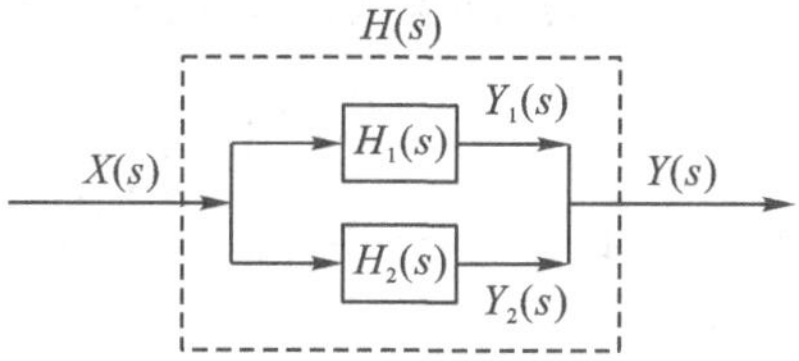

图 3-19　两个系统的并联

有

$$H(s)=\frac{Y(s)}{X(s)}=\frac{Y_1(s)}{X(s)}+\frac{Y_2(s)}{X(s)}=H_1(s)+H_2(s) \tag{3-50}$$

对于 n 个环节并联组成的系统，则有

$$H(s)=\sum_{i=1}^{n}H_i(s) \tag{3-51}$$

实际上，当两个环节耦合时，后续环节必将对前一环节的传递函数产生影响，为了减轻后续环节对前一环节的影响（也称负载效应），对于电压输出的环节，可以通过以下方法来减轻影响：

（1）提高后续环节的输入阻抗；

（2）在两个环节插入高输入阻抗、低输出阻抗的放大器；

（3）使用反馈或零点测量原理，使后续环节几乎不从前面环节吸收能量。像用电位差计测量电压就属于此类。

3.5 测试装置动态特性的测定

一个测试系统的各种特性参数表征了该系统的整体工作特性，为了获得正确的测量结果，需要精确知道所用系统的各参数，此外也需要通过定标和校准来维持系统的各类特性参数。测试装置的动态特性参数的测定比较复杂和特殊，所以要考虑采用合理的方法进行测定。

3.5.1 动态特性测定的阶跃响应法

阶跃响应法是以阶跃响应作为测试系统的输入，通过对系统输出响应的测试，从而计算出系统的动态特性参数，这种方法的实质是一种瞬态响应法，即通过对输出响应的过渡过程来标定系统的动态特性。

1. 一阶系统

一阶系统的传递函数由式（3－29）表示，其阶跃响应为

$$y(t)=(1-e^{-t/\tau})S \tag{3-52}$$

设其灵敏度 S 为 1，则其可改写为

$$1-y(t)=e^{-\frac{t}{\tau}} \tag{3-53}$$

令 $Z=\ln[1-y(t)]$，则有

$$Z=-\frac{t}{\tau} \tag{3-54}$$

由此可见，Z 即 $\ln[1-y(t)]$ 与时间 t 为线性关系，画出 Z 与 t 的关系图，若其关系为一条直线，则表明所测系统为一阶系统（否则可考虑为过阻尼二阶系统），其斜率为 $-\frac{1}{\tau}$（见图 3－20）。

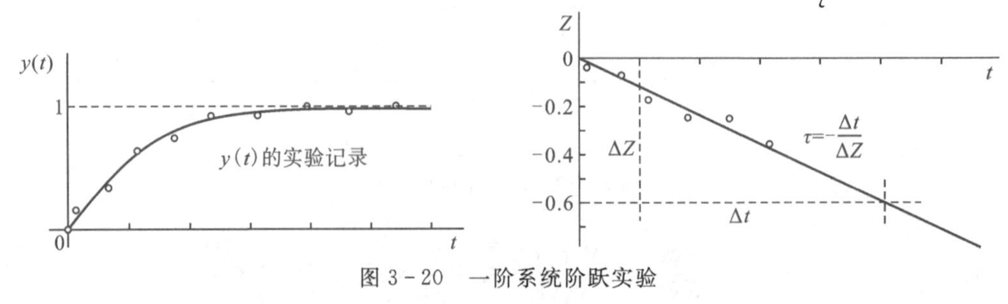

图 3－20 一阶系统阶跃实验

2. 二阶系统

二阶系统一般均设计成欠阻尼系统，它的阶跃响应是一条衰减的正弦曲线，如图 3-21 所示，其单位阶跃响应函数为

$$y(t)=1-\frac{e^{-\zeta\omega_n t}}{\sqrt{1-\zeta^2}}\sin(\omega_d+\varphi) \tag{3-55}$$

式中，$\omega_d=\omega_n\sqrt{1-\zeta^2}$；$\varphi=\arctan\frac{\sqrt{1-\zeta^2}}{\zeta}$。

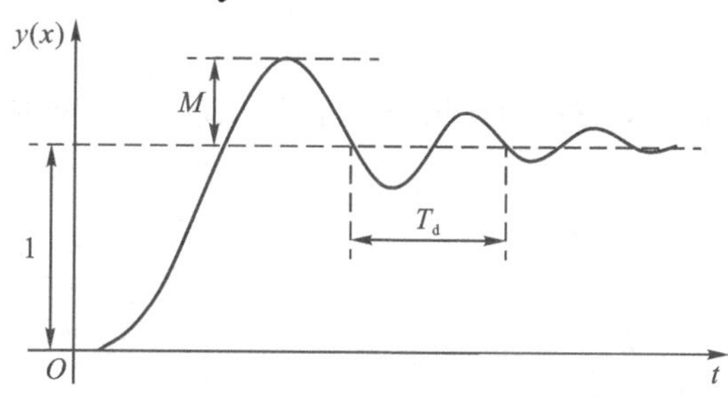

图 3-21 欠阻尼二阶系统阶跃响应

其响应的频率为 $\omega_d=\omega_n\sqrt{1-\zeta^2}$，周期为 $T_d=\frac{2\pi}{\omega_d}$，曲线中各振荡峰值对应的时间 $t_p=0,\frac{\pi}{\omega_d},\frac{2\pi}{\omega_d},\cdots$。显然，当 $t=\frac{\pi}{\omega_d}$时，$y(t)$取得最大值，该值称为最大超调量 M 可表示为

$$M=\exp\left(-\frac{\pi\zeta}{\sqrt{1-\zeta^2}}\right) \tag{3-56}$$

或

$$\zeta=\sqrt{\frac{1}{\left(\frac{\pi}{\ln M}\right)^2+1}} \tag{3-57}$$

由实测权限上测得最大超调量 M，即可求得阻尼比 ζ。

如果测得的阶跃响应衰减过程较长，可利用任意两个超调量 M_i 和 M_{i+n} 来求阻尼比 ζ。设相邻周期数为 n 的任意两个超调量 M_i 和 M_{i+n}，其对应的时间分别为 t_i 和 t_{i+n}，则

$$t_{i+n}=t_i+\frac{2\pi n}{\omega_n\sqrt{1-\zeta^2}} \tag{3-58}$$

将其带入二阶系统的阶跃响应函数有

$$\ln\frac{M_i}{M_{i+n}}=\frac{2\pi n\zeta}{\sqrt{1-\zeta^2}}$$

则阻尼比

$$\zeta=\sqrt{\frac{[\ln(M_i/M_{i+n})]^2}{[\ln(M_i/M_{i+n})]^2+4\pi^2n^2}} \tag{3-59}$$

系统的固有频率

$$\omega_n=\frac{\omega_d}{\sqrt{1-\zeta^2}}=\frac{2\pi}{T_d\sqrt{1-\zeta^2}} \tag{3-60}$$

式中振荡周期 T_d 可由图 3-20 直接测得。

3.5.2 动态特性测定的频率响应法

频率响应法是逐步改变输入正弦波的频率,使系统达到稳定状态,从输入输出正弦波的振幅比和相位差,测定频率响应函数的模$|H(\omega)|$和幅角$\arg[H(\omega)]$。当允许给系统输入正弦波时,例如测量电路等,频率响应法是简单实用的一种方法。但当系统本身的响应很满时,或者不允许给系统输入正弦波时,可以采用阶跃响应法。

为了求出频率响应函数的模和相位,可以使用如下方法。

1. 记录比较法

记录比较法同时记录输入 $x(t)$和输出 $y(t)$,可以直接求得振幅的大小和相位差(见图 3-22)。

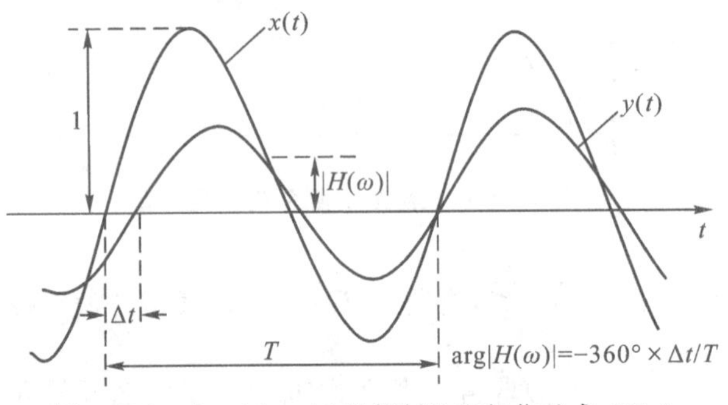

图 3-22 由 $y(t)$、$x(t)$的复制比和相位差求 $H(\omega)$

2. 相关法

记录比较法适用于输出的正弦波中不包含噪声的情况,当输出中包含与输入无关的噪声 $n(t)$时,可以采用相关法。

设系统的输入、输出为

$$x(t) = A\sin(\omega t + \varphi) \tag{3-61}$$

$$y(t) = B\sin(\omega t + \psi) + n(t) \tag{3-62}$$

则输入 $x(t)$和输出 $y(t)$的互相关函数:

$$R_{xy}(\tau) = \lim_{T\to\infty} \frac{1}{T}\int_0^T AB\sin(\omega t + \varphi)\sin[\omega(t+\tau) + \psi]\mathrm{d}t + \lim_{T\to\infty} \frac{1}{T}\int_0^T A\sin(\omega t + \varphi)n(t+\tau)\mathrm{d}t \tag{3-63}$$

若平均时间足够长,式(3-63)中第二项为零,其互相关函数为

$$R_{xy}(\tau) = \frac{AB}{2}\cos(\omega\tau + \psi - \varphi) \tag{3-64}$$

即可求得$|H(\omega)| = \dfrac{B}{A}$,$\arg[H(\omega)] = \psi - \varphi$。

3.5.3 动态特性测定的统计法

1. 频率响应函数的测定

当系统的输入、输出为随机信号时,输入信号的功率谱 $S_x(\omega)$,输入输出的互谱 $S_{xy}(\omega)$

和频率响应函数 $H(\omega)$之间存在如下关系：

$$s_{xy}(\omega) = H(\omega)s_x(\omega) \tag{3-65}$$

当输出中包含有与输入不相关的噪声时这一关系也成立，如图 3 - 23 所示。利用这一关系可以测定测试装置的动态特性。需要注意的是，用随机信号作为输入，由式(3 - 65)测定系统的频率响应函数时，在测定的频率范围内，输入信号的功率要足够大。

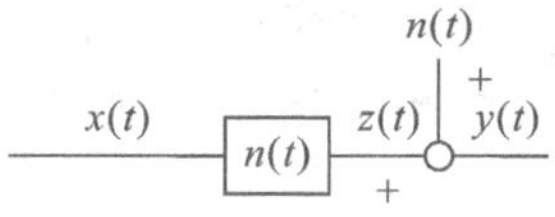

图 3 - 23　输出中包含噪声的线性系统

2. 脉冲响应函数的测定

在上述系统中，输入输出的互相关函数、输入的自相关函数和脉冲响应函数间存在着卷积关系，为

$$R_{xy}(\tau) = \int_0^{\infty} h(\lambda)R_x(\tau-\lambda)\mathrm{d}\lambda \tag{3-64}$$

当用白噪声作为输入时，其自相关函数 $R_x(\tau)$则为单位脉冲函数，则输入输出的互相关函数 $R_{xy}(\tau)$就是脉冲响应函数，这样的白噪声可以由伪随机信号发生器产生。

3.6　不失真测试的条件

测试的目的是获得被测对象的原始信息，就测试装置而言，我们总希望测试结果能够真实、准确地反映出被测对象的信息，这种测试称为不失真测试。

设测试系统的输入为 $x(t)$，若实现不失真测试，则该系统的输出 $y(t)$应满足

$$y(t) = A_0 x(t-t_0) \tag{3-65}$$

式中，A_0，t_0 均为常数。

式(3 - 65)为测试系统在时域内实现不失真测试的条件。可见，测试装置的输出与输入的波形形状相同，只是输出将输入放大了 A_0 倍，时间上滞后了 t_0，如图 3 - 24 所示。

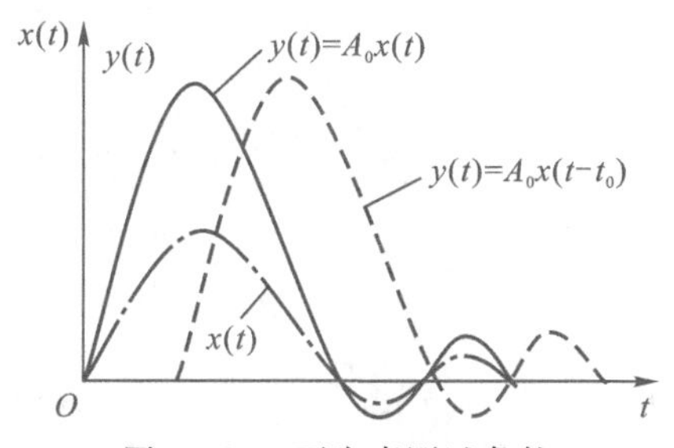

图 3 - 24　不失真测试条件

将式(3 - 65)两边做傅里叶变换，根据傅里叶变换的延时性质，则有

$$Y(\omega) = A_0 \mathrm{e}^{-\mathrm{j}\omega t_0} \cdot X(\omega) \tag{3-66}$$

故有

$$H(j\omega)=\frac{Y(\omega)}{X(\omega)}=A_0 e^{-j\omega t_0} \tag{3-67}$$

这说明为实现不失真测试，测试装置的频率响应函数必须满足：

$$\begin{aligned} |H(j\omega)| &= A_0 = \text{常数} \\ \varphi(\omega) &= -\omega t_0 \end{aligned} \tag{3-68}$$

即为不失真测试的条件，即幅频特性曲线是一条平行于 ω 轴的直线，相频特性曲线是斜率为 $-t_0$ 的直线。各频率成分通过时，幅值增益为常数；滞后的相角与频率成正比。图 3-25 为不失真系统幅频和相频特性。

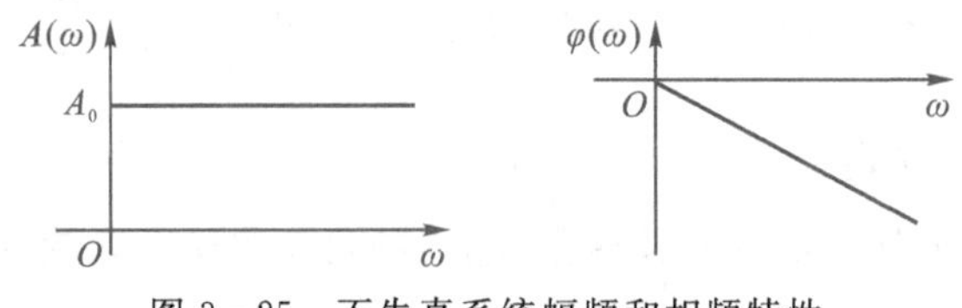

图 3-25　不失真系统幅频和相频特性

由于测试系统通常由若干个测试装置所组成，因此只有保证每一个测试装置都满足不失真的测试条件才能使最终的输出波形不失真。要保证从 0 到∞的整个频率范围内都满足上述条件是困难的，不过，选择测试装置应保证在测试的频率范围内尽可能满足上述条件。

实际测试装置不可能在非常宽广的频率范围内满足不失真，一般既有幅值失真，也有相位失真。信号中不同频率成分通过测试装置后的输出如图 3-26 所示，表示四个不同频率的信号通过一个具有图中 $A(\omega)$ 和 $\varphi(\omega)$ 特性的装置后的输出信号。特别是在频率成分跨越 ω_n 前后的信号失真尤为严重，只能将波形失真限制在一定的误差范围内。

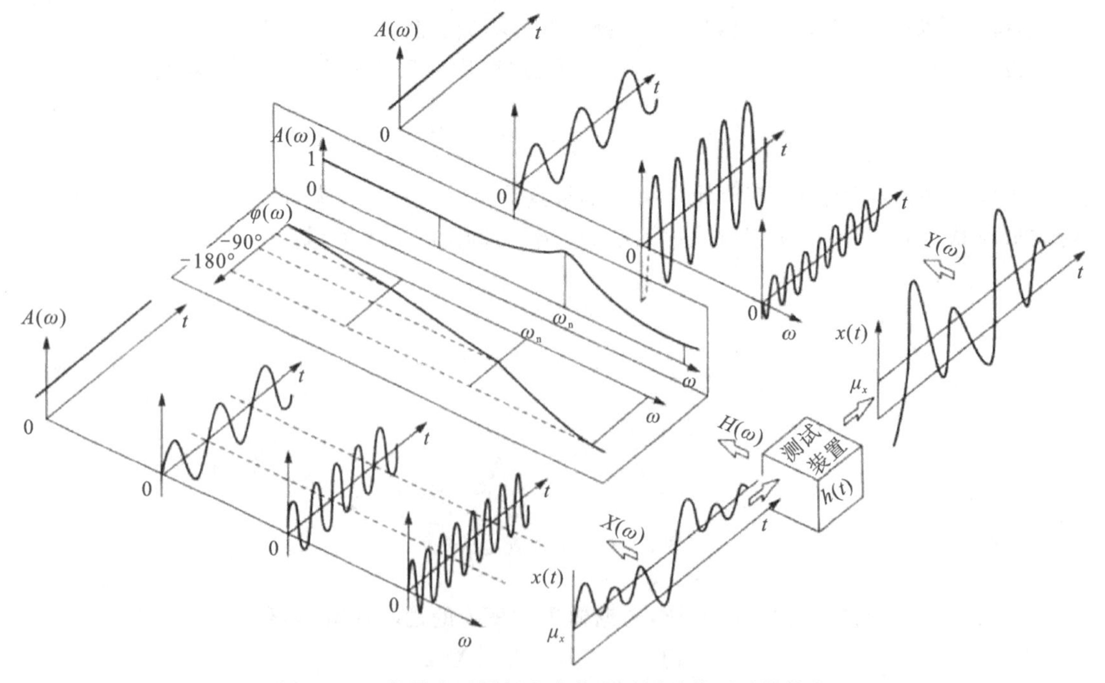

图 3-26　信号中不同频率成分通过测试装置后的输出

习　题

1. 简述测试装置的静态特性。
2. 描述测试装置的动态特性有哪些？
3. 简述频率响应函数的物理意义。
4. 何谓不失真测试，说明不失真测试的条件。
5. 求周期信号 $x(t)=0.5\cos 10t+0.2\sin(100t-45°)$ 通过传递函数 $H(s)=\dfrac{1}{0.005s+1}$ 的装置后得到稳态响应。
6. 用时间常数为 0.3 s 的一阶装置测量周期分别为 1 s、2 s 和 5 s 的正弦信号，其幅值误差分别为多少？为了保证测量的幅值误差不超过 ±2%，求被测信号的幅值范围。
7. 某测试装置的固有频率为 100 Hz，阻尼比 0.7，为了保证输出信号的幅值误差在 ±1% 以内，求输入信号的频率范围。若阻尼比变为 0.6 和 0.8 时，输入信号的频率范围是多少？
8. 设一力传感器可作为二阶系统处理，已知传感器的固有频率 800 Hz，阻尼比 0.15，用其测量频率为 400 Hz 的正弦变化的外力，求其幅值比 $A(\omega)$ 和相位差 $\varphi(\omega)$。若该装置的阻尼比变为 0.7 时，则其幅值比 $A(\omega)$ 和相位差 $\varphi(\omega)$ 如何变化。

第 4 章　常用传感器

工程上把直接感受被测量（如物理量、化学量、生物量等），并将其转换为同种或别种与之有确定对应关系，且便于计量的量值形式（通常是电量）的装置称为传感器。传感器作为测量装置的输入环节，其性能直接影响到测量装置的性能。随着测量、控制及信息技术的发展，传感器作为这些领域的重要基础功能部件受到了普遍的重视。

传感器主要用于测量和控制系统，它的性能好坏直接影响系统的性能。在自动测量过程或控制系统中，首先由传感器感受被测量，而后把它转换成电信号，供显示仪表指示或用以控制执行机构。如果传感器不能灵敏地感受被测量，或者不能把感受到的被测量精确地转换成电信号，其他仪表和装置的精确度再高也无意义。

在传统的传感器中，一般把被测量转换为电路参数变化，如电阻式传感器、电感式传感器、电容式传感器和磁电式传感器等；后来直接利用各种物理效应、化学反应的传感器逐渐增加，如压电式传感器、霍尔传感器、超声波传感器、光纤传感器、磁弹性传感器和电化学传感器等；随着半导体技术的发展，又出现了新型的半导体传感器，如采用扩散硅半导体的压阻式传感器，利用电荷耦合器件的光电式传感器。随着科学技术的发展，一方面需要在不同环境下测量不同的物理量、化学量和生物量的各类传感器；另一方面新材料、新元件和新工艺的不断出现，也为研制新型传感器提供了新的基础，因此新型的传感器不断地出现。未来传感器发展将主要表现在利用半导体材料和大规模集成电路工艺，将测量电路和敏感元件结合成一体，以提高传感器的灵敏度、精确度和可靠性，实现小型化、智能化、数字化。党的“二十大”报告提出，必须坚持科技是第一生产力、人才是第一资源、创新是第一动力。作为信息系统与外界环境交互的重要手段和感知信息的主要来源，智能传感器是决定未来信息技术产业发展能级的关键核心和先导基础。此外，采用新型材料，如高分子有机材料、液晶、生物功能材料和超导材料等，以改善原有传感器的某些性能。例如，聚偏氟乙烯薄膜经拉伸、极化后，可作为力传感器和温度传感器的敏感元件，与压电陶瓷相比，其的优点是压电常数高，柔性好，机械强度高，质轻，并可制成阵列式的敏感元件。

4.1　传感器的分类和性能要求

传感器种类繁多，往往一种被测量可以用几种不同类型的传感器检测，而同一转换原理的传感器有时也可以测量多种物理量。为了对传感器有一概括的认识，对传感器加以分类是必要的，通常有两种分类原则，即按被测量性质分类和按传感器工作原理分类。

4.1.1　按被测物理量分类

按被测物理量分类方法是从方便使用者角度划分的，如加速度传感器、位移传感器、温度传感器等，当需要测量某一物理量时，使用者从这些分类中选取一种，然后配上适当的测量电路就可以了。此分类方法强调了传感器的用途，却把不同变换原理的传感器归为一类，因此很难看出每种传感器在变换原理上有什么共性和差异，不利于从变换原理的物理、化学基础上去认识传感器的内在规律，况且被测量种类繁多，按被测量的性质划分传感器将十分繁杂。

4.1.2　按传感器变换原理分类

按传感器的变换原理分类易于从原理上认识传感器的变换特性，同时由于每一类变换器所配用的测量电路也基本相同，便于学习和掌握，一种类型的传感器若配以适当的敏感元件还可以实现多种物理量的测量。

1. 参量型传感器

参量型传感器输出是无源的电参量，如电阻、电感、电容、频率等；可细分为电阻式、电感式、电容式传感器等。

2. 发电型传感器

发电型传感器输出是电势、电荷、电流等；可细分为热电式、光电池式、电极电位式、磁电式、压电式传感器等。

实际上传感器是人为地按一定目的来分类的，这样做是为分类研究其共同性，便于利用和发展。分类的方法并不是一成不变的，根据技术和使用要求的发展而变化。上述两种分类方法，第一种方法是从应用的目的出发，第二种方法则便于从原理上研究、认识传感器的变换特性，表 4-1 列出了一些常用传感器的类型。

表 4-1　常用传感器类型

分类	原理	名称	输出	典型应用
电阻式	移动电位器触点，改变电阻值	电位器	R→电压、电流	位移、压力
	改变电阻丝(片)的几何尺寸	电阻丝应变片		应变、位移、力、力矩
	利用电阻系数的物理效应	热电阻		温度
		热敏电阻		
		湿敏电阻		湿度
		气敏电阻		气体成分、浓度
		光敏电阻		光强
电容式	改变电容几何尺寸	变面积型	C ↗电桥→电压 ↘振荡器→频率	位移、压力、声强
		变极距型		
	改变电容介质或含量	变介质型		液位、厚度、含水量

续表

分类	原理	名称	输出	典型应用
电感式	改变磁路几何尺寸或磁体位置	可变磁阻式	L→电桥→电压 $L(M)$→振荡器→频率	位移、力
	利用自感和互感变化	涡流式		位移、力
	利用互感变化	差动变压器	M→电桥→电压	位移、力
其他	接触电势、温差电势	热电偶	电压	温度
	压电效应	压电传感器	电荷	力、加速度
	压电和电致伸缩效应	超声传感器	频率、电压	距离、速度
	磁电感应	磁电速度传感器	电压	速度
	磁致伸缩	位移传感器	电压	位移
	霍尔效应	霍尔元件	电压	位移、力、磁通
	压阻效应	压力传感器	电阻→电压	压力
	PN 结温度特性	温度传感器	电压	温度
	光电效应	光电管	电压	光强
		光线传感器	电压	位移、速度、力、温度

4.1.3 传感器应具有的性能

作为测量装置的一个重要组成部分，传感器必须具有良好的性能，一般包括下列各项：

(1)输出与输入信号呈线性关系，灵敏度高。

(2)内部噪声小，对被测对象以外的其他物理量变化无响应。

(3)回程误差、滞后、漂移量小。

(4)动态响应好。

(5)功耗小。

(6)不使被测对象受到影响。

(7)重现性好，有互换性。

(8)容易校准。

当然，一种传感器很难同时满足上述所有要求，应根据测量的目的、环境、对象、精度要求、信号处理、配套仪器及成本等方面的情况综合考虑，选择适当的变换原理和材料、元件及结构形式，以便尽可能多地满足上述要求。

4.2 电阻式传感器

电阻式传感器是将被测量如位移、力等参数转换为电阻变化的一种传感器，按其工作原理可分为变阻器式和电阻应变式两类。

4.2.1　变阻器式传感器

变阻器是一种常用的机电元件，广泛应用于各种电器和电子设备中，主要用于将机械位移或角位移转换为与位移成一定函数关系的电阻或电压。变阻器按其制作材料可分为线绕式和薄膜式两类；按其结构可分为直线式和旋转式两类。

线绕变阻式传感器也称为滑线电阻式传感器，其工作原理是通过改变电路中电阻值的大小，实现将位移转换为电阻值的变化。其电阻值为

$$R = \rho \frac{l}{A} = \rho \frac{l}{\pi r^2}(\Omega) \tag{4-1}$$

式中，ρ 为电阻率（$\Omega \cdot mm^2/m$）；l 为电阻丝长度（m）；A 为电阻丝截面积（mm^2）；r 为电阻丝半径（mm）。

上式说明当电阻丝直径与材质一定时，其阻值随电阻丝长度变化。

图 4-1(a)为线性直线位移型传感器，(b)为线性角位移型传感器，当触点 C 沿变阻器滑动时，A 点与 C 点间的电阻值分别为

$$R = K_l x \tag{4-2}$$

式中，K_l 为单位长度中的电阻值；

$$R = K_\alpha \alpha \tag{4-3}$$

式中，K_α 为单位角度中的电阻值。

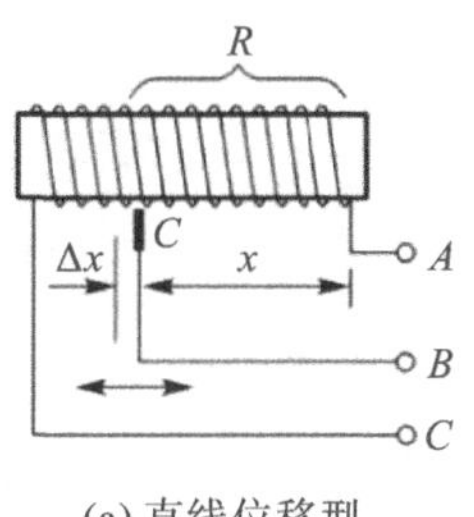

(a) 直线位移型

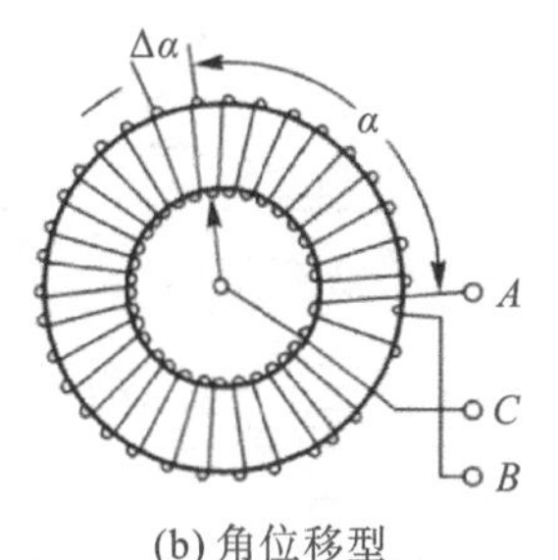

(b) 角位移型

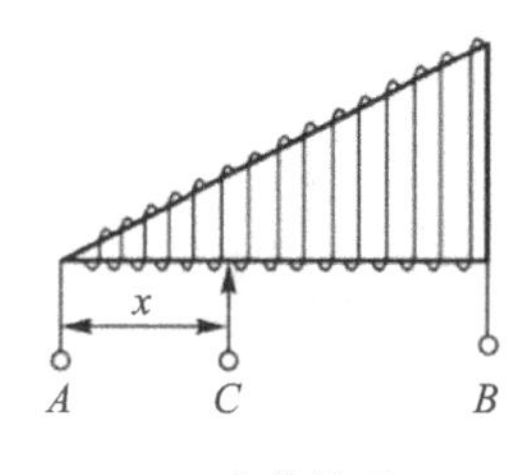

(c) 非线性型

图 4-1　电位器式传感器

当输入量与变阻器位移 x 呈非线性关系时，要获得与该输入量呈线性关系的输出（电阻值）则要利用非线性电位器式传感器，图 4-1(c)即是一种变骨架式非线性位移传感器，其阻值与位移的函数关系取决于输入变量与位移的关系。设输入量为 $f(x)$，要得到输出量$R(x)$与输入量 $F(x)$呈线性关系则应满足

$$R(x) = Sf(x) \tag{4-4}$$

式中，S 为传感器灵敏度。

线绕式变阻器的稳定性、精度、线性度较好，但其分辨率受到电阻丝直径和线圈螺距的影响。此外，其电阻值不随位移连续变化，只能用于较大位移量的测量。另外常见的还有金属膜或炭膜构成的薄膜变阻器，其优点是输出无台阶现象、分辨率高、摩擦力矩小。目前高水平的薄膜位移传感器非线性度已小于 0.02%，使用寿命达 1000 万次。

变阻式传感器具有一系列优点，如结构简单，尺寸小，有一定精度且性能稳定，受环境因素（如温湿度、电磁场干扰等）影响较小，输出信号大，一般无需放大；但也存在严重缺点，如

有摩擦和磨损，分辨率低，无法用于高速位移的测量和非接触位移测量。

4.2.2 电阻应变式传感器

电阻应变式传感器可用于测量力、位移、加速度、扭矩等参数，具有体积小、动态响应快，测量精度高、使用简便等优点，获得广泛应用。电阻应变式传感器可分为金属丝电阻应变片式与半导体应变片式两类。

1. 金属电阻应变片

电阻丝在外力作用下发生机械变形时，其电阻值发生变化，该现象称之为电阻应变效应。电阻应变片就是利用该效应制作的一种传感器，其典型结构如图 4-2 所示。根据式(4-1)可知，当电阻丝发生变形时，其长度 l、截面积 F、电阻率 ρ 均将变化，这些变化会引起电阻值 R 的变化。当每一个可变因素分别有一个增量 $\mathrm{d}l$、$\mathrm{d}A$ 和 $\mathrm{d}\rho$ 时，所引起的电阻增量为

$$\mathrm{d}R=\frac{\partial R}{\partial l}\mathrm{d}l+\frac{\partial R}{\partial A}\mathrm{d}A+\frac{\partial R}{\partial \rho}\mathrm{d}\rho \tag{4-5}$$

式中，$F=\pi r^2$，r 为电阻丝半径，式(4-5)又可写为

$$\begin{aligned}\mathrm{d}R&=\frac{\rho}{\pi r^2}\mathrm{d}l-2\frac{\rho l}{\pi r^3}\mathrm{d}r+\frac{l}{\pi r^2}\mathrm{d}\rho\\&=R\left(\frac{\mathrm{d}l}{l}-\frac{2\mathrm{d}r}{r}+\frac{\mathrm{d}\rho}{\rho}\right)\end{aligned} \tag{4-6}$$

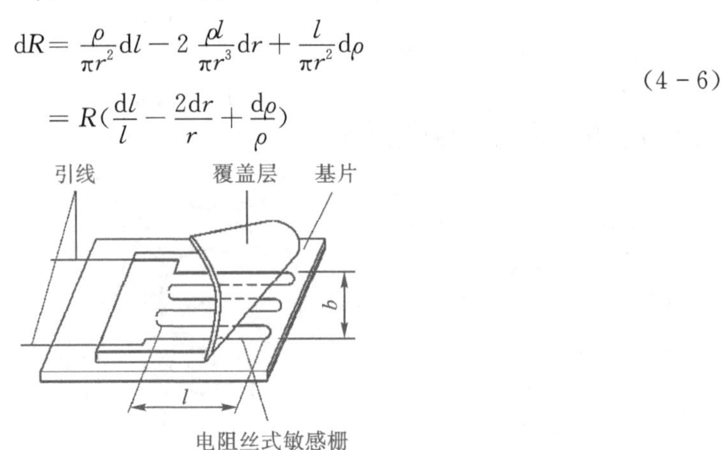

图 4-2 金属电阻丝应变片结构

电阻值的相对变化为

$$\begin{aligned}\frac{\mathrm{d}R}{R}&=\frac{\mathrm{d}l}{l}-\frac{2\mathrm{d}r}{r}+\frac{\mathrm{d}\rho}{\rho}\\&=\varepsilon+2\mu\varepsilon+\lambda E\varepsilon\\&=\varepsilon(1+2\mu+\lambda E)\end{aligned} \tag{4-7}$$

式中，ε 为电阻丝的纵向应变；μ 为电阻丝材料的泊松比，$\frac{\mathrm{d}r}{r}=-\mu\frac{\mathrm{d}l}{l}$；$\lambda$ 为电阻材料的压阻系数，与材质有关；E 为电阻丝材料的弹性模量。

对于金属电阻丝，λE 远小于$(1+2\mu)$，因此有

$$\frac{\mathrm{d}R}{R}\approx(1+2\mu)\varepsilon \tag{4-8}$$

上式说明电阻丝应变片电阻相对变化率与应变成正比。其灵敏度

$$S = \frac{\mathrm{d}R/R}{\varepsilon} \approx 1 + 2\mu \tag{4-9}$$

金属箔式应变片是用厚度为 3～10 μm 的铜镍合金箔片用光刻法做成箔栅，以代替金属电阻丝(见图 4-3)。其形状可以很复杂，尺寸精度高，适合于大批量生产，箔式应变片的灵敏度也为常数，现在已被广泛使用。

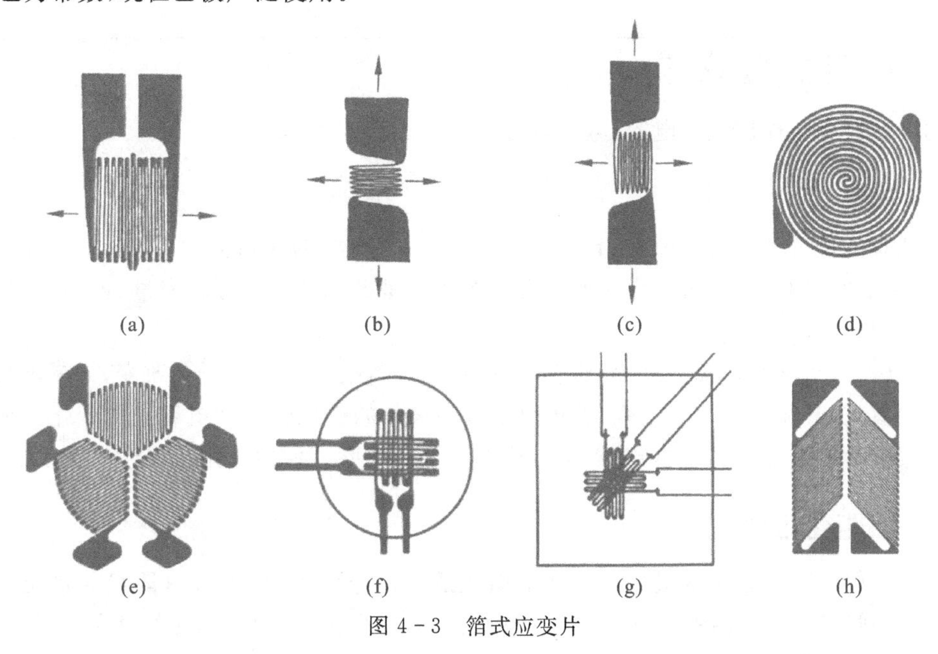

图 4-3　箔式应变片

应变片常用于应力、应变、力、压力等的测量。使用时把应变片黏固于弹性元件或需要测量变形的物体上，在外力作用下，电阻丝与该物体一起变形，其阻值发生相应变化，为了提高灵敏度，减小温度变化对输出的影响，实际应用中常将四个应变片接成测量电桥，这时应注意同相变化的应变片应放置在相对的桥臂上。

2. 半导体应变片

半导体应变片的工作原理是利用半导体材料的压阻效应，即单晶半导体材料沿某一方向受到外力作用发生变形时，其电阻率 ρ 发生变化。在式(4-7)中，电阻的相对变化 $\mathrm{d}R/R$ 由两部分组成。其中$(1+2\mu)\varepsilon$ 是由几何尺寸变化引起的，$\lambda E\varepsilon$ 是由电阻率变化引起的。对于半导体应变片

$$(1 + 2\mu) \ll \lambda E \tag{4-10}$$

所以式(4-7)可以简化为

$$\frac{\mathrm{d}R}{R} \approx \lambda E \tag{4-11}$$

半导体应变片的灵敏度

$$S = \frac{\mathrm{d}R/R}{\varepsilon} = \lambda E \tag{4-12}$$

半导体应变片的最大优点是灵敏度很高，约为金属电阻应变片的 50～80 倍，可用于应变范围相当小的场合。此外，尺寸可以很小，适用于微型构件的测量。但由于半导体应变片

本身的非线性(λ 不是常数),灵敏度离散大,温度稳定性差等缺点,也给使用带来一些困难。随着微电子技术的飞速发展,各类半导体敏感器件性能指标不断提高并得到越来越广泛的应用,如在一个硅片上制有桥式应变片、温度补偿电路和放大器的半导体集成压力传感器,其精度和灵敏度都达到了很高的水平。

4.3 电容式传感器

两个平行金属板构成的电容,电容量为

$$C=\frac{\varepsilon A}{\delta}=\frac{\varepsilon_r\varepsilon_0 A}{\delta} \tag{4-13}$$

式中,ε 为极板间介质的介电常数(F/m),$\varepsilon=\varepsilon_r\varepsilon_0$;$\varepsilon_r$ 为介质的相对介电常数;ε_0 为真空介电常数,$\varepsilon_0=8.85\times10^{-12}$ F/m;A 为两平行板相互覆盖面积(m^2);C 为电容量(F);δ 为两平行板板间的距离(m)。

由式(4-13)可知,当改变电容器参数 A、δ 或 ε 时,电容量 C 也随之改变,如果仅改变其中的一项参数,其他两项参数不变,就可以把该项参数的变化转换为电容量的变化。根据电容器参数变化的类型,电容式传感器又可分为极距变化型,面积变化型和介质变化型三类。

4.3.1 极距变化型

根据式(4-13),如果两极板相互覆盖面积及极间介质不变,则电容量 C 与极距 δ 呈非线性(双曲线)关系,参见图 4-4(a)。当极距有一微小变化,引起电容变化量为

$$\mathrm{d}C=-\varepsilon A\frac{1}{\delta^2}\mathrm{d}\delta \tag{4-14}$$

则传感器的灵敏度

$$S=\frac{\mathrm{d}C}{\mathrm{d}\delta}=-\varepsilon A\frac{1}{\delta^2} \tag{4-15}$$

灵敏度 S 与极距平方成反比,极距越小灵敏度越高,由于灵敏度随极距变化而变化,将引起非线性误差,为了减小这一误差,通常规定电容式传感器在极小范围内工作,使 $\Delta\delta\ll\delta_0$,以获得近似线性关系。设极距变化范围为(δ_0,$\delta_0+\Delta\delta$),则灵敏度

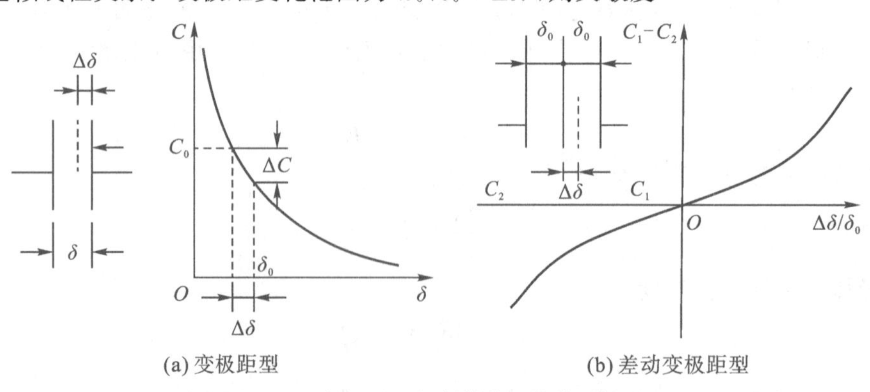

图 4-4 变极距型电容传感器的输出特性

$$S = -\varepsilon A \frac{1}{\delta^2} = \frac{-\varepsilon A}{(\delta_0 + \Delta\delta)^2} = \frac{-\varepsilon A}{\delta_0^2\left(1 + \frac{\Delta\delta}{\delta_0}\right)^2} \approx -\frac{\varepsilon A}{\delta_0^2}\left(1 - 2\frac{\Delta\delta}{\delta_0}\right) \tag{4-16}$$

在实际应用中，为了提高传感器的灵敏度和克服某些外界条件（如电源电压、环境、温度等）的变化对测量精度的影响，常常采用差动形式，如图 4-14(b)所示，该传感器的优点是灵敏度可提高一倍，且工作稳定性好。极距变化型电容式传感器的优点是动态响应快，灵敏度高，可进行非接触测量。但由于输出的非线性特性，传感器杂散电容对灵敏度和测量精度的影响，以及与传感器配合使用的电子线路比较复杂等缺点，故使用范围受到一定限制。

4.3.2　面积变化型

采用改变极板面积的电容式传感器，一般常用的有角位移型与线位移型两种。图 4-5(a)为角位移型，当动板有一转角时，与定板之间相互覆盖面积发生变化，因而导致电容量变化。由于覆盖面积

$$A = \frac{\alpha r^2}{2} \tag{4-17}$$

式中，α 为覆盖面积对应的中心角；r 为极板半径。

所以电容量

$$C = \frac{\varepsilon \alpha r^2}{2\delta} \tag{4-18}$$

传感器灵敏度

$$S = \frac{\mathrm{d}C}{\mathrm{d}\alpha} = \frac{\varepsilon r^2}{2\delta} \tag{4-19}$$

即输出与输入为线性关系。

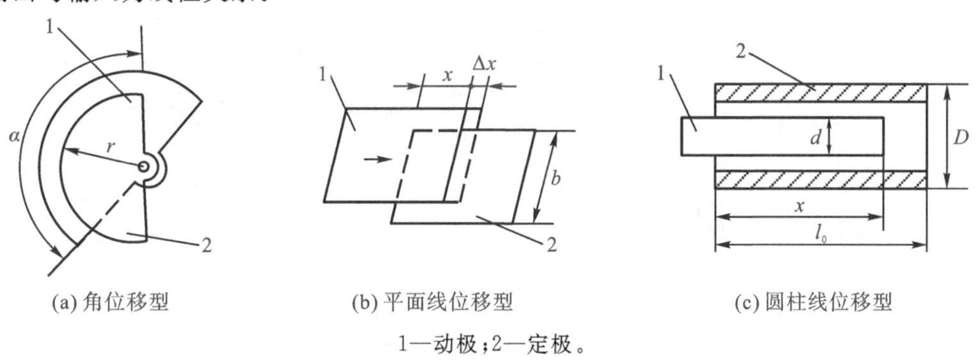

(a) 角位移型　(b) 平面线位移型　(c) 圆柱线位移型

1—动极；2—定极。

图 4-5　面积变化型电容传感器

图 4-5(b)为平面线位移型电容传感器，当动板沿 x 方向移动时，覆盖面积变化，电容量也随之变化。电容量值为

$$C = \frac{\varepsilon b x}{\delta} \tag{4-20}$$

传感器灵敏度

$$S = \frac{\mathrm{d}C}{\mathrm{d}x} = \frac{\varepsilon b}{\delta} \tag{4-21}$$

图 4-5(c)为圆柱线位移型电容传感器，其电容量为

$$C=\frac{2\pi\varepsilon x}{\ln\dfrac{D}{d}} \tag{4-22}$$

式中，D 为外筒孔径；d 为内筒外径。

传感器灵敏度

$$S=\frac{2\pi\varepsilon}{\ln\dfrac{D}{d}} \tag{4-23}$$

面积变化型电容传感器的优点是输出与输入呈线性关系，与变极距型相比则有灵敏度较低的缺点，因此适用于较大线位移或角位移的测量。

4.3.3 变介质型

变介质型电容传感器通常有两类，一类利用了不同物质有不同的介电常数，常用于罐、槽的液位测量与控制。当所测液体与空气介电常数不同时，电容两极间液位的变化就会引起电容量的变化，如图 4-6(a)所示，设被测介质的介电常数为 ε_1，液面高度为 h，总高度为 H，内筒外径为 d，外筒内径为 D，其电容值为

$$C=\frac{2\pi\varepsilon_1 h}{\ln\dfrac{D}{d}}+\frac{2\pi\varepsilon_0(H-h)}{\ln\dfrac{D}{d}}=\frac{2\pi\varepsilon_0 H}{\ln\dfrac{D}{d}}+\frac{2\pi h(\varepsilon_1-\varepsilon_0)}{\ln\dfrac{D}{d}}=C_0+\frac{2\pi h(\varepsilon_1-\varepsilon_0)}{\ln\dfrac{D}{d}} \tag{4-24}$$

式中，ε_0 为空气介电常数；C_0 为初始电容值。

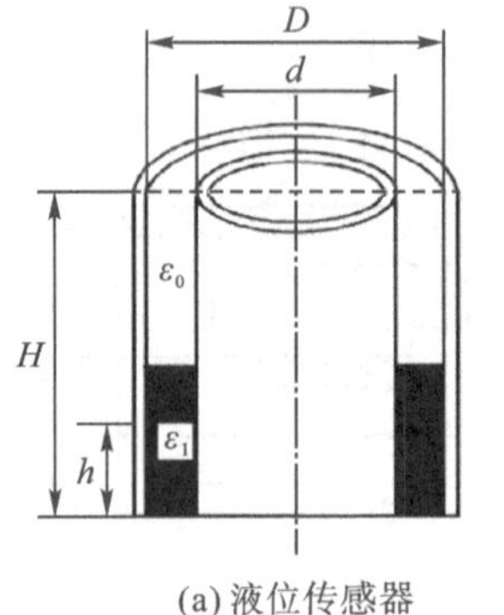

(a) 液位传感器

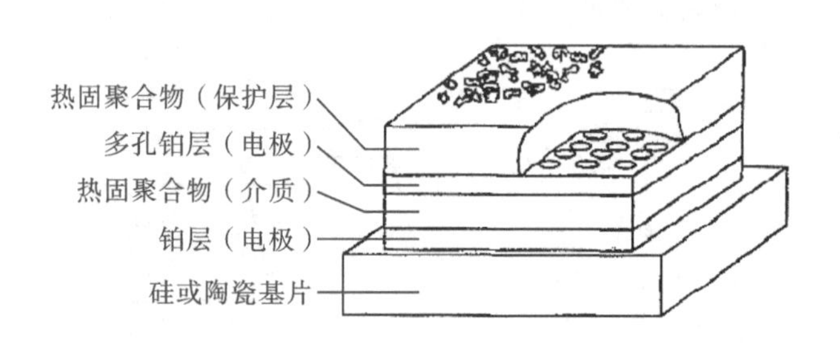

(b) 湿度传感器

图 4-6 变介质型电容传感器

另一类变介质型电容传感器是利用同一介质在不同状态或环境条件下介电常数的变化。例如湿敏电容就是利用亲水高分子薄膜做电容器的介质，上层电极为多孔铂层，下层电极为铂层，其结构见图 4-6(b)。

电容式传感器的共同特点是传感器输出易受到杂散电容的影响，导致与之配合的测量电路较复杂。

4.4　电感式传感器

电感式传感器可将位移量转换为自感 L 或互感 M 的变化；按磁路结构可分为闭磁路式和开磁路式；按照电感变化方式可分为变自感型（可变磁阻式和涡流式）和改变初级与次级线圈间的耦合程度（互感）的变压器型两类。

4.4.1　变磁阻型电感传感器

变间隙型电感传感器的结构示意图如图 4－7 所示，传感器由线圈、铁芯和衔铁组成。工作时衔铁与被测物体连接，被测物体的位移将引起空气隙的长度发生变化，由于气隙磁阻的变化，导致了线圈电感量的变化。线圈的电感可用下式表示

$$L = \frac{N^2}{R_m} \tag{4-25}$$

式中，N 为线圈匝数；R_m 为磁路总磁阻。

铁芯；3—衔铁。

阻型电感传感器

一般情况下，导磁体的磁阻与空气隙磁阻相比很小，因此线圈的电感值可近似表示为

$$L = \frac{N^2 \mu_0 A}{2\delta} \tag{4-26}$$

式中，A 为气隙截面积；μ_0 为空气磁导率；δ 为空气隙厚度。

由式（4－24）可知，线圈电感量 L 与气隙厚度成反比，为非线性，与磁通截面积 A 成正比，为线性关系，输出特性曲线参见图 4－7(c)。

4.4.2　电涡流式传感器

一个空心线圈具有以下电气参数

Z_0 为线圈阻抗，$Z_0 = R_0 + j\omega L_0$

Q_0 为线圈品质因数，$Q_0 = \omega L_0 / R_0$

如将此线圈靠近金属物体时，以上参数均会发生改变，这是因为空心线圈中通以交流电时，它所建立的磁通在金属中感生出电势并导致环形电涡流，设该涡流回路上等效电阻为 r，等效电感为 L_0，该环形电涡流同样也建立磁通，并且方向与线圈所建立的磁通方向相反，线圈与电涡流间存在着等效互感 M，其量值取决于线圈与金属物的靠近程度。如图 4－8 所示为电涡流传感器原理图，图 4－9 所示为电涡流传感器等效电路图。

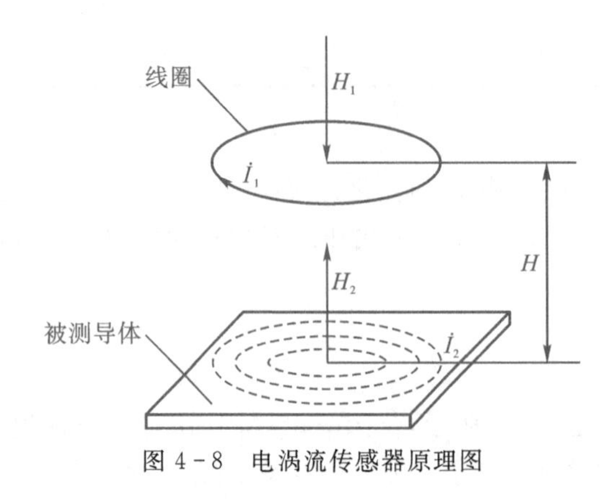

图 4-8 电涡流传感器原理图

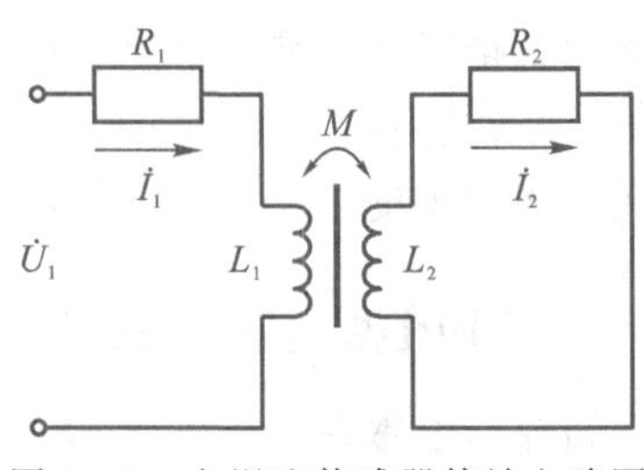

图 4-9 电涡流传感器等效电路图

根据等效图可求得线圈的等效阻抗：

$$Z_{eq}=R_0+\frac{\omega^2M^2}{r^2+(\omega L)^2}r+\mathrm{j}\omega\left(L_0-\frac{\omega^2M^2L}{r^2+(\omega L)^2}\right) \tag{4-27}$$

可见当线圈靠近金属物体时，其阻抗为互感 M 的函数，即为靠近距离的函数。

电涡流传感器可用于动态非接触测量，测量范围为 0～1500 μm，分辨力可达 1 μm，具有结构简单、使用方便，不受油污等介质影响的优点，多用于位移和振动位移的测量及无损探伤等方面，其缺点是被测对象必须是金属。

4.4.3 差动变压器

根据电磁感应定律，当初级线圈通入交变电流 i_1 时，次级线圈上产生的感应电势 e_{12}，其大小与电流 i_1 成正比

$$e_{12}=-M\frac{\mathrm{d}i_1}{\mathrm{d}t} \tag{4-28}$$

式中，M 为互感，与两线圈相对位置及周围介质导磁能力有关。

差动变压器利用上述原理，把被测位移转化为线圈互感的变化，其初级输入稳定的交流电压源，次级感生出输出电压，当被测位移变化引起互感变化时输出电压也随之变化，一般将两个次级线圈接成差动式，差动变压器因而得名。目前应用最广泛的螺线管形差动变压器，其工作原理如图 4-10 所示，变压器由初级线圈 W 和两个参数完全相同的次级线圈 W_1、W_2 组成，线圈中插入动铁芯 P，当初级线圈加交流电压 u 时，次级线圈 W_1、W_2 分别产生感应电势 e_1 和 e_2，其量值与动铁芯位置有关，当铁芯位于中心位置时，$e_1=e_2$，输出电压 $e_0=0$，当铁芯偏离中心位置时，e_0 逐渐增大，铁芯偏离中心位置的方向不同时输出 e_0 的相位相差 180°。

差动变压器式传感器的测量精度高(可达 0.05 μm)、线性范围大、稳定性好、使用方便、工作可靠、寿命长，因此被广泛用于直线位移或可能转换为位移变化的压力等参量的测量；其主要缺点是频率响应较低，不宜用于快速动态测量。

4.5 压电式传感器

一些晶体如石英、钛酸钡等，沿一定切片方向受到外力作用时不仅几何尺寸发生变化，

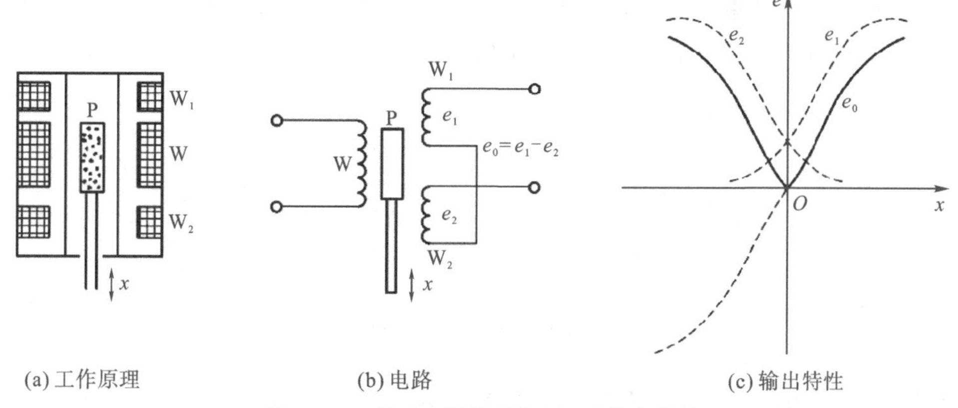

(a) 工作原理　(b) 电路　(c) 输出特性

图 4-10　差动变压器结构原理及输出特性

而且内部产生极化现象，表边上有电荷产生，形成电场。当外力消失时，表面又恢复到原来不带电的状态，这种现象称为压电效应。具有这种性质的材料称为压电材料，如果这种材料放置于电场中，其几何尺寸也发生变化，称为逆压电效应或电致伸缩效应。压电式传感器是以某些晶体受力后在其表面产生电荷的压电效应为转换原理的传感器，可以测量最终能变换为力的各种物理量，例如力、压力、加速度等。

压电式传感器具有体积小、重量轻、频带宽、灵敏度高等优点。近年来压电测试技术发展迅速，特别是电子技术的迅速发展，使压电式传感器的应用越来越广泛。

4.5.1　石英晶体的压电效应

石英晶体是一种应用广泛的压电晶体，它是二氧化硅单晶，属于六角晶系，图 4-11 是天然石英晶体的外形图，为规则的六角棱柱体。石英晶体有三个晶轴：z 轴又称光轴，与晶体的纵轴线方向一致；x 轴又称电轴，其通过六面体相对的两个棱线并垂直于光轴；y 轴又称机械轴，垂直于两个相对的晶柱棱面。

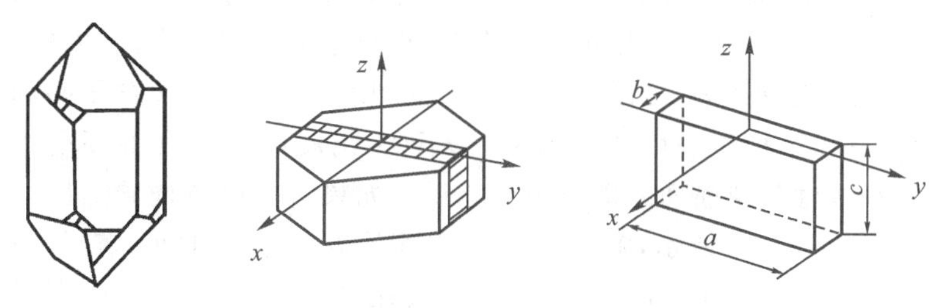

图 4-11　石英晶体的外形、坐标轴及切片

从晶体上沿 x、y、z 轴线切下一片平行六面体的薄片称为晶体切片。当沿着 x 轴对压电晶片施加力时，将在垂直于 x 轴的表面上产生电荷，这种现象称为纵向压电效应（见图 4-12(a)）；沿着 y 轴施加力的作用时，电荷仍出现在与 x 轴垂直的表面上，这称之为横向压电效应（见图 4-12(b)）；当沿着 z 轴方向受力时不产生压电效应。纵向压电效应产生的电荷为

$$q_{xx} = d_{xx}F_x \tag{4-29}$$

式中，q_{xx} 为垂直于 x 轴平面上的电荷；d_{xx} 为压电系数，下标的意义为产生电荷的面的轴向及施加作用力的轴向；F_x 为沿晶轴 x 方向施加的压力。

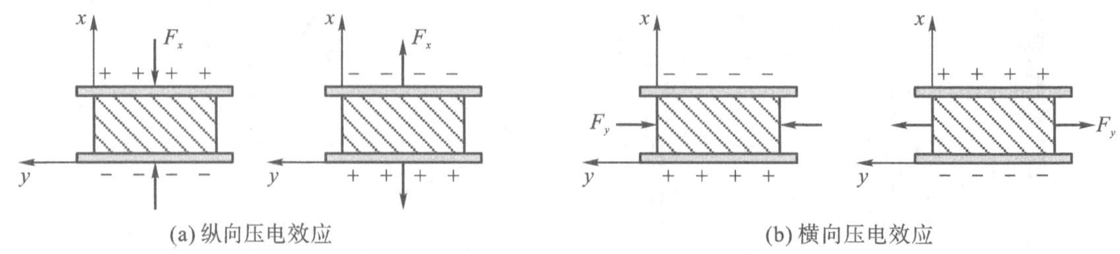

(a) 纵向压电效应　　(b) 横向压电效应

图 4-12　晶片受力方向与电荷极性的关系

由上式看出，当晶片受到 x 向的压力作用时，q_{xy} 与作用力 F_x 成正比，而与晶片的几何尺寸无关。如果作用力 F_x 改为拉力时，则在垂直于 x 轴的平面上仍出现等量电荷，但极性相反。

横向压电效应产生的电荷为

$$q_{xy}=-d_{xy}\frac{a}{b}F_{xy} \tag{4-30}$$

式中，q_{xy} 为 y 轴向施加压力，在垂直于 x 轴平面上的电荷；d_{xy} 为压电系数，y 轴向施加压力，在垂直于 x 轴平面上产生电荷时的压电系数；F_y 为沿晶轴 y 方向施加的压力；a 为晶片沿 y 轴长度；b 为晶片沿 x 轴厚度。式中的负号表示沿 y 轴的压力产生的电荷与沿 x 轴施加压力所产生的电荷极性是相反的。由式(4-30)可以看出，沿机械轴方向对晶片施加压力时，产生的电荷是与几何尺寸有关的。

根据石英晶体的对称条件 $d_{xy}=d_{xx}$，所以上式又可写为

$$q_{xy}=-d_{xx}\frac{a}{b}F_{xy} \tag{4-31}$$

石英晶体在机械力的作用下会在其表面产生电荷的机理：

石英晶体的每一个晶体单元中，有三个硅离子和六个氧离子，正负离子分布在正六边形的顶角上，如图 4-13(a)所示，当作用力为零时，正负电荷相互平衡，所以外部没有带电现象。如果在 x 轴方向施加压力，如图 4-13(b)所示，则硅离子挤入氧离子间，而氧离子挤入硅离子之间，结果在上表面出现负电荷，而在下表面上出现正电荷，如果所受的力为拉力时，在上下表面的电荷极性就与前面的情况正好相反。如果沿 y 轴方向施加压力时，则在表面上呈现的极性如图 4-13(c)所示，施加拉力时，电荷的极性与它相反。若沿 z 轴方向施加力的作用时，由于硅离子和氧离子是对称的平移，故在表面没有电荷出现，因而不产生压电效应。

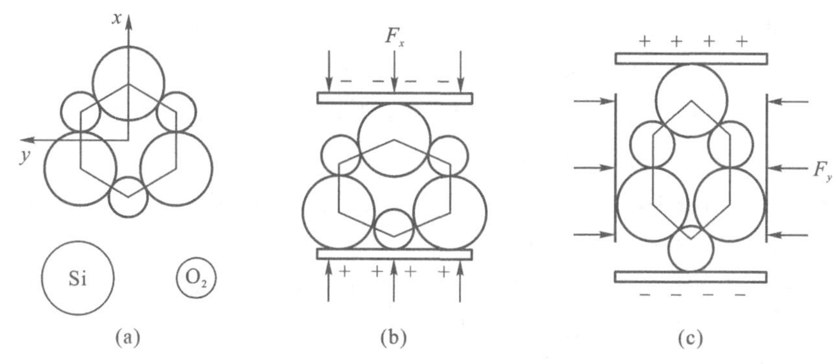

图 4-13　石英晶体的压电效应

4.5.2　其他压电材料

1. 压电陶瓷

压电陶瓷是一种应用最普遍的压电材料，具有烧制方便、耐湿、耐高温、易于成形等特点。

(1)钛酸钡压电陶瓷。钛酸钡($BaTiO_3$)是由 $BaCO_3$ 和 TiO_2 二者在高温下合成的，具有较高的压电系数和介电常数，机械强度不如石英。

(2)锆钛酸铅系压电陶瓷(PZT)。锆钛酸铅是 $PbTiO_3$ 和 $PbZrO_3$ 组成的固溶体 $Pb(Zr \cdot Ti)O_2$，具有较高的压电系数。

(3)铌酸盐系压电陶瓷。铌酸铅具有很高的居里点和较低的介电常数，常用于水声传感器中。

(4)铌镁酸铅压电陶瓷(PMN)。由 $Pb(MgNb)O_3$、$PbTiO_3$、$PbZrO_3$ 组成的三元系陶瓷，具有较高的压电系数，能够在较高的压力下工作，适合作为高温下的力传感器。

2. 压电半导体

有些晶体既具有半导体特性又同时具有压电性能，如 ZnS、CaS、GaAs 等，因此既可利用压电特性研制传感器，又可利用半导体特性以微电子技术制成电子器件，将两者结合起来，就出现了集转换元件和电子线路于一体的新型传感器，具有良好的应用前景。

3. 高分子压电材料

某些合成高分子聚合物薄膜经延展拉伸和电场极化后，具有一定的压电性能，称为高分子压电薄膜。目前出现的压电薄膜有聚二氟乙烯 PVDF、聚氟乙烯 PVF、聚氯乙烯 PVC、聚 γ 甲基-L 谷氨酸脂 PMG 等，是一种柔软的压电材料，其不易破碎，可以大量生产并制成较大的面积。此外，将压电陶瓷粉末加入高分子化合物中，制成高分子压电陶瓷薄膜，既保持了高分子压电薄膜的柔软性，又具有较高的压电系数，是一种具有良好应用前景的压电材料。

4.5.3　压电传感器的常用结构类型

在压电式传感器中，常将两片或多片压电晶体组合在一起使用。由于压电材料具有极性，因此接法也有并联和串联两种，图 4－14(a)为并联接法，其输出电容 C'为单片的 n 倍，即 $C'=nC$，输出电压 $U'=U$，极板上的电荷量 Q'为单片电荷量的 n 倍，即 $Q'=nQ$；图 4－14(b)为串联接法，其输出电压为单片的 n 倍，即 $U'=nU$，极板上的电荷量 $Q'=Q$，输出电容 $C'=C/n$。两种联接方式中，并联接法输出电荷大，本身电容大，故时间常数大，适用于测量缓变信号，并以电荷量作为输出的场合；串联接法输出电压高，本身电容小，适用于以电压作为输出量以及测量电路输入阻抗很高的场合。

压电元件在压电式传感器中，必须有一定的预应力，可以保证在作用力变化时，压电片始终受到压力，同时也保证了压电片的输出与作用力的线性关系。图 4－15 是压电式力传感器的一种基本形式，被测力通过上盖传递给在电气上并联的两片压电石英片，石英片受压后产生的电荷通过导线和基座引出，接入测量电路。图 4－16(a)所示是一种中心压缩型压电式加速度传感器的结构原理图，图 4－16(b)所示是一种剪切型压电式加速度传感器的结构原理图。压电元件是一件沿轴向极化的压电晶体圆筒，将压电圆筒套在传感器基座的圆柱上，压电元件外面再套上惯性质量环，当传感器受到振动时，质量环由于惯性而有一定滞后，在压电元件上出现剪切应力，产生剪切应变，从而在压电元件的内外表面产生电荷，其电场方向垂直于极化方向，该结构形式的加速度传感器具有较高的灵敏度，很高的固有频率和很宽的频率响应范围，特别适用于测量高频振动和冲击加速度。图 4－17 所示 CA-YD－103 加速度传感器的灵敏度为 20 pC/g 左右，频率响应范围为 0.5～12 kHz，冲击极限为 2000 g，重量仅 12 g。

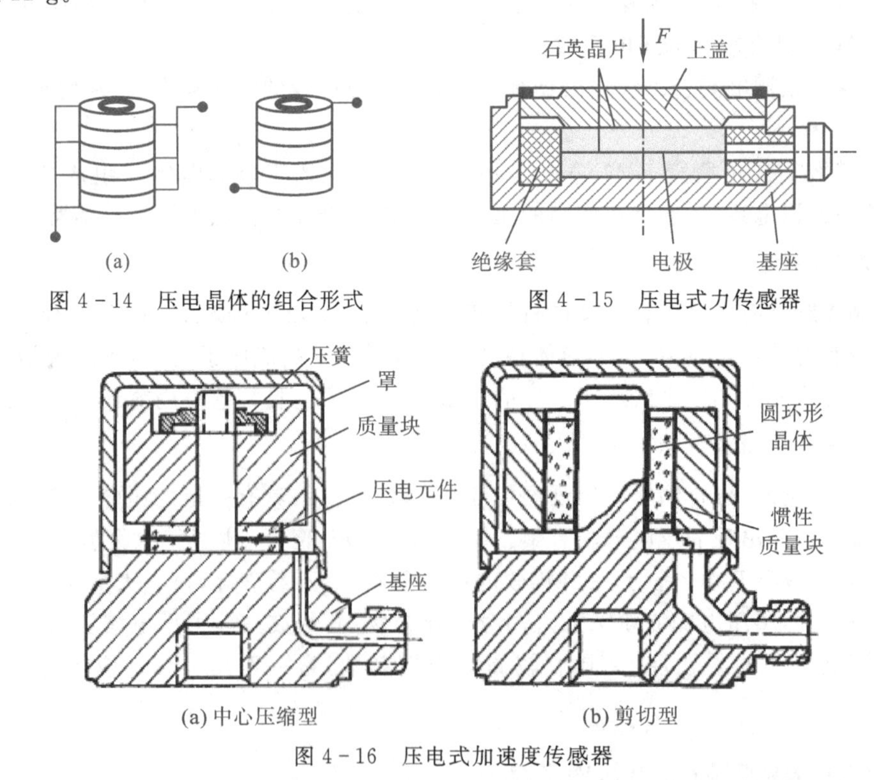

图 4－14　压电晶体的组合形式

图 4－15　压电式力传感器

(a) 中心压缩型　　(b) 剪切型

图 4－16　压电式加速度传感器

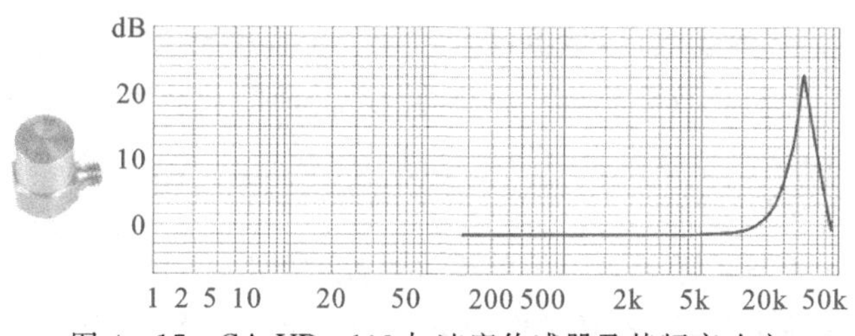

图 4-17　CA-YD-103 加速度传感器及其频率响应

4.6　光电式传感器

光电传感器是采用光电元件作为检测元件的传感器，它首先把被测量的变化转换成光信号的变化，然后借助光电元件进一步将光信号转换成电信号，光电传感器一般由光源、光学通路和光电元件三部分组成。光电传感器具有精度高、反应快、非接触等优点，而且可测参数多，传感器的结构简单，形式灵活多样，因此光电传感器在检测和控制中应用非常广泛。近年来，随着光电技术的发展，光电传感器已成为系列产品，其品种及产量日益增加，得到广泛的应用。

根据光通量对光电元件的作用原理不同所制成的光学测控系统多种多样，按光电元件(光学测控系统)输出量性质可分为两类，即模拟式光电传感器和脉冲(开关)式光电传感器。模拟式光电传感器是将被测量转换成连续变化的光电流，其与被测量间呈单值关系，模拟式光电传感器按被测量(检测目标物体)方法可分为透射(吸收)式、漫反射式、遮光式(光束阻挡)三大类，透射式是指被测物体放在光路中，恒光源发出的光能量穿过被测物，部分被吸收后，透射光投射到光电元件上；漫反射式是指恒光源发出的光投射到被测物上，再从被测物体表面反射后投射到光电元件上；遮光式是指当光源发出的光通量经被测物光遮其中一部分，使投射到光电元件上的光通量改变，改变的程度与被测物体在光路位置有关。

4.6.1　光敏电阻

光敏电阻为电阻元件，其阻值随光照增强而减小，光敏电阻的结构如图 4-18 所示。光敏电阻除可用硅、锗制造外，还可用硫化镉、硫化铅、硒化铟等材料制造。光敏电阻置于室温、全暗条件下，经一段时间之后测得的稳定阻值称为暗电阻，一般为 MΩ 数量级；在光照下的阻值称为亮电阻，一般为 kΩ 数量级。当外加固定电压时，光敏电阻在全暗和光照两种情

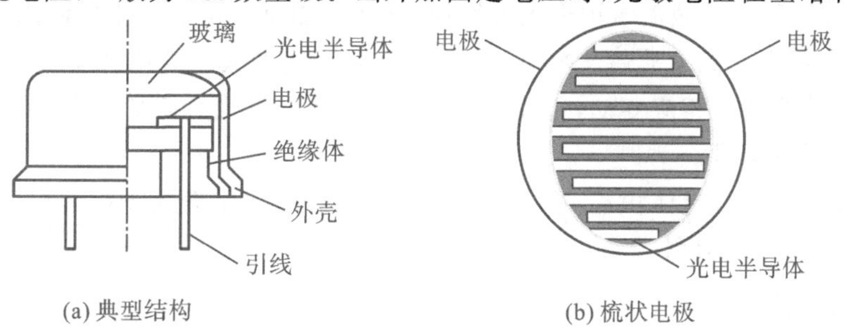

图 4-18　光敏电阻的结构与符号

况下，其电流的变化量称为光电流，该值越大越好。在选用光电阻时应注意不同材料制成的光敏电阻对不同波长的光灵敏度不同。当光照为定值时，光敏电阻两端所施电压与电流间的关系称为伏安特性，伏安特性接近直线。图 4-19 给出了不同照度时的伏安特性曲线，使用时注意不要超过其允许功耗。

光敏电阻的光电流与光通量之间的关系称为光照特性。由图 4-20 可见光敏电阻的光电流与光通量呈非线性关系，这是光敏电阻的缺点。光敏电阻的光谱特性为光敏电阻对不同波长的光灵敏度不同，硫化镉光敏电阻的光谱响应峰值落在可见光区，而硫化铅光敏电阻的光谱响应峰值处在红外区。光敏电阻突然受到光照时，光电流并不是立刻上升到饱和值，光照突然消失时光电流也不是立刻降为零，在时间上有一定滞后，该特性也限制了光敏电阻的应用范围。

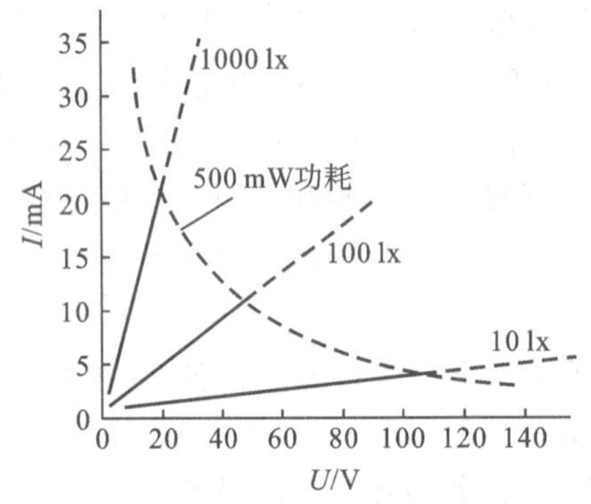

图 4-19 硫化镉光敏电阻的伏安特性

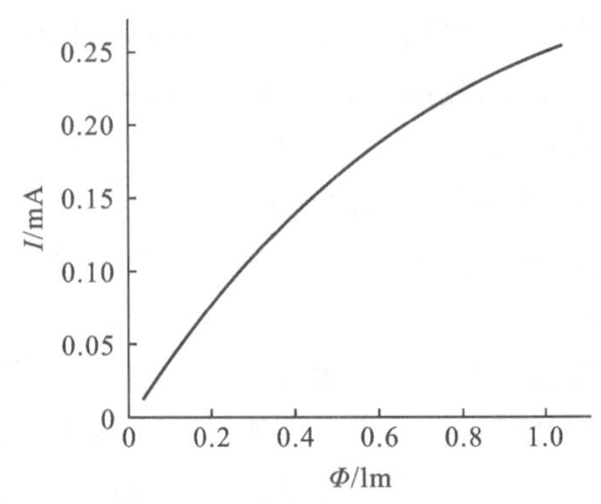

图 4-20 光敏电阻的光照特性

4.6.2 光敏二极管及光电晶体管

1. 光敏二极管

光敏晶体管通常指光敏二极管和光电晶体管。光敏二极管的结构和普通二极管相似，其 PN 结装在管壳顶部，光线通过透镜制成的窗口，可以集中照射在 PN 结上，图 4-21(a)是结构示意图，光敏二极管在电路中通常处于反向偏置状态，如图 4-21(b)所示，当 PN 结加反向电压时，反向电流的大小取决于 P 区和 N 区中少数载流子的浓度；无光照时，P 区中少数载流子(电子)和 N 区中的少数载流子(空穴)都很少，因此反向电流很小；但是当光照 PN 结时，只要光子能量 h 大于材料的禁带宽度，就会在 PN 结及其附近产生光生电子空穴对，从而使 P 区和 N 区少数载流子浓度大大增加，其在外加反向电压和 PN 结内电场作用下定向运动，分别在两个方向上渡越 PN 结，使反向电流明显增大。如果入射光的照度变化，光生电子空穴对的浓度将相应变动，通过外电路的光电流强度也会随之变动，光敏二极管就把光信号转换成了电信号。

光敏二极管的优点是体积小，重量轻，抗振动能力强，即使输入光过强也不损坏，暗电流极小，对于微弱光也可检测。

2. 光电晶体管

将普通晶体管的集电结做成光敏二极管，就成为光电晶体管，集电结形成的光电流，经三极管放大，形成集电极电流。三极管按图 4－22 所示的电路连接时，它的集电结反向偏置，发射结正向偏置，无光照时仅有很小的穿透电流流过，当光线通过透明窗口照射集电结时，和光敏二极管的情况相似，将使流过集电结的反向电流增大，这就造成基区中正电荷的空穴的积累，发射区中的多数载流子（电子）将大量注入基区，由于基区很薄，只有一小部分从发射区注入的电子与基区的空穴复合，而大部分电子将穿过基区流向与电源正极相接的集电极，形成集电极电流 I_c。该过程与普通三极管的电流放大作用相似，可使集电极电流是原始光电流的$(1+\beta)$倍，因此光电晶体管具有比光敏二极管更高的灵敏度。

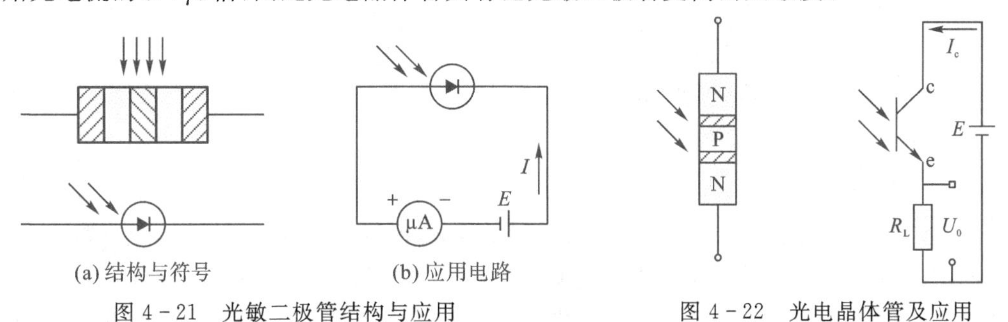

图 4－21 光敏二极管结构与应用　　图 4－22 光电晶体管及应用

4.6.3 半导体彩色传感器

在硅片上，沿深度方向做成具有两个 P-N 结的光敏二极管，就构成了半导体彩色传感器。波长短的光线由上部的 P-N 结吸收，输出短路电流 I_{1SC}，波长长的光线从元件的表面进入深层被吸收，在下部的 N-P 结电极输出短路电流 I_{2SC}。光敏二极管 PD1 和 PD2 的分光灵敏度特性如图 4－23 所示，其峰值灵敏度的波长不同，两个光敏二极管的短路电流比 I_{2SC}/I_{1SC}和波长的关系如图 4－24 所示。由此可知，短路电流比波长一一对应，因此求出了 PD2 和 PD1 的短路电流比，就知道了入射光的波长。实际的信号处理电路如图 4－25 所示。

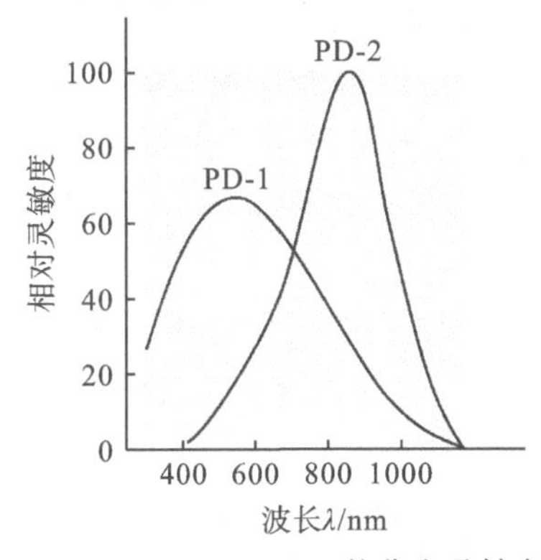

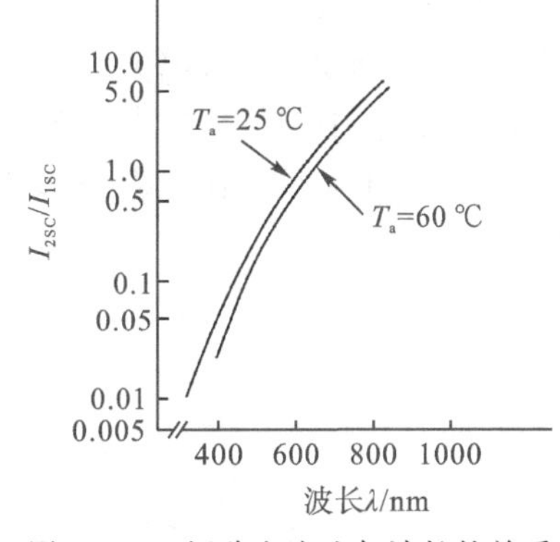

图 4－23 PD1 和 PD2 的分光灵敏度　　图 4－24 短路电流比与波长的关系

由于光强的动态范围大，同时为将除法运算变为减法运算，对 I_{2SC}、I_{1SC}用对数二极管压缩、反相放大后得到 V_2、V_1，输出电压 $V_0 \propto -(V_2-V_1) \propto I_{2SC}/I_{1SC}$，输出电压 V_0 和波长的关系见图 4－26，利用该原理即可识别入射光的波长即颜色。

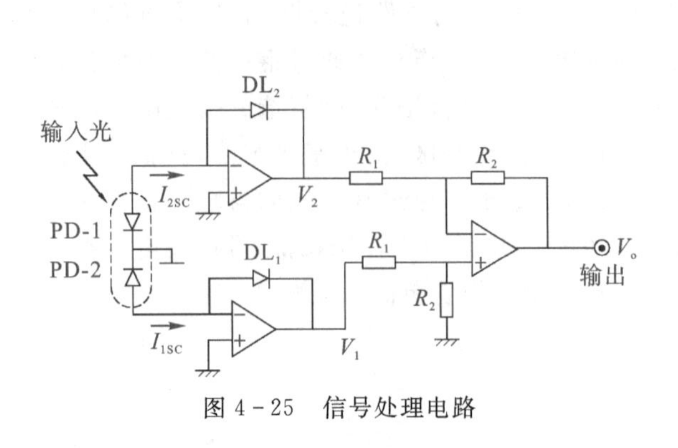

图 4-25 信号处理电路

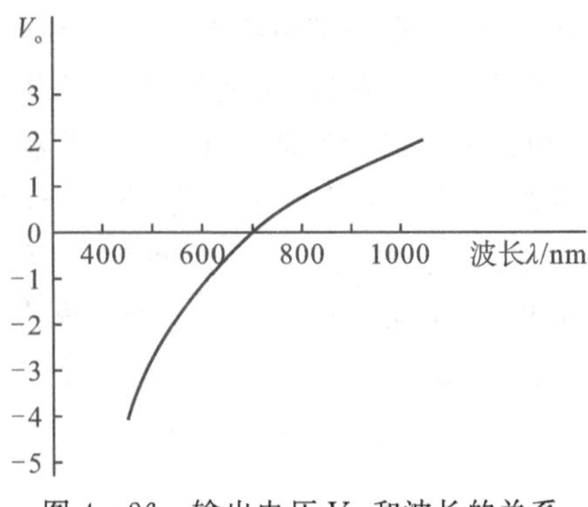

图 4-26 输出电压 V_0 和波长的关系

4.6.4 光电池

光电池是一种自发电式的光电元件，受到光照时自身能产生一定方向的电动势，在不加电源的情况下，只要接通外电路，便有电流通过。光电池的种类很多，其中应用最广泛的是硅光电池，因为其具有一系列优点，例如性能稳定、光谱范围宽、频率特性好、转换效率高、能耐高温辐射等。另外，由于硒光电池的光谱峰值位于人眼的视觉范围，所以很多分析仪器、测量仪表也常用到。

硅光电池的工作原理基于光生伏特效应，它是在一块 N 型硅片上用扩散的方法掺入一些 P 型杂质而形成的一个大面积 PN 结，见图 4-27。当光照射 P 区表面时，若光子能量大于硅的禁带宽度，则在 P 型区内每吸收一个光子便产生一个电子空穴对，P 区表面吸收的光子最多，激发的电子空穴最多，越向内部越少，这种浓度差便形成从表面向体内扩散的自然趋势。由于 PN 结内电场的方向是由 N 区指向 P 区，使得扩散到 PN 结附近的电子空穴对分离，光生电子被推向 N 区，光生空穴被留在 P 区，从而使 N 区带负电，P 区带正电，形成光生电动势。若用导线连接 P 区和 N 区，电路中就有光电流流过。

光电池对不同波长的光，灵敏度是不同的。图 4-28 是硅光电池和硒光电池的光谱特性曲线。从图中可知，不同材料的光电池适用的入射光波长范围也不相同，硅光电池的适用范围宽，对应的入射光波长可在 0.45～1.1，而硒光电池只能在 0.34～0.57 波长范围，适用于可见光检测。

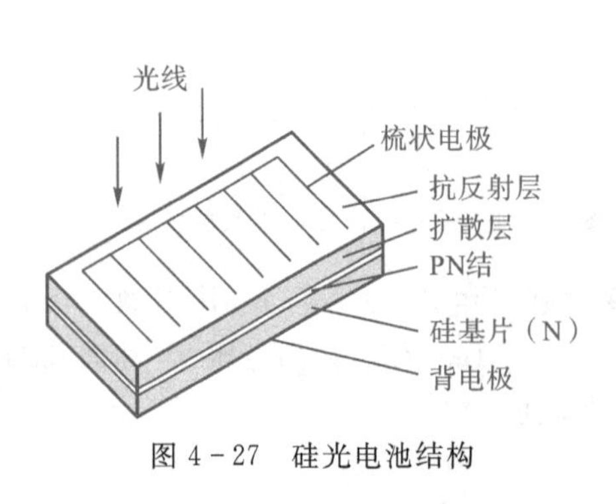

图 4-27 硅光电池结构

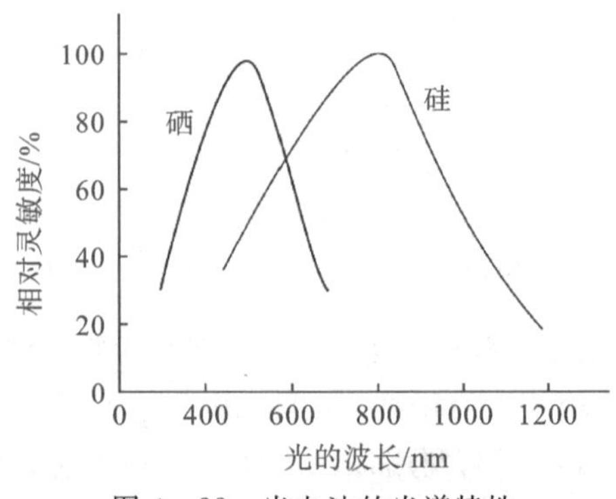

图 4-28 光电池的光谱特性

光电池在不同的光照度下，光生电动势和光电流是不相同的。硅光电池的光电特性如图 4－29 所示。开路电压与光照度的关系呈非线性，且在光照度为 2000 lx 时就趋于饱和，而短路电流在很大范围内与光照度呈线性关系，负载电阻越小，这种线性关系越好，且线性范围越宽。因此检测连续变化的光照度时，应当尽量减小负载电阻，使光电池在接近短路的状态工作，也就是把光电池作为电流源来使用，在光信号断续变化的场合，也可以把光电池作为电压源使用。

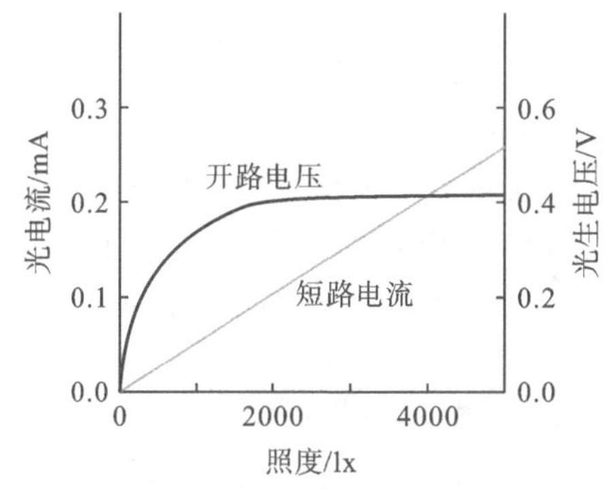

图 4－29　硅光电池的光电特性

4.7　新型传感器

4.7.1　光纤传感器

光导纤维传感器（简称光纤传感器）是 20 世纪 70 年代后迅速发展起来的一种新型传感器。光纤传感器具有灵敏度高，不受电磁波干扰，传输频带宽，绝缘性能好，耐水抗腐蚀性好，体积小，柔软等优点。目前已研制出多种光纤传感器，可用于位移、速度、加速度、液位、压力、流量、振动、水声、温度、电压、电流、磁场、核辐射等方面的测量。在狭小的空间里，在强电磁干扰和高电压的环境里，光纤传感器都显示出了独特的能力，应用前景十分广阔。图 4－30 是光纤的结构示意图，其由导光的芯体玻璃（称为纤芯）和包层玻璃所组成。包层的外面用塑料或橡胶做成外护套保护着纤芯和包层，使光纤具有一定的机械强度，纤芯由比头发丝还细的玻璃、石英和塑料等透明度良好的电介质构成，其折射率略大于包层的折射率，一般包层直径为几微米到几十微米。设纤芯的折射率为 n_1，包层的折射率为 n_2，且 $n_1>n_2$，当光线 A 从空气（折射率为 n_0）中射入光纤的一个端面，并与其轴线的夹角为 θ_0，则在光纤内折射成角 θ_1 的光线 B，然后光线 B 以 θ_1（$\theta_1=90°-\varphi_1$）角入射到纤芯与包层的交界面上。由

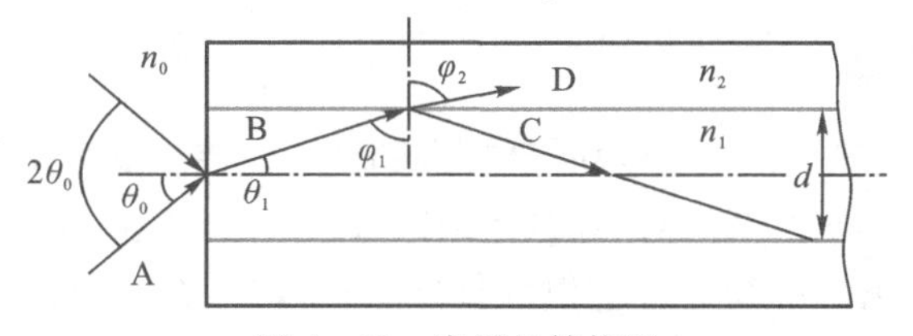

图 4－30　光纤的结构图

于纤芯与包层的折射率不等(即 $n_1>n_2$),光线 B 的一部分光被反射,成为反射光 D;另一部分光折射成为折射光 C。这时入射光线与折射光线应满足

$$n_1\sin\varphi_1 = n_2\sin\varphi_2 \tag{4-32}$$

由于 $n_1>n_2$,当 φ_1 为某值时,可使 $\varphi_2=90°$,即折射光沿界面传播,此现象称为全反射。使 $\varphi_2=90°$的 φ_1 角称为临界角,以 φ_0 表示。由式(4-30)可知(因 $\sin\varphi_2=1$),其临界角为

$$\varphi_0 = \arcsin\frac{n_2}{n_1} \tag{4-33}$$

若继续加大入射角 φ_1,(即 $\varphi_1\geqslant\varphi_0$),光不再产生折射,而形成了光的全反射,光线被限制在纤芯中传播。这就是光纤传光的基本工作原理。

在实际应用中,更关心的是光线以多大角度入射光纤端面时,能使折射光完全在纤芯中传播,θ_0 角为何值时方能使 $\varphi_1\geqslant\varphi_0$。当光线在 A 点(空气中,其折射率为 n_0)入射,则有

$$n_0\sin\theta_0 = n_1\sin\theta_1 = n_1\cos\varphi_1 \tag{4-34}$$

式中,$\theta_1=90°-\varphi_1$。

要使入射光在纤芯与包层的交界面发生全反射,应满足:

$$\sin\theta_0 < \frac{1}{n_0}\sqrt{n_1^2-n_2^2} \tag{4-35}$$

光纤传感器按其作用一般分为物性型(或称功能型)和结构型(或称非功能型)两大类。在物性型光纤传感器中,光纤不仅起传光作用,同时又是敏感元件,即利用被测物理量直接或间接对光纤中传送光的光强(振幅)、相位、偏振态、波长等进行调制而构成的一类传感器,其有光强调制型、光相位调制型、光偏振调制型等,物性型光纤传感器的光纤本身就是敏感元件,因此加长光纤的长度可以得到很高的灵敏度,尤其是利用干涉技术对光的相位变化进行测量的光纤传感器,具有极高的灵敏度。制造这类传感器的技术难度大,结构复杂,调整较困难。

光纤光栅是光纤纤芯折射率受到永久的周期性微扰而形成的一种光纤无源器件,能将入射光中某一特定波长的光部分或全部反射。通过拉伸和压缩光纤光栅,或者改变温度可以达到改变光纤光栅的周期和有效折射率从而达到改变光纤光栅的反射波长的目的,反射波长和应变、温度、压力物理量呈线性关系,根据这些特性,可将光纤光栅制作成应变、温度、压力、加速度等多种传感器。

结构型光纤传感器中光纤不是敏感元件,只是作为传光元件。一般在光纤的端面或在两根光纤中间放置光学材料及敏感元件来感受被测物理量的变化,从而使透射光或反射光强度随之发生变化来进行检测。光纤仅作为光的传输回路,所以要使光纤得到足够大的受光量和传输的光功率,因此结构型光纤传感器常用数值孔径和芯径较大的光纤。结构型光纤传感器结构简单、可靠,技术上易实现,但灵敏度、测量精度一般低于物性型光纤传感器。

4.7.2 红外线传感器

红外辐射是由于物体(固体、液体和气体)内部分子的转动及振动而产生的,该类振动过程是物体受热而引起的,只有在绝对零度(−273.16 ℃)时,一切物体的分子才会停止运动,所以在绝对零度时,没有一种物体会发射红外线。换言之,在一般的常温下,所有的物体都是红外辐射的发射源。例如火焰、轴承、汽车、飞机、动植物甚至人体等都是红外辐射源。

红外线和所有的电磁波一样，具有反射、折射、散射、干涉及吸收等性质，由于介质的吸收和散射作用使它产生衰减。红外线的衰减遵循如下规律：

$$I = I_0 e^{-Kx} \tag{4-36}$$

式中，I 为通过厚度为 x 的介质后的通量；I_0 为射到介质时的通量；e 为自然对数的底；K 为与介质性质有关的常数。

金属对红外辐射衰减非常大，一般金属材料基本上不能透过红外线；大多数半导体材料及一些塑料能透过红外线；液体对红外线的吸收较大，例如厚 1 mm 的水对红外线的透明度很小，当厚度达到 1 cm 时，水对红外线几乎完全不透明了；气体对红外辐射也有不同程度的吸收，例如大气（含水蒸气、二氧化碳、臭氧、甲烷等）就存在不同程度的吸收，其对波长为 1～5 μm，8～14 μm 的红外线是比较透明的，对其他波长的透明度较差。而介质的不均匀，晶体材料的不纯洁，有杂质或悬浮小颗粒等，都会引起对红外辐射的散射。实践证明，温度愈低的物体辐射的红外线波长越长，在工业、军事上根据需要有选择地接收某一范围的波长，就可以达到测量的目的。

能把红外辐射转换成电量变化的装置，称为红外传感器，其主要有热敏型和光电型两大类。

热敏型是利用红外辐射的热效应制成，其核心是热敏元件，热敏元件的响应时间长，一般在毫秒数量级以上。在加热过程中，任意波长的红外线，只要功率相同，其加热效果也相同，假如热敏元件对各种波长的红外线都能全部吸收的话，则热敏探测器对各种波长基本上都具有相同的响应，因此称其为无选择性红外传感器，该类传感器主要有热释电红外传感器和红外线温度传感器两大类。不使用菲涅尔透镜时传感器的探测半径不足 2 m，只有配合菲涅尔透镜使用才能发挥最大作用，配备菲涅尔透镜时传感器的探测半径可达到 10 m，如图 4 - 31 所示。

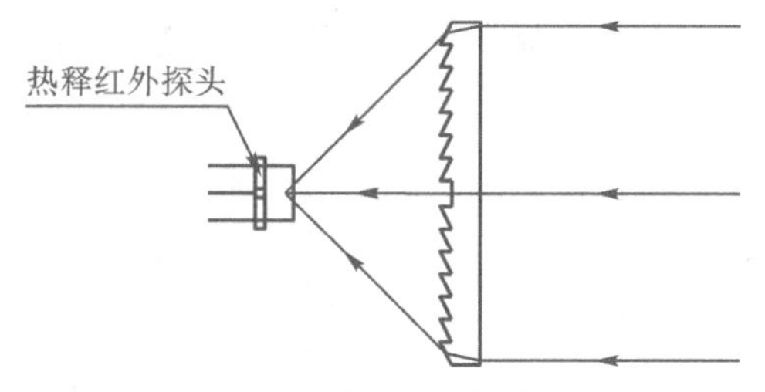

图 4 - 31　菲涅尔透镜的应用

光电型是利用红外辐射的光电效应制成，其核心是光电元件，其响应时间一般比热敏型短得多，最短的可达到毫微秒数量级。要使物体内部的电子改变运动状态，入射辐射的光子能量必须足够大，其频率必须大于某一值，即必须高于截止频率。由于该类传感器以光子为单元起作用，只要光子的能量足够，相同数目的光子基本上具有相同的效果，因此常常称其为光子探测器，主要有红外二极管、三极管等。

4.7.3　超声波传感器

超声波传感器是利用超声波的特性，实现自动检测的测量元件。声波是一种机械波。声的产生是由于发声体的机械振动，引起周围弹性介质中质点的振动由近及远地传播，这就是声波。人耳所能听闻的声波频率在 20～20000 Hz，频率在 20～20000 Hz 范围以外的声波不能引起人听觉的感受。频率超过 20000 Hz 的称为超声波，频率低于 20 Hz 的称为次声波。

压电式超声波发生器是利用压电晶体的电致伸缩现象制成。常用的压电材料为石英晶体、压电陶瓷锆钛酸铅等，在压电材料切片上施加交变电压，使其产生电致伸缩振动，从而产生超声波，如图 4－32 所示。在超声波技术中，除了需要能产生一定的频率和强度的超声波发生器以外，还需要能接收超声波的接收器。一般的超声波接收器是利用超声波发生器的逆效应而进行工作的，当超声波作用到压电晶体片上时，使晶片伸缩，则在晶片的两个界面上产生交变电荷，这种电荷先被转换成电压，经放大后送到测量电路，最后记录或显示出结果。其结构和超声波发生器基本相同，有时可采用同一超声波发生器兼做超声波接收器。

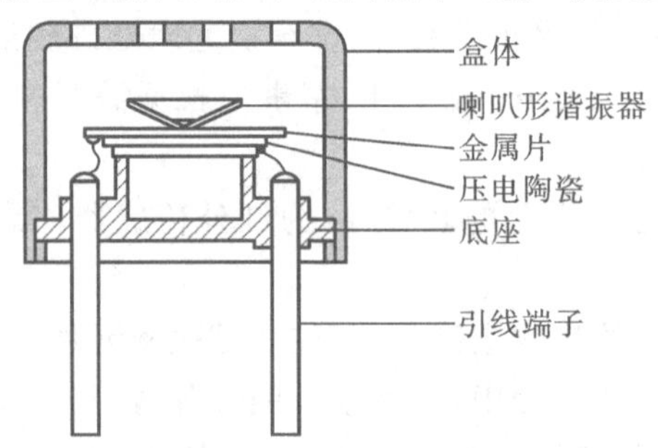

图 4－32　超声波发生/接收器

超声波是一种在弹性介质中的机械振荡，由与介质相接触的振荡源所引起。设有某种弹性介质及振荡源，如图 4－33 所示，振荡源在介质中可产生两种形式的振荡，即横向振荡[见图 4－33(a)]和纵向振荡[见图 4－33(b)]。横向振荡只能在固体中产生，而纵向振荡可在固体、液体和气体中产生。为了测量在各种状态下的物理量多数采用纵向振荡。超声波传感器应用见表 4－2。

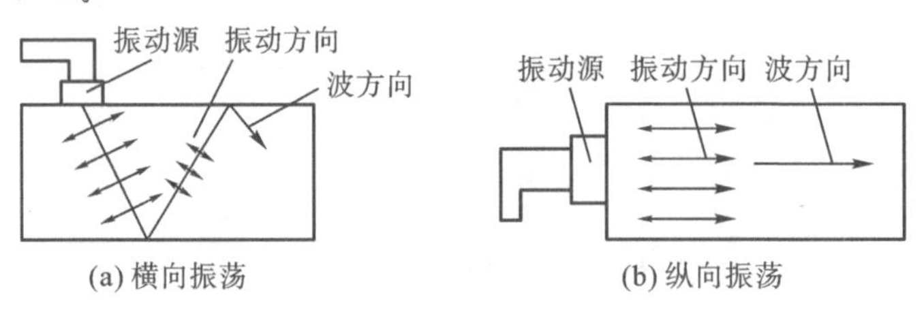

图 4－33　超声波在介质中的振荡形式

超声波的传播速度与介质的密度和弹性特性有关。对于液体及气体，其传播的速度为

$$c=\sqrt{\frac{1}{\rho B_{g}}} \tag{4-37}$$

式中，ρ 为介质的密度；B_{g} 为绝对压缩系数。

在固体中的传播速度为

$$c=\sqrt{\frac{E}{\rho}\frac{1-\mu}{(1+\mu)(1-2\mu)}} \tag{4-38}$$

式中，E 为固体的弹性模量；μ 为泊松比。

表 4－2　超声波传感器应用

序号	作用方法	工作原理(S:发送器,R:接收器)	应用
1	检测连续波的信号电平	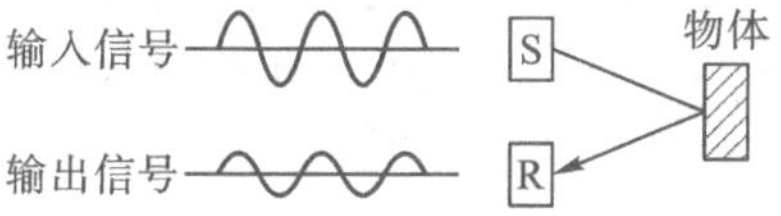 输入信号 输出信号 S R 物体	计数器 近似开关 停车计时器
2	测量脉冲反射时间	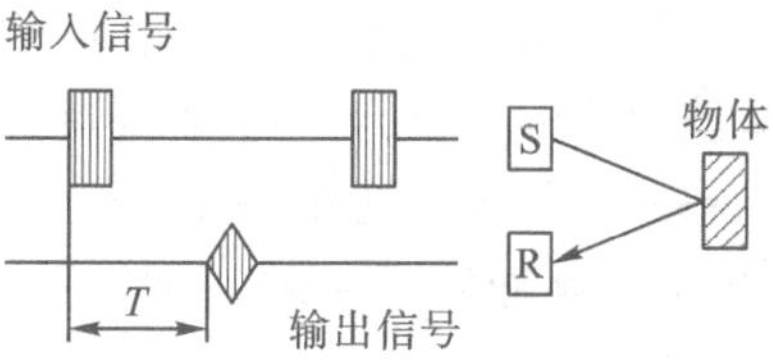 输入信号 S R 物体 T 输出信号	自动门 液面计 交通信号自动转换 汽车倒车声呐
3	利用多普勒效应	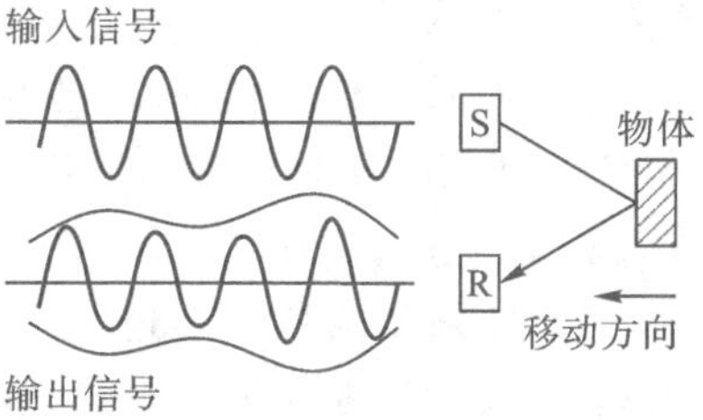 输入信号 S R 物体 移动方向 输出信号	防盗报警系统
4	测量直接传播时间	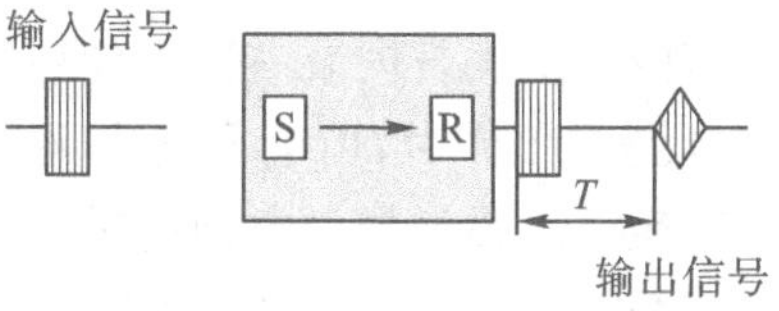 输入信号 S R T 输出信号	浓度计 流量计
5	测量卡门涡流	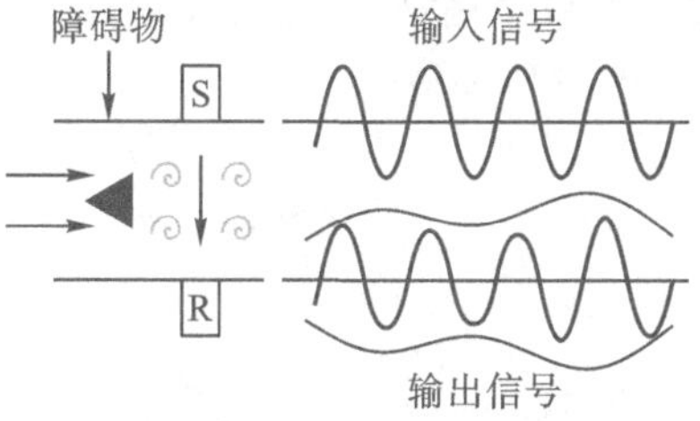 障碍物 S R 输入信号 输出信号	流量计

4.7.4　磁致伸缩传感器

磁致伸缩现象(或效应)是指铁磁性物质在外磁场作用下,其尺寸伸长(或缩短),去掉外磁场后,其又恢复原来的长度。磁致伸缩效应可用磁致伸缩系数 λ 来描述:

$$\lambda = \frac{L_h - L_0}{L_0} \tag{4-39}$$

式中,L_0 为原来的长度;L_h 为物质在外磁场作用下伸长(或缩短)后的长度。

磁致伸缩材料主要有三大类:一是磁致伸缩的金属与合金,如镍(Ni)和镍基合金(Ni,Ni-Co 合金,Ni-Co-Cr 合金)和铁基合金(如 Fe-Ni 合金,Fe-Al 合金,Fe-Co-V 合金等)。二是铁氧体磁致伸缩材料，如 Ni-Co 和 Ni-Co-Cu 铁氧体材料等。以上两种称为传统磁致伸缩材料，其 λ 值(20～80 ppm)过小，没有得到推广应用。三是稀土超磁致伸缩材料，是稀土金属间化合物磁致伸缩材料，以(Tb，Dy)Fe_2 化合物为基体的合金 $Tb_{0.3}Dy_{0.7}Fe_{1.95}$ 材料(Tb-Dy-Fe 材料)的 λ 达到 1500～2000 ppm，比磁致伸缩的金属与合金和铁氧体磁致伸缩材料的 λ 大 1～2 个数量级。

磁致伸缩技术原理是利用两个不同磁场相交产生一个应变脉冲信号，然后计算该信号被探测所需的时间周期，从而换算出准确的位置。两个磁场一个来自在传感器外面的活动磁铁，另一个则源自传感器内波导管的电流脉冲，而该电流脉冲其实是由传感器头的固有电子部件所产生的。当两个磁场相交时，所产生的一个应变脉冲会以声音的固定速度运行回电子部件的感测线圈。从产生电流脉冲的一刻到测回应变脉冲所需要的时间周期乘以这个固定速度，便能准确地计算出位置磁铁的变动。由于过程是连续不断的，故当活动磁铁被带动时，新的位置很快就会被感测出来。由于输出信号是绝对位置输出，而不是比例或需要再放大处理的信号，因此不存在信号飘移或变值的情况，不必像其他位移传感器一样需要定期重标和维护。磁致伸缩位移传感器利用非接触监察活动磁铁的位移，由于磁铁和传感器并无直接接触，磁致伸缩位移传感器非常适合工作在比较恶劣的环境，例如易受油渍、溶液、尘埃或其他污染等的环境，此外，磁致伸缩位移传感器还能承受高温、高压和高震荡的环境。由于传感元件都是非接触的，即使感测过程是不断重复的，也不会对传感器造成任何磨损。

磁致伸缩线性位移(液位)传感器结构如图 4-34 所示，该产品主要由测杆、电子仓和套在测杆上的非接触的磁环或浮球组成，测杆内装有磁致伸缩线(波导丝)，测杆由不导磁的不锈钢管制成，可靠地保护了波导丝。工作时，由电子仓内电子电路产生一起始脉冲，此起始脉冲在波导丝中传输时，同时产生了一沿波导丝方向前进的旋转磁场，当该磁场与磁环或浮球中的永久磁场相遇时，产生磁致伸缩效应，使波导丝发生扭动，扭动被安装在电子仓内的拾能机构所感知并转换成相应的电流脉冲，通过电子电路计算出两个脉冲之间的时间差(见图 4-35)，即可精确测出被测的位移和液位。

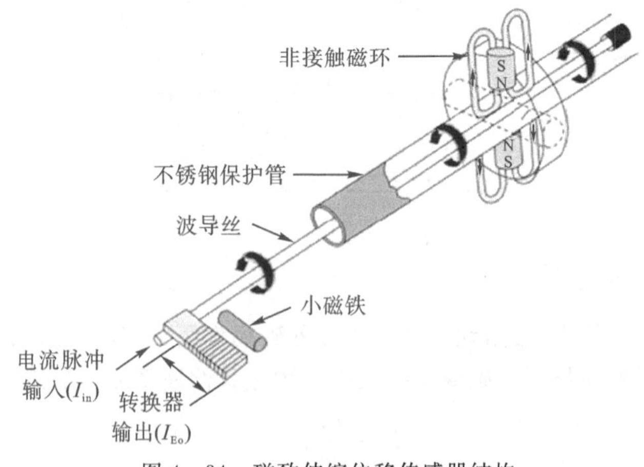

图 4-34　磁致伸缩位移传感器结构

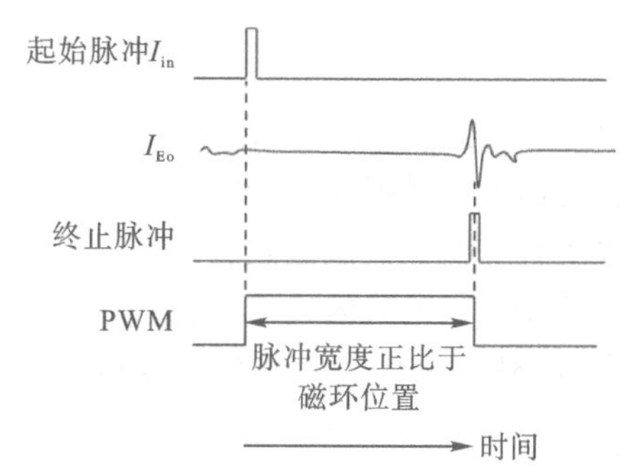

图 4-35　磁致伸缩位移传感器工作波形

4.8　传感器的选用原则

现代传感器在原理与结构上千差万别，如何根据具体的测量目的、测量对象，以及测量环境合理地选用传感器，是进行某个量测量时首先要解决的问题。当传感器确定之后，与之相配套的测量方法和测量设备也就可以确定了，测量结果的成败，在很大程度上取决于传感器的选用是否合理。

1. 根据测量对象与测量环境确定传感器的类型

要进行具体的测量工作，首先要考虑采用何种原理的传感器，需要分析多方面的因素之后才能确定。因为即使是测量同一物理量，也有多种原理的传感器可供选用，哪一种原理的传感器更为合适，则需要根据被测量的特点和传感器的使用条件。在选用传感器时还需要考虑以下一些具体问题：量程的大小；被测位置对传感器体积的要求；测量方式为接触式还是非接触式；信号的引出方法，是否需要远传；传感器的来源，价格能否承受等。在考虑上述问题之后就能确定选用何种类型的传感器，然后再考虑传感器的具体性能指标。

2. 灵敏度的选择

通常，在传感器的线性范围内，希望传感器的灵敏度越高越好，因为只有灵敏度高时，与被测量变化对应的输出信号的值才比较大，有利于信号处理。但需注意当传感器的灵敏度高，与被测量无关的外界噪声也容易混入，也会被放大系统放大，影响测量精度。因此，要求传感器本身应具有较高的信噪比，尽量减少从外界引入的干扰信号。

传感器的灵敏度是有方向性的。当被测量是单向量，而且对其方向性要求较高，则应选择其他方向灵敏度小的传感器；如果被测量是多维向量，则要求传感器的交叉灵敏度越小越好。

3. 频率响应特性

传感器的频率响应特性决定了被测量的频率范围，必须在允许频率范围内保持不失真的测量条件，实际上传感器的响应总有一定延迟，希望延迟时间越短越好。

传感器的频率响应高，可测的信号频率范围就宽，而由于受到结构特性的影响，机械系统的惯性较大，固有频率低的传感器可测信号的频率较低。在动态测量中，应根据信号的特点（稳态、瞬态、随机等）响应特性，以免产生过大的误差。

4. 线性范围

传感器的线性范围是指输出与输入成正比的范围。从理论上讲，在此范围内，灵敏度保持定值。传感器的线性范围越宽，则其量程越大，并且能保证一定的测量精度。在选择传感器时，当传感器的种类确定以后首先要看其量程是否满足要求。

但实际上，任何传感器都不能保证绝对的线性，其线性度也是相对的。当所要求测量精度比较低时，在一定的范围内，可将非线性误差较小的传感器近似看作线性的，可给测量带来极大方便。

5. 稳定性

传感器使用一段时间后，其性能保持不变化的能力称为稳定性。影响传感器长期稳定性的因素除传感器本身结构外，主要是传感器的使用环境。因此，要使传感器具有良好的稳定性，传感器必须有较强的环境适应能力。

在选择传感器之前，应对其使用环境进行调查，并根据具体的使用环境选择合适的传感器，或采取适当的措施，减小环境的影响。传感器的稳定性有定量指标，在超过使用期后，在使用前应重新进行标定，以确定传感器的性能是否发生变化。在某些要求传感器能长期使用而又不能轻易更换或标定的场合，所选用的传感器稳定性要求更严格，要能够经受住长时间的考验。

6. 精度

精度是传感器的一个重要的性能指标，是关系到整个测量系统测量精度的一个重要环节。传感器的精度越高，其价格越昂贵，因此，传感器的精度只要满足整个测量系统的精度要求就可以，不必选用过高，可以在满足同一测量目的的诸多传感器中选择比较便宜和简单的传感器。

如果测量目的是定性分析的，选用重复精度高的传感器即可，不宜选用绝对量值精度高的；如果是为了定量分析，必须获得精确的测量值，则需选用精度等级能满足要求的传感器。

习　题

1. 填空题

(1)(　　)的基本工作原理是基于压阻效应。

A. 金属应变片　B. 半导体应变片　C. 压敏电阻　D. 光敏电阻

(2)金属电阻应变片的电阻相对变化主要是由于电阻丝的(　　)变化产生的。

A. 尺寸　B. 电阻率　C. 形状　D. 材质

(3)光敏元件中(　　)是直接输出电压的。

A. 光敏电阻　B. 光电池　C. 光敏晶体管　D. 光导纤维

(4)压电式传感器是个高内阻传感器，因此要求前置放大器的输入阻抗(　　)。

A. 很低　B. 很高　C. 较低　D. 较高

(5)光敏电阻受到光照射时，其阻值随光通量的增大而(　　)。

A. 变大　B. 不变　C. 变为零　D. 变小

(6)超声波传感器是实现(　　)转换的装置。

A. 声电　　B. 声光　　C. 声磁　　D. 声压

(7)压电式传感器常用的压电材料有(　　)。

A. 石英晶体　　B. 金属　　C. 半导体　　D. 钛酸钡

2. 差动变压器属于哪一类传感器,其工作原理和输出特性是什么?

3. 5 个长、宽各为 25 mm 的金属极板如图示排列。极间距离为 0.25 mm,介质为空气,作为位移传感器,试求其灵敏度(pF/mm)。

4. 一压电加速度传感器的灵敏度为 25 pC/g,把它和一台灵敏度调到 0.5 mV/pC 的电荷放大器连接,电荷放大器输出接到灵敏度已调到 0.5 V/格的记忆示波器。使用该测试系统测得一次冲击波形如图所示,试求出冲击的峰值加速度值。

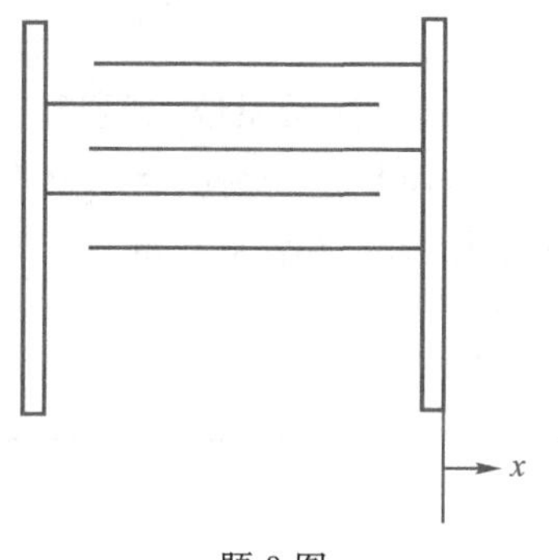

题 3 图

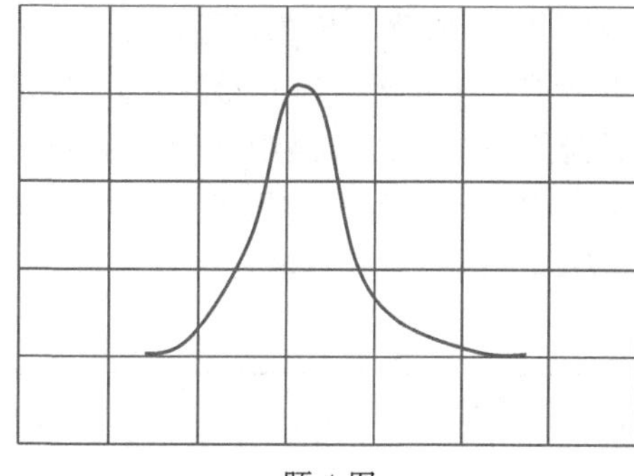

题 4 图

第5章　信号调理与记录

被测物理量经过传感器变换后，转换为电阻、电容、电压、电感、电荷或电流等信号。但由于传感器输出的信号在信号的种类、强度等方面不能直接用于仪表显示、传输、数据处理和在线控制。因此，必须对传感器输出信号进行调理。

记录装置是用来记录各种信号变化规律所必需的设备，是电测量系统的最后一个环节。由于在传感器和信号调理电路中已经把被测量转换为电量，而且进行变换和处理使电量适合于显示和记录，因此，各种常用的灵敏度较高的电工仪表都可以作为测量显示和记录仪表，如电压表、电流表、示波器等。

5.1　电　桥

电桥的作用是将传感器输出的电路或磁路变化参数（电流、电感、电容等）转变为电桥输出的电压的变化。电桥按其激励电源类型可分为直流电桥和交流电桥两种，直流电桥只能用于测量电阻的变化，而交流电桥可以测量电阻、电容及电感的变化。由于桥式电路简单，具有较高的精度和灵敏度，因此，在测量装置中被广泛应用。

5.1.1　直流电桥

图5-1是直流电桥的基本形式。电阻R_1、R_2、R_3、R_4作为四个桥臂，a、c两端接入直流电源U_i，b、d两端输出电压U_o。

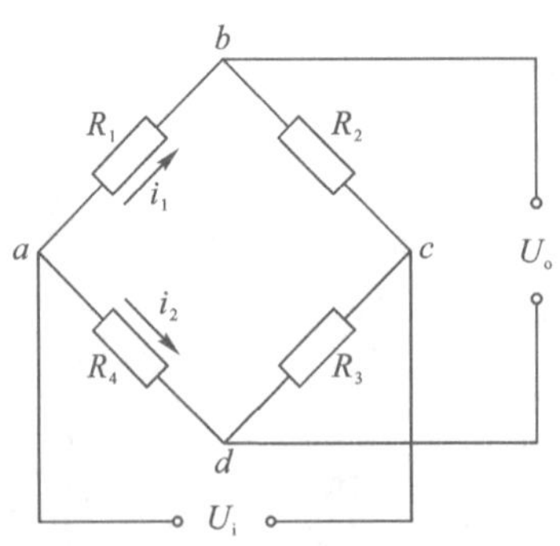

图5-1　直流电桥的基本形式

1. 平衡条件

当电桥输出端接入阻抗较大的仪表或放大器时，即负载无穷大，则可认为输出电流为

零。电桥输出电压为

$$U_o = \frac{R_1R_3 - R_2R_4}{(R_1 + R_2)(R_3 + R_4)}U_i \quad (5-1)$$

根据公式(5-1)可知，当

$$R_1R_3 - R_2R_4 = 0 \quad (5-2)$$

时，电桥输出为零。式(5-2)称为电桥的平衡条件。

2. 测量连接方式

在测试过程中，根据桥臂电阻值的变化情况，电桥有半桥单臂、半桥双臂和全桥三种连接方式，如图 5-2 所示。

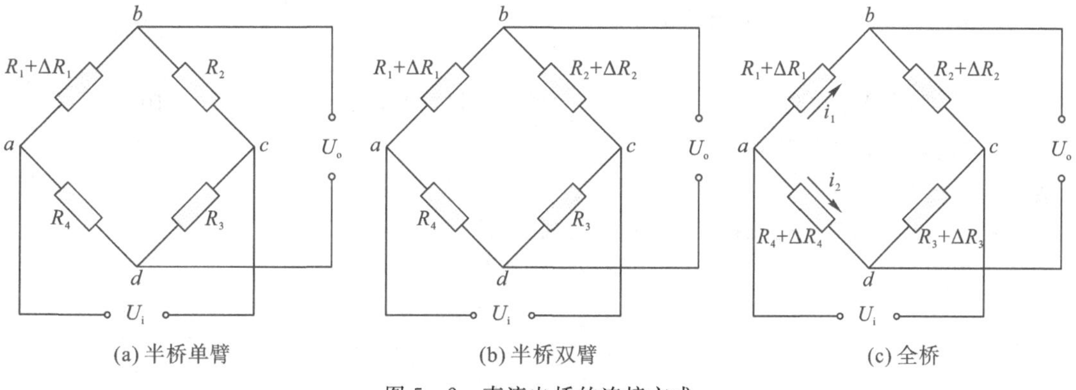

(a) 半桥单臂　(b) 半桥双臂　(c) 全桥

图 5-2　直流电桥的连接方式

对于半桥单臂连接方式，只有一个桥臂的电阻值随被测量变化，当 $R_1 \rightarrow R_1 + \Delta R_1$ 时，电桥的输出电压为

$$U_o = \left(\frac{R_1 + \Delta R_1}{R_1 + \Delta R_1 + R_2} - \frac{R_4}{R_3 + R_4}\right)U_i \quad (5-3)$$

实际使用中，为了简化桥路设计，提高电桥灵敏度，往往取相邻两桥臂电阻值相等，即 $R_1 = R_2 = R_0$，$R_3 = R_4 = R_0'$。对于等臂电桥，即 $R_1 = R_2 = R_3 = R_4 = R_0$，输出电压为

$$U_o = \frac{\Delta R_0}{4R_0 + 2\Delta R_0}U_i \quad (5-4)$$

因为桥臂阻值的变化值远小于其电阻值，所以

$$U_o \approx \frac{\Delta R_0}{4R_0}U_i \quad (5-5)$$

对于半桥双臂接法，有两个桥臂(一般为相邻桥臂)电阻值随被测量变化，当 $R_1 = R_2 = R_3 = R_4 = R_0$，且 $\Delta R_1 = \Delta R_2 = \Delta R_0$ 时，电桥输出电压为

$$U_o \approx \frac{\Delta R_0}{2R_0}U_i \quad (5-6)$$

对于全桥接法，有四个桥臂电阻值均随被测量变化，当 $R_1 = R_2 = R_3 = R_4 = R_0$，且 $\Delta R_1 = \Delta R_2 = \Delta R_3 = \Delta R_4 = \Delta R_0$ 时，电桥输出电压为

$$U_o \approx \frac{\Delta R_0}{R_0}U_i \quad (5-7)$$

由上可见，输出电压与输入电压、阻值的相对变化量成正比。不同的接法，其输出电压也不一样，其中全桥接法可以获得最大输出电压，是半桥单臂接法的4倍。

直流电桥的优点：比较容易获得高稳定的直流电源；电桥输出是直流，可用直流仪表测量；对传感器至测量仪表的连接导线要求较低；电桥的平衡电路简单。其缺点是直流放大器较复杂，易受零漂和接地电位的影响。

5.1.2 交流电桥

直流电桥的桥臂只能是电阻，交流电桥的桥臂是电感、电容或电阻。如果以复阻抗代替直流电桥的电阻，则直流电桥的平衡关系式仍旧成立。

由图5-3可以导出交流电桥的平衡条件为

$$Z_1 Z_3 = Z_2 Z_4 \tag{5-8}$$

式中，Z_i 为各桥臂复数阻抗；$z_i = Z_i e^{j\varphi_1}$，而z_i为复数阻抗的模，φ_i 为复数阻抗的阻抗角，$i=1$，2，3，4。代入式(5-8)，则有

$$Z_1 Z_3 e^{j(\varphi_1+\varphi_3)} = Z_2 Z_4 e^{j(\varphi_2+\varphi_4)} \tag{5-9}$$

上式成立的条件是两边阻抗模相等，阻抗角相等，即

$$\left.\begin{aligned} Z_1 Z_3 &= Z_2 Z_4 \\ \varphi_1 + \varphi_3 &= \varphi_2 + \varphi_4 \end{aligned}\right\} \tag{5-10}$$

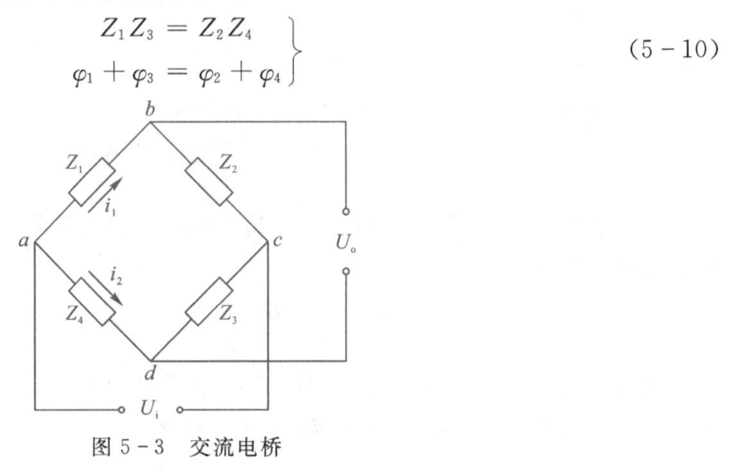

图5-3　交流电桥

由上述可知，交流电桥必须满足两个条件才能平衡，即相对两桥臂的阻抗模之积相等，阻抗角之和相等。交流电桥的优点：电流输出为交流信号，外界干扰不易从线路中引入；放大电路简单；有一定频宽的频率响应。交流电桥要求供桥电源有良好的电压波形与频率稳定性。

5.2 调制与解调

当测试信号多为低频缓变信号或直流信号，而且信号又很微弱时，无法直接推动表头输出，故需要放大信号。低频缓变信号、直流信号使用直流放大器放大，由于直流放大器采用直接耦合，存在严重的漂移问题。为此，可采用调制手段，将直流或缓变信号首先变为交流信号，进行交流放大以后，再用解调的方法还原其本来面目。

调制是用低频缓变信号控制或改变高频振荡信号的某个参数(幅值、相位或频率)的过程。当被改变的量是高频振荡信号的幅值时,称作调幅(AM);当被改变的量是高频振荡信号的频率或相位时,则称作调频(FM)或调相(PM)。测试技术中常用的是调幅和调频。一般将控制或改变高频振荡信号的低频缓变信号称为调制信号,载送低频缓变信号的高频振荡信号称为载波,经过调制的高频振荡信号称为调制波(或已调波),根据调制的分类,有调幅波、调频波、调相波。

解调则是对已调波进行处理,以恢复原低频缓变信号的大小和极性。

5.2.1　幅值调制与解调

调幅是用调制信号 $x(t)$ 和载波 $\cos 2\pi f_0 t$ 相乘,使载波的幅值随调制信号的变化而改变。调幅后的信号经交流放大还需解调。解调原理的框图如图 5-4 所示,这里采用的是“同步”解调,所谓“同步”即解调时所乘的信号与调幅时所用的载波信号同频同相,即也为 $\cos 2\pi f_0 t$。故解调后的信号为

$$x(t)\cos 2\pi f_0 t \cos 2\pi f_0 t = \frac{1}{2}x(t) + \frac{1}{2}x(t)\cos 4\pi f_0 t \qquad (5-11)$$

由式(5-11)可知,用低通滤波器将频率为 $2f_0$ 的高频信号滤去,即可得 $x(t)/2$。

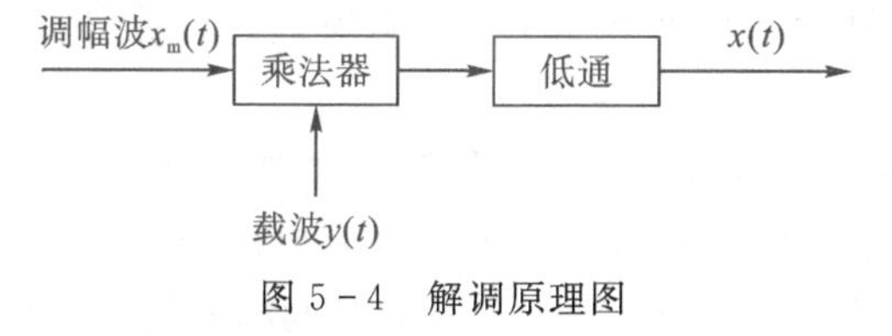

图 5-4　解调原理图

1. 电桥调幅

调幅装置实际上是一个乘法器。等臂交流电桥输出为

$$u_x = Ax(t)u(t) \qquad (5-12)$$

式中,A 表示与组桥方式有关的系数,半桥单臂时为 1/4,半桥双臂时为 1/2,全桥时为 1;$x(t)$是随时间而变化的被测量 $x(t)=\Delta R/R$,当被测量变化引起应变的变化时,即引起电阻的相对变化;$u(t)$表示供桥电源电压,相当于载波。

假设供桥电源为正弦交流电压 $u(t)=u\sin\omega t$,则电桥输出为 $u_x(t)=Ax(t)u\sin\omega t$。$Ax(t)u$ 为调幅波的振幅。将调幅波 $u_x(t)$和载波 $u(t)$比较,当 $x(t)$为常数时,只有幅值的变化而没有频率和相位的变化。

假如调制信号 $x(t)$也是一个正弦变化量,$x(t)=x_0\sin\omega_0 t$,则电桥的输出电压信号为 $u_x(t)=Ax_0u_0\sin\omega_0 t$,如图 5-5 所示。

从图中可以看出调幅波的特点:①当 $x(t)>0$ 时,$u_x(t)$与 $u(t)$极性相同,即调幅波和载波同频同相;而调幅波幅值的大小与 $x(t)$的大小有关。②当 $x(t)<0$ 时,$u_x(t)$与 $u(t)$极性相反,即调幅波和载波同频反相;而调幅波幅值的大小仍与 $x(t)$的大小有关。③调幅波是一种高频信号,但其包络线和调制信号相似,其幅值受 $x(t)$变化的影响。载波的频率越高,即波形越密,则近似程度越好。

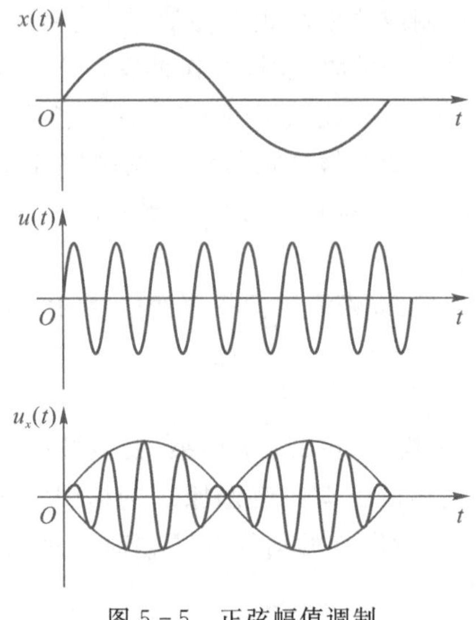

图 5-5　正弦幅值调制

2. 整流检波和相敏检波

解调就是恢复原调制信号的大小和极性，实现该过程常用的方法是整流检波和相敏检波。

(1)整流检波。整流检波解调方法的信号流程如图 5-6 所示，被测信号即调制信号(a)在进行幅值调制前，预加一直流偏置，使其不再具有双向极性(b)，这点很重要，若此处直流偏压加得不足够大，使调制信号不在零线的一侧，其调幅波就会变形；那么，再经过整流检波就无法恢复原调制信号了。之后再与高频载波相乘得到调幅波(c)，此波形再经过放大即可进行解调，在解调时只需对调幅波作整流检波(d)，再滤除高频分量(e)，最后再将所加直流偏压去掉，即可恢复原调制信号(f)。

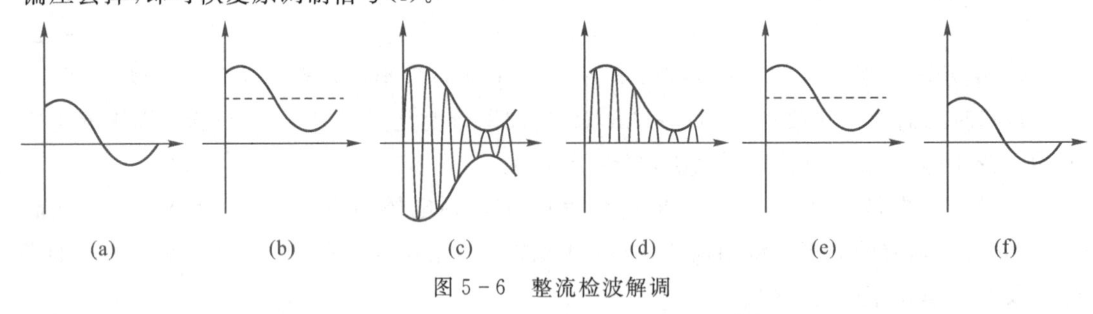

图 5-6　整流检波解调

(2)相敏检波。相敏检波区别于整流检波的唯一特征是其能够在不加直流偏置的条件鉴别被测信号的极性，即相敏检波器的输出不仅能反映被测信号 $x(t)$ 的大小，而且能反映被测信号 $x(t)$ 的变化方向。为了使相敏检波器正常工作，其参考电压与测量信号电压应满足下列三个条件：一是频率必须严格相同；二是参考电压是测量信号电压的五倍以上，即二极管的导通与截止由参考电压决定；三是相位最好是同相或反相，这一点若不能遵守，相敏检波器仍能工作，但灵敏度下降。

根据对电桥调幅的分析，当被测信号(调制信号)$x(t)>0$ 时，调幅波 $u_x(t)$ 与载波 $u(t)$

相位相同；而在调制信号 $x(t)<0$ 时，调幅波和载波反相，电桥输出相位的变化情况，反映了被测信号的符号的变化情况，相敏检波器就是利用调幅波和载波这种同相、反相关系来鉴别调制信号的正负极性的。

相敏检波器输出电压波形如图 5－7 所示。由图可看出，相敏检波器的输出电压的幅值完全取决于调幅波的大小，相敏检波器输出电压的极性取决于其参考电压与调幅波二者是同相还是反相，从波形图可看出，解调后的时域波形的包络线是忠实于原调制信号的。相敏检波器输出电压波形只要经过一个低通滤波器滤掉其高频分量，即可获得原调制信号。由此可见，相敏检波器具有鉴别相位的能力，既可检出原调制信号的大小，又可检出其极性。

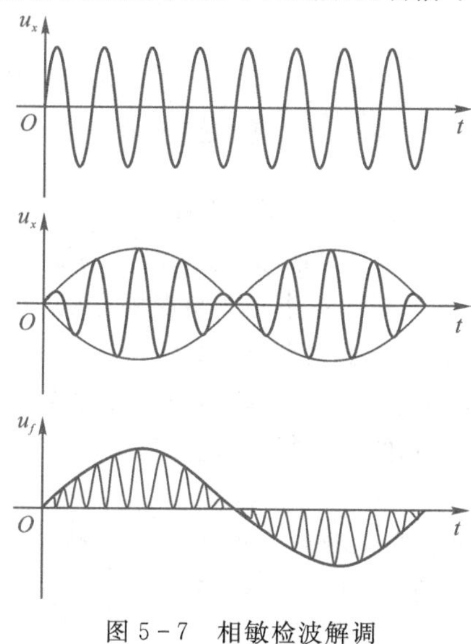

图 5－7　相敏检波解调

5.2.2　频率调制与解调

调频是用低频调制信号去改变高频载波的频率的过程。在调频过程中载波的幅度保持不变，仅使载波频率随调制信号的幅度成正比改变。图 5－8 所示为调频信号的波形。由图可见，调制信号[见图 5－8(a)]幅值增加时，调频波[见图 5－8(b)]的频率增加；而当调制信号幅值下降时，调频波的频率降低。

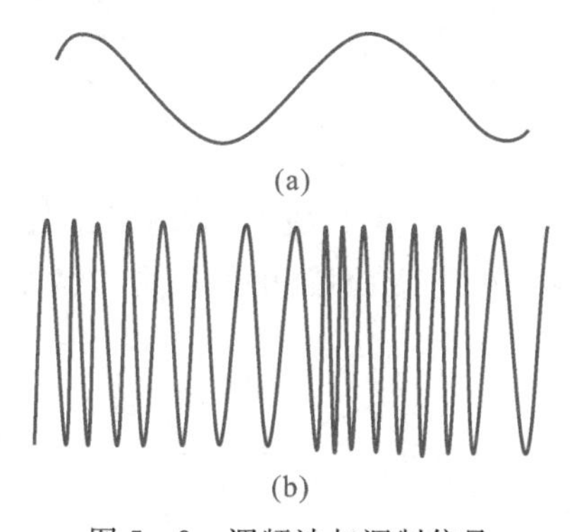

图 5－8　调频波与调制信号

1. 调频测量系统的组成与原理

调幅测量系统的优点是结构比较简单，易于同电阻应变仪变换器相配，缺点是抗干扰性能比较差，要获得小的非线性失真和优越的频率特性则使电路变复杂。与此相比，调频测量系统的抗干扰能力较强，且易于同电容、电感式传感器相配。由于一般的噪声干扰都是直接影响信号的幅度，而调频对于幅度的变化不敏感，故调频系统的信噪比将比调幅系统大为改善，但其成本较调幅系统高，图 5-9 所示为调频测量系统原理方框图。

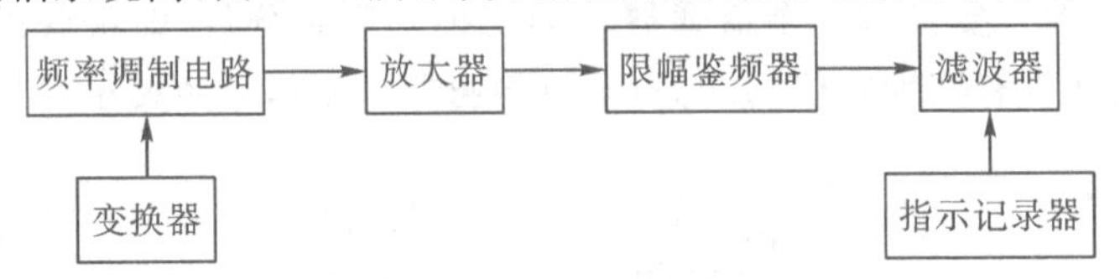

图 5-9　调频测量系统原理图

调频测量系统的主要组成部分有频率调制电路、放大器、限幅、鉴频器和滤波器等，其核心是频率调制电路和鉴频器，其频率调制电路为一种振荡器，其产生一定中心频率的载波，随着变换器被测信号的变化，载波频率在中心频率两侧产生与控制信号成比例的频偏，从而将被测信号转换为频率的变化，实现了频率调制。

调频比调幅主要的优越性是它抗干扰的能力较强。因为噪声干扰会直接影响信号的幅度，而调频对于施加振幅变化影响的噪声却不敏感，所以调频系统的信噪比要比调幅系统大为改善。

鉴频器完成调频波的解调任务。鉴频后的输出信号经滤波器滤掉高频成分后，还原为所要的被测信号，由指示表、记录器予以显示和记录。

2. 频率调制器

图 5-10 是基本的 LC 振荡电路，该电路的谐振频率是

$$f=\frac{1}{2\pi\sqrt{LC}} \tag{5-13}$$

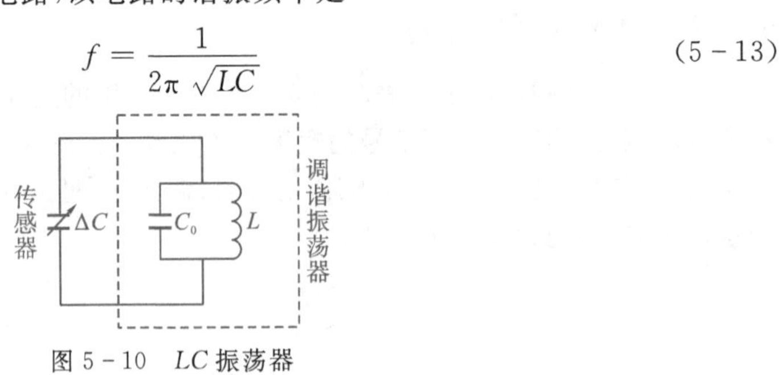

图 5-10　*LC* 振荡器

式(5-13)只要改变其中某一自变量 L 或 C，振荡回路的振荡频率就发生变化，即实现了调频的功能。例如回路中的电感不变，回路中的电容作微小的变化 $\mathrm{d}C$，则谐振频率的绝对变化量 $\mathrm{d}f$ 为

$$\mathrm{d}f=-\frac{1}{2}f\frac{\mathrm{d}C}{C} \tag{5-14}$$

频率变化率为

$$\frac{\mathrm{d}f}{f}=-\frac{1}{2}\frac{\mathrm{d}C}{C} \tag{5-15}$$

可近似为

$$\frac{\Delta f}{f}\approx-\frac{1}{2}\frac{\Delta C}{C} \tag{5-16}$$

同理，若设回路中电容不变，电感作微小变化时，则有

$$\frac{\Delta f}{f}\approx-\frac{1}{2}\frac{\Delta L}{L} \tag{5-17}$$

式(5-16)和式(5-17)给出了振荡频率的变化量 Δf 与回路电容或电感变化量 ΔC、ΔL 的关系，式中的负号表示当电容或电感增加时频率下降。

3. 鉴频

(1)限幅。在调频系统中，由于内外部噪声干扰的影响，调频波的振幅会发生变化；同时，在调频部分中，振荡幅度也与频率有关，因此在调频的同时，也会伴随着信号的幅度调制，这称为寄生调幅。调频波的这些幅值的变化必须在进入鉴频器前予以消除，否则它们将在鉴频器中有所反映。为此在鉴频器前都采用限幅器，以消除干扰信号对调频波的影响以及抑制消除系统固有的寄生调幅的影响。

在调频信号中，所需传送的被测信号是反映在高频载波变化上，因此，可以采用限幅，把超过限幅电平的外来噪声干扰及固有寄生调幅抑制掉，得到等幅的调频波。而其瞬时频率随时间的变化规律，在限幅前后没有改变，所以经鉴频器后，便可获得消除了干扰的良好的被测信号。

(2)鉴频器。频率调制后的解调电路称为鉴频器。鉴频器是用来将频率的变化变换成电压的变化，把被测信号从调频波中检出来。

图 5-11 就是频率-电压变换的例子。电路由两部分组成，左半部分是频率-电压线性变换部分，其作用是把调频波变换成调频调幅波，该处采用失谐的谐振回路作调制变换器；右半部分是幅值检波部分，用其从调频调幅波中检出被调制信号来。

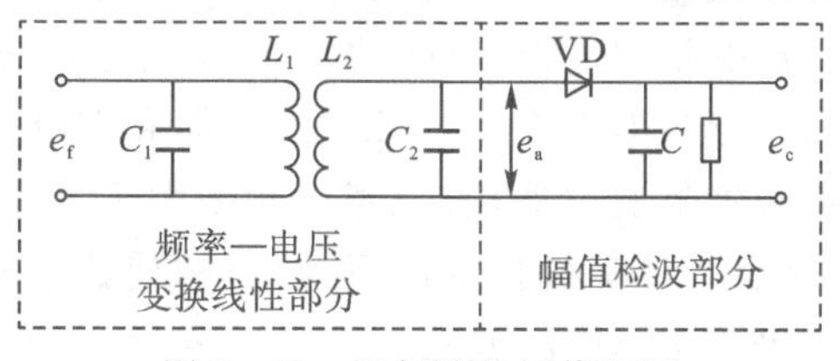

图 5-11　调频波的幅值解调

图 5-12 为鉴频过程原理图，其鉴频功能关键是利用谐振回路的电压-频率谐振特性，这一特性曲线如图 5-12 所示。瞬时频率随时间变化的调频波输入谐振回路，让它工作在特性曲线近似直线段的一侧，将调频时的载波频率 f_0 设置在直线工件段的中点附近，当有频偏 Δf 时就在 f_0 附近工作。该谐振回路对不同频率信号输出电压不同，频率在 $f_1\sim f_2$ 范围内变化，输出电压 u_0 将在 $u_1\sim u_2$ 范围内变化，于是等幅调频波转换成如图 5-12 所示的调频调幅波；调频调幅波经幅值检波器 VD 和电容 C 滤波后，便在输出端获得 u_a 的包络线，即所需原被调制信号 $x(t)$。因此 f_0 的选择很重要，一定要选得合适，要使频率的变化在线

性范围内。

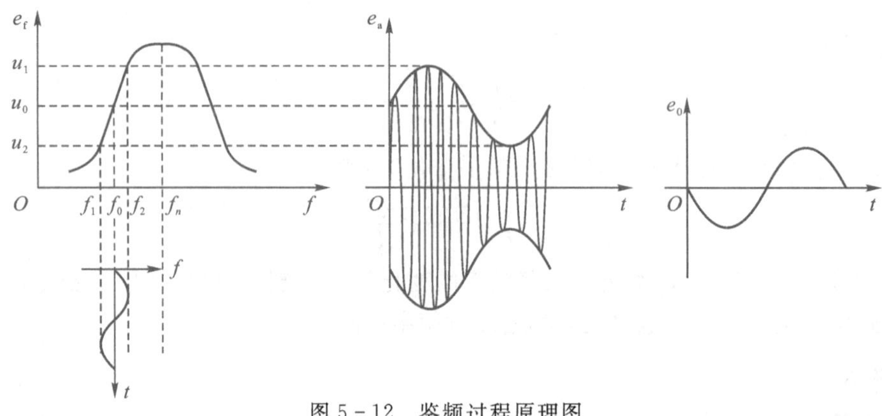

图 5-12　鉴频过程原理图

该鉴频器的主要优点是电路简单。但这种鉴频器由于谐振曲线的非直线性，将形成频率-电压变换的非线性失真，因此这种鉴频器只用于频偏不大、非线性失真要求不高的调频系统中。

5.3　滤　波

滤波器是一种选频装置，它只允许一定频带范围的信号通过，抑制或极大地衰减其他频率成分的信号。滤波器的作用是提取有用信号，滤去无用信号；还可在特定的条件下，实现某种运算。滤波器的这种筛选功能在测试中可以消除噪声和干扰信号，在自动检测、自动控制、信号处理等领域中得到广泛应用。

5.3.1　滤波器的类型

根据不同的分类方法，滤波器可分为多种类型。按处理信号的性质分为模拟滤波器和数字滤波器两大类；按滤波器电路中是否带有有源器件来划分，则分为无源滤波器与有源滤波器两种；按组成滤波器元件分为 RC 滤波器、LC 滤波器和 RLC 滤波器；按滤波器的选频作用，分为低通、高通、带通和带阻滤波器，若只考虑频率大于零的频谱成分，则这四种滤波器的幅频特性如图 5-13 所示。计算机技术的迅速发展，使数字滤波器也有了很大发展和应用，但其基本原理出发点仍基于模拟滤波器。

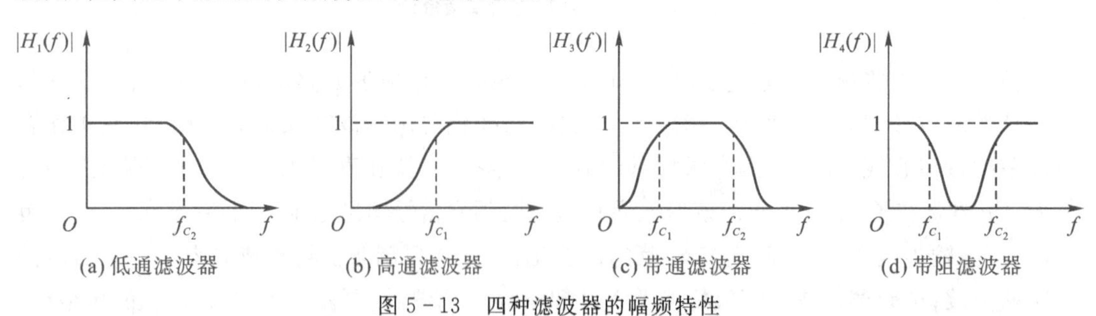

图 5-13　四种滤波器的幅频特性

(1)低通滤波器:只允许 $0\sim f_{C_2}$ 间的频率成分通过,而大于 f_{C_2} 的频率成分衰减为零。

(2)高通滤波器:与低通滤波器相反,只允许大于 f_{C_1} 的频率成分通过,而低于 f_{C_1} 的频率成分衰减为零。

(3)带通滤波器:只允许 $f_{C_1}\sim f_{C_2}$ 范围内的频率成分通过,而其他频率成分衰减为零。

(4)带阻滤波器:与带通滤波器相反,将 $f_{C_1}\sim f_{C_2}$ 范围内的频率成分衰减为零,而其他频率成分则可通过。

在测试系统中,常用 RC 滤波器,其电路简单,抗干扰能力强,具有较好的低频特性,基本特性见表 5－1 所示。

表 5－1　RC 滤波器的基本特性

类型	RC 低通滤波器	RC 高通滤波器	RC 带通滤波器
电路图	u_i R C u_o	u_i C R u_o	u_i R_1 C_1 R_2 C_2 u_o
工作频率	$f\leqslant\dfrac{1}{2\pi RC}$	$f\geqslant\dfrac{1}{2\pi RC}$	$\dfrac{1}{2\pi R_1C_1}\leqslant f\leqslant\dfrac{1}{2\pi R_2C_2}$
特点	输出与输入的积分成正比,起积分器的作用	输出与输入的微分成正比,起积分器的作用	由低通滤波器和高通滤波器串联组成

5.3.2　实际滤波器主要特征参数

根据线性系统的不失真测试条件,理想测试系统的频率响应函数是

$$H(f)=A_0\mathrm{e}^{-\mathrm{j}2\pi ft_0} \tag{5－18}$$

式中,A_0、t_0 为常数。

因此,滤波器的频率响应函数应满足下列条件

$$H(f)=\begin{cases}A_0\mathrm{e}^{-\mathrm{j}2\pi ft_0} & |f|<f_c\\ 0 & 其他\end{cases} \tag{5－19}$$

这是一种理想状态,满足这一条件的滤波器称为理想滤波器,其幅频特性曲线如图 5－14 中虚线所示。特征参数为截止频率,在截止频率之间的幅频值为常数 A_0,截止频率之外的幅频值为零。实际滤波器的特征参数没有这么简单,其特性曲线没有明显的转折点,通带中的幅频特性也非常数,如图 5－14 中实线所示。

实际滤波器的主要特征参数如下。

1. 截止频率

定义幅频特性值等于 $A_0/\sqrt{2}$ 所对应的频率称为滤波器的截止频率。f_{C_1} 称为下截止频率,f_{C_2} 称为上截止频率。f_{C_1}、f_{C_2} 所对应的幅值 $A(f_{C_1})$、$A(f_{C_2})$ 与 A_0 有如下关系

$$20\lg\frac{A(f_{C_1})}{A_0}=20\lg\frac{A(f_{C_2})}{A_0}=-3\ \mathrm{dB} \tag{5－20}$$

因此,截止频率又称为－3 dB 频率。

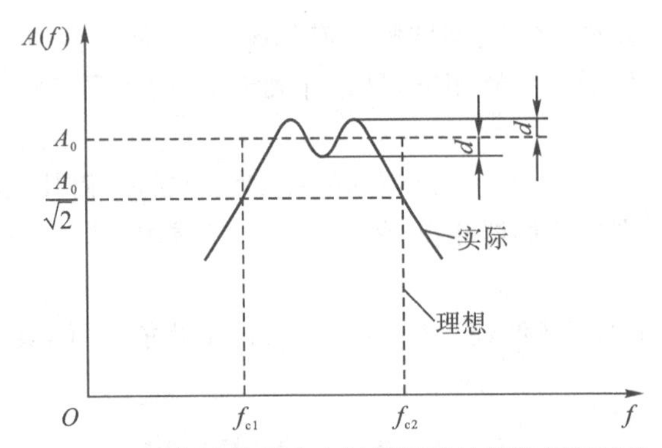

图 5-14　理想滤波器和实际带通滤波器的幅频特性

2. 带宽 B

通频带的宽度称为带宽，是指滤波器的工作频率范围。带宽决定滤波器分离信号中相邻频率成分的能力，即频率分辨力。

3. 品质因数 Q

定义中心频率 f_n 和带宽 B 之比为滤波器的品质因数 Q，即

$$Q=\frac{f_n}{B} \tag{5-21}$$

其中心频率定义为上下截止频率的平方根，即 $f_n=\sqrt{f_{C_1}f_{C_2}}$。品质因数可以定量地表征滤波器的选频性能。

4. 纹波幅度 d

实际滤波器在通频带内可能出现纹波变化，其波动幅度 d 与幅频特性的稳定值 A_0 相比，越小越好，一般 $d\leqslant A/\sqrt{2}$。

5. 倍频程

若两频率 f_a 与 f_b 满足 $f_b=2f_a$，则 f_a 与 f_b 之间的频率范围为一倍频程。若满足 $f_b=2^n f_a$，称为 n 倍频程。

6. 倍频程选择性

从阻带到通带，实际滤波器还有一个过渡带，其幅频特性曲线的倾斜程度表明了幅频特性衰减的快慢，它决定了滤波器对带宽外频率成分衰减的能力。通常用倍频程选择性来表征。所谓倍频程选择性，是指在上截止频率 f_{C_2} 与 $2f_{C_2}$ 之间，或截止频率 f_{C_1} 与 $f_{C_1}/2$ 之间幅频特性的衰减值，即频率变化一个倍频程的衰减量，以 dB 表示。显然，衰减越快，滤波器选择性越好。

7. 滤波器因素 λ

滤波器选择性的另一种表示方法，是用滤波器幅频特性的 -60 dB 带宽与 -3 dB 带宽的比值表示，即

$$\lambda=\frac{B_{-60\mathrm{dB}}}{B_{-3\mathrm{dB}}} \tag{5-22}$$

理想滤波器 λ=1，一般要求 1<λ<5。

5.4　放大器

传感器输出的微弱电压、电流或电荷信号，其幅值或功率不足以进行后续的信号转换处理，或驱动指示器、记录器及各种控制机构，需要对其进行放大处理。

由于传感器所处的环境条件及测试要求不同，因此放大电路的形式和性能指标要求也不同。理想放大器应满足下列要求：①不得从信号源吸取能量，不得以任何方式干扰信号源的工作；②应是一个线性系统，具有足够的放大倍数，且与输出无关；③动态性能好，在给定频率范围内，幅频特性是常数；④能带动一定负载，放大器的输出不因接上负载而受到影响。

放大器有一个最大容许输入量和最小容许输入量，两者之比称为放大器的动态范围。当输入量超过最大容许输入量时，放大器无法保持线性装置的特性，将产生高次谐波。当输入量小于最小容许输入量时，输入量太弱，将被电噪声所遮掩，无法分辨。一般测量用放大器的动态范围为 1000 倍(50 dB)左右。测量用的许多放大器都采用负反馈技术，以便改善放大器的某些性能，例如提高放大倍数的稳定性，展宽通频带，改变输入电阻和输出电阻，改善波形失真。

测量装置中广泛使用运算放大器，运算放大器是一种高增益、高输入阻抗和低输出阻抗、用反馈来控制其响应特性的直接耦合的直流放大器，可以实现信号的组合和运算，具有灵活性好、用途多和运算精度高的特点。

基本放大器是反相放大器和同相放大器，许多集成运算放大器的功能电路都是在同相和反相两种放大电路的基础上组合和演变而来的，其功能、特点见表 5-2。随着集成电路技术的发展，集成运算放大器的性能不断完善，完全采用分立元件的信号放大电路已基本被淘汰。目前已开发出各种高质量的单片集成测量放大电路，其外接元件少，使用灵活，能处理几微伏到几伏的电压信号。

表 5-2　基本放大器

类型	反相放大器	同相放大器
电路图	R_1 R_2 U_i U_o	U_i R_1 R_2 U_o
电压增益	$A_{vf}=\dfrac{U_o}{U_i}=-\dfrac{R_2}{R_1}$	$A_{vf}=\dfrac{U_o}{U_i}=1+\dfrac{R_2}{R_1}$
优点	两个输入端电位始终近似为零(同相端接地，反相端虚地)，只有差模信号，抗干扰能力强	输入阻抗和运放的输入阻抗相等，接近无穷大
缺点	输入阻抗很小，等于信号到输入端的串联电阻的阻值	放大电路没有虚地，因此有较大的共模电压，抗干扰能力相对较差，使用时要求运放有较高的共模抑制比，另一个小缺点就是放大倍数只能大于 1

5.5 显示、记录仪器

5.5.1 信号的显示

信号的显示与记录装置是测试系统中一个必备的设备。在常见的测试装置中，被测信号经过变换、传输、放大、运算等处理后，以电信号的形式输出，显示和记录装置的作用就是要尽量不失真地将这个电信号以可视的形式显示出来，或以某种形式记录在一定的介质上。

在信号的显示与记录装置中，有些只具有显示功能，如电工仪表、电子示波器；有些只具有记录功能，如磁带记录仪；有些同时具有显示与记录两种功能，如光线示放器。显示和记录装置，按其显示和记录的量值形式，可分为模拟式和数字式两大类。

1. 模拟式显示装置

模拟式显示装置一般利用指针的角位移或光点的轨迹来反映输入信号的大小和变化，配以刻度，可直接读出输入信号的大小。常用的有各种指针式仪表、电子示波器等。由于人眼的视觉暂留作用，可动部分的质量惯性作用和荧光发光物质的余辉影响，模拟式显示装置主要用于显示被测信号的稳定量值和稳态信号的波形，其读数一般不超过三位有效数字。

2. 数字式显示装置

数字式显示装置以数码的形式显示输入信号某一量值。常用的显示单元有投影显示器、数码管显示器、液晶显示器等。数字式显示装置具有示值直观、有效数位多、分辨率高的特点，用于显示信号的稳定量值。

3. 模拟式记录装置

模拟式记录装置主要用于将输入信号以曲线的形式在各种记录介质上描绘出来。这类装置种类繁多，应用广泛。常见的有笔式记录仪、光线示波器、模拟磁带记录仪、记忆示波器、带照相设备的电子示波器等。模拟式记录装置的特点是可以记录信号的整个变化过程，以便长期保存和进行数据处理。除磁带记录仪外，其他类型的记录装置都以曲线形式记录信号，形象直观，主要用于数据处理量不大、可以手工处理的场合。磁带记录仪以磁的形式记录信号，信号可通过示波器观察，便于和各种数据处理设备连接，特别适用于数据处理量大的场合。

4. 数字式记录装置

随着计算机技术的发展，已有越来越多的数字式记录装置投入使用。随着微型计算机在测试中的大量使用，使得原来计算机专用的内、外存储器都可用来存储信号数据。越来越多的测试仪器采用了微型计算机 CPU 芯片，使得测试仪器本身就可以存储大量数据及实现各种复杂功能。目前，典型的数字记录装置有数据采集器、数字存储示波器、数字磁带记录仪、打印机等。

5.5.2 阴极射线示波

目前以阴极射线管(CRT)为核心器件发展出许多种信号显示和记录系统。阴极射线管是一种真空电子器件，由电子枪、偏转系统和荧光屏等三大部分组成。电子枪发出的聚焦过的电子束，通过水平和垂直偏转板后撞击荧光屏，屏上的荧光材料受电子束撞击发出可见光线，呈现可见光点，受偏转板的作用，电子束在屏上撞击点将产生变动。尽管电子束迅速改变撞击点，但是荧光的余辉效应可以使光点保留一段时间(1 μs～1 s)，形成相对稳定的图形，如图5-16所示。总之，阴极射线管是利用电子束撞击荧光屏，使之呈现光点；通过控制电子束的强度和方向来改变光点的亮度和位置，令其按预定规律变化，而在荧光屏上显示预定的图像。

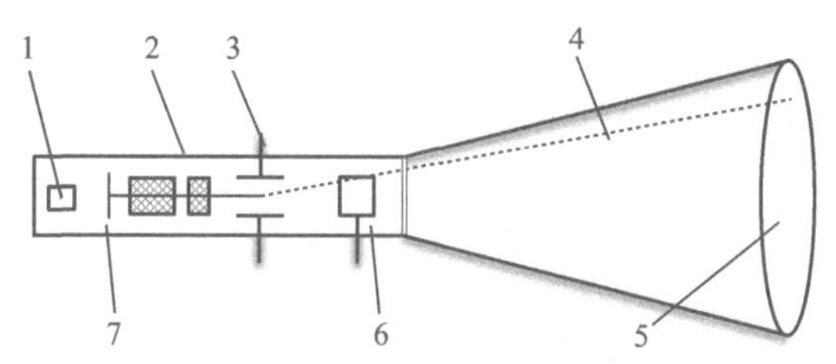

1—阴极；2—阳极；3—垂直偏转板；4—电子束；5—涂磷屏幕；6—水平偏转板；7—调制栅。

图5-16　阴极射线管的示意图

示波器是这类信号显示、记录系统中最常用的一种。它的最常见工作方式是显示输入信号的时间历程，即显示 $x(t)$ 曲线。在此工作方式下，水平偏转板由示波器内装的扫描信号发生器发出的斜坡电压来驱动，控制光点以恒速由左向右扫描，以显示时间的变化。垂直偏转板则与输入信号联接。如果断开水平偏转板和扫描信号发生器的联接，而和垂直偏转板一起，分别和一个输入信号相联，便可实现此两输入信号关系曲线的显示，也就是 X-Y 工作方式。

示波器具有频带宽，动态响应好等优点，适于显示瞬态、高频和低频的各种信号。示波器可有多种功能的扩展，能实现多种灵活的应用，如多线迹、字符、图形等各种显示。

普通示波器可以通过专用照相机对显示的图形拍照。这样做，能充分发挥示波器的优点(频带宽、动态响应好、功能多)，并构成一种显示-记录方式。然而，相机快门和信号同步是困难的，也不易捕捉到感兴趣的信号，故需要有熟练的操作技能。特殊的存储式CRT可长时间存留光屏上的示迹，直到得到抹迹的指令为止。存留持续时间可在几秒至几小时范围内调整。这种显示方式能让观察者从容观察、分析显示图形，选择感兴趣的图形并加以拍照。

习　题

1. 以阻值 $R=120\ \Omega$、灵敏度 $K=2$ 的电阻丝应变片与阻值为 $120\ \Omega$ 的固定电阻组成电桥，供桥电压为3 V，并假定负载电阻为无穷大，当应变片的应变为 $2\ \mu\varepsilon$ 和 $2000\ \mu\varepsilon$ 时，分别求单臂、双臂电桥的输出电压，并比较两种情况下的灵敏度。
2. 调幅波是否可以看成是载波与调制信号的叠加？为什么？
3. 下限频率相同时，倍频程滤波器的中心频率是1/3倍频程滤波器的多少倍？
4. 已知低通滤波器的频率响应函数 $H(\mathrm{j}\omega)=1/(1+\mathrm{j}\omega\tau)$ 其中 $\tau=0.05$ s，当输入信号 $x(t)=$

$0.5\cos(10t)+0.2\cos(100t-45°)$时，求其输出 $y(t)$，并比较 $x(t)$与 $y(t)$的幅值与相位有何区别？

5. 倍频程选择性为－60 dB 的滤波器和倍频程选择性为－40 dB 的滤波器相比，哪一台好？为什么？
6. A/D 转换器是如何工作的？
7. 简述双斜积分式 A/D 转换器的工作原理。并对逐次逼近 A/D 转换器和双斜积分式 A/D 转换器的特点加以比较。
8. 放大器的类型有哪些，各有什么特点？
9. 常用的显示、记录仪器有哪些，各有什么优缺点？

第 6 章　典型物理量测试

本章介绍包装工程中几种最常用的物理量的测试方法。无疑，这些测试对于工业的各个领域是必不可少的。本章在普遍介绍每一物理量各种测试方法的基础上，再详细说明其中最常用的测试方法和装置。

6.1　温度的测量

6.1.1　温度和温标

温度是物体内部分子动能的表现形式。它是物质的一种基本性质，标志着物体内部分子无规律运动的剧烈程度，并可用下式表示

$$E = \frac{3}{2}kT = \frac{1}{2}mv^2 \tag{6-1}$$

式中，E 是分子的平均动能；k 是玻耳兹曼常数；T 是温度；m 是物体的质量；v 是分子的平均速度。从式(6-1)可以看出，物体内部的分子平均动能相应增大或减少，表现为温度的升高或降低。

一般来讲，温度是表征物体冷热程度的物理量，而用数值表示温度高低的标尺则称为温标。作为温度的测试标准，是基于热力学第二定律建立起来的热力学温标。它定义水的三相点的热力学温度为 273.16 K，并将其 1/273.16 规定为热力学温度的单位，以 K 表示。所谓水的三相点的温度就是水的固、液、汽三相处于平衡状态时的温度。热力学温度过去被称为开氏温度或绝对温度。按热力学温标进行温度测试是非常困难的，为此，国际计量委员会通过了国际实用温标(ITS)。它给出摄氏温度和热力学温度的关系：

$$t/℃ = T/\mathrm{K} - 273.16 \tag{6-2}$$

式中，T 为热力学温度，K；t 为摄氏温度，℃。

温标是温度传感器与温度仪表进行分度的依据。常用的温标有经验温标、热力学温标和国际温标等几种。所谓经验温标，就是根据某种物理现象或某物质的物理参数与温度变化的关系，用经验公式进行分度的温标。现在常用的经验温标有华氏温标(℉)和摄氏温标(℃)，两个经验温标值之间相互换算的关系如下：

$$℉ = 32.0 + \frac{9}{5}℃ \tag{6-3}$$

包装材料的性质、内装物的性质都随着温度的变化而变化，因此温度测试对包装工程就显得更为重要。

6.1.2 温度计的种类及测量方法

温度测量方法的分类很多，从测量时传感器中有无电信号可以划分为非电测量和电测量两大类；从测量时传感器与被测对象的接触方式不同可以划分为接触式和非接触式。而每种测量方法中温度测量仪器又有许多种类，如膨胀式温度计、金属热电偶温度计、热电阻温度计、热敏电阻温度计、光学温度计、红外温度计等，如图 6－1 所示。

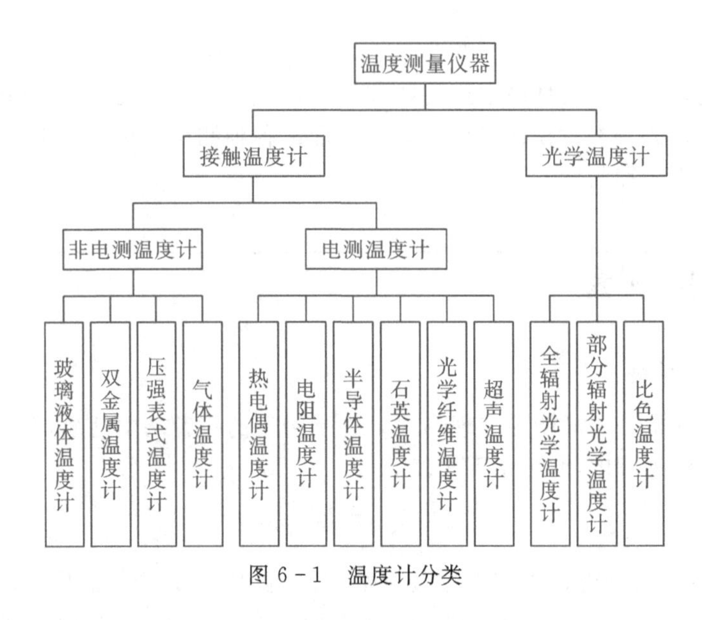

图 6－1　温度计分类

温度测量系统由传感器、温度显示仪表和温度记录仪表组成，或者还将温度信号经变送器转换为统一电信号，如图 6－2 所示。在进行测温时选择哪一种温度测量系统，主要应考虑传感器适用的温度范围、尺寸结构特点、温度响应快慢、传输信号方式等问题。

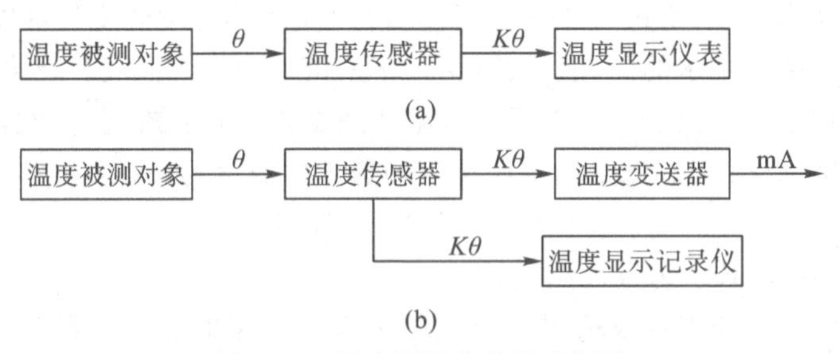

图 6－2　温度测量系统构成框图

常用温度计的种类及特征见表 6－1。选用温度计，首先明确测试的目的，为实现这一目的，对温度计有什么要求。例如，使用温度范围、静态特性、动态特性、使用方便性、成本等，然后选用。

表 6－1　常用温度计的种类及特征

<table>
<tr><th>原理</th><th colspan="2">种类</th><th>使用温度范围/℃</th><th>量值传递的温度范围/℃</th><th>精确度/℃</th><th>响应时间</th></tr>
<tr><td rowspan="3">膨胀</td><td colspan="2">水银温度计</td><td>－50～650</td><td>－50～550</td><td>0.1～2</td><td>中</td></tr>
<tr><td colspan="2">有机液体温度计</td><td>－200～200</td><td>－100～200</td><td>1～4</td><td>中</td></tr>
<tr><td colspan="2">多金属温度计</td><td>－50～500</td><td>－50～500</td><td>0.5～5</td><td>慢</td></tr>
<tr><td rowspan="2">压力</td><td colspan="2">液体压力温度计</td><td>－30～600</td><td>－30～600</td><td>0.5～5</td><td rowspan="2">中</td></tr>
<tr><td colspan="2">蒸汽压力温度计</td><td>－20～350</td><td>－20～350</td><td>0.5～5</td></tr>
<tr><td rowspan="2">电阻</td><td colspan="2">铂电阻温度计</td><td>－260～1000</td><td>－260～630</td><td>0.01～5</td><td>中</td></tr>
<tr><td colspan="2">热敏电阻温度计</td><td>－50～350</td><td>－50～350</td><td>0.3～5</td><td>快</td></tr>
<tr><td rowspan="7">热电动势</td><td rowspan="7">热电温度计</td><td>B</td><td>0～1800</td><td>0～1600</td><td>48</td><td rowspan="7">快</td></tr>
<tr><td>S・R</td><td>0～1600</td><td>0～1300</td><td>1.5～5</td></tr>
<tr><td>N</td><td>0～1300</td><td>0～1200</td><td>2～10</td></tr>
<tr><td>K</td><td>－200～1200</td><td>－180～1000</td><td>2～10</td></tr>
<tr><td>E</td><td>－200～800</td><td>－180～700</td><td>3～5</td></tr>
<tr><td>J</td><td>－200～800</td><td>－180～600</td><td>3～10</td></tr>
<tr><td>T</td><td>－200～350</td><td>－180～300</td><td>2～5</td></tr>
<tr><td rowspan="4">热辐射</td><td colspan="2">光学高温计</td><td>700～3000</td><td>900～2000</td><td>3～10</td><td>—</td></tr>
<tr><td colspan="2">光电高温计</td><td>200～3000</td><td>—</td><td>1～10</td><td>快</td></tr>
<tr><td colspan="2">辐射温度计</td><td>100～3000</td><td>—</td><td>5～20</td><td>中</td></tr>
<tr><td colspan="2">比色温度计</td><td>180～3500</td><td>—</td><td>5～20</td><td>快</td></tr>
</table>

6.1.3　热膨胀式温度计

利用液体或固体热胀冷缩的性质而制成的温度计称为热膨胀式温度计，常用的有水银、双金属、压力温度计等几种类型。

1. 固体膨胀式温度计

典型的固体膨胀式温度计是双金属片，它利用线膨胀系数差别较大的两种金属材料制成双层片状元件，在温度变化时因弯曲变形而使其另一端有明显位移，借此带动指针就构成双金属温度计。

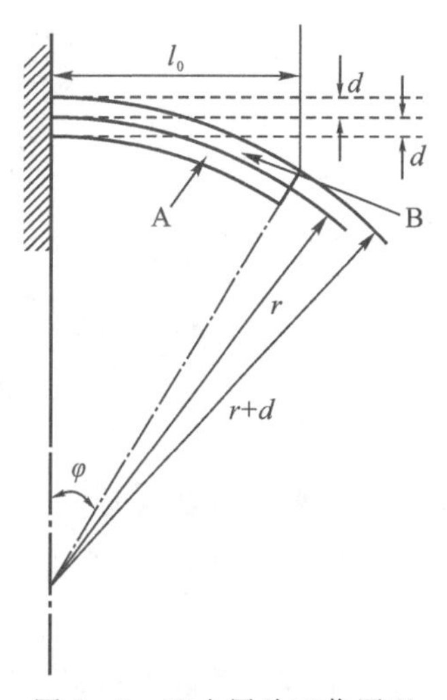

图 6－3　双金属片工作原理

双金属片工作原理如图 6－3 所示。原来长度为 l 的一个固体，由于温度的变化所产生的长度变化可用下式表示：

$$\Delta l = l\alpha\Delta t \qquad (6-4)$$

将两种不同膨胀率、厚度为 d 的带材 A 和 B 黏合在一起，便组成一种双金属带，温度变化时，由于两种材料的膨胀率不同会使双金属带弯曲，则有

$$\frac{r+d}{r}=\frac{\text{带 B 膨胀后的长度}}{\text{带 A 膨胀后的长度}}=\frac{l_0(1+\alpha_B T)}{l_0(1+\alpha_A T)} \tag{6-5}$$

解得

$$r=\frac{d(1+\alpha_A T)}{T(\alpha_B-\alpha_A)} \tag{6-6}$$

如果带材 A 采用铁镍合金，则有 $\alpha_A\approx 0$，$r=\dfrac{d}{\alpha_B T}$。

双金属温度计是一种固体膨胀式温度计，其测温敏感元件由两种热膨胀系数不同的金属箔片组合而成(例如黄铜 $\alpha=22.8\times10^{-6}$，镍钢 $\alpha=1\sim2\times10^{-6}$)，一端固定，另一端自由。当温度变化时，由于两者伸缩不一致而发生弯曲，自由端就产生位移。利用这一原理可制成直线、长螺纹、盘螺纹等形式的温度计，如图 6-4 所示。这种温度计结构紧凑，牢固可靠，在某些情况下还可用以制作自动调节装置的开关元件。

图 6-5 所示为一种预警装置，当温度达到某一极限值时，电路即接通而发出信号。

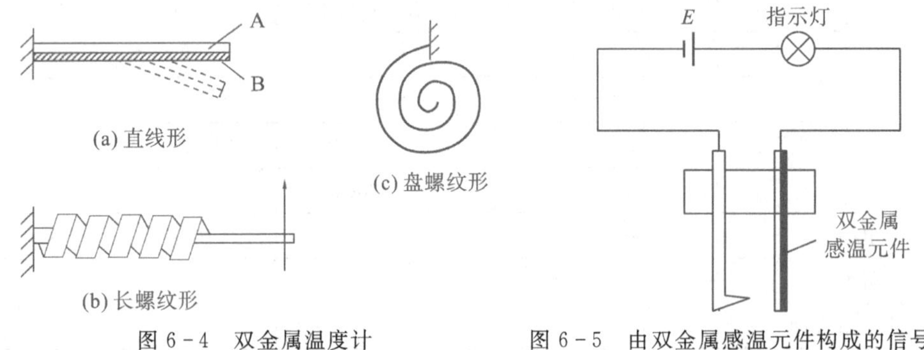

图 6-4　双金属温度计　　　　图 6-5　由双金属感温元件构成的信号装置

双金属温度计结构及实物如图 6-6 所示。

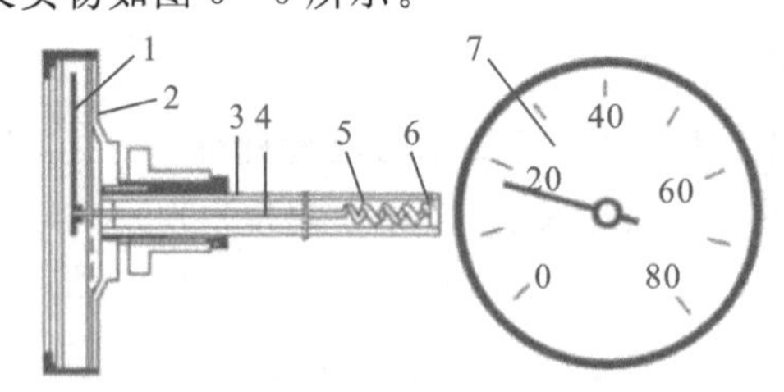

1—指针；2—表壳；3—金属保护管；4—指针轴；5—双金属感温元件；6—固定端；7—刻度盘。

图 6-6　双金属温度计结构及实物

2. 液体膨胀式温度计

一种液体的体积为 V，由于它的温度变化所引起的体积变化可以用下式表示：

$$\Delta V=V\beta\Delta T \tag{6-7}$$

利用液体体积随温度升高而膨胀的原理制成的温度计称为液体膨胀式温度计。最常用的就是玻璃管液体温度计。玻璃管液体温度计液体工质与测温范围如表 6-2，实物如图

6－7 所示。

表 6－2　玻璃管液体温度计液体工质与测温范围

工作液体	温度范围/℃	备注
水银	－30～750	上限依靠充气加压获得
甲苯	－90～100	
乙醇	－100～75	
石油醚	－130～25	
戊烷	－200～20	

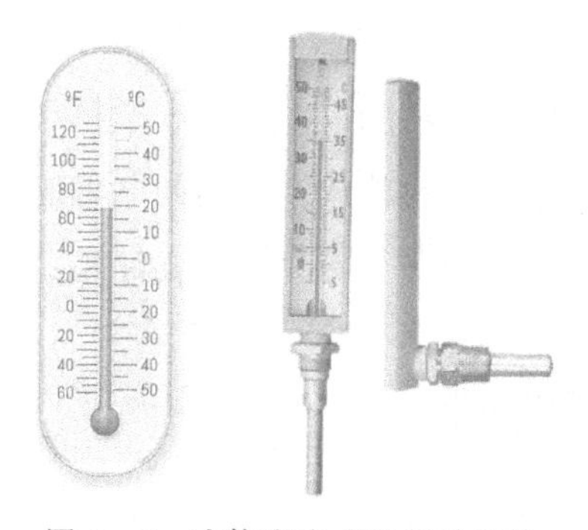

图 6－7　液体膨胀式温度计实物

液体膨胀式温度计根据所充填的工作液体不同，可分为水银温度计和有机液体温度计两类。水银温度计不粘玻璃，不易氧化，容易获得较高精度，在相当大的范围内（－38～356 ℃）保持液态，在 200 ℃以下，其膨胀系数几乎和温度呈线性关系，所以可作为精密的标准温度计。

玻璃管液体温度计具有测量准确、读数直观、结构简单、价格低廉、使用方便等优点，但有易碎、不能远传信号和自动记录等缺点。

玻璃管液体温度计应注意两个问题。

（1）零点漂移：玻璃的热胀冷缩也会引起零点位置的移动，因此使用玻璃管液体温度计时，应定期校验零点位置。

（2）露出液柱的校正：使用时必须严格掌握温度计的插入深度，因为温度刻度是在温度计液柱全部浸入介质中标定的，而使用时液柱可按下式求其修正值：

$$\Delta t = nK(t - t_0) \tag{6-8}$$

式中，n 为露出液柱所占的度数（℃）；K 为工作液体在玻璃中可见的膨胀系数；t 为分度条件下外露部分空气温度（℃）；t_0 为使用条件下外露部分空气温度（℃）。

3. 压力式温度计

压力式温度计是利用液体或蒸气压力使之工作的，如图 6－8 所示。感温筒置于被测介质中，温度升高时，筒内的酒精或水银等受热膨胀，通过毛细管使波登管端部产生角位移，指示出温度值。

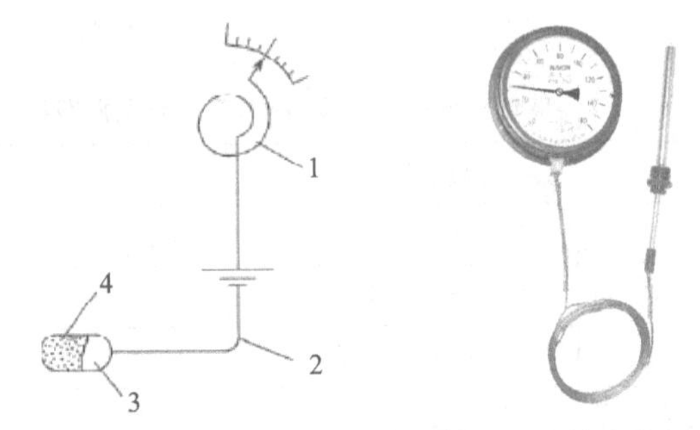

1—波登管;2—毛细管;3—感温筒;4—酒精或水银。

图 6-8　压力式温度计

6.1.4　电阻温度计

电阻温度计的工作原理利用的是导体或半导体的电阻值随温度变化的性质。构成电阻温度计的测温敏感元件有金属丝电阻及热敏电阻。

1. 金属丝热电阻

一般金属导体具有正的电阻温度系数,电阻率随温度上升而增加,在一定温度范围内,电阻与温度的关系为

$$R_t = R_0(1 + at + bt^2 + ct^3) \tag{6-9}$$

式中,R_t 表示温度为 t 时的电阻值;R_0 表示温度为 0 ℃时的电阻值;a、b、c 为常数。

金属丝热电阻材料要求:在测温范围内化学和物理性能稳定;复现性好;电阻温度系数大,以得到高灵敏度;电阻率大,可以得到小体积元件;电阻温度特性尽可能接近线性;价格低廉。常用测温电阻材料有铂、镍、铜等。图 6-9 为铂与镍电阻随温度升高而增加的关系。从图中可知,铂电阻随温度变化的线性很好,测量范围很宽。铂电阻温度计被用作 −259.24～630.74 ℃范围内复现国际实用温标的基准器。铜及镍一般用于低温范围内,铜为 0～180 ℃;镍为 50～300 ℃。

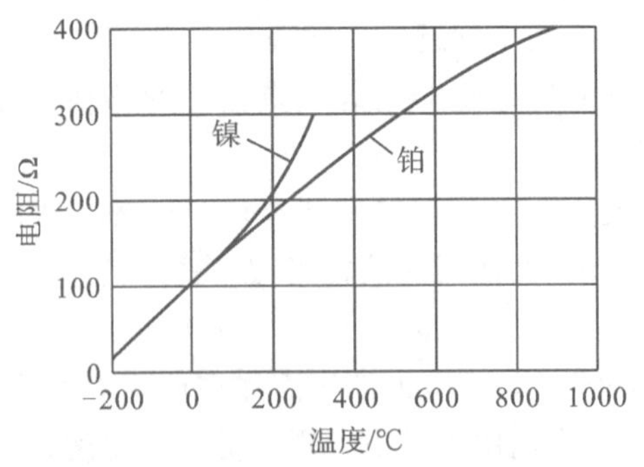

图 6-9　铂、镍电阻与温度的关系

铂热电阻采用高纯度铂丝绕制而成,具有测温精度高、性能稳定、复现性好、抗氧化等优点,因此在基准、实验室和工业中被广泛应用。但其在高温下容易被还原性气氛所污染,使铂丝变脆,改变其电阻温度特性,所以需用套管保护方可使用。铂丝纯度是决定温度计精度

的关键。铂丝纯度越高其稳定性越高、复现性越好、测温精度也越高。

铂丝纯度常用 R_{100}/R_0 表示，R_{100} 和 R_0 分别表示 100 ℃和 0 ℃条件下的电阻值。对于标准铂电阻温度计，规定纯度不小于 1.3925；对于工业用铂电阻温度计纯度为 1.391。标准或实验室用的铂电阻 R_0 为 10 Ω 或 30 Ω 左右。国产工业用铂电阻温度计主要有三种，分别为 Pt50，Pt100，Pt300。

金属丝热电阻温度计特点：①在中、低温范围内其精度高于热电偶温度计。②灵敏度高。当温度升高 1 ℃时，大多数金属材料热电阻的阻值增加 0.4%～0.6%，半导体材料的阻值则降低 3%～6%。③不宜测量点温度和动态温度。

2. 热敏电阻

热敏电阻是由金属氧化物（NiO，MnO_2，CuO，TiO_3 等）的粉末按一定比例混合烧结而成的半导体。与金属丝电阻一样，其电阻值随温度而变化，但热敏电阻具有负的电阻温度系数，即随温度上升而阻值下降。

图 6 - 10 是由热敏电阻构成的半导体点温计的工作原理。热敏电阻 R 和三个固定电阻 R_1、R_2、R_3 组成电桥，R_4 为校准电桥输出的固定电阻，电位器 R_6 可调节电桥的输入电压。当开关 S 处于位置 1 时，调节电位器 R_6 使电表指针指到满刻度，表示电桥处于正确的工作状态。当开关处于位置 2 时，电阻 R_4 被 R_t 代替，其阻值 $R_t \neq R_4$，两者差值为温度的函数，此时电桥输出发生了变化，电表指示出相应读数，表示电阻 R_t 的温度，即所要测量的温度。

NTC 型热敏电阻的电阻温度特性可表示为

$$R_T = R_0 e^{B(1/T - 1/T_0)} \tag{6-10}$$

式中，R_T 表示温度 T(K)时的电阻；R_0 表示温度 T_0(K)时的电阻；B 表示当温度 T_0(K)到某一温度 T(K)时，在这一温度范围内求得的常数，一般称为 B 常数。

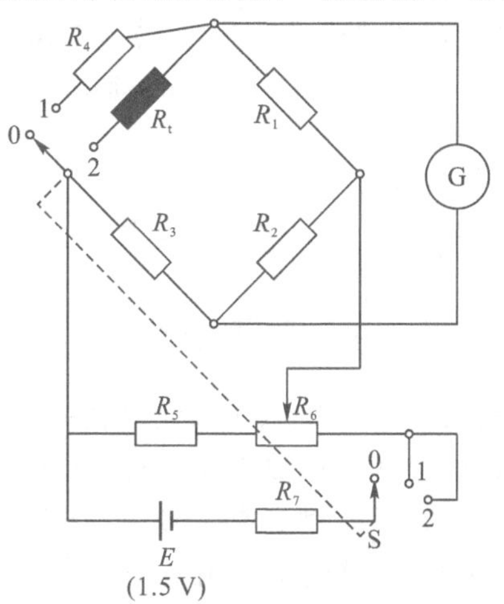

图 6 - 10　半导体点温计工作原理

热敏电阻与金属丝电阻比较，具有下述优点：

(1)由于有较大的电阻温度系数，所以灵敏度很高，目前可测到 0.0005～0.001 ℃微小温度变化。

(2)热敏电阻元件可做成片状、柱状、珠状等,直径可达 0.5 mm,由于体积小,热惯性小,响应速度快,时间常数可以小到毫秒级。

(3)热敏电阻元件的电阻值可达 3 kΩ～700 kΩ,当远距离测量时,导线电阻的影响可不考虑。

(4)在－50～350 ℃温度范围内,具有较好的稳定性。热敏电阻的缺点是非线性严重,老化较快,对环境温度的敏感性大等。热敏电阻制成的元件被广泛用于测量仪器、自动控制、自动检测等装置中。

6.1.5 热电偶温度计

热电偶温度计是利用不同导体间的"热电效应"现象制成的,具有结构简单、制作方便、测量范围宽、应用范围广、准确度高、热惯性小等优点;且能直接输出电信号,便于信号的传输、自动记录和自动控制。

热电偶与显示仪表或控制和调节仪表等配套,构成热电温度计,可直接测量、控制和调节各种生产过程中 0～1800 ℃温度范围内的液体、气体、蒸气等介质及固体表面的温度。具有精度高、测温范围广、远距离和多点测量方便等优点,是接触式温度计中应用最普遍的仪器。

1. 热电偶测温原理

概括而言,各种型号热电偶的测温原理均是利用导体两端温度不同时产生热电势的性质进行工作的,其测温范围较宽,为－269～2800 ℃。由两根不同的金属或合金导线组成的回路中,如果两根导线的接触点具有不同的温度,那么回路中便有电流流过[见图 6－11(a)],这便是热电效应,亦称塞贝克(Seebeck)效应。由此效应所产生的电动势,通常称为热电势。当回路断开时,在其两端可测量到电压差,通常称为热电压 ΔE[见图 6－11(b)]。

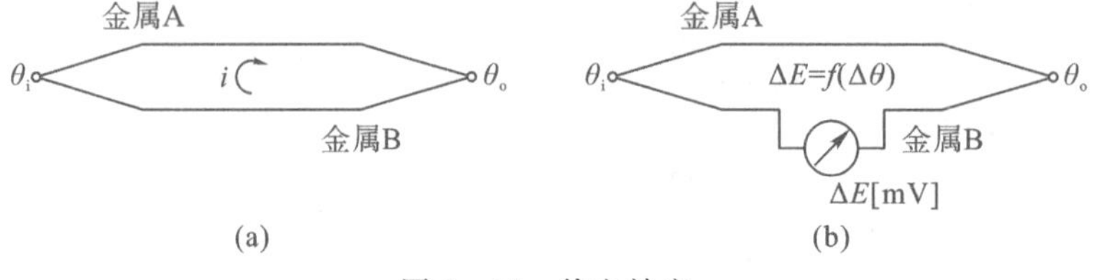

图 6－11　热电效应

理论分析表明,热电势是由两个导体的接触电势和同一导体的温差电势组成。

(1)接触电势,当两种不同性质的导体或半导体材料相互接触时,由于内部电子密度不同,例如材料 A 的电子密度大于材料 B,则会有一部分电子从 A 扩散到 B,使得 A 失去电子而呈正电位,B 获得电子而呈负电位,最终形成由 A 向 B 的静电场。静电场的作用又阻止电子进一步地由 A 向 B 扩散。当扩散力和电场力达到平衡时,材料 A 和 B 之间就建立起一个固定的电动势,如图 6－12 所示。

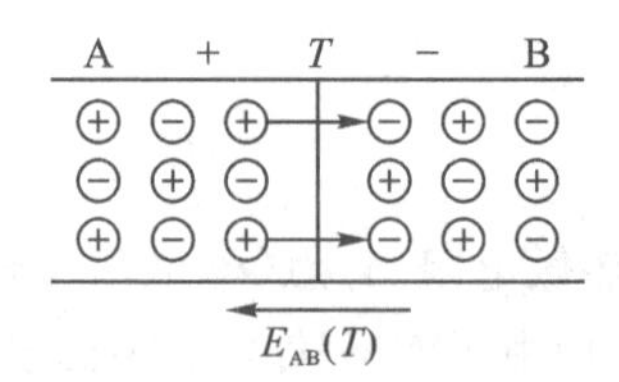

图 6－12　接触电势形成示意图

由于两种材料自由电子密度不同而在其接触处形成电动势的现象,称为珀尔帖效应。其电动势称为珀尔帖电势或接触电势。

理论上已证明该接触电势的大小和方向主要取决于两种材料的性质和接触面温度的高低。其关系式为

$$E_{AB}=kT/e\cdot\ln(n_A/n_B) \tag{6-11}$$

式中，E_{AB}表示接触点温度为 t 时的接触电势；e 表示单位电荷，4.802×10^{-10}绝对静电单位；k 表示玻兹曼常数，1.38×10^{-23} J/℃；n_A、n_B 表示材料 A 和 B 在温度为 T 时的电子密度；T 表示接触处的温度，K。

(2)温差电势。因材料两端温度不同，则两端电子所具有的能量不同，温度较高的一端电子具有较高的能量，其电子将向温度较低的一端运动，于是在材料两端之间形成一个由高温端向低温端的静电场，这个电场将吸引电子从温度低的一端移向温度高的一端，最后达到动态平衡，如图 6-13 所示。

由于同一种导体或半导体材料因其两端温度不同而产生电动势的现象称为汤姆逊效应。其产生的电动势称为汤姆逊电动势或温差电势。温差电势的方向是由低温端指向高温端，其大小与材料两端温度和材料性质有关。温差电势的方向是由低温端指向高温端，其值为

$$E_A(t,t_0)=\int_{t_0}^{t}\sigma_A\,\mathrm{d}t \tag{6-12}$$

式中，$E_A(t,t_0)$为低端温度为 t_0，高端温度为 t 时，导体 A 的温差电势；t、t_0 为材料两端的温度；σ_A 为与导体 A 材料和温度有关的系数。

(3)热电偶回路的热电势。对热电偶回路来说，总的热电势就等于回路中两个接触电势和两个温差电势的代数和，如图 6-14 所示。

$$\begin{aligned}E_{AB}(t,t_0)&=E_{AB}(t)-E_A(t,t_0)-E_{AB}(t_0)+E_B(t,t_0)\\&=\frac{k}{e}(t-t_0)\ln\frac{n_A}{n_B}-\int_{t_0}^{t}(\sigma_A-\sigma_B)\,\mathrm{d}t\\&=f(t)-f(t_0)\end{aligned} \tag{6-13}$$

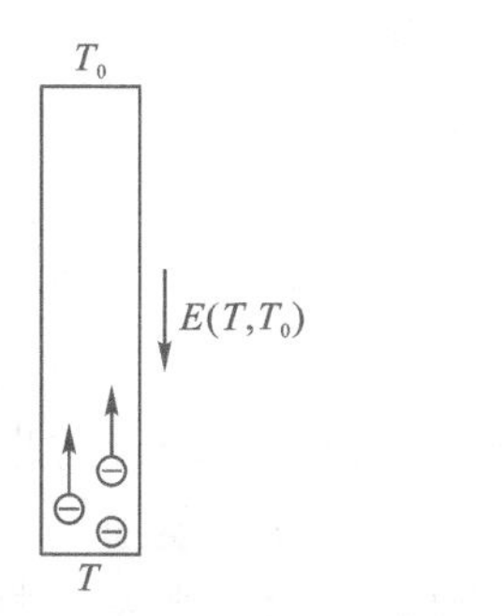

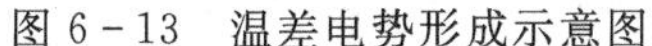
图 6-13　温差电势形成示意图

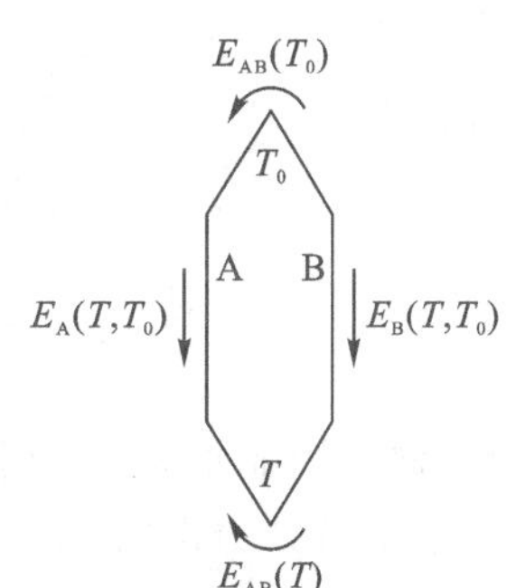

图 6-14　热电偶回路的热电势图

热电偶回路热电势的大小，只与组成热电偶的材料和材料两端连接点所处的温度有关，与热电偶丝的直径、长度及沿程温度分布无关。只有用两种不同性质的材料才能组成热电偶，相同材料组成的闭合回路不会产生热电势。如果 t_0 已知且恒定，则 $f(t_0)$为常数。回路总热电势 $E_{AB}(t,t_0)$只是温度的单值函数。

2. 热电偶的基本定律

(1)中间金属定律。在热电偶中,即使接入第三种导体,只要接点的温度相等,回路的热电势就不变。据此,可在热电偶回路中引入各种仪表直接测量电动势,也允许用任何方法焊接热电偶,或将电极直接焊在被测导体表面。

(2)中间温度定律。设接点温度为 t_1、t_2 时,回路热电势为 E_1,接点温度为 t_2、t_3 时,热电势为 E_2,则当接点温度为 t_1、t_3 时,回路热电势 $E_3=E_1+E_2$。据此,只需制定冷端温度为0 ℃时,回路热电势与热端温度的关系(分度表),由此表可求得冷端为任一温度时回路热电势所对应的热端温度。

3. 热电偶的结构

热电偶常按不同目的做成各种结构。只要物理和化学特征允许,热电偶可以不加任何保护罩而直接置于环境中,这一点优于其他所有接触式温度计,因为它可以被放入难以接近的地点,而且当采用很小的热电偶时能显示很好的动态特性。在高温及具有侵蚀性介质的环境中,热电偶应加上保护外罩。

(1)无罩式热电偶。热电偶金属通常做成线状,很少做成薄片或箔的形式,金属线直径为 0.1~5 mm。最简单的热电偶由两根热电导线组成,其两端采用软焊和硬焊,大多数情况下是在保护气体中焊接而成。这些不加保护的热电偶只能用于不太恶劣的环境条件中,例如浸在非侵蚀性液体、黏性或塑性的物质中[见图 6-15(a)],又如装入管中或容器中[见图 6-15(b)]。两脚式热电偶没有任何热导线的连接点[见图 6-15(c)],该连接点做在导电表面上(铁片、金属块、金属条等),要测温度的便是该导电体表面,由导体本身组成接点。衣架式温度计[见图 6-15(d)]有一根弹簧带压在拱形表面上,末端所焊接的连接点及材料的其余部分经该弹簧带紧紧压在被测物体上,故热传导误差很小。

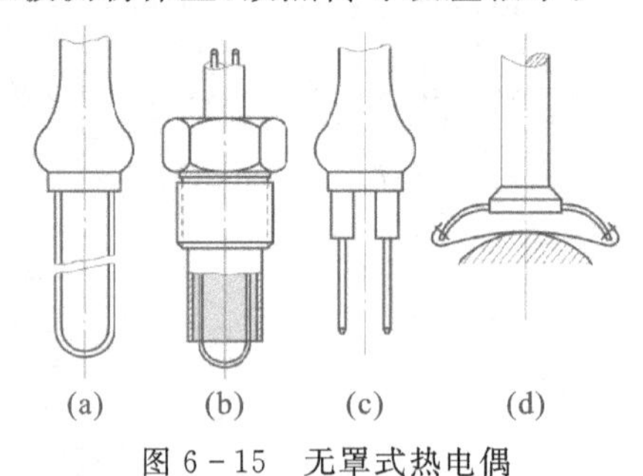

图 6-15　无罩式热电偶

(2)带罩式热电偶。用金属或陶瓷管子将热电偶绝缘后插入一端封闭的管子中,外部的金属管使热电偶免遭机械力的作用,由陶瓷材料组成的内保护管能阻止气体在高温时扩散进热电偶,因为这种扩散会影响热电偶的热电特性。保护管的种类及材料依环境条件所变化。

带罩式热电偶的另一种类型是外套式热电偶,这种热电偶有着更广泛的用途。由于结构紧凑,所以其尺寸可以做得很小(外径为 0.25~6 mm),在保证足够的机械强度条件之下它可以是挠性的,最小的弯曲半径为外径的 6 倍。热电偶埋入耐高温的陶瓷粉末中。焊接点可以是绝缘的,也可以与外套材料连接在一起[见图 6-16(a)]。外套通常用抗锈蚀的高合金材料做成，对某些特殊用途则用贵金属制成。这种元件可以包含多达三对热电偶[见图 6-16(b)]，耐几百个大气压的压力。

薄型热电偶元件的时间特性很好。箔式热电偶埋入由塑料或铝制成的两片薄载体材料中，可像应变片一样被粘贴，也易被固定在不平坦的表面上，厚度一般为 0.05～1 mm(图 6-17)。

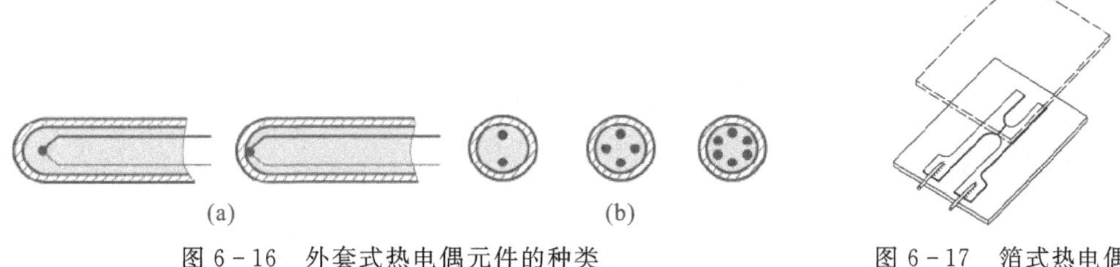

图 6-16　外套式热电偶元件的种类　　图 6-17　箔式热电偶

6.2　湿度测试

6.2.1　湿度和露点

湿度是指气体中水蒸气含量的多少。湿度测试广泛应用于造纸、纺织、食品、烟草、照相材料等各个工业领域，湿度对包装材料的性能也有很大影响。

大气是由干空气和一定量的水蒸气混合而成的，称其为湿空气。干空气的成分主要是氮(78%)、氧(21%)、氩(0.93%)、二氧化碳(0.03%)及其他微量气体。在湿空气中水蒸气的含量虽少，但其变化却会对空气环境的干燥和潮湿程度产生重要的影响，且使湿空气的物理性质随之发生改变。常温常压下干空气可视为理想气体，而湿空气中的水蒸气一般处于过热状态，且含量很少，也可近似看作理想气体。根据道尔顿定律，湿空气的压力应等于干空气的压力与水蒸气的压力之和。湿度常用的表示方法有绝对湿度、相对湿度和含湿量三种。

1. 绝对湿度

绝对湿度指的是单位体积($1\ m^3$)的气体中所含水蒸气的质量(g)，用字母 D 表示。在一个大气压下(101325 Pa)下，设温度为 t 的水蒸气压为 e(Pa)，绝对湿度可由下式表示

$$D = 0.00794e/(1 + 0.00366t) \tag{6-14}$$

液体的水(或冰)和水蒸气共存的平衡状态称为水蒸气的饱和状态。若未饱和，水(或冰)就要蒸发，变成水蒸气。饱和时的水蒸气压称为饱和水蒸气压，用 e_s 表示。式(6-14)的关系在饱和状态下也成立。不同温度时的饱和水蒸气压 e_s 可以从有关手册中查到。

2. 相对湿度

相对湿度是指某一温度时的空气中水蒸气压 e 与饱和水蒸气压 e_s 的比值。通常所说的湿度一般指相对湿度。相对湿度记为 H，用下式表示：

$$H = \frac{e}{e_s} \times 100(\%RH) \tag{6-15}$$

式中，RH 为相对湿度。

相对湿度越小，就表示是空气离饱和态越远，尚有吸收更多水蒸气的能力，即空气越干燥，吸收水蒸气能力越强；反之，相对湿度越大，吸收水蒸气能力越弱，即空气越潮湿。相对湿度反映了湿空气中水蒸气含量接近饱和的程度，故又称饱和度。

饱和水蒸气分压力

$$P_b = 98066.5\exp\Big[0.0326889 - 7.235425\Big(\frac{10^3}{273.16+t_c} - \frac{10^3}{373.16}\Big) + 8.21\ln\frac{273.16}{273.16+t_c} - 0.00571133(100-t_c)\Big] \tag{6-16}$$

空气中水蒸气分压力

$$P_s = P_{bs} - A(t_c - t_s)B \tag{6-17}$$

式中，P_{bs}为相应于湿球温度 t_s时的空气中饱和水蒸气压力，Pa；t_c 为干球温度，℃；t_s 为湿球温度，℃；B 为大气压力，Pa；A 为与风速有关的系数，其经验公式为

$$A = 0.00001\times\Big(65+\frac{6.75}{C}\Big) \tag{6-18}$$

式中，C 为风速，m/s。

可见，空气的相对湿度是干球温度、湿球温度、风速和大气压力的函数，即

$$\varphi = f(t_c, t_s, C, B) \tag{6-19}$$

3. 含湿量

含湿量就是湿空气中每千克干空气所含有水蒸气的质量。

4. 露点

露点温度是指被测湿空气冷却到水蒸气达到饱和状态并开始凝结出水分的对应温度。饱和水蒸气压是温度的单值函数。水的饱和蒸气压力随温度的降低而逐渐下降。在同样的空气水蒸气压力下，温度越低，则空气的水蒸气压与同温度下水的饱和蒸气压差值越小。当空气温度下降到某一温度时，空气中的水蒸气压与同温度下水的饱和水蒸气压相等。此时，空气中的水蒸气将向液相转化而凝结成露珠，相对湿度为 100%RH。该温度，称为空气的露点温度，简称露点。如果这一温度低于 0 ℃时，水蒸气将结霜，又称为霜点温度。两者统称为露点。空气中水蒸气压越小，露点越低，因而可用露点表示空气中的湿度。

6.2.2 湿度计的种类和选用

如前所述，只要测得当前温度时的水蒸气压 e，就可以求出湿度。通过对与水蒸气压有一一对应关系的物理量的测量，可间接测得湿度。测量湿度的方法各种各样，利用干球和湿球的温度，求水蒸气压的干湿球温度计；用某种方法测得露点，求出水蒸气压的露点湿度计；利用毛发吸湿而伸缩的毛发湿度计；利用某些物质因吸湿电参数变化做成的电阻、电容湿度计等。

选用湿度计时，要考虑各种湿度计的优缺点，根据测定的气体，安装场所，要求的精度，测量温湿度范围选用，此外，还需考虑到维护容易、耐久性、无毒性、安全性等。

6.2.3　干湿球湿度计

1. 简易干湿球湿度计

在测量湿度的气体中，放置结构相同的两个温度计（例如水银温度计或酒精温度计），其中一个的感温部包着一层用水蘸湿的薄布，称为湿球，而把另外一个的感温部称为干球。设干球和湿球的温度分别为 t、t'（℃），由下式可求得水蒸气压

$$e = e'_s - 0.0008P(t - t') \tag{6-20}$$

式中，P 为气体的压力；e'_s表示湿球温度 t'时的饱和水蒸气压。式中 e、e'_s、P 使用相同的压力单位（Pa）。该式只适用于湿球不结冰的场合，湿球结冰时用下式计算：

$$e = e'_s - 0.0007P(t - t') \tag{6-21}$$

对于简易干湿球湿度计，还有其他计算公式，计算结果有 5%～7%RH 的误差。

设对应于干球温度的饱和水蒸气压为 e_s，相对湿度可由式（6－15）求得，也可根据湿球温度 t'和干湿球温度差 Δt 从相应表格查出。需指出的是，简易干湿球湿度计受放置场所风速影响很大，风的强度变化，相对湿度能相差 10%RH 以上。对于湿球湿度计的影响，微风时影响大，当风速超过某一必要的最小风速（根据结构不同，为 0.2～5 m/s），干湿球温度几乎不变化，气象部门据此可以做成高精度的干湿球温度计。

2. 电阻温度计式干湿球湿度计

作为工业用湿度计，往往要求能进行远距离测定和自动控制。工业用干湿球湿度计，用金属测温电阻测温，并使之满足前述的通风条件，实际的湿度计按下述原理制成。

以横轴表示干球温度，以纵轴表示湿球温度，把湿度一定的点连成等湿曲线（见图 6－18 等湿曲线），在温度为 0～50 ℃，湿度为 20%～100%RH 的范围内（这一范围基本覆盖了正常生产、生活的温湿度范围），这些曲线可看成是通过 $t = t' = C$ 的一点的直线。其斜率为

$$Q = (t' - C)/(t - C) \tag{6-22}$$

式中，Q 仅为湿度的函数，在 t=0～50 ℃的范围内；C=－16 ℃，Q 的值如图 6－19 所示，称 Q 为干湿比，相对湿度可以通过Q的值显示出来。把干湿球电阻分别接于并联的两个电桥

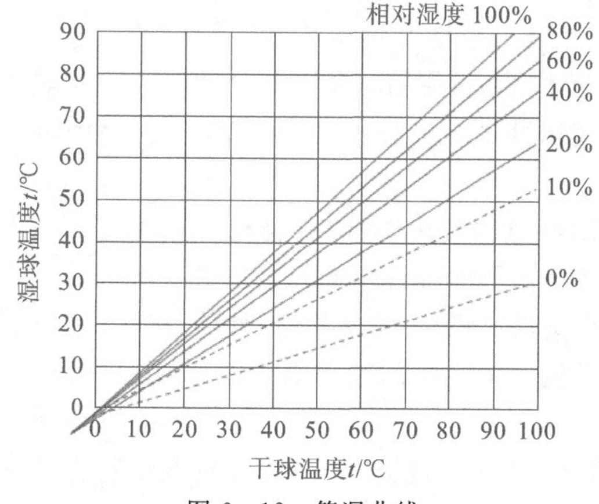

图 6－18　等湿曲线

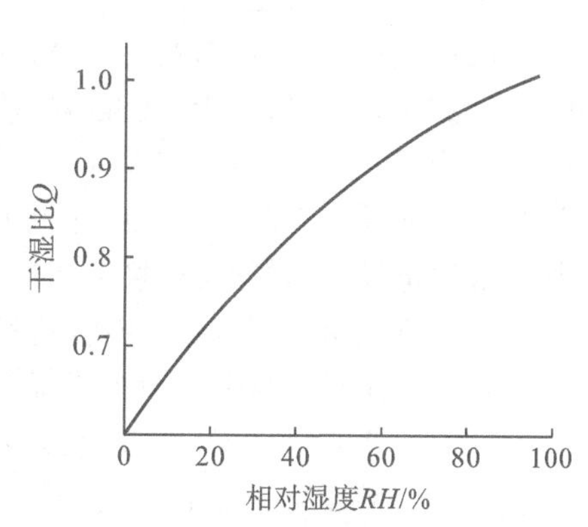

图 6－19　干湿比和相对湿度的关系（t=0～50 ℃）

中，通过改变电桥的其他电阻值，可使流经电桥输出电路的电流比几乎等于 Q，测定这一电流比，即可求得相对湿度，其精度大致为 2%RH。

6.2.4　电阻式湿度计

电阻式湿度计是利用某些物质的电阻因气体湿度而变化这一原理制成的。电阻温度计现在已经得到了广泛的应用。比起干湿球湿度计、氯化锂湿度计等，使用要方便得多。前者要定期加水，后者每隔 3 个月要清洗、干燥、涂布药品等。表 6－3 列出了常用电阻湿度计的种类和性能。

表 6－3　常用电阻湿度计的种类和性能

测试目的	湿度计种类		原理	测湿范围	适用温度范围	电阻变化	响应速度	回程误差	经时变化	精度
相对湿度	半导体湿敏陶瓷	带热清洗	吸附水分阻值发生变化	5%～90% RH	1～80 ℃	10^8～10^4 Ω	开始加热后 2～3 min	5%RH 以下	稍差	—
		不带热清洗		30%～90% RH	0～50 ℃	500 kΩ～数 kΩ	2.5 min	5%RH 以下	好	—
	导电高分子材料			30%～90% RH	0～50 ℃	6.6 MΩ～3.6 kΩ	—	2%RH 以下	好	2%RH
绝对湿度	热敏电阻		不同湿度时热传导率不同	0～50 g/m^3	10～40 ℃	—	20 s	几乎没有	好	±1 g/m^3

1. 相对湿度测定用电阻湿度计

相对湿度测定用电阻湿度计，其湿敏元件可以是半导体湿敏陶瓷、高分子材料等，其电阻与相对湿度之间存在着一定的对应关系，称为湿敏特性。湿敏陶瓷元件按加工工艺分为烧结型和厚膜型。烧结型湿敏电阻是由某些金属氧化物烧结而成的多孔陶瓷，可分为带热清洗装置和不带热清洗装置两种，图 6－20 所示是其外形图和湿敏特性。带热清洗装置的测量湿度范围广，使用温度范围宽，但结构复杂，价格较高，使用时每隔几分钟进行一次热清洗，把电阻丝加热到 500 ℃以上，使湿敏电阻温度达到 150 ℃以上，除掉湿敏元件吸附的水分，同时能清除油污等。

厚膜型湿敏元件是在基片的一面印刷并烧附高温清洗用的加热电极，在基片的另一面印刷并烧附底层电极，再在这层电极上印制感湿浆料，干燥后再印上表层电极。水分能透过表层电极被感湿层吸附，使其电阻变化，这种湿敏电阻体积小，结构简单，性能稳定。高分子薄膜型湿度计是利用导电高分子薄膜感湿时电阻值发生变化的性质制作的，如图 6－20(c)所示。其使用温度为 0～50 ℃，湿度测定范围是 30%～90%RH。其优点主要是不用热清洗，回程误差较小，精度可达 2%。无论是湿敏陶瓷，还是导电高分子材料，其湿敏特性曲线都是非线性的，测量电路比较复杂。一般采用分压式调幅电路(见图 6－21)，由振荡电路、放大电路、对数变换(线性化)电路等构成。

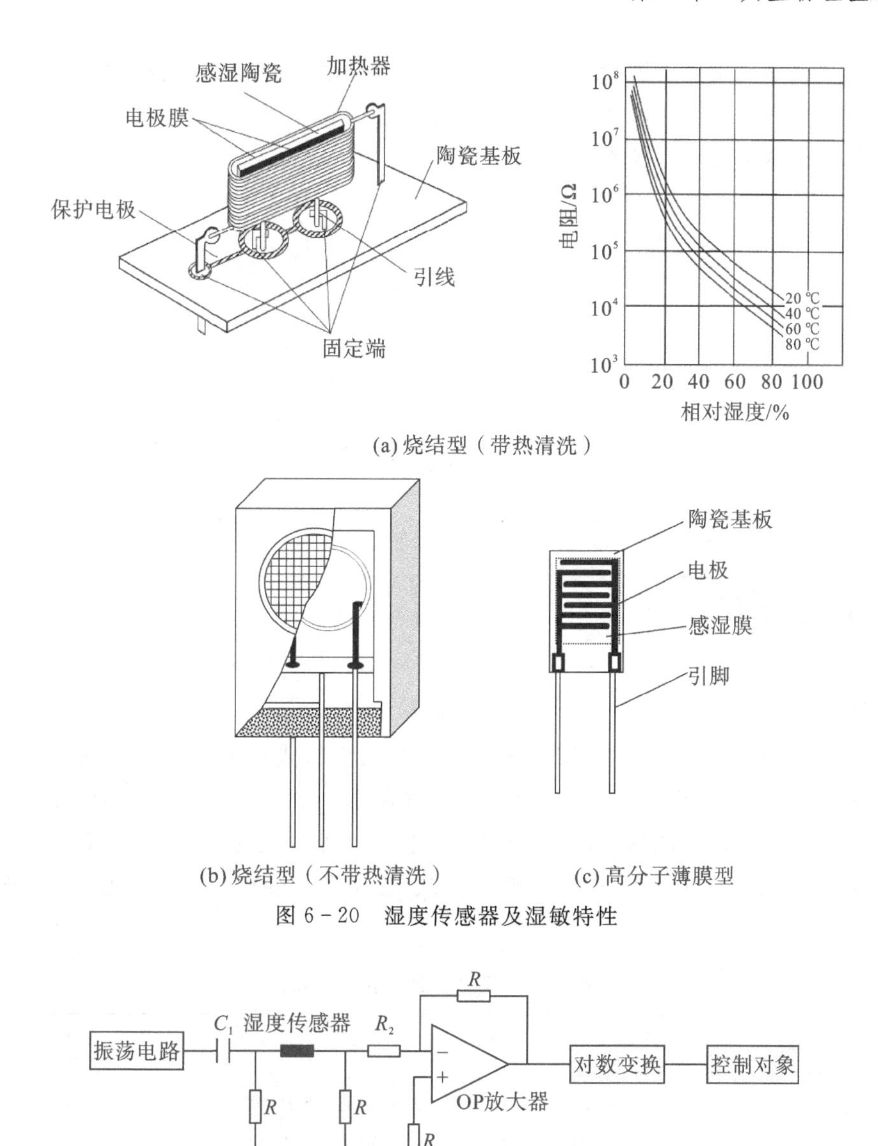

图 6 - 20　湿度传感器及湿敏特性

图 6 - 21　湿度检测电路的构成

2. 绝对湿度测定用湿度计

绝对湿度计是利用干湿空气热传导率的差异来测定湿度的。把性能稳定而且一致的两个珠状热敏电阻，一个密封于干燥空气的容器内，称为密闭型热敏电阻，另一个封于同样的容器内，容器上有孔，被测定的湿空气能自由进入容器内，称为开放型热敏电阻。图 6 - 22 是绝对湿度测定的原理图，图中 R_1 是开放型热敏电阻，作为湿度检测元件；R_2 是密闭型热敏电阻，作为温度补偿元件；图中的 E 为 10 V 直流稳压电源；R_s 是限流电阻；调整 R_s，使热敏电阻的温度为 200 ℃左右，在干燥空气中调整 R_3、R_4 使电桥平衡，然后将 R_1、R_2 放入湿空气中，因湿空气进入开放型热敏电阻容器内，使热传导率变化，R_1 温度降低，电阻值增加，电桥的平衡被破坏。用高阻抗的数字电压表可以测量电桥的输出电压。温度 t 一定时，相对湿度和绝对湿度之间存在着线性关系。把电桥输出电压用差动放大器放大后，就可直接驱动仪表指针指示出绝对湿度来。

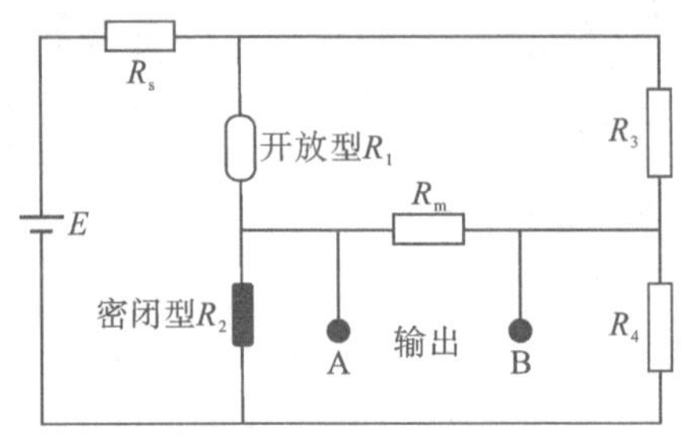

图 6-22　绝对湿度测定原理

6.3　重量测试

6.3.1　概述

重量测试有各种各样的方法，按原理大致可分为机械式和电气式。电气式从机理上又可分为两类：一类是直接把重量变换成电量，如利用压电效应的压电式重量传感器；另一类是先把重量变换成弹性元件的变形、位移或系统固有频率的变化（固有频率变化实际是质量变化引起的），再把它们变成电量，例如应变片式、差动变压器式、电容式、压磁式、振频式重量传感器等，见表 6-4。

表 6-4　重量传感器的类型和特点

类型	压电式	差动变压器式	电容式	应变式	压磁式	振频式
原理	重力作用于压电晶体上，晶体表面产生电荷（用于动态力测定）	用差动变压器测定重力引起弹性元件的位移	用电容传感器测定重力引起的弹性元件的位移	用应变片测定重力引起的弹性元件的应变	重力使强磁性材料变形，其磁导率变化	一加重力，质量使系统固有频率变化
非线性	±1%	0.1%～0.5%	1%～3%	0.01%～0.1%	5%～15%	10%
回程误差	0.1%	0.02%	0.2%	0.01%～0.1%	0.3%	0.1%
蠕变	0.1%	—	0.1%	0.01%～0.1%	0.1%	0.2%
准确度	2%	0.02%	2%	0.02%～0.2%	2%	0.1%～2%

重量测试装置称为秤，按用途可分为定量秤、皮带电子秤、电子轨道衡等。电气式重量测试装置称为电子秤，现代工业中，电子秤已被广泛使用，其中 90%以上是以应变片作为重量传感器。电子秤具有下列优点：

（1）可以实现高精度的静态测量和动态测量；

(2)测量范围广,小到几克、几十克,大到几百吨的重量传感器都能制造;

(3)结构简单,几乎没有运动机构,故障少、寿命长;

(4)与机械式相比输出电信号有利于远距离传输,自动检测和控制,既可模拟显示,又可数字显示。

6.3.2 应变片重量传感器

在弹性元件上贴着应变片,当重力作用于弹性体上时,应变片的电阻相对变化率就与重量成正比。把应变片接入电桥,电桥的输出就反映出重量的大小。应变片重量传感器通常做成气密结构,以防止湿度变化对应变片的影响;也有的采用了各种防湿方法,不做成气密结构。

1. 弹性元件结构及应变片贴法

应变片力传感器由弹性变形体元件和应变片构成,弹性元件有柱形、剪切轮辐形、梁形、S 形等。

柱形弹性元件可按截面形状分为圆柱、圆筒柱、方柱、多棱柱等,其优点是结构简单,可承受较大载荷等,其缺点是对侧向力较敏感。柱形元件受压时,沿轴向受压而沿横向受拉,如图 6-23 所示,因此贴应变片时通过改变应变片的方向,使两个受拉,两个受压。

图 6-24 是一根轴向受载的杆,这种类型的传感器用在额定力为 10 kN~5 MN 的范围内。受载时,变形杆变粗,其周长按泊松系数 μ 也变大。按照力的均匀分布贴在杆上的四个应变片与电桥相连,在该电桥的相邻两臂上有纵向和横向贴置的应变片(图中 R_1、R_2 和 R_3、R_4)。为获得高精度,电桥电路还附加有其他电路元件,以补偿各种与温度有关的效应,如零漂移、弹性模量变化、变形体材料热膨胀、应变片灵敏度变化以及传感器特性曲线线性度变化等。电桥输出电压正比于应变片相对长度变化,根据胡克定理,该长度变化又与测量杆所受载荷成正比。

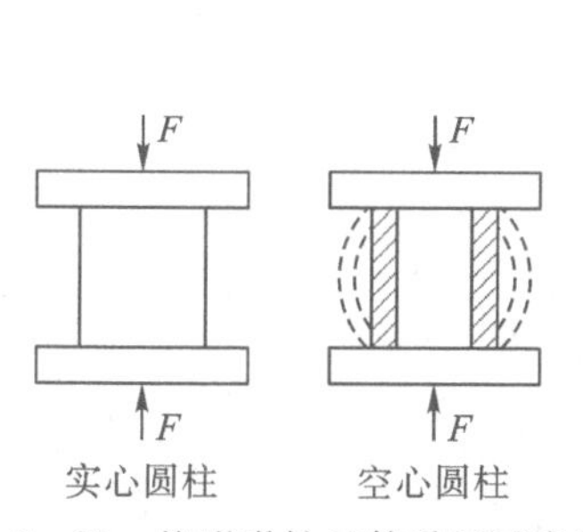

图 6-23　柱形弹性元件受压示意图

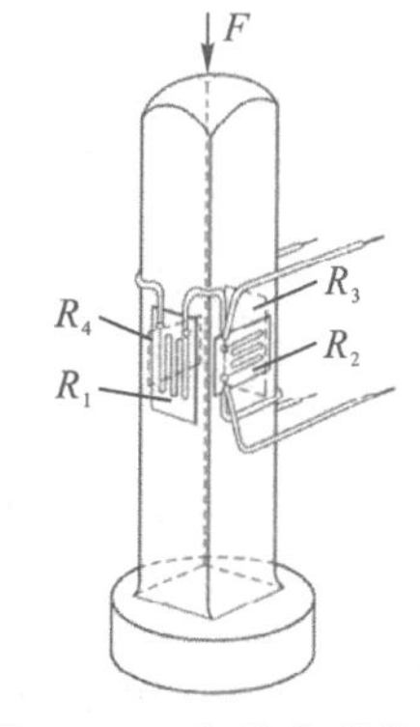

图 6-24　杆状变形体图

在额定力更高的情况下(1 MN~20 MN),为得到更好的力分布状况,可采用管状变形体,并在管的内、外壁贴应变片(见图 6-25)。对较小的额定力(小至 5 N),为获取较大的测量效应,常采用专门制造的变形体(见图 6-26 和图 6-27)。另一种测力的方法是采用剪切效应,用应变片来测量位于扁平杆侧面、与剪切平面成±45°方向上出现的伸长(见图 6-28),利用该测量原理可制造出很扁的力传感器。

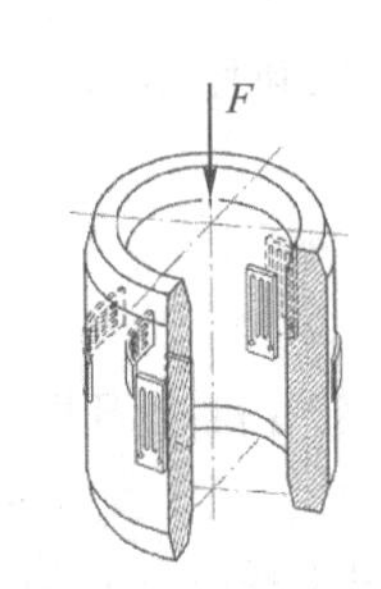

图 6-25　管状变形图

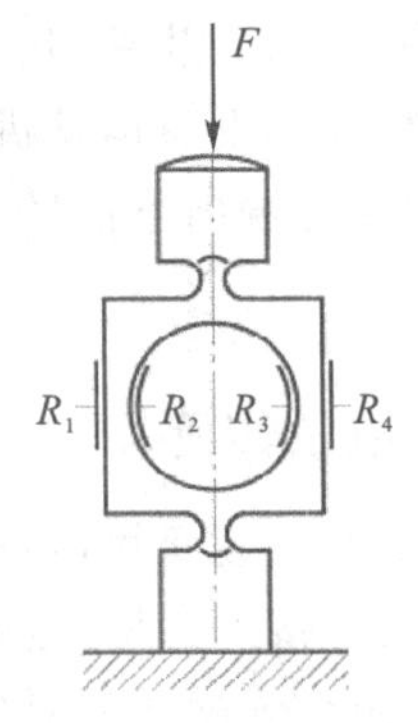

图 6-26　径向受载的变形体

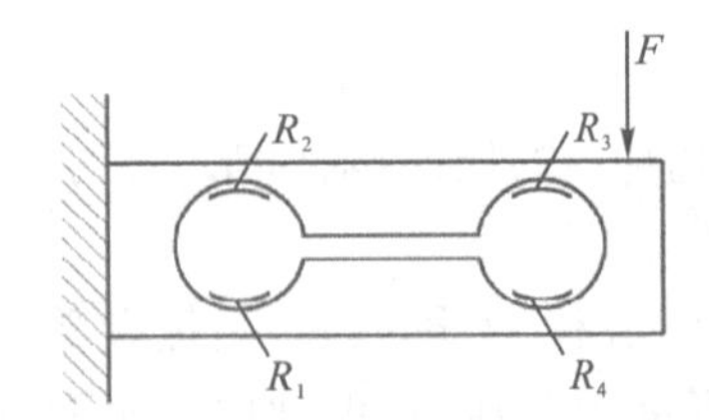

图 6-27　双铰链弯曲杆变形体图

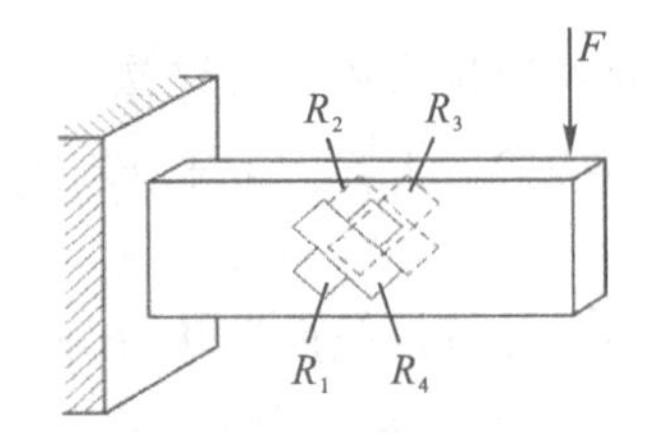

图 6-28　剪切杆式变形体

剪切轮辐形弹性元件如图 6-29 所示，具有结构简单、线性好、灵敏度高、抗偏心载荷、抗侧向力强、抗过载等特点，作为重量传感器的弹性元件是比较理想的，应变片成 45°交叉粘贴在轮辐两侧，两个受拉，两个受压。此外，梁形、S 形弹性元件能有效克服偏心载荷及侧向力影响。

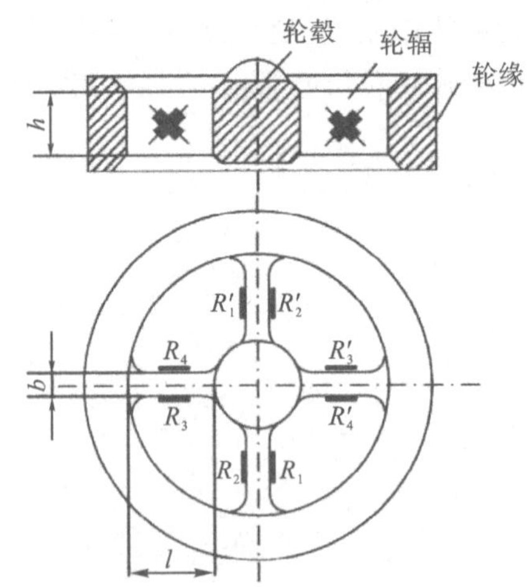

图 6-29　剪切轮辐形弹性元件及应变片的贴法

应变片力传感器能测量的位移一般很小(0.1～0.5 mm)。如果要求测量的位移过大，可采用较大量程的传感器，但为此会损失一部分灵敏度，需要时可考虑采用半导体应变片组成的刚性大的变形体。

应变片力传感器既可用于静态测量，又可用于动态测量。由于变形体刚度大，因而该类传感器具有很高的固有频率，可达数千赫兹，应变片测量法非常适合于较高频率和持续交变载荷的情况。另外，应变片法测量的重复性很高。所有变形体材料的一个典型特性是在受载及受载变化时具有蠕变特性，是该类传感器的缺点，对此可通过适当的应变片配置方式来补偿这种蠕变性，以得到稳定的显示数据。

2. 电桥电路

把粘贴在弹性元件上的应变片接入电桥时，应使受力状态相同的应变片接于电桥的对边，受力状态相反的接于电桥的邻边，如图 6－30 所示，以提高电桥的灵敏度。

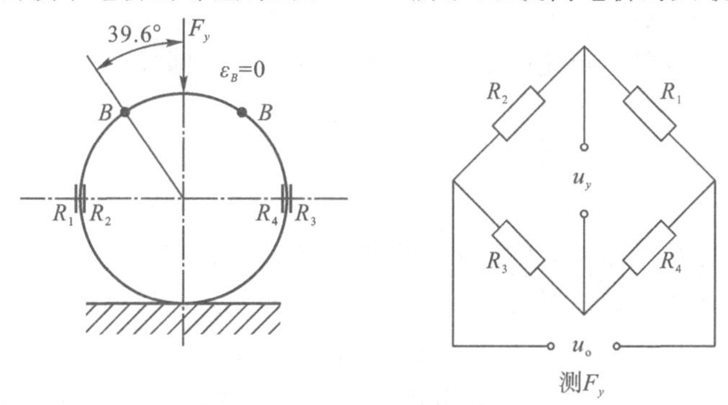

图 6－30　圆环上施加径向力

为克服因温度变化引起的零点漂移和把电桥灵敏度的变化控制在一定范围内，在电桥电路中还要加入零点补偿电阻和灵敏度调整电阻。电桥电路按照供桥电压是直流或交流分为直流电桥和交流电桥。为在弹性元件上未加重力时使电桥平衡，除用电阻外，还须用电容调整电桥才能平衡。应变片重量传感器的输出，通常用额定载荷下电桥的每伏输入电压所对应的电桥输出电压来表示(mV/V)。一般是在 0.5～4 mV/V。选用应变片重量传感器要根据测重的范围、精确度、静态测量还是动态测量等要求而定。

6.3.3　皮带电子秤

在粒状、粉状物料包装中，经皮带传送的物料的重量由皮带电子秤检测。图 6－31 所示是皮带电子秤的一种。

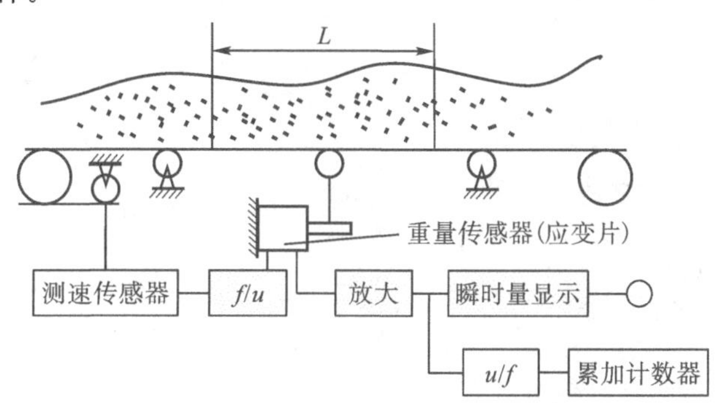

图 6－31　皮带电子秤的工作原理

在皮带的中间部位，有一段专门用作自动称量的框架，称为有效称量段，设长度为 L，有效称量段上的物料重量作用于应变片重量传感器的弹性元件上。设电桥的供桥电压为 e_i，

电桥的输出电压 e_o 就与有效称量段上物料的重量 ΔW 和供桥电压 e_i 成正比。即

$$e_o = k_1 \Delta W \cdot e_i \tag{6-23}$$

式中，k_1 为比例常数。

单位时间内经有效称量段传送的物料重量(物料运送速率)用 W_t 表示时，则

$$W_t = \frac{\Delta W}{L} \cdot v_t \tag{6-24}$$

式中，v_t 为皮带运行速度。

若使供桥电压与皮带运行速度成正比，即令 $e_i = k_2 v_t$。则式(6-23)为

$$e_o = k_1 k_2 \cdot \Delta W \cdot v_t \tag{6-25}$$

将式(6-24)代入式(6-25)，有

$$e_o = k_1 k_2 L \cdot W_t = k W_t \tag{6-26}$$

式中，$k = k_1 k_2 L$，为常数。即若能保证供桥电压按皮带运行速度规律变化时，电桥的输出电压就与物料运送速率成正比。对 W_t 积分，则可求得在某一时段内运送物料的重量。

为使供桥电压与皮带速度呈正比变化，首先测定滚轮的速度，通过频率/电压(f/u)变换，变换成与速度呈正比的供桥电压。电桥的输出电压就正比于物料运送的速率，经放大可由显示仪表显示出来，使放大的电桥输出电压经过积分器，则可记录某一时段内运送物料的总重量。

6.3.4 定量电子秤

定量电子秤用以称量液体、粉状、粒状和块状物料，精度可达 0.5%～0.1%。它可分为散装定量秤、自动装袋秤和电子配料秤。图 6-32(a)中，料斗中的物料经料门 3 进入秤斗 7，秤斗的重量作用于重量传感器 4 上，当秤斗中物料的重量达到预定值时，气缸 2 动作，关闭料门 3。工业用定量电子秤一般都使用应变片式重量传感器，其弹性元件多用柱形、圆筒形和 S 形，数量从一个到几个不等。图 6-32(b)是电子配料秤的示意图。料仓 1 中的物料经螺旋送料器送入秤斗。在秤斗的下面安装着若干个应变片重量传感器 4，料门 7 由气缸 6 开启。

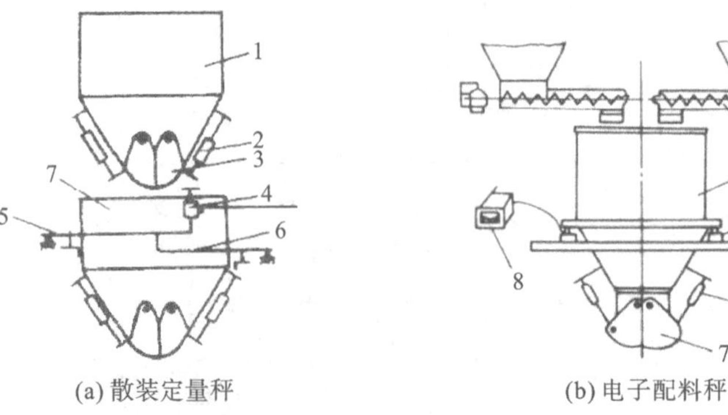

(a) 散装定量秤　　(b) 电子配料秤

(a)散装定量秤　1—储料斗；2—气缸；3—料门；4—称重传感器；5、6—承重杠杆；7—秤斗。

(b)电子配料秤　1—料仓；2—螺旋给料器；3—秤斗；4—传感器；5—框架；6—气缸；7—料门。

图 6-32　定量电子秤

自动装袋秤是把一定重量的物料装入容器的秤。它分为称量和装袋分别进行，以及先装袋在封口前定量两种方式。前者是在散装定量秤的基础上增加装袋装置，其称重与容器的重量一致性、形状及材质的均匀性无关；后者把物料直接从料仓装入容器，对容器的重量的一致性要求严格。前者精度高，人为误差小；后者效率低，受容器影响，精度低，其优点是体积小。

6.4　压力测试

6.4.1 概述

压力，是指气体、液体作用于单位面积上的力。压力测量广泛用于医药、化学、食品、汽车、机械、电子等工业领域。另外，通过压力测量还可以测定流量、液位，检测物体的存在等。

在国际单位制(SI)和我国法定计量单位中，压力的单位是“帕斯卡”，简称“帕”，符号为“Pa”。即 1 N 的力垂直均匀作用在 1 m^2 的面积上所形成的压力值为 1 Pa。过去采用的压力单位“工程大气压力”(1 $kgf/cm^2 = 0.9807 \times 10^5$ Pa)、“毫米汞柱”(1 mmHg$=1.332 \times 10^2$ Pa)、“毫米水柱”(1 $mmH_2O = 0.9807 \times 10$ Pa)、“物理大气压”(1 atm$=1.01325 \times 10^5$ Pa)、“巴”(1 bar$=10^5$ Pa)、“PSI”(1 PSI$=6.89 \times 10^3$ Pa)等均应改成法定计量单位帕。

压力根据基准点选取的不同，可以分为绝对压、表压和真空压。绝对压以真空作为零点的压力。表压和真空压都是以当时的大气压作为零点，比大气压高的部分称为表压，比大气压低的部分称为真空压，也称为负压(见图 6－33)。真空压也称负压，常用绝对压力的大小表示。通常把绝对压大于 133.3×10^{-3} Pa 的称低真空，绝对压在 133.3×10^{-8} Pa～133.3×10^{-3} Pa 的称高真空，绝对压小于 133.3×10^{-8} Pa 的称超高真空。

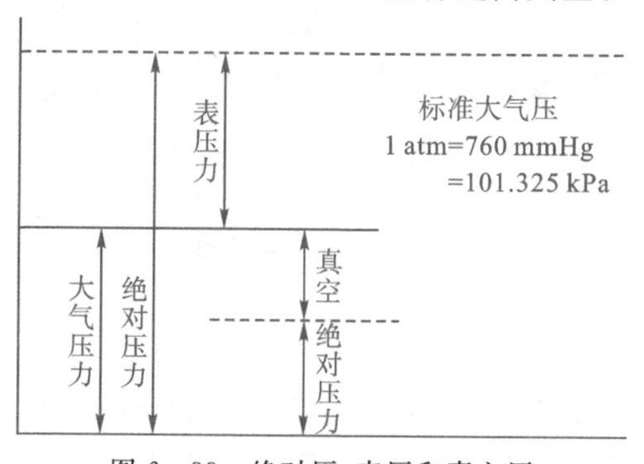

图 6－33　绝对压、表压和真空压

压力的测试有很多方法。大致可分为两类，第一类是利用力平衡方式的直接测量，如重锤型、液柱型等，重锤型压力计一般作为压力基准使用。第二类是利用某些物质的物理性质随压力而变化，进行压力的间接测量，这些物理性质可以是弹性元件的变形，电阻的变化，压电效应，磁致伸缩等。进而又因其结构、显示方式、使用目的、精度、压力范围等分成很多种。

真空计按原理可以分为液柱式、隔膜式、热传导式、电离式等。液柱式真空计读数不便，工业上使用最多的是热传导式和电离式真空计。

工业使用的压力计绝大多数都属于利用弹性元件的变形做成的压力计。利用弹性元件的变形制作的压力计又可分为两类，一类是把由压力引起的弹性变形通过机械方式放大、指示的纯机械压力计，用得最多的是波登管式压力计；另一类是把弹性元件的变形再通过各种方式变换成电量制成的压力传感器。

6.4.2 压力计用弹性元件

压力计用弹性元件常用的有三类：膜片、波登管和波纹管，如图 6－34 所示。

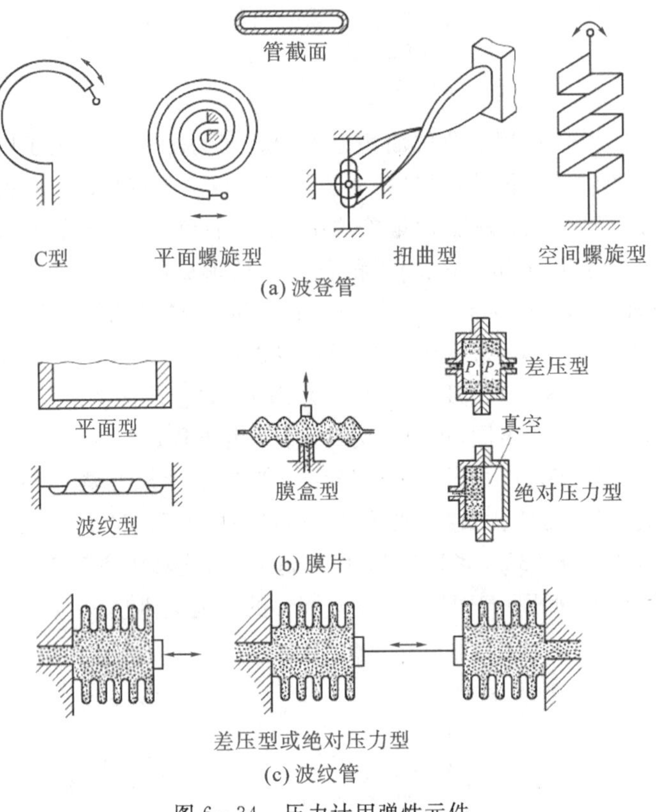

图 6－34 压力计用弹性元件

1. 膜片

膜片是周边固定的圆形薄板，在压力作用下薄板发生变形，变形大小和压力成正比。从形状和功能上可分为平膜片、波纹膜片和隔膜三种。平膜片的变形易于由压力传感器检测。平膜片的形状根据需要可以做成各种形式。波纹膜片可以增加承压有效面积和刚性，通过改变波纹形状和波数，可以获得各种压力-位移特性。隔膜是由薄的金属或非金属做成的，在测定高温、高黏性、混有固形物或有腐蚀性的流体压力时，可以将被测流体与测试装置隔离，如图 6－35 所示。膜片多用于 2 MPa 以下的压力测试。

2. 波登管

波登管是许多机械式压力计的基础，常用在电传感器中与电位计、差动变压器等结合起来测量输出的位移量。波登管有多种形式，但其基本元件是一根断面为椭圆形或扁平形的管子弯曲成半圆形或别的形状，前端密闭。管内、外的压力差(管内压力高)使管子有达到圆形横截面的趋势，这种作用导致管子产生变形，使其自由端产生一种弯曲-线性运动，如图 6－34 中的 C 形、平面螺旋形、空间螺旋形以及扭曲形波登管所示。对这些效应作理论分析始终是困难的，目前对波登管的设计仍使用许多经验数据。C 形波登管可测量的最大压强达 686 MPa 左右，精度可达 0.1%。螺旋形管可测到约 68.6 MPa 的压强。扭转形波登管具有一种十字钢丝稳定装置结构，从而使得它在径向有很高的刚度，仅允许有转动运动。这种结构可减少因振动造成的虚假输出。波登管压力计是最常用的压力计，价格低廉，多用于 50 kPa～200 MPa 范围内的压力测量。因其固有频率低、尺寸大、滞后较大，一般多用于指针式压力计。图 6－36 所示是波登管压力计的示意图。

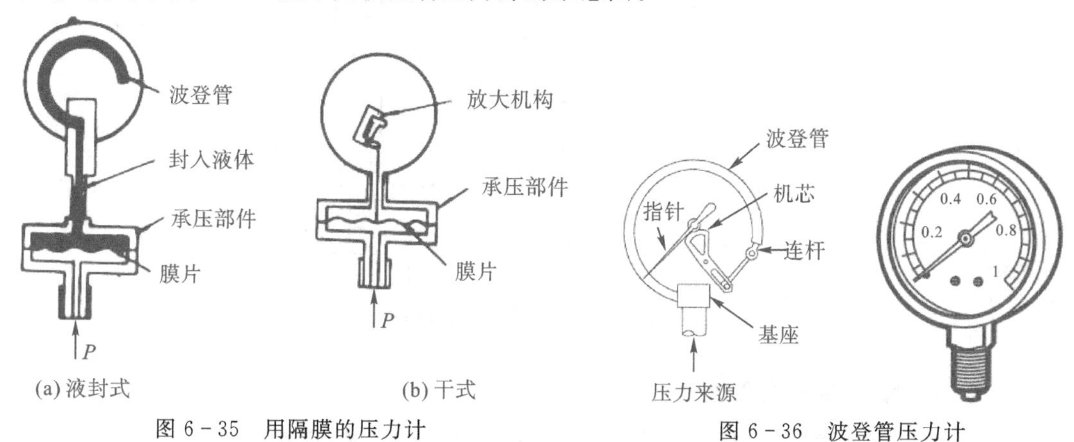

图 6－35　用隔膜的压力计

图 6－36　波登管压力计

3. 波纹管

波纹管是一种带同心环状波形皱纹的薄壁圆管，一端开口，另一端封闭，将开口端固定，封闭端处于自由状态。通入一定压力的流体后，波纹管将伸长，其伸长量(自由端位移)与压力成正比。波纹管用于 1 MPa 以下的压力测试，可在较低的压力下得到较大的位移，但其抗震性能较差。

6.4.3　压力传感器

把弹性元件的变形变成电参数的变化，有各种各样的方法，因此压力传感器的种类也很多，如电容式、电感式、电阻式、应变式以及利用霍尔效应和磁阻效应的压力传感器等。

1. 光电式压力传感器

如图 6－37 所示，它采用一个红外发光二极管和两个光电二极管来检测其中的压敏弹性元件受压时产生的位移量。这种传感器的精度很高，可达 0.1%。为降低温度的影响，参考光电二极管和测量二极管被做在同一芯片上。在测量电路中采用了一个测信号比值的 A/D 转换器。由于两光电二极管受到相同的光照，红外发光二极管因温度或老化而导致的输出变化不会对两个光电二极管产生影响，从而由 A/D 转换器得到的输出仅对二极管受光照面积 AR 和 AX 敏感。为获得电信号的压力输出值，弹性压力传感器与许多位移传感器如电位计、应变片、差动变压器、电容传感器、涡流探测器、电感和压电传感器结合起来使用。

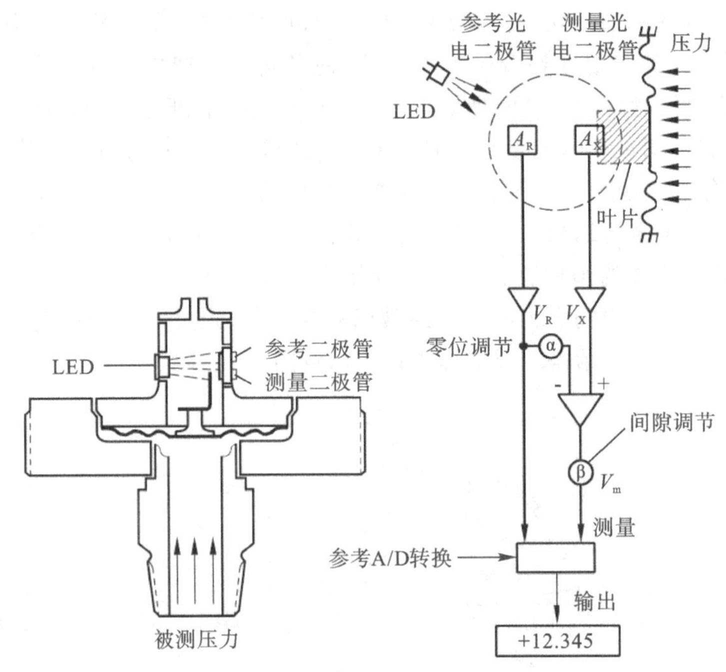

图 6－37　光电式压力传感器

2. 悬链膜片-应变筒式压力传感器

这种传感器将悬链膜片与应变筒紧固在一起。受压力作用，悬链膜片产生变形，并使应变筒压缩。沿应变筒轴向贴有工作应变片，沿横向粘贴温度补偿应变片，把它们接入电桥的邻边中，电桥输出经放大后显示记录。为了减小流体温度变化对应变圆筒温度的影响，用冷却水进行冷却，如图 6－38 所示。这种传感器是国外二十世纪五六十年代工业用压力传感器的主要类型，目前国内还在广泛使用。

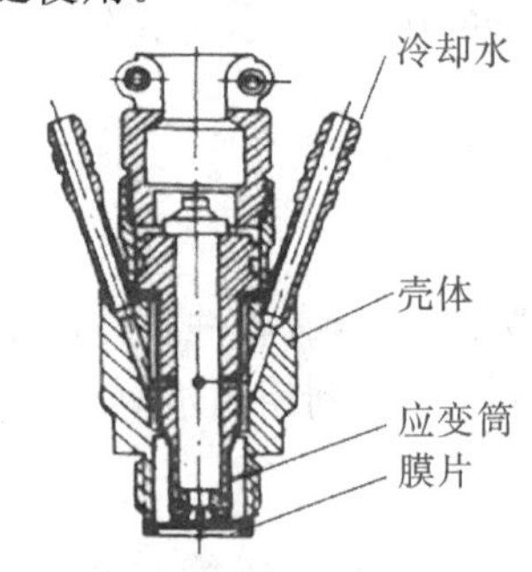

图 6－38　悬链膜片-应变筒式压力传感器

3. 平膜片式压力传感器

平膜片压力传感器如图 6－39 所示，利用粘贴在平膜片表面的应变片，感受压力作用时膜片的局部应变，测量被测压力值的大小。图 6－39(c)是专用的箔式应变片。

平膜片压力传感器的优点是结构简单，缺点是其性能受温度影响较大。这是由于：①流体温度的变化通过膜片会使应变片温度发生变化；②膜片两侧的温差使膜片向温度高的一

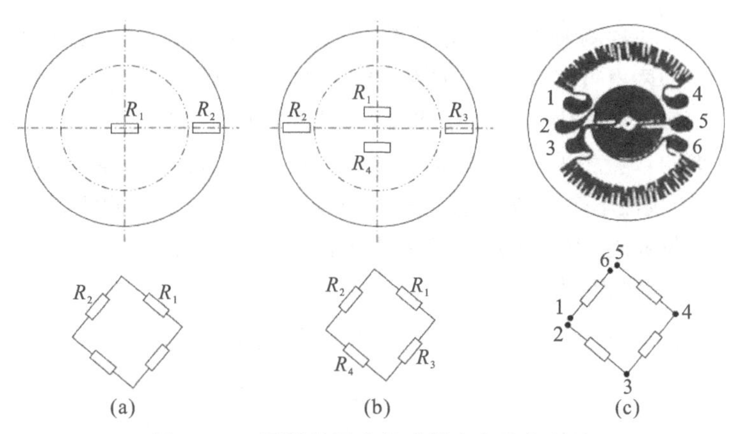

图 6－39　平膜片压力传感器应变片的布置

侧凸起，产生附加的应力应变；③膜片材料的弹性模量和泊松比随膜片温度的变化而变化，即改变了应力应变的大小。

4. 扩散型半导体压力传感器

随着集成电路技术的进步。扩散型半导体压力传感器(见图 6－40)的应用越来越广泛。

扩散型压力传感器晶片的灵敏度非常高，为了使其不受外界的干扰，通常把晶片固定在热膨胀系数与之相等的硅制或硼硅酸玻璃制基座上。扩散型压力传感器可以从扩散面加压，也可以从底面加压。一般来说，从扩散面加压，仅用于非腐蚀性和非导电性的流体。对于对晶片有腐蚀性的流体，有的使用隔膜将被测流体和硅膜片分开，隔膜与硅膜片之间充填硅油，以传递被测压力。扩散型半导体传感器一般用于 1 MPa 以下的压力测量。

5. 电容式压力传感器

图 6－41 为电容式压力传感器。弹性膜片与中心杆端面构成可变电容器的两极，在压力作用下，膜片沿轴向产生位移，从而改变了电容的间隙。这种传感器的特点是利用了膜片本身的弹性，具有较高的灵敏度。其测量精度取决于测量电路，一般也采用调频或调相电路来驱动，适用于液压系统的动态测量。

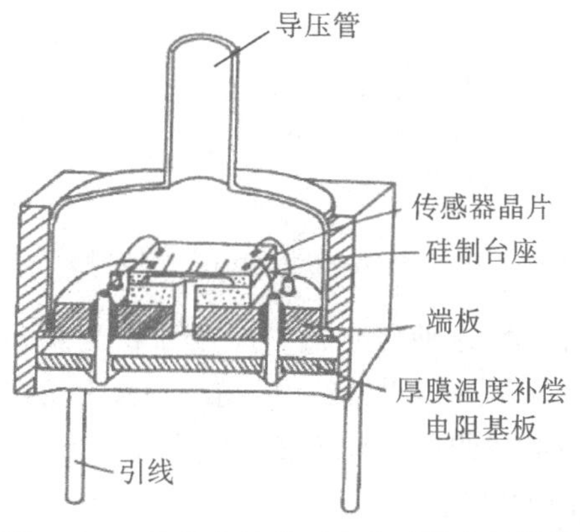

图 6－40　扩散半导体压力传感器内部结构

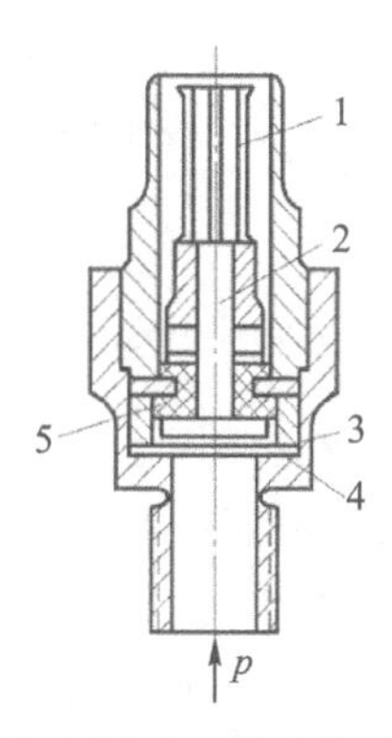

1—同轴电缆；2—中心杆；3—云母片；4—膜片；5—绝缘。

图 6－41　电容式压力传感器

图 6-42 所示为一种测量重量的力天平，其主要利用了差动电容式传感器。该差动电容器组成电桥电路的两根臂，当称量时电容器中间板向上移动，使电桥失衡，该失衡量经整流、放大并积分，在磁力线圈中产生一增加的电流，当电流增加时，线圈中产生的磁感应反作用力最终将与所加的重量相平衡，并将电容器中间极板拉回至零位置。该力天平系统的优点是，机械系统的非线性不会造成测量误差，差动电容器仅用来检测零位置变化，且磁力线圈总是平衡到相同位置上，整个系统中仅要求电路系统具有线性特性。力天平技术不仅可用于称重，也可用来测压力、力和力矩。

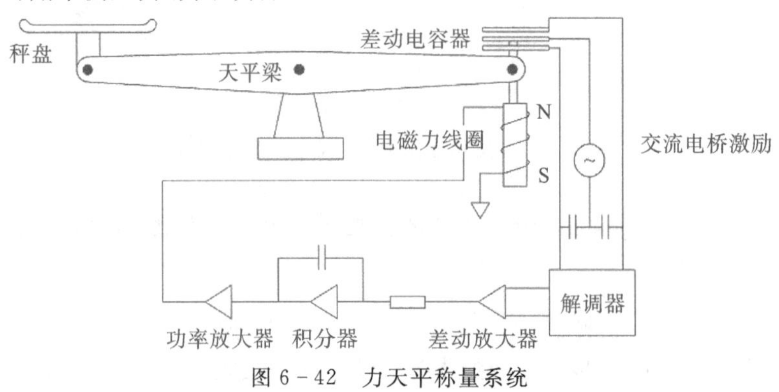

图 6-42　力天平称量系统

6. 磁弹性力传感器

铁磁性材料，尤其是铁镍合金在受拉或受压时会在受力方向上改变其导磁率。这种磁弹性效应可用在力的测量方面。磁弹性力传感器由一个铁磁材料测量体组成，在其中心有一扼流圈。受载时线圈中产生的电感变化经测量电路转换成指示值(见图 6-43)。由于这种传感器测量效应大，因而无需测量放大器。

图 6-44 为另一种利用磁弹性效应的方法，其中的薄铁片做成图示形状，中间有四个孔，分别接受两两互相交叉的绕组，形成电源回路和测量电流回路；当受载时，原先对称的磁力线场发生畸变，从而在测量绕组中感应出对应于负载的电压值。

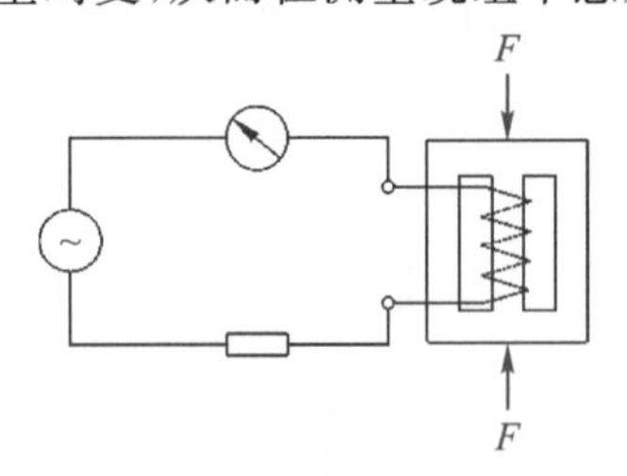

图 6-43　测力元件中磁力线分布图

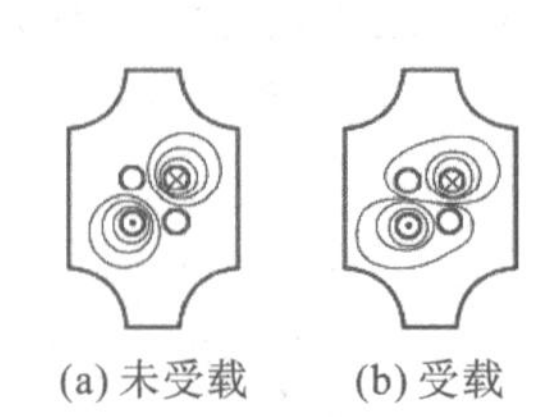

图 6-44　磁弹性力传感器作用原理

磁弹性力传感器主要用于承载大的静态或准静态测量，这种传感器中单位面积受载并不很高，因而测量元件的变形量一般小于 0.1 mm，用这种传感器测量的力一般不大，也无需加测量放大器，精度等级为 0.1%～0.2%。测力元件还可把任意多片接成串联或并联形式，由此可组成矩形测量板以承受高达 50 MN 的力，用相同的方法可制造圆形和环形的力传感器，这种磁弹式力传感器特别适用于重工业部门，尤其是在轧钢机上用来测量大的力，还可用在吊车天平中，其精度等级可达 0.05%～0.1%。

7. 压电力传感器

压电力传感器适合于测量动态和准静态的力，还可有条件地用于静态力测量，使用石英晶体片做主动测量元件。受载时，在石英晶体片表面产生与载荷成正比的电荷，根据晶体切片表面与晶体轴所成的角度，石英晶体片分为拉力敏感和压力敏感两种，产生的电荷及电荷变化经后接的电荷放大器转换为相应的电压输出。石英晶体片具有很高的机械强度、线性的电荷特性曲线和很小的温度依赖性，并具有很高的电阻率。由于在力作用的瞬间即产生电荷，因此石英晶体片传感器尤其适合测量快变和突变的载荷，同时也可应用于高温环境下。

图 6-45 为一个压电式力传感器结构的剖面图。在两个钢环之间配置有环状的压电晶体片，两晶体片之间为一电极，用于接受所产生的电荷。根据传感器的不同尺寸，石英晶体片可做成环状薄片，也有做成多个石英晶体片埋在一环形绝缘体中的形式(见图 6-46 和图 6-47)。将多个不同切片类型的石英晶体片互相叠起来，这样可得到一种测量两个或三个分力的传感器，比如既可测压力又可测剪切力。图 6-47 所示的石英晶体片配置方式可用来测量转矩。

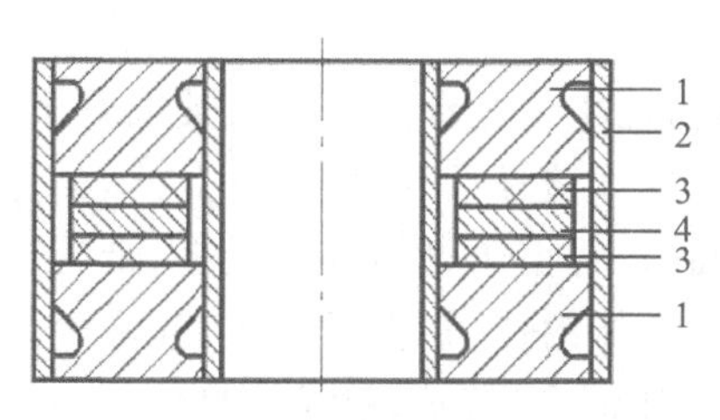

1—钢环；2—外壳；
3—石英晶体片；4—电极。
图 6-45 压电力传感器结构

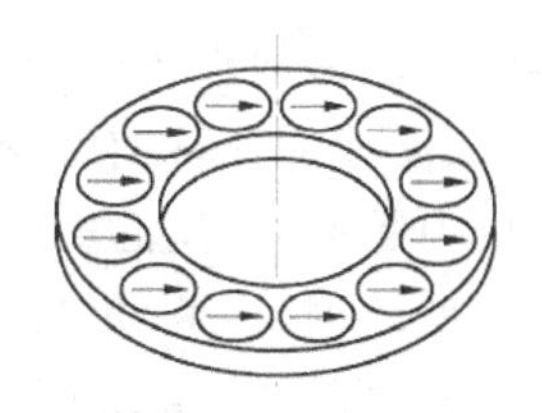

图 6-46 石英晶体片埋入绝缘体内的配置方式(用于测量剪切力)

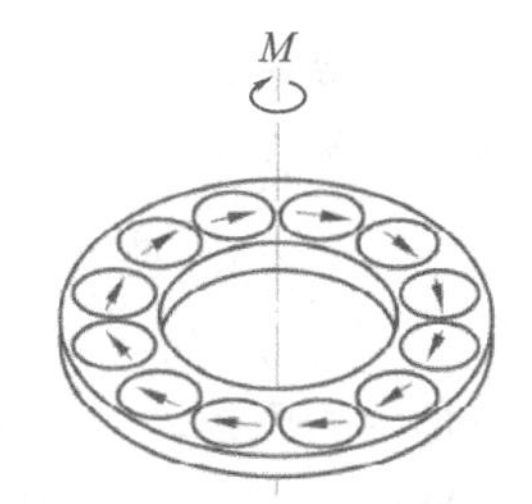

图 6-47 剪切力敏感性石英晶体片配置方式(用于测量转矩)

压电式力传感器具有很好的刚度，受载时的变形仅为几微米，可用来测量高频(大于 100 kHz)的动态变化力。由于分辨率高，可用来测量微小的动态载荷，该类传感器的精度等级为 1%，设计中应对传导电荷的绝缘措施予以注意。另外，在工程中常需要研究机械系统的结构阻抗，为此发展了一种所谓的阻抗头，其本质是一种双传感器结构，将一个测力器和一个压电加速度计组合成一个整体。由于阻抗涉及力和速度，因此一般采用加速度来测量，加速度计使用方便且易于通过电或数字的方式进行积分来获得速度。

8. 振弦式力传感器

振弦式力传感器的工作原理及结构如图 6-48 所示。一根张紧的弦线，其自振频率随弦长的变化而变化，弦长则由于传感器受力作用而引起其中的张力变化而改变；弦线受“弹拨”电磁铁的作用，其自振频率被用作接收器的另一电磁铁所接收，并被转换为等频的电压信号。图 6-49 所示为另一种振弦式力传感器的结构形式，不同的是图示结构采用了平行四边形柔性杠杆机构对输入力 F 进行放大。图中的振弦也可是薄板簧片结构，所用的激励和传感装置也可是压电石英晶体片装置。

振弦式力传感器用于标称力范围为 200 N～5 MN 的拉力、压力测量，测量精度约为

1%。根据其测量原理可知它只能测量较低频率的交变力，因而可在绝缘状态较差的状况下经数千米长的导线进行传输。由于其抗环境干扰能力强且能长时间地保存仪器数据，因此主要用在建筑、岩土力学、采矿、船舶工程等领域。

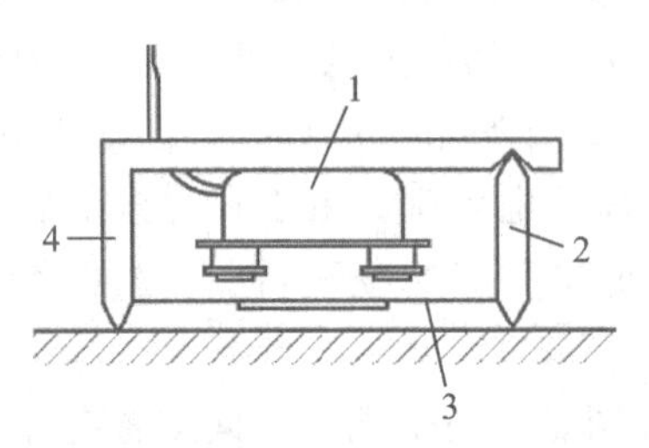

1—电磁铁(用作激励和接收器)；2—活动刀口；3—振弦；4—具有固定刀口的传感器主体。

图 6-48　振弦式力传感器 1

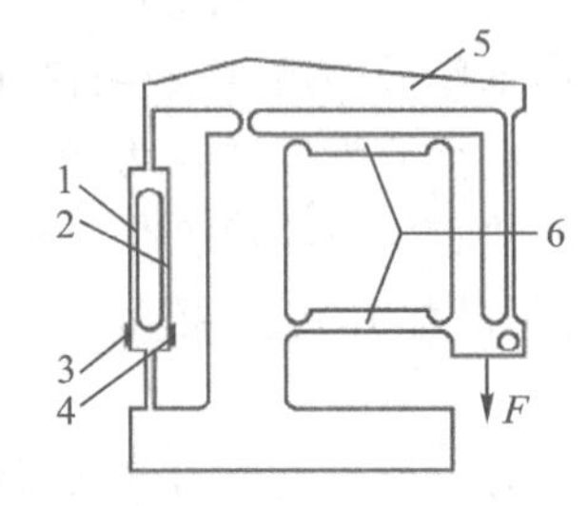

1,2—振动簧片；3—振动激励器；4—振动传感器；5—平行导杆；6—杠杆。

图 6-49　振弦式力传感器 2

6.4.4　真空度测试

1. 热传导式真空计

热传导式真空计是利用气体传导热量的程度进行压力测定。把细灯丝封入玻璃管中，通电后灯丝就发热，使气体分子因动能增加而移向管壁。气体传导的热量与管内气体的分子数，即管内气体的压力成正比，压力越低，灯丝温度越高，这是由于气体分子数少，带到管壁的热量少的原因。通过对灯丝温度的测定，就可以测出气体的压力，在低压下，气体引起的热传导率和压力一起直线减少。该类真空计要求灯丝电流恒定，管球、引线的热传导和放热少。热传导式真空计按灯丝温度测定方式可分为热电偶真空计和皮拉尼真空计。

热电偶真空计是利用焊在灯丝上的热电偶测定灯丝温度的，如图 6-50 所示，测量范围通常为 0.133～133 Pa。图 6-51 给出了皮拉尼真空计的工作原理。测量端是皮拉尼管与被测气体相通，参考端与测量端具有相同的尺寸和结构，唯一不同的是参考端被抽成高真空后密封，把它们的灯丝(铂电阻丝)分置于电桥的邻臂上。皮拉尼管内铂电阻丝电阻的变化反映出气体绝对压的大小，由显示装置读出，其测量范围为 1.33×10^{-3}～13.3 Pa。

2. 电离真空计

电离真空计是使气体分子电离，通过测定离子数来测定真空度的。按电离方式，其可分为利用高速电子碰撞使之电离的热阴极电离真空计和利用射线使之电离的放射能电离真空计。下面以热阴极电子真空计为例，说明其原理。

在与被测气体相连通的室内，有一个加热阴极，一个正偏压栅极和一个负偏压的集离子极。热阴极放出的电子沿电场被加速，碰撞气体分子，使之电离，生成离子。由于集离子极比阴极电位还低，这些离子就流向集离子极。由于单位时间生成的离子数与气体分子的密度成正比，故可通过测定离子电流来测定真空度。其测量范围为 133.3×10^{-9}～133.3×10^{-3} Pa。

热阴极电离真空计有两个缺点，一是气体的绝对压超过 133.3×10^{-3} Pa 时，会使灯丝老化，缩短寿命；二是电子轰击作用随丝极温度变化，故要求严格控制丝极电流。放射能电离

真空计用 α 射线放射源代替了丝极加热，在一定程度上克服了上述缺点。

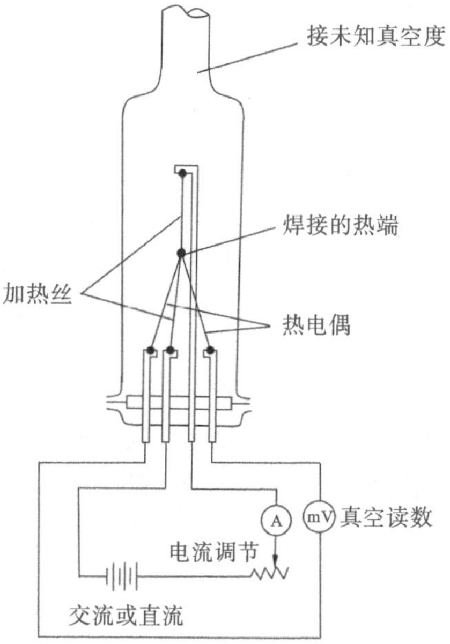

图 6－50　热电偶真空计的原理

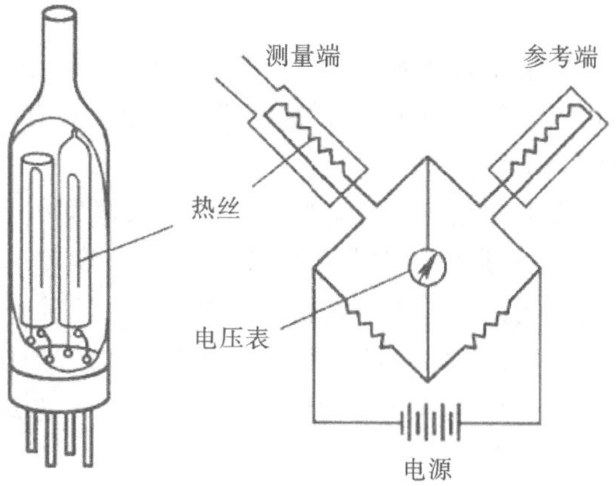

图 6－51　皮拉尼真空计的原理

6.4.5　压力计的选择

压力计要根据使用目的、用途和压力计、真空计的可测压力范围和性能来选择，考虑因素如下：

（1）被测流体的性质，如被测气体或液体具有腐蚀性时，压力计是否会被腐蚀等。

（2）额定压力和不损坏精度的最大压力。

（3）压力计的静态特性，如灵敏度（定义为压力 P 和输出电压 V 之比，包含电桥电路的压力计，也常用单位供桥电压引起的输出电压表示）、直线性、回程误差、温度引起的零点漂移和温度引起的输出变动等。

（4）压力计的动态特性，如固有频率、时间常数、响应时间、加速度引起的误差[以加于压力传感器上单位重力加速度引起的误差与满量程比值的百分数（%FS/g）表示]等。

（5）从压力入口到膜片的容积及因膜片变形引起的容积变化量等。

6.5　位移测试

位移尺寸是生产实践中最常遇到的被测量。有些位移尺寸可采用直接测量法，有些位移超出了仪器的测量范围，有些微小尺寸测量要求的分辨率、测量精度或测量效率用直接测量法难以实现，特别是一些动态位移尺寸及非圆弧直径尺寸的测量，只有借助位移传感器才能得以精确实现。位移是物体上某一点在一定方向上的位置变动，因此位移是矢量，测量时应根据不同的测量对象选择测量点、测量方向和测量系统。许多动态变化的参数如力、扭矩、速度、加速度以位移测量为基础。位移测试根据被测参量可分为线位移测量和角位移测量，根据被测参数特性可分为静态位移测试和动态位移测试。

6.5.1 常用位移传感器

常用位移传感器有电阻式、电感式、差动变压器、感应同步、磁尺、光栅尺和激光等位移计，以及电动千分表。

1. 光栅传感器

计量光栅分为测量直线位移的长光栅和测量角位移的圆光栅。光栅是指在透明的玻璃上均匀地刻画线条（透射式），或在不透明具有强反射能力的基体上均匀地刻画间距、宽度相等的条纹（反射式）。

透射式光栅线纹宽为 a，线纹缝隙宽为 b，$a:b=1:1\sim1.1:0.9$，称 $a+b=P$ 为光栅节距（或光栅常数），它由随测量位移（或长度）移动的滑尺（主光栅）和不动的定尺（指示光栅）组成。在光源和透镜组成的光学系统的照射下，因定尺、滑尺的线纹间有微小的夹角 θ，在栅距较光波长大得多的情况下，由于线纹的遮挡作用会产生明暗相间的条纹（莫尔条纹），如图6－52所示，其分布在大致垂直于线纹长度的方向上。

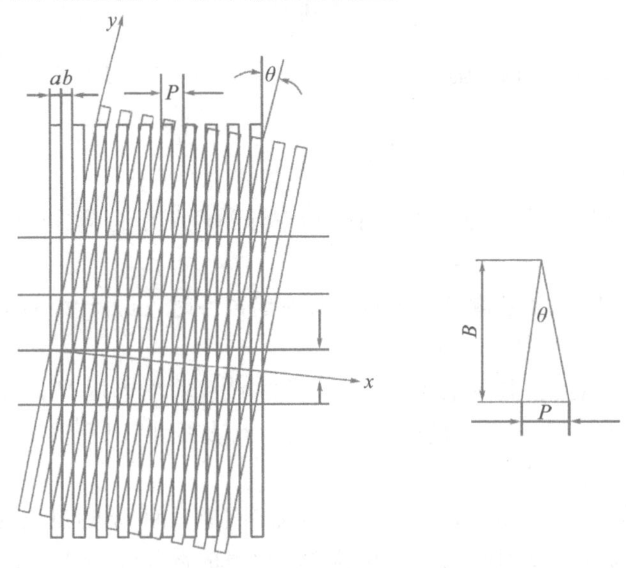

图6－52 透射式直线光栅

设 P 为栅距，则当主动光栅移动一个栅距时，莫尔条纹移动的距离为

$$B=\frac{P/2}{\sin\theta/2} \tag{6-27}$$

因 θ 较小，$\sin\theta/2\approx\theta/2$，则 $B\approx\frac{P}{\theta}=\frac{1}{\theta}P=K'P$，其中 K' 为莫尔条纹的放大倍数。

例如，$P=0.02$ mm，$\theta=0.1°$，则 $B=11.4550$ mm，其 $K'=573$，表明莫尔条纹的放大倍数相当大，可以把难以观察到的光栅位移清晰可见地进行移动，从而实现高灵敏度的位移测量。如图6－53所示为透射式光栅传感器。

光栅传感器有如下特点：

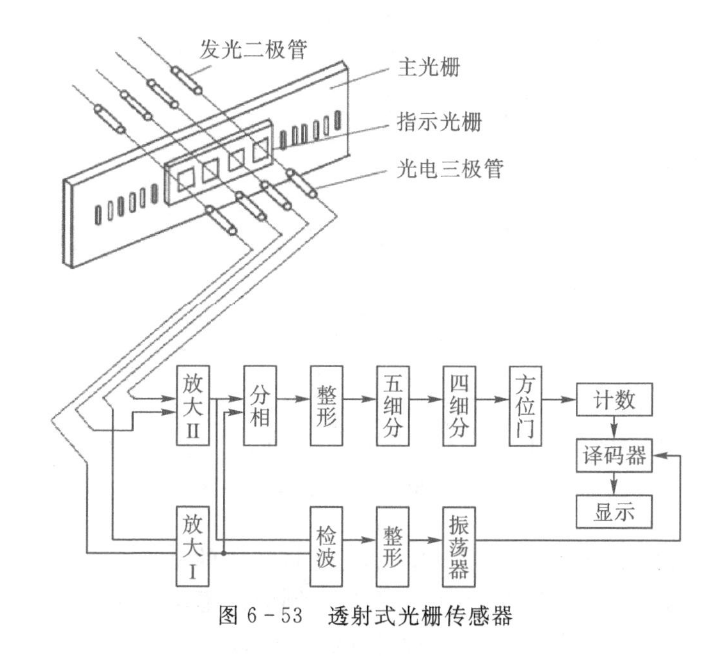

图 6-53　透射式光栅传感器

(1)高精度和高分辨率。精度仅低于激光干涉仪，长光栅精度(0.5～3) μm/3000 mm，角位移达 0.15。

(2)大量程，精度高于感应同步器和磁栅。

(3)动态测量，易于实现测量和数据处理自动化，数字显示。

(4)抗干扰能力强，应用于数控机床。

(5)成本比感应同步器和磁栅传感器高。

(6)在现场使用时要求密封，以防止油污、灰尘、铁屑等的污染。

2. 光电编码器

编码器是将信号或数据进行编制、转换为可用以通信、传输和存储的信号形式的设备。编码器把角位移或直线位移转换成电信号，测量角位移的称为码盘，测量直线位移的称为码尺。

角编码器是一种旋转式位置传感器，它的转轴通常与被测轴连接，随着被测轴一起转动，如图 6-54 所示。它能将被测轴的角位移转换成二进制编码或者一串脉冲。角编码器有两种基本类型：绝对式编码器和增量式编码器。

(1)绝对式编码器。绝对式编码器是按照角度直接进行编码的传感器，可直接把被测转角用数字代码表示出来。根据内部结构和测试方式，它分为接触式、光电式等形式。

如图 6-54(b)所示为一个 4 位二进制接触式码盘。它在一个不导电的基体上做成许多有规律的导电金属区，其中阴影部分为导电区，用“1”表示；其他部分为绝缘区，用“0”表示。码盘分成 4 个码道，每个码道上都有一个电刷，电刷经取样电阻接地，信号从电阻上取出。这样，无论码盘处在哪个角度上，该角度均有 4 个码道的“1”和“0”组成 4 位二进制编码与之对应。码盘最里面一圈轨道是公用的，它和各码道所有导电部分连在一起，经过限流电阻接激励电源的正极。由于码盘与被测转轴连在一起，而电刷位置是固定的，当码盘随被测轴一起转动时，电刷和码盘的位置就发生相对变化。若电刷接触到导电区域，该回路中的取样电

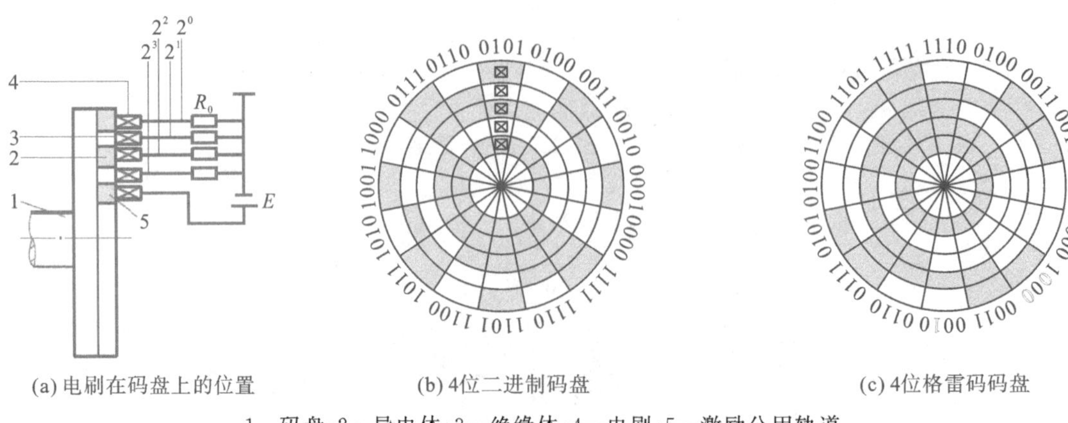

(a) 电刷在码盘上的位置　　(b) 4位二进制码盘　　(c) 4位格雷码码盘

1—码盘;2—导电体;3—绝缘体;4—电刷;5—激励公用轨道。

图 6-54　绝对式编码器

阻就有电流流过,产生压降,输出为“1”;反之,若电刷接触的是绝缘区域,则不能形成回路,取样电阻上无电流流过,输出为“0”,由此可根据电刷的位置得到由“1”“0”组成的 4 位二进制码。例如,在图 6-54(b)中可以看到,此时的输出为 0101。

从以上分析可知,码道的圈数(不包括最里面的公用码道)就是二进制的位数,且高位在内,低位在外。由此可以推断 n 位二进制码盘有 n 圈码道,且圆周均分 2^n 个数据来分别表示其不同位置,所能分辨的角 $\alpha=360°/2^n$,分辨率$=1/2^n$。显然,位数 n 越大,所能分辨的角度就越小,测量精度就越高。若要提高分辨力,就必须增加码道数,即二进制位数。例如,某 12 码道的绝对式角编码器,其每圈的位置数为 $2^{12}=4096$,分辨角度 $\alpha=360°/2^{12}=5.27'$。另外,在实际应用中对码盘制作和电刷安装要求十分严格,否则就会产生非单值性误差。例如,当电刷由位置(0111)向位置(1000)过渡时,若电刷安装位置不准或接触不良,可能会出现 8～15 的任意十进制数。为了消除这种非单值性误差,可采用二进制循环码盘(格雷码盘)。如图 6-54(c)所示为 4 位格雷码盘,与如图 6-54(b)所示的码盘相比,区别在于码盘在旋转时任何两个相邻数码间只有 1 位是变化的,每次只切换 1 位数,可把误差控制在最小单位内。

光电式编码器与接触式编码器结构相似,只是其中的黑白区域不表示导电区和绝缘区,而是表示透光区或不透光区。其中黑的区域为不透光区,用“0”表示;白的区域为透光区,用“1”表示。任意角度都有对应的二进制编码,与接触式编码盘不同的是不必在最里面一圈设置公用码道,同时取代电刷的是在每一码道上都有一组光敏元件,如图 6-55 所示。由于径向各码道的透光和不透光使各光敏元件,受光的输出“1”电平,不受光的输出“0”电平,由此而组成 n 位二进制编码。

光电码盘的特点是无接触磨损,寿命长,允许高转速,精度高。就材料而言,不锈钢薄板所制成的光电码盘要比玻璃码盘抗震性好、耐不洁环境。但由于槽数受限,因此光电码盘的分辨力比玻璃码盘的低。

(2)增量式编码器。增量式编码器通常为光电码盘,常与转轴连在一起,结构形式如 6-56 所示。

码盘可用玻璃材料制成,表面镀上一层不透光的金属铬,在边缘制成向心透光狭缝。透

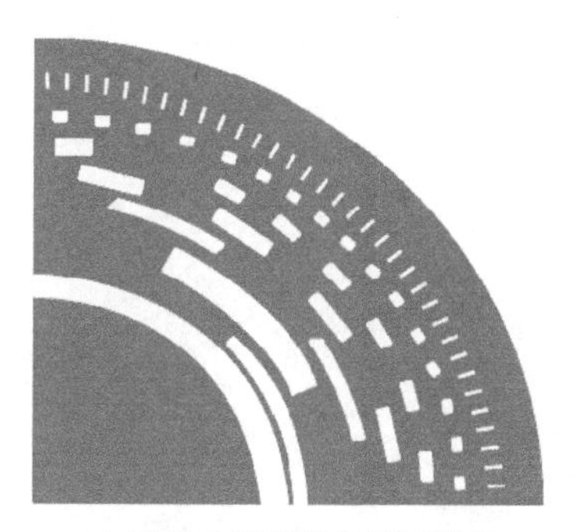
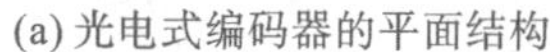

(a) 光电式编码器的平面结构

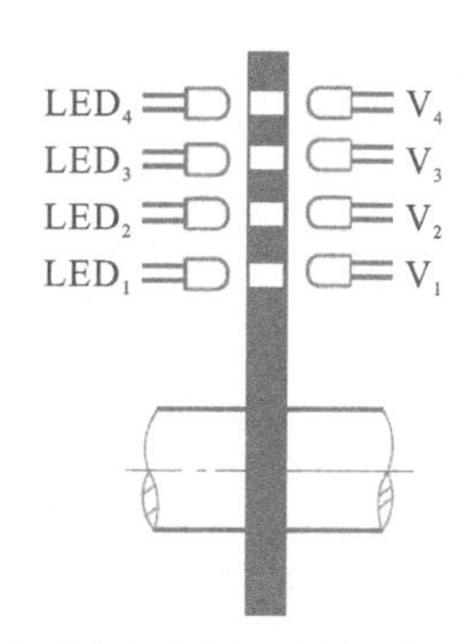

(b) 光电码盘与光源、光敏元件的对应关系

图 6-55　光电式编码器

光狭缝在码盘圆周上等分，数量从几百条到几千条不等。这样，整个码盘圆周上就等分 n 个透光槽。除此之外，也可用不锈钢薄板制成，在圆周边缘切割出均匀分布的透光槽，其余部分均不透光。

光电码盘最常用的光源是有聚光效果的 LED。当光电码盘随工作轴一起转动时，在光源的照射下，透过光电码盘和光栏板狭缝形成忽明忽暗的光信号，光敏元件把此光信号转换成电脉冲信号，通过信号处理电路的整形、放大、细分、辨向后，向数控系统输出脉冲信号，或用数码管直接显示位移量。

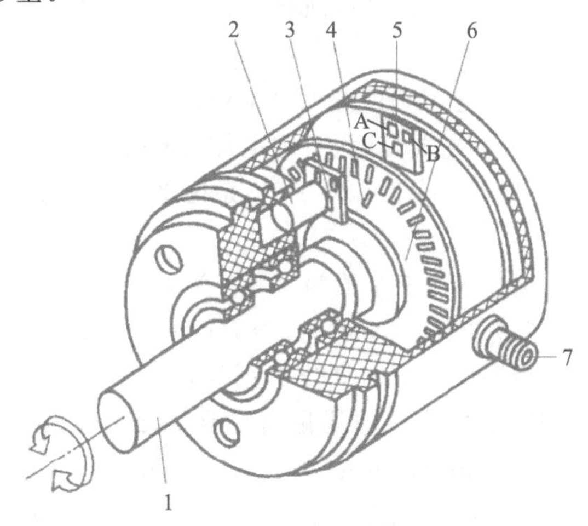

1—转轴；2—LED；3—光栅板；4—零标识位光槽；5—光敏元件；6—码盘；7—电源及信号线连接座。

图 6-56　增量式编码器结构示意图

增量式编码器的测量精度取决于它所能分辨的最小角度，而这与码盘圆周上的狭缝条纹数 n 有关，即分辨角度为 $\alpha=360°/n$，分辨率 $=1/n$。

为了得到码盘转动的绝对位置，必须设置一个基准点(见图 6-56)，即零标识位光槽，又称“一转脉冲”；为了判断码盘的旋转方向，光栅板上的两个狭缝距离是码盘上的两个狭缝距离的 $(m+1/4)$ 倍，m 为正整数，并设置了两组光敏元件。图 6-56 中的 A、B 光敏元件，又称 cos、sin 元件。增量式光电编码器的输出波形如图 6-57 所示。

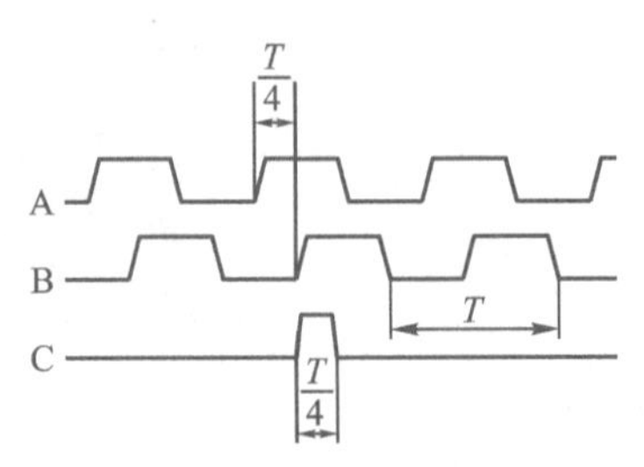

图 6-57　增量式光电编码器的输出波形

6.5.2　厚度测量

1. 非接触式测厚仪

(1)X 射线测厚仪。对于窄束入射线，在其穿透被测材料后，射线强度为

$$I = I_0 e^{-\mu h} \tag{6-28}$$

式中，I_0 为入射射线强度；μ 为吸收系数；h 为被测材料的厚度。当 μ 和 I_0 一定时，I 仅仅是板厚 h 的函数，所以测出 I 就可以知道厚度 h。

X 射线测厚仪原理是根据 X 射线穿透被测物时的强度衰减来进行转换测量厚度的，即测量被测钢板所吸收的 X 射线量，根据该 X 射线的能量值，确定被测件的厚度。由 X 射线探测头将接收到的信号转换为电信号，经过前置放大器放大，再由专用测厚仪操作系统转换为直观的实际厚度信号。

X 射线源辐射强度的大小，与 X 射线管的发射强度和被测钢板所吸收的 X 射线强度相关。一个在系统量程范围内的给定厚度，为了确定其所需的 X 射线能量值，可利用 M215 型 X 射线检测仪进行校准。在检测任一特殊厚度时，系统将设定 X 射线的能量值，使检测能够顺利完成。

在厚度一定的情况下，X 射线的能量值为常量。当安全快门打开，X 射线将从 X 射线源和检测器之间的被测带材中通过，被测带材将一部分能量吸收，剩余的 X 射线被位于 X 射线源正上方的检测器接收，检测器将所接收的 X 射线转换为与之大小相关的输出电压。如果改变被测带材的厚度，则所吸收的 X 射线量也将改变，这将使检测器所接收的 X 射线量发生变化，检测信号也随之发生相应的变化，如图 6-58 所示。

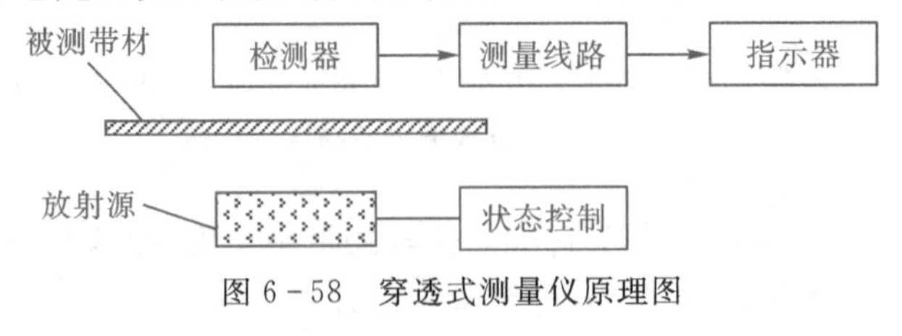

图 6-58　穿透式测量仪原理图

(2)γ 射线测厚仪。γ 射线测厚仪工作原理与 X 射线测厚仪工作原理一样。但是二者有诸多不同点：

①物理特性。X 射线束能缩减为很小的一点，其结构几何形状不受限制，而 γ 射线则不能做到，因此光子强度会急骤减少以致噪声大幅度增加。

②信号/噪声比。X 射线的高光子输出，在相同时间常数下其噪声系数为 γ 射线的 10 倍左右。

③反应时间。X 射线测厚仪为高光子输出，其时间常数很小，作为 AGC 系统的快速调节是非常有利的，γ 射线测厚仪的时间常数为 5～10 倍。

④测量精度。γ 射线源的选定能量是单一能源，无法改变，保证了 0～1 mm 内的精度，2～3 mm 就难以保证同样精度；而 X 射线测厚仪为 X 射线管发射高光子能量，可以确保 1～4 mm 内任一品种的测量精度。

⑤适用范围。对于多种铜合金的测量，X 射线测厚仪适应性比 γ 射线测厚仪宽，效果好。

⑥安全与环保。γ 射线测厚仪射源采用的同位素是一种放射性元素，测量带材时都是同一能量，测量精度不准，测量噪声大，射线能量不可调节和控制，长期使用会导致环境污染、人身受到伤害。X 射线测厚仪的射源采用 X 射线管，可控制和关断射线源，X 射线测厚仪在不使用时不发出辐射，仅在操作时在带材方向发出范围较小的光束，安全环保、测量精确。

2. 接触式厚度仪

如图 6－59 所示，接触式测厚仪主要由测量头和指示放大器两部分组成，工作原理是被测带材通过上下传感器测量头接触测量，上测量头用于微调和标称厚度设定，下测量头为测量传感器，带钢厚度改变时，上下与带钢接触的差动式位移传感器同时测出位移变化量，形成厚度偏差信号输出。为增强位移传感器测量头的耐磨性，一般采用金刚石接触测量。

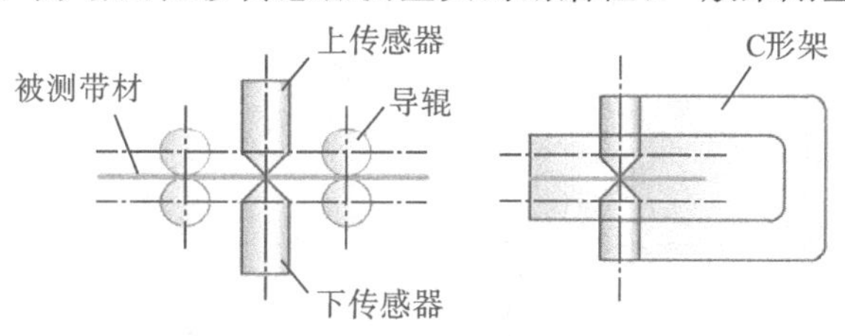

图 6－59　接触式测厚仪原理图

接触式测厚仪主要用于低速轧机轧制过程中，对所测材料的成分不敏感；在测量过程中测头与带材摩擦使测头温度升高而发生温漂可能划伤带材，且带材上黏接的灰尘和测头的磨损对测量精度影响较大，特别是对厚而硬的材料，带材边部的弯曲也会对测量精度产生较大影响。

6.5.3　物位测量

在工业生产中，常常需要测量容器内的固体料位、液体液位和两种不相混合物料的分界面位置。物位是指容器（开口或密封）中液体介质液面的高低（称为液位），两种液体介质的分界面的高低（称为界面）和固体块、散粒状物质的堆积高度（称为料位）。用来检测液体的仪表称为液位计，检测分界面的仪表称界面计，检测固体料位的仪表称料位计，统称为物位计。

物位测量主要有两个目的：一个是通过物位测量来确定容器里的原料、半成品或产品的数量，以保证生产过程各环节物料平衡以及为进行经济核算提供可靠的依据；另一个是在连续生产情况下，了解液位是否在规定的范围内，对维持正常生产、保证产品的产量和质量以及保证安全生产具有重要的意义。

物位测量技术主要是基于相界面两侧物质的物性差异或液位改变引起有关物理参数变化的原理。这些物理参数的共同特点是能够反映相应的液位变化并易于检测，或是电量的或是非电量的，如电阻、电容、电感、差压、声速、光能等。根据所检测物理量的不同或所采用敏感元件的不同，选取不同的液位测量方法和相应的测量仪表。

一般而言，要根据被测液体的性质及其容器的特性来选择测量方法，因为这些特性会影响检测信号的变化程度和测量仪表的安装与利用。具体而言，选择合适的测量方法不仅要求能够获得最大信号量，同时，还应该考虑信号传送过程对被测液体安全性等方面的影响、被测液体对敏感元件的污染和腐蚀、所需仪表的成本、用户的使用条件等具体情况。常见的测量方法有电感式测量法、电容式测量法、超声波测量法、透射测量法、放射性同位素测量法等。

1. 电感测量法

电感式液位计主要利用电磁感应现象进行测量，液位变化引起线圈电感变化，感应电流也发生变化。电感式液位计既可进行连续测量，也可进行液位定点控制。

传感器由不导磁管子、导磁性浮子及线圈组成。管子与被测容器相连通，管子内的导磁性浮子浮在液面上，当液面高度变化时，浮子随之移动，线圈固定在液位上下限控制点，当浮子随液面移动到控制位置时，引起线圈感应电势变化，以此信号控制继电器动作，可实现上、下液位的报警与控制，如图 6-60 所示。

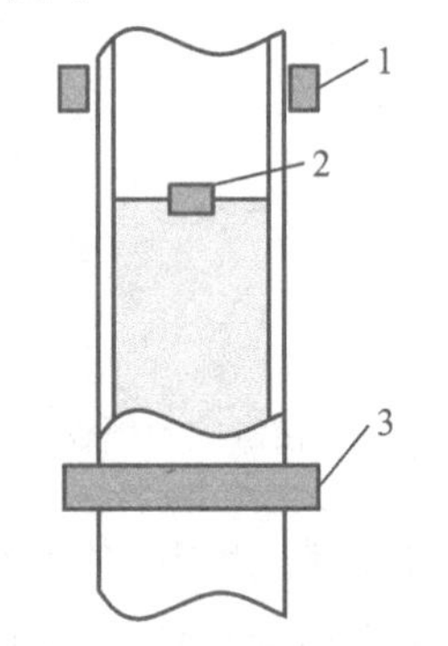

1，3—上下限线圈；2—浮子。

图 6-60　电感式液位控制器

2. 电容测量法

电容式液位计测量原理是利用液位高低变化影响电容器电容量的大小，适用范围非常广泛，对介质性质的要求不像其他方法那样严格，对导电介质和非导电介质都能测量，此外还能测量倾斜晃动及高速运动的容器的液位，其不仅能做液位控制器，还能用于连续测量。电容式液位计主要由液位传感器、测量、显示等部分组成，其传感器多为一个圆柱形的可变电容器，会根据被测液体的不同性质来改变其结构和原理。

(1)导电液体的电容式液位传感器。图 6-61 所示为测量导电液体的电容式液位传感器，其利用传感器两电极的覆盖面积随被测液体液位的变化而变化，从而引起电容量变化这种关系进行液位测量。由图 6－61 可知，不锈钢棒 3、聚四氟乙烯套管 4 以及容器 2 内的被测导电液体 1 共同组成一个圆柱形电容器，其中不锈钢棒为电容的一个电极（相当于定片），聚四氟乙烯套管为两电极间的绝缘介质。

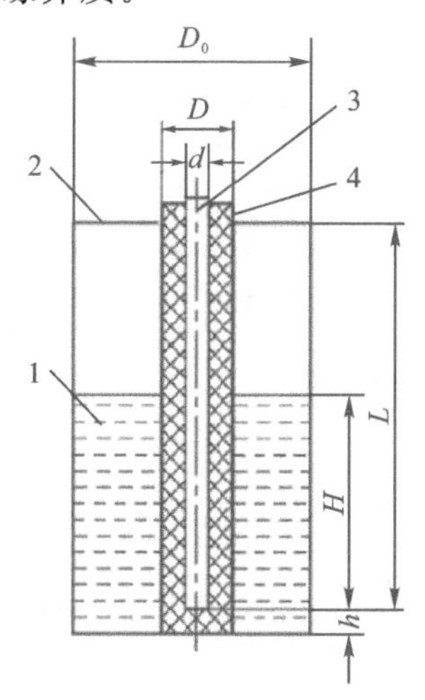

1—被测导电液体；2—容器；3—不锈钢棒；4—聚四氟乙烯套管。

图 6－61　测量导电液体液位的可变电容传感器

当液位高度为 $H=0$ 时，容器内实际液位低于 h（非测量区）时，传感器与容器之间存在分布电容，电容量 C_0 为

$$C_0=\frac{2\pi\varepsilon_0' L}{\ln D_0/d} \tag{6-29}$$

式中，ε_0' 为聚四氟乙烯套管和容器内气体的等效介电常数；L 为液体测量范围；D_0 为容器内径；d 为不锈钢棒直径。

当液位高度为 H 时，传感器的电容量 C_H 为

$$C_H=\frac{2\pi\varepsilon H}{\ln D/d}+\frac{2\pi\varepsilon_0'(L-H)}{\ln D_0/d} \tag{6-30}$$

当容器内液位由 0 升高至 H 时，传感器的电容量的变化量 ΔC 为

$$\Delta C=\frac{2\pi\varepsilon H}{\ln D/d}-\frac{2\pi\varepsilon_0' H}{\ln D_0/d} \tag{6-31}$$

一般地，$D_0\gg D$，且 $\varepsilon>\varepsilon_0'$，式（6－31）中第一项的数值要远远大于第二项，第二项可以忽略，则

$$\Delta C\approx\frac{2\pi\varepsilon H}{\ln D/d} \tag{6-32}$$

只要参数 ε、D 和 d 的数值一定，不受压力、温度等因素的影响，那么传感器的电容变化量与液位的变化量之间就存在良好的线性关系。另外，绝缘材料的介电常数较大和绝缘层厚度较薄（D/d 较小）时，传感器的灵敏度较高。可见，液位升高时，两电极极板的覆盖面积增大，可变电容传感器的电容量就成比例地增加；反之，电容量就减小。因此，通过测量传感器的电容量大小就可获知被测液位的高低。

（2）非导电液体的电容式液位传感器。图 6－62 所示为测量非导电液体的电容式液位

计，其主要利用被测液体液位变化时，引起传感器电极间充填介质的介电常数变化，导致电容量发生变化这一特性进行液位测量。该传感器适用于电导率小于 10^{-9} S/m 的液体（如轻油类）、部分有机溶剂和液态气体的测量。

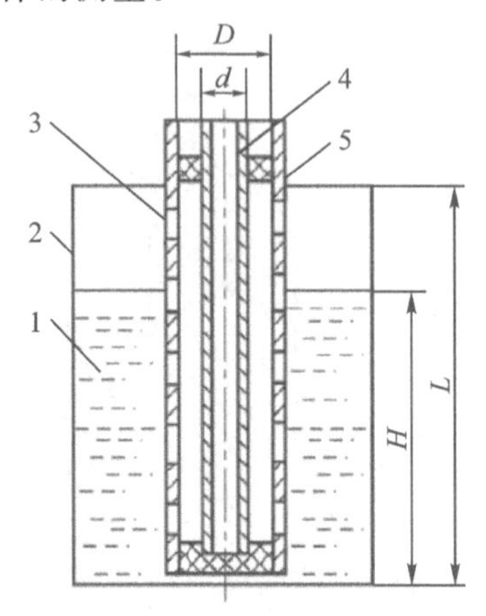

1—被测非导电液体；2—容器；3—不锈钢外电极；4—不锈钢内电极；5—绝缘套。

图 6-62　测量非导电液体液位的可变电容传感器

当液位高度为 $H=0$ 时，两极板间的介质为空气，其初始电容量 C_0 为

$$C_0=\frac{2\pi\varepsilon_0 L}{\ln D/d} \tag{6-33}$$

式中，ε_0 为空气的介电常数；L 为两电极的最大覆盖长度；D 为外电极内径；d 为内电极外径。

当液位高度为 H 时，传感器的电容量 C_H 为

$$C_H=\frac{2\pi\varepsilon H}{\ln D/d}+\frac{2\pi\varepsilon_0(L-H)}{\ln D/d} \tag{6-34}$$

当容器内液位由 0 升高至 H 时，传感器的电容量的变化量 ΔC 为

$$\Delta C=\frac{2\pi(\varepsilon-\varepsilon_0)H}{\ln D/d} \tag{6-35}$$

由此可见，当电极给定后，D、d 均为定值，故传感器的电容量随液位变化，即通过测量传感器的电容量就可确定被测液位。

3. 超声波测量法

超声波技术应用于液位测量主要是利用两种不同介质（液—气、液—液）分界面处声学液特性的不同，超声波传播到分界面时发生反射现象，再应用回声测距法测量出液位高度，也可利用界面上、下两种介质的声阻抗以及衰减特性的变化来实现液位的定点信号报警。

（1）回波测距法：回波测距法是超声波液位仪表最常用的一种方法。由于超声波入射到两种不同介质的分界面上时会发生反射现象，所以通过周期性地向气—液分界面发射超声脉冲，在界面处将周期性地产生反射波，测量出发射波与反射波的时间间隔，再利用测时电路把时间间隔的变化转换为可以显示的信号，当液位发生变化时，该时间间隔也会随着变化。

图 6-63 所示为气介式超声波液位计原理示意图。从探头到液面的距离为 S，超声波在空气中的声速为 c，从发射波到接收反射波的时间间隔为 T，这时间距 S 的表达式为

$$S = \frac{1}{2}cT \tag{6-36}$$

由式(6-36)可以看出液位高度 S 是时间 T 的函数，通过测量反射回波的时间间隔 T，即可计算出液位高度 S，此为回波测距法的原理。

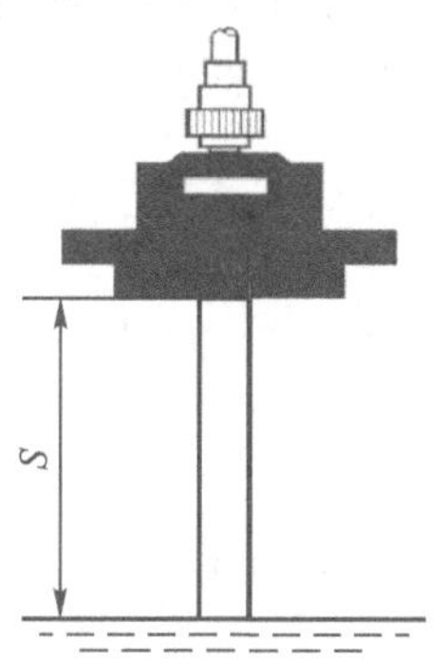

图 6-63　气介式超声波液位计原理示意图

(2)回波时间比较法：通过贴底式安装的超声波探头，周期性地向液面发送超声波，测量出发射波与接收到反射波的时间，再与给定时间进行比较，通过控制电路进行液位的定点信号报警。这种方法线路简单，报警精度高，信号调节方便。

(3)脉冲反射波法：贴壁式安装的超声探头通过器壁周期性地向被测液体发送超声波，由于空气和被测液体的声衰减特性不同，可以根据接收到的反射波(从对面器壁或专门设置的反射板)的有或无的变化，来判断液位是否达到信号点。基于这种方法可制成脉冲反射波式的超声液位信号器。

超声波液位测量特点：与介质不接触，无可动部件，电子元件只以声频振动，振幅小，仪器寿命长；超声波传播速度比较稳定，光线、介质黏度、湿度、介电常数、电导率、热导率等对检测几乎没有影响，适于有毒、腐蚀性或高黏度等特殊场合的液位测量；不仅可进行连续测量和定点测量，还能方便地提供遥测或遥控信号；能测量高速运动或有倾斜晃动的液体的液位；超声波仪器结构复杂，价格相对昂贵。

当超声波传播介质温度或密度发生变化时，声速也将发生变化，对此超声波液位计应有相应的补偿措施，否则将严重影响测量精度；有些物质对超声波有强烈吸收作用，选用测量方法和测量仪器时要充分考虑液位测量的具体情况和条件。

4. 放射性同位素测量法

不同物质对同位素射线的吸收能力不同，一般固体最强，液体次之，气体最差。当射线射入厚度为 H 的介质时，会有一部分被介质吸收掉。透过介质的射线强度 I 与入射强度 I_0 之间有如下关系：

$$I = I_0 e^{-\mu H} \tag{6-37}$$

式中，μ 为吸收系数，条件固定时为常数。变形为

$$H = \frac{1}{\mu}(\ln I_0 - \ln I) \tag{6-38}$$

因此测液位可通过测量射线在穿过液体时强度的变化量来实现。

放射性同位素液位计由辐射源、接收器和测量仪表组成。辐射源一般用钴 60 或铯，放在专门的铅室中，安装在被测容器的一侧，辐射源在结构上只能允许射线经铅室的一个小孔或窄缝透出。接收器与前置放大器装在一起，安装在被测容器另一侧。辐射源释放的 γ 射线由盖革计数管吸收，每接收到一个 γ 粒子，就输出一个脉冲电流。射线越强，电流脉冲数越多，经过积分电路变成与脉冲数成正比的积分电压，再经电流放大和电桥电路，最终得到与液位相关的电流输出。常用的辐射配置方式如图 6－64 所示。

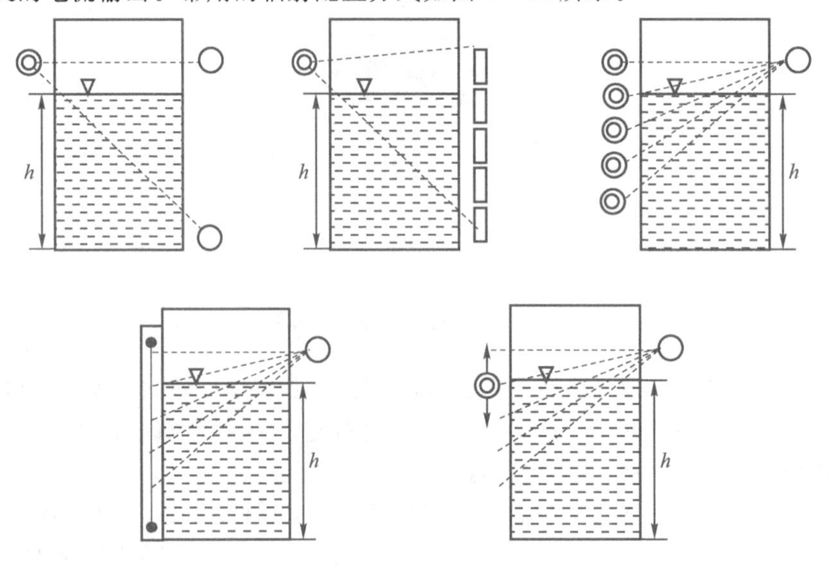

◎ 辐射源；　○ 接收器

图 6－64　常用辐射器配置方式

放射性同位素液位计既可进行连续测量，也可进行定点发送信号和进行控制。射线不受温度、压力、湿度、电磁场的影响，而且可以穿透各种介质，因此能实现完全非接触测量。常用于一般仪表难于检测的容器和条件恶劣的环境，如高温、高压、真空和旋转密闭容器；易燃、易爆炸、易结晶、高黏度、强腐蚀、剧毒以及熔融状态的料液；两相界面、分层界面和多尘、多烟雾、强干扰等恶劣环境的液位检测。但在使用时需注意控制放射的剂量，做好防护，以防射线泄漏对人体造成伤害。

6.6　流量测试

在包装生产灌装中，流量都是一个很重要的参数。例如，在包装生产过程自动检测和控制中，为了有效地操作、控制和监测，需要检测各种流体的流量。此外，对物料总量的计量还是能源管理和经济核算的重要依据。

6.6.1　概　述

流量是流体在单位时间内通过管道或设备某横截面处的数量。流量的表示方法有质量流量、重量流量和体积流量三种。质量流量是单位时间内通过的流体质量,用 q_m 表示,单位为 kg/s。重量流量是单位时间内通过的流体重量,用 q_G 表示,单位为 kgf/s。体积流量是单位时间内通过的流体体积,用 q_v 表示,单位为 m^3/s。

这三种方法中,质量流量是表示流量的最好方法,它们三者之间可以互相换算。质量流量和体积流量有下列关系:$q_m = \rho q_v$。质量流量和重量流量之间关系为 $q_G = q_m g_v$,流量有瞬时流量和累积流量之分。所谓瞬时流量,是指在单位时间内流过管道或明渠某一截面的流体的量。所谓累积流量,是指在某一时间间隔内流体通过的总量。该总量可以用在该段时间间隔内的瞬时流量对时间的积分而得到,所以也叫积分流量。累积流量除以流体流过的时间间隔,即为平均流量。

6.6.2　流量测量仪表分类

1. 容积式流量计

容积式流量计主要利用流体连续通过一定容积之后进行流量累积的原理,有椭圆齿轮流量计和腰轮流量计两类。

(1)椭圆齿轮流量计。椭圆齿轮流量计是流量仪表中精度最高的一类,用于精密的连续或间断的测量管道中液体的流量或瞬时量,它特别适合于重油、聚乙烯醇、树脂等黏度较高介质的流量测量。

椭圆齿轮流量计的测量部分主要由两个相互啮合的椭圆齿轮及其外壳(计量室)所构成,如图 6-65 所示。椭圆齿轮在被测介质的压差 $\Delta p = P_1 - P_2$ 的作用下,产生作用力矩使其转动。在图(a)所示位置时,由于 $P_1 > P_2$,在 P_1 和 P_2 的作用下所产生的合力矩使轮 A 产生逆时针方向转动,把轮 A 和壳体间的半月形容积内的介质排至出口,并带动轮 B 作顺时针方向转动,这时 A 为主动轮,B 为从动轮,在图(b)所示为中间位置,A 和 B 均为主动轮;而在图(c)所示位置,P_1 和 P_2 作用在 A 轮上的合力矩为零,作用在 B 轮上的合力矩使 B 轮作顺时针方向转动,并把已吸入半月形容积内的介质排至出口,这时 B 为主动轮,A 为从动轮,与图(a)正好相反。如此往复循环,轮 A 和轮 B 互相交替地由一个带动另一个转动,将被测介质以半月形容积为单位一次一次地由进口排至出口。显然,图(a)、(b)、(c)所示,仅仅表示椭圆齿轮转动了 1/4 周的情况,而其所排出的被测介质为一个半月形容积。所以,椭圆齿轮每转一周所排出的被测介质流量为半月形容积的 4 倍,则通过椭圆齿轮流量计的体积流量为

$$q_v = 4nv_0 \tag{6-39}$$

式中,n 为椭圆齿轮的旋转频率,r/s;v_0 为半月形部分的容积,L。

在椭圆齿轮流量计的半月形容积 v_0 一定的条件下,只要测出椭圆齿轮的旋转速度 n,便可得到被测介质的流量。

椭圆齿轮流量计的主要特点如下:①计量精度高,通常在昂贵介质或需要精确计量的场合使用;②流量测量与流体的流动状态无关,不会影响计量精度;③测量范围度较宽,典型的流量范围度为 5∶1 到 10∶1;④可用于高黏度流体的测量;⑤仪表数据直接读取,无需外部能源,操作简便;⑥结构复杂,体积大,笨重,故一般只适合中小口径;⑦被测介质种类、介质工况、口径局限性较大,适应范围窄,不适于高低温场合,只适合洁净单相流体;⑧安全性差,

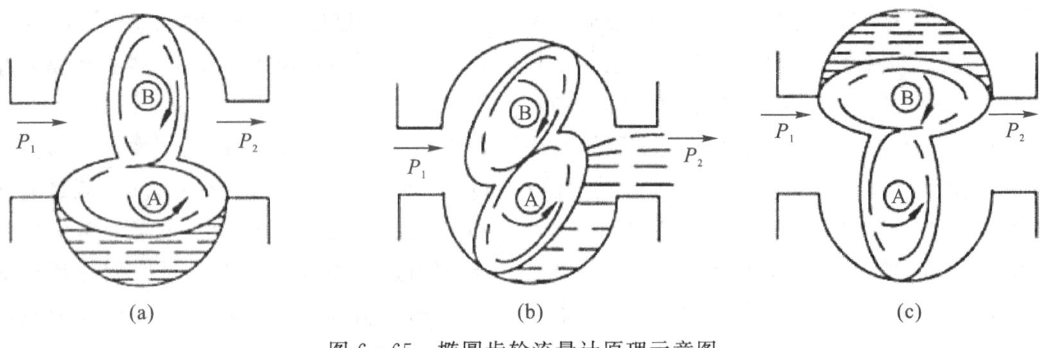

(a)　　(b)　　(c)

图 6-65　椭圆齿轮流量计原理示意图

如检测活动件卡死，流体就无法通过；⑨测量过程中会给流体带来脉动，较大口径仪表还会产生噪声，甚至使管道产生振动。

(2)腰轮转子流量计。腰轮转子流量计又称罗茨流量计，其工作原理与椭圆齿轮流量计相同，如图 6-66 所示。腰轮转子流量计的转子是一对不带齿的腰形轮，转动过程依靠套在壳体外的与腰轮同轴上的啮合齿轮来完成驱动。当被测液体流经流量计时，流体的动压力使进出口间形成一个差压而推动腰轮旋转。两根腰轮轴上固定一对驱动齿轮使两个腰轮交换驱动旋转。随着腰轮的转动，被测液体经过计量腔被不断排出流量计。腰轮每转一圈排出的液体体积是恒定的，即正比于转数。通过对腰轮轴联接的密封轴、调整机构，将旋转的次数减速后传递到总量显示器，就可显示出液体累计流量。与椭圆齿轮流量计相比，腰轮流量计大口径流量计采用双转子形式，可降低流量计运转噪声和振动幅度。

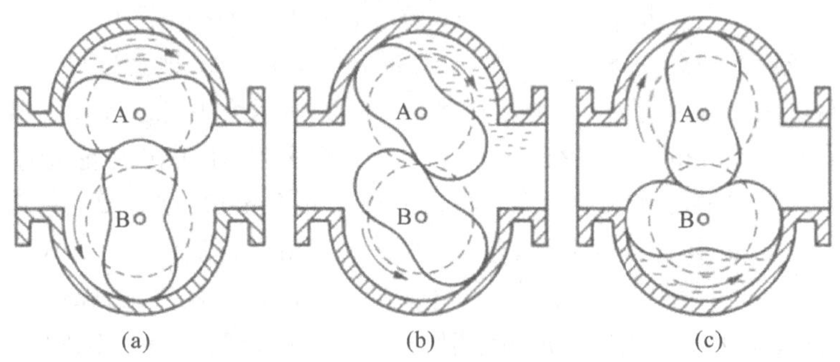

(a)　　(b)　　(c)

图 6-66　腰轮转子流量计原理示意图

2. 差压式流量计

当流体流经管道中急骤收缩的局部截面时，会产生增速降压的节流现象，这时流速（流量）越大，节流压降也越大。基于这种节流现象制成的流量计称为节流式流量计或差压式流量计。差压式流量计基于流体在通过设置于流通管道上的流动阻力件时产生的压力差与流体流量之间的确定关系，通过测量差压值求得流体流量。

差压式流量计由节流装置、差压信号管道（导压管）和差压计三部分组成。流体通过节流元件后产生的差压信号会经导压管传入差压计，差压计根据具体的测量要求把差压信号再以不同的形式传递给显示仪表，进而实现对被测流体差压或流量的显示、记录和自动控制。

图 6-67 所示为流体通过节流孔板时的流动状态。由连续性方程和伯努利方程可推导出反映流量与节流压降关系的流量方程为

$$q_v = \alpha\varepsilon \frac{\pi}{4} d^2 \sqrt{\frac{2\Delta p}{\rho}} \tag{6-40}$$

式中，q_v 为流体的体积流量，m^3/s；α 为流量系数；ε 为流体膨胀校正系数（对不可压缩流体，$\varepsilon=1$）；d 为节流元件的开孔直径，m；Δp 为流体流经节流元件前后的差压，$\Delta p = p_1 - p_2$，Pa；ρ 为流体工作状态下的密度，kg/m^3。

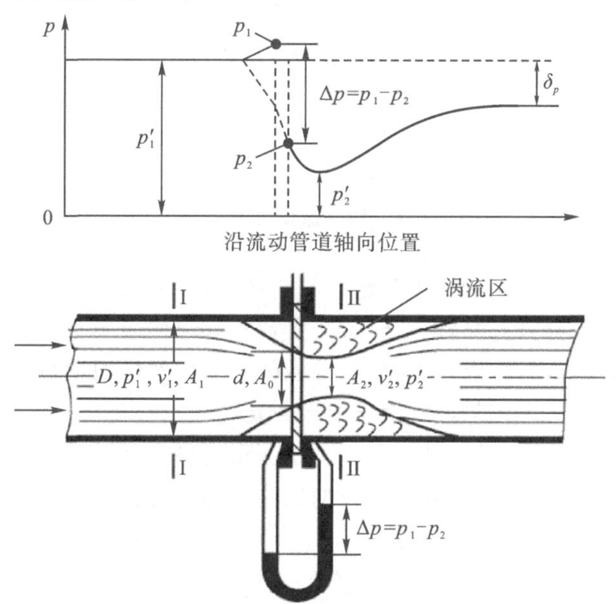

图 6-67　流体流经节流孔板时的流动状态

3. 流体阻力式流量计

（1）转子流量计。转子流量计也是利用流体流动的节流原理进行流量测量的仪表。与节流式流量计相比，主要差别在于：节流式流量计是在节流元件的开孔面积不变的条件下，测量差压的变化来求取流量；而转子式流量计则是在差压恒定的情况下，利用转子（浮子）位移产生的流通截面的变化来测量流量。因此，有时称前者为节流变压降流量计，后者为恒压降变截面流量计。

转子流量计测量原理如图 6-68 所示。当被测流体自锥管下端流入流量计时，节流产生的压降对转子施加向上的作用力。当该作用力大于转子浸在流体中的重量时，转子开始向上移动，转子与锥管内壁之间的环形流通截面面积随之逐渐增大，相应截面上的流体流速逐渐下降，节流压降逐渐减小，即转子所受向上的作用力逐渐减小，最后直至与转子浸在流体中的重量平衡，于是转子便停留在某一相应的高度位置上。这时，如果流体流量恒定不变、那么转子就稳定在这一平衡位置上；如果流体流量继续发生变化，则转子原平衡位置对应的环形流通截面上的流速随之改变，转子所受向上的作用力也相应变化，从而便产生新的位移，直至达到新的平衡位置。由此可见，被测流体流量的大小可以通过转子在锥管中高度位置的变化来测量。

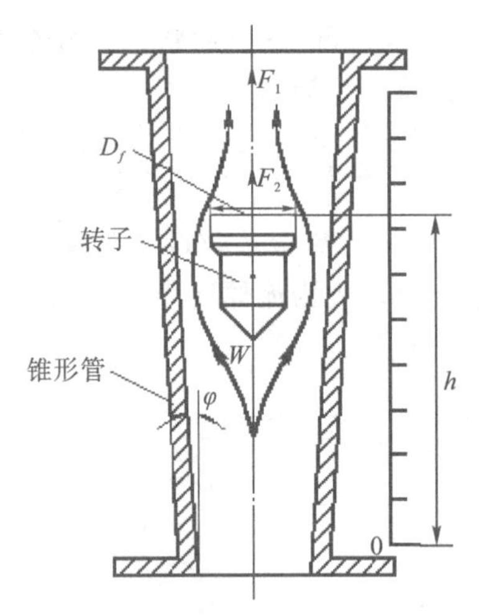

图 6-68　转子流量计测量原理图

转子流量计常见的有玻璃管转子流量计和金属管转子流量计两种。玻璃管转子流量计耐压力低，有玻璃管易碎的较大风险。转子流量计具有结构简单、使用方便、价格便宜、量程比大、刻度均匀、直观性好等特点，可测量各种液体和气体的体积流量，并将所测得的流量信号就地显示或变成标准的电信号或气信号远距离传送。

(2)靶式流量计。靶式流量计是一种适用于测量高黏度、低雷诺数流体流量的流量测量仪表，例如用于测量重油、沥青、含固体颗粒的浆液及腐蚀性介质的流量。

流体对靶的作用力为

$$F = k\frac{\rho}{2}u^2 A_B \tag{6-41}$$

式中，u 为流体速度，m/s；ρ 为流体的密度，kg/m^3；A_B 为靶的受力面积，m^2。

如图 6-69 所示，管道直径为 D，靶直径为 d，环隙通道面积为 A，则可求出流体体积流量为

$$q_v = A \cdot u = \sqrt{\frac{1}{k}}\frac{D^2 - d^2}{d}\sqrt{\frac{\pi}{2}}\sqrt{\frac{F}{\rho}} \tag{6-42}$$

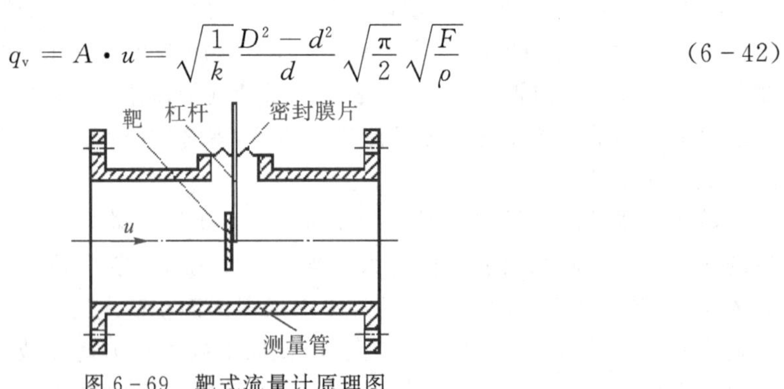

图 6-69　靶式流量计原理图

4. 测速式流量计

(1)涡轮流量计。涡轮流量计是一种速度式流量计，其工作原理是根据置于流体中的叶轮的旋转角速度与流体流速成正比，通过测量叶轮的旋转角速度得到被测流体的流速，从而

得到管道内的流量值。

涡轮流量变送器的结构如图 6-70 所示。当被测流体流经涡轮 6 并推动其转动时，高导磁的涡轮叶片就会周期性地扫过磁电转换器的永久磁铁 4，从而使磁路的磁阻产生相应的变化，致使通过感应线圈的磁通量也会随之发生周期性变化，进而在线圈内产生交变的感应电动势，即输出交流电脉冲信号。该脉冲信号的变化频率 f 就是涡轮转过叶片的频率，它与涡轮的转速 n 成正比，即

$$f = zn \tag{6-43}$$

式中，f 为磁电转换器输出的电脉冲频率；z 为涡轮的叶片数目；n 为涡轮转速。

根据涡轮的旋转运动方程可以推出，涡轮的转速 n 与被测流体的平均流速 v 成正比，亦即与被测流量的大小成正比。因此，转换器输出的电脉冲频率与被测流量 q_v 之间的关系可表达为

$$q_v = \frac{f}{K} \tag{6-44}$$

式中，K 为流量计的仪表常数，也称流量系数，它与涡轮流量变送器的结构、被测流体的性质等因素有关，一般通过试验标定的方法确定。

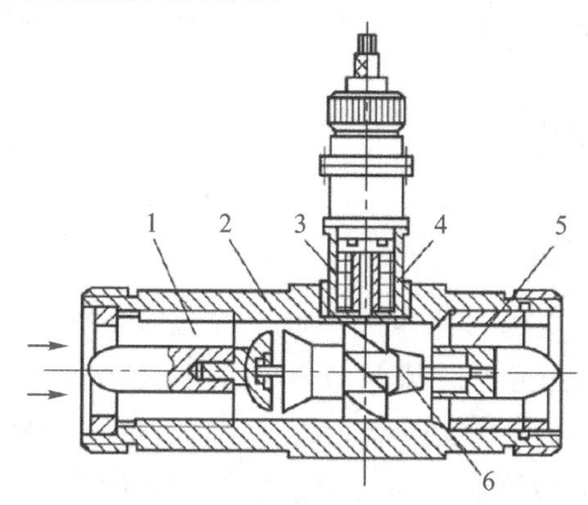

1—导流器；2—壳体；3—感应线圈；4—永久磁铁；5—轴承；6—涡轮。

图 6-70　涡轮流量变送器结构图

涡轮流量计特点如下：测量精度高，复现性和稳定性均好；量程范围宽，量程比可达(10～20)：1，刻度线性；耐高压，压力损失；对流量变化反应迅速，可测脉动流量；抗干扰能力强，信号便于远传及与计算机相连；制造困难，成本高。通常涡轮流量计主要用于测量精度要求高、流量变化快的场合，还用作标定其他流量的标准仪表。

(2)超声波流量计。超声波流量计的基本原理是通过测量超声波脉冲顺流和逆流传播时传播速度不同引起的时差来计算被测流体速度，因此这种原理又称为“时差法”。

超声波流量计是基于超声波在介质中的传播速度与该介质的流动速度有关这一现象制成的。图 6-71 所示为超声波在流动介质顺流和逆流中的传播情况。图中 v 为流动介质的流速，c 为静止介质中的声速，F 为超声波发射换能器，J 为超声波接收换能器。超声波在顺流中的传播速度为 $c+v$，逆流中的速度为 $c-v$。很明显，超声波在顺流和逆流中的传播速度差与介质的流动速度 v 有关，测出这一传播速度差便可求得流速，进而换算为流量。测量超声波传播速度差的方法很多，常用的有时间差法、相位差法和频率差法，因此也就形成了

所谓的时间差法超声波流量计、相位差法超声波流量计、频率差法超声波流量计等。

图 6－72 所示为超声波在管道壁面之间的传播情况。当管道内的介质呈静止状态时，超声波在管壁间的传播轨迹为实线，其传播方向与管道轴线之间的夹角为 θ(由流动方向逆时针指向传播方向)，传播速度为声速 c。当管道内的介质是平均流速为 v 的流体时，超声波的传播轨迹如虚线所示(其传播方向偏向顺流方向，也简称顺流传播)。这时，超声波传播方向与管道轴线之间的夹角为 θ'，传播速度 c_v 为 c 和 v 的矢量和。通常，因为 $c \geqslant v$，故可认为 $\theta' \approx \theta$，即传播速度的大小为

$$c_v = c + v\cos\theta \tag{6-45}$$

同样可以推导，超声波在管壁间逆流传播的速度大小为

$$c_v = c - v\cos\theta \tag{6-46}$$

式(6－45)和式(6－46)是超声波流量计中普遍采用的传播速度简化算式。

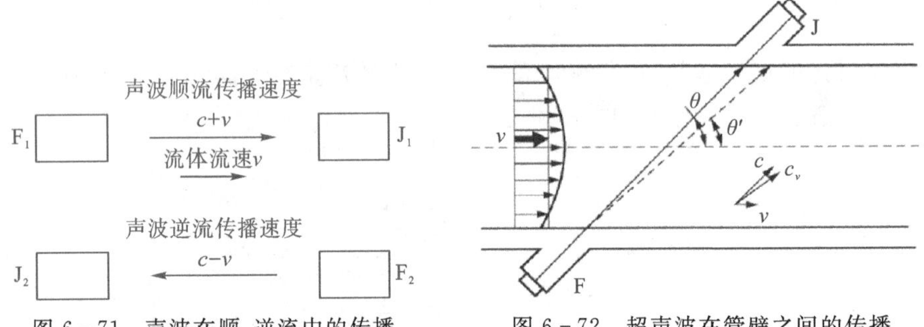

图 6－71 声波在顺、逆流中的传播

图 6－72 超声波在管壁之间的传播

时间差法超声波流量计是通过测量超声波束在流体中顺、逆流传播的时间差来实现流量测量的。夹装式时间差法超声波流量计的测量原理如图 6－73 所示，图中换能器 1(TRA)和换能器 2(TRB)具有双重功能，它可作为发射器也作为接收器。它们分别安装在流动方向的上游和下游。若换能器 1 作为发射器时测得的顺流传播时间为 t_1，换能器 2 作为发射器时测得的逆流传播时间为 t_2，流体静止时超声波的传播速度为 c，管道内径为 d，流体的平均流速为 v；超声波在声楔中的入射角为 θ_0，声波在管壁中的折射角为 θ_1，在被测流体中的折射角为 θ。由图 6－73 可知：

$$t_1 = \frac{\dfrac{d}{\cos\theta}}{c + v\sin\theta} + \tau \tag{6-47}$$

$$t_2 = \frac{\dfrac{d}{\cos\theta}}{c - v\sin\theta} + \tau \tag{6-48}$$

式中，τ 表示声波在管壁中的传播时间。

超声波的传播时间差为

$$t_2 - t_1 = \Delta t = \frac{2dv\tan\theta}{c^2 - v^2\sin^2\theta} \tag{6-49}$$

一般声速在液体中的最低传播速度为 900 m/s，液体的流速通常小于 10 m/s，因此，$c^2 \gg v^2$，式(6－49)可简化为

$$\Delta t = \frac{2dv\cot\theta}{c^2} \tag{6-50}$$

由(6－50)可推导出流速

$$v = \frac{c^2\tan\theta}{2d}\Delta t \tag{6-51}$$

其中，c 的单位为 m/s；Δt 的单位为 s。

所以，管道内被测流体的体积流量为

$$q_v = Av = \frac{\pi dc^2\tan\theta}{8}\Delta t \tag{6-52}$$

式中，A 为管道的流动截面积。

管道内径 d 可以通过测量得到，静止流体中的声速 $v_{声}$ 可以通过温度和声速的拟合公式得到，折射角 θ 可以通过斯纳尔(Snall)定律换算得到。因此只要准确地测量超声波在被测流体中顺、逆流传播的时间差 Δt，即可实现流速的测量。

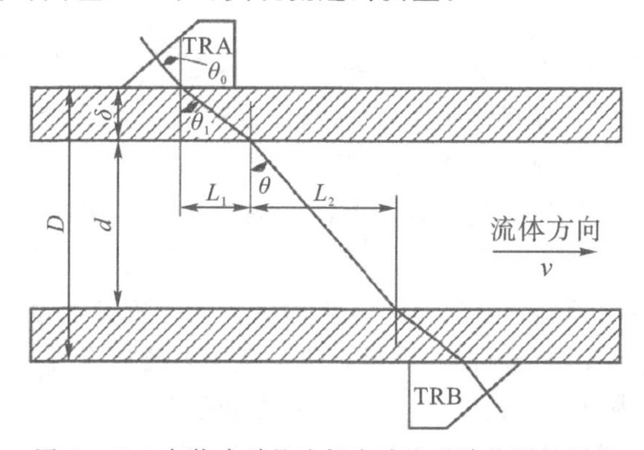

图 6－73　夹装式时差法超声波流量计的测量原理

与常规流量计相比，超声波流量计具有以下特点：非接触测量，不扰动流体的流动状态，不产生压力损失；不受被测介质物理、化学特性(如黏度、导电性等)的影响；输出特性呈线性。

(3)电磁流量计。电磁流量计是基于法拉第电磁感应原理制成的一种流量计(见图 6－74)。当被测导电流体在磁场中沿垂直磁力线方向流动而切割磁力线时，在对称安装在流通管道两侧的电极上将产生感应电势，此电势与流速成正比。

流体流量方程为

$$q_v = \frac{1}{4}\pi D^2 u = \frac{\pi D}{4B}E \tag{6-53}$$

式中，B 为磁感应强度；D 为管道内径；u 为流体平均流速；E 为感应电势。

电磁流量计的主要优点：①电磁流量计的传感器结构简单，测量管内没有可动部件，也没有任何阻碍流体流动的节流部件。所以当流体通过流量计时不会引起任何附加的压力损失，是流量计中运行能耗最低的流量仪表之一。②可测量脏污介质、腐蚀性介质及悬浊性液固两相流的流量。这是由于仪表测量管内部无阻碍流动部件，与被测流体接触的只是测量管内衬和电极，其材料可根据被测流体的性质来选择。例如，用聚三氟乙烯或聚四氟乙烯做内衬，可测量各种酸、碱、盐等腐蚀性介质；采用耐磨橡胶做内衬，就特别适合于测量带有固

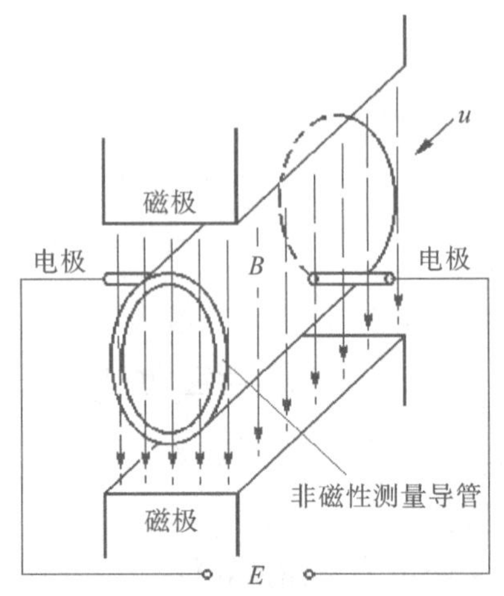

图 6-74　电磁流量计原理图

体颗粒的、磨损较大的矿浆、水泥浆等液固两相流以及各种带纤维液体和纸浆等悬浊液体。③电磁流量计是一种体积流量测量仪表，在测量过程中，它不受被测介质的温度、黏度、密度及电导率（在一定范围）的影响。因此，电磁流量计只需经水标定后，就可用来测量其他导电性液体的流量。④电磁流量计的输出只与被测介质的平均流速成正比，而与对称分布下的流动状态（层流或湍流）无关。所以电磁流量计的量程范围极宽，其测量范围度可达 100∶1，有的甚至达 1000∶1 的可运行流量范围。⑤电磁流量计无机械惯性，反应灵敏，可以测量瞬时脉动流量，也可测量正反两个方向的流量。⑥工业用电磁流量计的口径范围极宽，从几毫米一直到几米，而且国内已有口径达 3 m 的实流校验设备。

电磁流量计目前仍然存在的主要不足：①不能用来测量气体、蒸汽以及含有大量气体的液体。②不能用来测量电导率很低的液体介质，如对石油制品或有机溶剂等介质，目前电磁流量计还无能为力。③普通工业用电磁流量计由于测量管内衬材料和电气绝缘材料的限制，不能用于测量高温介质；如未经特殊处理，也不能用于低温介质的测量，以防止测量管外结露（结霜）破坏绝缘。④电磁流量计易受外界电磁干扰的影响。

6.7　冲击振动测试

冲击和振动是经常发生的一种物理现象，对被包装产品而言往往是有害的。对振动的测量不仅仅意味着用传感器来简单地获取振动量，还要求根据测量的结果采取对策，对被包装产品进行结构性的改变或改善。

振动是物体在其平衡位置附近的一种交变运动，可以用运动的位移、速度或加速度随时间的变化来描述。

6.7.1　冲击振动测试的目的

冲击振动测试的目的不外乎：①在受到某种激励时，其响应的大小。例如，包装件在受到水平冲击、垂直冲击或振动激励时，内装物振动加速度的大小。②系统传递振动的特性，即系统的频率响应特性。例如,包装缓冲系统的频率响应,其固有频率、阻尼比等。③系统所受到的激励的大小。

6.7.2　冲击振动测试系统的组成

冲击振动测试系统的组成如图 6－75 所示。激励装置激励被测物体,使之产生冲击或振动,激励装置和被测物体的振动分别被传感器感受并把它变成电信号。电信号经放大后由冲击振动分析仪器进行显示和分析处理。振动分析仪器种类很多,大体可分为模拟式和数字式。现在,数字式振动分析仪器用得越来越普遍。图 6－75 中的双通道 FFT 分析仪就是数字式振动分析仪器的典型代表。要对振动信号进行数字化处理,必须先对模拟信号进行低通滤波,再进行 A/D(模拟/数字)转换,变成数字信号。所以低通滤波和 A/D 变换是数字式振动分析仪器不可缺少的部分。处理结果最终由输出设备(如打印机、绘图仪等)输出。当仅仅为了测量被测物体的响应时,可以不使用振动分析仪器而只用阴极射线示波器、光线示波器、记忆示波器等显示记录振动波形。典型冲击测试系统示意如图 6－75 所示。

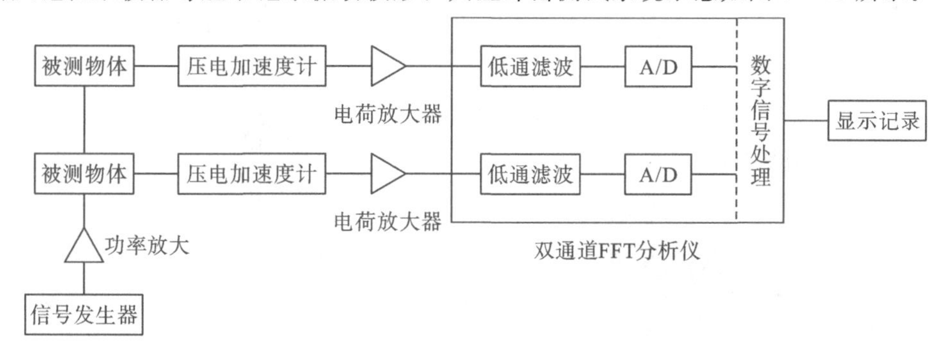

图 6－75　冲击振动测试系统的组成

典型振动测试系统示意图如图 6－76 所示。振动分析仪器价格昂贵,对使用环境有一定要求,有时无法在测试现场使用(例如对包装件在运输过程中的振动进行测试时),这时可采用环境记录仪记录振动波形,带回实验室后,再送入振动分析仪器进行分析处理。在有些情况下,冲击、振动激励信号是由信号发生器产生的,它产生的振动信号经功率放大后驱动激励装置工作。

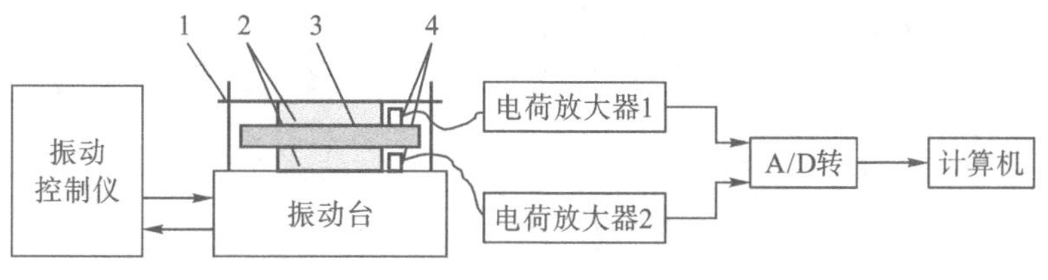

1—夹持装置;2—缓冲材料;3—质量块;4—加速度传感器。

图 6－76　振动测试系统示意图

6.7.3　冲击振动激励及装置

振动激励可分为正弦激励、随机激励和脉冲激励。正弦激励又可分为定频激励和扫频激励。

所谓定频激励，是指激励装置做等幅正弦振动，正弦振动的频率是定值。

扫频激励是指激励装置的振动频率以某种规律在某一范围内变化。通过振动分析仪器可以直接得到被测物体(如包装件)在这一频率范围内的频率响应特性。

随机激励是指激励装置做随机振动。随机信号可由随机信号发生器产生。随机振动是宽频带振动，用于测定被测物体在宽频带内的频率响应特性。

脉冲激励是指给被测物体以冲击激励。冲击脉冲可以是半正弦、梯形或锯齿形脉冲等。这些脉冲信号包含有很宽的频率范围，它也属于宽频带激励，可以得到被测物体在较宽频带内的频率响应。值得注意的是由于这些脉冲的能量谱密度是随频率变化的，频率高时，信噪比低，频率响应会产生较大的误差。

包装测试中常用的激励装置有用以产生正弦激励和随机激励的振动台和用以产生冲击激励的各种冲击试验机、跌落试验机等。六角滚筒则是包含有冲击信号的随机激励装置。如图 6－77 所示为常用激励装置。

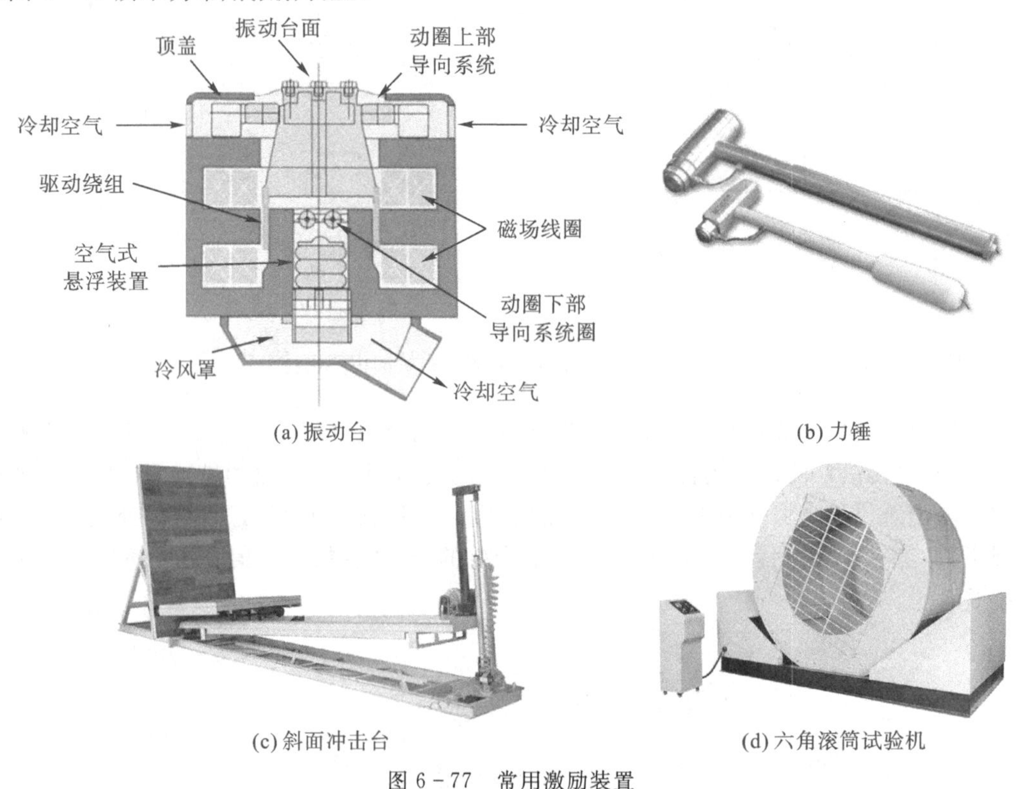

(a) 振动台　(b) 力锤

(c) 斜面冲击台　(d) 六角滚筒试验机

图 6－77　常用激励装置

6.7.4　振动测试传感器的种类

振动测试传感器主要有力传感器、位移传感器、速度传感器和加速度传感器。力传感器用于激振力的测量，可采用压电式力传感器、应变式力传感器等。位移传感器测量振动振幅，主要有电涡流式、电容式等传感器，测量动态位移。速度传感器测量振动速度，主要有绝对和相对式速度传感器，用磁电式传感器较多。加速度传感器测量振动加速度，主要采用压电式加速度传感器。振动测试时仅要对位移、速度、加速度三参数其中之一进行测量，其他参数通过对测量参数进行积分或微分得到。需要说明一点，以上是按测量对振动测试传感器进行的分类，如果按作用的方式又可分为接触式和非接触式测振传感器；按工作原理又可分为绝对振动测量和相对振动测量传感器；按测量的方法来分又可分成机械的、光学的和电气式的传感器。

6.7.5　压电加速度传感器的使用

冲击振动测试用传感器中，使用最多的是压电加速度传感器，由于其使用的频率范围宽，体积小，重量轻，便于安装且质量对被测系统的影响小，测量加速度的量程大，测量精度高等。

1. 压电加速度计的选择

(1)灵敏度。压电加速度计属发电型传感器，可把它看成电压源或电荷源，故灵敏度有电压灵敏度和电荷灵敏度两种表示方法。当加速度计后接前置放大器为电荷放大器时，使用电荷灵敏度，后接电压放大器时，使用电压灵敏度。

电压灵敏度是加速度计输出电压(mV)与所承受加速度之比，用 pC/g 或 mV/g 表示(1 pC$=10^{-12}$C，1 mV$=10^{-3}$V，g 为单位重力加速度)。

$$S_v = S_q \cdot \frac{1}{C} \tag{6-54}$$

式中，$C=C_a+C_c+C_i$(C_a 为压电晶片的电容；C_c 为连接电缆的电容；C_i 为后接前置放大器的输入电容)。

电荷灵敏度是加速度计输出电荷(pC)与所承受加速度之比。加速度单位为(m/s)，但在振动测量中往往用标准重力加速度 g 作单位，$g=9.80665\ \text{m/s}^2$；这是一种已为大家所接受的表示方式，几乎所有测振仪器都用 g 作为加速度单位并在仪器的板面上和说明书中标出。

对给定的压电材料而言，灵敏度随质量块的增大或压电片的增多而增大。一般来说加速度计尺寸越大，其固有频率越低。因此选用加速度计时应当权衡灵敏度和结构尺寸、附加质量影响和频率响应特性之间的利弊。

(2)频率响应。被测加速度的频率应远小于加速度计的谐振频率。为避免信号波形失真，加速度计的谐振频率应为被测信号中的最高频率的 5 倍以上。

由压电加速度计的结构可知，加速度计为二阶系统。质量块质量大，灵敏度高，但谐振频率低。所以，在选择加速度计时，要综合考虑灵敏度、频率响应和可测加速度的大小三个因素。进行冲击测试时，因冲击信号含有很宽的频率范围，加速度大，就要牺牲灵敏度，以保证加速度计有足够宽的频率和大的加速度值。而在振动测试时，则可考虑选用高灵敏度的加速度计，以提高输出的信噪比。

(3)横向灵敏度。压电晶体加速度计的横向灵敏度表示它对横向(垂直于加速度计轴线)振动的敏感程度，横向灵敏度常以主灵敏度(即加速度计的电压灵敏或电荷灵敏度)的百分比表示。一般在壳体上用小红点标出最小横向灵敏度方向，一个优良的加速度计的横向灵敏度应小于主灵敏度的3%。在垂直于主轴线的平面内，沿不同方向，横向灵敏度不同，加速度计的外壳上，用红点标记出最小横向灵敏度的方向，它应与被测物体最大的横向振动相符合。表6-5压电加速度计的性能列出了各种压电加速度计的性能。

表6-5 压电加速度计的性能

型号	灵敏度		频率响应	可测加速度	横向效应	重量	特点
	(pC/g)	(mV/g)	(Hz)	(g)	(%)	(g)	
JC-1B	≈5.5	1～3	>30k	<30000	<10	4	可用于冲击
JC-2	10～20	15～25	>13k	>5000	<5	17.5	对地输出
TD～1	—	80～130	2～18000	<200	—	<40	灵敏度高
YD～3-G	—	>8	2～10000	—	—	<12	耐高温260℃
YD～8	—	8～10	2～18000	<500	—	<2.6	微型
22	0.4	1.0	5～10000	0～2500	3～5	0.14	超微型
5200M5	—	250	2～5000	40	—	100	集成，较重
8307	≈0.7	≈2.2	1～25000	3000	<5	0.4	环形剪切式
4370	100	100	0.2～6000	2000	<4	54	高灵敏度

注：此表中22和5200M5型为美国产品，8307和4370是丹麦产品。

2. 压电加速度计的安装

压电加速度计的频率响应，是牢固地固定于振动台上得到的。使用时，其频率响应应受安装方式的影响。

加速度计与试件的各种固定方法如图6-78所示。其中图6-78(a)采用钢螺栓固定，这是最好的安装方法，能获得最高的谐振频率。螺栓不得全部拧入基座螺孔，以免引起基座变形，影响加速度计的输出。在安装面上涂一层硅脂可增加不平整安装表面的连接可靠性，防止出现小谐波峰。在冲击测试和高频振动测试时，尽可能用钢螺栓固定。需要绝缘时可用绝缘螺栓和云母垫片来固定加速度计[见图6-78(b)]，但垫圈应尽量薄。用专用永久磁铁固定加速度计[见图6-78(c)]，使用方便，多在低频测量中使用，此法也可使加速度计与

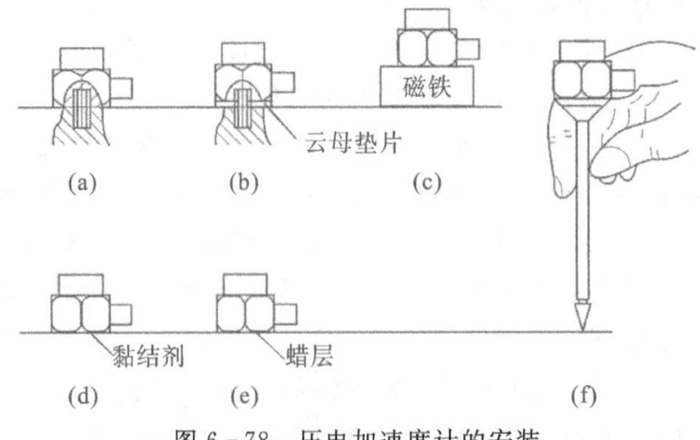

图6-78 压电加速度计的安装

试件绝缘。用黏接剂[见图 6－78(d)]的固定方法也常使用，软性黏接剂会显著降低共振频率，不宜采用。用一层薄蜡把加速度计粘在试件平整表面上[见图 6－78(e)]，亦可用于低温(40 ℃以下)的场合。手持探针测振方法[见图 6－78(f)]在多点测试时使用特别方便，但测量误差较大，重复性差，使用上限频率一般不高于 1000 Hz。某种典型的加速度计采用上述各种固定方法的共振频率分别约为，钢螺栓固定法 31 kHz，云母垫片法 28 kHz，涂薄蜡层法 29 kHz，手持法 2 kHz，永久磁铁固定法 7 kHz。

3. 压电加速度计的校正

压电加速度计，特别是压电陶瓷制的加速度计，因压电材料老化等原因，其稳定性较差，在使用或放置一段时间后，可能发生零点漂移和灵敏度变化。在测试前要进行校正。校正的方法有

(1)比较法。将被校正的加速度计和作为标准的石英晶体加速度计背对背地安装在振动台的同一部位，用振动台激振。根据测试数据对灵敏度和频率响应特性进行校正。

(2)重力加速度法。此法用于没有标准加速度计时，在小型振动台上装有活动铜球，当振动台加速度大于 g 时，铜球碰撞振动台，安装于振动台上的被校正的加速度计的输出波形会出现高频成分(毛刺)，逐渐减小振动台振动加速度的幅值，对应于毛刺刚一消失的加速度的大小正好是一个重力加速度 g，这时的输出正好就是它的灵敏度。

此外，还有共振梁法、绝对标定法等。

6.7.6　压电加速度计前置放大器的使用

压电片受力后产生的电荷量极其微弱，该电荷使压电片边界面和接在边界面上的导体充电到电压 $U=q/C_a$(这里 C_a 是加速度计的内电容)。要测定这样微弱的电荷(或电压)的关键是防止导线、测量电路和加速度计本身的电荷泄漏。压电加速度计所用的前置放大器正是为此而设计，它具有极高的输入阻抗，把泄漏减少到测量准确度所要求的限度以内。前置放大器有两种，一种是电压放大器，一种是电荷放大器。

电压放大器就是高输入阻抗的比例放大器。其电路比较简单，但输出受连接电缆对地电容的影响，适用于一般振动测量。使用时要注意：一是不能更换电缆，要使用系统校正时的电缆；二是不要使电缆在测试中摆动。现在用得最多的是电荷放大器，它以电容作负反馈，使用中基本上不受电缆电容的影响。即使在使用中更换电缆，也不会对灵敏度产生影响。这是电荷放大器的突出优点。

从压电式加速度计的力学模型看，它具有“低通”特性，故可测量极低频的振动。但实际上由于低频尤其是小振幅振动时，加速度值小，传感器的灵敏度有限，因此输出信号将很微弱，信噪比很差；另外电荷的泄漏、积分电路的漂移(用于测振动的速度和位移)、器件的噪声都是不可避免的，所以实际低频端也出现“截止频率”为 0.1～1 Hz，若配用好的电荷放大器则可降到 0.1 mHz。

微电子技术的发展，已提供了体积很小、能装在压电式加速度计壳体内的集成放大器，由它来完成阻抗变换的功能。这类内装集成放大器的加速度计可使用长电缆而无衰减，并可直接与大多数通用的输出仪器(如示波器、记录仪、数字电压表)连接。

6.7.7 振动分析仪器

振动分析仪器种类繁多,大体可分为模拟式和数字式。现在数字式振动分析仪器,以双通道 FFT 分析仪为代表已经成为主流,其功能很强。

(1)时域信号处理方面,具有以下功能:时域波形的显示,放大;时域波形的均值,标准差,若干个波形的平均化,四则运算、积分、微分;自相关函数和互相关函数及平均化;脉冲响应函数;概率密度函数、概率分布函数及平均化。

(2)频域信号处理方面,具有以下功能:功率谱,互谱,各种窗函数的加窗处理,频率响应函数及谱的运算和平均化处理等。

现在,微型计算机的高性能化,低价格化,为振动信号的数字化分析处理提供了良好的硬件环境,配置高质量的信号处理软件,完全可能取代昂贵的振动分析仪器。

习　题

1. 温度和温标有何关系?常用的经验温标有哪些,它们之间换算关系是什么?
2. 常见的热膨胀式温度计有哪几种?测温原理是什么?
3. 铂电阻、铜电阻和镍电阻的使用温度范围和特点。
4. 用热电偶测温,为何要保证冷端温度恒定?用什么方法实现冷端温度补偿?
5. 相对湿度、绝对湿度和露点之间有何关系?
6. 湿度测试方法有哪些?
7. 重量测试中,为何广泛使用电阻应变片?
8. 说明皮带电子秤的工作原理。
9. 说明绝对压、表压和真空压的关系。
10. 压力计常用的弹性元件有什么特点,应变片如何布置?
11. 如何选择压力计?
12. 说明厚度测试仪的种类、测试原理及特点。
13. 常见的物位测试方法、测试原理及特点。
14. 常见流量计的种类、测试原理及适用范围。
15. 冲击振动系统如何组成?
16. 如何选用和校正压电加速度传感器?

第 7 章　包装材料及容器测试

7.1　纸包装材料及容器测试

纸包装材料及容器是一类重要的绿色包装材料和容器，特别是纸盒、纸箱和蜂窝纸板，在包装中的应用越来越广泛，在销售包装和运输包装中所占的比例也越来越大，近年来随着快递业的高速发展，快递领域应用的包装材料中纸箱使用量占 50%左右，党的二十大报告强调，“实施全面节约战略，推进各类资源节约集约利用”，纸在一定程度上可重复利用，符合绿色环保、节能减排的目的。本节重点介绍纸和纸板一般性能、表面性能、光学性能、强度性能的测试，瓦楞纸板测试，蜂窝纸板测试及纸箱性能测试。

7.1.1　试样采集与处理

1. 试样采集

由于纸与纸板结构的不均性，导致其性能因部位不同、纵横向不同、正反面不同而有一些差异，对每一种试样，必须做多次平行测定，用所有测定值的算术平均值表示，并列出最大值和最小值。除了纸、纸板本身的可变性外，检测方法也有其固有误差，使测定结果难以有很好的再现性，因此，测试结果允许有一定误差范围。试样采集的基本要求是以尽可能少的试样，最大程度地代表整批产品性能。

从一批纸或纸板中随机取出若干包装单位，再从包装单位中随机抽取若干纸页，然后将所选的纸页分装、裁切成样品，将样品混合后组成平均样品，再从平均样品中抽取符合检验规定的试样。国家标准《纸和纸板试样的采取》(GB/T 450—2002)中规定了纸和纸板试样采集的方法。按表 7 - 1 的规定进行抽取，包装单位应无破损，纸和纸板试样采集的数量见表 7 - 2。

表 7 - 1　包装单位的抽取

整批中包装单位数 n	抽取的包装单位数	取样方法
1～5	全选	—
6～399	$\sqrt{n+20}$(取整)	随机
≥400	20	随机

表 7-2 整张纸页的抽取

整批中纸页张数(批中产品数)	最少抽取张数(最少抽取产品数)
≤1000	10
1001～5000	15
≥5000	20

卷筒纸纸页的抽取，从每个被选的卷筒纸外部去掉所有受损伤的纸层，在未受损伤的部分再去掉三层（定量不大于 225 g/m²）或一层（定量大于 225 g/m²）。沿卷筒的全幅裁切，其深度应能满足取样所需的张数，使切取的纸页与纸卷分离，保证每卷中所切取纸页数量相同。平板纸或纸板的制备，从所选的每张纸页上切取一个或多个样品，保证每张纸页上所切取的样品数量相同，每个样品为正方形，尺寸为 450 mm×450 mm。卷筒纸或纸板的选取，从每整张纸页上切取一个样品，样品长为卷筒的全幅，宽不小于 450 mm。对于宽度很窄的盘纸，应先去掉纸外部带有破损的纸幅，然后切取符合检验要求的足够长度的纸条。

2. 温湿度预处理

空气的湿度和温度不同，纸和纸板的水分含量也会不同，这会使纸和纸板物理性能和机械强度发生不同程度的变化。在测试前应将试样放在恒温恒湿室内进行预处理，并尽可能在标准条件下进行测试。

(1)预处理条件。纸和纸板的温湿度预处理条件为相对湿度为(50±2)%、温度为(23±1)℃。

(2)处理方法。按照国家标准 GB/T 10739《纸、纸板和纸浆试样处理和试验的标准大气条件》进行纸和纸板试样温湿度预处理。具体步骤如下：

①预处理。在进行温湿度处理之前，应先将试样放在空气温度低于 40 ℃、相对湿度 10%～35%的环境中预处理 24 小时。如果试样水分含量低，需经吸湿达到平衡，则可以省去预处理。

②温湿处理。将切好的试样挂起来，使恒温恒湿的气流自由接触试样的各个面，直到水分平衡。当间隔 1 小时前后的两次连续承重结果相差不超过总重量的 0.25%时，可以认为达到平衡。在大气循环良好的条件下，一般纸的处理时间是 4 小时，定量较高的纸板一般是 5～8 小时，对于高定量的纸板和经过特殊处理的材料，温湿处理至少需 48 小时。

3. 纸和纸板纵横向与正反面鉴别

(1)纵横向鉴别。由造纸机成形的纸与纸板都有一定的方向性，与造纸机运行方向平行的方向为纵向，与造纸机运行方向垂直的方向为横向。纸与纸板的许多物理性能都有显著的方向性，如抗张强度和耐折度，纵向大于横向，撕裂度则横向大于纵向；另外，由于纤维体膨胀大于线膨胀，所以纸张横向变形大于纵向变形，很容易使纸张发生翘曲，影响正常使用，因此在测定物理性能时，一定要考虑纸与纸板的纵横向。为了准确鉴定，应至少使用两种实验方法。

对于未做起皱处理的纸和纸板，可采用下列方法进行纵横向鉴别。

①纸条弯曲法：平行于原样品边，取两条相互垂直的长约 200 mm，宽约 15 mm 的试样。

将试样平行重叠，用手指捏住一端，使其另一端自由地弯向手指的左方或右方。如果两个试样重合，则上面的试样为横向；如果两个试样分开，则下面的试样为横向。

②纸页卷曲法：平行于原样品边，切取 50 mm×50 mm 或直径为 50 mm 的试样，并标注出相当于原试样边的方向。然后将试样放在水面上，试样卷曲时，与卷曲轴平行的方向为纵向。

③强度鉴别法：按照试样的强度分辨方向。平行于原样品边切取两条相互垂直的长 250 mm、宽 15 mm 的试样，测定其抗张强度，一般情况下抗张强度大的方向为纵向。如果通过测定试样的耐破度来分辨方向，则与破裂主线成直角的方向为纵向。

④纤维定向鉴别法：将试样平放，使入射光与纸面约成 45°角，视线与试样也约成 45°角，观察试样表面纤维的排列方向，试样表面大多数纤维排列的方向为纵向。

对于经过起皱处理的纸张，如卫生纸、面巾纸、弹性包装纸等，一般起皱都是沿纵向起皱的，所以与皱纹平行的方向为横向。但对于侧流式上浆纸机所生产的纸，应根据情况仔细识别，这种纸的抗张强度横向可能大于纵向。

(2)正反面鉴别。纸张有两个表面，紧贴表面机铜网的面为反面(或网面)；另一面为正面(或毛毯面)。纸张的反面由于有铜网纹，比较粗糙，也较疏松，正面则比较平滑紧密。纸张的平滑度正面大于反面，白度反面大于正面。

在测试纸和纸板物理性能时，习惯正反两面都做。如果检测一面，在试验报告中应说明。在使用时，也应考虑纸和纸板正反面的问题。一般来说，纸的正反面用肉眼可以辨别，但如果经加工处理(如涂料等)，就不易分辨。纸的正反面可以选用以下方法中的一种进行鉴别。

①直观法：折叠一张试样，观察一面的相对平滑性，从造纸网的菱形压痕可以辨别出网面。将试样放平，使入射光与试样约成 45°角，视线与试样也约成 45°角，观察试样表面，如果发现网痕，即为反面。也可在显微镜下观察试样，有助于识别网面。

②湿润法：用热水或稀氢氧化钠溶液浸渍纸张表面，将多余液排掉，放置几分钟后，观察两面，如有清晰网印的即为反面。

③撕裂法：用一只手拿试样，使其纵向与视线平行，并将试样表面接近于水平放置。用另一只手将试样向上拉，使试样首先在纵向上撕开。然后将试样撕裂的方向逐渐转向横向，并向试样边缘撕去。反转试样，使其相反的一面向上，并按上述步骤重复类似的撕裂。比较两条撕裂线上的纸毛，一条线上比另一条线上应起毛显著，特别是纵向转向横向的曲线处，起毛明显的为网面向上。

7.1.2　纸与纸板的一般性能测试

纸和纸板是重要的包装材料，主要包装用纸有纸袋纸、牛皮纸、中性包装纸、食品包装纸、鸡皮纸、羊皮纸、玻璃纸、胶版纸、防潮纸、防锈纸和瓦楞原纸等。包装用纸板主要有箱板纸、牛皮箱纸板、草纸板、单面白纸板、茶纸板、灰纸板和瓦楞纸板等。通常把定量在 200 g/m^2 以下或厚度在 0.1 mm 以下的称为纸，而定量在 200 g/m^2 以上或厚度在 0.1 mm 以上的称为纸板。纸和纸板的一般性能测试项目包括定量、厚度、紧度、伸缩性和均匀性等。

1. 定量

每平方米纸与纸板的质量称为定量，通常以 g/m^2 表示。每一种纸与纸板都有一定的定量标准，在保证一定使用面积前提下，超过定量标准意味着浪费了纤维原料。纸与纸板的物理性能（如抗张强度、耐破度、撕裂度等）都与定量有关。

(1)测试仪器。定量的测试仪器为电子天平，其分度值根据试样质量来选择。试样质量为 5 g 以下的，用分度值 0.001 g 的天平；试样质量为 5 g 以上的，用分度值 0.01 g 的天平；试样质量为 50 g 以上的，用分度值 0.1 g 的天平。测量之前，需要对所用天平用标准砝码进行校准。

(2)测试方法。测试之前，按照国标取样并进行温湿度预处理。将五张样品沿纸幅纵向叠成五层，然后沿横向均匀切取 0.01 m^2 的试样两叠，共 10 片试样，用相应分度值的天平称量。如果样品是宽度 100 mm 以下的盘纸，应按卷盘全宽切取 5 条长 300 mm 的试样一并称重，同时测量纸条的长边与短边，分别准确至 0.5 mm 和 0.1 mm，然后计算面积。

(3)结果的表示。

①纸与纸板的定量

$$G = M \times 10 \tag{7-1}$$

式中，G 表示定量，g/m^2；M 表示 10 片 0.01 m^2 试样的总质量，g。

②横幅定量差 S

$$S_1 = \frac{G_{max} - G_{min}}{\bar{G}} \times 100 \tag{7-2}$$

或

$$S_2 = G_{max} - G_{min} \tag{7-3}$$

式中，S_1 表示横幅定量差，%；S_2 表示横幅定量的绝对偏差，g/m^2；G_{max}表示试样定量的最大值，g/m^2；G_{min}表示试样定量的最小值，g/m^2。

2. 厚度

纸与纸板的厚度是指在一定的单位面积压力下，测量出的纸或纸板两个表面间的距离。厚度直接影响纸和纸板的物理和光学性能，而且对其强度和阻隔性也有影响。

纸与纸板的厚度是用厚度仪来进行测量的。厚度仪（见图 7-1）又称测微仪（计），有电动和手动之分。其工作原理是将试样夹于测量头与量砧之间，并使之承受规定的压力。此时，测量头竖直移动了一段等于纸厚的距离，其位移带动千分表的量杆，并经表内齿轮传动机构放大后，转变为指针沿刻度盘的转角，显示出所测厚度值。

(1)纸和纸板测试。

①按照国标取样，平均样品的张数不少于 5 张，并按要求进行温湿处理。

②根据被测试验的厚度范围以及要求的测量精度，选择、安装千分表，并使指针对零。

③用测厚仪进行测试，对单层厚度的测定，将 5 张样品沿纵向对折，形成 10 层，然后沿横向切取两叠 0.01 m^2 的试样，共计 20 片试样。用厚度计分别测定每片试样的厚度值，每片试样应测定一个点。对于层积厚度的测定，从所抽取的 5 张样品上切取 40 片试样，每 10

图 7－1　厚度仪

片一叠均正面朝上层叠起来，制备成 4 叠试样。用厚度计分别测定 4 叠试样的厚度值，每一叠测定 3 个点。

④横幅厚度差的测定，随机抽取一整张纸页，沿横向纸幅均匀切取不少于六片试样，用厚度计分别测定每片试样的厚度值。每片试样测定 3 个点，取其平均值作为该片试样的测定结果。

绝对横幅厚度差与相对横幅厚度差

$$S_1 = T_{max} - T_{min} \tag{7-4}$$

$$S_2(\%) = \frac{T_{max} - T_{min}}{T} \times 100\% \tag{7-5}$$

式中，S_1 表示绝对横幅厚度差，mm；S_2 表示相对横幅厚度差；T_{max}表示厚度最大值，mm；T_{min}表示厚度最小值，mm；T 表示厚度平均值，mm。

(2)瓦楞纸板测试。

①试样的制备应选择足够大的待测瓦楞纸板，切取面积为 500 cm^2(200 mm×250 mm)的试样 5 个，以保证读取 10 个有效的数据。不得从同一张样品上切取多于两个试样，试样上不得有损坏或其他不合规定之处，除非有关方面同意，不得有机加工的痕迹。按国标要求对试样进行温湿度预处理。

②具体测试方法将试样水平放入厚度计的两个平面之间，试样边缘与圆形盘边缘之间的最小距离不小于 50 mm，测量时轻轻地以 2～3 mm/min 的速度将活动平面压在试样上，以避免产生任何冲击作用，并保证试样与厚度仪测量平面的平行。当示值稳定但要在纸板被“压陷”下去前读数。

3. 紧度

紧度是指单位体积纸或纸板的质量，即表观密度。

$$D = \frac{G}{\delta} \tag{7-6}$$

式中，D 表示紧度，g/cm^3；G 表示定量，g/m^2；δ 表示试样厚度，μm。

紧度是纸和纸板的重要指标。纸的紧度与耐破度、抗张强度成正比，与撕裂度、透气度成反比。

4. 伸缩性

纸张是一种纤维组织材料，在一定温度、湿度条件下，会产生尺寸变化，即存在尺寸稳定性问题。由于纸张品种上有差别，纤维构成不同，导致纸张伸缩率的大小有一定差别。纸张发生伸缩的主要原因有两个方面，一是纤维相互交织，二是单根纤维发生收缩或润胀。

测定伸缩性的原理是将试样浸于水中，直至长度不再变化时，测量其变化的长度。再使试样风干至长度不再变化时，测量其变化的长度。注意纸张在湿润时，不应承受任何负荷。多数纸张浸湿后强度很差，即使极小的负荷，也足以使之伸长。

(1)测试方法。

①按 GB/T 450 取样，并按 GB/T 10739 对试样进行预处理，沿所采取的整张纸页的横向，均匀切取不少于 3 张的 220 mm×220 mm 试样。

②将试样平放在玻璃表面上，用铅笔分别沿纵横向画两条垂直相交的直线。直线两端距试样边缘约 10 mm，用游标卡尺或量尺(精度 0.2 mm)测量两标记间距离为 200 mm±2 mm。

③将试样浸泡于与标准大气温度相同的蒸馏水盘中，使试样充分润胀，直至试样尺寸不变。一般浸水 15 min 足够，对于高施胶度或高定量的试样可适当延长浸水时间，但应在试验报告中注明。

④到达规定时间后，从盘中取出试样，平铺于玻璃板上，用游标卡尺或精密量尺测量试样纵横向的直线长度，并计算纸张的伸缩性。

$$S_1(\%) = \frac{L_1 - L_2}{L_1} \times 100\% \tag{7-7}$$

式中，S_1 表示试样的伸缩性，%；L_1 表示试样浸水前的直线长度，mm；L_2 表示试样浸水后的直线长度，mm。

将湿后试样由玻璃表面移至滤纸上，使其在标准大气条件下风干至尺寸不再变化，再次用精密量尺测量每张试样纵横两条直线的长度，计算浸水干燥后试样的伸缩性。

$$S_2(\%) = \frac{L_1 - L_3}{L_1} \times 100\% \tag{7-8}$$

式中，S_2 表示浸水干燥后试样的伸缩性，%；L_3 示试样浸水干燥后的直线长度，mm。

如果计算结果为正，则表示伸长；结果为负，则表示收缩，试验报告中应说明纵横向。

(2)主要影响因素。

①紧度。结构疏松的纸达到吸水饱和时，其吸水量比较大，因此会导致紧度低的纸的伸缩大于紧度高的纸的伸缩，并且伸缩得也比较快。

②干燥次数。纸张经过润湿干燥后，可产生一定收缩。一般来说，润湿后再干伸缩率要比湿后不干伸缩率小一点，如果重复湿润、干燥，纸产生进一步收缩，但每次循环所产生的伸缩量逐步减小。

③放、吸湿平衡。纸张由于放湿过程达到平衡时水分含量较高，致使纸张伸缩比原来状态时较小。而吸湿过程则不同，由于纸张原来水分含量低，达到平衡时，伸缩率相应大些，因此，放湿过程中纸张变形要比吸湿过程中小。

5. 均匀性

纸张的均匀性是指纸张在一定面积上纤维和填料分布的均匀程度，主要表现为定量、厚度在纸幅上的变化。对于印刷用纸，不但要求纤维分布均匀、厚度一致、定量差别小，更主要的是整个纸幅平整，平滑度波动小。例如，水泥袋在充填和运输过程中会受到各个方向的外力作用，这就要求水泥袋用纸在受到外力时，能够均匀地分担外力，如果这种纸的纤维分布不均匀，受力后就会出现破裂现象。

评价纸张均匀性的指标是匀度。纸张匀度的测试原理是利用透光率来评价，即用一定光强和光点的光束扫描给定面积的被测纸面，逐点接收透射纸面的光强变化，求得平均透光率和偏差值，再乘以适当的加权系数，即

$$F = \frac{Aq}{\sigma} \tag{7-9}$$

$$q = \frac{0.693}{\frac{\ln T_2}{\ln T_1}} \tag{7-10}$$

式中，F 表示被测试样的匀度指数；A 表示被测试样的平均透光率值；σ 表示平均透光率的标准偏差；q 表示加权系数；T_2 表示多层试样的透光率；T_1 表示单层试样的透光率。

目前常见的匀度仪是 m/k 匀度测试系统，该测试系统由探测头、数据处理和输出等组成。图 7-2 为 m/k 匀度测试系统光路图。将试样安装在一个硼硅酸玻璃旋转筒上，圆筒的轴心上安装一个灯泡，在试验外边与灯泡垂直的位置安装光电池，这两部分随圆筒的旋转而沿轴线做平行于轴线的直线运动，试样接触的扫描线在试样上呈螺旋状。光自灯泡发出后，经透镜转变为平行光，然后平行照射到试样上，其光斑直径约 7 mm。光垂直穿过试样后被透镜聚焦，通过一个直径 1 mm 的光栅（光栅距试样 7 cm）后，被光电池接收，由光电池转换为电信号，经放大器、A/D 转换和计算，最后显示出匀度指数。

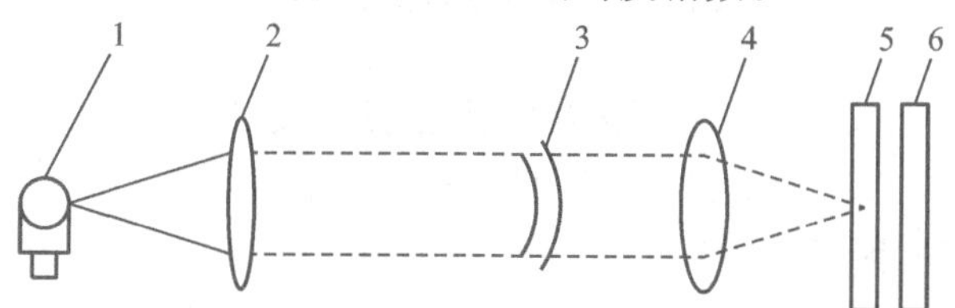

1—光源；2，4—透镜；3—试样；5—光栅；6—光电池。

图 7-2　m/k 匀度测试系统光路图

7.1.3　纸与纸板的表面性能测试

纸与纸板表面性能测试主要是指粗糙度（或平滑度）和摩擦系数等内容。

粗糙度/平滑度是衡量纸和纸板表面凸凹、平整程度的一个重要物理量。采用表面较平滑的纸张进行印刷时，能以最大的接触面积与印版或橡皮布的图文接触，能较均匀地、完整地实现油墨转移，使图文清晰、饱满地再现于纸张上，从而获得令人满意的复制效果。对于那些通过网点来表达层次色调的印品，只有非常平滑、无凸凹的纸张才能较好地反映原稿中各阶调的层次和网点状态，从而使得印刷品的色调层次丰富、网点清晰、调子柔和。对书写

纸来说，也要达到足够的平滑度，才能保证书写流利。

粗糙度是指在一定压力下试样与平面金属环接触，金属环内通入一定压力的空气，从试样面和金属环面之间流出的空气量，单位是 mL/min。平滑度是指在一定的真空度下，一定容积的空气通过在一定压力下、一定面积的试样面与玻璃面之间的间隙所需的时间，以秒表示。

测定平滑度的方法很多，有空气泄漏法、光学接触法、针描法、印刷试验法、电容法、摩擦法及液体挤压法等。每种方法都有许多种形式的仪器，其中以空气泄漏法用得最多。

1. 空气泄漏法

别克测试法的测试原理如图 7-3 所示，将纸张试样置于环形玻璃板上，并在试样上施加一定的压力。从环形玻璃板的中心孔通入一定容积的空气，测定空气通过试样与玻璃板之间所需的时间来表示纸张的平滑度。对于表面粗糙不平的纸张，它与玻璃表面接触时的间隙较大，空气容易从纸张表面的低凹部分通过。因此，通过一定容积的空气所需时间越短，表示纸张表面的平滑度越低。

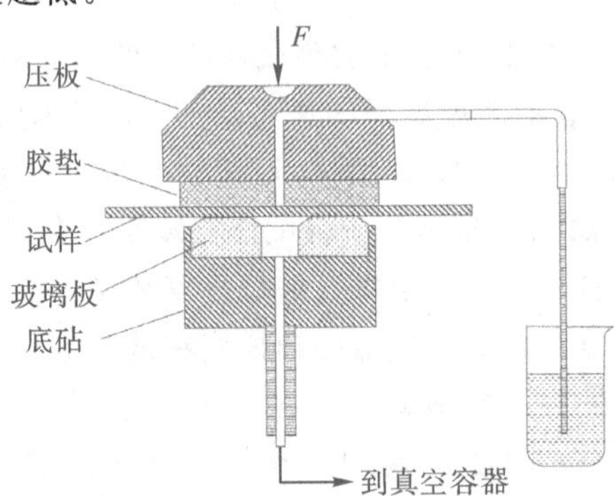

图 7-3 别克测试法的原理图

国家标准 GB/T 456《纸和纸板平滑度的测定（别克法）》，适用于绝大多数纸和纸板，但不适合用于测定厚度在 0.5 mm 以上或透气度较大的纸张。

影响别克平滑度的因素主要有

(1)测量值的相对误差与环境气压的标准偏差成正比。

(2)环境温度升高，测量误差会增大。

(3)平滑度随相对湿度的增加而增大。

(4)平滑度随试验压力的增加而增大。

(5)试样有效面积偏大时，所测得的平滑度值偏高，反之偏低。

(6)加压时间越长，平滑度值越大。

(7)施加压力越大，平滑度值也越大。

2. 光学接触法

光学接触法测试原理如图 7-4 所示。将试样置于平台底座，底座可以上下调节，用来调节试样与棱镜之间的压力。光学玻璃棱镜由三块棱镜合并而成，也可以用整体棱镜。当向上调节底座时，纸张不平表面的凸峰部分与棱镜之间产生光学接触。所谓光学接触是指纸张的凸峰部分与棱镜之间的间隙小于或等于入射光波长的接触。若间隙大于入射光波长的，则认为在棱镜与纸张之间有空气相隔，称为非光学接触。

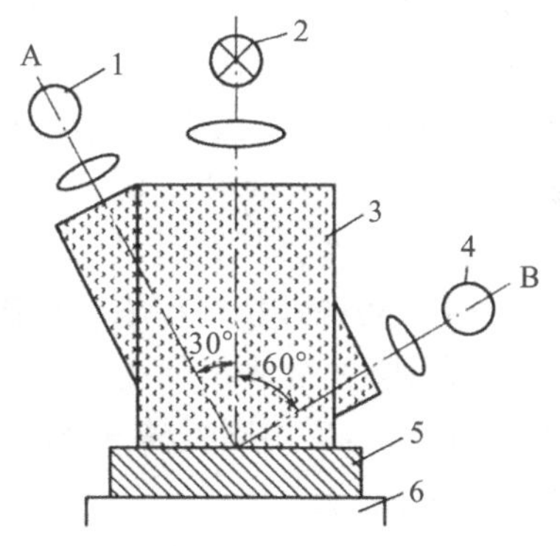

1，4—光敏元件；2—入射光源；3—棱镜；5—限压阀试样；6—底座。

图 7-4　光学接触法原理图

当沿法向的入射光照射到接触部分时，由玻璃—纸张界面向棱镜体内空间形成漫反射，如图 7-5(a)所示。因此在入射方向的±90°范围内都存在着反射光。当入射光照射到非接触部分时，通过玻璃—空气界面射向纸张的凸凹部分表面，随后纸张的凸凹部分的反射光又通过空气—玻璃界面折射到棱镜体内。当可见光波长为 380～730 nm 时，玻璃的折射率 $n=1.5\sim1.53$。若取 $n=1.52$，由折射率定义可知，折射到棱镜体内的光集中在±41°的空间内，如图 7-5(b)所示，在与入射方向大于 41°的空间内是不存在反射光的。因此，在与法向的入射光呈 30°方向的“A”处，反映了接触面积和非接触面积上的反射光，而在与法向的入射光呈 60°的方向“B”处，却只能反映接触部分的反射光。光学接触法就是利用上述现象，在“A”“B”两位置上设置两个光敏元件，用以测量“A”“B”两个部位的反射光强，进行比较来确定接触面积的百分比。

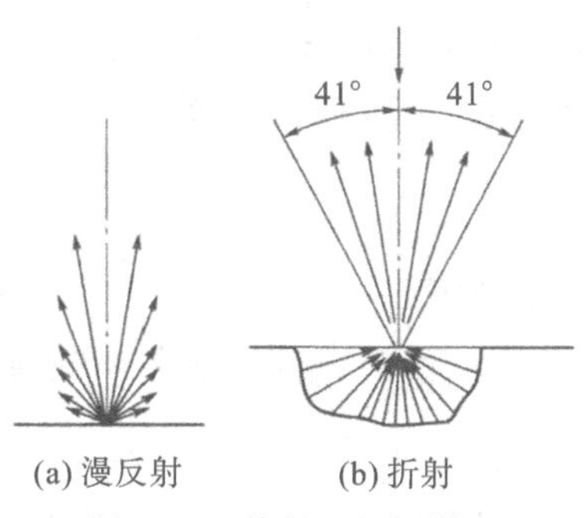

(a) 漫反射　(b) 折射

图 7-5　接触区的反射光

由上所述可知，光学接触法能测得纸张在加压物体之间接触面积的大小，但测量所得数据与所施加的压力、纸张的压缩特性有关。因此，只能在规定的压力下，从一定程度上反映了纸张表面的相对平整程度。此外，用光学接触法所得的接触面积百分比不能反映纸张凹下部分的深浅程度。

3. 针描法

针描法就是测量表面微观几何形状的方法之一，它采用一个很尖的触针在贴于平滑玻璃板上的纸张试样表面上做匀速滑动。由于试样表面峰谷不平，使触针上下移动。若将触针上下位移参数通过机械的或电学的方法加以放大和处理，就可利用记录仪器显示其微观几何形状的图形。测试仪器是针描粗糙度仪，适用于测定印刷表面凹凸形状的程度和表面微观情况，它由放大指示、信号传输、检测器、记录系统以及带柱子的定盘、倾斜调整台等组成。SE－3A 针描粗糙度仪的测试原理是触针接触印刷纸试样表面，并扫过一定的距离。根据印刷表面的凹凸不平给出相应的曲线，并由放大装置放大显示，曲线的形状反映纸面凹凸不平的程度。曲线越平缓，则平滑度越高，反之则粗糙度越高。

4. 水迹法

空气泄漏法、光学接触法和针描法都只能测量纸张在印刷前的原始平滑度，并不能反映纸张在压印过程中所呈现的平滑状态，水迹法利用 IGT 印刷适性仪测试纸张的粗糙度。IGT 印刷适性仪的测试原理是模拟纸张的圆压圆印刷状态，在一定的印刷速度、印刷压力和衬垫条件下进行压印，使纸张表面的几何状态与实际的圆压圆印刷状态相接近，测试结果表征纸张在压印过程中的平均粗糙度，同时也可以用单位面积内凹穴的容积来标定印刷平滑度。由于纸张本身的弹塑性特征，其凸峰部分在印刷压力作用下的变形随印刷压力和大小而改变，因此，同一种纸张在不同的印刷压力下，所测得的平滑度是有区别的，纸张越疏松，其差别越显著。这表明采用水迹法测定印刷过程中纸张的平滑度，与印刷的实际状态相近。

5. 摩擦系数

当两个相互接触的物体沿着接触面相对滑动或有相对滑动趋势时，彼此之间作用着阻碍这种运动的力，即摩擦力。在未发生相对滑动时的摩擦力称为静摩擦力。出现滑动时的摩擦力称为滑动摩擦力。纸张在印刷和包装过程中，纸与纸板或其他材料接触时通常会产生摩擦力，而这些摩擦力对印刷和包装生产有很大影响。例如，若纸袋用纸具有太大的摩擦系数，堆叠的纸袋之间可能产生黏接，而太低的摩擦系数可能使堆叠的纸袋之间产生滑动，这些都会影响包装质量。

7.1.4 纸与纸板的光学性能测试

纸与纸板光学性能测试主要包括白度、颜色、光泽度、透明度和不透明度等内容。

1. 光源

(1)光的性质。光是一种辐射能量，光波本质上是电磁波。在电磁波波长范围内，380～780 nm 波长的电磁波构成了日光，在日光波长范围内，波长在 400～700 nm 范围内称为可见光，可凭肉眼观察，以区分各种不同的颜色，如表 7－3 所示。

表 7－3 可见光的颜色

波长/nm	400～450	450～500	500～570	570～590	590～610	610～700
颜色	紫	蓝	绿	黄	橘黄	红

当一束光线投射到纸张表面上时，会发生许多种情况，最常见的是反射、透射、散射、吸收和漫反射等光学现象。

①反射，指光从纸面上呈镜面反射，反射量的大小用光泽度来评价。

②透射，指光射入纸层，形成散射光，用散射系数来评价。

③散射，指光透过纸层，形成折射光，可用不透明度来评价。

④吸收，指光被纸张吸收变成热能，用吸收系数来评价。

⑤漫反射，当一部分光进入纸张内部，并在各个方向上反射出数量相同的光，形成半球形的漫反射，可用漫反射率来评价。

如果入射光线被镜面反射的量很大，则纸张呈现很高的光泽度。当某种颜色的漫反射光量大时，物体主要呈现出这种颜色。如果全部波长的光反射率均为 100%，则物体是理想白；当光被物体全部吸收，则物体就呈绝对黑。如果光从物体上透过量大，则不透明度低；如果 100%透过，则物体就是绝对透明体。纸张的光学性质，正是基于上述几种情况进行评价的，如白度、颜色、光泽度和不透明度等。

(2)标准照明体和标准光源。标准照明体是指入射在被观察者所观测的物体上的一个特定的相对光谱功率分布。能实现这种标准照明体的人工光的物理反射体称为标准光源。目前广泛采用的标准光源主要有 A 光源和 D_{65} 光源。

2. 白度

纸与纸板的白度，是指白色或接近白色的纸或纸板的表面对蓝光的反射率，以相对于蓝光照射氧化镁标准板表面的反射百分率表示。这种纸或纸板受光照射后反射的能力，也是纸或纸板的光亮程度，因此也有用亮度表示的。

3. 颜色

物体在光照射下呈现的颜色，取决于物体对照射光的反射和吸收特性。如果各种波长的光完全被物体吸收，人眼就接受不到反射光，表明该物体呈黑色。反之，如果物体对所有波长的光全部反射，则该物体呈白色。不同的物体吸收或反射的光波及光通量不同，故所呈现的颜色也不尽相同，有各种颜色。

光谱相同的光，颜色相同，而光谱不同的光，通过适当合成也能呈现出相同的颜色，即一种颜色可以由另外几种颜色按一定比例合成得到。实践表明，由红、绿、蓝三种颜色所合成的颜色效果最好。因此，人们将为合成某种颜色所需的三原色的数量称为三刺激值，这就是色的三原色原理。科学家发现，人眼睛分辨颜色的机理与三原色原理相符，在人眼上分布有三色感光细胞，分别对红、绿、蓝三种原色敏感，通过这三组感色细胞所得到的刺激程度，使人分辨出不同物体的颜色。

4. 光泽度

光泽度是一种光学平滑度的量度。光泽度直接影响包装材料的印刷性能，也可用来检查包装材料或制品表面的均匀程度。光泽度与平滑度并不完全一致，理想的测试方法是光泽度与平滑度同时测试。当试样表面有入射光照射时，其反射分布曲线如图 7－6 所示，可以用变角光度计测得，虚线部分表示扩散反射，实线部分代表镜面反射，光泽度高的材料其反射分布曲线在实线范围内，光泽度低的材料在虚线范围内。

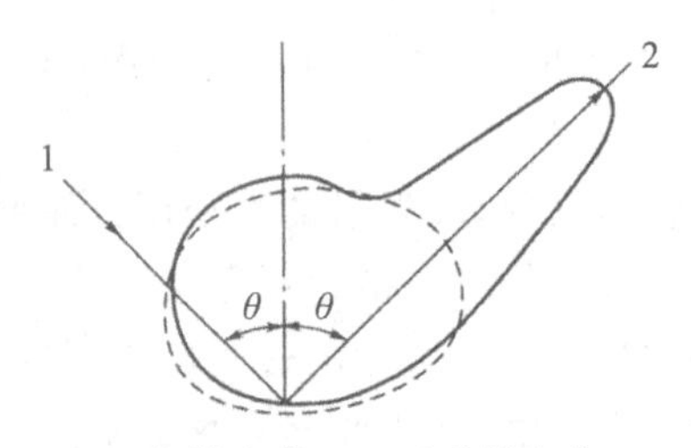

1—入射光束；2—正反射光束。

图 7-6　反射分布曲线

5. 透明度/不透明度

当光线照射试样后，一部分光在表面上进行反射，一部分被吸收，一部分透过试样。透过试样的光，分为平行透过光和散乱透过光两部分。透明度是指单层试样反映被覆盖物影像的明显程度，以百分比(%)表示。测试方法有透明度测试法和不透明度测试法，采用不透明度计、光度计或白度仪等试验仪器可测定纸张不透明度，而不透明度计主要测定平行透过光的大小。

7.1.5　纸与纸板的强度性能测试

纸与纸板的强度性能主要包括抗张强度、弯曲挺度、耐折度、撕裂度和环压强度等。

1. 抗张强度

(1)抗张强度。抗张强度是在规定的试验条件下，单位宽度的试样断裂前所能承受的最大张力。

$$S = \frac{\overline{F}}{b} \tag{7-11}$$

式中，S 表示抗张强度，kN/m；$\overline{F}$ 表示最大抗张力的平均值，N；b 表示试样的宽度，mm。

(2)抗张指数。抗张强度除以定量即为抗张指数。

$$I = \frac{1000S}{\omega} \tag{7-12}$$

式中，I 表示抗张指数，N·m/g；ω 表示试样的定量，g/m^2。

(3)裂断长。假设将一定宽度的纸或纸板的一端悬挂起来，计算由其因自重而断裂的最大长度，单位为 km。

$$L_B = \frac{1}{9.8} \times \frac{S}{\omega} \times 10^3 \tag{7-13}$$

(4)断裂时伸长率。在规定的试验条件下，试样断裂瞬间的伸长量与初始试验长度的比值。

$$\varepsilon = \frac{\delta}{l} \times 100 \tag{7-14}$$

式中，ε 表示断裂时伸长率，%；δ 表示断裂时伸长量，mm；l 表示试样的初始试验长度，mm。

(5)抗张能量吸收。单位面积的试样被拉伸至最大抗张力时所吸收的能量即为抗张能量吸收。

$$Z = \frac{1000 \times \bar{E}}{b \times l} \tag{7-15}$$

式中，Z 表示抗张能量吸收，J/m^2；$\bar{E}$ 表示抗张力-伸长量曲线下方面积的平均值，mJ。

(6)抗张能量吸收指数。抗张能量吸收除以定量即多抗张能量吸收指数。

$$I_Z = \frac{1000 \times Z}{\omega} \tag{7-16}$$

式中，I_Z 表示抗张能量吸收指数，J/kg。

(7)弹性模量。抗张力-伸长量曲线的最大斜率乘以初始试验长度再除以试样的宽度和厚度的乘积即为弹性模量。

$$S_{max} = \left[\frac{\Delta F}{\Delta \delta}\right]_{max} \tag{7-17}$$

式中，S_{max}表示每个试样抗张力-伸长量曲线的最大斜率，N/mm；ΔF 表示抗张力增量，N；$\Delta\delta$ 表示伸长量增量，mm。

$$E^* = \frac{\bar{S}_{max} \times l}{b \times t} \tag{7-18}$$

式中，E^* 表示弹性模量，MPa；t 表示试样厚度，mm。

按照 GB/T 12914《纸和纸板抗张强度的测定恒速拉伸法(20 mm/min)》进行试验，该方法适用于除瓦楞纸板外的所有纸与纸板。

①试样采集与处理。按 GB/T 450 取样，沿纸幅纵、横向各切取(15±0.1)mm，长度足够夹持在试验机两夹头之间的试样条 10 片，试样的两个边应是平直的，最大平行误差应小于 0.1 mm，切口应整齐，无损伤，按 GB/T 10739 进行温湿度预处理。

②检查仪器各个部分是否正常，调整好上、下夹具之间的距离为(180±1)mm，拉伸速度为(20±5)mm/min。

③开始试验直至试样断裂。记录所施加的最大抗张力，如需要，还应记录伸长量(单位为 mm)，或者从仪器上直接读出断裂时伸长率(%)。

④在要求的每个方向(纵向或横向)各测试至少 10 个试样，舍去所有在距夹持线 10 mm 范围内断裂的试样的试验数据，每个方向上得到 10 个有效结果。

GB/T 12914《纸和纸板抗张强度的测定恒速拉伸法(100mm/min)》是另一种实验方法，对于不同的试样，拉伸速度对抗张强度、断裂时伸长率、抗张能量吸收和弹性模量影响不同。大多数情况下，当拉伸速度从 20 mm/min(180 mm 试验长度)增加到 100 mm/min(100 mm 试验长度)时，抗张强度增加 5%～15%，因此使用两种方法得到的试验结果不宜相互比较。

2. 弯曲挺度

弯曲挺度是指在弹性限度内，纸或纸板弯曲时单位宽度的阻力弯矩。弯曲挺度是衡量纸与纸板抵抗弯曲的强度性能，也表明其柔软或挺度的性质。挺度与纸和纸板的厚度的关系较大。在理论上挺度与厚度的三次方成正比。如紧度保持一定时，挺度的增加与厚度的三次方成正比；如定量保持一定，则挺度的增加与厚度的二次方成正比；在一定的厚度下，挺度与紧度成正比。打浆度高的纸浆制成的纸的挺度也较大。因此，掺入一定量草浆的纸与纸板，其挺度都较好。纸箱刚度反映纸箱抵抗变形的能力，它主要取决于纸板的挺度。若纸箱受压缩载荷或装满物品后抗弯能力不足，就很容易变形，甚至破裂。常用的三种挺度测试的方法为恒速弯曲法、泰伯式挺度仪法和共振法。恒速弯曲法适用于弯曲挺度为 20 mN～10000 mN 的纸和纸板。泰伯式挺度仪法主要适用于高定量的纸和纸板，不包括使用 10 mm 弯曲长度的低量程泰伯式挺度仪。共振法适用于大多数纸和纸板，不适用于测定时会产生分层、有明显卷曲的纸和纸板，以及定量低于 40 g/m^2 的纸，适用于瓦楞纸板组成成分但不适用于瓦楞纸板。

3. 耐折度

纸与纸板在使用过程中需要承受多次折叠，如用白纸板、箱纸板等制作不同规格的纸箱、纸盒时，要求能经受往复折叠而不易断裂。瓦楞纸箱成型后，箱体和摇盖的压痕部位都需要折曲，箱体的四条压痕线一般与瓦楞方向平行，而有些异型箱局部压痕线与瓦楞方向呈 45°，在钉箱时要向压痕凹面折曲 90°，有时达 180°，而摇盖的压痕线与瓦楞方向垂直，在使用过程中，压痕的凹凸面都要多次折曲（最大角度为 270°），很容易造成破坏。

纸与纸板的耐折度是指被测试样受一定的张力，经一定角度往复地折叠的次数。按纵向试样测试得到纵向耐折度，按横向试样测试得到横向耐折度。一般纵向比横向耐折度要高些，这是由于纤维的排列及纵向纤维结合力大的缘故。但也有反常现象，这牵涉纸与纸板的挠曲性及流动性。耐折度是一种变相的抗张强度检验，其结果受纸张挠曲性能的影响很大。

按照 GB/T 457《纸和纸板耐折度的测定》进行试验，测试方法如下：

①试样采集与处理。按 GB/T 450 取样，并按 GB/T 10739 对试样进行温湿度预处理。

②试样的制备。纵横方向应至少各切取 10 张试样。试样宽度应为 15.0 mm±0.1 mm，长度应为使用仪器所规定的有效长度（肖伯尔法纸长度为 100 mm，纸板长度为 140 mm；MIT 法纸和纸板长度大于 140 mm），试样两边应光滑且平行。所取试样不应有折子、皱纹或污点等纸病，试样折叠的部分不应有水印；不应用手接触暴露在两夹头间的试样的任何部分。

③在纸的每个试验方向上，应至少需要 10 个试验结果。纵向试验是指试样的长边方向为纸的纵向，应力作用于纵向，断裂在横向。如果双折叠次数小于 10 次或大于 10000 次，可以减少或增加张力，但应注明所采用的非标准张力的大小。

常用的测定耐折度的仪器有肖伯尔法、MIT 法。

(1)肖伯尔耐折度仪。肖伯尔耐折度是指纸或纸板在一定张力下，所能承受 180°的往复折叠的能力，以往复折叠次数表示。肖伯尔耐折度仪由折叠装置、驱动装置和计数器组成。折叠装置包括夹持试样用的一对水平对置的夹头、4 个折叠边滚轴和一片窄缝的折叠刀片。两夹头的夹口相距约 90 mm，由弹簧座固定，在垂直面上以一定张力夹持试样。夹头运动时，除了滚轴在下面支撑外，夹头自由地悬挂在两张力的弹簧之间。轴线垂直的 4 个滚轴，其安装位置沿夹头中间的某一点对称。折叠刀片位于两夹头的中间位置，并在与试样垂直的面上往复运动。在折叠周期中，弹簧张力不断变化。对于厚度小于 0.25 mm 的纸，当试样平直时，弹簧施加的张力为 7.60±0.10 N；当折叠刀片运行到极限位置，试样弯曲到最大程度时，弹簧施加的张力为 9.80±0.20 N。对于厚度 0.25～1.4 mm 的纸板，当试样平直时，弹簧施加的张力为 9.80±0.20 N；当折叠刀片运行到极限位置，试样弯曲到最大程度时，弹簧施加的张力为 12.75±0.20 N。4 个折叠滚轴，每个直径为 6 mm（纸板为 10 mm）。

折叠刀片与每侧折叠滚轴的距离应为0.3 mm(纸板为2.0 mm)，折叠滚轴的间距约为0.5 mm(纸板为2.0 mm)。折叠刀片厚(0.5±0.0125)mm[纸板为(1.0±0.0125)mm]，缝口的边缘是圆弧形，半径为0.25 mm(纸板为0.5 mm)，缝口宽度为(0.5±0.0125)mm[纸板为(2.0±0.0125)mm]。驱动装置是指折叠刀片的前后运动方式是简单的谐调运动，双折叠次数每分钟(115±10)次，行程20 mm。计数器用于记录折叠次数，在试样断裂时应自动停止。

(2)MIT耐折度仪测试法。MIT耐折度是指纸或纸板在一定张力下，所能承受135°的往复折叠的能力，以往复折叠次数表示。如图7-7所示，试样在规定的张力条件下被往复折叠135°，记录试样在折断时的最大折叠次数。

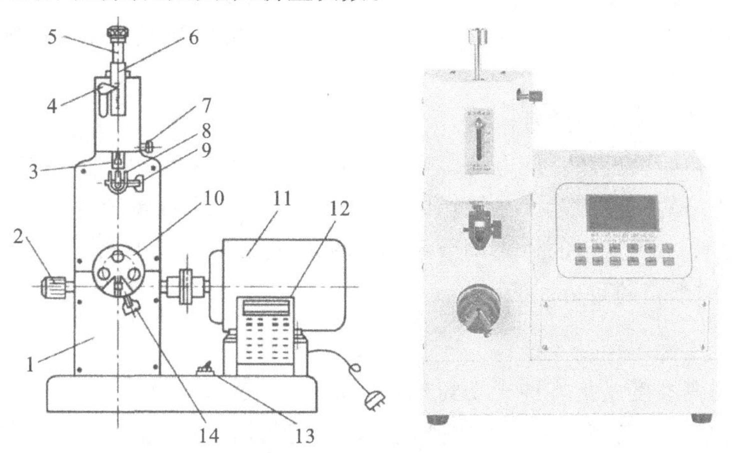

1—前盖板；2—试样调节手柄；3—张力调节螺钉；4—指针；5—张力杆；6—张力标度；7—制动螺钉；8—上夹头；9—夹持螺钉；10—折叠头；11—电动机；12—计数器；13—电源开关；14—夹紧螺钉。

图7-7 MIT耐折度仪

(3)瓦楞纸板耐折度仪测试法。瓦楞纸板耐折度仪由箱体、传动系统、上下夹具以及计数器等组成。传动系统由电动机通过曲柄带动连杆而传递给摆动齿轮，再由摆动齿轮与摆头齿轮啮合，带动摆头往复运动，从而使上夹具在135°摆角范围内往复摆动。上夹具由一个固定夹板和一个活动夹板组成。上夹具左右摆动，使试样往复折曲270°。下夹具与负荷杆连在一起，并配有不同质量的砝码，可使负荷达到3500 g。试验时，张力的大小根据试样而定，计数器采用液晶显示。

瓦楞纸板耐折度测试方法如下：

①试样采集与处理。沿纸幅切取140 mm×40 mm试样10个，尺寸误差为±1 mm，长边与瓦楞方向平行，短边与瓦楞方向垂直。

②将经过压痕的瓦楞纸板试样，垂直地夹紧于耐折仪的上、下夹具之间。对于单瓦楞纸板试样，上夹具边缘夹持在距压痕中心线3 mm的位置上，对于双瓦楞纸板试样，上夹具边缘夹持在距压痕中心线5 mm的位置上。

③下夹具负荷杆上施加1500 g～2500 g砝码，提起下夹具底托，待夹持好试样后再放松，使试样处于张力条件下。

④开动仪器，通过上夹具往复运动折曲试样，直至折断，读取计数器的数值，即试样的折

叠次数。计数器清零，进行下一次试验。

(4)影响耐折度的因素。

①相对湿度。由低湿度向高湿度变化时，耐折度随之增大，到一定湿度后达到最大值，然后耐折度随湿度增加而下降。

②温度。由于温度升高，使纸张折叠区内部纤维强度下降，导致耐折度急剧下降，有可能下降到原来的1/3。目前所用的耐折度仪，大多数都配有一个小型风扇，对折叠区吹风，使折叠区温度升高受到制约，以保证测试结果的稳定性。

③仪器张力。纸张耐折度的试验，实际上是一个纸张在变化张力的条件下，周期地测定试样逐渐被折叠损伤的刀口抗张力，张力越大，耐折的次数越少。

④仪器的折叠刀片以及夹口。仪器的折叠刀片以及夹口圆弧的光滑程度和磨损情况对耐折度也有较明显的影响。

⑤瓦楞原纸及箱板纸的质量。

⑥黏合剂的初始黏度和黏接力是影响烘干后黏结面的柔韧性和纸板耐折度的关键。

⑦制箱过程中的压痕工艺。在纸箱的制造过程中，上、下压辊中心线的偏移，使压痕处厚薄不均，或由于上、下压辊的距离调节不当使瓦楞纸板受力过小或过大，造成压痕处过厚或过薄，都会影响纸箱的耐折性能。

4. 撕裂度

纸和纸板的撕裂度是指将预先切口的纸(或纸板)，撕至一定长度所需力的平均值。若起始切口是纵向的，则所测结果是纵向撕裂度。若起始切口是横向的，则所测结果是横向撕裂度。结果以毫牛(mN)表示。撕裂指数是指纸张(或纸板)的撕裂度除以其定量。结果以毫牛顿平方米/克($mN \cdot m^2/g$)表示。撕裂纸与纸板所做的功包括两部分，即把纤维拉开所做的功和把纤维拉断所做的功。纤维长度是影响纸与纸板撕裂度的一个重要因素。纤维长度增加则撕裂度提高，因为增加纤维长度，就是增加拉开纤维所做的功。撕裂度是纸袋用纸、包装用纸与包装用纸板的重要检测项目之一。

(1)爱利门道夫单撕裂度仪测试法。爱利门道夫(Elmandorf)单撕裂度仪适用于测定纸和纸板的撕裂度，将预先切一裂口的试样在摆释放时撕裂成两半，利用摆所消耗的势能来度量撕裂度，如图7-8所示。撕裂势能是由绕在机架上方回转中心的摆在其重心被抬起时储

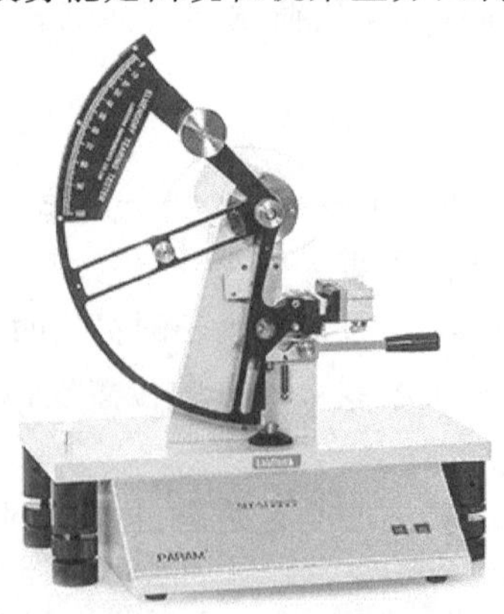

图7-8 撕裂度仪

存的。当摆向左摆动，摆的右边越过中心垂线时，就被其下方的弹性释放块挡住，使摆上的试样夹与机架上的试样夹都处于可夹持试样的状态。当试样夹紧，并用仪器上配备的切刀切好裂口时，就可以按下弹性释放挡块，使摆的势能释放，给试样施加撕裂力。当试样被撕裂成两半时，指针就停止在摆上刻度尺的某一位置，读取此刻度值，计算试样的撕裂度。

撕裂度为

$$F=\frac{S\cdot P}{n} \tag{7-19}$$

式中，F 表示撕裂度，mN；S 表示试验方向上的平均刻度读数，mN；P 表示换算因子，即刻度的设计层数，一般为 16；n 表示同时撕裂的试样层数。

撕裂指数为

$$X=\frac{F}{G} \tag{7-20}$$

式中，X 表示撕裂指数，$\mathrm{mN\cdot m^2/g}$；G 表示试样的定量，$\mathrm{g/m^2}$。

按照 GB/T 455《纸和纸板撕裂度的测定》，测试方法如下：

①试样采集与处理。试样的大小应为(63±0.5)×(50±2)mm，应按样品的纵横向分别切取试样。如果纸张纵向与样品的短边平行，则进行横向试验，反之进行纵向试验。进行温湿度预处理，每个方向应至少做 5 次有效试验。

②根据试样选择合适的摆或重锤，应使测定读数在满刻度值的 20%～80%范围内。将摆升至初始位置并用摆的释放机构固定，将试样一半正面对着刀，另一半反面对着刀。试样的侧面边缘应整齐，底边应完全与夹子底部相接触，并对正夹紧。用切刀将试样切一整齐的刀口，将刀返回静止位置。使指针与指针停止器相接触，迅速压下摆的释放装置，当摆向回摆时，用手轻轻地抓住它且不妨碍指针位置。使指针与操作者的眼睛水平，读取指针读数或数字显示值。松开夹子去掉已撕的试样，使摆和指针回到初始位置，准备下一次测定。

③当试验中有 1～2 个试样的撕裂线末端与刀口延长线的左右偏斜超过 10 mm，应舍弃不计。重复试验，直至得到 5 个满意的结果为止。

④测定层数应为 4 层，如果得不到满意的结果，可适当增加或减少层数，但应在报告中加以说明。

(2)影响撕裂度的因素。

①相对湿度。相对湿度对于一般强度性质的影响，都是湿度提高而强度随之有所降低，而撕裂度却是随相对湿度增大而增大的，在相对湿度 65%时的撕裂度要比相对湿度 50%时高出 12%。

②仪器精度。刻度值的准确度，摆轴摩擦大小，指针的摩擦大小，切刀所切刀口的情况等，对撕裂度都有显著影响。一般情况下，由仪器精度所引起的总误差小于 1%。

③不同层数撕裂。描图纸和打浆 35 min 的硫酸盐浆手抄纸的紧度高，纤维内部结合力强，在撕裂的方向上和撕裂的层数上，都是沿着直线撕裂的，基本上不受撕裂层数的影响。而滤纸和未打浆的硫酸盐浆手抄纸，在 1～10 层进行试验时，发现层数少，撕裂度低，随层数的增加，撕裂度增加。

④撕裂作用半径。根据测定结果，撕裂作用半径 104 mm 比 107 mm 所测得的结果约大 25%，所以使用撕裂作用半径为 107 mm 的仪器时，测定结果应加以修正。

5. 环压强度

环压强度(Ring-Crush-Test,RCT)是纸和纸板抗压能力的一项指标,即在规定的条件下,环形试样边缘受压直至压溃时单位长度所能承受的最大压缩力,以千牛每米(kN/m)表示。

$$R=\frac{\bar{F}}{l} \tag{7-21}$$

式中,$\bar{F}$ 表示最大压缩力的平均值,N;l 表示试样的长度,mm。

环压强度指数为

$$X=\frac{R}{g}\times 1000 \tag{7-22}$$

式中,R 表示环压强度平均值,kN/m;g 表示试样的定量,g/m^2。

环压强度试验仪器包括压缩试验仪和试样座。试样座由底座和可装卸内盘组成,试样插入试样座的底座和内盘之间,内盘的直径根据试样的厚度不同而有不同的规格。将长152.4 mm、宽(12.70±0.1)mm 的试样插入试样座的环形槽中,压力机通过压盘对从夹具突出部分的试样施加压力,测出其压溃时的最大载荷即为环压强度。

按照 GB/T 2679.8《纸和纸板环压强度的测定》要求,测试方法如下:

①试样采集与处理。按 GB/T 450 取样,沿纸幅的纵、横向用取样器切取试样各 10 条,测量出厚度,并对试样进行温湿度预处理。

②将试样分别按纵、横向插入试样座内,然后将试样座放在下压板的中心位置上,试样开口朝前,插入试样时一半正面向里,一半反面向里。

③开动压缩试验仪,使上压板均匀下降压缩试样,直至试样被压溃。停止仪器,读取读数,即所受的最大的力值。

7.1.6 瓦楞纸板测试

瓦楞纸板是由一层或多层瓦楞纸黏合在若干层纸或纸板之间,用于制造瓦楞纸箱的一种复合纸板。一般分为单瓦楞纸板、双瓦楞纸板和三瓦楞纸板。瓦楞纸板最小综合定量是指除瓦楞纸外的组成瓦楞纸板的各层纸或纸板定量之和。单瓦楞纸板和双瓦楞纸板按照其最小综合定量不同各分为 1 类至 5 类,三瓦楞纸板按照其最小综合定量不同分为 1 类至 4 类。

1. 耐破度

包装件在运输和储存过程中常常会受到外力的挤压或碰撞,以及被包装产品的冲击,此时用抗张强度或其他强度指标来评价纸或纸板耐碰撞的能力显然是不合适的,需要引入耐破度。当纸板承受垂直于纸板面的压力时,纸板开始变形,随着压力的增大,变形也相应增大,直至纸板破裂。

耐破度是瓦楞纸板在单位面积上承受的垂直于试样表面的均匀增加的最大压力,单位为 kPa。反映的是纸板在不破裂状态下承受外压的能力,是芯纸、面纸和里纸之间的综合性能指标。纸箱在使用中要受到与耐破度测定时相似的应力。

耐破度的大小受纤维间结合力和纤维平均长度的影响,是抗张强度和伸长率的复合函数，其应力大部分是在纸张破裂时，横跨纸幅的压力差所形成的一种张力。由于各个方向的变形大体相等，因而产生了纸张中的均衡应力。由于纸张纵向伸长率较小，受压力后成为纵向张力，因此试样的裂纹一般与纸张的纵向垂直。

(1)耐破度仪。全自动型瓦楞纸板耐破度仪适用于测定纸和纸板的耐破度，如图 7-9 所示。在放置试样的下压板的下侧安装有一个胶膜，下面是一个充满甘油的压力室，压力室内装有一个活塞，活塞的运动使胶膜向上膨胀，并将试样鼓破，其压力值经传感器最后显示在显示器上。试样的固定是用气压来实现的，在上压板的上方安装有气缸和活塞，由气阀控制上压板下压或提升。压力室内的活塞运动是借助其下方的电动机带动一对齿轮齿条传动，而齿条的运动使活塞加压或减压。

(2)测试方法。按照 GB/T 6545《瓦楞纸板耐破强度的测定法》进行试验。试验原理是将试样置于胶膜之上，用试样夹夹紧。然后均匀地施加压力，使试样与胶膜一起自由凸起，直至试样破裂为止。该标准适用于耐破度 350 kPa～5500 kPa 的瓦楞纸板，是以液压增加法测定瓦楞纸板的耐破度的，即在试验条件下瓦楞纸板单位面积所能承受的均匀增大的最大压力。

2. 戳穿强度

戳穿强度是在规定的试验条件下，用符合标准规定的戳穿头穿透纸板所消耗的能量，以焦耳(J)表示。可用来衡量瓦楞纸板受到锐利物品冲击发生损坏时的抵抗力，是一个综合性指标，与耐破度的区别在于耐破度是均匀地施加压力而把试样顶破，从物理意义上讲是静态强度，而戳穿强度是突然施加一个撞击力于纸板把纸板戳穿，属于动态强度，因此对于纸板类包装材料，戳穿强度显得更有实际意义。

常用戳穿强度仪见图 7-10。该测定仪利用一个装有戳穿头的摆，以其戳穿纸板前后的位能变化来测定纸板抵抗戳穿的能力。将位能差，即位能的变化量转变为动能，以戳穿和撕裂纸板，并以此来表示纸板的戳穿强度。试验时，将试样安装在两块夹板之间，上、下夹板中间有一等边三角形孔，以供戳穿头通过。放下释放按钮，摆臂逆时针摆动，角锥完全穿透试样后，继续向上摆动，摆过的角度由指针指示，指示值即为戳穿强度。

图 7-9　耐破度仪

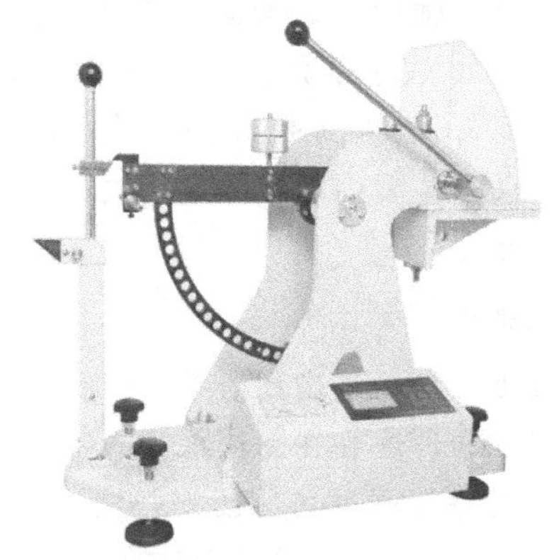
图 7-10　戳穿强度仪

影响戳穿强度的因素：

(1)相对湿度增大，戳穿强度也有轻微的增大，但变化量不大。

(2)随打浆度提高,戳穿强度稍有增加,而后随打浆度提高,戳穿强度又开始下降。

(3)测试结果随夹紧压力的增加而降低。尤其对于瓦楞纸板,当压力过大,试样的瓦楞被压溃,从而使戳穿强度降低。但压力太小,又使试样在试验过程中松动,结果会出现偏高趋势。因此合理地控制夹紧力是必要的。

(4)仪器摆轴摩擦力太大,则会使测试结果偏高。

(5)防摩擦环是为了在摆锤戳穿试样后,保持试样开孔被撑住,从而避免试样弹回对摆产生摩擦或夹住摆杆,当这种情况发生时,摆不能自动摆动,从而影响测试结果。

3. 边压强度

边压强度是指瓦楞纸板试样受到沿瓦楞方向不断增大的压力,直至试样压溃,单位长度试样所承受的最大力值。瓦楞纸箱和纸袋等柔性包装容器不同,它属于刚性包装容器。使用时,要维持一定的形状,瓦楞纸箱的主要失效形式是压溃而失去刚性。研究结果表明:体现纸箱刚性的一个重要指标是纸箱的抗压强度,而抗压强度又直接与瓦楞的边压强度密切相关。

边压强度可用固定压板式压缩试验仪来测定,将瓦楞纸板矩形试样高度(平行于瓦楞的方向)(25±0.5)mm,长度(垂直于瓦楞的方向)(100±0.5)mm 置于上、下压板之间,利用两个金属导块(尺寸约为 20 mm×20 mm×100 mm)确保试样垂直于上、下压板平面。测试时,使上压板以(12.5±2.5)mm/min 的速度向试样施加压力,加压接近 50 N 时,移开导块。记录试样被压溃时的最大压力。则边压强度为

$$R = \frac{\overline{F}_{\max}}{l} \tag{7-23}$$

式中,R 表示瓦楞纸板的边压强度,kN/m;$\overline{F}_{\max}$表示试样最大力值的算数平均值,N;l 表示试样长边尺寸,mm。

瓦楞纸板的边压强度,也可以根据如下公式确定,即

$$\mathrm{ECT} = \mathrm{RCT}_1 \times (t - t_c) \times A + \mathrm{RCT}_2 \times (at_2) \times A \tag{7-24}$$

式中,ECT 表示瓦楞纸板的边压强度;RCT_1 表示箱纸板的横向环压强度;RCT_2 表示瓦楞原纸的横向环压强度;t 表示瓦楞纸板的厚度;t_c 表示瓦楞纸板中间瓦楞层的厚度;A 表示瓦楞纸板的长度;a 表示系数;t_2 表示瓦楞原纸的厚度。

由上式可知,要提高 ECT,需要提高面纸板的 RCT,由于面纸板的定量高,环压强度也较高,因此 ECT 主要由面纸的定量决定。但从经济角度上考虑,提高 ECT 的方法是增加瓦楞芯纸的定量。

4. 平压强度

平压强度(FCT)是指瓦楞纸板受到平压载荷而不发生压溃的能力,该指标对于瓦楞纸板在使用时的缓冲性和在制作纸箱的各个加工过程中能保持纸板的原有厚度特别重要。测定瓦楞纸板的平压强度可用压缩强度试验仪,采用直径为 513 cm 的圆形试样,在垂直于瓦楞纸板表面加压,直至瓦楞压溃时的最大压力,即为平面压缩强度,单位为 kPa。

瓦楞芯的主要作用是当瓦楞纸板受压变形时能保持纸板具有一定的厚度,从而使纸板获得较大的惯性矩。瓦楞芯的作用与其在单面机上造成的瓦楞的可靠性能密切相关,要求瓦楞芯能经受得起应力和应变的作用,并在高速起楞时能形成均一的等高的瓦楞并能牢固

地与面纸黏合。瓦楞芯平压强度测定是在一定温度和一定压力下，将瓦楞芯纸放在一定齿形的槽纹仪上，压成一定形状的瓦楞，然后在压缩仪上测定瓦楞所能承受的力，单位是 N(也称 CMT 瓦楞芯试验)。

5. 黏合强度

黏合强度是指分离单位长度瓦楞纸板黏合楞线所需的力，单位为 N/m。其试验原理是将针形附件(剥离架)插入试样的楞纸和面(里)纸之间(或楞纸和中纸之间)，然后对插有试样的针形附件(剥离架)施压，使其做相对运动，测定其被分离部分分开所需的最大力。

(1)剥离架。剥离架是由上部分附件和下部分附件组成，是对试样各黏合部分施加均匀压力的装置。每部分附件由等距插入瓦楞纸板楞间空隙的针式件和支撑件组成，如图 7 - 11 所示。

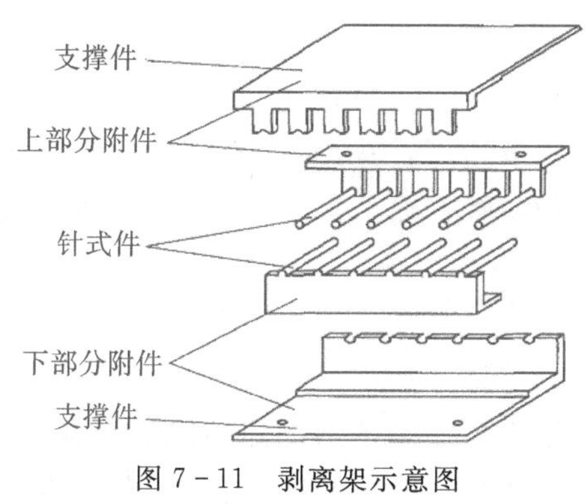

图 7 - 11　剥离架示意图

(2)测试方法。

①按国标进行试样采集与处理。

②试样的制备：从样品中切取 10 个(单瓦楞纸板)或 20 个(双瓦楞纸板)或 30 个(三瓦楞纸板)(25±0.5)×(100±1)mm 试样，瓦楞方向应与短边的方向一致。

③根据试样黏合面楞形选择合适的剥离架。按试样被测面楞距不同调整好剥离架附件插针的针距，将试样装入剥离架，然后将其放在压缩试验仪下压板的中心位置。

④开动压缩试验仪，以(12.5±2.5)mm/min 的速度对装有试样的剥离架施压，直至楞峰和面纸(或里/中纸)分离为止。记录显示的最大力。

⑤对于单瓦楞纸板，应分别测试面纸与楞纸、楞纸与里纸的分离力各 5 次，共测 10 次；双瓦楞纸板则应分别测试面纸与楞纸 1、楞纸 1 与中纸、中纸与楞纸 2、楞纸 2 与里纸的分离力各 5 次，共测 20 次；三瓦楞纸板则应测试共 30 次。

⑥分别计算各黏合层测试分离力的平均值，按式(7 - 25)计算各黏合层的黏合强度，最后以各黏合层黏合强度的最小值作为瓦楞纸板的黏合强度。

$$P = \frac{F}{(n-1)L} \tag{7-25}$$

式中，P 表示黏合强度，N/m；F 表示各黏合层测试分离力的平均值，N；n 表示插入试样的针根数；L 表示试样短边的长度，即 0.025 m。

里纸和面纸与芯纸具有一定的黏合强度是必要的，但并不是说黏合强度越大越好。过高的黏合强度往往是由于使用过量的胶黏剂和黏合面积过大的结果，这样不但浪费胶黏剂，并且会导致胶黏剂流入瓦楞谷内使其分布不合理，制成的瓦楞纸板容易变形，如表面不平、弯曲等，有时反而会降低纸箱的抗压强度。

6. 水分测试

水分是指纸或纸板在规定的烘干温度下，烘至恒重时，所减少的质量与试样原来质量之比，以百分数表示。

将试样放入已烘干至恒重的容器中，打开容器的盖子，连盖一起放入(105±2)℃的烘箱中烘干。烘干结束后，应在烘箱内将容器盖好。移入干燥器中，冷却 30 min，称重。重复上述操作，直至两次称量相差不大于原试样质量的 0.1%时，即可认为达到恒重。水分 X(%)按下式计算：

$$X=\frac{m_1-m_2}{m_1}\times 100\% \tag{7-26}$$

式中，m_1 表示烘干前试样的质量，g；m_2 表示烘干后试样的质量，g。

天平感量 0.001 g，测试结果准确至 0.1%，容器内试样质量不小于 50 g。试样长 150 mm，宽 50～75 mm。

7.1.7 蜂窝纸板测试

蜂窝纸板是近几年来迅速发展起来的新型包装绿色材料，它是由两层面纸与中间蜂窝状的芯纸胶黏而成的新型包装板材。蜂窝纸板面纸多采用 300 g/m^2 左右的箱板纸，蜂窝状芯纸多采用 120 g/m^2 左右的瓦楞原纸或茶板纸，成型时以蜂窝的上下两个端面与里外面纸相黏合。

1. 强度性能测试

影响蜂窝纸板质量的参数及项目有外观质量和物理机械性能，主要包括厚度、含水率、容量、静态弯曲强度、平压强度、剥离强度、破坏折裂等。其中影响蜂窝纸板产生严重缺陷质量问题的指标主要为平压强度、静态弯曲强度和剥离强度，这三项指标较集中地反映了蜂窝纸板的物理机械性能。在测试时，测试样品的取样方法、样品的温湿度调节处理均按国家标准规定进行。为了保证测试的精度，应该对试样的尺寸公差做出规定。因为蜂窝纸板比瓦楞纸板的厚度要大得多，应对试样相邻的两个面的垂直度以及相对的两个面的平行度做出规定，建议垂直度公差为 0.2 mm，平行度公差为 0.10 mm，每种测试试样的数量应不少于 5 个。另外，蜂窝纸板的静态弯曲强度、剥离强度这两项测试的试样还应包括纵向和横向两个方向的两组试样。

(1)平压强度。平压强度是指平压过程中，试样单位面积上所能承受的最大压缩载荷。

蜂窝纸板的平压强度参照 GB/T 1453《夹层结构或芯子平压性能试验方法》标准进行测试。测试时，试样边长或直径推荐为 60 mm 且至少应包括 4 个完整格子，将试样放在压力试验机上下压板的中心位置，开动试验机进行加压试验，加载速度为 0.2～2.0 mm/min，均匀加载至芯子破坏(包含芯子壁发白、开裂、倒塌)，或加载行程至初始厚度的 11%，记录破坏载荷及破坏形式。平压强度计算公式为

$$\sigma = \frac{P}{S} \tag{7-27}$$

式中，P 表示破坏载荷与位移达到厚度 10%时的载荷中变形较小的值，N；S 表示试样横截面积，mm^2。

影响蜂窝纸板平压性能的因素很多，其压缩、失稳、破坏的机理十分复杂。其中影响蜂窝纸板平压强度的指标主要是孔径比、厚度和蜂窝纸芯平压强度。随着孔径比的增大，平压强度逐渐降低，这主要是由于孔径比越大，纸板容重越小，单位面积参与承载的蜂窝壁板个数愈少的缘故。随厚度的增加平压强度先骤减后缓增。蜂窝纸板的强度主要是由纸芯强度决定的，剥离面纸后的蜂窝纸芯的平压强度较对应纸板有所减小，但幅值不大。

(2)静态弯曲强度。弯曲强度是指夹层结构在弯曲载荷的作用下，面板破坏时面板所承受的最大应力。

参照 GB/T 1456《夹层结构弯曲性能试验方法》标准进行测试。测试时，试样尺寸为 200 mm×60 mm，将试样放在拉压试验机的支座上，支座的跨距为 160 mm，开动试验机进行加压试验，加载速度为 2～5 mm/min，记录试样的载荷—挠曲值曲线，并根据公式计算出试样的静态弯曲强度，取所有试样的算术平均值作为最后的测试结果。蜂窝纸板的静态弯曲强度公式为

$$S = \frac{FL^3}{48db} \tag{7-28}$$

式中，S 表示静态弯曲强度，N・mm；F 表示弯曲力，N；L 表示跨距，mm；d 表示挠曲值，mm；b 表示试样宽度，mm。

(3)剥离强度。蜂窝纸板的剥离强度参照 GB/T 2791《胶黏剂 T 剥离强度试验方法》进行测试。因为蜂窝纸板的厚度比较厚，将该标准中试样的宽度增加了一倍，为 50 mm。测试时，试样长度为 200～250 mm，将试样预先剥开的面纸和里纸(50～60 mm)夹在万能材料试验机的上下夹头上并夹紧，开动试验机进行试验，加载速度为 15 mm/min，记录试样的载荷—剥离长度曲线，用等高线法或在曲线上均匀取点求平均值的方法求出平均剥离力，并根据公式计算出试样的剥离强度，取所有试样的算术平均值作为最后的测试结果。试样的剥离长度至少要 100 mm，但不包括最初的 25 mm。在试样剥离过程中，如面纸或里纸本身撕开剥离，则应舍去该试样，重新试验。蜂窝纸板的剥离强度公式为

$$\sigma_T = \frac{F}{b} \tag{7-29}$$

式中，σ_T 表示剥离强度，kN/m；F 表示平均剥离力，N；b 表示试样宽度，mm。

2. 缓冲性能测试

蜂窝纸板大量应用在产品的缓冲包装上，因此，有必要对蜂窝纸板的缓冲性能进行测试研究。测试缓冲材料缓冲性能的方法主要有两种，一种是静态压缩试验，另一种是动态压缩试验。

(1)静态缓冲性能。静态压缩试验通常是在万能材料试验机上进行的，主要是用来测定缓冲材料的力—变形特性，由此可以求得缓冲材料的应力—应变曲线图，从而可以求得材料的缓冲系数。

按照 GB/T8168《包装用缓冲材料静态压缩试验方法》,对蜂窝纸板进行静态压缩试验。试验机通常以(12±3)mm/min 的速度沿厚度方向对蜂窝纸板逐渐增加载荷,记录载荷及相应的变形曲线,得到蜂窝纸板的力—变形曲线,根据公式将力—变形曲线换算成应力—应变曲线。

(2)动态缓冲性能。由于静态试验的加压速度很小,考虑到包装件在流通过程中,往往受到强烈的冲撞和跌落,缓冲材料的形变速度很大,如从 60 cm 高度跌落冲击,形变速度约 3.4 m/s,这数值是静态试验速度的 1.7 万倍。采用对缓冲材料样品进行冲击作用的方法,也就是所谓的动态试验,所取得的数据比静态试验所得到的数据更符合实际的实用状态。

动态压缩试验是在冲击试验机上进行的,按照 GB8167 或 ASTMD1596《包装用缓冲材料动态压缩试验方法》测试蜂窝纸板在规定跌落高度条件下的最大加速度—静应力曲线。

7.1.8 纸箱性能测试

1. 瓦楞纸箱抗压强度

(1)凯里卡特经验公式。瓦楞纸箱的抗压强度可以通过压缩试验方法直接由试验测得,也可以采用经验公式计算,即

$$P = P_X\left(\frac{4aX_Z}{Z}\right)^{\frac{2}{3}} ZJ \qquad (7-30)$$

式中,P 表示瓦楞纸箱抗压强度,N;P_X 表示瓦楞纸箱原纸的综合环压强度,N/cm;aX_Z 表示瓦楞常数(见表 7-5);Z 表示瓦楞纸箱周边总长度,cm,即 Z=(箱长+箱宽)×2;J 表示瓦楞纸箱常数(见表 7-5)。

表 7-5 凯里卡特公式参数值

参数	瓦楞种类				
	A	B	C	AB	BC
aX_Z	8.36	5.00	6.10	13.36	11.10
J	1.10	1.27	1.27	1.01	1.08
C	1.532(国内 1.334)	1.361	1.477		

其中瓦楞纸板原纸的综合环压强度计算公式为

$$P_X = \frac{\sum R_n + \sum CR_{mn}}{15.2} \qquad (7-31)$$

式中,R_n 表示面纸环压强度,N/15.2 cm;R_{mn}表示瓦楞芯纸环压强度,N/15.2 cm;C 表示瓦楞收缩率,即瓦楞芯纸原长度与面纸长度之比(见表 7-5)。

若以 R_1、R_2、R_3 表示瓦楞纸板里纸、面纸和衬纸的环压强度,以 R_{m1}、R_{m2} 表示各层瓦楞原纸的环压强度,则单面瓦楞纸板的综合环压强度值计算公式为

$$P_X = \frac{R_1 + R_2 + R_m C}{15.2} \qquad (7-32)$$

双面五层瓦楞纸板的综合环压强度值计算公式为

$$P_X = \frac{R_1 + R_2 + R_3 + R_{m1}C_1 + R_{m2}C_2}{15.2} \tag{7-33}$$

式中，C_1、C_2 表示瓦楞折放系数。

凯里卡特经验公式以原纸环压值为基础，并结合瓦楞纸箱的周长及瓦楞种类综合计算出瓦楞纸箱的抗压强度。由于经验公式中没有考虑到纸箱长宽比和高度的因素，因此计算结果与实际情况存在一定的差异，误差为±5%。

(2)影响纸箱抗压强度的因素。瓦楞纸箱的抗压强度主要取决于瓦楞纸板的强度，此外还应考虑以下因素。

①箱体尺寸的影响。在瓦楞纸箱的周长、材料、瓦楞结构相同的条件下，箱体的长、宽、高不同，其抗压强度也不同，长宽比一定时，高度越小，抗压强度越高。

②箱体松弛的影响。纸箱的抗压强度依赖于纸中的纤维。货物存放时的堆码载荷属于长期载荷，纸中纤维的应力随着时间的延长而松弛，因此纸箱的抗压强度也随之降低，这种现象称为疲劳。

③纸板含水率的变化，将直接影响纸箱的抗压强度，通常用经验公式计算，即

$$P = P_0 \frac{10^{3.01X_0}}{10^{3.01X}} \tag{7-34}$$

式中，X_0 表示箱体纸张原含水率；X 表示箱体纸张现含水率；P_0 表示含水率为 X_0 时纸箱的抗压强度；P 表示含水率为 X 时纸箱的抗压强度。试验表明，抗压强度在温度 30 ℃、相对湿度 80%时，开始急剧下降；当温度 40 ℃、相对湿度 95%时，抗压强度大约下降 60%。

④箱体印刷、开孔的影响。印刷对于瓦楞纸板会造成一定的损伤，使得纸箱抗压强度下降，其下降的程度与印刷面积和印版的形状尺寸有关。纸箱开孔对其抗压强度也有一定的削弱。

此外，纸箱的运输方式、气候条件、储存堆码方式等对纸箱的抗压强度也有一定的影响。

2. 纸箱压缩试验

瓦楞纸箱的抗压强度除了采用经验公式计算以外，还可进行压缩强度试验。该公式是利用压缩试验机对空纸箱进行压缩强度试验，以测定瓦楞纸箱承受外界的压力和保护内装物的能力。如图 7-12 所示，将纸箱置于压力试验机的上、下压板之间，上压板匀速上下移动，下压板(也可以固定上压板，上下匀速移动下压板)对纸箱施加压缩载荷。纸箱压缩试验

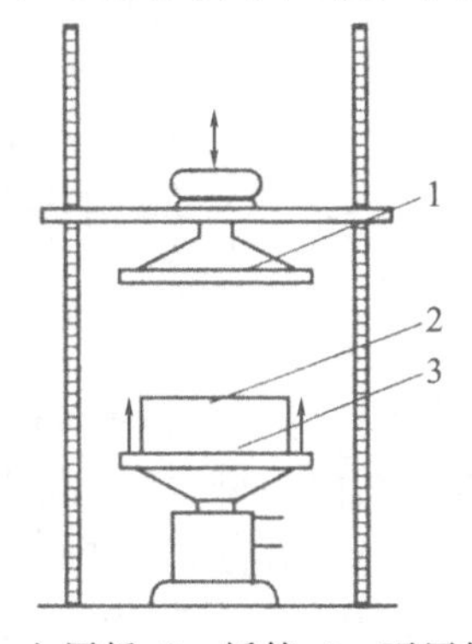

1—上压板；2—纸箱；3—下压板。

图 7-12　瓦楞纸箱压缩试验原理图

分为平面压缩试验、对角压缩试验和对棱压缩试验。

选取5个以上纸箱试样，纸箱试样要在20 ℃、65%RH的条件下进行24小时以上的预处理，并要对纸箱做水分测定，使水分含量控制在9%，然后进行测定。将经过预处理的试样按正常运输状态置于下压板中心位置，使上压板和试样接触。试验时按照表7-6确定先施加的初始载荷，以使纸箱试样与上下压板充分接触，调整记录装置，以此作为位移记录的起点。上压板以(10±3)mm/min的速度匀速移动，加压到出现下列情况之一时停止加压，第一种情况压缩载荷未达到预定值，试样出现破裂；第二种情况试样尺寸变形或压缩载荷达到预定值。

表7-6　初始载荷

平均压缩载荷	初始载荷
101～200	10
201～1000	25
1001～2000	100
2001～10000	250
10001～20000	1000
20001～1000000	2500
……	……

如果需要对纸箱进行对棱或对角耐压能力检验，则必须采用上压板不能自由倾斜的压力试验机。试验加载方法如图7-13所示，对棱试验需要配备一对带有直角沟槽的金属附件，沟槽的深度与角度应不影响试样的压缩强度；而对角试验需要配备一对带有120°圆锥孔的金属附件，附件孔的深度不超过30 mm。实验前，将金属附件安装在上、下压板中心相对称的位置上，以保证试样在试验过程中沿对棱或对角方向承受压力。

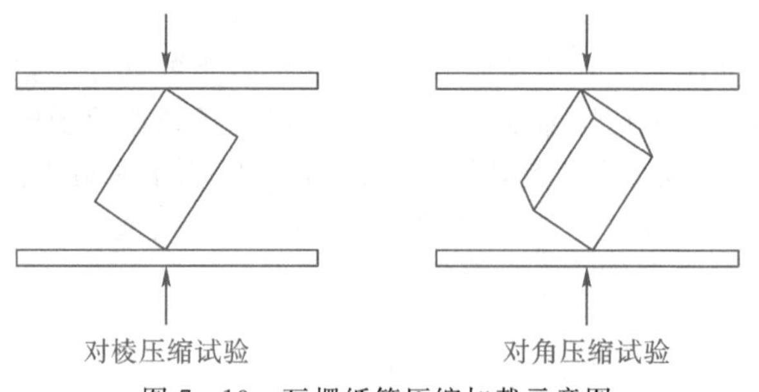

图7-13　瓦楞纸箱压缩加载示意图

3. 瓦楞纸箱接合强度测试

瓦楞纸箱的接合方法主要有扁铁线钉合、胶带黏合和胶黏剂黏合三种方法，每一种方法的接合强度不同。黏合剂接合具有较高的强度，适合自动化批量生产，不影响印刷，不会产生刮擦现象，是一种经济实惠的接合方式，其缺点是黏合剂容易受温度、湿度的影响。胶带接合，胶黏带接合法的接合强度不受瓦楞纸板强度的影响，对纸箱接合部位没有损伤，且胶黏带接合法无须搭接舌结构，比胶黏剂接合与钉合接合纸箱的外观整齐，且节省纸板材料，容易保证纸箱的内部尺寸，便于商品装填；但黏合过程对胶带的强度要求高，会产生额外的费用，因此目前这种方法使用得较少。箱订接合不受环境因素的影响，钉接方法操作简单，设备成本低，是一种较常用的纸箱接合方式，但并不是最佳方式。钉接纸箱钉丝暴露在接口处，外观较差，内部容易划伤内装物，钉接纸箱接口边只是部分被钉丝搭接，强度不高且密封性差，如果箱钉不经过处理，受潮后容易生锈，影响到纸箱的结构强度，此外从环保角度，箱订方式不利于回收。在三种接合方法中，其中扁铁线钉合强度受纸板强度制约，与纸板强度成正比。

瓦楞纸箱钉合搭接对搭舌宽度、顶线间隔、钉合角度、头尾订距的要求如下。

(1)舌边的宽度：单瓦楞纸箱为 30 mm 以上，双瓦楞纸箱为 35 mm 以上。

(2)钉线的间隔：单钉不大于 80 mm，双钉不大于 110 mm。

(3)钉合角度：沿搭接部分中线钉合，采用斜钉(与纸箱立边约成 45°)或横钉，箱订应排列整齐、均匀。

(4)头尾订距：头尾订距底面压痕中线的距离为(13±7)mm。钉合接缝应钉牢、钉透，不得有叠钉、翘钉、不转角等缺陷。

瓦楞纸箱接头黏合搭接舌边宽度不少于 30 mm，黏合接缝的黏合剂应均匀充分，不得有多余的黏合剂溢出现象，黏合应牢固，剥离时至少有 70%的黏合面被破坏。

国内纸箱接合强度测试常采用拉力和压缩试验法。试样经恒温恒湿处理后分别在压力试验机和拉力试验机上进行测试(见图 7-14)。

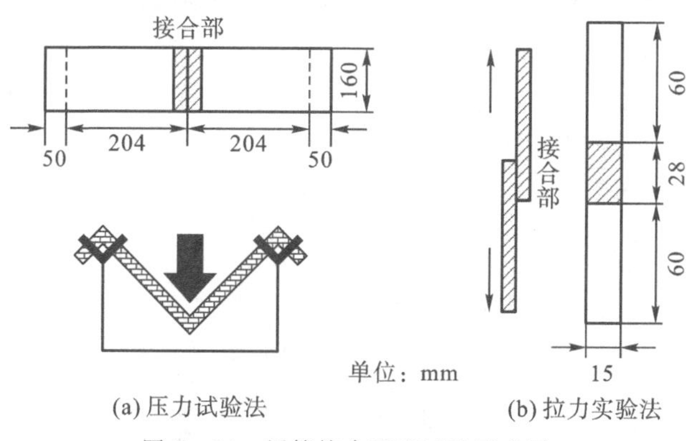

图 7-14　纸箱接合强度试验示意图

国外，箱体接合强度的检测方法目前还没有国际标准，主要有两种方式：抗压试验机测试法和拉力试验机测试法。抗压试验测试法采用 ASTM D642；拉力试验机测试法采用标准 TAPPI T813，该方法采用恒速拉伸法来检测箱体接合强度，适用于黏合剂接合、胶带接合和箱钉接合。

样品瓦楞纸箱要放置在标准大气环境下即温度 23 ℃，相对湿度为 50%*RH* 的环境下处理 24 小时。然后取 5 个完好的瓦楞纸箱，每个瓦楞纸箱上取一个测试样品，取样位置示意图如图 7-15 所示。取 5 个测试样品，每个样品长度至少为 200 mm，长度方向要包含接头部位，接头最好在长度方向的中间，一般黏合剂接合和胶带黏合取样宽度为 25 mm，箱钉接合则要包含 1 颗钉，钉的两头离样品边至少 6 mm。测试仪器可选用电脑抗张试验机，要求两夹头的间距为(180±5)mm,测试速度为(25±5)mm/min,试样断裂的时间在15～30 s完成。记录每条样品断裂时的最大力值,然后除以试样的宽度即为箱体的接合强度,以kN/m表示。如果超过30 s,要更改测试速度,使其能够在30 s内断裂,并在报告中注明。

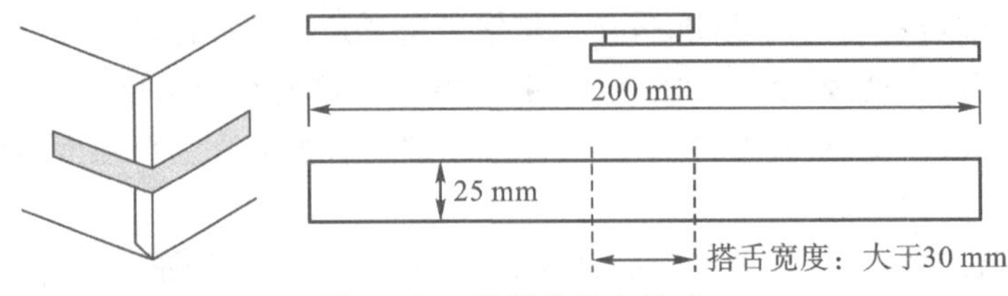

图7-15　取样位置与尺寸

测量接合部位破坏时的最大载荷值P_{max},接合部位单位长度的承载力为接合强度,箱体接合强度的计算公式:

$$P=\frac{P_{max}}{L} \tag{7-35}$$

式中,L表示试样的宽度,mm。

在纸箱箱体的三种接合方法当中,黏合剂黏合的接合强度最好,胶带黏合的接合强度次之,金属钉钉合的接合强度最低,其对比如图7-16所示。纸箱的这3种接合方式没有最好也没有最差,不是哪种接合方式强度最大就是最好的,三者可以互为补充、替代,在选用瓦楞纸箱接合方法时,应根据内装物的特征、瓦楞纸板的种类和瓦楞纸箱生产批量来合理选用。

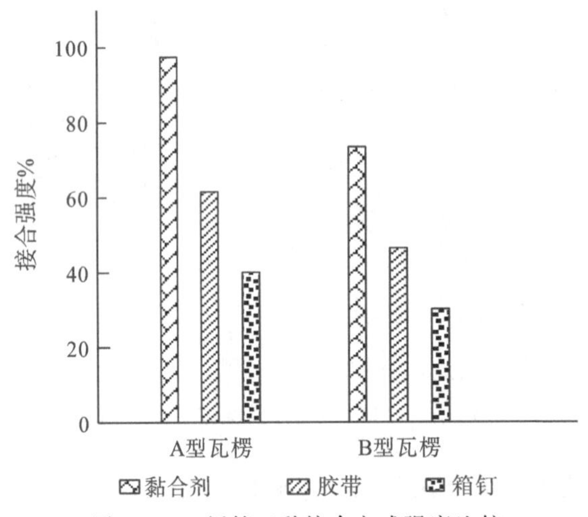

图7-16　纸箱三种接合方式强度比较

4. 纸箱开封力测试

瓦楞纸箱的开封力应控制在一定范围内,以便于开箱。瓦楞纸箱开封方法有以胶带为介质的撕裂法和拉封开口法两种。撕裂法在开封时较费力,而且在流通过程中易产生破损。为了解决这些问题,需要对撕裂部位的开封力进行测试,从而获得适当的拉封口形状,以改善间距宽度等。图7-17是瓦楞纸箱撕裂部位开封力测试方法原理图。

每次试验至少需要3只瓦楞纸箱。试验之前,应按GB/T 4857.1对纸箱试样各部位进行标示,按GB/T 4857.2选择一种温湿度条件,对试样进行24小时以上的温湿度预处理。

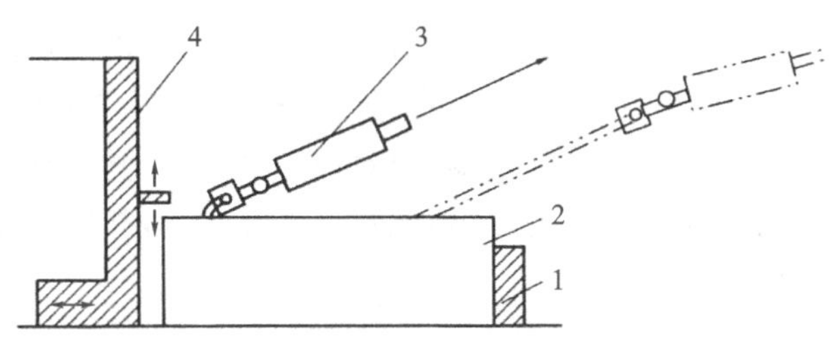

1—固定部；2—瓦楞纸箱；3—载荷检测器；4—锁挡。

图7-17　开封力测试方法原理图

然后将瓦楞纸箱放置在基面上，依靠锁挡、固定部调节瓦楞纸箱的水平位置，安装在锁挡上的垂直挡块可以调节、控制瓦楞纸箱的垂直位置，而连接部件将载荷检测器与瓦楞纸箱箱顶的胶带相连接。试验时，沿载荷检测器方向对瓦楞纸箱施加压力，直到试样箱顶部与胶带分离，并记录拉力值，将所有试样箱拉力值的平均值作为瓦楞纸箱的开封力。

5. 瓦楞纸箱局部冲击强度测试

瓦楞纸箱局部冲击强度测试是根据瓦楞纸箱包装产品在运输、储存、倒转等流通环节中受力的特点，检测瓦楞纸箱外表面有局部冲击力作用时对箱体的破坏程度。瓦楞纸箱包装在流通的各个环节中会由于各种操作因素使纸箱的顶面、侧面遭受不同程度的局部冲击力。这种局部冲击力的作用超出瓦楞纸箱箱面的破坏强度时，会使包装发生破损失效，甚至使产品受到不同程度的破坏。

瓦楞纸箱局部冲击强度的大小与外力作用点上载荷与箱面接触的面积及形式有关，同时与瓦楞纸箱箱板材料的强度以及受力作用点在纸箱上的位置有关。

局部冲击试验装置主要由瓦楞纸箱定位台和试验冲击头组成。瓦楞纸箱定位台是由水平与垂直平面组成的刚性体，水平与垂直面的表面要光滑。垂直面的高度应高出被测瓦楞纸箱的高度。试验冲击头是提供试样纸箱局部作用力的装置。冲击头有直角形、球面形和三面锥角形等三种接触形式。试验装置中还有冲击摆和夹头，冲击摆可以在不同的摆落高度获得冲击能量。

测试时，将被测纸箱置于定位台上，选择定位头的形式，按预定位置所设定的冲击能量对纸箱进行冲击试验。记录每一次冲击头下落的高度差与瓦楞纸箱保护性之间的数据，以检测纸箱在相应部位的抗局部冲击强度。由此得出不同形式的局部冲击作用与瓦楞纸箱的局部冲击强度。

瓦楞纸箱的抗局部冲击强度与纸箱的箱型有密切关系，还与瓦楞纸板构成形式和材料质量有关。纸箱的抗局部冲击防护作用主要来自以下几个方面：①瓦楞纸箱受冲击时变形的缓冲作用；②瓦楞纸板中瓦楞的缓冲作用；③变形部位力的分散作用；④瓦楞纸箱箱板材料的表面强度。瓦楞纸箱局部抗冲击强度是纸箱包装防护性能的动态检测指标之一，是纸箱包装性能测试的一个组成部分。

7.2　塑料薄膜性能测试

塑料是一种重要的高分子合成包装材料，具有质轻、美观、经济、耐腐性、机械性能高、易于加工、印刷适性好等特点，被广泛应用于各类产品的包装。塑料薄膜作为一种特殊的塑料结构形式，其用量占包装材料的25%～35%，在食品、水果、蔬菜等保鲜包装中的比例更大。

塑料薄膜的种类不同，其物理性能、质量指标也有差异。本节主要介绍塑料薄膜的鉴别方法、一般性能、透气性能、透湿性能、耐药性能、拉伸强度、直角撕裂强度、黏结性能、抗针孔性能和抗冲击性能的测试方法。

7.2.1 鉴别方法

1. 外观、物性和燃烧性

由于各种塑料薄膜在物理性能方面有一定差异，通常先观察外观，如光泽、透明度、色调、挺度、光滑性等。无色透明、表面有漂亮的光泽，光滑且较挺实的薄膜是拉伸聚丙烯薄膜、聚苯乙烯薄膜、聚酯薄膜、聚碳酸酯薄膜。手感柔软的薄膜是聚乙烯醇薄膜和软质聚氯乙烯薄膜。透明薄膜经过揉搓后变成乳白色的是聚乙烯薄膜和聚丙烯薄膜。将薄膜振动能发出金属清脆声的是聚酯薄膜和聚苯乙烯薄膜等。

经过上述初步分析后，再对薄膜进行拉伸、撕裂和火焰燃烧等进一步分析。聚氯乙烯薄膜燃烧时冒白烟，有时还带有黑烟(因增塑剂燃烧)，而且拉伸它时一般没有细颈。聚乙烯薄膜和聚丙烯薄膜燃烧时有熔滴，火焰带蓝色。聚乙烯薄膜总带点浑浊。聚酯薄膜抖动时声音较清脆，燃烧时冒黑烟(因分子链中存在苯环)。聚苯乙烯薄膜燃烧时冒浓黑的烟，抖动声清脆，但其强度比聚酯薄膜差。聚酰胺薄膜耐穿刺性好，聚酯薄膜强度高，聚丙烯薄膜易撕裂。

2. 溶解性试验

塑料薄膜在溶剂中的溶解实质上是一种溶剂化合过程。因此，根据相似相溶原理，极性材料易溶解于极性溶剂，而非极性材料只溶解于非极性溶剂中。

3. 显色反应试验

根据塑料薄膜特有的官能团，将某种试剂与塑料薄膜反应，使其显示出一定的颜色或者特殊变化。其中有利泊曼-斯托赫-莫拉夫斯基(Lieberma-Storch-Morawshi)显色反应和一些针对性较强的鉴别方法。利泊曼-斯托赫-莫拉夫斯基法适用于比较纯的、无色的薄膜。在试管内加入无水醋酸，将塑料薄膜试样放入试管内加热，使薄膜一部分溶解(不会全部溶解)。冷却后，取溶液2～3滴，滴在瓷板上，再加上一滴浓硫酸，放置20～30 min，观察其显色情况。采用该试验法时，聚乙烯薄膜和聚酯薄膜不会出现明显的显色反应。

4. 红外线吸收光谱试验

用红外线吸收光谱试验可以鉴别塑料薄膜的高分子结构，所用试验仪器是红外线吸收光谱仪，操作比较简单。试验时，将红外线照在塑料薄膜上，使薄膜吸收红外线，不同的塑料薄膜对红外线的吸收量不同。红外线吸收光谱仪是一种衍射光栅，将光源射出的光分光，分为2.5～25 μm的波长，将光谱以2.5 μm为间隔依次照射在塑料薄膜上，记录其透过率，使其可以进行定性和定量测定。对一些加有各种添加剂的塑料薄膜，如聚氯乙烯薄膜，它们会干扰分析，必要时应先分离，再做红外光谱测定。

5. 复合薄膜的鉴别

复合塑料薄膜经火柴烘烤，一般易出现微小气泡。一般复合塑料薄膜具有自然卷曲现象，在热水中更为明显。但须注意的是，有的复合薄膜不一定能自然卷曲，特别是对称结构的复合薄膜，如 PE/Ionomer/PA/Ionomer/PE 等就不自然卷曲（Ionomer 是离子交联高聚物或离聚体）。在复合塑料薄膜上切一小口，然后缓慢地斜向撕开，由撕裂性不同的基材所构成的复合薄膜极易分出各层薄膜。

复合薄膜的鉴别包括复合的层数、各层薄膜的塑料类型以及复合方法等。对复合塑料进行比较全面鉴别的关键是各层薄膜能否完全分离。只要能分离，便可采用单层薄膜的鉴别方法，从外观、物性、燃烧性、溶解性能、显色反应和红外线吸收性等方面对剥离后的单层薄膜作分析判断。例如，某种复合薄膜样品的外观是透明的，但带有一些浑浊，刚性不大，故可排除聚苯乙烯薄膜或聚酯薄膜；拉伸时有细颈现象，燃烧时火焰颜色近似于聚烯烃薄膜，因此，又把它排除在聚氯乙烯之外；测定它的热谱，结果发现在 150 ℃和 200 ℃左右分别存在一个熔融吸热峰，表明它至少是由两种结晶性高聚物构成的材料。因此，需要采用溶剂法或加热熔融法等对这种复合薄膜进行剥离。由于加热熔融法比较简便，于是把试样加热到接近 100 ℃时搓动而分离成两片薄膜，一片是透明的，另一片是带浑浊的。再重复几次，结果有的剥离出两片都是浑浊的薄膜，这表明这种薄膜是三层复合薄膜，中间有一黏合层。把试样的三层薄膜分别剥离出来之后，各自进行了一般性检验（燃烧法等）、热谱分析和红外光谱分析等，证明这种复合薄膜是由 PA/Ionomer/EVA 组成的三层复合薄膜（EVA 是乙烯-醋酸乙烯共聚物），而且 PA、Ionomer、EVA 的厚度分别是 12 μm、15 μm 和 15 μm。至于是什么尼龙，从其熔点是 200 ℃左右进行判断，它不可能是尼龙-6，而应该是尼龙-11。

7.2.2　一般性能测试

1. 温湿度调节处理

塑料温湿度调节处理是指试样在一定的温湿度环境下处理一定的时间。试验环境是指在整个试验期间样品或试样所处的环境。GB/T 2918《塑料试样状态调节和试验的标准环境》规定了塑料薄膜的调节处理和标准环境。当样品或试样的性能受相对湿度和温度同时影响时，使用表 7 - 7 所示的标准环境。当标准环境要求更高时，温度允许的偏差是±1℃，相对湿度的允许偏差是±5%。

表 7 - 7　塑料试样的标准环境

标准环境符号	空气温度/℃	相对湿度/%	备注
23/50	23	50	非热带地区
27/65	27	65	热带地区

若湿度对被测塑料薄膜的性能没有影响，可以不控制相对湿度，这时应分别指明“温度 23”或“温度 27”。若相对湿度和温度对被测塑料薄膜的性能都没有影响，则温度和相对湿度都可不控制，这时称该环境为“室温”。

温湿度调节处理时间均在有关标准中注明。若未注明时，应在表 7 - 7 所列出的标准环境 23/50 或 27/65 中至少处理 88 h。对于 18～28 ℃的室温,不少于 4 h。

2. 厚度

国家标准 GB/T 6672《塑料薄膜和薄片厚度测定　机械测量法》适用于测定塑料薄膜和薄片的厚度,但不适用压花薄膜和薄片。

(1)测量仪器。对测量仪器的精度要求分为三类,在 100 μm 以内的精度是 1 μm,在 100～250 μm 范围内的精度是 2 μm,250 μm 以上的精度是 3 μm。要求下测量面光滑平整,上测量面可以是平面或曲面,上、下表面都应抛光。当上、下两测量面都是平面时,测量面的直径应在 2.5 mm～10 mm 范围内,且两平面的平行度应小于 5 μm,下测量面应可以调节,以满足上述要求。测量头对试样施加的载荷应在 0.5～1.0 N 范围内。当上测量面是曲面时,测量仪器的下测量面直径应不小于 5 mm,上测量面的曲率半径应在 15～50 mm 范围内。测量头对试样施加的载荷应在 0.1～0.5 N 范围内。

(2)试样制作与处理。在距样品纵向端部约 1 m 处,沿横向整个宽度截取试样,试样宽 100 mm,试样应无折痕或其他缺陷。试样在(23±2)℃的环境下,至少放置 1 h,或者按用户要求对试样进行状态调节。

(3)测量方法。试样和测量仪器的测量头表面应无灰尘、油污等。在测量前,首先检查测量仪器的零点,并在每组测量之后重新检查。测量时应平缓放下侧头,避免试样变形,测量点的数量应遵循以下原则:

①试样长度小于等于 300 mm,测 10 点;

②试样长度在 300 mm 至 1500 mm,测 20 点;

③试样长度大于等于 1500 mm,至少测 30 点。

对未裁边的样品,应在距边 50 mm 处开始测量。

试验结果以试样的平均厚度以及最大值、最小值表示,计算结果精确到 1 μm。如果需要,应给出标准偏差。

3. 尺寸变化率

(1)试验原理。塑料薄膜的尺寸变化率是指塑料薄膜试样经过一定条件试验后,纵向或横向尺寸的变化与原始尺寸的百分比,以 δ 表示,即

$$\delta = \frac{L_1 - L_0}{L_0} \tag{7-36}$$

式中,δ 表示尺寸变化率,%;L_0 表示试验前试样标线之间的距离;L_1 表示试验后试样标线之间的距离。

(2)测试方法。按照国家标准 GB/T 12027《塑料薄膜和薄片加热尺寸变化率试验方法》进行试验。所用测量仪器应采用精度为 0.1 mm 的量具。试验条件由具体的薄膜产品的标准而确定,包括试验温度和试样保持时间。具体测试步骤如下。

①从薄膜中部和两边各取一块约 120 mm×120 mm 的试样,每组试样至少 3 片,裁取试样时应距薄膜边缘至少 50 mm。

②在试样的两对应边的中点,划出两条互相垂直的标线,并在标准环境中对试样进行状态调节至少 4 h。在状态调节环境下测量试样原始标线之间的距离。

③将试样置于相应的试验条件下保持一定时间,在状态调节环境下测量试验后试样标

线之间的距离。

④计算每组试样的尺寸变化率。以每组试样测试结果的算术平均值表示尺寸变化率。

7.2.3 透气性能测试

透气性是塑料薄膜的一项重要的物理性能。特别在食品包装中，大量采用充气包装、真空包装、无菌包装等，这就要求塑料薄膜具有良好的气体阻隔性能。不同的薄膜，其阻隔气体性能有明显的差异。

气体对正常（无缺陷）塑料薄膜的透过性，从热力学观点看，是单分子扩散的过程，如图 7-18 所示。气体在高压侧的压力作用下先溶解于塑料薄膜内表面，然后气体分子在塑料薄膜中从高浓度向低浓度扩散，最后在低压侧向外散发。包装用塑料薄膜的气体透过现象属于活性扩散。当塑料薄膜上存在裂缝、针孔或其他细缝时，就可能发生其他类型的扩散。

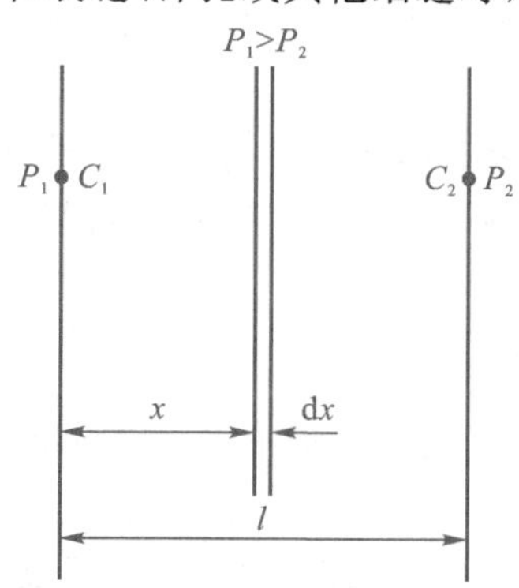

图 7-18　塑料薄膜的透气过程

氮气、氧气、二氧化碳气体在薄膜中的扩散，可以在很短时间内达到稳定状态。若塑料薄膜两侧保持一个恒定的压力差，气体将以一个恒定的速率透过薄膜。设薄膜厚度为 l，薄膜高压侧压力为 P_1，低压侧压力为 P_2，相对应溶于薄膜中的气体浓度为 C_1 和 C_2。根据菲克第一扩散定量，单位时间、单位面积的气体透过量与浓度梯度成正比，即

$$q = -D\frac{dC}{dx} \tag{7-37}$$

式中，q 表示在单位时间、单位面积内的气体透过量；D 表示扩散系数；$\frac{dC}{dx}$表示浓度梯度。

对式(7-37)积分，可以求出气体透过量为

$$q = \frac{D(C_1 - C_2)}{l} \tag{7-38}$$

根据亨利定律，在一定温度下，气体或水蒸气溶解在包装材料中的浓度 C 与该气体的分压力 P 成正比，即

$$C = SP \tag{7-39}$$

式中，C 表示气体浓度；P 表示气体的分压力；S 表示溶解度系数。

将式(7-39)代入式(7-38)，得

$$q = DS\frac{(P_1 - P_2)}{l} \tag{7-40}$$

令 $P_g = DS$，为透气系数，由式(7-40)得透气系数为

$$P_g = \frac{ql}{P_1 - P_2} \tag{7-41}$$

式中，P_g 为透气系数；l 为试样的厚度。

在任何时间间隔内，任意面积的塑料薄膜所透过的气体量为

$$Q_g = qAt = \frac{P_g(P_1 - P_2)At}{l} \tag{7-42}$$

式中，Q_g 表示任意面积的塑料薄膜所透过的气体量；A 表示塑料薄膜的面积；t 表示气体透过薄膜的时间间隔。

显然，在达到稳定状态时，透过塑料薄膜的气体总量呈直线增长。对于适用于符合气体定律的气体，如氧气、氮气、二氧化碳、氢气等，上述公式是成立的。对于其他一些气体(与气体定律存在很小偏差)，上述理论也仍然适用。但是，对于水蒸气和许多有机蒸气(如甲烷气体)，不能用上述公式。

测试薄膜透气性能的方法主要有差压法和等压法。试样的采集应具有代表性，厚度均匀，无褶皱、折痕、针孔等缺陷。试样面积应大于渗透腔的气体透过面积，每组 3 个试样，标记处面向试验气体的试样面，测量厚度。

1. 差压法

(1)试验原理。装夹在渗透腔中的试样将渗透腔分为相互独立的两部分，对低压腔抽真空，然后对高压腔抽真空，将试验气体充入抽真空后的高压腔，试验气体经试样渗透进入低压腔，如图 7-19 所示。通过监测低压腔的压力增加或通过气相色谱仪来得到试样的透气量，气体渗透区域的直径在 10～150 mm。

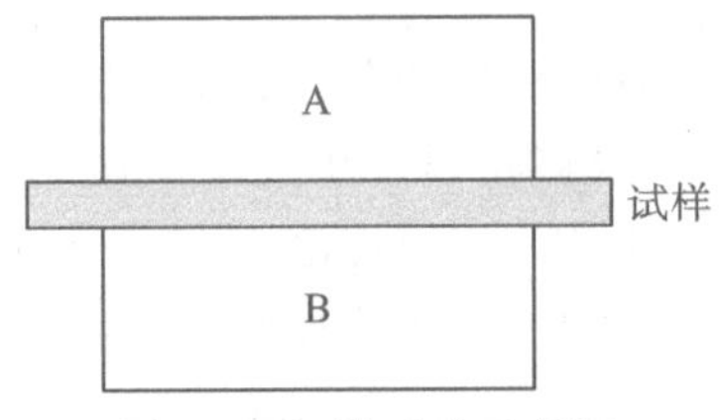

图 7-19　渗透腔示意图

(2)压力传感器法。使用压力传感器测定气体透过性的仪器由渗透腔、压力传感器、进气装置、腔体积控制装置和真空泵组成。进气装置用于向渗透腔供应气体，气体在渗透腔中通过试样进行渗透，压力传感器用于检测透过试样的气体引起的压力变化。其中渗透腔应由上腔(高压腔)和下腔(低压腔)组成，具有固定的渗透面积。高压腔应有进气口，低压腔应与传感器相连。渗透腔与试样接触的表面应光滑平整，装样后不应漏气。

首先对试样进行状态调节，将试样放到盛有无水氯化钙或其他合适干燥剂的干燥器中，在与试验温度相同的条件下将试样干燥至少 48 h，对于不吸湿的材料通常不需要干燥；其次按要求将试样装入渗透腔并抽真空直至低压腔压力稳定，完成脱气；最后将气体导入高压腔，达到预定压力后记录低压腔压力-时间曲线，直至曲线平直即达到渗透平衡。

(3)气相色谱法。气相色谱法使用配置有与气体或混合气体相匹配色谱柱的气相色谱仪来测定气体透过性，特别适用于混合气体中各组分气体透过性的测定。测试仪器由气体

渗透腔、定量环、阀、气相色谱仪、试验气体控制器和真空泵组成。定量环用于收集通过试样渗透的气体。渗透腔应由高压腔和低压腔组成，高压腔应有进气口，低压腔应通过定量环与气相色谱仪相连。渗透腔与试样接触的表面应平整，不会产生漏气。

2. 等压法

(1)试验原理。装夹在渗透腔中的试样将渗透腔分为相互独立的两部分(A 腔和 B 腔)。A 腔内通入试验气体，B 腔内通入载气进行缓慢吹扫。每个腔中的总压力是相等的(环境大气压)。由于 A 腔中试验气体分压较高，试验气体通过试样渗透进入 B 腔中，并由载气携带至传感器。传感器类型取决于试样材料和试验气体。一般采用库伦传感器法和气相色谱法。

(2)试验步骤。

①按国标 GB/T1038.2 对试样进行状态调节，试验温度一般为(23±2)℃。

②将试样装入渗透腔，检查试样有无肉眼可见的缺陷，比如装入过程中产生的褶皱。

③将渗透腔连接到传感器上。调节渗透腔上游的两个阀，使载气通入 A 腔和 B 腔。气体流速通常设置在 5～100 mL/min。

④检查仪器的泄漏情况，然后对仪器进行彻底吹洗，需考虑试样可能有气体解吸。继续吹洗仪器，直至传感器收到的信号稳定，将此值记录为零点值。

⑤使试验气体在规定的流速、温度和湿度条件下通过 A 腔。气体流速通常设置在 5～100 mL/min，直至传感器信号稳定，记录该信号。

7.2.4 透湿性能测试

由于塑料薄膜具有透湿性，会直接影响内装物的质量和保存期，特别是药片、饼干、茶叶等，如在保存期吸湿增加水分含量，会降低产品的质量。所以，有必要测试塑料薄膜的透湿性，以合理选择产品包装所需的塑料薄膜。

塑料薄膜的透湿性指在规定的温度、湿度条件下，试样两侧保持一定的水蒸气压差，测量透过试样的水蒸气量，计算水蒸气透过量和水蒸气透过系数。水蒸气透过量(WVT)是指在规定的温度与相对湿度及试样两侧保持一定的水蒸气压差的条件下，24 h 内透过单位面积试样的水蒸气质量。水蒸气透过系数(P_V)是指在规定的温度、相对湿度环境中，单位水蒸气压差下，单位时间内透过单位厚度和单位面积试样的水蒸气质量。

现以干燥食品为例分析塑料薄膜的吸湿过程，包装内部存在的极少量的水蒸气，被干燥食品吸收，成为包装内部的低湿度。当外界环境的相对湿度比包装内部的相对湿度高时，水蒸气能透过薄膜进入包装内部被干燥食品吸收。在某一时间内，干燥食品能把透过包装进入内部的水蒸气全部吸收，使水蒸气向包装内部的透湿速度和干燥食品的吸湿速度相等。

试验原理是在规定的温度与相对湿度条件下，一定时间范围内试样两侧保持一定的水蒸气压差，测试透过试样的水蒸气质量，以此计算水蒸气透过量和水蒸气透过系数等性能参数。按照试验过程中透湿杯质量变化趋势，杯式法可分为增重法(即透湿杯质量逐渐增大)与减重法(即透湿杯质量逐渐减小)。增重法与减重法在测试同一种样品时两种试验方法所得出的试验结果不完全相同。应根据样品自身及其实际使用条件等因素选择合适的试验方法。按照所采用的仪器，又可进一步细分为恒温恒湿箱法与水蒸气透过性能测试仪法。

1. 测试仪器及试剂

测试仪器包括恒温恒湿箱、分析天平、透湿杯、水蒸气透过性能测试仪、干燥器、测厚仪。试剂包括干燥剂、蒸馏水和密封剂。干燥剂用于增重法试验。通常使用可通过一定规格筛网的粒度为 0.60 mm～2.36 mm 的无水氯化钙，使用前应在(200±2)℃烘箱中干燥 2 h。如需使用其他吸附作用的干燥剂，如硅胶、分子筛等，使用前应在相应条件下活化。密封剂应在 38 ℃、90%*RH* 条件下暴露不会软化，以暴露表面积为 50 cm^2 计，在 24 h 内质量变化不能超过 0.001 g。一般通用的密封剂为密封蜡，常见配方为一种为 85%石蜡(熔点为 50～52 ℃)和 15%蜂蜡组成；另一种为 80%石蜡(熔点为 50～52 ℃)和 20%黏稠聚异丁烯(低聚合度)组成。

2. 试样及试验条件

试验条件分为三种情况，条件 A 是温度(23±0.5)℃、相对湿度(90±2)%，条件 B 是温度(38±0.5)℃、相对湿度(90±2)%；条件 C 是温度(23±0.5)℃、相对湿度(50±2)%。试样应平整、均匀，不得有孔洞、针眼、折皱、划伤等缺陷。裁切试样时，保证试样无毛边，试样面积应大于透湿杯的透过面积。每一组至少取 3 个试样，根据测试需求及实际应用情况正确选择试样的测试面。按 GB/T 2918 在“23/50”的标准环境状态下调节至少 4 h，标准环境等级为 2 级。

3. 增重法

①将干燥剂放入清洁干燥的透湿杯内，其加入量应满足干燥剂距试样表下表面 3 mm。

②封装试样前先测量厚度。按不同结构的透湿杯进行封装，透湿杯在注入密封剂时，应保证密封剂凝固后不产生裂纹及气泡。

③称量封装好的透湿杯质量，记为初始质量。

④将透湿杯以杯口朝上的状态置于已处于稳定试验条件的恒温恒湿箱或水蒸气透过性能测试仪内，对透湿杯进行间歇性称重，即每间隔固定的时间称量透湿杯的质量，直到前后两次透湿杯的质量增量相差不大于 5%时，结束试验。常见称量间隔时间为 16 h(初始平衡时间)后进行第一次称量，以后每两次称量的间隔时间可选择 24 h、48 h 或 96 h。每两次称量的间隔时间可根据试样透过量进行适当选择，若试样透过量过大，可对初始平衡时间和间隔时间进行相应缩减。但应控制透湿杯质量变化量不少于 0.005 g。

⑤每次称量时，透湿杯的先后顺序应一致，称量时间不超过每两次称重的间隔时间的 1%。每次称量后应轻微振动杯中干燥剂使其上下混合均匀，干燥剂吸收水分后的总增量不得超过其初始质量的 10%，否则应中止试验。

4. 减重法

①在干燥洁净的透湿杯内加入蒸馏水，水位高度至少为 3 mm，保证整个试验过程中蒸馏水均可覆盖杯底且不与试样接触。为防止试样在放入仪器内出现水蒸气冷凝附着，封装试样前，蒸馏水温度应控制在不超过试验温度±1 ℃的偏差范围。

②按增重法的方式进行试样封装。

③按增重法的恒温恒湿箱法或水蒸气透过性测仪法进行试验。

④也可采用倒杯法，如果需要蒸馏水与试样接触后进行测试，透湿杯应保持水平并倒扣

放置。采用分析天平称量时，可将透湿杯正立后称量，尽量缩短称量时间，减少试样表面与蒸馏水分离的时间。采用水蒸气透过性能测试仪试验，称量时无需再将透湿杯正立。倒杯法测试多用于透湿量较高且不渗水的试样，以保证空气在试样表面以特定速率流动。透湿杯内的蒸馏水需尽量充分覆盖试样表面，避免试样因受重不均而产生变形。

5. 数据计算

水蒸气透过量

$$\mathrm{WVT}=\frac{24\Delta m}{At} \tag{7-43}$$

式中，WVT 表示水蒸气透过量，g/(m^2 · 24 h)；t 表示质量变化稳定后的两次间隔时间差值，h；Δm 表示 t 时间段内透湿杯质量变化量(增重法为质量增量，减重法为质量减量)，g；A 表示试样透过水蒸气的面积，m^2。

对于需要做空白试验的试样，利用式(7－43)计算水蒸气透过量时，需从 Δm 中扣除空白试验时 t 时间内的质量变化量。

若把相同的塑料薄膜叠合起来，则叠合后薄膜的透湿度与叠合的张数成反比。假使各塑料薄膜的透湿度不受湿度的影响，叠合的各薄膜的透湿度分别为 WVT_1、WVT_2、…、WVT_n，则叠合后塑料薄膜的总透湿度为 WVT 的计算公式为

$$\frac{1}{\mathrm{WVT}}=\frac{1}{\mathrm{WVT}_1}+\frac{1}{\mathrm{WVT}_2}+\cdots+\frac{1}{\mathrm{WVT}_n} \tag{7-44}$$

这种情况下的叠合薄膜的总透湿度不受各薄膜叠合顺序的影响。

水蒸气透过系数

$$P_{\mathrm{V}}=\frac{\Delta md}{At\Delta P}=1.157\times10^{-9}\times\mathrm{WVT}\times\frac{d}{\Delta P} \tag{7-45}$$

式中，P_{V}表示水蒸气透过系数，g · cm/(cm^2 · s · Pa)；d 表示试样厚度，cm；ΔP 表示试样两侧的水蒸气压差，Pa。

需要注意的是，对于人造革、复合塑料薄膜、压花薄膜，不计算水蒸气透过系数。

7.2.5　耐药性能测试

耐药性是指塑料薄膜抵抗酸、碱、有机溶剂等化学药品侵蚀的能力。当包装用塑料薄膜长期接触药品、化学试剂时，其外观和物性可能会发生变色、失光、雾化、开裂、龟裂、翘曲、分解、溶胀、溶解、发黏等变化。因此，对包装用塑料薄膜的耐药性能测试分析很重要，以保证食品、药品、饮料、奶制品等的包装安全性。

1. 耐药性试验

采用 50 mm×50 mm 的正方形试样，或直径 50 mm±0.25 mm 的圆形试样。在试样浸渍药品之前，应在温度(23±1)℃、相对湿度 50%的环境中处理试样 40 h 后，测定试样重量。根据包装要求选择药品，按规定的时间对试样浸渍药品后，用软布或薄纸擦掉，再测定试样重量，测试结果应取平均值。试样的重量变化率为

$$\Delta W=\frac{W_1-W_2}{W_1}\times100\% \tag{7-46}$$

式中，ΔW 表示试样重量变化率，%；W_1 表示处理后试样重量，N；W_2 表示试验结束时的试样重量，N。

2. 药品渗透性试验

塑料薄膜的药品渗透性试验原理类似于透湿杯试验，但有机溶剂药品的蒸气压力较高，放入透湿杯内后，塑料薄膜由于压力膨胀。因此，进行塑料薄膜的药品渗透性试验时，最好选用如图 7-20 所示的试验装置。把塑料薄膜试样置于透气室的中央位置，然后把整个装置放入恒温箱内，测量其重量变化，绘制出时间与重量的关系曲线，求出重量变化的平均值，然后计算出渗透系数。

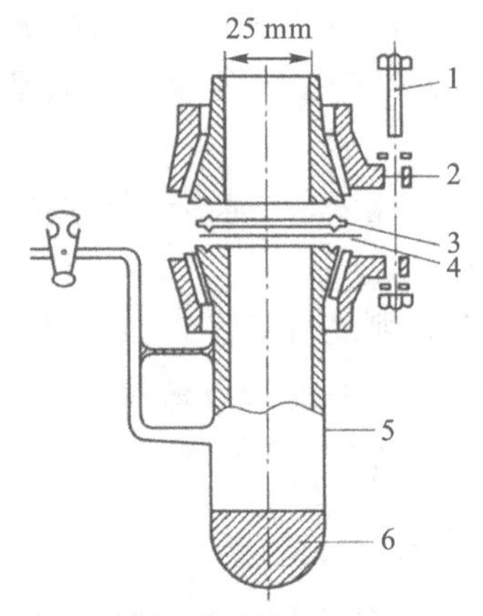

1—螺栓；2—连接法兰；3—聚四氟乙烯密封；4—试样；5—玻璃管；6—有机溶液药品。

图 7-20 塑料薄膜对有机溶剂溶液药品渗透性的试验装置

塑料薄膜对药品的渗透系数为

$$P_t = \frac{Rd}{A} \tag{7-47}$$

式中，P_t 表示塑料薄膜对药品的渗透系数，N·cm/(cm²·24h)；R 表示试样重量变化的平均值，N/24h；A 表示试样表面积，cm²；d 表示试样厚度，cm。

7.2.6 拉伸强度测试

在塑料标准试样的长度方向施加逐渐增加的拉伸载荷，使之发生变形直至破坏，在拉伸过程中，试样承受的最大拉伸应力就是拉伸强度，以 MPa 为单位。试样拉伸长度的变化用断裂伸长率表示。在应力—应变曲线屈服点之前的直线段上，选取适当的应力和应变，便可求出塑料薄膜的弹性模量。

塑料薄膜的拉伸应力为

$$\sigma = \frac{F}{A} \tag{7-48}$$

式中，σ 表示试样的拉伸应力，MPa；F 表示所测的对应负荷，N；A 表示试样原始横截面积，mm²。

应变为

$$\varepsilon = \frac{\Delta L_0}{L_0} \tag{7-49}$$

式中，ε 表示应变，用比值或百分数表示；L_0 表示试样的标距，mm；ΔL_0 表示试样标记间长度的增量，mm。

拉伸弹性模量为

$$E_t = \frac{\sigma_2 - \sigma_1}{\varepsilon_2 - \varepsilon_1} \tag{7-50}$$

式中，E_t 表示拉伸弹性模量，MPa；σ_1 表示应变值 $\varepsilon_1 = 0.0005$ 时测量的应力，MPa；σ_1 表示应变值 $\varepsilon_2 = 0.0025$ 时测量的应力，MPa。

按照国家标准 GB/T 1040.3《塑料拉伸性能的测定　第 3 部分：薄膜和薄片的试验条件》进行试验。具体测试方法如下：

(1)按测试方向和测试项目制备试样各 5 条，试样应优先选用宽度为 10～25 mm 的长条(2 型试样，见图 7-21)试样，中部应有间隔为 50 mm 的两条平行线。并在标准温、湿度环境条件下处理至平衡，处理时间不少于 4 小时。

(2)在每个试样中部距离标距每端 5 mm 以内测量宽度 b 和厚度 h。宽度 b 精确至 0.1 mm，厚度 h 精确至 0.02 mm。记录每个试样宽度和厚度的最大值和最小值，并确保其在相应材料标准的允差范围内。计算算术平均值。

(3)夹持试样时，应使试样长轴线与试验机的轴线成一条直线。

(4)为提高试验精度，平衡预应力后，可安装引伸计。

(5)根据有关材料的相关标准确定试验速度，开动机器进行试验。

(6)记录试验过程中试样承受的负荷及与之对应的标线间或夹具间距离的增量，绘制应力—应变曲线。

(7)测量弹性模量、屈服点前的应力/应变性能及测定拉伸强度和最大伸长时，需采用不同拉伸速度。计算拉伸强度、弹性模量等。

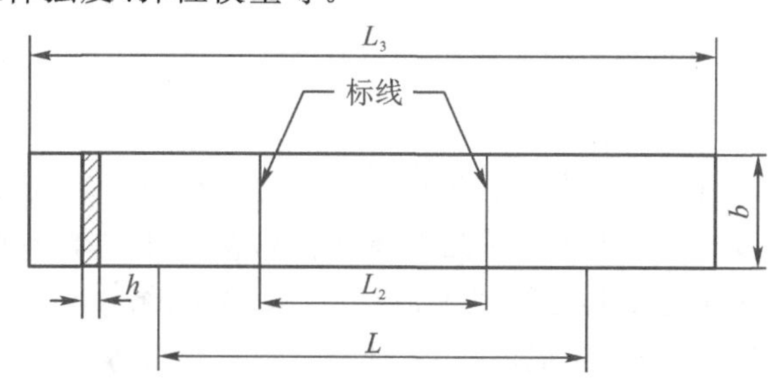

b—宽度：10～25 mm；h—厚度：≤1 mm；L_2—标距长度：(50±0.5) mm；

L—夹具间的初始距离：(100±5) mm；L_3—总长度：≥150 mm。

图 7-21　2 型试样

7.2.7　直角撕裂强度测试

塑料薄膜试样在受拉伸过程中，最薄弱的部位是直角口处。如果逐渐增大负荷，断裂必然从直角开始，沿与负荷垂直的方向逐点断裂，直至试样撕裂。塑料薄膜的直角撕裂强度为

$$\sigma_{tr} = \frac{P}{d} \tag{7-51}$$

式中，σ_{tr}表示试样的直角撕裂强度，kN/m；P 表示撕裂负荷，N；d 表示试样厚度，mm。

塑料薄膜的直角撕裂强度测试方法如下。

(1)用专用刀具分别沿纵、横向切取如图 7－22(a)所示的试样 10 条，试样直角口处应无裂缝及伤痕，并在标准温、湿环境条件下处理至平衡。

(2)测量试样的厚度。

(3)按如图 7－43(b)所示的方法将试样夹持于上、下夹具之间，夹入部分不大于 22 mm。

(4)以(200±20)mm/min 的速度进行拉伸，直至试样拉断，裂口应在直角口处。

(5)记录试样断裂时的最大拉伸载荷，计算直角撕裂强度。

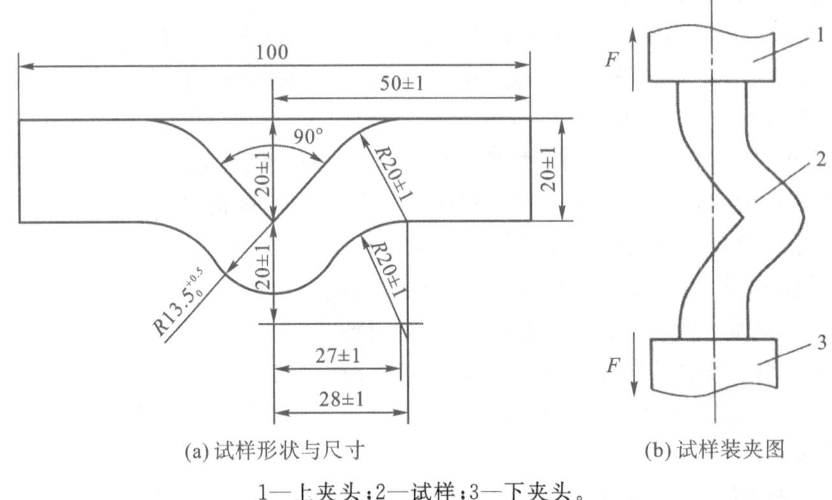

(a)试样形状与尺寸 (b)试样装夹图

1—上夹头；2—试样；3—下夹头。

图 7－22 直角撕裂试验(单位：mm)

7.2.8 黏结性能测试

使用塑料薄膜等包装材料时，经常会出现多层材料放在一起的情况，这时这些材料往往互相黏结，从而给使用造成一定困难，因此就有必要检测一下塑料薄膜的抗黏结性能。另外，复合薄膜是由塑料薄膜与塑料薄膜或其他材料(如铝箔、纸、织物等)复合而成的一种重要的包装材料，如纸/塑复合型、塑/塑复合型、纸/塑/铝复合型等。因此，有必要对复合薄膜的黏结性能及剥离强度进行测试。

1. 耐黏结性试验

将试样叠放在一起，制成两组，把两组试样放在平板上加压，如图 7－23 所示。对防潮阻隔材料，在 2.06×10^4 Pa 的压力和 70 ℃的温度条件下，放置 24 小时，然后卸掉加压块，在(23±2)℃的室温条件下放置 30min，使试样间相互滑动或剥离，检查剥离时的状态和剥离后的表面。试验结果见表 7－8。

表 7－8　耐黏结性试验结果

耐黏结程度	试验结果
接触表面能相互自由滑动，表面剥离后，没有裂纹和缺陷	没有黏结性
接触表面稍有些不能自由滑动，表面剥离后，稍有一些裂纹的痕迹	有一定的黏结性
接触表面剥离很困难，剥离后在表面有明显的裂纹和缺陷，部分位置造成破损	有相当强的黏结性

2. 黏结力测试

把已经黏结好的塑料薄膜预先剥离 50 mm～80 mm，在剥离位置插入直径为 6.35 mm 的铝制圆杆，如图 7－24 所示。然后将塑料薄膜以及框架分别安装在应变型拉伸试验机的上、下夹具之间，下夹头以 125 mm/min 的速度下降，直至试样完全被剥离为止，读出此时的拉伸载荷，求出剥离试验时的平均载荷，然后用平均载荷除以试样宽度，得到黏结力，单位是 N/mm。

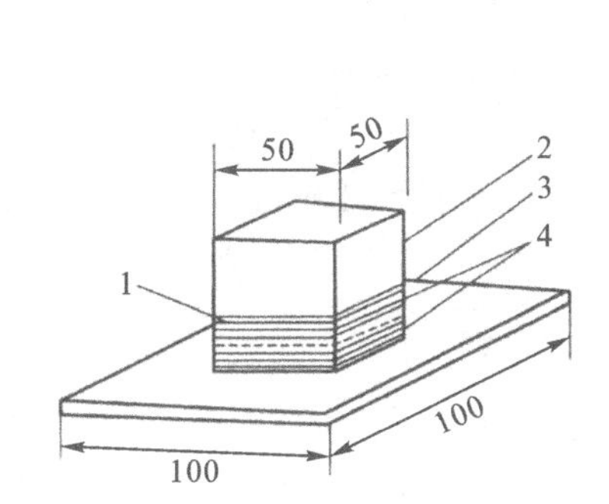

1—金属板；2—加压重物；3—支撑板；4—试样。

图 7－23　黏结性试验方法(单位：mm)

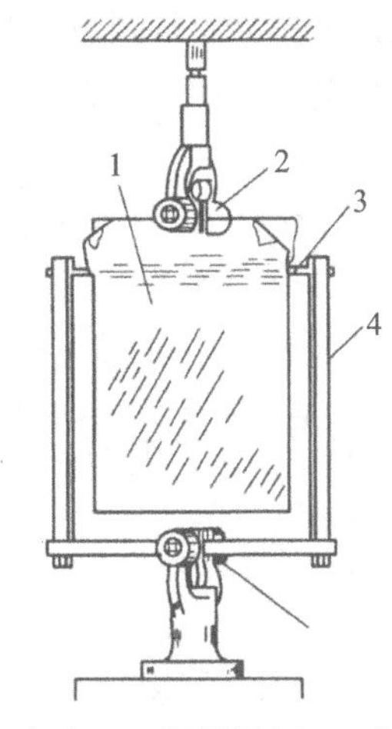

1—试样；2—上夹头；3—铝制圆杆；4—框架；5—下夹头。

图 7－24　应变型拉伸试验机

3. 复合薄膜剥离强度测试

塑料复合在塑料或其他基材(如铝箔、纸、织物等)上的各种软质复合塑料材料剥离强度的测试原理是，将规定宽度的试样在一定的速度下进行 T 形剥离，测定复合层与基材的平均剥离力。

制作试样时，将样品宽度方向的两端除去 50 mm，沿试样宽度方向均匀裁取纵、横向试样各 5 条，复合方向为纵向。沿试样长度方向将复合层与基材剥开 50 mm，被剥开部分不得有明显损伤。若试样不易剥开，可将试样一端约 20 mm 浸入适当的溶剂中处理，待溶剂完全挥发后，再进行剥离强度试验。若复合层经过这种处理后，仍不能与基材分离，则试验不可进行。试验之前，对试样在温度(23±2)℃、相对湿度 45%～55%的环境中放置 4 小时以上，并在该环境中进行试验。

按照国家标准 GB/T 8808《软质复合塑料材料剥离试验方法》进行试验。复合薄膜采用 A 法，人造革、编织复合材料采用 B 法。A 法试样宽(15±0.1)mm、长 200 mm，拉伸速度

(300±50)mm/min,B法试样宽(30±0.2)mm、长150 mm,拉伸速度(200±50)mm/min。试验时,首先将试样剥开部分的两端分别夹在拉力试验机的上、下夹具上,使试样剥开部分的纵轴与上、下夹具中心线重合,松紧适宜。开启试验机,对试样进行拉伸,此时未剥开部分与拉伸方向呈T形,记录试样剥离过程中的剥离力曲线。根据试验所得曲线形状,采取近似取值法确定剥离力(N/m),即做出剥离力曲线的中线,每组试样计算纵、横向剥离力的算术平均值。

7.2.9 抗针孔性能测试

1. 针孔测试法

常用的针孔测试方法有染料法、电测法,对于铝箔等高阻隔性材料,还可根据测定的透湿度来判断针孔存在的程度。

(1)染料法。该方法适合于由聚乙烯薄膜、纸等组成的复合材料。用1%次甲基蓝染料、99%甲醇用毛刷涂在包装材料的树脂面上,经过一段时间后,在针孔位置就会渗透出蓝色的点。切取一定面积的试样,通过染料法就可检测出针孔点的数量。

(2)电测法。

①电阻法。有针孔的部位,电阻比较小,通过测量试样的电阻变化来检测针的数量。其测试原理如图7-25(a)所示,在装有浓度为1%的氯化钠溶液的容器中,固定两个电极,一个电极如图7-25(b)所示,而另一个电极插在试样中,如图7-25(a)所示。把试样浸在容器中,注入溶液30 s后,测量两个电极之间的电阻,根据电阻的变化检测出针孔。

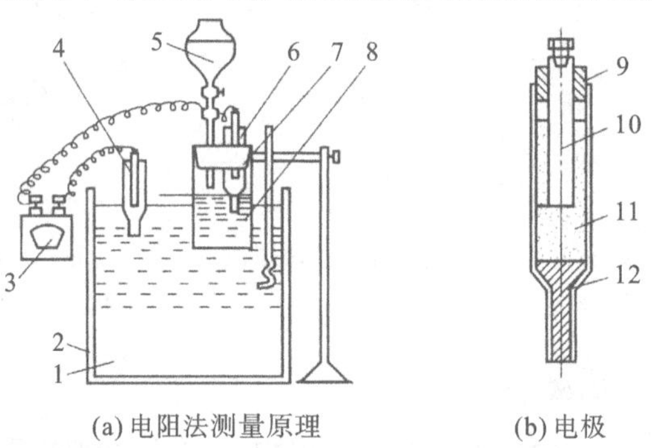

(a) 电阻法测量原理　　(b) 电极

1—1%氯化钠溶液;2—容器;3—电桥;4—电极;5—1%氯化钾溶液;6—电极;7—试样架;8—试样;9—橡胶塞;10—锌电极;11—硫酸锌溶液;12—琼胶。

图7-25　电阻法针孔测试装置

②放电法。该方法多用于检测金属和纸、塑料以及涂层的复合材料。试验原理是,给试验装置的电极接上高直流电压和高频电压,利用电极扫描试样表面。如果试样有针孔,金属就裸露出来,与电极间产生放电现象,从而采用目测或仪器报警等办法检测出针孔。在食品包装中,如火腿、腊肠、蒸煮纸等经过杀菌后,有时会出现针孔,用肉眼是很难检查的,此时可以采用放电法检测针孔或密封部分的工艺缺陷。放电法检测原理如图7-26所示,把试验样放在两个电极之间,当试样有针孔时,就会产生放电电流,用检测装置可以测出,并发出信号,自动排出有针孔的包装。如果包装没有针孔,不会引起电火花和放电电流,合格品自动

输送到下道工序。用水、甲醇等导电性溶液浸泡毛毡作为一个电极，试样放置在金属板上，另一个电极与金属板相连。如果试样有针孔，当用毛毡扫描试样时，电极和金属板处于接通状态，这时可用仪表检测电流，从而测得针孔的数量和位置。

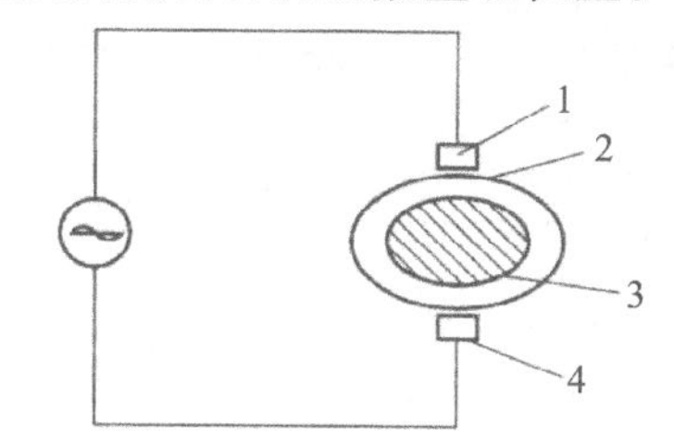

1—电极；2—绝缘体；3—内装物；4—接地电极。

图 7-26　放电法的检测原理

采用放电法检测包装物的针孔时，需要注意以下问题：①包装材料必须有很高的绝缘性和耐压性；②内装物必须具有导电性；③待测定的包装物表面，不能浸湿或污染；④不能检测包装表面涂金粉、银粉等涂料的包装材料。

2. 抗针孔强度试验

抗针孔强度是包装材料的重要性质，特别是液体包装袋。在输送过程中，由于冲击、振动容易产生针孔，将会造成很大的损失。包装件的振动试验只能模拟在流通过程中由于运输工具和振动所造成的损坏，还不能真正模拟针孔试验。仪表测量法和冲击试验法是两种常用的抗针孔强度试验方法。

(1)仪表测量法。该方法是模拟在低速冲击条件下包装薄膜的抗针孔强度。试验装置如图 7-27 所示，把试样装在金属柜上，放入低温槽内，然后使其以 6 cm/min 的速度上升，用黄铜制的针(针的前端为 70°顶角的圆锥形)与检测器相连，试样向上移动时，碰到针头后包装薄膜破坏产生针孔，由检测器测出产生针孔时的载荷和伸长量。

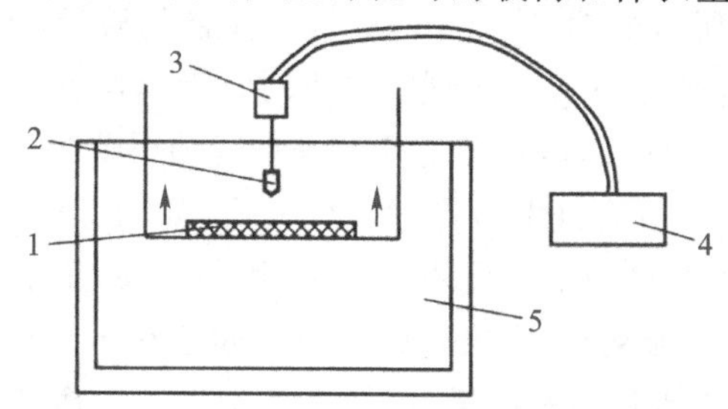

1—试样；2—针；3—检测器；4—记录仪；5—低温槽。

图 7-27　抗针孔实验装置

破坏载荷和伸长量的关系近似为线性函数，试样材料的韧性为

$$\alpha = \frac{P\Delta l}{2} \tag{7-52}$$

式中，α 表示材料的韧性，N·mm；P 表示破裂载荷，N；Δl 表示破裂伸长量，mm。

仪表测量法是用带有锐角的针梢，以比较低的速度触及包装薄膜，检测薄膜的抗针孔强度。在实际流通过程中，冲击速度是比较高的，模拟在高速冲击条件下包装薄膜的抗针孔强

度，需采用冲击试验法进行测试。

(2)冲击试验法。该方法是模拟在高速冲击条件下包装薄膜的抗针孔强度。试验装置如图 7-28 所示，聚氯乙烯管的端点安装有冲击头和载荷。当冲击头离开水平位置时，冲击试样产生针孔，从而检测包装薄膜抵抗针孔的能力，所加的载荷一般为 60 g。

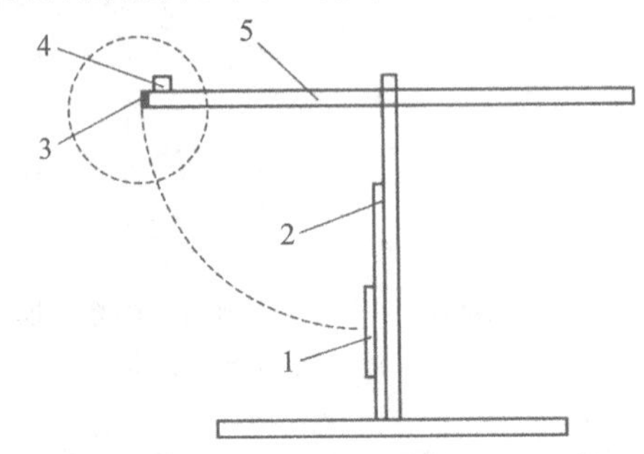

1—试样；2—玻璃板；3—垫圈；4—载荷；5—聚氯乙烯管。

图 7-28　冲击实验装置

7.2.10　抗冲击性能测试

1. 自由落镖法

自由落镖法是在给定高度的自由落镖冲击下，测定塑料薄膜和薄片试样破损数量达50%时的能量，以冲击破损质量表示塑料薄膜或厚度小于 1 mm 的薄片的抗冲击能力。当落镖从试验机的一定高度处下落时，它以一定的动能冲击试样，落镖质量越大，动能越大，冲击能量也就越大。落镖对试样所做的功为

$$W = mgh - \frac{1}{2}mv^2 \tag{7-53}$$

式中，W 表示落镖对试样所做的功，N·mm；m 表示落镖的质量，g；h 表示落镖下落的高度，m；v 表示落镖对试样冲击速度，m/s。当试样破损时，$v=0$，则有 $W=mgh$，即落镖对试样所做的功与其质量成正比。因此，可以用落镖质量来衡量塑料薄膜的抗冲击能力的大小。

自由落镖法所用试验设备为自由落镖冲击试验机，如图 7-29 所示，其由试样夹具、电磁铁、定位装置、落镖、测厚量具、配重块及缓冲和防护装置组成。试样夹具采用内径(125±2)mm 的上下两件环形夹具，下夹具(定夹具)固定在水平面上，上夹具(动夹具)与下夹具应保持平行，试验时夹具能夹紧试样，试样不发生滑移。落镖应有一半球形的头部，在该头部应装上直径为(6.5±0.1)mm，长至少为 115 mm 的圆柄，用于装卸配重块，圆柄连接在落镖头部平整面的中央，其纵轴垂直于此平整面，圆柄由非磁性材料制成，其端部有一长为12.5 mm 的钢销，当电磁铁通电时，钢销被吸住。每一落镖的质量偏差为±0.1%，落镖头部的表面应无裂痕、擦伤或其他缺陷。A 法所用落镖头部直径是(38±1)mm，B 法所用落镖头部直径是(50±1)mm。配重块是由不锈钢或黄铜制成的圆柱体，其中心孔的直径为(6.5±0.1)mm，能与圆柄自由配合。A 法配重块直径为 30 mm，质量为 5 g 的数量大于 2 个，质量 15 g、30 g、80 g 数量各为 8 个；B 法配重块直径为 45 mm，质量为 15 g 的数量大于 2 个，45 g、90 g 数量各为 8 个。

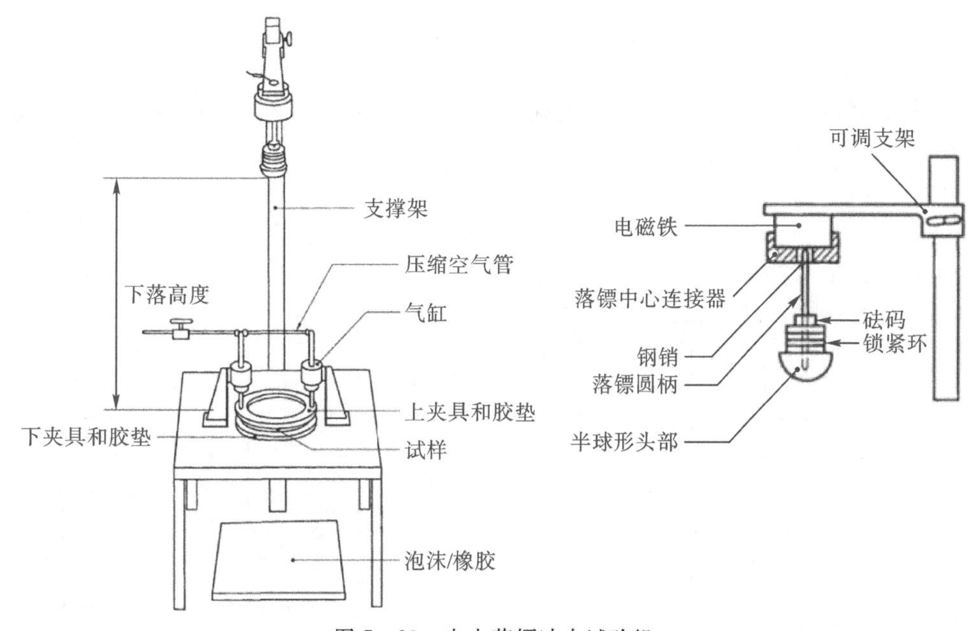

图 7-29　自由落镖冲击试验机

测试时按照 GB/T 9639.1《塑料薄膜和薄片抗冲击性能试验方法　自由落镖法》进行试验。试验方法分 A、B 两种方法。A 法适用于冲击破损质量为 50 g～2000 g 的材料，下落高度为(0.66±0.01)m；B 法适用于冲击破损质量为 300 g～2000 g 的材料，下落高度为(1.50±0.01)m。试验时用于改变落体质量的配重块质量应相同，根据前一个试样是否破损，利用配重块减少或增加落体质量称之为梯级法。具体测试步骤如下：

(1)制备试样时，试样应足够大，厚度与标称值的偏差应在±10%之内，试样数量至少 30 个。试样应无气泡、折痕或其他明显的缺陷。所有试样应在标准环境中调节处理至少 40 小时，并在相同的环境下进行试验。

(2)按规定测量试样冲击区域的平均厚度，精确到 0.001 mm。

(3)将第一试样紧固于环形夹具之间，选择落体质量接近预计的冲击破损质量，提升落镖至规定高度，释放落镖，使之以自由落体的形式冲击试样。若落镖由试样表面弹开，应及时捕捉。如第一个试样破损，用配重块减少落体质量，反之增加落体质量。选择的配重块 Δm 应与试样的冲击强度相适应，通常 Δm 值为 5%～15% 冲击破损质量 m_i，配重块选择 3～6。

(4)冲击 20 个试样后，计算试样的破损总数 N。若 $N=10$，实验结束；若 $N<10$，补充试样后，继续试验，直到 $N=10$ 为止；若 $N>10$，补充试样后，继续试验，直到不破损的试样总数等于 10 为止。

(5)计算抗冲击强度。

冲击破损质量 m_f 为

$$m_f = m_0 + \Delta m\left(\frac{A}{N} - 0.5\right) \tag{7-53}$$

式中，m_0 表示试验破损时最小落体质量，g；Δm 表示增减用相同配重块质量，g。

$$A = \sum_{i=1}^{k} n_i z_i \tag{7-54}$$

式中，n_i 表示落体质量为 m_i 时试样的破损数；z_i 表示落体质量 m_0 由 m_i 到时配重块数（m_0 时，z 为 0）。

$$N = \sum_{i=1}^{k} n_i \tag{7-55}$$

式中，N 表示破损试样总数。

某薄膜冲击破损结果记录如图 7-30 所示。

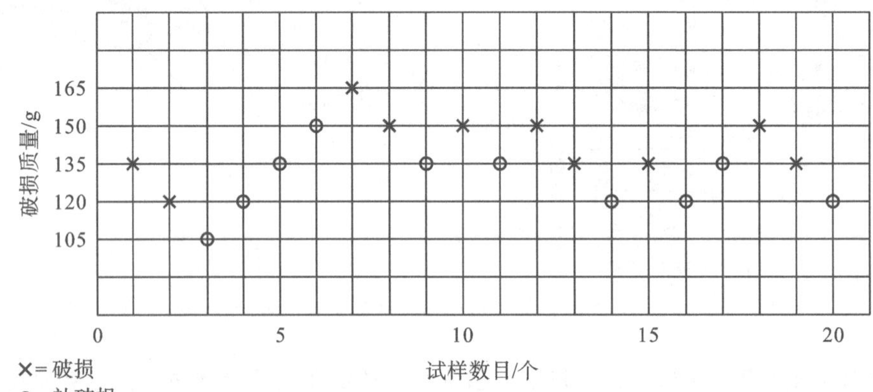

$m_0+(i-1)\Delta m$	n_i	z_i	$n_i z_i$
120	1	0	0
135	4	1	4
150	4	2	8
135	1	3	3

图 7-30　冲击破损结果记录

则 $N=10, A=15, m_0=120$ g，$\Delta m=15$ g。

该薄膜冲击破损质量为 $m_f=m_0+\Delta m\left(\frac{A}{N}-0.5\right)=120+15\times(\frac{15}{10}-0.5)=135$ g

2. 抗摆锤冲击试验

将试样固定于试样夹具后，使摆锤式薄膜冲击试验机的冲头在一定的速度下冲击并穿过塑料薄膜，测量冲击头所消耗的能量，以此能量评价薄膜的抗摆锤冲击能量。

摆锤式薄膜冲击试验机如图 7-31 所示。摆锤式薄膜冲击试验机包括冲头、试样夹具、读数装置、摆锤、锁定装置、底座、水平装置、外壳、支架等。冲头分为 A 型和 B 型，A 型冲头为表面光滑的半球，球半径为 12.7 mm，底圆直径为 25.4 mm，参见图 7-32(a)。B 型冲头为表面光滑的球冠，球半径为 12.7 mm，底圆直径为 19.0 mm，参见图 7-32(b)。

制备试样时，在外观合格的薄膜宽度方向上均匀裁取试样。试样外形尺寸可为 100 mm×100 mm 的正方形或直径 100 mm 的圆形，每组试样至少 10 个。对所用试样在(23±2)℃、相对湿度(50±10)%的环境中调节处理至少 40 h，并在此环境中进行试验。按照 GB/T 8809《塑料薄膜抗摆锤冲击试验方法》进行试验，具体试验步骤如下：

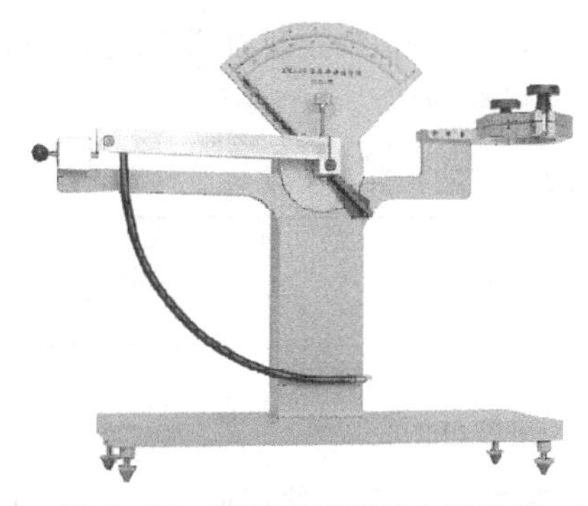

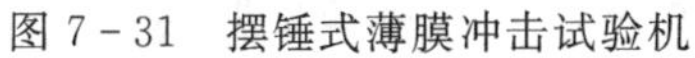

图 7-31　摆锤式薄膜冲击试验机

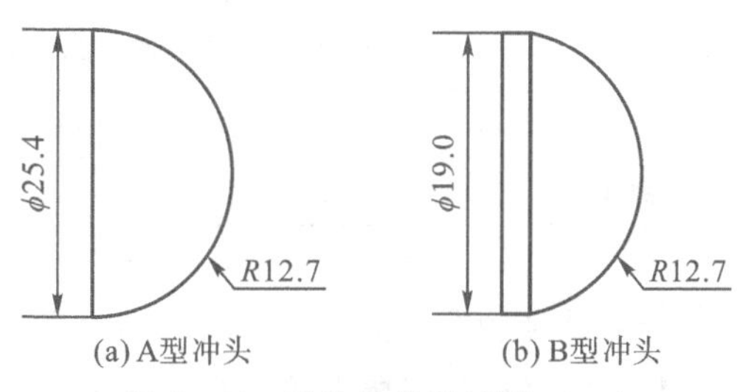

图 7-32　冲头示意图(单位:mm)

(1)按国家标准测量试样厚度,在每个试样的中心测量一点,取 10 个试样测试结果的算术平均值。

(2)根据试样所需的抗摆锤冲击能量选用配重砝码及辅助砝码,使读数在满量程的 10%～90%。

(3)根据试样所需的测试方法选用冲头和试样夹具。

(4)按仪器使用要求校准仪器。

(5)将试样平展地放入夹持器中夹紧,试样不应有皱折或四周张力过大的现象,应使全部试样的受冲击面一致。

(6)将读数装置归零,释放摆锤,让冲头冲击试样,冲击结束后,判定试样是否破裂,冲头应当完全冲破并穿过试样,记录测试数据。试验过程中应观察试样是否出现打滑的情况。

7.3　塑料容器性能测试

7.3.1　塑料薄膜袋测试

1. 耐压强度测试

对于盛装酱油、白酒、鲜奶、醋等液体塑料薄膜袋,在包装流通过程中,由于受压力作用可能会破损。因此,有必要对其进行耐压强度测试。

试验在压力试验机上进行,其测试原理如图 7-33 所示。将塑料薄膜袋放在上、下两个加压盘中间,加压盘向塑料薄膜袋均匀缓慢加压。

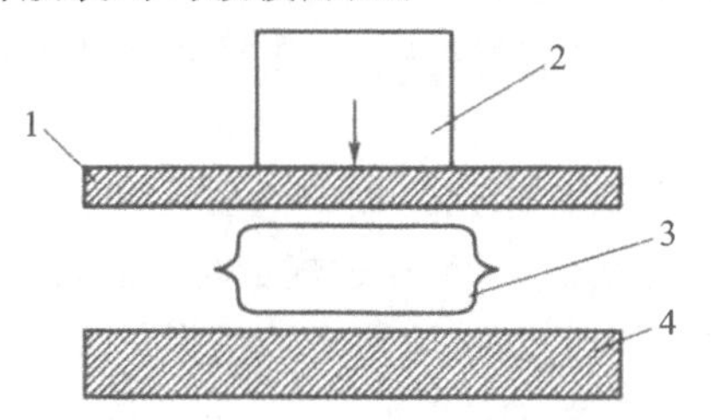

1、4—加压盘;2—载荷;3—试样袋。

图 7-33　包装袋压缩试验示意图

塑料薄膜袋需要5个以上，根据塑料薄膜袋的质量(含内装物)确定应加载荷的大小，见表7-9，加载后应保持1分钟，观察内装物是否渗漏或者塑料薄膜袋是否破裂。

表7-9　压缩载荷与塑料薄膜袋质量之间的关系

总质量/g	100	(100,400]	(400,2000]	2000以上
压缩载荷/N	196	392	588	785

2. 热封强度测试

塑料薄膜袋的热封强度测试包括耐破试验法、静载荷试验法和拉伸试验法三种。在进行热封强度试验时，首先用热封试验机制作塑料薄膜袋热封试样，再对试样进行热封强度测试。

热封条件主要是加热温度、热封时间和热封压力。根据热封条件的不同，对热封试验机的参数进行调整。热封试验机的工作原理主要有气压式、凸轮式和脉冲式三种。热封试验机的种类有很多，最普通的是板式热封机，热封原理如图7-34所示，将要热封的塑料薄膜袋紧压在耐热橡胶板和加热到一定温度的加热板之间实现热封。调整好热封参数后，利用时间继电器和电磁铁控制换向阀，实现加热板的热封运动。

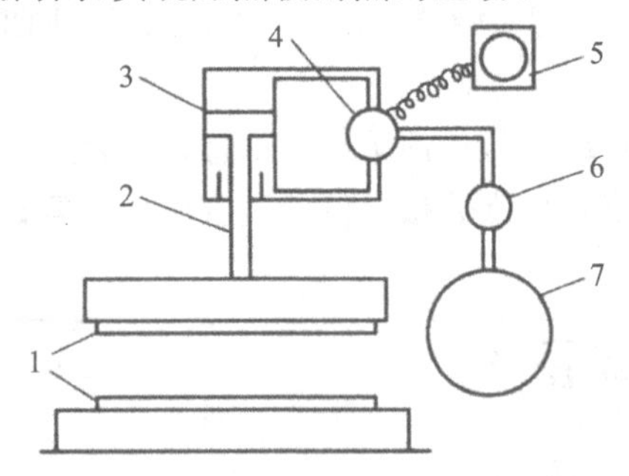

1—热封器；2—活塞；3—气缸；4—电磁阀时间继电器；5—计时器；6—压力调节阀；7—空压机。

图7-34　气压式热封试验原理图

(1)耐破试验法。将三边热封、一边开口的试样袋在开口袋密封试验仪上缓慢充气，或将四边密封、有充气孔的试样袋缓慢充气，充气速度应控制在每秒的压力增加不超过1 kPa，直到热封部分破裂或试样袋的其他部分破裂，压力下降为止，记下破裂时的充气压力。试样袋的内尺寸是100 mm×100 mm，每组试样需要5个试样袋。试验结果用所有试样袋破裂时充气压力的平均值表示。若试样袋材料破裂，热封部分没有破裂，应在试验报告中加以说明，并报告破裂时的压力值。

(2)静载荷试验法。将热封试样未热封端的两层展开，一端固定在支架上，另一端悬挂规定载荷，使热封部分承受恒定的静载荷，经过规定时间后，卸去载荷，观察热封处是否被剥离或断裂。静载荷的大小、加载时间和试验温度的选择见表7-10。在我国军用标准《封存包装通则》中规定，静载荷是4.9 N，加载时间是5 min。试样袋的尺寸是150 mm×300 mm，以长边的中线对折叠合，在距折缝10 mm的平行线处热封，也可在无折缝的300 mm长缝内10 mm处热封，热封宽度取5 mm，或按照生产实际尺寸取。试验结果包括热封部分的分离长度、热封分离长度占总热封宽度的百分比，以及热封强度是否合格。我国军用标准《封存包装通则》中规定，3 个试样热封分离均不超过 50%为合格。

表 7－10　载荷、加载时间和试验温度的关系

试验温度/℃	静载荷/N	加载时间/min
23±2	15.7	5
38±2	8.8	60
70±2	2.7	60

(3)拉伸试验法。将热封试样未热封端的两层展开成 180°，并将它们分别固定在拉伸试验的上、下夹头上进行拉伸试验，使热封部分承受拉伸载荷。拉伸速度为(300±20)mm/min，不断加大拉伸载荷，直至热封部分破裂，破裂时的最大载荷即为该试样的热封强度。试样袋的宽度是(15±0.1)mm，展开长度是(100±1)mm。每个热封部位取试样 10 条，并且最少取自 5 个塑料薄膜袋。如果热封部分未断裂或试样断在夹具内，则重新测试。试验结果以 3 个试样最大拉伸载荷的算术平均值作为热封强度，单位是 N/15 mm。

3. 密封性能测试

塑料薄膜袋的密封性能试验主要检测其渗漏情况，渗漏包括渗透和泄漏两种现象。渗透是指气体或蒸气由高浓度区直接穿过包装容器壁，通过壁面向低浓度方向扩散，然后被低浓度区吸收。渗漏可以是容器内产品透过容器壁扩散到容器外，也可以是包装容器外的某种气体透过容器壁进入容器内，影响产品的保质期，甚至使产品失效。泄漏则是指气体或流体物质通过容器上的某些瑕疵，从容器内流出的现象，一般瑕疵是薄膜壁上的针孔、容器边缘的裂缝，也可能是热封区域两封合层之间微小的毛细孔等。

密封性能测试的方法有真空法、滤纸法、质量法、热水法、充气法、减压保持法、挤压法和静态法。

(1)真空法。将被测试样放在真空罐内的支架上，充填试验液，使试样的上表面在试验液表面以下 25 mm。加盖密封，启动真空泵，使真空度缓慢上升，根据塑料薄膜袋的种类、内装物以及包装要求，在 30～60 s 范围内减压到规定的压力，并保持 30 s。注意观察有无气泡连续冒出，试验后打开试样袋观察是否有试验液渗入。

若试样不能浸液体时，真空室可以不装液体。此时，应将试样放入真空室内，再将真空室抽至规定的真空度，关闭真空泵和阀门，保持 30 min，以真空室的真空度下降不超过试验真空度的 25%为合格。

(2)滤纸法。当包装袋含气量较少，或者不能用真空法测定时，可用该法测试。取 5 个以上试样袋，向试样袋内充填试验液，封口后放在滤纸上，放置 5 min，再翻过来放置 5 min，观察是否有渗漏现象。

(3)质量法。通过测定包装袋质量变化的方法来检测泄漏。在包装袋中充填液体，放入相对湿度为 0%的干燥器里，如果发生渗漏，包装袋的质量将会发生变化，定时对包装袋的质量进行测定，根据测定的时间间隔和包装袋质量的变化值，可得到试样袋在稳定状态下的渗漏速度。

(4)热水法。将密封试样袋浸入(60±2)℃的热水中,试样袋表面最高处距水面的深度距离至少应保持25 mm,并轻轻地迅速抹去其表面的气泡,再将试样袋在水面下翻转。在2 min内,试样袋的任何一处不应产生两个以上的气泡。

(5)充气法。在试样袋上接上一个充气管并装上压力表,将接管口密封,然后对试样袋充气。达到规定压力后,使试样袋在该压力下保持30 min。也可以在试样袋充气后浸入水中,或在接缝处涂上肥皂水,观察有无气泡冒出。若有连续气泡冒出,则试样袋不合格。

(6)减压保持法。将密封试样袋的顶部开一小孔,再选择下列方法之一进行试验。

①抽气至包装内外压差为20 kPa~30 kPa,10 min后观察测量仪表或压力表,压力的回升率不得超过25%。

②抽气至塑料薄膜袋紧贴在内装物上,然后密封抽气孔,在常温条件下保持4 h。若包装袋薄膜仍紧贴在内装物上,则密封性合格。若薄膜袋张力减小,产生松弛,不再紧贴在内装物上,则包装袋必然存在漏气孔或密封不良。

(7)挤压法。在试样袋热封时,尽可能地向试样袋内封入空气,然后将试样袋浸入在室温的水中,其顶部距水面约50 mm。用手或机械装置挤压试样袋,观察试样袋,尤其是热风部位是否有气泡冒出。在使用机械装置时,应保证装置对试样袋不会产生损伤。

(8)静态法。向试样袋内装入水或其他液体,如食用植物油、酱油等,按要求密封试样袋。然后将密封好的试样袋分别按直立、倒置、一侧面着地、一端面着地、另一侧面着地、另一端面着地6种方式各放置15 min,并检查试样袋是否渗漏。当这些放置方式不能稳定放置试样袋时,可用适当的挡板、挡块等使试样袋保持稳定放置。

在进行塑料薄膜袋密封性能测试时,应根据具体的包装结构和尺寸、内装物的性质和特点等条件,仔细选择合适的试验方法。

4. 透湿性能测试

塑料薄膜袋的透湿度是指在规定的热湿试验条件下,在一定的时间(一般是30 d)内透入内部空气保持干燥状态的包装袋内的水蒸气量,单位是g/30 d。

塑料薄膜袋透湿度的试验原理是,将试样袋封装定量的干燥剂后,置于规定的温湿度环境中,使试样袋内外保持一定的水蒸气压差,通过对试样袋的定期称量,测定透过试样袋的水蒸气量,并计算透气度。为了便于与其他类型的包装容器进行透湿性能比较,常将透湿度换算成表面积1 m^2 时的透气度,单位是g/(m^2 · 30 d)或g/(m^2 · 24 h)。

7.3.2 塑料瓶、塑料桶测试

1. 跌落试验

跌落试验的目的是检测塑料容器抗冲击的性能,在跌落试验机上进行。首先在闭口式试样内按公称容量注入(20±5)℃的水,对于开口式容器,所装入的固体质量不低于公称容量水的质量。将容器口封好,放在跌落试验机上。跌落时使底部撞击在刚性水平面上,同一试样连续跌落3次,根据容器的容量选择跌落高度,见表7-11最后检查容器有无破损和泄漏。

表 7-11 容器容量与跌落高度

容器容量/L	≤5	10～50	60～100	125～250
跌落高度/m	1.5	1.2	1.0	0.8

2. 泄漏试验

在试样内注入公称容量的水并拧紧盖。闭口式试样横置于平地(容器接近底面),4 h 后检查是否泄漏。开口式试样则在左右倾斜 45°角的范围内,110～130 s 以均匀速度往复摇动 20 次后,检查是否泄漏。

危险品包装用塑料桶,小口径的通过在桶盖或桶体侧面安装密封接头,向桶内充气达规定压力后,30 s 内检查有无气泡产生。大口径的在桶内注入公称容量的水后置于平地上滚动,在 20 min 内滚动 2 次,每次距离为 5 m,检查是否泄漏。

3. 煮沸试验

塑料容器的容积随温度变化而变化,煮沸试验的目的是测量塑料容器经过沸水煮烫后,其容积变化的情况。试验原理如图 7-35 所示,将试样的瓶口向下,将 U 形管插入其内,放入水槽的沸水中,使瓶内空气沿 U 形管排出。在瓶内底面与沸水水平的状态下,使瓶在沸水中浸没 30 min。取出后,在室温条件下冷却。通过称量塑料瓶试验前后盛满水的质量变化求出容积的变化,即

$$V=\frac{W_1-W_2}{W_1-W_0}\times 100\% \tag{7-56}$$

式中,V 表示容积变化率;W_0 表示煮沸前质量;W_1 表示煮沸前瓶内注满水的质量;W_2 表示煮沸后瓶内注满水的质量。

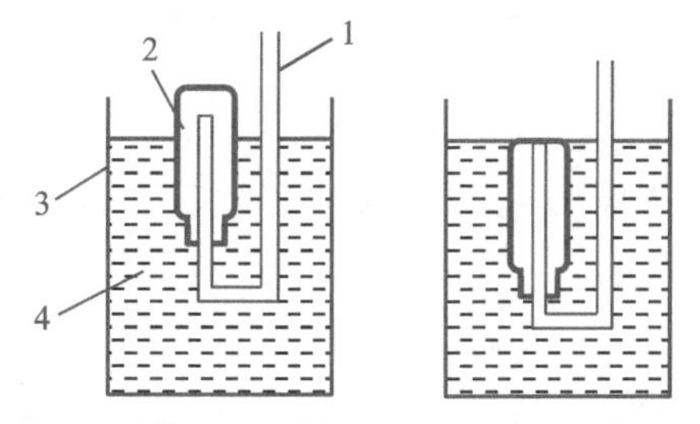

1—U 形管;2—试样瓶;3—水槽;4—沸水。

图 7-35 煮沸试验

4. 应力挤压和应力开裂试验

塑料瓶的应力挤压试验是将试样瓶沿纵向和横向切取试片,尺寸为 38 mm×13 mm,在试片中部沿平行于长边方向切一条长 19 mm 的切痕,切痕深 0.5～0.6 mm,如图 7-36 所示。将试片有切痕侧向外,弯曲着依次夹入试片架中,并使试片架的小孔与之相对。将试片架放入玻璃试管中,然后注入试验用试剂,试剂高出试片架上端约 10 mm,盖好塞子,放入(50±5)℃的恒温水槽中,用 10 个试片中有 5 个出现龟裂破坏的试验时间表示塑料瓶抗应力挤压强度。

塑料桶的应力开裂试验是在试样桶内注入公称容量 10%、温度为(20±5)℃的试验试

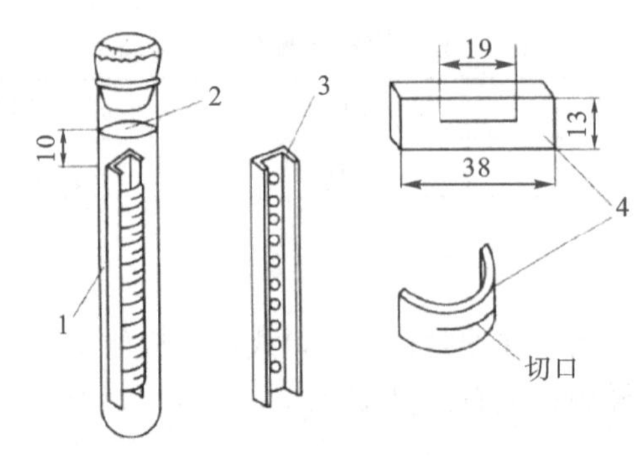

1—硬质玻璃试验管；2—试药；3—试验片架；4—试验片。

图 7-36　应力挤压试验

剂，拧紧桶盖后在(65±5)℃的环境中放置 72 h，检查试样桶有无龟裂破损，开裂的试样数小于投入试验试样数 50%。

5. 悬挂试验

悬挂试验的目的是对塑料容器的提手部位做强度测试。在常温下根据试样容器的规格选择承重负荷，然后用直径 8～12 mm、曲率半径 40 mm 的 U 形吊钩挂住试样提手中央部位，将试样缓缓吊起，悬挂 15 min 后放下，卸去负荷，静置 5 min 后，测量提手部位的变形量是否符合要求，如表 7-12 所示。

表 7-12　容器容量、悬挂负荷及允许变形量

公称容量/L	≤5	10～25	30～50	60～250
允许变形量/mm	≤2	≤3.5	≤5	不裂

6. 堆码试验

将装有公称容量水的试样堆码 3 只高，四面无依托，在常温条件下放置 48 h 后检查是否倒塌。

7. 耐药性试验

塑料容器耐药性试验的目的是检测塑料容器对某些药物的渗透性能，以确定构成塑料容器的材料种类与耐药性的关系，确保药品质量。

将药物溶液注入试样瓶中，测量其重量。试样瓶外径为(47.22±0.78)mm，高为(107.95±1.119)mm，重为 1 N，表面积为 154 cm^2，并在(23±2)℃的环境中处理 24 h，每组试样需要 3 个及以上的试样瓶。然后将试样瓶放入温度为(23±2)℃或(50±1)℃的恒温箱中，随着时间的增加，试样的重量会由于药物渗透而发生变化，每隔一天测量一次试样瓶的重量，求出试样瓶重量变化的平均值。由下式可以计算出包装容器的渗透系数。

$$P_t = \frac{RT}{A} \tag{7-57}$$

式中，P_t 表示容器的渗透系数，N/(d·cm)；R 表示容器重量变化量，N/d；A 表示容器的表面积，cm^2；T 表示容器的平均厚度，cm。

7.3.3　钙塑瓦楞箱/板性能测试

钙塑瓦楞箱是利用钙塑材料优良的防潮性能，依据瓦楞纸箱的成箱过程制成的一种具有一定缓冲和防震性能的硬质或半硬质包装容器。钙塑材料是在具有一定热稳定性的树脂中，加入大量填料和少量助剂而形成的一种复合材料。常用的填料有碳酸钙、硫酸钙、滑石粉等，可降低成本，提高钙塑材料的硬度和刚性，增加油墨的黏着力。我国生产的钙塑瓦楞箱是以聚乙烯树脂为原料、碳酸钙为填料，加入适量助剂，经压延热黏成钙塑双面单瓦楞板，再钉合而制成包装箱。由于所用原料主要是塑料，其试验方法与瓦楞纸箱的试验方法有很大区别，它更多采用塑料性能试验方法。

1. 空箱抗压强度测试

试验方法可参考国家标准 GB/T 4857.4《运输包装件基本试验　第 4 部分：采用压力试验机进行的抗压和堆码试验方法》。所有试样在温度(23±2)℃、相对湿度(50±5)%的条件下预处理 4 h，并在该条件下进行空箱抗压强度试验。测试时，首先将试样箱的上盖和下底用胶带密封，放置在压力试验机两个压板之间，然后进行压力试验。试验结束后，记录试样箱四周压弯时的最大压力。

2. 拉伸性能测试

钙塑瓦楞箱的拉伸性能测试包括拉断力和断裂伸长率。拉断力是指拉伸过程中试样所能承受的最大载荷。试样是哑铃形，纵向为瓦楞方向，中间部分宽度是 20 mm，标距是 70 mm，试验前要对试样进行温湿度预处理。

按照国标 GB/T 1040.3《塑料拉伸性能的测定　第 3 部分：薄塑和薄片的试验条件》进行试验，试验设备是拉力试验机。测试时，首先将试样夹于夹具上，然后进行加载，拉伸速度为(50±5)mm/min。试样断裂后，读取最大载荷和伸长量，计算出拉断力和断裂伸长率。钙塑瓦楞板的断裂伸长率计算公式同塑料薄膜的断裂伸长率公式。

钙塑瓦楞板拉断力和断裂伸长率的试验结果应满足表 7－13 列出的指标要求。

表 7－13　钙塑瓦楞板物理机械性能

项　目	指　标		
	优等品	一等品	合格品
拉断力/N	≥350	≥300	≥220
断裂伸长率/%	≥10	≥8	≥8
平面压缩力/N	≥1200	≥900	≥700
垂直压缩力/N	≥700	≥550	≥450
撕裂力/N	≥80	≥70	≥60
低温耐折性	－40 ℃不裂	－20 ℃不裂	－20 ℃不裂

3. 压缩性能测试

钙塑瓦楞板压缩性能测试包括平面压缩力测试和垂直压缩力测试。

(1)平面压缩力测试。测试试样直径为(80±0.5)mm,数量5个,试验前对试样进行温湿度预处理。按照国家标准GB/T 1041《塑料压缩性能的测定》进行测试,压力试验机的速度为(10±2)mm/min,以第一个压缩载荷峰值作为钙塑瓦楞板的平面压缩力。试验结果以5个试样的算术平均值表示,精确到1 N。

(2)垂直压缩力测试。切取试样5片,形状和尺寸如图7-37所示,瓦楞方向为沿60 mm尺寸方向,试验前对试样进行温湿度预处理。按照国家标准GB/T 1041《塑料压缩性能的测定》进行测试,将试样按与瓦楞方向垂直的方向放在压力试验机的两个压板之间,并使试样中心与两个压板中心线重合,压力试验机的速度为(10±2)mm/min,以试样中部缺口处压弯曲时的最大压力值作为垂直压缩力。试验结果以5个试样的算术平均值表示,精确到1 N。

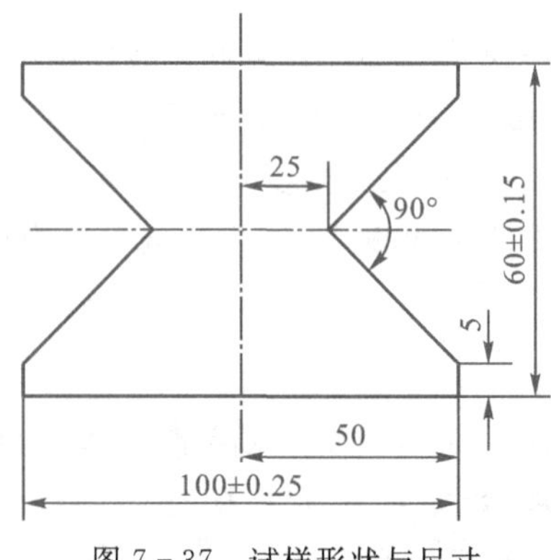

图7-37 试样形状与尺寸

4. 撕裂性能测试

制作直角撕裂试样5片,试样形状和尺寸和塑料薄膜直角撕裂强度测试试样相同。试样长度是瓦楞方向,试样直角口对准瓦楞,使撕裂方向与瓦楞方向一致,试验前对试样进行温湿度预处理。测试时,将试样夹持在拉力试验机的上、下夹具上,然后进行拉伸,拉伸速率为(200±50)mm/min,直至试样撕裂,以最大拉力作为撕裂力。试验结果以5个试样的算术平均值表示,精确到1 N。

5. 低温耐折性能测试

试验原理是将试样在规定的条件下进行弯折,测定钙塑瓦楞板在低温条件下的断裂性能。试样是100 mm×25 mm的长方条,长度方向是瓦楞方向,每组取3片试样。试验之前,对所有试样进行温湿度预处理。测试时,将试样放置于规定温度的工业乙醇中,15 min后取出试样,然后用两块木板夹住试样,立即进行90°弯折,再以反方向进行180°弯折,观察、记录试样弯折处是否有裂纹。若有一片试样有裂纹,表明钙塑瓦楞板的低温耐折性能试验不合格。注意,弯折试验必须在试样从保温瓶中取出后30 s内完成。

7.3.4 塑料周转箱测试

塑料周转箱是以聚烯烃塑料为主要原料,采用注射成型法制成的。它的尺寸精度高,适于自动生产线包装,质量轻而耐用,耐腐蚀易清洗,运输方便,堆垛安全。塑料周转箱的造型结构和品种繁多，以啤酒周转箱、饮料周转箱和食品周转箱为主。

1. 跌落试验

箱类塑料容器要进行常温实箱跌落试验和低温空箱跌落试验，跌落后不允许产生裂纹。常温实箱跌落试验是常温下在箱内装入 20 kg 实物或模拟重物，提升 1.2 m 高度后自由跌落，连续跌落 3 次，通常采用底面跌落。低温空箱跌落试验是将试样箱在(−10±2)℃的环境中放置 4 h，从 2 m 高度处自由跌落，使试样底面的一组长边、短边以及它们的夹角依次着地，各跌落 1 次，跌落应在 10 min 内完成。

2. 箱底承重试验

在常温下将试样箱底面各边用框架支起，箱内均匀放入 15 个 1 kg 的沙袋，用百分表测量负重 15 min 时箱底的变形量，如图 7-38 所示。要求箱底平面变形量不超过 10 mm。

3. 堆码试验

周转箱堆码试验的方法是将样箱(空箱)的口部向上，放置在刚性水平面上，其上放置加载平板，加载 2500 N(含加载板的重量)，并保持 72 h。测量样箱两长边中点处加载板高度的变化量 Δh，计算箱体高度的相对变化量 C，要求 C 不超过 2%，样箱原来高度为 H。

$$C=\frac{\Delta h}{H}\times 100\% \tag{7-58}$$

4. 侧壁变形率

测量方法如图 7-39 所示，找到试样被测面上变形量最大点后，用直尺和量具测量侧壁变形量 ΔL，并计算侧壁变形率 A，被侧面所在的箱侧面原长度为 L。周转箱侧壁变形率每边应不大于 1%。

$$A=\frac{\Delta L}{L}\times 100\% \tag{7-59}$$

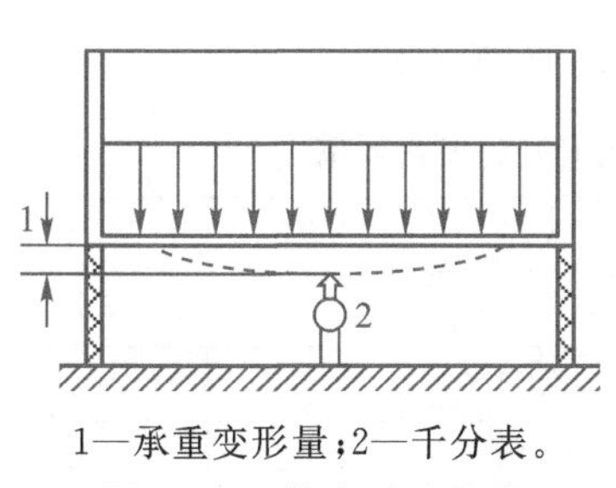

1—承重变形量；2—千分表。

图 7-38　箱底承重试验

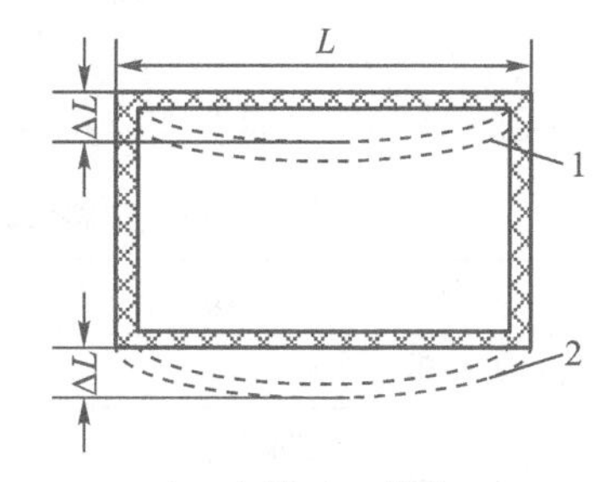

1—内凹；2—外凸。

图 7-39　箱体侧壁变形量

5. 收缩变形率

首先测量试样上口两条内对角线长度 L_0，然后将其完全浸没在(65±5)℃的水中 10 min，取出试样在常温下放置 30 min，再测量内对角线的长度 L，计算对角线的变化量及收缩变形率 B。周转箱箱体内对角线收缩变形率应不大于 1%。

$$B=\frac{|L_0-L|}{L_0}\times 100\% \tag{7-60}$$

6. 印刷质量检验

取印刷 48 h 的试样 3 个，用锋利的刀片在印刷面上划“#”字线，平行间距 5 mm；把胶布贴在印刷部位，覆盖面积不小于印刷面积的 2/3，用小滚筒慢速在胶布上单向滚压两次。在胶布的一端以与箱表面约成 90°角的方向快速拉开，检查油膜是否脱落。

7.3.5 塑料编织袋测试

塑料编织袋是由编织布或编织布与塑料薄膜或纸张等经印刷、裁切、缝制或黏合制成(简称袋)。按袋扁丝的主要树脂分为聚丙烯袋、聚乙烯袋和聚酯袋等；按袋的层间结构分为单层袋、多层袋、涂膜袋及覆膜袋；按袋的封口方法分为敞口袋、插口袋、方底阀口袋，如图 7－40 所示；按袋体编织布的圆周结构分为圆筒袋和中缝袋。按最大允许装在质量分为 LA 型、TA 型、A 型、B 型、C 型。

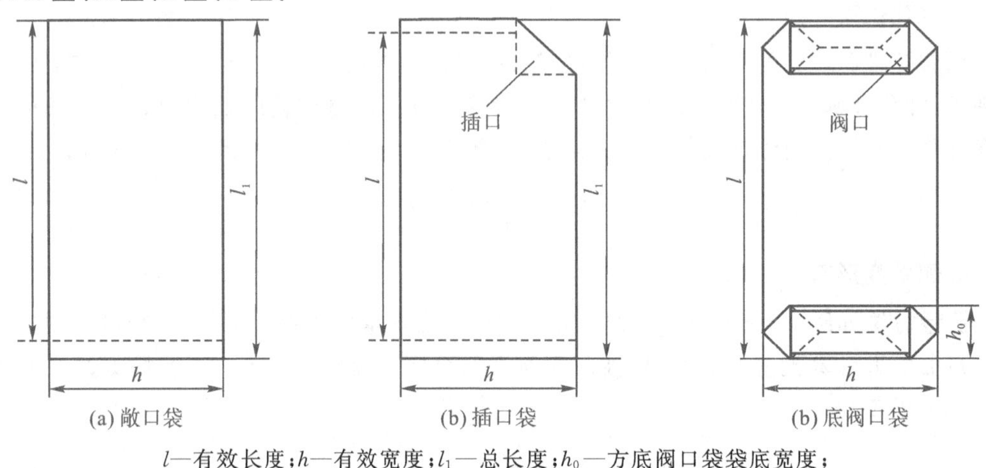

l—有效长度；h—有效宽度；l_1—总长度；h_0—方底阀口袋袋底宽度；

图 7－40 袋的封口方法

塑料编织袋的型号及物理性能应符合表 7－14 的规定。

表 7－14 塑料编织袋的型号及物理性能指标

型 号		LA 型	TA 型	A 型	B 型	C 型
最大允许装载质量/kg		10	20	30	50	60
拉伸负荷/(N/50 mm)	经向	≥360	≥460	≥565	≥665	≥820
	纬向	≥340	≥440	≥535	≥635	≥780
	缝底向	≥175	≥225	≥275	≥325	≥375
	黏合向	≥250	≥300	≥350	≥400	≥400
	阀口向	≥300	≥350	≥400	≥450	≥500
涂膜袋和覆膜袋剥离力/(N/30 mm)		≥3.0				
耐热性		袋应无黏着、溶痕等异常现象				
卫生性能		直接接触食品，应符合 GB/T 9685、GB/T 9687、GB/T 9688 和 GB/T 13113 等的规定				

1. 单位面积质量测试

袋单位面积质量以整条袋的质量和有效表面积比值表示。整条袋的质量包括其附属物缝纫线、油墨、折边或卷边、包边、插口或阀门的舌头、中缝或阀门的重叠部分以及黏合物等。将袋摊平，在袋中间和中间离两边一半的三处测量袋的有效长度、有效宽度（包括折 M 边宽度）和方底阀门袋的袋底宽度，取其算术平均值。

敞口袋或插口袋的单位面积质量为

$$M_d = \frac{m_d}{2lh} \tag{7-61}$$

$$M_d = \frac{m_d}{2(lh + hh_0 - h_0^2)} \tag{7-62}$$

式中，M_d 表示样袋的单位面积质量，g/m^2；m_d 表示整袋的称量质量，g；l 表示样袋的平均有效长度，m；h 表示样袋的平均有效宽度，m；h_0 表示方底阀口袋的袋底平均宽度，m。

袋单位面积质量偏差

$$T_d = \frac{M_d - M}{M} \times 100\% \tag{7-63}$$

式中，T_d 表示袋单位面积质量偏差，%；M_d 表示样袋的单位面积质量，g/m^2；M 表示袋标称单位面积质量，g/m^2。

2. 试样取样位置和尺寸

(1)经向和纬向。经向以袋中心线为基准，按图 7-41 尺寸位置取长方形经向试样两块。袋宽不足 330 mm 时，从袋背面中心纵向剖开展平后取样。试样如遇到袋边折叠线处允许横向移动处折叠线位置。纬向以袋中心线为基准，应顺着纬丝的倾斜方向取长方形试样两块，不应顺着纬丝出弧走向取长条扇形试样。试样长 200 mm，单层袋和多层袋（预先剥离非编织布层）试样宽 60 mm，去掉多余的扁丝，修正到 50 mm，如最后一根扁丝超过半根则保留之。涂膜袋和覆膜袋试样宽(50±0.5)mm。

(2)缝底向。敞口袋按图 7-41(a)尺寸位置取双层试样两块。袋宽不足 300 mm 时，应另增加一条样袋。插口袋按图 7-41(b)尺寸位置在上下底边上取双层试样各一块。中缝袋按图 7-41(c)尺寸位置在下底边上取双层试样两块，袋宽不足 350 mm 时，试样位置应横向移动，其试样被拉伸的宽度不应在中缝内。缝底向试样采用双层“T”型试样，取样后用透明胶带黏住缝线两端 30 mm，单层袋和多层袋试样取宽 60 mm，去掉多余的扁丝，修正到 50 mm，如最后一根扁丝超过半根则保留之。涂膜袋和覆膜袋试样取宽(50±0.5)mm。

(3)黏合向。以袋中心线为基准，在中缝袋的黏合面尺寸位置，取试样两块。试样长 200 mm、宽(50±0.5)mm。

(4)阀口向。方底阀口袋按图 7-41 尺寸位置，将阀口连同袋体剖开，在上下底边上各取试样一块。试样长 300 mm、宽(50±0.5)mm。

(5)剥离力。分别按图 7-41 尺寸位置取试样两块。试样长 200 mm、宽(30±0.5)mm。

3. 拉伸强度测试

在拉伸试验机上进行拉伸试验，夹具间距 100 mm（阀口向 200 mm），以 200±10 mm/min 的速度拉伸，直至试样断裂，记录拉伸过程中的最大值，试验结果以两个试样的算术平均值

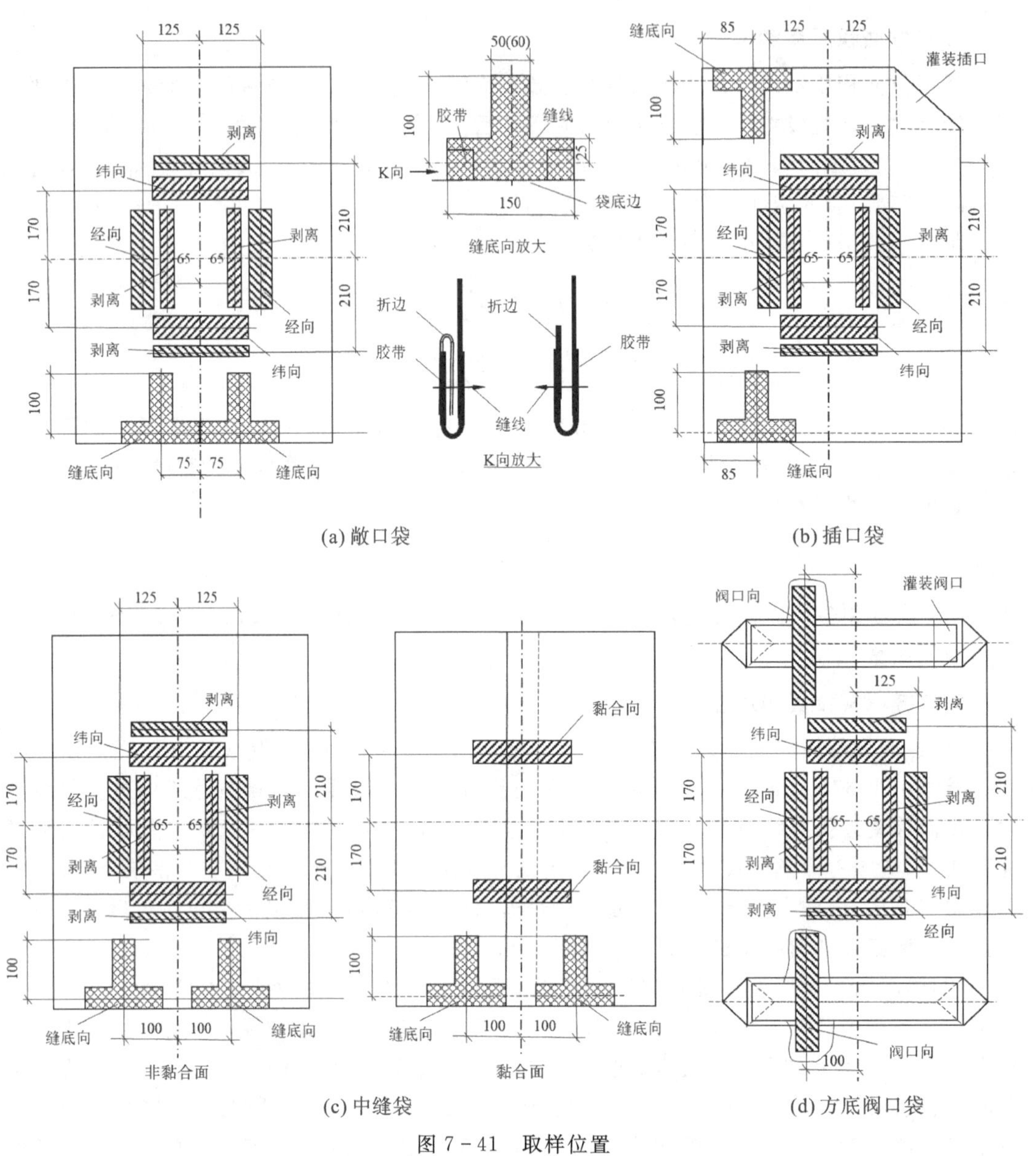

(a) 敞口袋　(b) 插口袋　(c) 中缝袋　(d) 方底阀口袋

图 7-41　取样位置

表示，精确到 1 N。

4. 剥离力测试

在试样的一端用手或胶黏带将编织布和膜、纸等分开 50 mm，分别夹在试验机上，夹具间距 100 mm（阀口向 200 mm），以(200±10)mm/min 的速度拉伸，试验结果以两个试样的算术平均值表示，精确到 0.1 N。如果试样无法分开，则以合格判定。

5. 耐热性测试

将袋摊平分别取经向、纬向试样各两块，长度大于 320 mm，宽度大于 40 mm。取样位置为图 7-59 的空余位置。试验的上压块长(300±0.5)mm，宽(20±0.5)mm，质量 1 kg±

5 g；下压块长和宽大于上压块；对压面磨平。将两块经向试样或纬向试样的编织布层相对重叠并置于上、下压块居中位置，放入 80 ℃(覆膜袋放入 85 ℃)的烘箱内 1 h，取出后立即将两块重叠试样分开，检查表面有无黏着、熔痕等情况。

6. 跌落性能

样袋在 18～28 ℃室温下调节 4 h，试验装载物料一般为聚丙烯、聚乙烯树脂或其他安全型物料，装载质量为 LA 型 10 kg、TA 型 20 kg、A 型 25 kg、B 型 40 kg、C 型 55 kg。通过改变选用物料的填充密度使填充系数为 0.80～0.85，填充系数为试验装载质量与装满后质量之比(不包含样袋质量)。

单层袋、多层袋和涂膜袋跌落高度为 1.2 m，覆膜袋为 1.0 m。

跌落方式为取一条样袋，每条自由跌落三次。跌落次序分别为

第一条：底面→平面→侧面；

第二条：平面→侧面→底面；

第三条：侧面→底面→平面。

底面跌落时敞口袋的下封口、插口袋的插口和方底阀口袋的阀口在下；平面跌落时的中缝袋的黏合缝在下；侧面跌落时插口袋的插口和方底阀口袋的阀口在上。

7.4　玻璃容器性能测试

玻璃容器广泛应用于医药、食品、饮料、化妆品等产品的包装。与其他包装材料相比，玻璃包装容器具有很多优良性能：化学稳定性、耐水性、耐溶剂性及抗药性强；密封性能强，无透湿、透气现象；透明釉光泽，能看到内装物；易洗涤、干燥、灭菌，便于回收再生利用；机械强度高，不易变形等。但玻璃容器耐冲击性差，易破碎，质量大，在溶液作用下有时会有碱析出等缺点。由于玻璃包装容器的抗压强度高，而抗拉强度较低，因此，破损多是由于受拉所引起的。玻璃破损时，通常是从玻璃表面上的伤痕处开始破裂，这种伤痕称为破坏起点。由于包装的不同要求，对玻璃包装容器的要求也就不完全相同，所以对玻璃包装容器的检测要求也不尽相同。

7.4.1　一般包装用玻璃容器性能测试

1. 外观缺陷检测

玻璃容器的强度与外观缺陷关系很大。外观缺陷的瓶罐在灌装生产线上会发生故障，严重影响生产。瓶罐的外观缺陷会使其强度下降，瓶罐很容易破损，不能完好地执行包装的任务。另外，外观缺陷的玻璃包装，给人一种很不舒服的感觉，影响人们的购买欲望。

玻璃瓶罐的外观缺陷有 100 种以上，如口部变形、瓶口内径差、表面粗糙、壁厚不均、凸凹不平、气泡、伤痕、螺纹台阶缺口及圈数不对等。大部分缺陷是由于供料机、制瓶机和机具等操作使用不当造成的。

对玻璃瓶罐外观缺陷的检验，比较简单的方法是采用目测或通过简单的量具来检测，这种检查方法对检验人员的视力要求较高，工作量很大，同时也不能保证所有商品的质量。随

着生产速度和质量要求的逐步提高，以及消费者对产品安全性的强烈要求，必须发展自动检测技术。目前，欧美等发达国家已研制出多种类型的自动检验机，广泛用于玻璃瓶罐各种缺陷的检验与分析，对瓶罐实行全部检查而不是抽样检查，这也是控制包装质量的一种有效方法。

2. 内应力检测

玻璃包装容器内应力检测的常用试验方法有偏光法。偏光法是把试样瓶放在两个偏振片的中间，通过观察视场的亮度变化来确定试样瓶的应力等级。如果试样瓶中存在应力，偏振光就发生旋转，视场亮度也会发生变化。通过对比这一亮度与分为若干等级的标准变形亮度，就可得到试样瓶的应力等级。偏振光法的试验仪器是偏光应力仪，偏振光法又分为比较法和直接法两种。

(1)比较法。比较法是使用偏光应力仪，在偏振光视场内将试样瓶与一套标准光程差片进行比较。试样瓶应未经过其他试验，预先在一定温湿度条件的实验室内放置 30 min 以上，且不能用手直接接触，试验时应戴手套。按照国标 GB/T 4545《玻璃瓶罐内应力试验方法》进行试验。

①无色瓶罐的检验。

(a)把全波片置于偏光应力仪的光路中，调整仪器的零点。

(b)将试样瓶放入视场，检验试样瓶上呈现最高色序处。

(c)将标准光程差片靠近试样瓶的观察区放入视场，但不要与试验的光路重叠。一套标准光程差片不少于 5 片，每片所产生的光程差为 21.8～23.8 nm。

(d)依次叠加的标准光程差片，与试样瓶最高色序处的颜色比较。当该色序大于 N 片标准光程差片叠加的色序，而小于 $N+1$ 片标准光程差片叠加的色序时，则该处的应力按 $N+1$片标准光程差片计算，如表 7-15 所示，折算成应力等级。

表 7-15　标准光程差片数与应力等级的关系

应力等级	1	2	3	4	5	6	7
标准光程差片数	N≤1	1<N≤2	2<N≤3	3<N≤4	4<N≤5	5<N≤6	用直接法测定

②有色瓶罐的检验。

(a)卸下全波片，以最暗区作为参考区，直接观察样瓶。

(b)置入全波片，依次把标准光程差片叠加于参考区，并与试样瓶呈现最高色序点的颜色相比较，直到两者的颜色接近为止。

(c)转动试样瓶，找出最高色序点。

(d)继续叠加标准光程差片，并与试样瓶呈现最高色序点的颜色相比较，按表 7-15 折算成应力等级。

(2)直接法。直接法使用偏光应力仪直接进行应力测试。

①无色瓶罐的检验。

(a)调整偏光应力仪器的零点，使之呈现暗视场。

(b)把试样瓶放入视场，从口部观察底部，这时视场中会出现暗十字。如果试样瓶应力小，则这个暗十字会模糊不清。

(c)旋转检偏镜，使暗十字分离成两个沿相反方向向试样瓶根部移动的圆弧。随着暗区的外移，在圆弧凹侧出现灰蓝色，在凸侧出现褐色。如测定某选定点的应力值，则旋转检偏镜，使在该点上的灰蓝色刚好被褐色取代为止。

(d)绕轴线旋转试样瓶，观察所选的点是否为最大应力点。如果不是，继续旋转检偏镜，使最大应力点的蓝色刚好被褐色取代为止。记录检偏镜的旋转角度，按表 7－16 所示关系折算成试样瓶的应力等级。

(e)如果测定瓶壁，则使样瓶绕轴线与偏振面成 45°，这时瓶壁上会出现亮暗不同的区域，旋转检偏镜直到瓶壁上的暗区聚合，刚好完全取代亮区为止。记录检偏镜的旋转角度，按表 7－16 所列关系折算成试样瓶的应力等级。

表 7－16　应力等级与检偏镜旋转角度的关系

应力等级	旋转角度/(°)	应力等级	旋转角度/(°)
1	0.0～7.3	6	36.4～43.6
2	7.4～14.5	7	43.7～50.8
3	14.6～21.8	8	50.9～58.1
4	21.9～29.0	9	58.2～65.4
5	29.1～36.3	10	65.5～72.6

②有色瓶罐的检验。检验步骤与无色瓶罐相同。当没有明显的蓝色或褐色以及玻璃的透过率较低时，较难确定检偏镜的旋转终点，深色试样瓶尤为严重，这时可采用平均法来确定准确的旋转终点，即以暗区取代亮区的旋转角与再使亮区刚好重新出现的总旋转角度之和的平均值表示。

(3)真实应力折算。由偏光法测得的表观应力数与试样瓶的真实应力数存在着差异，这主要是由于试样瓶通过光处厚度的影响。对于钠钙硅玻璃瓶罐，真实应力数的计算方法为

$$T_{R} = T_{A} \times \frac{4.06}{t} \tag{7-64}$$

式中，T_R 表示真实应力数，级；T_A 表示表观应力数，级；t 表示试样瓶被测部位通光处的总厚度，mm。

3. 强度性能测试

(1)耐内压强度。玻璃容器内压强度测试是对玻璃容器内装物引起的内部压力形成的破坏作用做强度测试。用于盛装啤酒、汽水等含碳酸气饮料的玻璃容器，常温条件下的内部压力在 196 kPa～392 kPa，而当温度上升至 40 ℃时，内压会升至 343 kPa～588 kPa。外界的冲击作用力也会使内压增加，玻璃容器要求能够承受这一内部压力。玻璃容器的内压强度还与容器自身形状、壁厚以及回收使用历经的时间长短有关。

目前，国际上对充气瓶的耐内压强度要求是 1.6 MPa，我国国家标准对充气瓶的耐内压强度要求是 1.2 MPa，一般玻璃瓶为 0.7 MPa。圆形玻璃瓶的耐内压强度主要是由玻璃强度、瓶身直径、壁厚决定的，其最大耐内压强度为

$$P_{\max}=\frac{2\delta}{D}[\sigma] \tag{7-65}$$

式中，$P_{\max}$表示玻璃瓶的最大耐内压强度，MPa；D 表示瓶身内直径，mm；δ 表示瓶壁厚度，mm；$[\delta]$表示玻璃瓶的许用强度，为 63.7 MPa。

由内压力引起的最大应力，一般发生在玻璃瓶的下半部内表面和中央外表面。然而，在这些位置很少产生伤痕，故很少从这些位置发生破坏。

玻璃瓶罐的耐内压力试验原理是，对夹持在夹板中的试样瓶均匀施加加压载荷，直到预定载荷或发生破裂为止。按照国家标准 GB/T 4546《玻璃容器耐内压力试验方法》进行试验。试验分为在预定的时间内施加恒定内压力(方法 A)和在预定的恒定速率下增加内压力(方法 B)。试样瓶不能进行影响其耐内压力试验结果的其他任何机械性能和热性能的试验，使样品达到室温，然后灌入与室温相差±5℃的水，以避免在试验前引入额外压力。

①方法 A。夹住玻璃容器瓶口并悬挂着进行试验，压头和缝合面之间有弹性密封圈用于保住增压介质，加压速率为(1.0±0.2)MPa/s 并在试样时保持恒定压力。通过性试验是使内部压力达到预定值，并保持恒压(60±2)s。递增性试验是完成通过性试验后，以递增量为 0.1 MPa 或 0.2 MPa 的压力值增压，直至玻璃容器破损率达到 50%或 100%。

②方法 B。试样按方法 A 夹持，试验设备加压速率为(0.58±0.1)MPa/s，直至玻璃容器破裂或达到预定值，通过性试样按加压速率增压，直至达到预定值。破坏性试验按加压速率增压，直至每个玻璃容器破裂。

(2)垂直载荷强度。由于玻璃瓶罐成形条件以及形状不同，在压盖或受其他压力时，瓶的肩部或底部会产生拉应力。如果拉应力超过极限强度，就会导致玻璃瓶罐破碎。当玻璃瓶罐开盖或堆码时，均承受垂直载荷的作用。普通瓶的垂直载荷强度高达 400～50000 N，开盖时载荷为 1000～2000 N。玻璃瓶的垂直载荷强度随瓶肩形状的变化而改变，溜肩比平肩强度高，瓶肩弧线的曲率半径越大，垂直载荷强度也就越高。

垂直载荷强度试验也称耐压试验，试验装置如图 7-42 所示，把试验瓶夹在平台和气缸之间，通过气缸对试样瓶均匀施加压力，测出试样瓶破裂时的载荷。试验时应注意安装防护罩，以免瓶碎伤人。

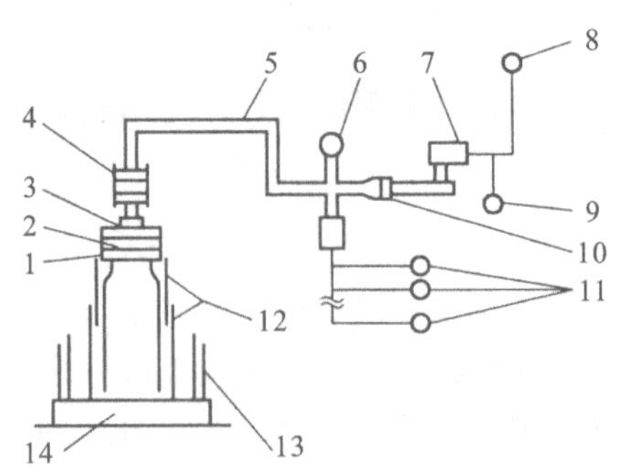

1—树脂挡板；2—海绵；3—滚珠轴承；4，10—气缸；5—压力管；6—压力计；7—电动机；8—启动开关；9—计时器；11—压力指示灯；12—防护罩；13—箱；14—平台。

图 7-42　垂直载荷强度试验原理

(3)机械冲击强度。玻璃容器破裂通常是由于机械冲击引起的。玻璃容器在最后破裂前，应能经得起多次冲击。冲击造成的破损与冲击位置、容器形状、尺寸及状态有关。

玻璃瓶在流通过程中，受到的冲击次数、方式、波形、大小等很复杂。当玻璃瓶的侧壁受到冲击时，产生三种应力形式：冲击点处产生局部应力，内部产生弯曲应力，距冲击点两侧45°处产生扭转应力，如图7－43所示。局部应力导致玻璃瓶局部凹陷，四周产生抗拉应力，造成圆锥形伤痕或破损。在三种应力中局部应力虽最大，但因发生在局部，所以造成的破损并不多。弯曲应力时，瓶壁因受冲击而发生弯曲，内部产生拉应力，由于瓶内表面一般无伤痕，故由弯曲应力引起的破损并不多见。但如果瓶壁表面有伤，即使很小的冲击也会导致破损。扭转应力是一种发生在冲击形变点上的应力。虽然它比前两种应力值小得多，但由于瓶壁外表面常有伤痕，所以实际破损几乎全是由扭转应力引起的。

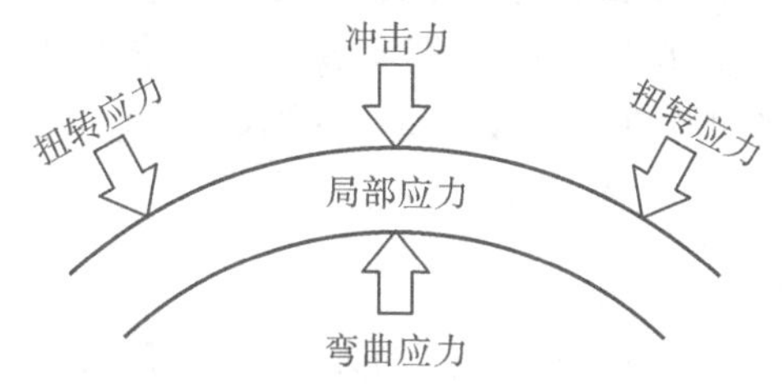

图7－43　玻璃瓶侧壁受冲击时的应力分布

玻璃瓶罐的抗机械冲击试验包括机械冲击强度试验、运行冲击强度试验、斜面冲击强度试验和落下冲击强度试验。

①机械冲击强度试验。按国家标准GB/T 6552《玻璃容器抗机械冲击试验方法》进行，试验装置如图7－44所示。机械冲击强度试验包括通过性试验和递增性试验。通过性试验

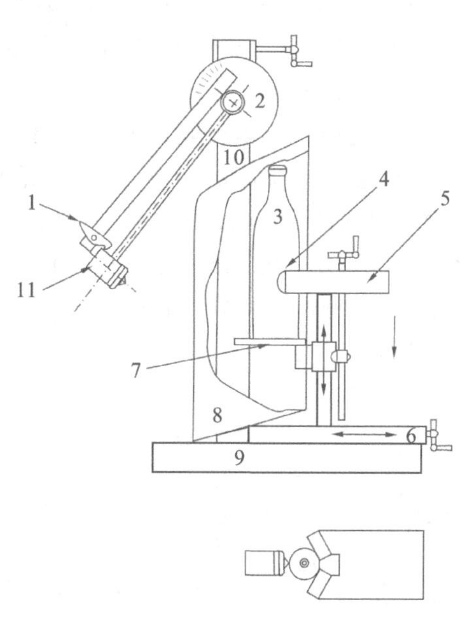

1—摆钩；2—刻度盘；3—试样；4—半圆柱试样靠件；5—V形后支座；6—水平调节台；7—试样支承台；8—防护罩；9—底座；10—立柱；11—冲击锤。

图7－44　摆锤冲击试验原理

是将试样放置在升降台上，紧靠卡板，上下调整升降台，将打击部位调节到需要检测的部位后，水平方向调节卡板，使摆锤处于自由静止状态，并轻微触及试验瓶表面。再以规定的冲击能量重复打击瓶身周围相距约 120°的三个点，检查试样瓶有无破坏。递增性试验与通过性试验步骤基本相同，但需要逐步提高冲击能量，重复试验，直至瓶试样瓶破裂为止。

②运行冲击强度试验。该试验模拟玻璃瓶在传送带上运行过程中相互碰撞的情况。按规定向试样瓶内灌装液体，封盖。将试样瓶置于传送带上，然后开动传送机械，测出试样瓶破裂时传送带的运行速度。玻璃瓶无破损的传送带运行速度应在 30～40 m/min 以上。

③斜面冲击强度试验。该试验适用于检测试样瓶充填内装物并装箱后，试样瓶在流通过程中受到水平方向冲击时的破裂情况，其测试方法参见包装件的斜面冲击试验法。

④落下冲击强度试验。该试验是指整箱灌装后的玻璃瓶罐，以竖向、横向、斜向（口朝上）三种方式从 1 m 高度自由跌落在木板上所引起的破损，它实际上是冲击强度与水冲强度的综合结果。

4. 耐热冲击强度测试

玻璃瓶的使用条件因为内装物不同而有所差异。例如，在装瓶时高温充填、高温杀菌，或骤然冷却等，通常会有急剧的温度变化。据统计，玻璃瓶受急冷、急热的温差大约为 50 ℃，新瓶略高一点，而回收瓶只有 35 ℃左右。我国规定玻璃瓶罐的耐急冷温差为 39 ℃。

(1)热冲击应力。从热应力的观点看，瓶壁越薄越好。在相同受热(或冷)情况下，厚壁处的温差大，热应力就越大，玻璃瓶也就越容易破裂。当玻璃瓶受急热作用时，外表面的压应力远大于内壁面的拉应力。而当玻璃瓶受急冷作用时，外表面的拉应力远大于内壁面的压应力。如果急热或急冷作用所产生的最大应力值超过玻璃的抗拉或抗压强度，则导致玻璃瓶破裂，这种破裂现象称为热冲击破裂。热冲击破裂通常发生在玻璃瓶身与瓶底过渡下部的外表面。因此，要求对玻璃瓶进行耐热冲击强度测试。

(2)抗热震性试验。抗热震性是指容器承受热震而不破损的能力。试样瓶是未经其他试验的玻璃瓶罐。冷热槽内盛水量按试样瓶的质量计算，每千克玻璃瓶的用水量不少于 8 L，并有足够的深度浸没容器顶部至少 50 mm，槽内水温应维持在规定温度±1 ℃。

耐热冲击试验装置如图 7-45 所示，按照国家标准 GB/T 4547《玻璃容器抗热震性和热震耐久性试验方法》进行试验。耐热冲击试验分为通过性试验、规定破损百分数的递增性试验、全数递增性试验和高温差试验。

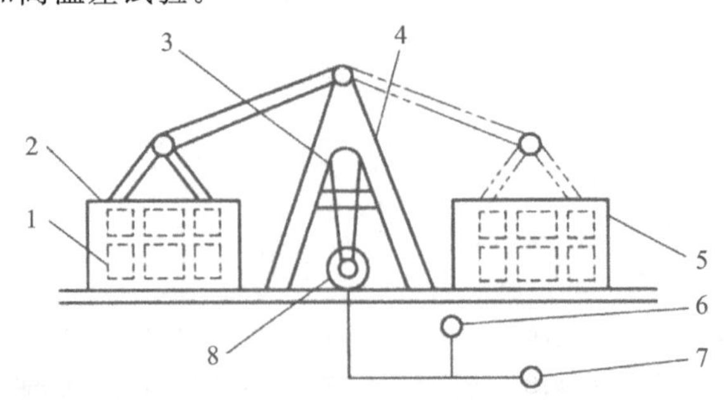

1—试验笼；2—热水槽；3—链条；4—支架；5—冷水槽；6—计时器；7—启动开关；8—电机。

图 7-45　耐热冲击试验原理

①通过性试验。将试样分隔并直立互不相碰地放入网筐内，再将装有样品的网筐浸入热水槽中，样品瓶被热水灌满后，槽面水位应高出瓶口 50 mm 以上，样品在热水槽中放置不少于 5 min，将网篮连同盛满水的试样在最多 16 s 的时间内转入冷水槽中，浸泡 30 s。取出样品后尽可能快逐个检查，得出破裂瓶数和破裂百分比，如果破裂或破碎的数量不多于规定数量则认为通过。

②规定破损百分数的递增性试验。以恒定温差（通常为 5 ℃）逐步提高受试温差，直至试样瓶的破裂百分数达到预定的数值。

③全数递增性试验。以恒定温差（通常为 5 ℃，如果热水槽温度达到 95 ℃时试验还未完成，则降低冷水槽的温度）逐步提高受试温差，直至试样瓶全部破裂。

④高温差试验。以恒定温差（温差足够大）使容器在单词试验中达到规定的破损百分数。

(3)热震耐久性。热震耐久性是容器破损为 50%时的概率温差值，用内推法从累积破损百分数对破损温差的曲线图中求得。按全数递增性试验方法进行试验，并记录每一温差下容器的破损数。

5. 水冲强度测试

(1)水冲强度。水冲强度指玻璃瓶能够承受水冲效应引起破损时的强度，水冲效应通常在热灌装形式充填液体内装物的玻璃瓶体中发生。当瓶内盛装密度较大的内装物时，外包装容器（如纸箱、周转箱等）发生碰撞则会导致水冲效应。例如，当瓦楞纸箱跌落在堆码的瓦楞纸箱上导致碰撞时，下部纸箱内瓶子突然往下移动，虽然位移很小，但由于内装物悬空，致使玻璃瓶与内装物之间发生空穴，如图 7－46 所示。玻璃瓶内的上部空间区域受到压缩，这一压缩力又传递给内装物，使空穴破坏并通过内装物冲击整个玻璃瓶，于是瓶底区域造成局部高压，形成水冲效应。

(2)水冲试验。可在跌落试验机上进行试验，如图 7－47 所示。将玻璃容器按规定充填、封口、装箱，再将包装箱放在模拟的纸箱上。设定某一跌落高度，使上面的模拟包装件跌落至被测包装箱上，调整高度后再进行跌落，每跌落一次，都要检查玻璃瓶。只要有一个玻璃瓶因水冲破损，则跌落高度值即为水冲强度的临界高度值。

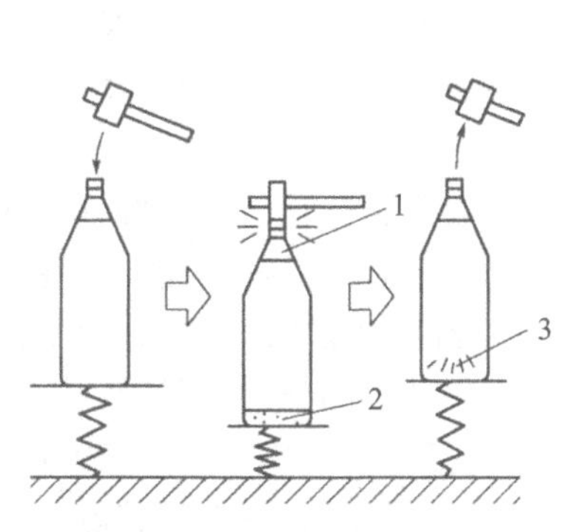

1—受压缩区域；2—形成空穴；3—内压。

图 7－46　水冲现象

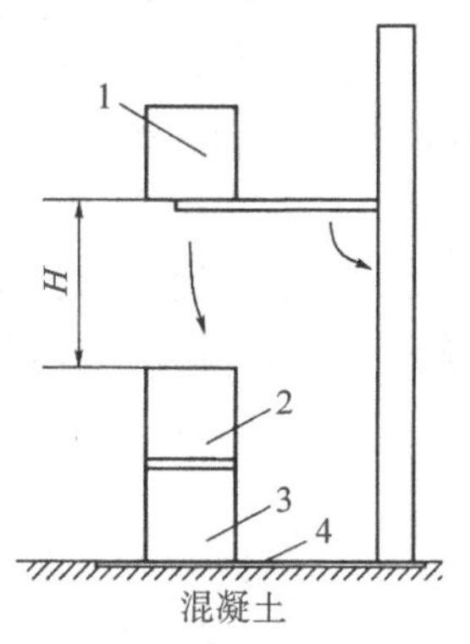

1,3—模拟包装件；2—被测包装件；4—20 mm 钢板。

图 7－47　水冲试验

为了减少跌落撞击时的最大加速度，改变瓦楞纸箱的尺寸，把瓶盖与瓦楞纸箱之间的间隙变大，这样由于瓦楞纸箱的缓冲作用可使冲击加速度减小。

6. 防止飞散性试验

对于充气或含气的玻璃瓶，有时会因不慎掉在地上，或受到巨大冲击而破裂。由于内压作用，玻璃瓶碎片有飞出的危险。为了防止这一现象，在玻璃瓶的表面施以塑料涂层或发泡塑料等来限制碎玻璃片的飞散。

试验时，使试验瓶保持水平，从 75 cm 高处自然落下，落到冲击台座上，然后测量以落点为中心、半径 100 cm 圆形框内的碎片质量的百分率。试验所用液体是二氧化碳饮料，或含有相同比例二氧化碳的水，按标准量充填到已知质量的瓶中，温度保持在(25±1)℃。跌落试验后，玻璃瓶碎片质量的 95%以上落在半径为 1 cm 的圆形框内，则玻璃瓶为合格。圆形框内散落的玻璃瓶碎片的质量百分率为

$$\delta = \frac{m_2}{m_1} \times 100\% \tag{7-66}$$

式中，δ 表示圆形框内散落的玻璃瓶碎片的质量百分率，%；m_1 表示玻璃瓶质量，kg；m_2 表示圆形框内散落的玻璃瓶碎片的质量，kg。

7. 化学稳定性测试

与其他物质相比较，玻璃的化学性质是非常稳定的，不容易与药物、常用溶剂或空气中的氧气及二氧化碳等发生作用。但由于充填物的性质、浓度、pH 值和温度等方面的影响，玻璃会受到腐蚀。在酸性或碱性溶液长期作用下，会使玻璃表面呈薄片状剥落，形成脱片。例如，HF、HCl、H_2SO_4、HNO_3 等酸性溶液，苛性钠等碱性溶液，而且碱性溶液的腐蚀速度比酸性溶液还快。有些内装物一经曝光就会变质，在这种情况下，应当使用有色玻璃。然而有色玻璃中掺有氧化铁、二氧化锰或一些金属盐。因此，对有色玻璃除做碱溶出性试验外，还需做金属，如铁等的溶出性试验，这些常采用原子吸收法测定。

(1)耐碱性能试验。碱溶法适用于检测玻璃包装容器的耐碱性，也称粉末法。这种试验方法具有较高的灵敏度，较好的重现性，设备简单，操作方便。测试时，称取一定量的一定粒度的玻璃粉末，在 121 ℃纯水的作用下，玻璃中的碱金属离子(也包括非碱金属离子)被浸析出来，使原来呈中性或偏碱性的侵蚀液转变为碱性。从玻璃中浸析出的碱量，由稀硫酸溶液直接滴定而获得。试验所使用的玻璃颗粒是 20～40 目，试样 10 g，加入蒸馏水 50 mL，在(121±2)℃保温 30 min，以甲基红溶液作指示剂，用摩尔浓度 0.02 的硫酸溶液滴定，并以空白试验校正。

(2)耐稀酸性能试验。按照国家标准 GB/T 4548《玻璃容器内表面耐水侵蚀性能测试方法及分级》进行试验。试验时将未经其他试验用过的玻璃瓶罐用水、蒸馏水洗净，再用甲基红酸性溶液冲洗几次。在室温下注入满口容量 90%的甲基红酸性溶液，瓶口部覆上惰性材料或煮过的玻璃皿件，置于水浴锅内加热。试样瓶不能和水浴锅的底部和壁部直接接触，瓶内外液面要基本一致，瓶内溶液温度必须在 10～15 min 内达到(85±2)℃，保温 30 min 后观察瓶内溶液的颜色。若不易分辨时，可滴入 0.2%甲基红指示剂 2 滴，再观察其颜色。对于深色试样瓶，可将溶液倒入清洁烧杯内观察。若试样瓶内溶液呈黑红色则合格，呈淡黄色则不合格。

8. 密封性能测试

密封性检测是对玻璃瓶罐、盖和密封件组成的密封结构进行测试。

(1)气密性。在玻璃瓶罐内放入一定量的碳酸钙类干燥剂，然后封盖，在相对湿度 100% 的试验环境中放置一周以上，再用天平测量干燥剂质量，以干燥剂质量的增量表示玻璃瓶罐的气密性。

(2)漏水性。将一定量的水注入玻璃瓶罐内，然后封盖，再将其横卧放置在调温调湿箱内。调温调湿箱内温度以打开玻璃瓶罐盖时的水温标准(20～30 ℃)来控制，24 h 后开盖测量水量，以水量的减少量表示玻璃瓶罐的漏水性。

(3)连续耐压性。连续耐压性有两种检测方法。一种是用 7.57 L 的水稀释 98%的浓硫酸 40.5 g，在 210 mL 的玻璃瓶罐内装入稀释溶液 200 mL。然后用无盖小纸盒盛装 3 g 碳酸氢钠后放入玻璃瓶罐内，在纸盒内的碳酸氢钠尚未溶解前封盖。再将玻璃瓶罐倒置，待碳酸氢钠完全溶解后，放入 65 ℃的水中，1 h 后观察有无气体由玻璃瓶罐与封盖处逸出。

另一种方法是，以碳酸氢钠和稀硫酸作用产生的二氧化碳气体注入玻璃瓶罐内，封盖后置于 40 ℃试验环境中，一周后观察其是否漏气。

(4)连续耐负压性。以一定量的热水灌入玻璃瓶罐中，封盖后水温是 90 ℃，然后将其放入常温真空试验器中，24 h 后再测定真空度的变化。

(5)瞬时耐内压性。玻璃瓶罐封盖后，以 0.9 MPa 的水或氮气注入容器内加压，观察其是否密封。

9. 其他参数测试

(1)容量检测。玻璃瓶罐的满口容量是一项重要指标，要定时抽查。目前多采用容量比较法，比较试样瓶与同型号标准样瓶的容量。检测时，首先把一个标准样瓶夹在检测夹具上，校准机内气缸，使气缸容量与标准样瓶相等。然后卸下标准样瓶，装上受检验试样瓶，对已校准的机内气缸和试样瓶同时施加微小的振荡气压。如果两者的容量不同，便产生压力差，差值通过传感器转变成电信号，经放大后驱动一个小型伺服从动调节活塞进行平衡，直到压力差消失为止。活塞的最终位置以差值的形式显示在比较器的面板上，此差值可以表示相对于标准样瓶的容量差值，也可表示成受检试样瓶的实际容积。

(2)厚度检测。玻璃瓶罐壁厚检测方法较多，这里主要介绍壁厚分析器检测法。壁厚分析器采用电容式传感器来检测瓶壁厚度。利用弹簧压力将传感器压在试样瓶的外表面上，这时传感器的有效电容取决于传感头有效作用区域(约为 6 mm×6 mm)的玻璃平均厚度，测出的有效电容电子电路转换成线性的电压输出，经放大后到记录仪记录、显示出来。

(3)垂直轴偏差检测。玻璃瓶罐的垂直轴偏差是指瓶口的中心到通过瓶底中心垂线的水平偏差。测量装置由带有夹紧装置的旋转底盘和带有一个百分表或读数显微镜的垂直立柱组成，也可选用由 V 形块底板和带有水平尺或百分表的垂直立柱组成。按照国家标准 GB/T 8452《玻璃容器　玻璃瓶垂直轴偏差检测方法》进行测试。测试时，将试样瓶夹持在水平板上，旋转底板 360°。如用 V 形块测量时，应将试样瓶瓶紧靠在 V 形块上，然后在与水平面成 45°方向对试样瓶施加一个向下的压力，旋转试样瓶 360°，记下与瓶口边缘外侧与固定点的最大和最小距离，取它们之差的一半作为垂直轴偏差，精确到 0.1 mm。

7.4.2 药用玻璃包装容器性能测试

玻璃容器包装在药品包装中有广泛的应用，如安瓿、抗生素瓶、输液瓶等。医用安瓿、抗生素瓶、输液瓶等玻璃包装容器，应具备优良的抗水、抗酸、抗碱性，并要求在一定的温度条件下加热或长时间储存中性溶液时，溶液的 pH 值不变。世界各国对药用玻璃容器的检验都有严格的标准及检验方法，我国国家标准中对药用玻璃包装容器的技术指标和检验方法都有明确的规定，其基本测试项目包括玻璃质量检测、玻璃理化性能检测。这里以安瓿为例，介绍药用玻璃包装容器性能测试，输液瓶、抗生素瓶等性能测试与安瓿相同，只有微小的差异。

安瓿是盛装注射剂的玻璃包装容器，分为无色透明和棕色两种，外形有直颈、曲颈和双联三种，规格尺寸有 1 mL、2 mL、3 mL、5 mL、10 mL、20 mL、25 mL 和 30 mL。由于安瓿内的药剂是直接注射到人体的肌肉或血液内，故对卫生性、安全性要求很高，对玻璃理化性能要求更高。注射剂药品一般都有 1～2 年的有效期，有的甚至更长。在有效期内，要求玻璃不与药剂发生作用，不改变药剂的性能及疗效。另外，由于注射剂药品本身具有酸性或碱性，有些药品还具有强碱性，有些则要求避光，在灌装注射剂时还要经过高温消毒杀菌，我国规定是 121 ℃以上，有些药物则要采取冷冻干燥存放或低温存放。因此，必须对安瓿的规格尺寸、外观缺陷、清洁度、理化性能进行严格的质量检测。

1. 规格尺寸检测

安瓿是通过拉制法制成的一类医用玻璃包装容器，其尺寸主要包括身高、瓶丝长度、瓶壁厚度、开口径、丝径、泡径等。利用游标卡尺和千分尺等量具进行相应尺寸的测量，厚度可用测管仪和超声波测厚仪来测定，也可以采用四点自动检测法检测安瓿的尺寸。四点自动检测法是利用电脑系统，对安瓿的开口径、丝径、泡径和颈径进行精确地控制，合格率几乎达到 100%。有些国家则采用三点自动检测法，对安瓿的丝径、泡径和颈径进行自动检测，而对开口径无质量控制。

2. 外观缺陷检测

安瓿的外观缺陷分为两大类，一类是玻璃本身的缺陷，主要表现为色泽、结石、透明节点、气泡线、条纹线等；另一类是安瓿的制造缺陷，如丝歪、丝扁、歪底、吸底、瓶底气泡及爆裂纹等，这些缺陷除了爆裂纹不允许存在外，其他各项轻微存在尚可。

检验安瓿的外观缺陷，一般是根据质量标准直接目测。丝歪、丝扁和吸底也可用游标卡尺测量，也可采用光电方法进行检测。利用光束照安瓿，从安瓿反射、折射或透射过来的信号，经过光电转换处理后，与给定的标准公差进行比较，合格的安瓿通过，不合格的安瓿剔除。对裂纹、结石、气泡、薄厚不均等缺陷也可用光电法检测。另外，还可以利用电容性检测法、气压检验法、热辐射检验法和放射性检验法等检测安瓿的外观缺陷。

安瓿的质量要求为不允许存在任何部位的裂纹；气泡线不应有宽度大于 0.10 mm 的情况；不应有直径大于 0.50 mm 的结石和大于 1.00 mm 的节瘤；点刻痕易折安瓿的色点应标记在刻痕上方中心，与中心线的偏差不应大于±1.0 mm，色环易折安瓿的色环应在颈部最凹的中心环绕一周；在点刻痕安瓿内加入 30 ℃的水，在 120 ℃的烘箱中加热 30 min，色点应不变化。

3. 清洁度检测

清洁度检测是指检测在玻璃管中有无尘土、玻璃屑或其他物质，以确保其清洁度符合要求。制瓶时，一些尘土或玻璃屑在高温下，黏附在安瓿的瓶肩或瓶身底部等受热部位，尤其在瓶肩最为严重，俗称为麻点。当安瓿灌装注射剂后，经过高温消毒灭菌以及注射液的长期浸泡，其中部分黏得不太牢的尘土或玻璃屑脱落下来混到药液中，这种药液若注射到人体内，对人体健康是有严重危害的。

安瓿清洁度检测方法是，将安瓿割丝、圆口后，冲洗安瓿并向瓶内放入少量蒸馏水，放入121 ℃热压锅内蒸煮半小时，取出冷却后，用肉眼观察麻点数量。在检验清洁度的同时，还应观察安瓿外壁是否有油状物、半透明雾状物或红粉等。

4. 理化性能测试

(1)甲基红中性试验。安瓿的甲基红中性试验主要是测定安瓿在微酸性溶液中，经过高温高压消毒后，玻璃析出来的碱量。通常是以甲基红溶液作指示剂，观察甲基红溶液颜色的变化，从而判断玻璃表面析出来的碱量。按照国家标准 GB/T 4771《药用玻璃及其玻璃容器碱溶出量试验方法》进行试验。试验时，向安瓿注入 pH 值 4.2±0.5 的甲基红溶液，经熔封后在(121±2)℃、1 个大气压的消毒锅内保温半小时后，安瓿内甲基红溶液不变为黄色为合格，即 pH 值小于 6.2 为合格。

(2)耐碱性试验。

①耐碱脱片法。脱片指安瓿或其他玻璃容器中呈闪光的悬浮的玻璃薄膜。根据安瓿的不同使用要求，可选择下列任一项进行试验，一种是在浓度 0.0075 N 氢氧化钠溶液脱片中脱片率不超过 2%；另一种是在浓度 0.001 N 氧化钠溶液中不能有易见到的脱片。

试验时，将安瓿清洗、圆口，再灌入经滤孔为 5～15 μm 的垂熔玻璃漏斗过滤的浓度 0.0075 N 或 0.001 N 的氢氧化钠溶液，熔封后在日光灯下检查，剔除含有玻璃屑、纤维及质点等异物的安瓿，置入高压消毒锅中，在 15 min 内升高到 121 ℃，保温半小时，取出后自然冷却或放置 24 h 后，在 40 W 日光灯下检查其“脱片”。试验用氢氧化钠溶液，需先配制成浓度为 0.5 N 的氢氧化钠溶液，然后用苯二甲酸氢钾标定，再配制成浓度为 0.0075 N 或浓度为 0.001 N 的氢氧化钠溶液。所用蒸馏水需新鲜煮沸放冷，不能含有 CO_2 气体。

②碱溶法。利用碱溶法检测安瓿的耐碱性方法，与一般包装用玻璃容器的试验方法相同。

(3)耐酸性试验。玻璃与酸的反应主要是离子扩散过程，即酸中的氢离子或玻璃中的碱金属离子互相扩散。由于酸不直接与玻璃起反应，而是通过水的作用侵蚀玻璃，而浓酸的含量低，故浓酸对玻璃的侵蚀力低于稀酸。一般情况下，玻璃的抗酸能力优于抗碱能力。

安瓿的耐酸性要求是在浓度 0.01 N 的盐酸溶液中不能有易见到的脱片。安瓿耐酸脱片法的试验过程与耐碱脱片法基本相同，只不过灌装的是浓度 0.01 N 的盐酸溶液。

(4)内应力检测。在安瓿的制造过程中，需经过退火处理，因而总会存在不同程度的内应力。玻璃的退火温度要合适，温度过高则安瓿产生鼓底及歪丝等外观缺陷；而温度过低则应力不能很好消除，影响产品质量。

安瓿内应力的检查方法与一般包装用玻璃容器的试验方法相同。由于安瓿瓶壁较薄，对应力的要求不是很严，在偏光应力仪上无色安瓿允许呈紫红色至微蓝色，棕色安瓿允许呈紫红色至微绿色，即应力等级 4 级。

(5)热稳定性检测。对安瓿进行耐碱脱片试验的同时，测定安瓿的热稳定性。观察受热冲击后安瓿的爆裂数。1～2 mL 的瓶子爆裂率不大于 1%，5～20 mL 的瓶子爆裂率不大于 2%。

(6)密封性检验。通常采用减压法检测安瓿的密封性，即在灭菌箱中抽真空，如有漏气，安瓿内部空气也被抽出，着色溶液就吸入到漏气安瓿中而使药液染色。这种方法的缺点是可能漏检。如果安瓿裂缝小于 14 μm，大气压力不易使着色溶液进入漏气安瓿，或者虽然有微量色素进入但不易被肉眼观察到出。一般情况下，减压法检漏的精度是 5 μm。

为了保证安瓿针剂的质量，必须采用更可靠的检漏仪器。高频电火花探测仪用于安瓿检漏有很高的灵敏度。它是将高频、高压电流施加于安瓿外部，如果安瓿存在裂缝或孔眼，电流会发生变化，从而检测出不合格安瓿。

7.5 金属容器测试

金属包装容器具有强度高、质量轻、防护性好、阻隔性能好等一系列优点，而且金属材料易于印刷装饰，具有良好的加工工艺性能，能够长期保持产品的质量，适于食品、饮料、药品化学品等包装。但金属材料的化学稳定性差，易锈蚀。

金属包装容器种类繁多，使用广泛。大型金属包装容器有油罐车、集装箱、金属桶等；小型金属包装容器有金属盒、牙膏皮、金属软管等。通常根据内装物特性分成两类，一类为常压容器，即在通常情况下，金属用作常压密封盛器，如油桶、食品罐头等；另一类为压力容器，即在通常情况下，内装物带有一定压力，使容器含有内压，如含碳酸气饮料罐、啤酒易拉罐、氧气瓶、喷雾罐。

由于金属包装容器的材料、种类、使用要求等差异较大，因此对不同的金属包装容器测试内容也不同，金属包装容器的测试项目包括力学性能测试、化学性能测试、密封性能测试、表面质量测试等。这里仅介绍典型金属包装容器的测试。

7.5.1 圆柱形钢桶测试

钢桶由钢制薄板制成，容积 20 L 以上，用于盛装食用油、工业油、化工及医药原料等。钢桶的种类较多，按钢桶顶(盖)结构，分为闭口桶(小开口钢桶、中开口钢桶)、开口桶(直开口钢桶、开口缩颈钢桶)；按不同容量对应的材料厚度，分为重型桶、中型桶、次中型桶、轻型桶。

钢桶应具有足够的强度、适宜的硬度、良好的密封性和耐腐蚀性。由于钢桶一般用来贮运液态货物，有些是危险货物，因此钢桶在出厂前，制造商质检部门须根据 GB/T 325.1《包装容器　钢桶第 1 部分：通用技术要求》的规定进行常规检验和鉴定。

1. 气密性试验

气密性试验是在规定的压力下，检验试验样品的气密性能。

(1)试验设备。空气压缩机,输出压力不低于 200 kPa 的空气压缩机;读数值不大于 1.5 级,量程为 0～60 kPa 的压力表;能容下试验样品的水槽。

(2)试验方法。在试样桶塞上钻一孔,固定压力表。旋紧桶塞封闭注入口,与空气压缩机连接。打开开关,向桶内输入压缩空气,达到预定压力值时关闭开关。将试样桶置于水槽中,转动试样,检查有无泄漏;也可以将皂液涂抹在试样的焊缝、卷边和封闭器上,检查试样有无渗漏。

小开口钢桶的气密性检查压力值(表压):Ⅰ级要求为 30 kPa,Ⅱ、Ⅲ级要求为 20 kPa,保压 5 min 经检验无漏气。

2. 液压试验

液压试验是在规定的压力下,检验试验样品的耐压性能。

(1)试验设备。加压泵,输出压力不低于 300 kPa,输出压力稳定;精度为 1.5 级,量程为 0～400 kPa 的压力表。

(2)试验方法。在试样桶塞上钻一孔,固定压力表。与加压泵连接,保证连接良好密封。将试验样品注满清水,旋紧桶塞封闭注入口。启动加压泵,对试样样品缓慢加压,达到预定压力值时关闭阀门及加压泵,并保持此压力一段时间。检查有无泄漏。

小开口钢桶的液压检查压力值(表压):Ⅰ级要求最小为 250 kPa,Ⅱ、Ⅲ级要求最小为 100 kPa,保压 5 min 无渗漏。

3. 跌落试验

按 GB/T 4857.5 的规定进行,跌落高度Ⅰ级为 1.8 m,Ⅱ级为 1.2 m,Ⅲ级为 0.8 m。对于小开口钢桶内灌装 98%的清水,选钢桶边缘最薄弱部位跌落,跌落后在钢桶最高部位钻孔;对于中开口和全开口钢桶内盛装 95%、密度为 1.2 g/cm^3 的砂子和木屑混合物,选钢桶边缘最薄弱部位跌落,跌落后钢桶不洒漏或破损。

4. 堆码试验

堆码试验是检验钢桶在堆码过程中的受压能力。试验持续 24 h,经检验钢桶不应有可能降低其强度或引起堆码不稳定的任何变形和严重破损。堆码负载的计算公式为

$$P = K \times \frac{H - h}{h} \times M \times 9.8 \tag{7-67}$$

式中,P 表示钢桶容器上施加的堆码负载,N;M 表示单个钢桶盛装物品后的重量,kg;H 表示堆码高度,m;h 表示单个钢桶高度,m;K 表示劣变系数为 1。

5. 漆膜附着力测定

漆膜对钢桶底材黏合的牢固程度即附着力,按正方格线划痕范围内的漆膜完整程度评定,以级表示。

(1)检验工具。单刃划刀,具有 30°角的圆片刀刃;导向器,刀刃间距宽度 1 mm;漆刷,宽 25～35 mm;4 倍放大镜。

(2)检验方法。

①划痕。手持单刃划刀,使刀的前刃垂直于样板表面或钢桶的平整面,利用导向器,保持平稳,均匀用力,以 20～50 mm/s 的速率,在漆膜上划割长 10～20 mm,间距为 1 mm 的 6

道平行划痕；然后旋转90°，用同样的方法划割成正方格。划痕须齐直，并应割穿漆膜的整个深度；划痕应在三个不同的部位进行。若测试结果不一致，应在更多的部位重复进行，否则测定无效。

②清理划痕。用漆刷沿正方形网络的两对角线方向，来回各清刷5遍。

③检验评级。以目测或4倍放大镜检查正方形网络划痕，根据划痕网格线的完整、光滑、清晰、剥离情况，评定漆膜附着力的级别。

7.5.2 铝制易开盖两片罐测试

铝制易开盖两片罐主要用于盛装啤酒、充碳酸气及充氮饮料，分为拉环式和留片式易开盖。其主要测试内容、方法及性能指标见表7-18。

表7-18 铝制易开盖两片罐主要测试内容、方法及性能指标

测试项目		测试内容及方法	性能指标
内涂膜完整性/mA	啤酒	使用读数值不大于0.1 mA的内涂膜完整性测试仪，在罐内加入电解液，液面距灌口3 mm，读取第4 s的电流值。电解液为1%（质量浓度）氯化钠溶液	单个≤75，平均≤50
	饮料		单个≤30，平均≤8
罐体轴向承压力/kN		使用最小读数值不大于10 N的罐体轴向承压力测试仪，读取罐体变形的最大读数值	≥1.00
耐压强度/kPa		使用最小读数值不大于1 kPa的耐压强度测试仪，读取罐底部变形的最大读数值	≥610
易开盖启破力/N		使用最小读数不大于1 N的启破力/全开力测试仪，仪器的全行程时间为15 s，把易开盖放在测量支架上，支架固定在后倾30°位置，先后读取盖开启瞬间及拉环舌片完全撕离盖体时的读数值	单个≤31，平均≤20
易开盖全开力/N			单个≤45，平均≤36
开启可靠性		使用手或简单工具开启易开盖	拉环（片）不脱落及完全开启
涂膜质量		巴氏杀菌，使用恒温水浴箱，将试样放入温度为(68±2)℃的蒸馏水中，恒温30 min后取出，检查内涂膜。高温杀菌，罐体采用80 ℃蒸馏水热灌装，并加盖封口密封，将试样放入高温蒸煮锅内，加入适量蒸馏水，加热至121 ℃并保持30 min，冷却后倒出蒸馏水，自然干燥后，检查内外涂膜	涂膜应固化、附着良好，不得有脱落、变色和起泡等缺陷
易开盖密封性试验		使用读数值不大于1 kPa的耐压强度测试仪，加压至610 kPa，检查有无漏气现象	无漏气
封口胶干膜质量/mg		使用感量为0.1 mg的精密天平，把易开盖拉环去除，称量为m_1，再用溶剂除去封口胶，烘干后称重m_2，封口胶干膜质量为m_1与m_2之差	25～50

7.5.3 金属气雾罐测试

金属气雾罐是一种带有喷射阀门和喷雾推进剂的气密性包装容器,用于盛装气雾剂产品的一次性使用的金属容器。使用时,气雾剂产品在预压的作用下,通过阀门按所控制的形态喷射出来。采用镀锡(铬)薄钢板、铝材制造,分别称为铁质气雾罐和铝气雾罐,广泛用于杀虫剂、防臭剂、喷漆、去污剂香水、洗发水、药品等产品的包装。

喷雾罐的内压较大,如果密封性稍有不良,就会引起泄漏,导致产品失效。如果内涂层不良,则容易引起涂料脱落而堵塞阀门。有些喷雾剂是易燃物质,容易发生危险。铁质气雾罐和铝气雾罐主要的检验内容及方法见表 7-19、表 7-20。

表 7-19　铁质气雾罐测试项目、方法及性能指标

测试项目	测试内容及方法	性能指标
罐体泄漏试验	将试样装在水浴试验仪上,浸入水中充气加压至 0.8～0.85 MPa,保持 1 min	不泄漏
变形压力和爆破压力测试	在样罐内注满清水,插入密封头,旋(夹)紧后,将罐内充水加压逐渐升高至变形压力规定值,保持 10 s,观察罐体有无永久性变形。继续升压至爆破压力规定值,保持 10 s,观察罐体是否爆裂。(普通罐变形压力≥1.2 MPa,爆破压力≥1.4 MPa;高压罐变形压力≥1.4 MPa;爆破压力≥2.0 MPa)	不变形、不破裂
焊缝补涂完整性试验	将样罐焊缝补涂带浸入 20%硫酸铜($CuSO_4 \cdot 5H_2O$)溶液中 2 min 后取出,用清水冲净干燥后观察补涂范围	无线状腐蚀或密集腐蚀点
外涂层硬度测试	见 GB/T 6739	≥2H
内外涂层漆膜附着力	见 GB/T 1720	≥二级

表 7-20　铝气雾罐测试项目、方法及性能指标

测试项目	测试内容及方法	性能指标
气密性能测试	将试样装在水浴试验仪上,浸入水中充气加压至 0.8～0.85 MPa,保持 1 min	无气泡冒出
变形压力和爆破压力测试	在样罐内注满清水,插入密封头,旋(夹)紧后,将罐内充水加压逐渐升高至变形压力规定值,保持 10 s,观察罐体有无永久性变形。继续升压至爆破压力规定值,保持 10 s,观察罐体是否爆裂	变形压力≥1.2 MPa,爆破压力≥1.4 MPa
耐热试验	将恒温水浴槽调至 55 ℃,把试样放入水浴槽内浸没,15 min 后取出,观察涂层的情况	涂层不脱落、不起皱
内涂层完整性测试	将 1%的氯化钠水溶液注入样罐内至离罐口 6 mm 处,然后把罐放在测定仪的工作台上,按照仪器使用规程进行操作,读取第 4 秒的电流值	≤30 mA

续表

测试项目	测试内容及方法	性能指标
内外涂层附着力	将划线规置于测量处，用划线刀按划线规横刀 11 次，纵刀 11 次，间距为 1 mm。然后把胶纸贴于已划线处，用手指按擦至完全紧贴后，用力迅速撕开胶纸，观察涂层的情况；测试内涂层附着力时须将罐体剖开，展平再作测定	涂层不脱落
外涂层硬度测试	见 GB/T 6739	≥2H
内外涂层固化测试	蘸少许丙酮于脱脂棉上，用食指均匀地用力将脱脂棉在罐的受试部位来回揉拭 20 次，检查涂膜有无破损现象，脱脂棉是否变色，涂膜没有明显的破损现象，脱脂棉不变色为合格。内涂膜需剖开展平试验	涂层不脱色

7.6 集装容器测试

集装容器是指托盘、集装箱、集装袋等大型包装容器。其特点是装载量大，多次性重复使用，以机械方式作业，流通区间大，耐气候性强，广泛应用于海运、空运和铁路运输。

7.6.1 托盘性能测试

托盘是一种用来集结、堆存货物以便于装卸和搬运的水平板。其最低高度应能适应托盘搬运车、叉车和其他适用的装卸设备的搬运要求。托盘本身可以设置或配装上部构件。常见的托盘有联运通用平托盘、一次性托盘和箱式托盘等。

1. 联运通用平托盘性能测试

(1)抗弯试验。该试验目的是确定托盘在货架存取条件下的抗弯强度和抗弯刚度。分别用两个托盘在其长度和宽度方向进行试验，测量其挠度值，挠度值大的方向为托盘支撑刚度低的方向。如挠度相差小于大者的 15%，只需在支撑刚度低的方向上进一步试验。更换新托盘，使托盘顶铺板朝上并横跨于支座上，支座支撑在托盘刚度低的方向上，支座内侧离托盘外边缘 75 mm，如图 7-48 所示。加载杠、支座应与托盘外缘平齐或伸出托盘外缘。托盘外缘应加工出半径 2 mm±1 mm 的圆角。若加载杠位于托盘铺板缝隙处，应在相应的缝隙位置插入与铺板同厚的铺板，铺板间间距为 3～6 mm。将加载杠和加载板放在托盘铺板上，然后施加其余的试验载荷。

①抗弯强度。加载直至托盘的某个构件破裂或长度(宽度)产生 6%的过度变形或挠曲，记录该极限载荷值，作为托盘在货架存取条件下的抗弯强度。

②抗弯刚度。以抗弯强度极限载荷值为基准载荷，按照 1/2 极限载荷确定满载。根据支座位置不同，测量加到基准载荷时、加到满载时、满载结束时、卸载结束时各 A 点或 B 点挠度的最大值。抗弯刚度应满足负载下挠度小于长度(宽度)的 2%，卸载后小于长度(宽度)的 0.7%。

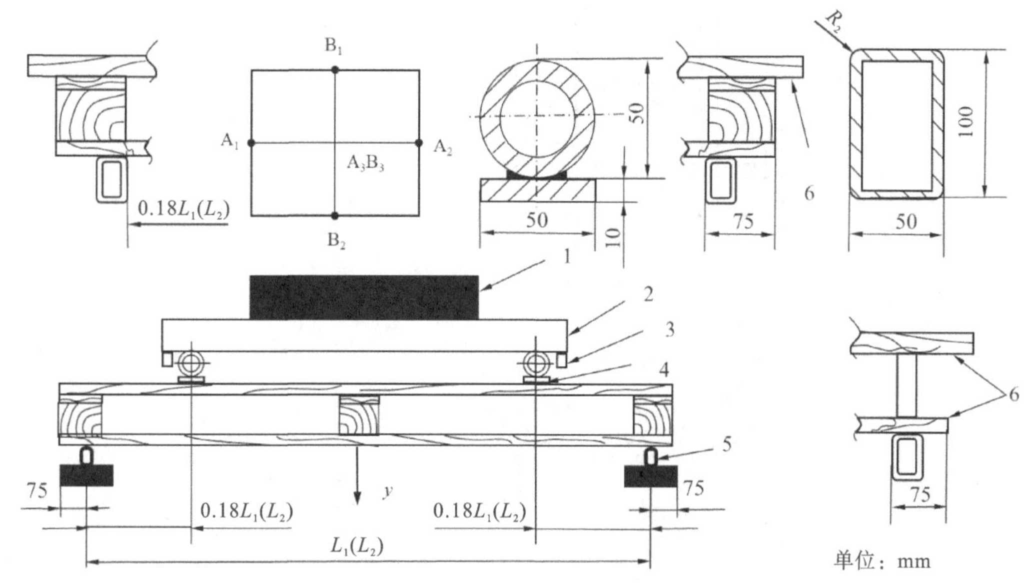

1—试验载荷；2—加载板；3—安全挡块；4—加载杠；5—支座；6—翼；

y—挠度值；$L_1(L_2)$—两支座在托盘长度(宽度)方向上的内间距。

图 7-48　抗弯试验

(2)叉举试验。在托盘的长度或宽度方向上模拟货叉叉举作业。一般支座距离取 570 mm，如图 7-49 所示。当托盘长度或宽度尺寸大于 1219 mm 时，可根据托盘尺寸适当调整支座距离。在托盘的长度和宽度两个方向上进行抗弯强度和抗弯刚度试验。

施加试验载荷直至托盘的某个构件破裂或产生过度变形或挠曲，该极限载荷值作为托盘在货架存取条件下的抗弯强度。以抗弯试验测定的极限载荷值为基准载荷，按照 1/2 极限载荷确定满载。根据支座位置不同，测量加载到基准载荷时、加到满载时、满载结束时、卸载结束时在托盘各边的中间位置或在托盘各顶角处测量挠度值，记录不同支撑方向上 A、B、C、D、E、F、G、H、I 处挠度值。

(3)垫块或纵梁抗压试验。确定托盘垫块、纵梁或支柱的抗压强度和抗压刚度，对支撑上部结构或承受重型刚性负载的垫块或纵梁进行试验。将托盘放到一个坚硬的刚性水平平面上。如图 7-50 所示，将一刚性加载头[(300±5)mm×(300±5)mm×(25±5)mm]放在待试垫块上或纵梁上，加载头的长宽与托盘长宽平行。试验载荷集中施加在加载头上。如果托盘上的各纵梁或垫块结构不同，则每种结构的纵梁或垫块都应进行试验。可以选择在几个相同拐角、垫块或纵梁上进行试验。

抗压强度为加载直至托盘的某个构件破裂或产生 10%的过度变形或挠曲的极限载荷值。以抗压强度为试验的基准载荷，按照 1/2 极限载荷确定满载。测量加载到基准载荷时、加到满载时、满载结束时、卸载结束时挠度不大于 4 mm，卸载后变形不大于 1.5 mm。

(4)堆码试验。确定托盘在块状堆码状态下顶铺板和底铺板承受大范围变化的局部有效载荷的能力。如有两个以上叉孔时，加载杠应放置在跨距最大(即最外侧)的两个叉孔上。如图 7-51 所示对顶铺板和底铺板均进行试验。将托盘放置在平整、坚硬的刚性水平平面上，在顶铺板或底铺板上放置 4 个加载杠，每个叉孔上放置的两加载杠的中心线距其两侧支

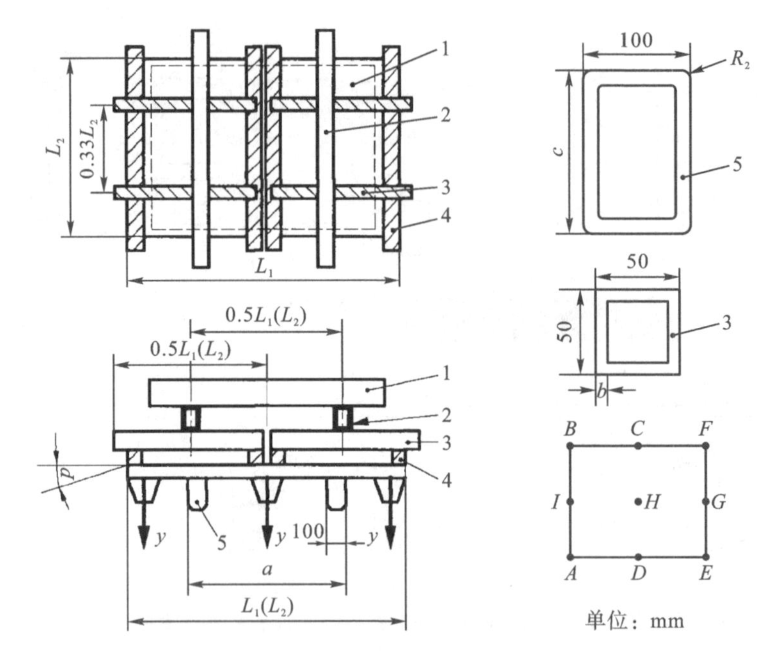

1—试验载荷；2—加载杠；3—钢制加载杠，50 mm×50 mm×$L[\geqslant L_1/2]$；

4—钢制加载杠，50 mm×50 mm×$L[\geqslant L_1]$；5—支座；

A～I—挠度的各测量位置；y—挠度值；a—支座间距离，为 570 mm 或 690 mm；

b—钢制加载棒厚度，≥2 mm；c—支座高度 200 mm；

d—试验中托盘铺板的挠曲角；$L_1(L_2)$—托盘长度(宽度)。

图 7－49　叉举试验

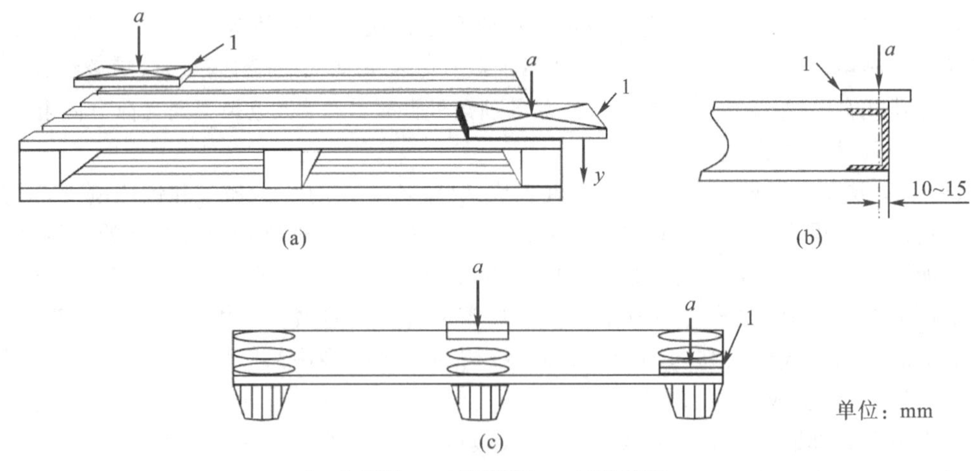

1—加载头；y—挠度值；a—试验载荷。

图 7－50　垫块或纵梁抗压试验

座的距离为长度或宽度的 0.18 倍。加载杠应伸出托盘铺板或与托盘铺板外缘平齐，且应对称布置在托盘中心线的两侧。用试验设备施加其余试验载荷。如果加载的是静载荷，则加载过程应均衡。如果托盘在长度和宽度两个方向上都有底铺板，则应在长度和宽度两个方向上进行试验。

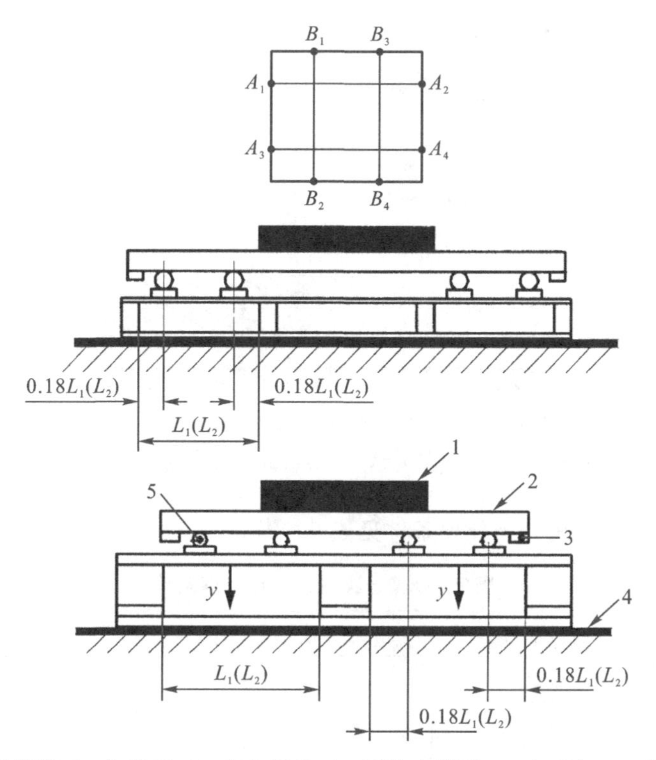

1—试验载荷；2—加载板；3—安全挡块；4—刚性支撑面；5—加载杠；y—挠度值；

L_1(L_2)—托盘长度(宽度)方向上叉孔的宽度。

图 7-51　铺板强度和刚度试验

铺板强度试验是在加载板上施加载荷直至托盘破裂或者产生过度挠曲或变形达长度(宽度)的 6%。记录该极限载荷值，作为铺板强度。记录达到极限载荷一半时的挠度值 y。根据加载杠的方向不同，在各 A 点或 B 点测量挠度值 y。记录 A_1，A_2，A_3，A_4 处或 B_1，B_2，B_3，B_4 处 y 的最大值。

铺板刚度试验是托盘底面支撑在刚性平面上。以测定的铺板强度为试验的基准载荷，按照 1/2 极限载荷确定满载，根据托盘设计和加载杠方向不同，应在各 A 点或 B 点测量挠度值。记录 A_1，A_2，A_3，A_4 处或 B_1，B_2，B_3，B_4 处挠度的最大值。在满载时挠度小于长度(宽度)的 2%，卸载后挠度小于长度(宽度)的 0.7%。

(5)角跌落试验。角跌落试验用于确定托盘顶铺板的对角刚度和抗冲击性能。

在距托盘各顶角约 50 mm 处标记两个测量点 A 和 B。把托盘按对角线 AB 方向吊起，使其上升高度为 h，然后使托盘自由跌落至一个坚硬的水平撞击平面(平滑、坚硬、刚性水平冲击面)上，如图 7-52 所示。在同一顶角和同一高度上应进行 3 次跌落试验。在第 1 次跌落试验前和第 3 次跌落试验后测量对角线长度 l 并记录托盘的所有损伤情况。

2. 一次性托盘

一次性托盘常见材质主要是木、纸、塑料及复合材料，其额定载荷(R)一般为 500 kg 和 1000 kg。

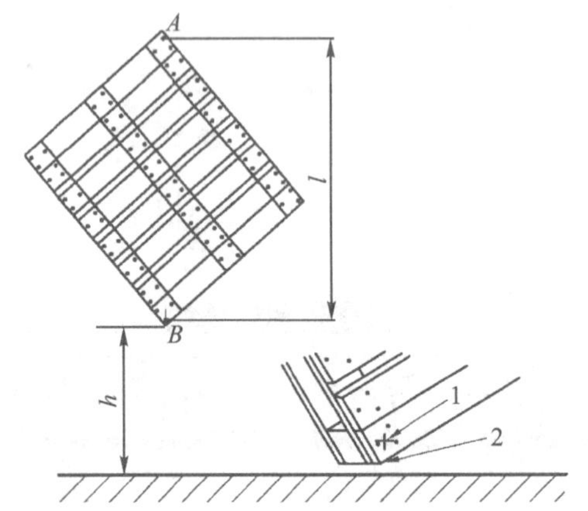

1—托盘顶角；2—测量点；h—跌落高度；l—对角长度。

图 7-52　角跌落试验

（1）预处理。一次性托盘预处理条件见表 7-21。

表 7-21　一次性托盘预处理条件

预处理条件	温度/℃	相对湿度/%	时间/h	托盘材质
A	40±2	—	24	塑料及复合材料
B	−25±3			
C	25±5	90±5		纸
D	50±5	60±5		
E	—			木

（2）压力试验。将预处理的托盘顶铺板朝上放置在平滑、坚硬、刚性水平面上，通过不小于托盘尺寸的刚性板或刚性载荷在 1～5 min 内均匀加载至 $0.25R$，其作为挠度测量的准载荷，测量托盘长度方向中点位置，量侧铺板顶面边缘与水平面的高度 y_1，在 1～5 min 施加 $3.3R$ 的试验载荷并保持 10 min，并测量同一测量点高度 y_2，最大变形量（y_1-y_2）不超过 3 mm，卸去载荷检查托盘破损情况，如图 7-53 所示。

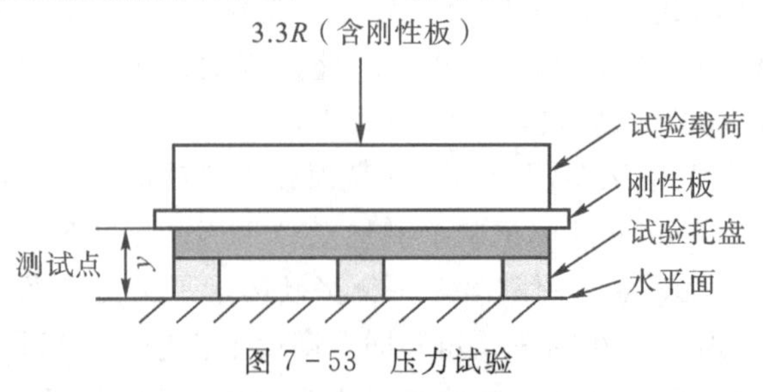

图 7-53　压力试验

（3）顶铺板抗弯试验。将处理后的托盘试样顶铺板朝上置于一个平滑、坚硬、刚性水平面上。在托盘顶铺板上沿两叉孔中心线分别放置两根外径 50 mm 的钢管，长度不小于托盘长度，在两钢管上对称放置一块尺寸不小于托盘试样尺寸的刚性板（质量计入试验载荷）或刚性载荷，在 1～5 min 内将载荷均匀加载至 0.25R，测量托盘长度方向中点位置，量侧铺板顶面边缘与水平面的高度 y_1'，在 1～5 min 施加 0.5R 的试验载荷并保持 10 min，并测量同一测量点高度 y_2'，最大变形量($y_1'-y_2'$)不超过 10 mm，卸去载荷检查托盘破损情况，如图 7－54 所示。

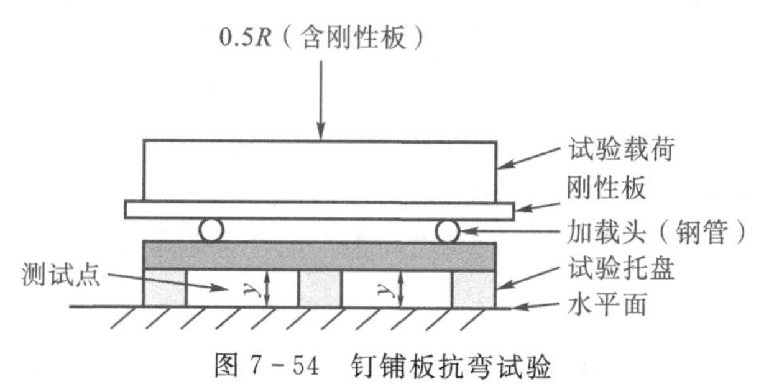

图 7－54　钉铺板抗弯试验

(4)角跌落试验。将预处理后的托盘试样，跌落高度 500 mm，取任意一角跌落 3 次，第一次前和第三次后的变形量(l_0-l_3)不超过 1.5%。

7.6.2　集装箱性能测试

所谓集装箱，是指具有一定强度、刚度和规格，专供周转使用的大型装货容器。使用集装箱转运货物，可直接在发货人的仓库装货，运到收货人的仓库卸货，中途更换车、船时，无须将货物从箱内取出换装。符合以下条件就可以称为集装箱：

(1)具有足够的强度和刚度，可长期反复使用；

(2)适于一种或多种运输方式载运，在途中转运时，箱内货物不需换装；

(3)具有便于快速装卸和搬运的装置，特别是从一种运输方式转移到另一种运输方式；

(4)便于货物的装满和卸空；

(5)具有 1 m^3 及其以上的容积；

(6)一种按照确保安全的要求进行设计，并具有防御无关人员轻易进入的货运工具。

集装箱按运输方式、货物种类和箱体结构分为不同的类型，可分为普通货物集装箱、特种货物集装箱及航空集装箱。

普通货物集装箱是除装运需要控温的货物、液态或气态货物、散货、汽车和活的动物等特种货物的集装箱以及空运集装箱以外其他类型集装箱的总称，分为通用集装箱、专用集装箱。通用集装箱是具有风雨密性能的全封闭集装箱，设有刚性的箱顶、侧壁、端壁和底部结构，至少在一个端部设有箱门，以便于装运普通货物。专用集装箱是普通货物集装箱中某些具有一定结构特点箱型的总称，包括可以不通过箱体的端门进行货物装卸以及具有透气或通风功能的集装箱，一般分为封闭式透气/通风集装箱、敞顶式集装箱、平台式集装箱、台架式集装箱。

特种货物集装箱用以装运需要控温货物、液态、气态和(或)固态物料以及汽车等特种货物集装箱的总称。一般分为保温集装箱、罐式集装箱、干散货集装箱和按货种命名的集装箱。

航空集装箱分为空运集装箱和空陆水联运集装箱。空运集装箱即适用于空运的集装箱，具有平齐的底面和在航空器内限动的相应装置，可以在空运设备上设置的辊道系统上平移或转向的轻型集装箱。

此外按所装货物种类分，有杂货集装箱、散货集装箱、液体货集装箱、冷藏箱集装箱等；按制造材料分，有木集装箱、钢集装箱、铝合金集装箱、玻璃钢集装箱、不锈钢集装箱等；按结构分，有折叠式集装箱、固定式集装箱等，在固定式集装箱中还可分密闭集装箱、开顶集装箱、板架集装箱等；按总重分，有 30 吨集装箱、20 吨集装箱、10 吨集装箱、5 吨集装箱、2.5 吨集装箱等。按规格尺寸分国际上通常使用的干货柜有外尺寸为 20 英尺×8 英尺×8 英尺 6 英寸，简称 20 尺货柜；外尺寸为 40 英尺×8 英尺×8 英尺 6 英寸，简称 40 尺货柜；外尺寸为 40 英尺×8 英尺×9 英尺 6 英寸，简称 40 尺高柜。通用集装箱的主要的测试项目如下。

1. 堆码试验

该试验是验证满载的集装箱在海洋船舶运输条件下，在箱垛中出现偏码时的承载能力。测试时，集装箱应放在四个处于同一水平的垫块上，在每个底角件下各置一个垫块。垫块要与角件对正，其平面尺寸与角件相同。箱内载荷均匀分布在底板上，使其自重和试验载荷之和等于 1.8R（R 为集装箱额定值）。将额定的竖向力作用于集装箱的四个角件或箱端的每对角件上。表 7－22 规定了施加于角件上的力值。

表 7－22　堆码试验力值

集装箱箱型	每个箱试验力 （4 个角同时承受时）/kN	每对端部角件 试验力/kN	以试验力表示 堆码质量/kg
1AAA，1AA，1A 和 1AX	3392	1696	192000
1BBB，1BB，1B 和 1BX	3392	1696	192000
1CC，1C 和 1CX	3392	1696	192000
1D 和 1DX	896	448	50800

2. 由顶角件起吊试验

集装箱载荷应均匀分布在底板上，其自重和试验载荷之和等于 2R。应平稳地由四个顶角件同时起吊，避免出现明显的加速或减速作用。起吊 1D 和 1DX 型集装箱的每股吊索应与水平呈 60°夹角，其余各型集装箱的起吊作用力均应是竖向的。将集装箱悬吊 5 min，然后再放到地面上。

3. 由底角件起吊试验

验证集装箱由四个底角件起吊的能力，吊具与底角件承接并与箱顶上方居中的一根横梁连接。集装箱载荷均匀分布在底板上，其自重和试验载荷之和等于 2R，平稳地由四个底角件的侧孔同时起吊。避免出现明显的加速或减速作用。起吊力作用线与水平的夹角，1AAA，1AA，1A 和 1AX 型集装箱 30°；1BBB，1BB，1B 和 1BX 型集装箱 37°；1CC，1C 和 1CX 型集装箱 45°；1D 和 1DX 型集装箱 60°。起吊力作用线和角件外侧面的距离不应大于 38 mm。起吊后，应使吊具仅与四个底角件承接，悬吊 5 min，然后再放到地面上。

4. 纵向栓固试验

验证集装箱在铁路运输动载荷情况下，亦即在相当于 2g 加速作用时，承受纵向栓固作用力的能力。集装箱载荷应均匀分布在底板上，其自重和试验载荷之和等于 R。通过集装箱一端的两个底角件底孔将其栓固在刚性固定件上。通过另一端的两个底角件底孔将 $2Rg$ 的水平力施加于集装箱上，先朝向固定件，然后再反向施力。

5. 端壁强度试验

验证集装箱端壁承受铁路运输动载情况的能力。当集装箱的一端封闭而另一端设有箱门时，须对每一端进行试验。如系前、后对称，可仅对一端进行试验。在箱内对端壁施加 $0.4Pg$（P 是集装箱的最大载荷量，为额定值减去箱体自身质量）的均布载荷，此时，箱端壁应能自由变形。

6. 侧壁强度试验

验证集装箱承受船舶航行时所引起的各种力的能力。对集装箱的两侧分别进行试验。如两侧结构对称，可仅对一侧进行试验。集装箱内每个侧壁施加 $0.6Pg$ 的均布载荷，该侧壁和纵向构件应能自由变形。带有顶梁的敞顶式集装箱应在装设顶梁的情况下进行试验。

7. 顶部强度试验

验证刚性顶板承受工作人员在其上面进行作业时所产生载荷的能力。将 300 kg 载荷均匀分布于顶板结构中最薄弱处的 600 mm×300 mm 面积上进行试验。

8. 箱底强度试验

验证集装箱箱底在装卸作业过程中承受进箱装载车辆或类似设备所产生的集中载荷的能力。使用一辆轮胎式试验车辆进行试验，后轴负荷为 5460 kg，每个车轮与箱底面的接触点应在 185 mm（与轮轴平行方向）×100 mm 所形成的矩形范围内，每个轮胎与底板的接触面积不得超过 142 cm^2，轮胎的宽度为 180 mm，轮距为 760 mm。试验时，使车辆在集装箱的整个底板面上往复移动。此时四个底角件放置在四个同一水平支座上，且箱底结构可自由变形。

9. 横向刚性试验

横向刚性试验用于验证除 1D 和 1DX 型以外的各型集装箱承受船舶航行中产生的横向推、拉力的能力。集装箱处于空箱（T）状态，将其四个底角件放置在四个同一水平的支座上，并通过固定装置经四个底角件底孔使之在横向、竖向处于栓固状态，横向栓固仅设于施力顶角件同一端对角的底角件上。如分别对每一端进行试验时，竖向栓固仅设于试验的一端。在集装箱的一侧分别或同时对每个顶角件施加 150 kN 的力，施力作用线平行于集装箱的底结构和端壁，先朝向顶角件，然后反向施力。如集装箱的两个端壁结构相同，则只需对一端进行试验；如果集装箱的端结构对其竖向轴线不对称，则两侧均应进行试验。

10. 纵向刚性试验

纵向刚性试验用于验证除 1D 和 1DX 型以外的各型集装箱承受船舶航行中所产生的纵向推、拉力的能力。集装箱处于空箱（T）状态，将其四个底角件放置在同一水平支座上，通过固定装置经四个底角件底孔使之在纵向和竖向处于栓固状态以防止集装箱横向和竖向位移。纵向栓固仅设于施力顶角件同一侧对角的底角件上。在集装箱的一端分别或同时对每个顶角件施加 75 kN 的力，施力作用线平行于集装箱的底结构和侧壁，先朝向顶角件，然后反向施力。如集装箱的两个侧壁结构相同，则只需对一侧进行试验；如集装箱的侧壁结构对其竖向轴线不对称，则两端均应进行试验。

11. 叉举试验

在集装箱内底板上装入均布载荷，使箱体自重与试验载荷之和等于 1.6R（对内侧叉槽的试验，是将叉齿伸入内叉槽，试验载荷和箱体自重之和等于 0.625R）。通过两个水平叉将箱体举起，每个叉齿的宽度为 200 mm，叉齿伸入叉槽的长度从箱体外侧表面量起应为 1828 mm，叉齿应在叉槽横断面的中心位置。将集装箱举起 5 min，然后降到地面上。

12. 风雨密封性试验

对集装箱表面各个接缝和焊缝处进行喷水试验，喷嘴的内径为 12.5 mm，出口压力为 100 kPa，喷嘴与受验集装箱表面的距离保持在 1.5 m，喷嘴的移动速度为 100 mm/s。也可使用几个喷嘴同时进行，但各接缝和焊缝处所承受的水压不应小于使用单个喷嘴的喷射压力。试验结束后，集装箱内不应出现渗漏现象。

试验后（除风雨密封性试验），集装箱不应出现影响使用的永久性变形和异状，其尺寸仍能满足装卸、固缚和换装作业的要求。

7.6.3 集装袋测试

集装袋全称柔性集装袋，也称为大袋、吨包装袋，是一种柔软、可曲折的包装容器，是由可折叠的涂胶布、树脂加工布及其他软性材料制成的大容积的运输袋，如图 7－55 所示。容积一般在 0.5～2.3 m^3、载重在 500～3000 kg；一般是以聚丙烯或聚乙烯为主要原料，经挤出成膜、切割、拉丝，再经编织、裁切、缝制而成。采用这种包装，不仅有利于提高装卸效率，特别适宜于散装粉粒状货物的包装，有利于促进散装货物包装的规格化、系列化，降低运输成本，而且还具有便于包装、储存及造价低等优点。特别适用于机械化作业，是仓储、包装、运输的理想选择，可广泛应用于水泥、化肥、食盐、糖、化工原料、矿石等散装物质的公路、铁路及海上运输的包装。

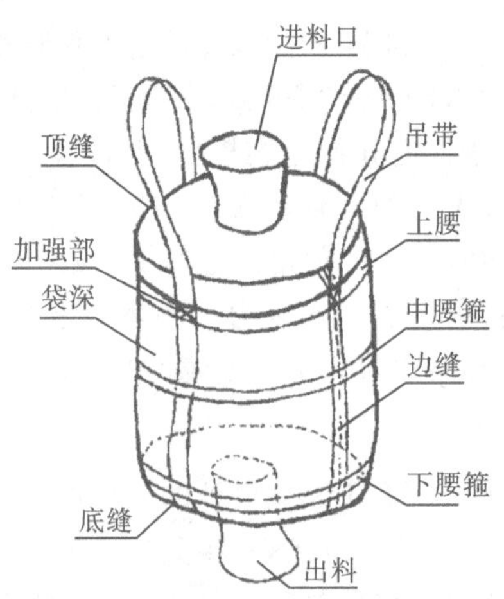

图 7－55　集装袋各部分结构示意

集装袋的测试项目及性能要求见表 7－23 所示。

表 7－23　集装袋测试项目及物理性能指标

<table>
<tr><td>各部名称</td><td>物理性能指标</td><td colspan="3">要　求</td></tr>
<tr><td rowspan="5">基布</td><td rowspan="2">抗拉强度
/(N/50 mm)</td><td>≤1000 kg</td><td>≤2000 kg</td><td>≤3000 kg</td></tr>
<tr><td>≥1470</td><td>≥1646</td><td>≥1960</td></tr>
<tr><td>伸长率</td><td colspan="3">≤40%</td></tr>
<tr><td>耐热性</td><td colspan="3" rowspan="2">无异常</td></tr>
<tr><td>耐寒性</td></tr>
<tr><td rowspan="2">吊带</td><td>抗拉强度 F/(N/根)</td><td colspan="3">$F\geqslant\frac{6W}{n}$，W 为最大载荷重量，n 为根数，6 为安全系数</td></tr>
<tr><td>伸长试验</td><td colspan="3">负荷为抗拉强度的 30%时，伸长率为 25%以下</td></tr>
<tr><td>腰箍</td><td>腰箍强度</td><td colspan="3">基布强度二倍以上</td></tr>
<tr><td>边缝</td><td>抗拉强度</td><td colspan="3">≥基布强度的 67%</td></tr>
<tr><td>底缝</td><td>抗拉强度</td><td colspan="3">≥基布强度的 42%</td></tr>
</table>

1. 取样及预处理

从制造集装袋的基材或在袋体上选取试料，在温度为(20±2)℃，相对湿度为(65±5)%的条件下预处理 1 h。

2. 基布测试

从试样的纵、横向上取宽 60 mm，长 300 mm 的试片各 5 片(见图 7－56)，每片试片再精确到 50 mm 宽，如遇到最后一根丝超过半根则保留，否则应除去。在试片中心画上 100 mm 的标线，在标线外各约 25 mm 的位置装在抗拉试验机的夹具上以约 200 mm/min 的速度拉伸，直到试片断裂为止，测出此时的最大负荷和这时的标线间距，伸长率可根据下式计算。

$$伸长率\ \delta(\%)=\frac{L-100}{100}\times 100\% \tag{7-68}$$

式中，L 表示最大负荷时的标线间距，mm。

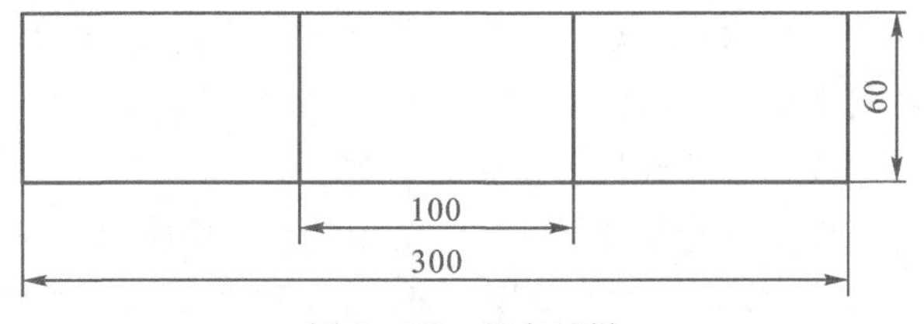

图 7－56　基布试样

耐寒性试验：从材料的纵、横方向上取宽 20 mm，长 100 mm 的试片各两片，把该片放在－35 ℃的恒温箱内 2 h 以上，将试片拿出对着长度方向对折成 180°，查看基布材料有无损伤、裂痕及其他异常情况。

耐热性试验：从试料的纵、横方向上取宽 20 mm，长 30 mm 的试片各两片，将其表面重叠起来，在上面施加 9.8 N 的负荷，放入 80 ℃的烘箱内 1 h，取出后立即将两块重叠试片分开，检查表面有无黏着、裂痕等其他异常情况。

3. 吊带、吊绳测试

在集装袋吊环处截取适当长度的吊带试样，吊带试样至少为两块。

(1)伸长试验。将试样装在抗拉试验机上，施加 196 N 的张紧负荷后，画出 200 mm 间距的标线以约 100 mm/min 的速度拉伸，当负荷达到抗拉强度 F 的 30%时，测出标线的间距。伸长率计算按式(7-69)。

$$伸长率\delta(\%)=\frac{L-200}{200}\times 100\% \tag{7-69}$$

式中，L 表示负荷达到抗拉强度 F 的 30%时的标线间距，mm。

(2)抗拉强度试验。将试样装在夹具间距为 220 mm 的抗拉试验机的夹具上，以约 100 mm/min 的速度拉伸，测出断裂时的抗拉强度。

4. 连接部测试

从缝制试样上取缝向宽 60 mm、垂直缝向长 300 mm、耳部宽 25 mm 的试片 5 块(在剪取耳部及试片中央部分时，要注意不可切断缝线，也不可出现伤痕)，再精确到 50 mm 宽，如遇到最后一根超过半根则保留，否则应除去(见图 7-57)。将试片装在夹具上，夹具上的距离为 200 mm，拉伸速度为 200 mm/min，测出断裂时的抗拉强度。

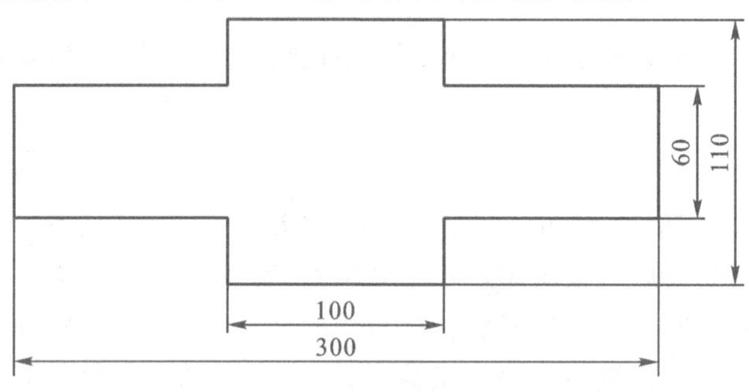

图 7-57　缝边和缝底示意图

5. 整袋测试方法

(1)周期性提吊试验。将内容物均匀地填入集装袋至满负荷，挂上相当于最大载荷两倍的负荷，有限期用袋做七十次，一次性用袋做三十次，反复提升集装袋。通过内容物和袋体是否有异常情况发生，连接部是否破损评价是否合格。

(2)垂直跌落试验。将满负荷集装袋用起吊设备吊起，袋底离开地面 0.8 m 以上，随后向坚硬平整的地面一次垂直落下。如内容物无溢出，集装袋袋体无破损情况即通过。

(3)加压试验。把满负荷集装袋放在加压机上进行加压试验，加压机所加的压力为集装袋满载重量的四倍，或者采用静载方法，即四层满载袋的自重，加压时间为 8 h 以上。如内容物不溢出和袋体无破损情况即通过。

(4)倾倒试验。把满负荷的集装袋堆叠起来，高度为三层，然后用绳索扣住顶袋并将其拉倒，再观察其性能，在此试验中集装袋不发生基布和缝线部位的破损情况以及其他异常情况，即表示通过此试验。

(5)正位试验。使满负荷集装袋旁侧横卧在地，用起吊设备挂上集装袋的一个或两个吊耳(如果有四个吊耳),至少以 0.1 m/s 的速度吊提到直立位置,并使之充分离地。集装袋的袋体以及袋体和吊带的缝接部分不发生异常情况即通过试验。

(6)撕裂传播试验。把满负荷的集装袋直立在地面,在袋的侧面偏下任意部位以 45°通过集装袋主轴划一长为 100 mm 的切口,然后将此吊袋吊离地面,保持五分钟以上再降至地面,切裂伤口长度的传播不超过 25%即通过试验。

习　题

1. 如何鉴别纸和纸板纵、横向与正、反面?
2. 纸与纸板的一般性能测试项目有哪些?如何根据这些指标评价纸和纸板的好坏?
3. 纸与纸板表面粗糙度(或平滑度)测试方法有哪些?分析影响纸与纸板表面粗糙度(或平滑度)的因素。
4. 纸与纸板光学性能测试项目有哪些?
5. 说明纸与纸板的强度性能测试项目,并分析其影响因素。
6. 瓦楞纸板的强度测试项目有哪些?分析这些强度测试对纸板性能的使用有何影响?
7. 影响瓦楞纸箱抗压强度的因素有哪些?瓦楞纸箱的强度测试项目有哪些?说明其是如何影响纸箱的使用的。
8. 如何鉴别塑料薄膜的种类?
9. 测试塑料薄膜透气和透湿性能的方法有哪些?透气和透湿性能对塑料薄膜有什么作用?
10. 如何评价塑料薄膜袋、塑料瓶、塑料桶、钙塑瓦楞箱、塑料周转箱、塑料编织袋等塑料容器的好坏?
11. 一般包装用玻璃容器的性能测试项目有哪些?药用玻璃包装容器性能测试和一般包装用玻璃容器的性能测试有什么不同?
12. 如何评价金属钢桶、铝制易开盖两片罐、金属喷雾罐等金属包装容器的好坏?
13. 托盘、集装箱和集装袋等包装容器的性能测试项目有哪些?

第 8 章　运输包装件试验

包装件在运输、装卸、仓储过程中会经历各种危害因素的作用，如振动、冲击、跌落、静压、动压、气象因素等，要正确、客观评价运输包装对内装物的防护能力，就需要根据具体的运输环境对各种危害因素进行数据采集、分析和量化，并据此制定相关的试验标准及试验方法。按照相关的试验标准(如 GB、ISO、ASTM、MIL 等标准)，在统一的评价体系指导下，可以在实验室条件下模拟重现或加速重现运输环境下的各种力学、气象危害因素，通过试验来考核、评价运输包装在特定运输环境下的防护能力，为改进缓冲包装提供可靠的依据。

缓冲包装设计时需要三方面的数据：(1)产品的特性参数，如脆值、外形尺寸、重心位置等。(2)缓冲包装材料的性能参数如缓冲系数曲线、振动传递率曲线、蠕变性能等。(3)运输环境的定量数据如振动、冲击量值的统计规律，温、湿度条件等。在条件许可的情况下上述数据应尽可能通过试验获取，此外相关设计手册、试验标准给出的各种数据、图表也是建立在大量试验的基础之上。

8.1　试样预处理及气象环境试验

8.1.1　运输包装件试验的温、湿度调节处理

包装件在运输过程中所经受的气候环境千变万化，非常复杂，其中温度与湿度变化是影响包装件性能的最主要因素。我国幅员辽阔，包括了寒带、温带和亚热带气候，从南到北一年四季温、湿度变化较大。出口产品的包装件经受的温、湿度变化将更大，需适应的范围更广，所以必须考虑到温、湿度条件对运输包装件在流通过程中的影响，此外在产品、缓冲材料和包装容器试验时也需要对试样进行温湿度预调节处理。

温、湿度调节处理的目的：

(1)模拟气候变化，考察包装件的适应能力。

(2)作为其他包装件性能试验的预处理。例如随着相对湿度的增加，瓦楞纸箱的含水率呈直线上升，实际数据表明，当湿度由 65%上升到 85%，含水率由 10.8%上升到 11.8%，其抗压强度由 6700 N 下降到 4100 N；另外，塑料包装(如食品、化工原料等的塑料包装)，在较高温度下，受载荷作用塑料包装的变形较大，并且会发生老化现象，强度很快下降，在低温下塑料本身变脆，强度降低。

8.1.1.1　温、湿度调节处理条件

国家标准根据运输包装件的特征及流通环境，规定了几种典型的温、湿度处理条件(见

表 8－1)。

表 8－1　温湿度处理条件

序号	温度/℃	相对湿度/%	序号	温度/℃	相对湿度/%
1	－55	—	7	＋23	50
2	－35	—	8	＋30	85
3	－18	—	9	＋30	90
4	＋5	85	10	＋40	不受控制
5	＋20	65	11	＋40	90
6	＋20	90	12	＋55	30

1. 温度允许误差

(1)极限误差。对于条件 1、2、3 和 10,至少 1 h 测量 10 次的测量值与公称值相比最大允许温度误差为±3 ℃。对于其他条件,最大允许温度的误差为±2℃。

(2)平均误差。对于所有条件,相对于公称值,平均误差应为±2℃。

2. 湿度允许误差

(1)极限误差。对于所有条件,至少 1 h 测量的最大允许相对湿度相对于公称值的误差应为±5%。

(2)平均误差。对于所有条件,相对于公称值,相对湿度平均误差应为±2%。

相对湿度的平均值,应通过至少 1 h 的时间,取 10 次测量的平均值获得,或通过仪器的连续记录求出。

表 8－1 中 12 个温、湿度条件,包括了低温(－55 ℃、－35 ℃、－18 ℃);低温高湿(5 ℃,85%);标准温度,高湿(20 ℃,90%);标准温、湿度(23 ℃,50%);高温,高湿(40 ℃,90%);特殊高温(55 ℃,30%)。上述环境条件,基本上覆盖了国内、外常遇到的温、湿度条件,试验时可根据包装件流通的地域温、湿度情况,选择相应的一个条件进行。

选定下列时间之一,作为温、湿度调节处理时间:4 h、8 h、16 h、24 h、48 h、72 h 或者 7 d、14 d、21 d、28 d。当用本试验作为其他试验前试样的温湿度预处理时,应根据试样的大小、材质、吸湿特性制定处理时间,一般为 24～48 h。

对于在流通过程中要经历复杂温度环境的包装件,还可以进行温度交变试验。温度交变试验是温、湿度调节处理的一种特殊形式。它的目的是使包装件通过温度从常温到低温,再到高温的反复循环过程,对包装及内装物进行预处理,再进行常规试验,以考核运输包装件(包括产品及包装)在经过不同的流通环境后,包装件对各种载荷的承受能力。图 8－1 是国家包装产品质量监督检验中心(天津)为某一电子产品所进行的温度交变试验曲线。

8.1.1.2　设备、仪器及试验方法

温湿度调节处理箱(室):要有一个工作空间,对其温度和湿度做连续记载并使其保持在规定的控制公差之内。工作空间是温湿度调节处理箱(室)的一部分,该部分应保持规定的控制条件。对每一温湿度调节处理箱(室)应规定这一空间的范围。

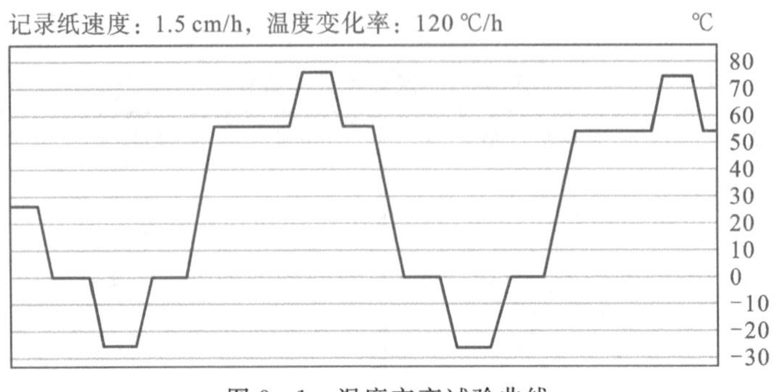

图 8-1　温度交变试验曲线

干燥箱：将某些包装件的含潮率降低到温湿度调节处理的要求以下。

测量与记录仪器：要求相当灵敏和稳定，以使测定的温度能准确到 0.1 ℃和相对湿度 1%，并能做连续记录，若每次测试记录的间隔不大于 5 min，则认为该记录是连续的。测量温度和相对湿度的最大值、最小值应在规定的极限误差内，极值点的平均值应在规定的平均误差范围内。在达到上述测量精度要求的同时，记录仪器要具有足够的响应速度以使记录准确，精确度能达到前述要求的每分钟 4℃的温度的变化和每分钟 5%的相对湿度的变化。

将试验样品置于温、湿度调节处理箱(室)里，在预定的温、湿度条件下，经历预定的时间。首先根据包装件的特性及运输流通领域的气候环境，确定温、湿度调节处理条件和时间。然后将已经准备好的样品，按次序放置在气候箱中，样品应架空放置，底部至少有 75%的面积与空气接触，四周不得与箱壁接触。处理时间应从重新回到规定条件的 1 h 后算起。

如果包装件是用一种具有滞后现象的材料如纤维板制作的，则可能需要在温湿度调节处理前先进行干燥处理。做法是将包装件放在干燥箱内进行至少 24 h 的干燥，这样当其被转移到规定条件下时，它可通过吸收潮气而达到接近平衡。当规定的相对湿度是 40%或以下时则无此必要。

对经过温湿度调节试验的完整、满装的运输包装件的试验报告，如水平冲击试验、堆码试验、垂直冲击试验及振动试验均须包括下列项目：温湿度调节处理时的相对湿度、温度及时间，试验时试验场所的温度和相对湿度，以及这些数值是否符合标准的要求。

8.1.2　运输包装件的气象环境试验

8.1.2.1　喷淋试验

喷淋试验就是根据实际情况，在预定时间内按一定流速对包装件进行喷淋，用以评价包装对雨、雪环境的抵御性能及对包装对内装物的保护能力。

1. 试验场地

试验场地面积至少要比试验样品底部面积大 50%，使试验样品处于喷淋面积之内。如果有必要对场地温度进行控制时，可以对试验场地进行隔热或加热处理，在没有特殊要求时，喷淋温度和试验场地的温度应在 5～30 ℃，一般取(25±2)℃。场地地面应有很强的防水性能，并且应设置格条地板或足够容量的排水口，以使喷洒的水能自动排出，不致使试验样品浸在水中。试验场地的高度要适当，使喷水嘴与试验包装件顶部之间的距离至少为 2 m，以保证水滴垂直滴落。

2. 喷淋装置

喷淋装置如图 8－2 所示，应满足 100±20 L/(m^2·h)速率的喷水量，喷水要求充分均匀，喷头的高度应能调节，使喷水嘴与试验样品顶部之间至少保持 2 m 的距离。试验方法 A 和试验方法 B 的安装要求如下。

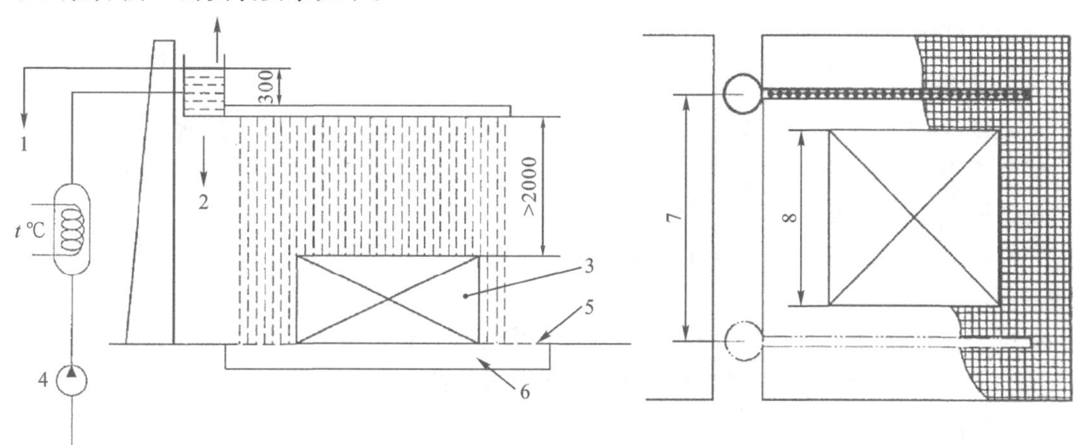

1—溢水口；2—高度调节；3—试验样品；4—循环泵或网状系统；

5—格板；6—排水口；7—喷头移动范围；8—试验样品尺寸。

图 8－2　喷淋试验装置

方法 A（连续式喷淋）：喷头排列整齐，固定在试验样品以上，高度可以调整；

方法 B（间歇式喷淋）：用一排或几排喷头沿试验样品宽度方向排列，沿大于试验样品长度方向移动喷头，连续喷淋间隔时间不大于 30 s。

3. 喷头校准

（1）将喷头安装在距格条地板面上方 2 m 处，喷嘴应垂直向下。

（2）将几只完全相同的顶部开口容器均匀地摆在地板上，要求至少应能覆盖地板面积的 25%，每个容器的顶部开孔面积应在 0.25～0.50 m^2。其高度应在 0.25～0.50 m。

（3）然后打开喷头，并测量出第一只容器和最后一只容器装满水的时间。

（4）第一只容器装满水所需时间，不少于按 120 L/(m^2·h)速率喷水所需时间；最后一只容器装满水所需时间不多于按 80 L/(m^2·h)速率喷水所需时间。

4. 试验步骤

（1）将预装物装入试验样品中，并按发货时的正常封装程序对包装件进行封装。按 GB/T 4857.2 的要求选定一种条件对试验样品进行温湿度预处理。

（2）调整喷头的高度，使喷嘴与试验样品顶部最近点之间的距离至少为 2 m。开启喷头直至整个系统达到均衡状态。

（3）将试验样品放在试验场地，在预定的位置和预定的温度下，使水能够按照校准时的标准落到试验样品上，喷淋时间应根据包装件的防水性能及流通环境来确定。

（4）检查试验样品及其内装物，是否出现防水性能下降或渗水现象。

8.1.2.2 浸水试验

这种试验用于评定运输包装件承受水侵害的程度及包装对内装物的保护能力。它可以作为单项试验，也可以作为包装件系列试验的组成部分。

1. 试验原理

将试验样品完全浸入水中，并保持一定的时间后从水取出，预先确定浸水、沥水、干燥时间和温湿度条件。

2. 试验设备

水箱：水箱应具有足够容积，试验时使试验样品全部浸入水中。样品顶面沉入水面以下的距离不小于 100 mm。水箱应有给水、排水装置，并不应有渗水现象。水温应能在 5～40 ℃范围内调整，浸水过程中水温变化在±2 ℃以内。

浸水装置：包括能放置包装件的笼子和升降机构，应有足够的尺寸，可以宽松地盛装试验样品。

刚性格栅：具有一定的强度和刚度，在支持湿包装件时不变形，能使空气在其下面自由流动。栅条与试验样品的接触面积不大于试验样品面积的 10%。

3. 试验步骤

(1)准备试样，记录试验场地的温度和相对湿度。

(2)水箱内充以一定深度的水，并调整好水温。

(3)使用前述的浸水装置，将试验样品放入笼子中，一同放入水中，直至试样顶面沉入水面以下 100 mm，下放速度不大于 300 mm/min。

(4)试样在水面以下保持的时间从 5 min、15 min、30 min 或 1 h、2 h、4 h 中选择。

(5)达到预定时间后，以 300 mm/min 的速度将试样提出水面。

(6)将试样以工作位置放在铁栅上，使其各侧面都裸露在空气中，裸露时间从 4 h、8 h、16 h、24 h、48 h、72 h 或 1 周、2 周、3 周、4 周中选择。

(7)记录试验样品浸水、沥水、干燥引起的任何明显的损坏或其他变化。

8.1.2.3 低气压试验

低气压试验的方法用于评定在空运时飞行高度不超过 3500 m 的非增压舱飞机内和超过 3500 m 的增压舱飞机内的运输包装件耐低气压影响的能力及包装对内装物的保护能力。对于高海拔低气压铁路运输或公路运输包装件的低气压试验，可参照本试验方法执行。

对于飞行高度超过 3500 m 的非增压舱飞机内的运输包装件的低气压试验的气压值可参考表 8-2 选取。

1. 试验原理

将试验样品置于气压试验箱(室)内，然后将试验箱(室)内空气压力降低至相当于 3500 m 高度时的气压。将此气压保持预定的持续时间后，使其恢复到常压。如有必要，在此期间也可将温度控制在相同高度时所具有的温度。

上述气压也近似于在任何更高飞行高度并具有增压舱飞机内的气压。

表 8-2　高度与气压的关系

高度/m	气压/kPa	温度/℃
4000	61.5	−11
6000	47.0	−24
8000	36.0	−37
10000	26.5	−50
12000	19.0	−56.5
15000	12.0	−56.5
18000	7.5	−56.5
20000	5.5	−56.5

2. 试验设备

气压试验箱(室)应具有气压和温度控制装置,并满足本试验的压力、温度控制要求。

3. 试验步骤

(1)将试验样品置于气压试验箱(室)内,以不超过 15 kPa/min 的速率将气压降至 65 kPa(±5%),在预定的持续时间内保持此气压,保持时间可在 2 h、4 h、8 h、16 h 内选取。

(2)以不超过 15 kPa/min 的增压速率,充入符合试验室温度的干燥空气,使气压恢复到初始状态。

(3)如有必要综合考核气压和温度对运输包装件的影响,则在试验时保持气压试验箱(室)内温度为表 8-2 在相同高度时所具有的温度。

8.2　运输环境数据采集与分析综合

在诸多运输方式中,汽车运输的振动环境较为严酷,故在此以汽车运输振动测量为例介绍对运输过程中随机振动的测量方法、测量系统的构成及数据分析处理。

目前,国内外包装件运输振动试验主要有两种方式,一种是将包装件装载于车辆上,在规定的路面状况、车型、车况、行驶速度及行车里程下进行实地跑车;另一种是根据运输环境条件制定相应的试验标准,在实验室内进行模拟试验。模拟试验可以大幅减少试验时间和试验成本,这类模拟试验方法是建立在对实际运输工况下振动研究和结构疲劳损坏机理研究基础之上的。

汽车运输过程中的振动是各态历经的随机过程,由于道路的不平度,车型及装载程度,行车速度等条件的影响,汽车在行驶中总是受到一个随机激励作用,当上述条件确定时,产生的随机振动可以认为是各态历经的随机振动。

8.2.1　运输振动测量方法

通过现场振动测量,取得典型的运输振动数据,对于研究损坏机理,预测危险品率,在实验室条件下重现各种运输条件下的振动情况都有重要意义。以汽车运输振动为例,运输振动测量主要有以下几项工作。

1. 确定工况条件

根据实际运输状况和要求，确定道路状况、车型、行车速度、里程、装载程度等。关于路面的平整度我国目前尚无标准，而路面平整度是影响汽车振动的重要条件，通常我们可以用道路的等级如一级公路、二级公路、碎石路、乡间小路等来描述，必要时我们可以用标准差来描述、评价路面平整度。具体方法如下：

选择一有代表性的路段，用一根 3 m 长的直尺与道路的纵轴线平行放置。每隔 300 mm 读取一个直尺下平面与路面的距离 x_i 值，连续读取 10 直尺(30 m)的 x_i 值，计算这些观察值 x_i 的算术平均值：

$$\bar{x} = \frac{1}{n}\sum_{i=1}^{n} x_i \tag{8-1}$$

再计算其标准差：

$$\mu = \sqrt{\frac{1}{n-1}\sum_{i=1}^{n}(x_i - \bar{x})^2} \tag{8-2}$$

标准差越小，路面平整度越好。

2. 测试方法

测试系统一般由加速度传感器、电荷放大器和记录仪组成，应根据被测信号的频率分布和幅值概率密度来确定测量系统的测量带宽和量程。将加速度传感器安装在待测点上，汽车运行时，振动加速度信号经传感器转换为电量，再经过放大并进行记录存储，这样就得到了汽车运输振动的现场记录。由于汽车运行时车厢板上各点的振动并不一致，测量点的选择就非常重要；为了取得汽车车厢底板振动最为剧烈的情况，可以选车厢后端两角处 300 mm×300 mm 的地方测量；另一种方法是选在车厢前后方向中心线上从后端起车厢长 1/3 处作为测量点。

当需要测量振动的空间矢量状况，即除了垂直振动还需测量水平振动情况时，可以采用三向加速度传感器，把振动的空间矢量分解为 x、y、z 三个相互垂直的加速度分量。测试中应注意采集的数据应按不同的工况分别记录，以便提供按平稳随机过程处理问题的必要条件；各种工况记录的数据有足够长度，以保证分析精度对平均时间的要求，传感器与车厢板要刚性连接，测试仪器应采取减振措施。

8.2.2 运输振动数据的分析与综合

对采集到的运输过程中随机振动信号的时间历程通过路谱分析系统进行分析处理，可得到该工况下随机振动的幅值概率密度、功率谱密度等。由于车型、车速、载荷、路面状况等因素的变化，采样后经数据处理所得到的大量数据需要进行取舍和综合归纳，因综合归纳时考虑的角度不同，目前国内外有以下几种方法。

(1)从极限角度出发，按数据处理后得到的多组功率谱取外包络线，然后分段取平直谱，形成标准化功率谱。

(2)按一定风险率(一般取 5%)，剔除较高的数值后取多组功率谱曲线的外包络线，再分段取平直谱形成标准化功率谱。

(3)取不同地区各种相同路面多组数据的平均值,并考虑一定的安全裕量形成标准化功率谱。

参照通过上述方法取得的标准化功率谱,根据振动引起疲劳损坏的加速理论,制定加速的试验功率谱;加速后的试验功率谱比标准化功率谱的振动加速度总均方根值提高了,而试验时间则可以大大缩短。

在不同工况下,运输过程中随机振动的功率谱是不同的;尽管如此,人们还是希望利用有限几个有代表性的 PSD 图概括主要运输方式的振动信息;这一工作的初步成果在一些标准中已有所反映,图 8 - 3 是 ASTM 标准 D - 4728 中给出的几种常用运输方式的随机振动功率谱密度图;图 8 - 4 是不同货载卡车随机振动功率谱密度曲线;图 8 - 5 为 ASTM D4169 - 09 卡车随机振动不同严酷水平的加速度功率谱密度曲线。

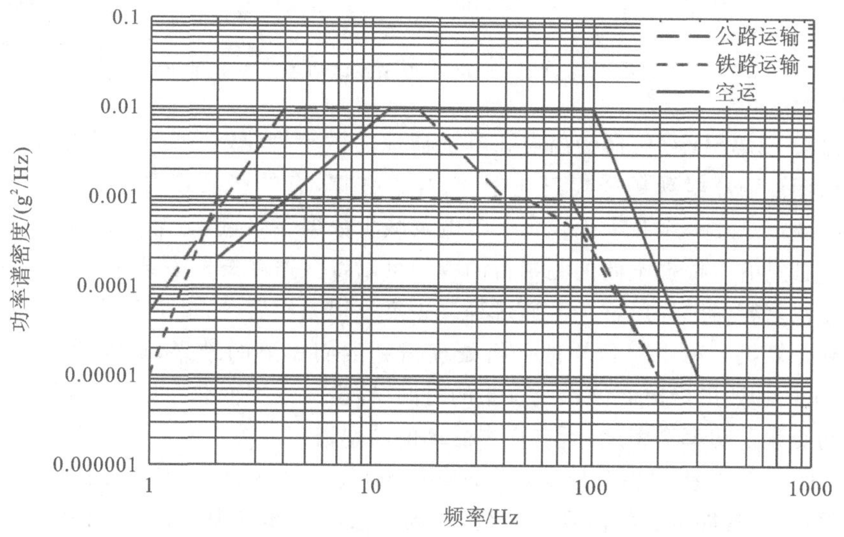

图 8 - 3　不同运输方式随机振动功率谱密度曲线

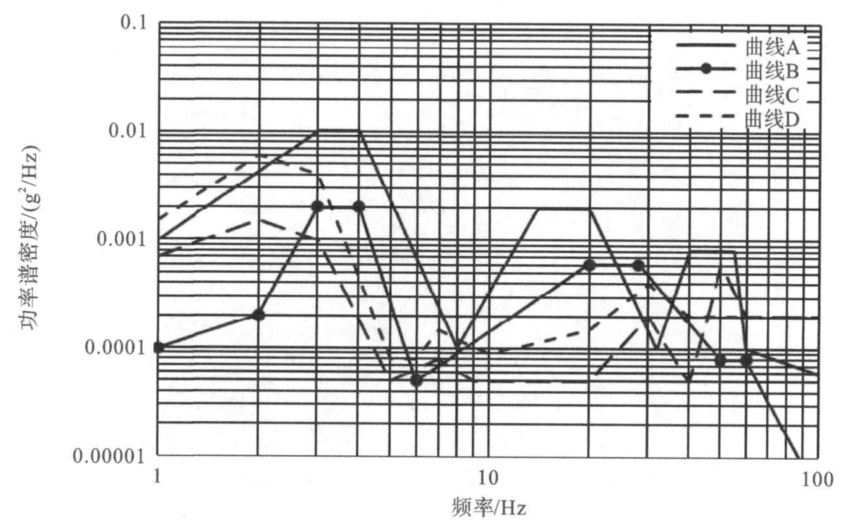

图 8 - 4　不同货载卡车随机振动 PSD 曲线

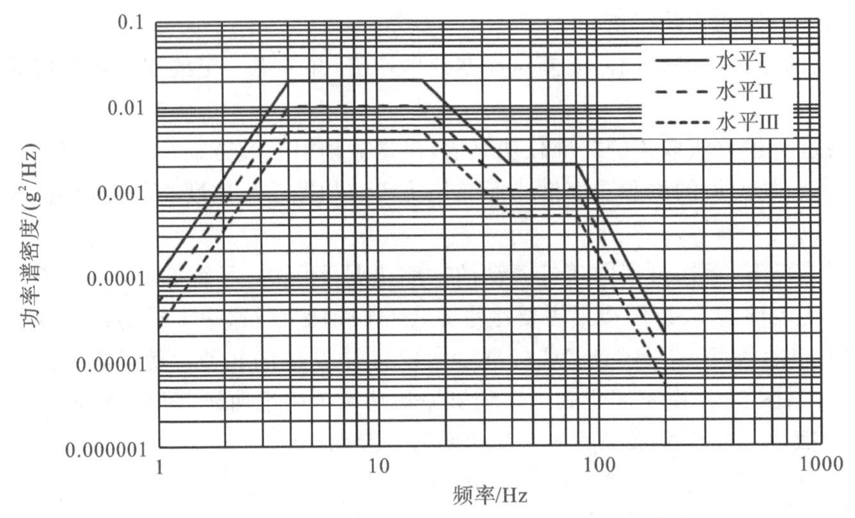

图 8-5　ASTM D4169-09 卡车随机振动 PSD 曲线

由于海量 FLASH 存储器的出现和电子器件的微小型化，一些厂家推出了微型现场数据采集器用于运输环境现场采集三向振动、冲击数据，有的产品还可以记录现场温、湿度。它们可以连续记录几天至几十天。为了节电及减少数据存储量，通常振动、冲击数据采集是由外部激励触发的。根据不同的测量目的我们可以将数据采集器安装于运输工具底板或随产品放置在包装容器中经历整个流通过程。采集过程完成后，通过 RS-232 口或 USB 口将数据上传到计算机。利用配套软件分析处理得到我们需要的结果，如温度、湿度一时间曲线；各次冲击的加速度一时间波形及发生的时间、冲击的速度变化、冲击响应谱；各样本随机振动的时间历程及功率谱密度；所有样本总体的功率谱密度等。

图 8-6、图 8-7 所示为兰斯蒙特(Lansmont)公司的 SAVER™3X90 数据记录仪及配套分析软件，该设备能进行物流环境监测，自动记录物流环境中的振动、冲击、跌落、温湿度及路线等，体积只有 95 mm×74 mm×43 mm，重量为 0.477 kg，内置锂电池一次充电可使用 90 天。

图 8-6　SAVER™3X90 数据记录仪及安装

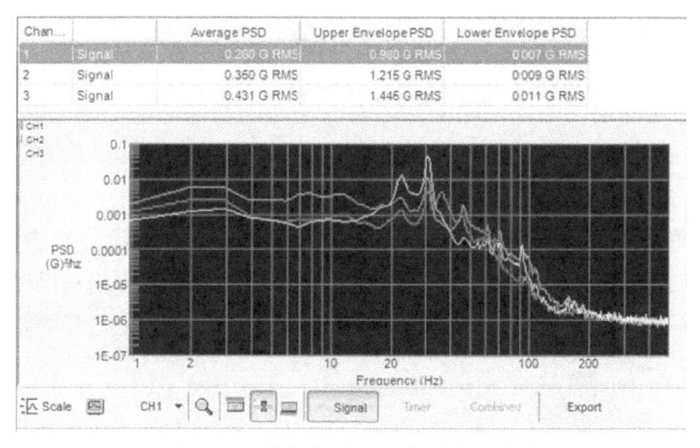

图 8-7　采集信号的功率谱密度曲线

8.3　产品特性试验方法

缓冲包装设计要求设计人员详细了解产品特性，包括产品的外形尺寸、形状、重量、重心，产品的脆值，产品易损部件的振动响应等。

8.3.1　产品脆值试验

在流通环境中冲击是造成产品损坏，包装失效的主要因素之一。当冲击载荷超过产品的部分元器件材料的屈服点后，会产生塑性变形，或使功能失效。冲击在包装件的装卸、搬运、运输和存储过程中都有可能发生，例如装卸过程中的跌落，运输过程中的弹跳，堆码过程中的倒垛、滚落等。研究冲击造成产品损坏的机理，通过试验确定产品承受冲击的能力对于缓冲包装设计、改进产品设计都有重要的意义。

8.3.1.1　产品冲击试验机

产品冲击试验机一般采用自由落体原理，该形式的冲击台是将试验样品固定在一刚性的试验滑台上，提升到一定高度 h，释放后试件和试验台一起自由跌落到一弹性或塑性体（波形发生器）上。这时跌落的末速度（冲击的初速度）为 $\sqrt{2gh}$，滑台接触波形发生器后，产生一与重力加速度方向相反的加速度，滑台速度变化为零时，加速度达到峰值，运动体的动能转化为波形发生器的变形能，之后在改变性能的作用下，滑台向上运动，速度逐渐增加，加速度逐渐减小直至滑台与波形发生器脱离接触。整个冲击过程滑台和试样受到一加速度冲击脉冲的作用。若脉冲发生器为一完全弹性体，则产生的是近似半正弦脉冲。该脉冲持续时间为

$$T=\sqrt{\frac{m}{k}}\quad (\mathrm{ms}) \tag{8-3}$$

式中，m 为试样与滑台质量之和；k 为弹性体刚度系数。

脉冲加速度峰值为

$$G_m = \sqrt{\frac{2ghk}{m}} \tag{8-4}$$

式中，h 为跌落高度(mm)。

为获得正弦、后峰锯齿和梯形冲击脉冲，波形发生器有多种形式，常用的有橡胶、高强塑料、铅锥和各种形式的气体、液压缓冲器。

冲击试验机通常由冲击台体和测试系统组成，如图 8-8 所示。冲击台包括试验滑台、滑台提升装置、释放机构、导柱、波形发生器、防止滑台二次跌落的制动装置和底座。测试系统包括加速度传感器、电荷放大器、带有采集卡(A/D)的计算机及配套测量、分析软件。

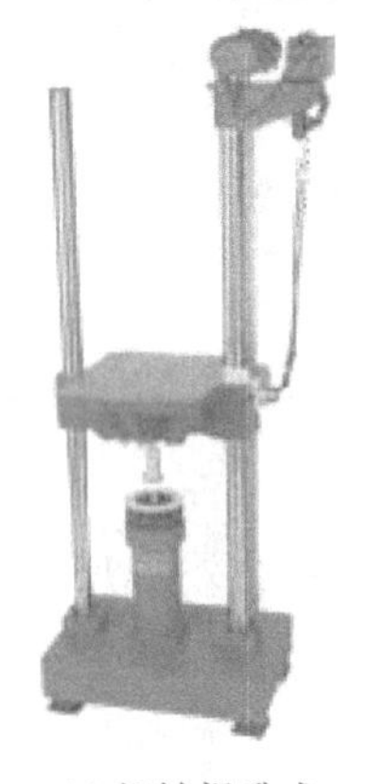

(a) 机械提升式

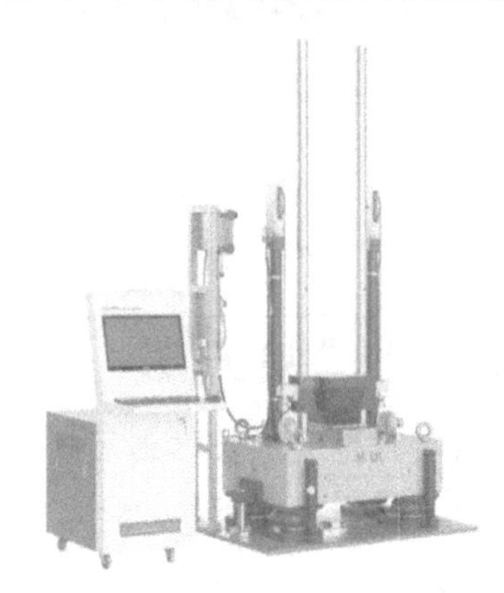

(b) 液压提升式

图 8-8　产品冲击试验机

冲击试验台的基本参数和主要技术指标：最大载荷、滑台尺寸、最大峰值加速度、脉冲持续时间调整范围、冲击脉冲波形、最大速度变化。

8.3.1.2　产品脆值损坏机理

研究冲击作用的有力工具是利用冲击谱。产品受到一个冲击脉冲作用时其易损部件获得的冲击加速度响应除了与激励加速度有关，还与激励脉冲的波形、持续时间及易损部件的固有频率有关。产品易损部件对于冲击加速度的最大响应可由相应的冲击谱得出。为了使各种形式的冲击脉冲的冲击谱在低频段一致起来，引入等效持续时间的概念，等效持续时间

$$T_e = \frac{\Delta V}{A} \tag{8-5}$$

式中，ΔV 为冲击的速度变化；A 为冲击脉冲的峰值加速度。

对于矩形冲击脉冲：　$T_e = T$

对于半正弦冲击脉冲：$T_e = 2T/\pi = 0.637T$

对于后峰锯齿波脉冲：$T_e = 0.5T$

图 8-9 给出了三种冲击脉冲的冲击谱。纵坐标为归一化响应系数，是振子最大响应加速度与冲击激励最大加速度之比；横坐标为归一化频率，是振子固有频率与冲击脉冲等效持续时间之积。

图 8-10 表示了有一个易损部件的模拟产品和它的集中应力力学模型(M_2 的重量远大

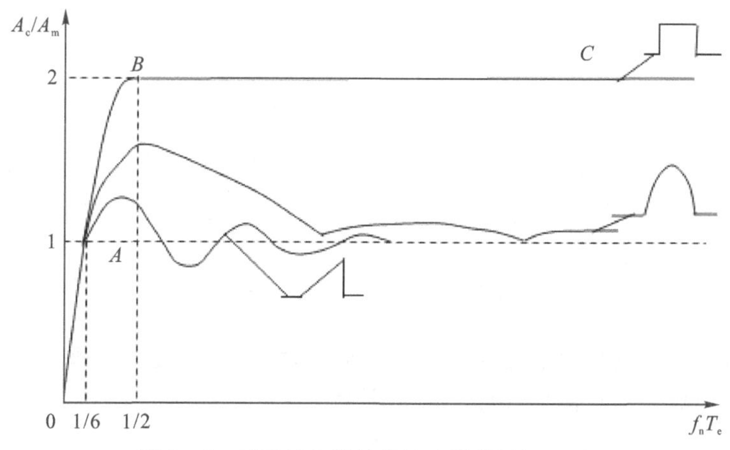

图 8－9　三种冲击脉冲的冲击谱（阻尼 $\xi=0$）

于 M_1）。在冲击作用下，M_1 的响应可能有以下几种状态。

当易损部件固有频率与冲击等效持续时间的乘积 $f_nT_e<1/6$ 时，质量块 M_1 的运动特点与激励冲击脉冲（M_2 的加速度波形）有本质的不同，从时间上看响应的时间拖长了，且具有简谐运动的形式。M_1 的响应加速度与 M_2 激励加速度无关，仅取决于激励脉冲的速度变化和易损部件的固有频率（参见图 8－11）。实际中阻尼 $\xi\neq0$，这时谐振子对冲击的响应是衰减振荡过程。

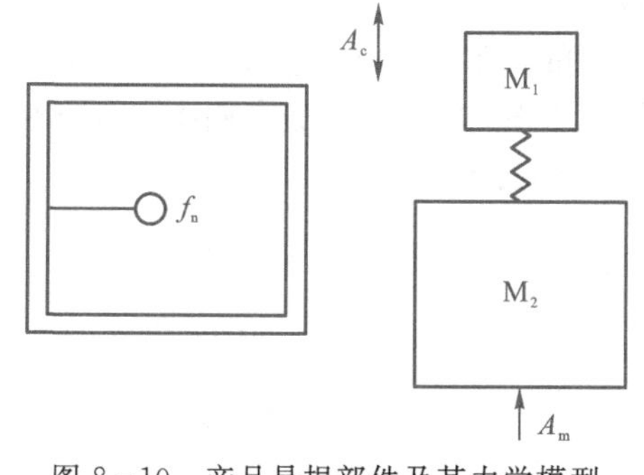

图 8－10　产品易损部件及其力学模型

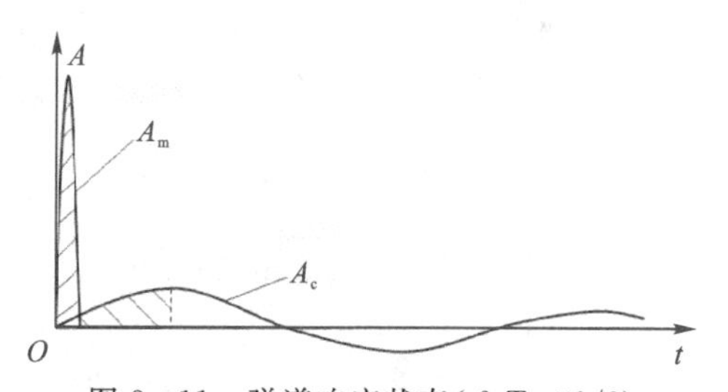

图 8－11　弹道响应状态（$f_nT_e\ll1/6$）

对于半正弦、后峰锯齿波和运输过程中的实际冲击脉冲，当 $f_nT_e\gg1$ 时，谐振单元对冲击激励为准静态响应。在该状态下 M_1 和 M_2 受到的冲击加速度和位移大小、方向都一样。

当 $1/6<f_nT_e<2$ 时，振子为准谐振状态。M_1 的峰值响应加速度比输入冲击加速度有一定的放大。其放大系数与冲击脉冲波形及 f_nT_e 有关。对于常规冲击脉冲放大系数不超过 2，对于矩形冲击脉冲的响应是一个特例，当 $f_nT_e>1/6$ 时振子的响应进入准谐振状态。（无准静态响应过程）

产品的脆性损坏边界与冲击脉冲的波形有关。由于在冲击加速度峰值相同时，矩形冲击脉冲对产品的作用更为严酷（$f_nT_e>1/2$ 时，加速度放大系数为 2），且产品的加速度损坏边界是一直线。对矩形冲击脉冲的冲击谱（见图 8－9）可分段表示为（有很好的精度）：

0A 段：

$$\frac{A_c}{A_m} = 2\pi f_n T_e \quad 0 \leqslant f_n T_e < 1/6 \tag{8-6}$$

AB 段：

$$\frac{A_c}{A_m} = 2\sin(\pi f_n T_e) \quad 1/6 \leqslant f_n T_e \leqslant 1/2 \tag{8-7}$$

BC 段：

$$\frac{A_c}{A_m} = 2 \quad 1/2 < f_n T_e \tag{8-8}$$

对于特定产品，若其易损部件的固有频率为 f_n，能承受的最大加速度为 A_{cs}，将 $A_m T_e = \Delta V$ 代入式(8-6)解得该产品的临界速度变化为

$$\Delta V_c = \frac{A_{cs}}{2\pi f_n} \tag{8-9}$$

当激励冲击脉冲的速度变化 $\Delta V < \Delta V_c$ 时产品易损部件峰值加速度 $A_c < A_{cs}$，不发生损坏。

当 $f_n T_e > 1/2$ 时，由式(8-8)得知产品的临界加速度(脆值)为

$$A_{P\gamma} = \frac{1}{2} A_{cs} \tag{8-10}$$

对于图 8-8 的 A、B 点之间($1/6 \leqslant f_n T_e \leqslant 1/2$)，可由式(8-7)解得

$$\frac{A_{cs}}{A_{P\gamma}} = 2\sin\frac{\pi f_n \Delta V}{A_{P\gamma}} \tag{8-11}$$

上式为一超越方程，可以解出 $A_{P\gamma}$ 与 ΔV 在 A、B 间的关系。运用式(8-9)至式(8-11)的结论，即可作出产品在矩形冲击脉冲作用下的损坏边界图(见图 8-12)。用类似的方法可以求出其他形式冲击脉冲作用下产品的损坏边界(见图 8-13)。

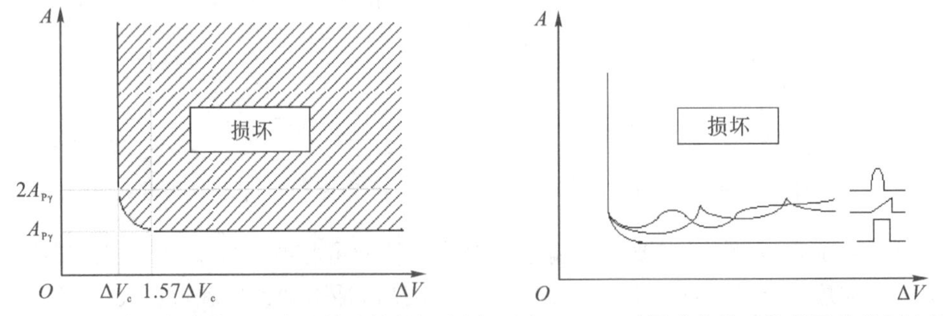

图 8-12 矩形冲击脉冲作用下产品的脆性损坏边界　图 8-13 不同冲击脉冲作用下的损坏边界

8.3.1.3 使用产品冲击试验机的脆值试验方法

由于产品和实际流通过程中冲击形式的复杂性，如产品及其易损部件并不都能等效为理想的质量一弹簧系统，难以写出它们的数学模型，所以用理论计算确定产品脆值是不现实的。冲击试验机的脆值试验系统如图 8-14 所示。冲击试验机应有一个具有足够强度和刚度的试验台，在试验过程中，试验台表面应保持水平。试验台应有导向装置，垂直下落时无偏转，并且在其他方向上没有位移。试验机台架应具有足够高的跌落高度，误差控制在

±6 mm。

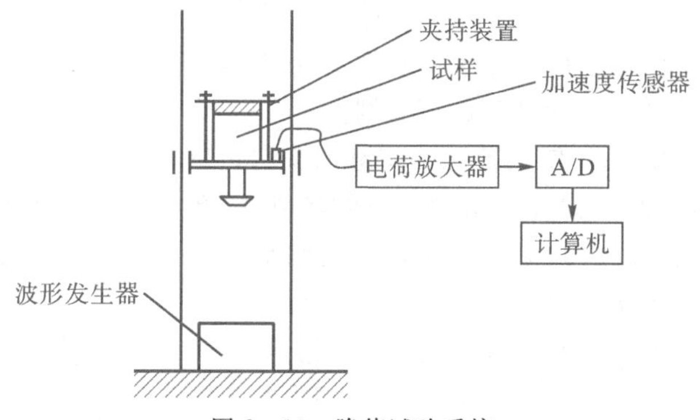

图 8-14　脆值试验系统

1. 试验前准备工作

加速度传感器必须与冲击滑台刚性连接，安装位置应尽量靠近试件安放位置。

试件及试件数量应有代表意义，当产品产量很大时，应选足够数量的试样。试样一般使用合格产品，当产品价格昂贵时，允许使用残次品，但其残次部分不得影响产品脆值。

将产品固定于冲击台面时，应尽量使产品的重心在台面的中心。固定产品时应尽可能保持产品在运输包装容器中的形态与结构，保持产品在试验过程中不脱离试验台面，使传递给产品的冲击不发生畸变。由于产品的动态响应受固定点的影响很强，所以必须合理选择固定点和固定方法。

加速度测试系统（加速度传感器，电荷放大器，显示、记录仪器）整体频率响应范围临界速度冲击试验低截止频率 5 Hz，高截止频率不小于 1000 Hz，临界加速度冲击试验低截止频率 3 Hz，高截止频率不小于 330 Hz。测量误差小于±5%，横向灵敏度小于 5%。

被试产品应根据要求进行温、湿度预处理。试验也应在相同的温、湿度条件下进行。试验环境如果达不到规定的温、湿度条件，则必须在试样离开预处理条件 5 min 内开始试验。（本章所有试验的试样均需温、湿度预处理。下文不再赘述。）

2. 产品临界速度变化冲击试验

该试验方法用于确定产品的临界速度变化损坏边界。由于损坏的临界速度变化边界与冲击波形无关，通常采用半正弦冲击脉冲完成该试验。

冲击脉冲持续时间的选择：根据前面的讨论[式(8-6)]可知，当 $f_n T_e < 1/6$ 时，产品的损坏仅与速度变化有关，这时

$$T_e < \frac{1}{6f_n} = \frac{T_n}{6} \tag{8-12}$$

式中，T_e 为冲击的等效持续时间；f_n 为易损部件固有频率；T_n 为与 f_n 对应的固有周期。

通常取 $T=2$ ms 即可满足多数产品的测试要求，对于半正弦波对应的等效持续时间为

$$T_e = \frac{2}{\pi}T = \frac{2\times 2}{\pi} = 1.27 \quad (\text{ms}) \tag{8-13}$$

被试产品易损部件的固有频率应满足

$$f_n < \frac{1}{6T_e} = 130 \tag{8-14}$$

多数商品都能满足上述条件，当产品易损部件固有频率 $f_n > 130$ Hz 时应进一步减小冲击脉冲的持续时间 T，以免得出错误的试验结论。

选择合适的弹性缓冲器，使试验脉冲持续时间 $T=2$ ms，先设置一个较低的跌落高度(如 20 cm)，进行一次冲击，记录冲击的加速度峰值 A_i 和速度变化 ΔV_i 并检查试样。然后逐次提高滑台跌落高度重复上述试验过程(试验冲击波形见图 8-15)，对于一般的产品，每次可增加 0.15 m/s，直至产品损坏(包括物理、外观和功能性损坏)中止试验。取损坏前一次冲击的速度变化为该产品的临界速度变化 ΔV_c，并通过该点与横坐标作一垂线，这条线就是试验产品的临界速度变化边界。

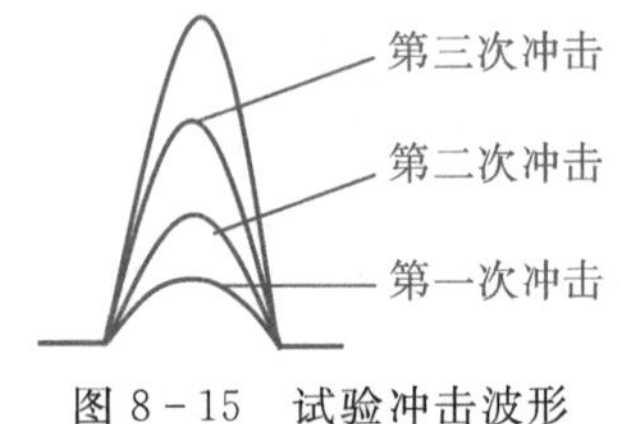

图 8-15　试验冲击波形

3. 产品临界加速度(脆值)冲击试验

由各种冲击脉冲的冲击谱可以看到矩形冲击脉冲对产品的作用最为严酷，且这时产品的临界加速度边界为一直线，便于通过试验得出。因此当缓冲包装结构与缓冲材料未定，运输环境未知时，常用矩形冲击脉冲试验来确定产品的临界加速度。由于冲击试验机无法产生理想矩形脉冲，所以用梯形冲击脉冲来完成该试验。标准的梯形脉冲波应符合图 8-16 的要求。

由上节分析已知在矩形冲击脉冲作用下，只有当冲击的速度变化 $\Delta V > 1.57\Delta V_c$ 时，产品的临界加速度损坏边界才呈一直线。通常取试验梯形冲击脉冲的速度变化 $\Delta V > 2\Delta V_c$。这时试验跌落高度为

$$H > \frac{(\Delta V_c)^2}{2g} \tag{8-15}$$

式中，ΔV_c 为试验得到的产品临界速度变化；g 为重力加速度

设置好冲击跌落高度后，调整波形发生器给定一个较小的阻尼力，进行一次冲击试验，记录冲击的加速度峰值 A_i 和速度变化 ΔV_i，检查试样。然后在同一跌落高度下，逐次提高波形发生器阻尼力，重复试验(试验冲击波形见图 8-17)，直至产品损坏。取损坏前一次的冲击加速度为产品的临界加速度 $A_{P\gamma}$ 并通过该点作一平行于横坐标的直线。

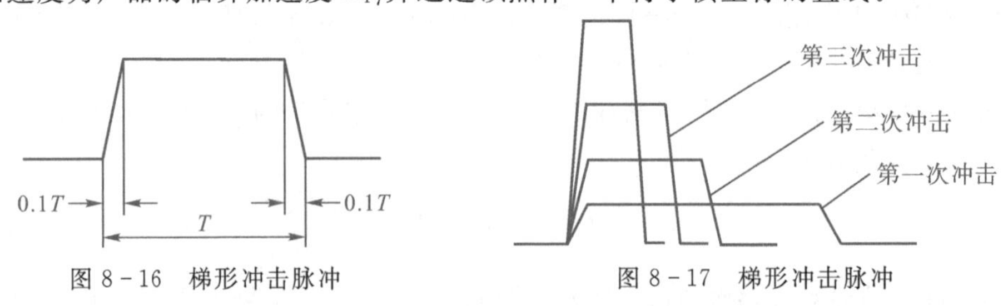

图 8-16　梯形冲击脉冲　　图 8-17　梯形冲击脉冲

综合前两个试验的结论，将点($2A_{P\gamma}$，ΔV_c)和点($A_{P\gamma}$，$1.57\Delta V_c$)间以圆弧连接(此区域对缓冲包装设计影响不大)即完成了产品在梯形脉冲作用下的损坏边界。实际梯形冲击脉冲作用下产品的水平损坏边界有些上翘，以水平直线取代时引起的误差很小(见图 8-18)。

用梯形冲击脉冲试验得到的产品临界加速度值(脆值)是较为保守的。因为运输过程中

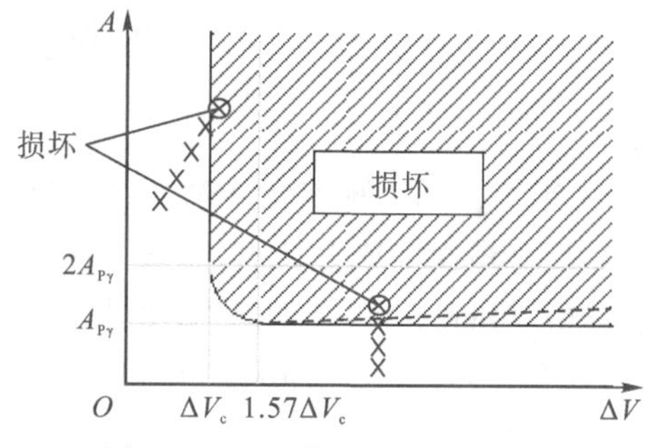

图 8－18　试验得到的损坏边界

产品一般不会经历梯形冲击脉冲，所以按该脆值来设计缓冲包装有较大的安全裕量。

采用产品损坏前的一次试验速度变化和最大加速度值作为产品的临界速度变化和临界加速度确定损坏边界的方法是比较保守的。因为这样得到的损坏区显然大于产品实际损坏区。另一种常用的方法是将产品损坏时的试验速度变化与前一次试验速度变化的平均值作为产品的临界速度变化；将产品损坏时的最大速度与前一次试验最大速度的平均值作为产品的临界加速度。

对于多数产品在不同冲击方向的脆值是不同的。若产品总是承受一个方向的冲击，只需在该方向进行一次冲击试验，否则要在每个可能发生冲击的方向都进行冲击试验以确定产品在不同方向承受冲击的能力。

4. 利用缓冲包装材料的脆值试验方法

当已知产品受到的冲击在某种程度上近似于半正弦波，已知产品在运输过程中跌落高度的统计规律，已知产品在缓冲包装中将使用的缓冲材料时；或不具备前述可产生梯形冲击脉冲的试验机时可利用缓冲材料进行脆值试验。试验步骤如下。

(1)根据实际运输环境或经验确定试验跌落高度(见表 8－3)。

表 8－3　根据经验确定试验跌落高度

产品重量/kg	装卸形式	试验跌落高度/cm	最大速度变化/(cm/s)
[0,10)	一人可举起	110	928
[10,25)	一人可提起	90	840
[25,100)	二人提起	75	767
[100,225)	轻型设备	60	686
[225,500)	轻型设备	45	594
500 以上	重型设备	30	485

试验跌落高度确定后，可根据所用缓冲材料的弹性恢复系数估计试验冲击脉冲的速度变化

$$\Delta V' = (1+e)\sqrt{2gH} \tag{8-16}$$

式中，e 为弹性恢复系数；H 为跌落高度。

(2)在冲击试验机滑台上安装好试样，在试验机底座上放置缓冲材料，将滑台提升到试

验跌落高度(从缓冲材料上表面到滑台下表面)。完成一次冲击。缓冲材料面积选用原则是

$$S=\frac{M_1+M_2}{\sigma'_{st}} \tag{8-17}$$

式中,M_1 为试样重量;M_2 为滑台重量;σ'_{st}为预期缓冲包装设计静应力。

(3)分析该次冲击的波形,记录最大加速度 A_i 和速度变化 ΔV_i。

(4)如果产品没有损坏,保持跌落高度不变,减薄缓冲材料后进行下一次冲击。

(5)以此逐次提高冲击加速度值,直至产品损坏。记录前一次冲击加速度 $A_{P\gamma}$为产品的临界加速度(脆值 $G_c=A_{P\gamma}$)。

在上述试验中,如果缓冲材料减薄到 20 mm 时产品未损坏,不应再贸然减薄缓冲材料;可利用逐次提高跌落高度的方法提高冲击加速度,直至产品损坏;记录前一次冲击加速度 $A_{P\gamma}$为产品的临界加速度。

对于同一产品,用缓冲材料试验法得到的脆值显然高于用梯形冲击脉冲试验得到的脆值。该方法是在跌落高度 H、缓冲材料弹性恢复系数 e 和冲击波形已知的前提下进行的,所以定义产品经缓冲包装后在运输过程中遇到的冲击分布曲线与半正弦冲击作用下的真实损坏边界的交点为产品脆值 $A_{P\gamma}$。虽然真实损坏边界的某些区域可能低于 $A_{P\gamma}$,但经缓冲包装后的产品在运输环境中经历的冲击不会发生在这些区域(见图 8-19)。显然用该方法测得的产品脆值来设计缓冲包装可有效避免"过分包装"。

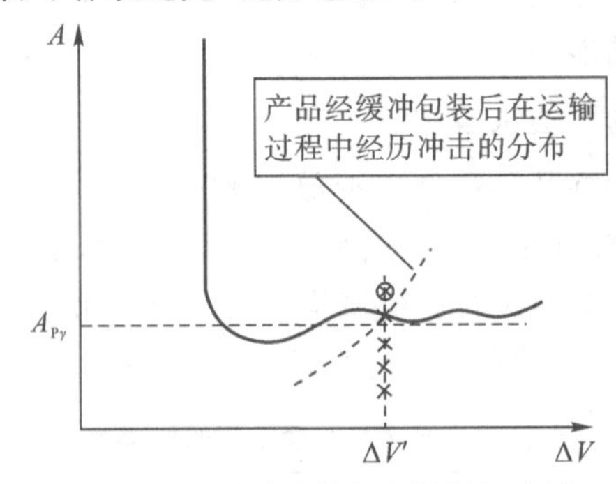

图 8-19 试验脆值与实际损坏边界

可以利用试验得到的产品临界速度变化 ΔV_c 来评估不会使产品损坏的自由跌落高度范围(EFFDR),它表示了未经包装的产品可以经受的跌落高度。

$$H=\left(\frac{\Delta V_c}{1+e}\right)^2\frac{1}{2g} \tag{8-18}$$

式中,e 为地面与产品碰撞时的弹性恢复系数(一般 $0.25\leqslant e\leqslant 0.75$);$g$ 为重力加速度。

当产品在流通过程中跌落高度小于 H 时,就不需要缓冲包装。

8.3.1.4 使用缓冲包装材料进行的产品机械冲击脆值试验方法

在实际的包装设计中,产品受到的跌落冲击一般为半正弦波形,该试验的试验机应能释放包装件,使其自由跌落而产生预定的冲击。并且冲击速度可以调节,其最大等效跌落高度为 1.5 m,应具有提升、下降的装置,在提升或下降的过程中不应损坏试验样品。可使用如图 8-20 所示的零跌落试验机完成。测试系统由加速度传感器、信号放大器和显示记录器

组成，要求能显示并记录产品冲击的加速度一时间历程。要有适当的加速度量程，在试验中不得出过载现象，测试系统的低截止频率应不大于 5 Hz，高截止频率应不小于 1 kHz，测试系统的精度在±5%之内。冲击面为水平平面，试验时不移动不变形，质量至少为试验样品质量的 50 倍整块物体；要有足够大的面积，以保证试验样品完全落在冲击面上；冲击面上任意两点的水平高度差不得超过 2 mm；冲击面上任意 100 mm^2 的面积上放置质量为 10 kg 的物体时，其变形量不得超过 0.1 mm。

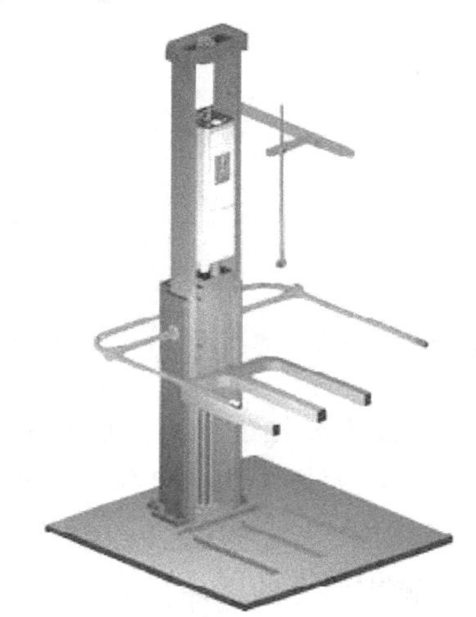

图 8－20　零跌落试验机

试验时产品一般应在检验合格的产品中随机抽取，不允许采用模拟样品，可使用不影响产品冲击脆值的次品替代，用外包装容器及缓冲材料包装试验样品，推荐采用实际运输时使用的外包装容器和缓冲材料以及缓冲方式，也可采用任何一种适合装运试验样品的外包装容器及缓冲材料。外包装容器应能容纳试验样品及缓冲材料。优先选用厚度为 10～25 mm 的弹性或弹塑性的平板缓冲材料。如果在每次冲击试验中更换缓冲衬垫，亦可以使用塑性的材料。对产品包装件进行温湿度预处理。

试验步骤：

(1)把试验样品和缓冲衬垫按正常放置状态包装在选定的容器中。在试验样品的冲击方向上应有较厚的衬垫，以免在第一次冲击时发生损坏。用同样的缓冲材料防护试验样品的其他面，以减小试验时的二次冲击。

(2)根据实际运输环境选择跌落高度，典型的冲击速度的等效跌落高度范围为 100～1200 mm，可根据 GB/T4857.18 选择试验跌落高度的试验强度值。

(3)如果已知产品在实际运输中总是受到某一方向的冲击，则仅要求进行与此同向的试验。如果方向不定，则首先选定一个冲击方向进行试验。

(4)加速度传感器应紧固在靠近缓冲衬垫支撑面上的产品的刚性基础上，且必须使其敏感轴线在冲击方向上。

(5)把经缓冲包装的试验样品放置在试验机上，提起试验样品至所需的跌落高度位置，并按预定状态将其支撑住。提起高度与预定高度之差不得超过预定高度的±2%。释放试验样品，进行一次冲击试验，记录加速度一时间历程，如图 8－21 所示。

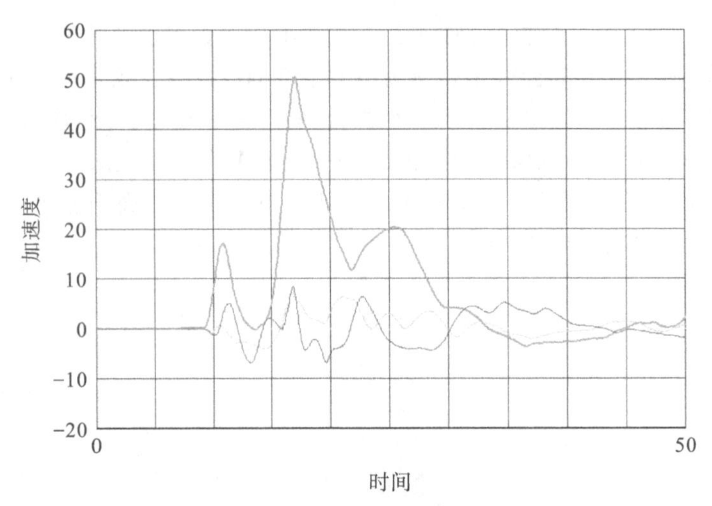

图 8-21　典型的加速度—时间曲线

(6)拆开包装,对试验样品进行检查和性能测定,确定是否发生了损坏。如果试验样品发生损坏,取试验样品出现损坏前一次的最大加速度作为临界加速度。

(7)如果试验样品未发生损坏,则按下列方法之一重新包装试验样品。

第一种方法:减薄试验样品冲击方向上的缓冲衬垫的厚度,把所减少的缓冲衬垫移到顶部(或者在试验样品的顶部增加适当厚度的缓冲衬垫),以保证包装容器内缓冲材料的总厚度不变。但应避免试验中试验样品触底;

第二种方法:按原包装状态重新包装试验样品。

在每次试验后,如果包装容器或缓冲材料发生损坏,则必须更换新的包装容器或缓冲材料。

(8)对试验样品重新包装后,增加冲击强度,重复(5)～(7)步骤,直至试验样品发生损坏。

增大冲击强度的方法有下列两种。

①当采用(7)第一种包装时,不改变跌落高度;

②当采用(7)第二种包装时,为产生更大的冲击强度,增大跌落高度。这种方法可能导致较大的误差,因而跌落高度的增加值要适当,不要增加过大,跌落高度的增加可根据GB/T 4857.18选择。

(9)确定脆值。将该脆值定义为产品用类似的包装材料、包装结构进行包装,在此试验跌落高度与试验方向上的冲击脆值。

8.3.2　产品振动试验

通过试验测定产品的频率响应特性是包装设计过程中的重要环节。通常是运用正弦扫频振动试验方法确定被测产品的频率响应,找出产品共振频率及参与共振的部件。将这些信息应用于缓冲包装设计,可使运输过程中的振动在产品共振频率附近得到最大限度衰减,以尽量减少运输过程中振动引起的产品损坏。同时由试验得到的数据可以作为改进产品设计的依据,这一点在产品频率响应特性要求过高的缓冲包装费用的情况下尤为重要。

8.3.2.1　振动试验系统

振动台是振动试验的核心设备。为使被试验物体产生可控的、符合预期要求的振动，要求振动台能够在一定频率范围内提供波形良好、幅值足够的交变力和一定的稳定力。交变力使试件产生所需要的加速度。稳定力用于抵消试件自身质量。

常用的振动台有机械式、电动式和电液式三类，如图 8-22 所示。

(a) 机械式

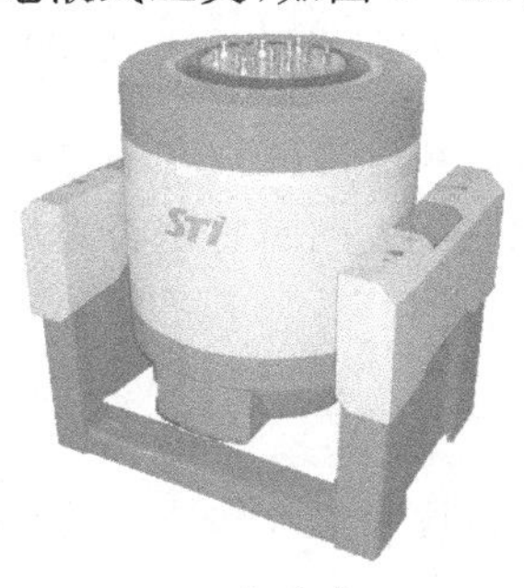

(b) 电动式

(c) 电液式

图 8-22　振动台

机械式振动台的输出波形差，上限频率低，最大位移幅值小，难以满足运输包装振动试验要求；电动振动台输出频率范围宽，波形好；电液振动台的突出优点是容易做到大推力、大位移，低频响应好。

振动台的主要技术指标：最大推力、工作频率范围、最大负荷、最大加速度、最大速度、最大位移等，在选择、使用振动台时要对上述指标综合考量。使用中应掌握振动台推力与加速度的关系，位移、速度、加速度与频率的关系，且不得超出指标范围使用。

推力与加速度有如下关系

$$F=(m_1+m_2)a \tag{8-19}$$

式中，F 为振动台的推力(N)或(kgf)；m_1 为运动部件质量(kg)；m_2 为试件及夹具质量(kg)；a 为加速度(m/s^2)或(g)。

振动台给出的最大加速度是空载时得出的。加载后振动台所能获得的最大加速度就要降低，降低的程度与负荷有关。振动台的推力—负载—加速度之间的关系见图 8-23。

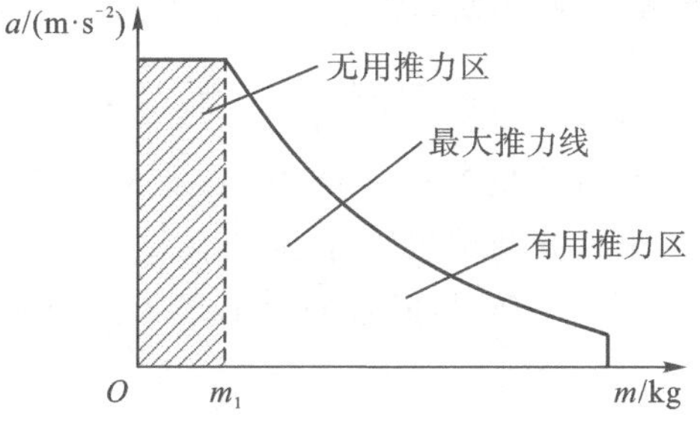

图 8-23　推力—负载—加速度关系

在正弦振动中，位移、速度、加速度的幅值与频率间有如下关系：

$$V = A\omega = \frac{2\pi Af}{10^3} \quad (m/s) \tag{8-20}$$

$$a = A\omega^2 = \frac{A\,(2\pi f)^2}{10^3} = 2\pi fV \quad (m/s^2) \tag{8-21}$$

式中，a 为加速度幅值（m/s^2）；A 为位移幅值（mm）；f 为频率（Hz）。

工程上常用重力加速度的倍数来表示加速度，所以式（8－21）又可写为

$$a = \frac{A\,(2\pi f)^2}{9.8 \times 10^3} = 0.004Af^2 \quad (g) \tag{8-22}$$

表 8－4 给出了一种专为低频运输试验设计的 DY－300 电动振动台的技术参数，首先分析该振动台的基本性能，在此基础上判断它是否满足包装振动试验的要求。利用式（8－20）计算最大位移和最大速度的交越频率

$$f_{AV} = \frac{V \times 10^3}{2\pi A} = \frac{1.5 \times 10^3}{2\pi \times 20} = 11.9 \quad (Hz)$$

利用式（8－21）计算最大速度和最大加速度的交越频率

$$f_{Va} = \frac{a}{2\pi V} = 38.9 \quad (Hz)$$

表 8－4　DY－300 电动台技术参数

振动频率范围/Hz	2～2000
额定正弦推力/kN	2.94
额定随机推力/（kN/ms）	2.058
最大加速度/（m/s^2）	367
最大速度/（m/s）	1.50
最大位移/mm_{p-p}	40
最大载荷/kg	130
运动部件质量/kg	8

DY－300 电动振动台在 11.9 Hz 以下可以工作在最大位移状态；在 11.9～38.9 Hz 可以工作在最大速度状态；只有在 38.9 Hz 以上频率才可以工作在最大加速度状态。此外载荷对于振动台输出最大加速度的影响明显，当试样重量达到最大载荷 130 kg 时，根据式（8－19）

$$a_{max} = \frac{F_{max}}{m_1 + m_2} = \frac{2.94 \times 10^3}{8 + 130} = 21.3 \quad (m/s^2)$$

这时振动台最大加速度从空载时的 367 m/s^2 降为 21.3 m/s^2。

产品、缓冲材料和包装件的振动试验要求振动台提供定加速度（0.5g），频率为 3～100 Hz 的定频或扫频振动。DY－300 是能够满足上述工作条件的。图 8－24 为常见的电动式振动台结构图。

8.3.2.2　产品振动试验方法

为使测试结果有一定的统计精度，试件数量应不少于 5 件。一般来说对于大规模生产增加采样数量是有益的。测量加速度传感器应安装在产品中敏感的部位（重要、易损部位），

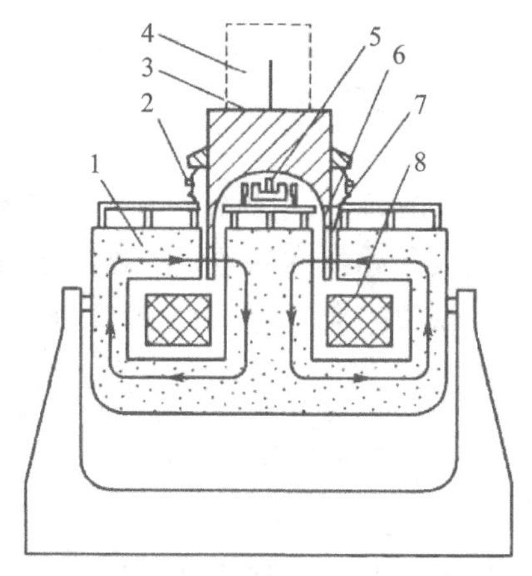

1—磁屏蔽；2—弹簧；3—台面；4—试样；5—拾振器；6—驱动线圈；7—环形气隙；8—激励线圈。

图 8-24　电动式振动台

传感器对产品被测部位频率响应特性的影响应尽可能小。所用传感器质量要远小于产品被测部位的质量，必要时应采用微型加速度传感器，要考察产品内部构件的频率响应时，可以在产品的非关键部位开孔，或去掉部分不重要的外壳。例如测试电视机显像管颈部的频率响应时，可以打开后盖安装好传感器，再盖上后盖。可以用在安装传感器的部位拆掉部分零件(与传感器质量相当)，使试验结构在加装传感器前后的力学特性一致。

将试件紧固在振动试验台面。当安装方法可能影响产品频率响应特性时可使用缓冲垫(见图 8-25)。

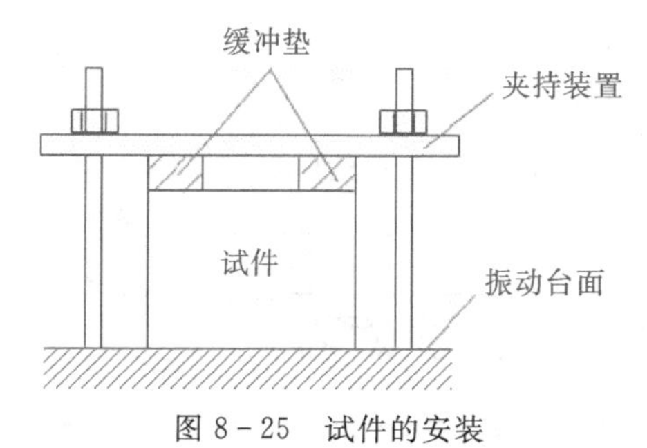

图 8-25　试件的安装

试验所采取的振级和频率：

定加速度　$0.1g \sim 0.5g$

频率　3～100 Hz

ASTM，ISO 等标准中规定试验为正弦定加速度扫频试验过程。定加速度 $0.5g$，频率范围 3～100 Hz，以 1/2 倍频程/min 扫频速率往复扫描一次。

由于有 $f_1(1+\lambda)^t = f_2$

所以一次单向扫频时间为

$$t = \frac{\lg f_2 - \lg f_1}{\lg(1+\lambda)} \quad (\text{min}) \tag{8-23}$$

式中，f_1 为扫频下限频率；f_2 为扫频上限频率；λ 为倍频程数。

必要时可以重复上述扫频振动过程，并记录所有可引起共振的结构及其频率响应。当共振过强时应适当减小激励加速度。扫频振动试验确定共振频率后，可在此频率附近进行定频振动试验以确定引起共振的部件。

产品共振部位不能安装传感器时，可采用闪频仪和工具显微镜观察、测量共振部件的位移响应。应用该方法可避免加速度传感器本身重量给被测系统带来的附加误差，较精确地测定产品或部件的固有频率。设振动频率为 f_0，测量的峰-峰值位移为 $S_{P\text{-}P}$。则这时部件的加速度值为

$$a=\frac{2\pi^2 f^2 S_{p\text{-}p}}{9.8\times10^3}\quad(g)\tag{8-24}$$

式中，$S_{P\text{-}P}$ 为位移峰-峰值(mm)；f 为频率(Hz)。

在不同频率逐点将上述加速度值与激励加速度比较得到如图 8－26 的频率响应曲线。在该试验中测量点的选择可根据经验，如洗衣机的洗衣桶、电机，电冰箱的压缩机，计算机的主板、硬盘。试验过程中应根据实际情况增加测试点。

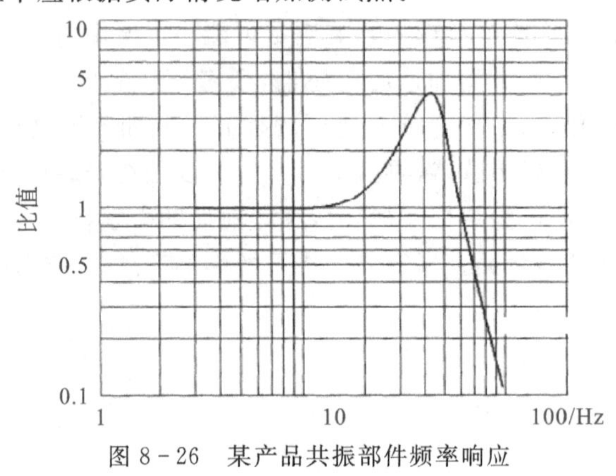

图 8－26　某产品共振部件频率响应

8.4　包装用缓冲材料特性试验

缓冲材料缓冲性能(静态及动态压缩特性)、振动传递特性、蠕变特性都需经试验得出。对常用缓冲材料通过试验得到各种性能参数，是缓冲包装设计的需要。通过大量试验数据的积累，建立常用缓冲包装材料性能数据库是一项艰巨的基础工程，这项工作的进展对提高业内缓冲包装设计水平、促进缓冲包装 CAE 的研究、规范缓冲材料生产企业质量管理都有积极的意义。

8.4.1　缓冲材料静态压缩试验

缓冲包装材料的静态压缩试验是采用在缓冲包装材料上低速施加压缩载荷的方法而求得缓冲包装材料的静态压缩特性及其曲线。缓冲效率、缓冲系数是评价缓冲包装材料的冲击吸收性的两个重要概念，对于缓冲包装设计具有指导意义。

1. 缓冲系数

缓冲材料静态压缩试验原理如图 8－27 所示。缓冲效率是一个无量纲的物理量，指在

压缩状态下单位厚度的缓冲包装材料所吸收的能量与压缩载荷之比，即

$$\eta = \frac{e/T}{F} = \frac{e}{FT} \tag{8-25}$$

式中，η 为缓冲效率；T 为试样厚度；F 为压缩载荷；e 为试样所吸收的能量。

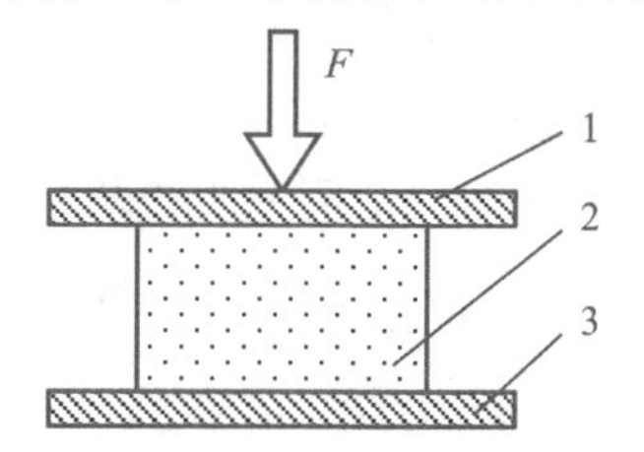

1—上压板；2—材料；3—下压板。

图 8-27　静态压缩试验原理

对于缓冲材料，可用缓冲系数来描述其静态压缩特性，缓冲系数的定义为

$$C = \frac{1}{\eta} = \frac{FT}{e} \tag{8-26}$$

$$e = \int_0^x F\mathrm{d}x = \int_0^\varepsilon A\sigma T\,\mathrm{d}\varepsilon = AT\int_0^\varepsilon \sigma\mathrm{d}\varepsilon \tag{8-27}$$

$$C = \frac{1}{\eta} = \frac{\sigma}{E} = \frac{\sigma}{\int_0^\varepsilon \sigma\mathrm{d}\varepsilon} \tag{8-28}$$

式中，C 为缓冲系数；σ 为材料所受的压应力；E 为在压应力 σ 作用下，单位体积材料的变形能。

由于 E 是 σ 的函数，缓冲系数 C 是 σ 的函数，表示为 $C=f(\sigma)$。

2. 试验材料的准备

用被试缓冲材料制备不少于 3 个尺寸相同的试样，厚度一般不小于 25 mm(当厚度小于 25 mm 时允许叠放)，面积不小于 100 mm×100 mm。试验材料如为细片状、颗粒状时，可采用图 8-28 所示的压缩箱进行试验，其面积为 150 mm×150 mm，厚度为 100 mm 以上。

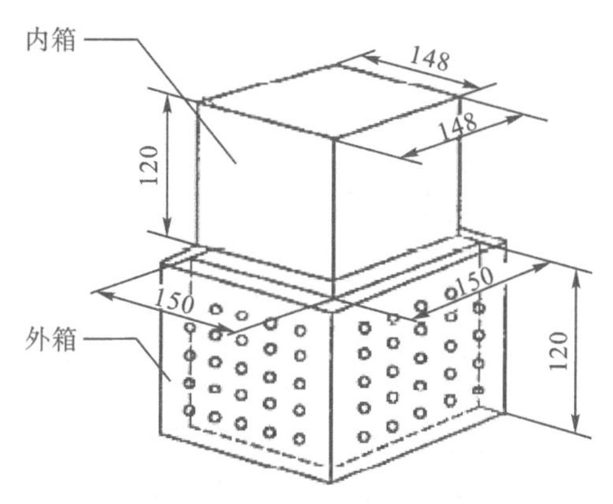

图 8-28　压缩箱结构示意图

3. 测量

对试样编号,测量并记录每个试样的长、宽、高,体积,重量,密度。长度、宽度方向用精度不低于 0.05 mm 的量具测量两端及中间三个位置的尺寸,分别求平均值(精确到 0.1 mm)。测量厚度时在试样上表面上放置一平整刚性平板,使试样受到(0.20±0.02)kPa 的压缩载荷。30 s 后用最小分度值不大于 0.05 mm 的量具测量四角的厚度,求出平均值(精确到 0.1 mm)。重量用感量 0.01 g 以上的天平秤量。试样密度为

$$\rho = \frac{m}{L \times W \times T} \quad (\mathrm{g/cm^3}) \tag{8-29}$$

式中,m 为试样质量,g(精确到 0.01 g);L、W、T 分别为式样长、宽、高度,mm(精确到 0.1 mm)。

4. 试验步骤

A 试验法:在万能材料试验机(见图 8-29)上对缓冲材料低速施压,压缩速度为(12±3)mm/min。对于丝状、粒状等试验样品,可以利用压缩箱进行试验。压缩过程中连续测量、记录压力及相应的变形,绘制出压力-变形曲线。当压缩载荷急剧增加时停止试验。卸去载荷 3 min 后测量试验样品的厚度(T_j)。

B 试验法:试验前,根据材料的性质以试验样品厚度的 20%的变形量反复压缩试验样品 10 次,卸去载荷 30 min 后测量试验样品厚度,作为试样预压缩处理后的厚度(T_P)。试验时以此作为变形原点。后面的压缩试验与 A 法相同。

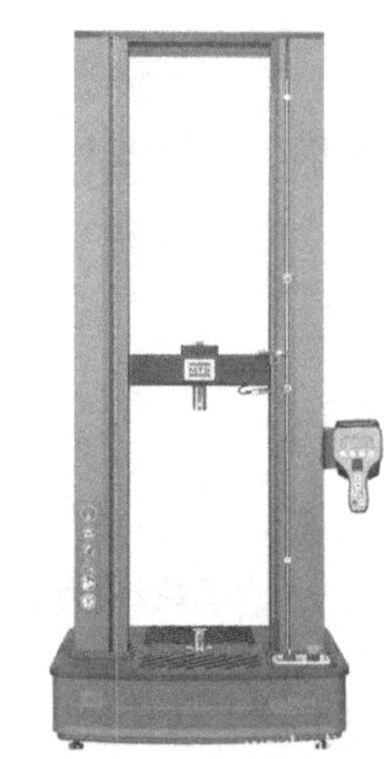

图 8-29 万能材料试验机

5. 数据处理

将试验的压力-变形曲线在同一变形量取压力的平均值,得到试验的平均压力-变形曲线。

记录压力-变形量曲线,试验的压力-变形量曲线如图 8-30 所示。

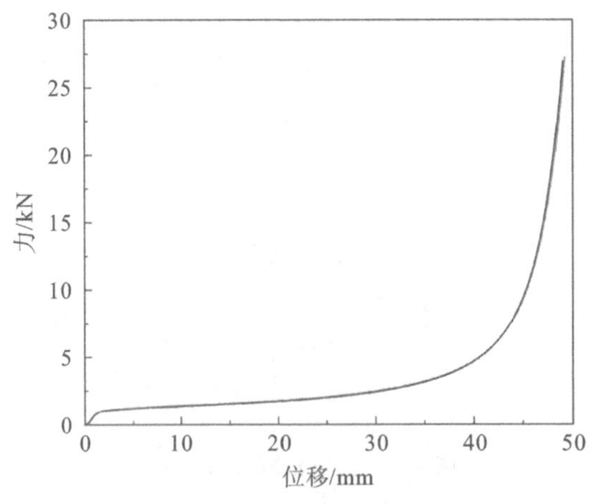

图 8-30 EPS 的压力-变形曲线

计算压缩应力

$$\sigma = \frac{P}{A} \times 10^6 \quad (\mathrm{Pa}) \tag{8-30}$$

式中，P 为压力，N；A 为试样承载面积，mm^2。

A 试验法时的应变

$$\varepsilon_a = \frac{T - T_j}{T} \times 100\% \tag{8-31}$$

式中，T 为试样初始厚度，mm；T_j 为试样试验中的厚度，mm。

B 试验法时的应变

$$\varepsilon_b = \frac{T_p - T_1}{T_p} \times 100\% \tag{8-32}$$

式中，T_p 为试样预压缩后的厚度，mm；T_1 为试样实验中的厚度，mm。

通过上面的计算，由图 8-30 可得到如图 8-31 所示 EPS 的应力应变($\sigma-\varepsilon_a$)曲线。

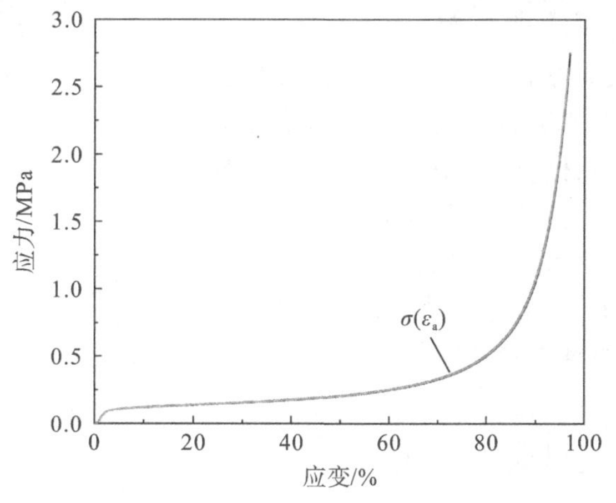

图 8-31　EPS 的应力-变形曲线

求出单位体积缓冲材料的变形能 E 与应力 σ 的关系，

$$E = \int_0^{\varepsilon} \sigma \mathrm{d}\varepsilon \tag{8-33}$$

$\sigma(\varepsilon_a)$曲线是由试验得出的，难以写出它的数学表达式，但式(8-33)的几何意义就是曲线 $\sigma(\varepsilon_a)$下的面积。因此可以用梯形积分法求出对应应力 σ 时的变形能 E(见图 8-32)。

$$\Delta E_i = \frac{1}{2}(\sigma_i + \sigma_{i+1})\Delta\varepsilon$$

$$E_n = E(\sigma_n) = \sum_{i=0}^{n} \Delta E_i$$

逐点求缓冲系数

$$C_n = \frac{\sigma_n}{E_n}(n = 1,2,3,\cdots)$$

以应力 σ 为横坐标，缓冲系数 C 为纵坐标，利用上述计算结果描点作出缓冲系数-最大应力曲线 $C-\sigma_{\max}$(见图 8-33)。

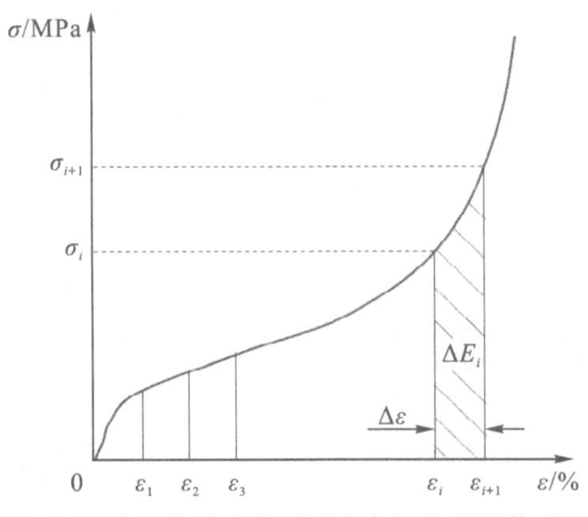

图 8-32　作图法求不同应力下的变形能 E

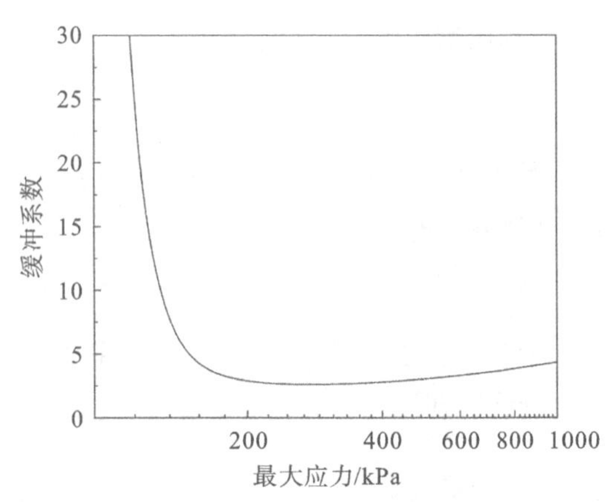

图 8-33　描点作出缓冲系数-最大应力曲线

8.4.2　缓冲材料动态压缩试验

缓冲材料用于冲击防护时经历的是动态压缩过程，采用对缓冲材料进行冲击的试验方法所取得的动态压缩数据更真实地反映了缓冲材料的冲击防护性能。动态缓冲特性是指从预订高度自由跌落的重锤对缓冲包装材料施加冲击载荷时重锤所承受的最大加速度，试验如图 8-34 所示。重锤冲击过程中，如果忽略热能形式的耗散，重锤的跌落高度处所具有的重力势能就等于缓冲材料的变性能 e。

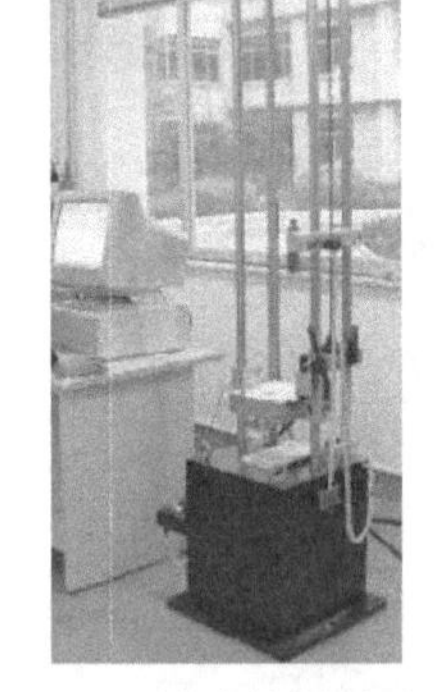

图 8-34　缓冲材料冲击试验

$$e = AT\int_0^{\varepsilon}\sigma \mathrm{d}\varepsilon = WH \tag{8-34}$$

式中，W 为重锤质量；T 为试样厚度；A 为试样的承载面积；H 为重锤的跌落高度。

则缓冲系数

$$C = \frac{\sigma_{\mathrm{m}}}{\int_0^{\varepsilon}\sigma \mathrm{d}\varepsilon} = \frac{\frac{W}{A}G_{\mathrm{m}}}{\frac{WH}{AT}} = \frac{G_{\mathrm{m}}T}{H} \tag{8-35}$$

其中最大应力

$$\sigma_{\mathrm{m}} = \frac{W}{A}G_{\mathrm{m}} \tag{8-36}$$

使用缓冲材料冲击试验机对试验样品施加动态载荷。冲击试验机的冲击滑台面积不小于 200 mm×200 mm，滑台的加载范围应满足测量的需要(一般为 5 kg～50 kg)。释放机构应使滑台保持自由跌落状态。滑台跌落时应有导向机构及防止滑台二次冲击的制动机构。

1. 试样制备

试验材料准备方法同上节相同，所不同的是试样数量。一般要设置 5～8 个试验应力点，才能得到一种厚度的材料在一定跌高 H 时的最大加速度－静应力曲线。若每个试验应力点做 5 个试样，共需 25～40 个试样。

2. 动态压缩试验方法

将试样放置在试验机底座上，设置好冲击滑台总重量和跌落高度。然后释放冲击滑台对试样实施冲击。连续进行 5 次冲击，每次间隔时间应大于 1 min。若要求在特定条件下进行试验，应确保每次冲击时的试验条件满足特定条件。试验过程中，未达到 5 次冲击时就已确认试验样品发生损坏或丧失缓冲能力时，则中断试验。用安装于冲击滑台的加速度传感器及配套的显示、记录仪器(或计算机数据采集系统)显示各次冲击加速度一时间波形，记录各次冲击的最大加速度值，计算 2～5 次冲击最大加速度的平均值 $G_{m2\text{-}5}$，3 min 后再次测量试验后的试样厚度 T_d，并计算动态残留应变

$$\varepsilon = \frac{T - T_d}{T} \times 100\% \tag{8-37}$$

计算静应力

$$\sigma_{st} = \frac{Mg}{A} \times 10^6 \tag{8-38}$$

式中，M 为重锤的质量(重锤质量精确到 30 g)，单位为 kg；g 为重力加速度，单位为 m/s^2；A 为试样受冲击面积，mm^2。

在同一冲击质量下对 5 个试样各进行 5 次冲击，计算 5 个试样 2～5 次最大冲击加速度的平均值 $\bar{G}_{m2\text{-}5}$。在横坐标为坐标 σ_{st}，纵坐标为加速度 A 的坐标纸上标出本次应力下的平均最大加速度值 $\bar{G}_{m2\text{-}5}$。

改变砝码质量，对下一组 5 个试样重复上述试验。完成所有试验后，对标出的试验点进行曲线拟合得到该跌落高度下的最大加速度-静应力($G_m - \sigma_{st}$)曲线。

表 8 - 5 给出了一组试验数据。试样是密度为 0.0226 g/cm^3，厚度 50 mm 的 EPS。试验跌落高度 60 cm。每个应力点对两块试样试验，每个试样冲击 5 次。图 8 - 35 是对 7 个试验点拟合得到的 $G_m - \sigma_{st}$ 曲线。

表 8 - 5　动态压缩试验数据

编号	1	2	3	4	5	1～5 平均 /g	2～5 平均 /g	静应力 /10^5 Pa
	(g)							
11	105.48	104.99	118.48	119.71	119.13	114.224	115.929	0.0142
12	109.33	111.88	116.87	120.38	115.99			
21	80.17	87.25	90.11	89.19	87.87	83.777	84.984	0.0244
22	77.73	78.60	82.92	78.69	85.24			
31	52.82	56.36	59.55	70.72	69.43	58.034	60.304	0.0413
32	45.09	50.18	59.54	58.51	58.14			
41	37.14	41.98	49.84	54.85	52.17	46.794	49.659	0.0776
42	33.53	41.99	47.98	53.24	55.22			
51	31.77	40.63	49.26	54.74	57.73	46.765	50.636	0.0921
52	30.79	40.43	49.56	54.99	57.75			

续表

编号	1	2	3	4	5	1～5 平均 /g	2～5 平均 /g	静应力 /10^5 Pa
	(g)							
61	29.52	42.55	55.44	61.75	65.00	50.910	56.547	0.1139
62	27.20	43.00	55.87	62.25	66.52			
71	27.01	48.44	66.52	77.35	83.11	61.730	70.257	0.1501
72	28.23	50.59	69.45	80.37	86.23			

在相同跌落高度下对不同厚度的同一材料重复上述试验，就可以得到在同一跌落高度下的一族 $G_m-\sigma_{st}$ 曲线。利用最大加速度-静应力曲线进行缓冲包装设计是一种简便、实用的方法。但即便同一材料在不同跌落高度、不同厚度时 $G_m-\sigma_{st}$ 曲线也不相同。要为一系列缓冲材料提供完整的 $G_m-\sigma_{st}$ 曲线图表，就要有巨大的试验工作量支撑。为减少试验工作量我们可以由 $G_m-\sigma_{st}$ 曲线转换到动态缓冲系数($C-\sigma_m$)曲线。

在 $G_m-\sigma_{st}$ 曲线上 H、T 均为常数，利用公式就可完成 $G_m-\sigma_{st}$ 曲线到 $C-\sigma_m$ 曲线的转换。由图 8－35 转换得到图 8－36 所示 $C-\sigma_m$ 曲线。缓冲材料动态压缩试验工作量大，试验数据多，数据处理及曲线拟合工作繁杂。

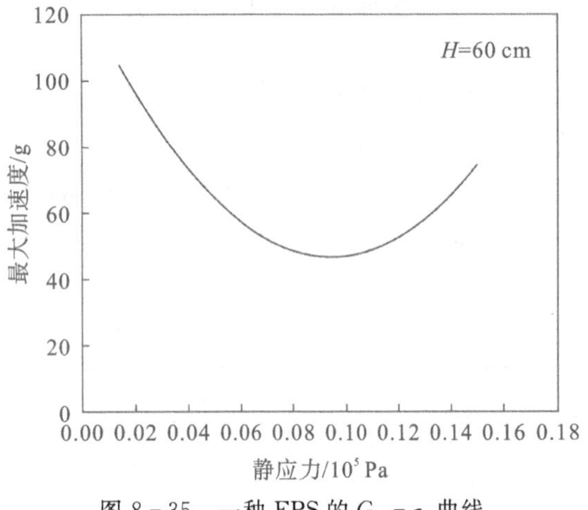

图 8－35　一种 EPS 的 $G_m-\sigma_{st}$ 曲线

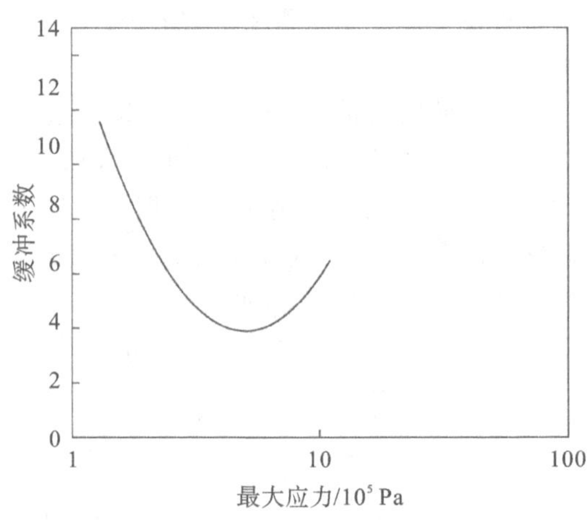

图 8－36　动态缓冲系数-最大应力曲线

最大加速度-静应力曲线、静态缓冲系数和动态缓冲系数这三种描述缓冲材料性能的曲线都有应用。相比之下最大加速度-静应力曲线最真实地反映了缓冲材料在特定条件下的动态压缩性能，在缓冲包装设计时应优先使用；其次是动态缓冲系数，在导出动态缓冲系数时将试验跌落高度和材料厚度作为常数，减少了试验工作量，以更简洁的方式描述缓冲材料性能，代价是当缓冲设计时若跌落高度和材料厚度与试验值不同时会有一定误差。静态缓冲系数是由静态压缩试验得出的，与实际动态压缩过程有较大误差，只有在缺乏前两类设计资料时才使用。

8.4.3　缓冲材料振动传递特性试验

为了解包装件的振动情况或进行缓冲包装设计，都需要研究缓冲材料的振动传递特性。

缓冲材料的振动传递率与材料的材质、厚度及所承受的静压力有关。缓冲材料不是理想弹性体，通常通过试验得出其振动传递特性。

当缓冲材料的材质、厚度、静压力确定后，其振动传递特性就是确定的。振动传递率定义为响应加速度与激励加速度之比。

试验样品的上、下底面积分别为 200 mm×200 mm(可根据实际情况增减)。试样厚度根据需要选择。试验样品的数量一般根据试验结果要求的准确度和试验样品材料来选定。一组试验样品的数量应不少于3件。长、宽分别用最小分度不小于 0.05 mm 的量具测量并记录每个试样的两端及中间位置的尺寸，分别求出平均值，并精确到 0.1 mm。测量厚度时在试样上表面上放置一平整刚性平板，使试样受到(0.20±0.02)kPa 的压缩载荷。30 s 后用最小分度值不大于 0.05 mm 的量具测量四角的厚度，求出平均值(精确到 0.1 mm)。重量用感量 0.01 g 以上的天平秤量，并计算密度。

缓冲材料振动传递特性试验系统如图 8-37 所示，取两块相同的试样，根据试验所需静应力选择合适重量的质量块(面积应大于试样面积)，按图中放置形式置于振动台面上。在振动台面上和质量块上各安装一个加速度传感器。在上部试样上表面放置一刚性平板，一般使上部试样受到 0.7 kPa 的静压力，并将平板与振动台表面固接。为防止试验过程中试样和质量块移位，可以加装固定装置(见图 8-38)。试验时采用正弦定加速度扫频振动。激励加速度一般定为 0.5 g，试验过程中若产生过强共振可降低激励加速度。从下限频率 3Hz 开始扫频振动试验，经过共振点，直到所测得振动传递率减小到 0.2 以下停止试验。扫频速率为 1/2 倍频程/min 或 1 倍频程/min。试验过程中记录质量块的加速度和振动台台面的加速度，传递率及与之对应的频率。以传递率为纵坐标，频率为横坐标绘出传递率一频率曲线。传递率为

$$T_r = \frac{A_R}{A_I} \tag{8-39}$$

式中，A_I 为激励加速度；A_R 为响应加速度。

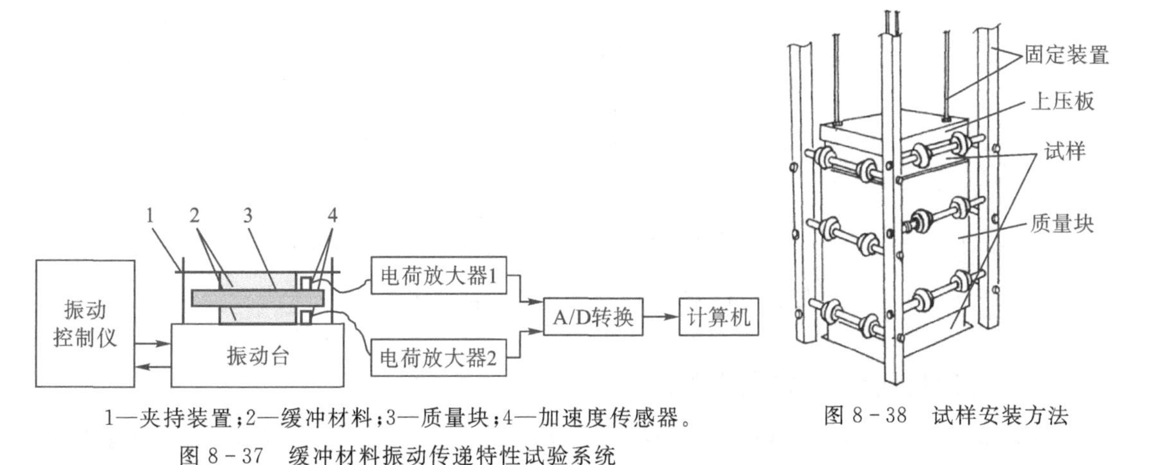

1—夹持装置；2—缓冲材料；3—质量块；4—加速度传感器。

图 8-37　缓冲材料振动传递特性试验系统

图 8-38　试样安装方法

对其余组试样在相同条件下完成试验，在同一频率坐标下对传递率求平均得到传递率-频率曲线。

试样承受静应力对传递率的影响:对于相同的试样,当试验应力不同时,其共振频率、共振频率处的传递率和放大区的频率范围都会发生变化。通过对多个应力点重复上述扫频试验,得到一系列传递率曲线,据此可以得出如图 8-39 所示的缓冲材料振动传递特性与静应力的关系图。其中横坐标是静应力,纵坐标是频率,上、下两条曲线间的区域是振动放大区,该区域中间的曲线是共振频率 f_n 随静应力的变化曲线(谐振线)。在缓冲包装设计中我们利用该关系图通过改变设计静应力来控制包装件的共振特性。

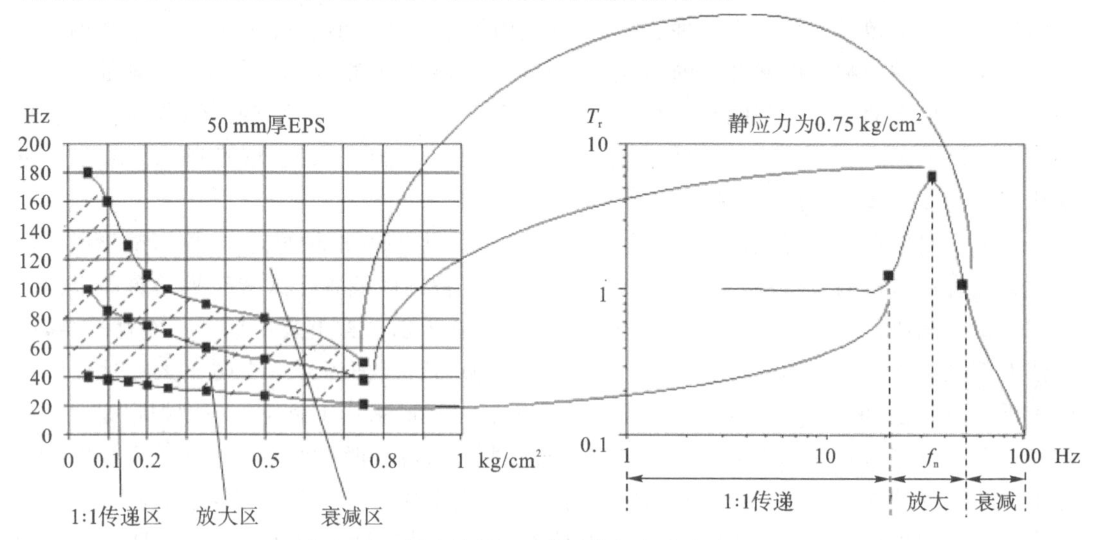

图 8-39　缓冲材料振动传递特性与静应力的关系

对于同一种缓冲材料,当厚度不同时它的振动传递特性也不同。为同时研究应力和厚度对振动传递特性的影响,可以将不同厚度的缓冲材料(同一材质)重复上述试验,并将不同厚度材料的谐振线绘制在同一坐标系形成一族曲线(见图 8-40)。通过上面的分析可以得出这样的结论:对同一缓冲材料,共振频率 f_n 随应力增大而减小,随厚度增加而减小。

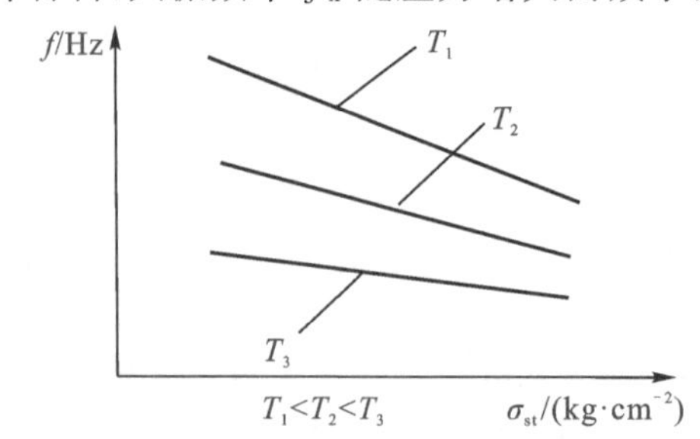

图 8-40　缓冲材料振动传递特性与厚度的关系

8.4.4　缓冲材料蠕变性能试验

在一定温湿度和恒定静应力作用下,缓冲材料形变随时间的变化而逐渐增大的线下称为蠕变性能。

蠕变性能试验应使用如图 8-41 所示的试验设备,其主要由试验架、配重块及量具等组成。

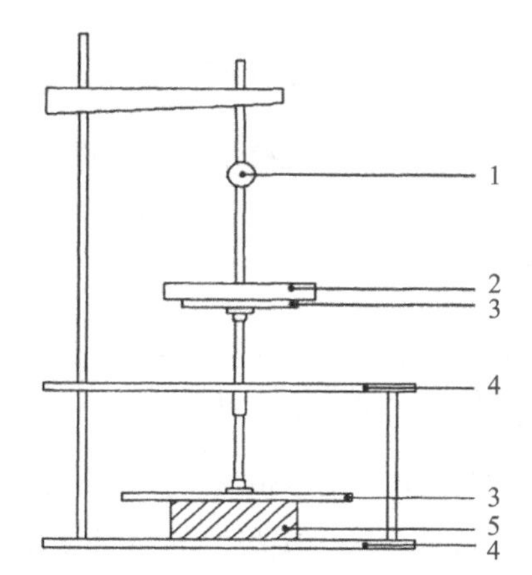

1—量具；2—配重块；3—活动压板；4—基板；5—试样。

图 8-41　试验设备结构示意图

1. 试验架

试验架应符合下列要求：

(1)试验架包括刚性基板和活动压板，活动压板上能够放置配重块施加压力，且所施加的载荷应在活动压板的几何中心点处。活动压板应不受任何外力影响；

(2)基板和活动压板的最小尺寸为 120 mm×120 mm。

2. 配重块

配重块应为表面平整的直方体结构，应由金属制成，以保证具有正常试验的刚度和强度，其质量精确为 0.1 kg。

3. 量具

量具精度应不低于 0.02 mm，安装在基板或试验架框架上，对活动压板变化进行连续测量。

4. 试验制备

试样一般为规则的直方体，上、下底面积应不小于 25 cm^2 且不超过试验架基板的面积。试样厚度应不超过横向尺寸的一半，且不小于 25 mm。试样的推荐尺寸为 100 mm×100 mm×50 mm。数量不少于 3 件。按要求分别测量并记录每个试样的长、宽、厚度，重量，密度。试验前对试样进行温、湿度预处理。根据材料面积和需要的试验静应力选择配重块。

5. 试验步骤

试验时，按照要求安装试验设备，当活动压板与基板接触时，将量具放置在活动压板的几何中心处并调零。抬起活动压板，将试样放置在活动压板与基板之间，且应放置在压板的中心位置。将确定的配重块放置在活动压板上向试样施加压力，开始计时。施加载荷(60±5)s 后，在试验架中心位置测量样品的厚度，将此厚度作为试样加载下的初始厚度(T_i)，然后再施加载荷 6 min、1 h、24 h、96 h、168 h 及其他所需时间测量加载状态下的试样厚度，作为规定时间间隔时的试样厚度(T_d)。可缩短时间间隔测量更多数据。

特定时间点样品的蠕变由下式计算

$$\varepsilon = \frac{T_i - T_d}{T_i} \times 100\% \tag{8-40}$$

式中，ε 为蠕变(%)；T_i 为加载下的试样初始厚度(mm)；T_d 为特定时间点的试样厚度(mm)。

最后绘出蠕变对应时间的关系曲线。

8.5 运输包装件的性能试验

运输包装件性能试验是根据流通过程中包装件所受的载荷，在实验室内进行模拟或重现运输环境中的危害因素，并通过试验来判定包装的功能是否符合使用要求，检验包装件是否符合标准要求，研究包装件破损的原因和预防措施，来改进包装、提高包装质量、减少产品的损坏，运输包装件的测试项目如表 8-6 所列。

试验步骤是根据运输包装件在流通环境中所受载荷的影响，确定其试验目的，再根据表 8-6 适当地选择试验项目，确定试验顺序，制定试验大纲；同时要对试验设备、条件、试验时间、试验样品数量、费用等诸多因素进行考虑及确定。试验样品的数量一般可由用户提供，或由检验单位工作人员在生产厂成品库或流通领域中(如仓库、货架上)随机抽取，每项试验的样品数不得少于 3 件，对样品进行编号，并对其各部位进行标注后按要求的环境条件进行温度、湿度处理，再逐项按试验大纲所制定的项目进行试验。在进行温度、湿度预处理后，如标准要求试验时的温度、湿度应与预处理时温度、湿度相同，而实际条件达不到，则此时被试包装件必须在温度、湿度预处理完毕后 5 min 内开始进行试验。每项试验完成后，要逐一检查包装及内装物是否损坏，并做详细记录。试验报告应包括试验用包装件的详细说明，温度、湿度预处理条件，试验仪器及设备说明，试验量级，试验步骤，包装或产品损坏的文字图片说明等内容。

表 8-6　运输包装件的试验项目

序号	试验项目	确定量值因素	试验设备	标　准
1	温度、湿度预处理	环境温度，环境相对湿度，时间	环境温湿度气候箱	GB/T4857.2《包装　运输包装件　温湿度调节处理》
2	堆码试验	载荷，持续时间，环境条件	静载荷	GB/T4857.3《包装　运输包装件　静载荷堆码试验方法》
3	压力试验	最大载荷，压板移动速度，环境条件	压力试验机	GB/T4857.4《包装　运输包装件　压力试验方法》
4	振动试验	频率(定频、变频)，加速度或位移幅值，持续时间，环境条件	机械振动台，电动振动台，电液振动台	GB/T 4857.7《包装　运输包装件　正弦定频振动试验方法》 GB/T 4857.10《包装　运输包装件　正弦变频振动试验方法》 GB/T 4857.23《包装　运输包装件　随机振动试验方法》

续表

序号	试验项目	确定量值因素	试验设备	标　准
5	水平冲击试验(斜面、吊摆、可控水平冲击)	水平速度、冲击次数、冲击面上附加障碍物,吊摆质量,环境条件	斜面冲击机,吊摆冲击机,可控水平冲击机	GB/T4857.11《包装　运输包装件　水平冲击试验方法》 GB/T4857.15《包装　运输包装件　可控水平冲击试验方法》
6	喷淋试验	喷淋水量,持续时间	喷淋箱或喷淋室	GB/T4857.9《包装　运输包装件　喷淋试验方法》
7	跌落试验	冲击高度,冲击次数,包装件状态,环境条件	跌落试验机,垂直冲击试验机	GB/T4857.5《包装　运输包装件　跌落试验方法》
8	倾翻与滚动试验	倾翻顺序与次数,滚动顺序与次数,环境条件	冲击台面	GB/T 4857.6《包装　运输包装件　滚动试验方法》 GB/T 4857.14《包装　运输包装件　倾翻试验方法》

8.5.1　各部位标示方法

运输包装件(以下简称包装件)在进行试验时需对各部位进行标示。GB/T 4857.1《包装　运输包装件基本试验　第 1 部分:试验时各部位的标示方法》规定了平行六面体包装件、圆柱体包装件、袋体包装件、封套体包装件及其他形状包装件的部位标示方法。

1. 平行六面体包装件

包装件应按照运输时的状态放置,如运输状态不明确,则应将包装件按照最稳定的状态放置。放置后,包装件上有垂直于水平面的接缝时,应将其中任意一条接缝立于标注人员右侧;接缝平行于水平面或无接缝时,应将其任一较小端面对着标注人员。标示方法见图 8 - 42,上表面标示为 1 面;右侧面标示为 2 面;底面标示为 3 面;左侧面标示为 4 面;近端面标示为 5 面;远端面标示为 6 面。棱由组成该棱的两个面的号码表示,如 1—2 棱指包装件 1 面和 2 面相交形成的棱。角由组成该角的三个面的号码表示,如 1—2—5 角指包装件 1 面、2 面和 5 面相交组成的角。

2. 圆柱体包装件

包装件按直立状态放置,标示方法如图 8 - 43 所示。圆柱体的顶面两个相互垂直直径的四个端点用 1、3、5、7 表示,圆柱体底面相对应的四个端点,用 2、4、6、8 表示。这些端点分别联成与圆柱体轴线相平行的四条直线,各以 1—2、3—4、5—6、7—8 表示。如果圆柱体上有接缝,应将其中的一个接缝放在 5—6 线位置上,其余按上述方法顺序进行标示。

3. 袋体包装件

包装件应卧放,袋的底部面对标注人员。如袋体包装件上有纵向合缝,当其在中间时应

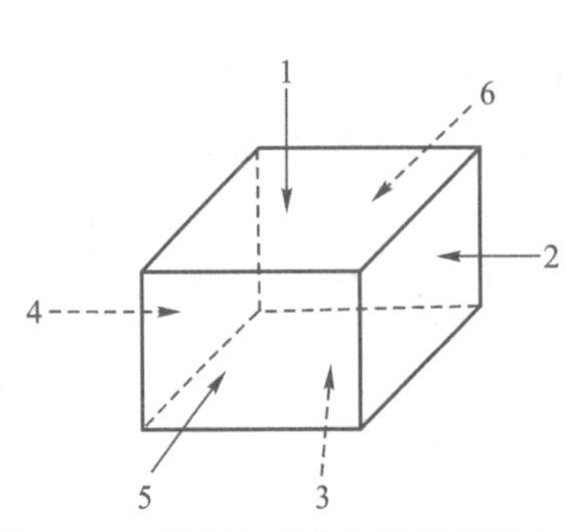

图 8-42 平行六面体包装件标示方法

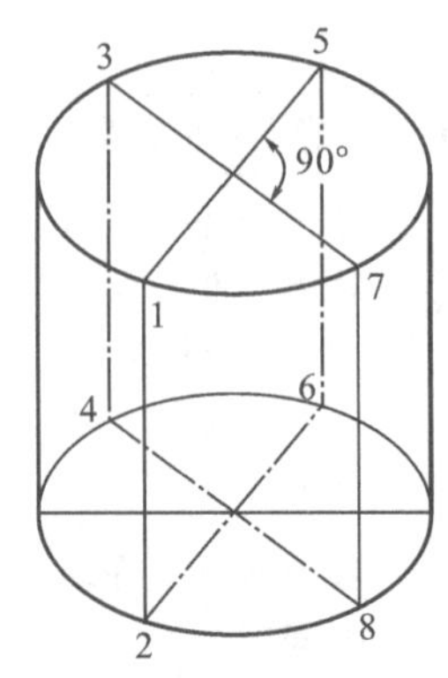

图 8-43 圆柱体包装件标示方法

将其朝下放置;当其在边上时,应将其置于标注人员的右侧。标示方法见图 8-44。包装件的上表面标示为 1 面;右侧面标示为 2 面;下面标示为 3 面;左侧面标示为 4 面;袋底(即面对标注人员的端面)标示为 5 面;袋口(装填端)标示为 6 面。

4. 封套体包装件

包装件应卧放,封套的开口端面对标注人员。封口处向上放置。标示方法见图 8-45。上表面标示为 1 面;右侧棱标示为 2 棱;下表面标示为 3 面;左侧棱标示为 4 棱;信封开口端标示为 5 棱;5 棱的对面棱标示为 6 棱。

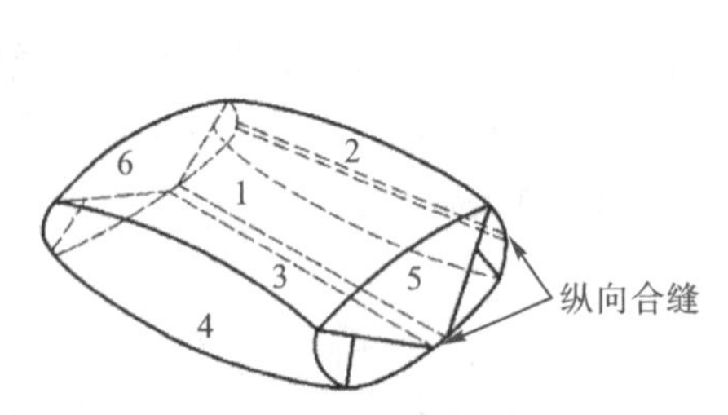

图 8-44 袋体包装件标示方法

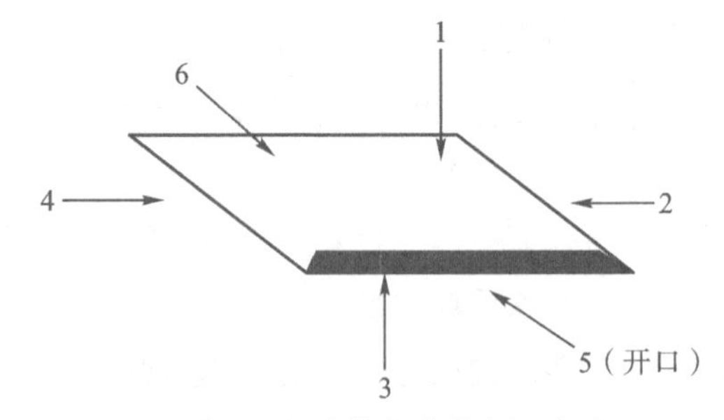

图 8-45 封套体包装件标示方法

5. 其他形状的包装件

其他形状包装件,可根据包装件的特性和形状,按上述方法之一进行标示。也可协商确定。

8.5.2 包装件堆码试验

在运输、装卸和存贮过程中,包装件都是以堆码形式存在,因而在包装件之间产生静载荷,即堆码载荷。包装件承受的堆码载荷一部分由包装容器承载,一部分由内装物承载。堆码试验的目的是考核包装件能否承受预定的堆码载荷强度,及在堆码载荷强度下对内装物的保护性能。

堆码试验中,用两种方法向试样施加载荷。一种是静载荷,直接模拟包装件在实际堆码高度下所承受的最大负荷,另一种是用压力试验机加载。无论用哪种方法,首先都要确定加于包装件上的压力的大小。

根据储运方式确定堆码高度及堆码载荷 P_s：

$$P_s = \frac{G(H_0 - h)}{h} \quad (\mathrm{N}) \tag{8-41}$$

式中，G 为包装件的重量(N)；H_0 为堆码高度(m)，由表 8－7 确定；h 为包装件高度(m)。

表 8－7　堆码高度及试验持续时间

项目	试验优选参数
堆码高度/m	1.50、2.00、2.50、3.50、5.00、7.00
堆码时间/d	1、2、3、7、14、21、28

则堆码层数为

$$N_{\max} = \frac{P_s}{G} + 1 \tag{8-42}$$

考虑到包装件的储存期和储存条件，实际试验时所加的压力为

$$P = KP_s = K\frac{G(H_0 - h)}{h} \quad (\mathrm{N}) \tag{8-43}$$

式中，K 为强度安全系数，由表 8－8 确定。

表 8－8　强度安全系数

运输环境	等级 1	等级 2	等级 3
强度安全系数	3	2	1

等级 1：非常长距离运输(大于 2500 km)，或预期运输路况较差；

等级 2：长距离运输，公路、铁路设施完备，气候温和；

等级 3：短距离国内运输(小于 200 km)，预期没有特殊的危害。

8.5.2.1　静载荷堆码实验

将包装件放置于坚硬平整的地面。要求地面在 1 m^2范围内任意两点间的高度差不超过 2 mm，混凝土地面，厚度不小于 150 mm。

加载方法：

1. 包装件组

该组包装件的每一件应与试验中样品完全相同。包装件的数目应与其总质量达到合适的载荷量而定。

2. 自由加载平板

该平板应能连同适当的载荷一起，在试验样品上自由地调整达到平衡。载荷与加载平板可以是一个整体。

3. 导向加载平板

采用导向措施使该平板的下表面能连同适当的载荷一起始终保持水平。

使用自由或导向加载平板时，应使其居中置于试验样品顶部时，其各边尺寸至少应较试

验样品的顶面各边大出 100 mm，该板应足够坚硬在完全承受载荷下不变形。

使加载用包装件组、自由加载平板或导向加载平板居中置于试验样品的顶面。如果使用加载平板的方法，在不造成冲击的情况下将作为载荷的重物放在加载平板上，并使它均匀地和加载平板接触，使载荷的重心处于试验样品顶面中心的上方，重物与加载平板的总质量与预定值的误差应在±2%之内，载荷重心与加载平板上面的距离，不应超过试验样品高度的 50%。如果使用加载平板的方法，对试验样品进行测量，试验样品应在充分预加载后施加压力，以保证加载平板和试验样品完全接触，载荷应保持预定的持续时间(一般为 24 h，依材料的情况而定)或直至包装件压坏，也可按表 8-7 选择堆码高度及持续时间。试验期间按规定的测试方法记录样品的变形，除去负荷后，检查包装件及内装物的破损情况，分析试验结果。

8.5.2.2 采用压力试验机进行堆码实验

包装件压力试验机分为液压式和机械式两类，只有部分伺服电机驱动的机械式压力试验机具有堆码试验功能。堆码试验时，将试验机设置在压力闭环控制状态，把样品放置在包装件压力试验机的上、下压板中心位置，操纵台面移动，对样品施加载荷。逐渐增加负荷量，一直达到预定载荷为止或达到预定值之前包装件出现破裂为止，负荷达到预定值时，持续到预定负荷时间进行检验，最后检查包装件的变化并作记录。

上述两种试验方法是有差别的，采用静载荷加压时可能出现包装件一角或一边被首先压溃的现象。利用压力试验机试验时，由于上、下压板是平行的，则不会出现上述情况。因此砝码加压的堆码试验更符合实际堆码情况。有时我们可利用上压板可倾斜的压力试验机(上压板通过万向节与机架连接)进行该试验，这一点在试验报告中应有专门说明。

8.5.3 包装件压力试验方法

压力试验用以评定运输包装件受到压力时的耐压强度及包装对内装物的保护能力。其原理是将试验样品置于压力试验机两平行压板之间，压板以一定的速度均匀施加压力，直到试验样品发生变形、破裂或直到载荷或压板位移达到预定值为止，然后检查包装件是否损坏，并对包装件抗压能力作出评价。

试验设备及控制记录装置。液压式压力试验机特点是输出压力大，但恒速尤其是恒压控制较难实现。机械式压力试验机由伺服电动机驱动，由传动部分、压板及控制记录装置等部分组成，位移速度调节范围大。容易实现位移速度闭环和压力闭环控制。无论哪种类型的压力试验机压板应平整且表面积大于 1 m^3，当压板水平放置时，板面的最低点与最高点的高度差不超过 1 mm，压板的尺寸应大于与其接触的试验样品的尺寸。两压板之间的最大行程应大于试验样品高度。如果采用多向压板时，当试验机将施加载荷的 75%施加到压板中心 100 mm×100 mm×100 mm 的木块上，或在转座压板的情况下，施加到放置于四角的四块相同木块上时，压板上任一点变形不应超过 1 mm，该木块应具有足够的强度承受这一载荷而不发生碎裂。其中一块压板应保持水平，在整个试验过程中允其水平倾斜度的偏差值在 0.2%以内；另一块 0.2%以内，或者在压板中心位置上安装一个万向接头，使其可向任意方向自由倾斜，压板工作面可局部凹进以便定螺钉等。

机械式压力试验机控制框图如图 8-46 所示，计算机根据使用者的指令控制伺服电机实现恒速加压或恒压力调速。压力、位移等试验数据经 A/D 转换器送入计算机。计算机根据要求记录、显示压力—时间、位移—时间曲线或压力—位移曲线。所记录的载荷误差不得超过施加载荷的±2%，压板的位移误差为±1 mm。

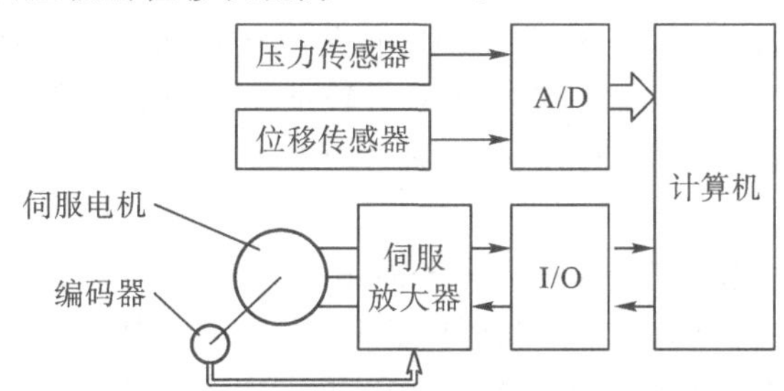

图 8-46　压力试验机控制、数据采集系统

试验时将试验样品按正常运输时的状态置于压板中心部位，使上压板和试验样品接触，先加上波动不超过±4%的预定载荷，保持压板间不能有相对运动，以使试样与上下压板接触良好。

通过两块压板以适当(推荐 10±3 mm/min)的速度所进行的相对运动对试验样品施加载荷，直至达到预定值或在达到预定值之前试验样品出现损坏现象为止，加载时不应出现超过预定峰值的现象。在测量变形时，应设定一个初始载荷作为基准点，基准点除非另外说明，否则应按表 8-9 中给出的初始载荷基准点记录。如果需要，在预定时间内保持预定载荷，或直到试验样品损坏为止。如果试验样品先发生损坏，记录下经过的时间。试验完成后，检查试验样品，如果发生损坏，测量尺寸并检查内装物是否损坏。

表 8-9　抗压试验初始载荷

平均压缩载荷	初始载荷
101～200	10
201～1000	25
1001～2000	100
2001～10000	250
10001～20000	1000
20001～1000000	2500
……	……

也可以使用上压板可自由倾斜的压力试验机完成上述试验，但必须在试验报告中作出说明。对角或对棱的压力试验。如果需要对运输包装件的对角和对棱的耐压能力进行测定，须采用上压板不能自由倾斜的压力试验机。对角压力试验，需备有 120°圆锥孔的金属附件一对，该附件孔的深度不超过 30 mm。对棱压力试验，需备有直角沟槽的金属附件一对，其沟槽的深度与角度应不影响试验样品的耐压强度。将金属附件装置在上下压板中心相对称的位置上，以保持试验样品试验时角或棱的位置。

试验报告应该包括试验样品的数量，包装容器的名称、尺寸、结构和材料规格、衬垫、支撑物、固定方法、封口、捆扎状态以及其他防护措施；内装物名称、规格、型号、数量等，如果使用的是模拟内装物，应予以详细说明等。

8.5.4 包装件振动试验

包装件振动试验的目的是检验，考核缓冲包装在运输动过程中对产品的防护能力。为了给出正确的试验条件和试验结论，必须了解运输过程中振动的情况，各种不同运输条件下振动的特点和量值，了解振动是如何造成产品损坏的。振动给产品和包装造成的危害主要有以下几方面：

(1)运输振动直接引起的产品损坏，当产品振动时，产品中各部分都要经受由振动加速度引起的交变应力。在这个交变应力长时间作用下，产品中某些薄弱部分就会产生疲劳变形或损坏，当产品或其中某部件与激励频率产生共振时，其损坏的可能性大为提高。

(2)在运输过程中，包装件经常是堆码叠放的，当车辆振动时，由于包装件对某个频率的共振，最上层的包装件可能会发生弹跳，它与下面一层包装件产生的碰撞可能会造成内装产品损坏，这种弹跳也能使上层包装件翻滚或跌落下来撞到车厢板，这种冲击也是造成产品损坏的重要原因。

(3)由于运输过程中的振动，下层包装件承受的动压力远超过同样层数的静态堆码时的静压力，可能使下层包装箱或产品损坏。

根据试验方法不同可将包装件振动试验分为①定频振动试验，②扫频振动试验，③随机振动试验，④实地跑车试验。

上述几种振动试验方法各有特点，定频振动试验所需设备简单，但定频正弦振动与实际运输振动之间差别很大，使得试验结论与实际情况误差较大，有时甚至会得出错误的结论。扫频振动试验可以弥补定频振动试验的某些不足，能够确定包装件的共振频率，并在共振频率附近考察包装件承受振动的能力。随机振动能够较好地模拟运输中的振动情况，试验结果更接近实际情况，但试验系统较复杂。跑车试验常用于重要的大型机器设备，军事装备等无法在实验室进行试验和在运输过程中不允许损坏的产品。

包装件的定频振动试验和扫频振动试验在许多包装试验标准中都有专门的篇幅论述。例如 ASTM、ISO 和国家标准中对上述试验的具体方法，试验量值，实验步骤都有明确的规定和要求，其主要方法一样，试验量值及误差限的规定略有不同。本节着重介绍定频、扫频和随机振动试验的一般方法。

振动试验要求振动台应具有充分大的尺寸、足够的强度、刚度和承载能力。该结构应能保证振动台台面在振动时保持水平状态，其最低共振频率应高于最高试验频率，振动台应平放，与水平之间的最大角度变化 0.3°。必要时振动台可配备：①低围框，用以防止试验样品在试验中向两端和两侧移动；②高围框或其他装置，用以防止加在试验样品上的载荷振动时移位；③用以模拟运输中包装件的固定方法的装置。

测试装置应包括加速度计、脉冲信号调节器和数据显示或存储装置，以测量和控制在试验样品表面上的加速度值，测试仪器系统的响应，应精确到试验规定的频率范围的±5%。

8.5.4.1 包装件正弦定频振动试验

当包装件在运输过程未采取措施紧固在运输工具底板上时，由于单件包装件或堆码包装件对振动的放大作用,运输过程中的振动会引起包装件的多次碰撞。本部分适用于评定运输包装件和单元货物在正弦定频振动情况下的强度及包装对内装物的保护能力。

试件应为完整的,满装的包装件,包括容器,缓冲垫和实际产品,允许使用残次品代替,但试验前对产品缺陷应有记录,在设计和改进包装过程中,允许使用模型代替真实产品做该项试验,但在最后试验中,必须采用实际产品,包装的封口,捆扎等情况应与实际运输过程中一致。

(1)将试样以通常运输过程中的放置方向置于振动台面上,试验样品的中心点的垂直位置应尽可能接近台面的几何中心;如不固定试验样品,可使用围栏,以防试样在试验过程中跌出振动台或翻滚;必要时可按照堆码情况添加载荷。

(2)从方法 A 和方法 B 中任选一种进行试验。

方法 A:设定振动台面以产生 $0.5g$ 和 $1.0g$ 之间的加速度,并且使试验样品与台面分离。选择一定(正负)峰值之间的位移(见图 8-47),在相应的频率范围内确定试验频率,产生 $0.5g$ 和 $1.0g$ 之间的加速度值,进行试验。

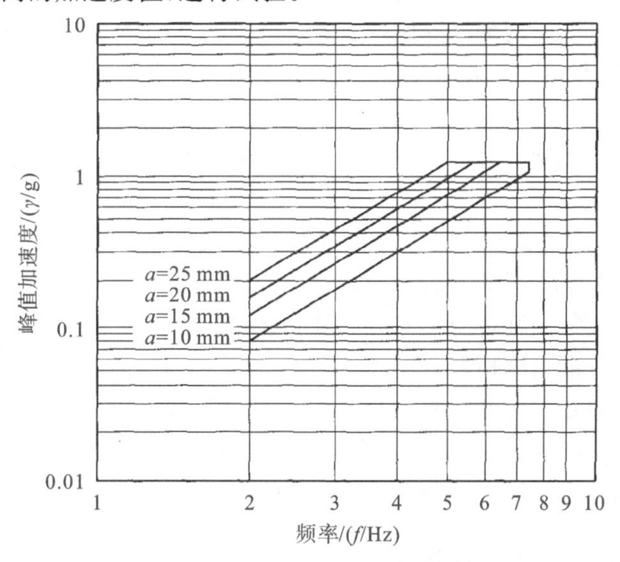

$\gamma(g)$为在由于重力 g 加速度方面所产生的峰值加速度;

a 为峰值与峰值之间的振幅,以毫米表示;f 为频率,以赫兹表示。

图 8-47　振幅、峰值加速度、频率关系图

方法 B:操作振动台,产生可选范围的加速度,该加速度可以使试验样品从台面分离从而引起相对冲击。选择预定的振幅,开始使试验样品在 2 Hz 的频率下振动,并逐渐提高频率,直到试验样品即将与振动台分离的状态为止。在试验期间,沿试验样品的底部移动一厚度 1.5～3.0 mm、最小宽度为 50 mm 的标准量具,在至少三分之一试验样品底面积的部分,该标准量具可以被插入,即被认为试验样品与振动台分离的状态。

(3)在上述频率下,保持前述振动条件,试验持续时间根据实际情况而定,通常为一小时。试样或产品发生损坏可中止试验。

(4)若运输容器在运输中可能有其他的放置方位,那么至少应对一个试样进行该方向的

振动试验。

(5)检查包装和产品是否损坏及损坏情况。

8.5.4.2 包装件正弦变频振动试验

单个包装件的正弦变频试验可以确定包装容器和内包装在运输振动中对产品的防护能力。确定缓冲包装对振动的防护性能。

试验步骤：

(1)将试样以通常运输过程中的放置方向置于振动台面上，试验样品的中心点的垂直位置应尽可能接近台面的几何中心。如不固定试验样品，可使用围栏，以防试样在试验过程中跌出振动台或翻滚。必要时可按照堆码情况添加载荷。

(2)从方法 A 和方法 B 中任选一种进行试验。

方法 A：使振动台以选定的加速度作垂直正弦振动，频率以每分钟二分之一倍频程的扫频速率，在 3 Hz 和 100 Hz 频率之间进行扫频试验，重复扫描次数为二次。用加速度计测量时，要将加速度计尽可能紧贴到靠近包装件的振动台面上，但要有防护措施以防止加速度计与包装件相接触。当存在水平振动分量时，由此分量引起的加速度峰值不应大于垂直分量的 20%。

方法 B：按方法 A 的程序进行试验，在一个或多个完整的扫描周期内，采用一个合适的低加速度值(典型的在 $0.2g$～$0.5g$ 范围内)，做共振扫频，并记录在试验样品及振动台上的加速度值。在主共振频率的±10%范围内进行共振试验。也可在第二和第三共振频率的±10%范围内进行试验，推荐振动持续时间一般为 15 min。

(3)必要时在包装件的其他两个方向上重复上述试验步骤。

(4)检查包装和产品是否损坏及损坏情况。

在运输过程中，包装件通常堆码为数层，或采用托盘组合化。这时，上层包装件的振动情况可能与底层包装件振动情况有很大不同。为考察各层包装件在运输中的振动情况及可能造成的损坏，我们常运用以上试验方法进行试验。

8.5.4.3 包装件随机振动试验

上述的振动试验方法，无论是定频振动还是扫频振动都与实际运输过程中的振动环境相差很远。这一点我们通过这些振动和随机振动的时间历程可以清楚地认识到。用正弦定频或扫频振动来模拟随机振动是基于正弦-随机振动等效研究提出的，另一个重要原因是当时还没有实现可控随机振动的手段。理论分析和实践结果都表明：用低频正弦或扫频振动进行运输振动试验实际运输振动环境差距较大。而实地跑车试验除需花费大量人力物力外其重现性也较差。随着试验设备和技术的发展，采用随机振动系统实现定谱形的随机振动已应用于包装件运输试验。

1. 疲劳振动的加速

振动造成产品损坏的主要原因是疲劳损坏。基于这一理论可以采用加速试验方法，当确定产品的失效机理是疲劳损伤时，疲劳损伤试验可按一条放大的试验曲线来加速。即用提高试验应力水平的方法以缩短试验时间。按照疲劳积累损伤理论，加速后的试验时间和

功率谱密度的关系可由下面的经验公式确定

$$\frac{W_0}{W_1}=\left(\frac{T_1}{T_0}\right)^{\frac{2}{K}} \tag{8-44}$$

式中，W_0 为实际运输环境振动功率谱密度；W_1 为试验采用的功率谱密度；T_0 为实际行车时间；T_1 为试验持续时间；K 为疲劳曲线斜率参数(一般取 $K=4\sim5$)。

运用上式要求试验用功率谱谱形与实际谱形一致，仅谱密度不同。这样的要求是很高的。如本章 8.2.2 节所述，经综合归纳后的标准试验谱与真实谱有一定差别。所以有时我们也用下式描述加速试验时间与振级间的关系

$$\frac{G_{rms0}}{G_{rms1}}=\left(\frac{T_1}{T_0}\right)^{\frac{2}{K}} \tag{8-45}$$

式中，G_{rms0} 为运输环境振动加速度总均方根值；G_{rms1} 为试验振动加速度总均方根值。

图 8-48 是 MIL 标准中给出的公路卡车运输的垂直振动试验谱。这是一个加速试验谱，每 1000 英里(1609.34 km)的卡车运输距离只需在该谱图条件下进行 1 小时随机振动试验。

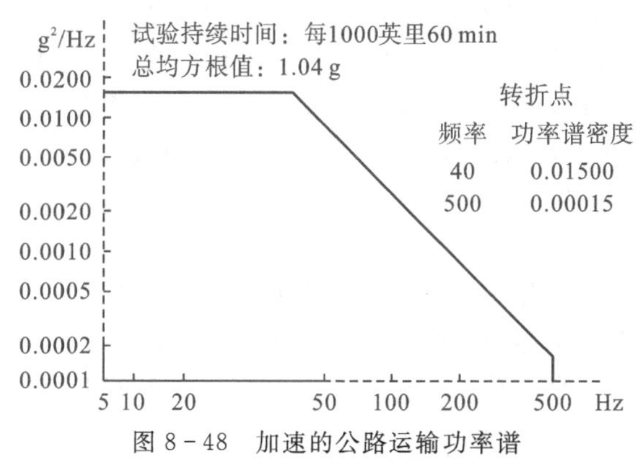

图 8-48　加速的公路运输功率谱

2. 随机振动系统

随机振动控制系统有模拟式和数字式(见图 8-49)两种形式。

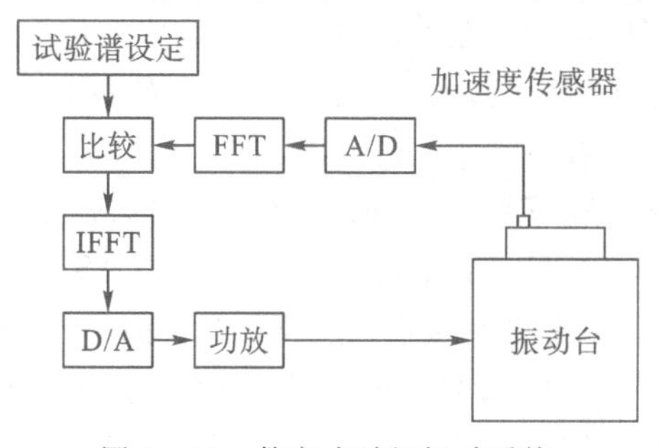

图 8-49　数字式随机振动系统

模拟式随机振动控制系统的基本原理是将一个宽带噪声信号(白噪声)通过若干通道均衡滤波器组分成多个窄带激励信号，它们通过相同数量的可变增益放大器，经线性叠加、功率放大后激励振动台。由功率谱分析仪测得振动台输出随机振动的 PSD 图谱并与给定的

试验 PSD 图谱比较，根据比较结果通过自动或手动方式调节各通道放大器的增益，直至振动台输出 PSD 与试验 PSD 一致。模拟式随机控制技术的主要问题是控制精度低，频率分辨率低，系统有漂移。

数字式随机控制建立在快速傅里叶变换和逆变换基础上。这种系统实质上就是以 FFT、IFFT 专用处理机为核心作实时控制的计算机，它将试验谱经过 IFFT 变换成时域信号激励振动台。振动台面的响应信号再经它进行 FFT 变换为响应谱，然后与试验谱进行比较修正，产生修正谱再经 IFFT 转换成时域信号激励振动台，实现随机控制。

如 RC－2000 振动控制仪其核心采用 32 位浮点 DSP 处理器。系统采用低噪声设计技术、浮点数字滤波技术和 24 位分辨率的 ADC/DAC。系统实现闭环控制的硬件电路均置于控制箱中，独立于计算机，通过 USB2.0 实现与计算机的通信。能够完成随机、随机加随机、正弦加随机、正弦扫描、谐振搜索与驻留、典型冲击、瞬态冲击、冲击响应谱、路谱仿真等控制功能。

3. 随机振动试验

（1）随机振动试验的允差：随机振动所产生的 PSD 强度误差在整个试验频率范围内的任意一个频率分析段上都不能超过 ±3 dB，当累计分析带宽为 10 Hz 时，这个误差允许达到 ±6 dB。同时，加速度均方根的误差不能超过预定的 15%。带宽最大为 2 Hz，DOF 最小为 60，带宽应根据 PSD 曲线上每段线段的斜率而变化。斜率越大使用的频谱分析带宽越小，应使带宽两端的 PSD 值控制在 ±3 dB 之内。在使用 σ 驱动信号削波时，σ 驱动信号削波处理水平不能低于 3σ。

（2）试验样品一般应与实际运输的包装件相同（相同的包装和真实的产品）。在不影响试验结果的情况下，可以使用有缺陷的产品或次品。若产品有危险或很昂贵，也可以使用模拟内装物，在试验后应评价真实包装件能否通过试验。试验样品中传感器的安装应能准确进行信号传递。如果需要对产品进行观测，可以在外包装上不重要的位置开观测孔。按要求对样品进行温湿度预处理与各部位编号。

（3）试验样品的重心要尽量接近台面的中心，保证预期的振动（水平或垂直）能够传送到外包装上。集装货载、堆码振动或单独的试验样品，通常应使用不固定方式放置，试验样品用围框围住，以免振动过程中从台上坠落。调整保护设施的位置，使试验样品的中心能在各水平方向 10 mm 范围内作无约束运动。只有当试验样品包装件在实际的运输条件下需要固定时，试验时才将样品固定放置。

（4）选择随机振动试验的功率谱密度曲线，如果可能，应把试验结果与真实运输效果对比来修正随机振动谱。常见的路谱曲线如图 8－3 所示是 ASTM 标准 D－4728 中给出的几种常用运输方式的随机振动功率谱密度图。图 8－4 所示是不同货载卡车随机振动功率谱密度曲线。图 8－5 所示为 ASTM D4169－09 卡车随机振动不同严酷水平的加速度功率谱密度曲线。推荐采用 ISO13355 的一般运输路谱曲线见图 8－50。

（5）试验开始时，应保证其强度不能超过选择的 PSD 曲线强度。试验应以至少低于预定 PSD 6 dB，使闭环控制系统在较低的试验强度下完成开始起振动，然后分一步或几步增加强度直到达到预定值。继续振动直至完成预定时间的随机振动（推荐时间 180 min），或者直到试验样品出现预定损伤时停止试验。

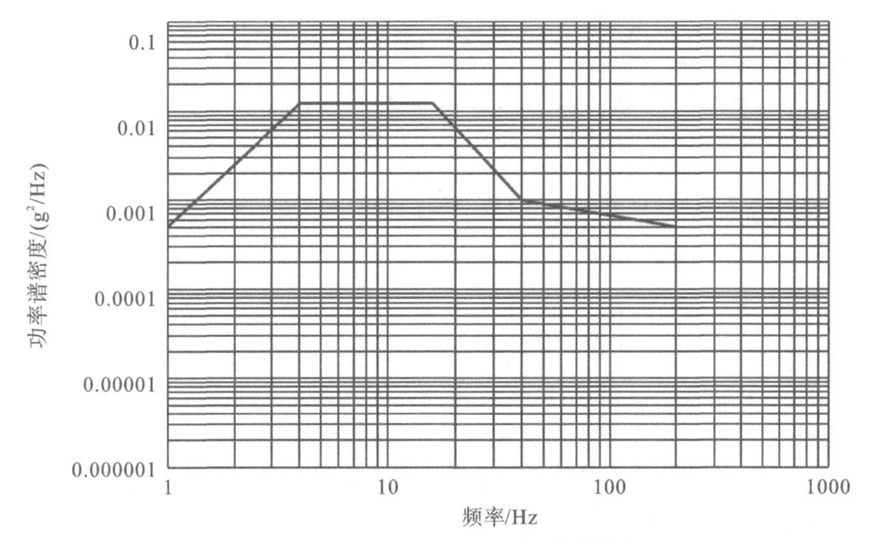

图 8－50　ISO13355 一般运输路谱曲线

8.5.5　包装件冲击试验

8.5.5.1　包装件跌落试验

垂直冲击试验是模拟包装件在人工或机械搬运和装卸过程中发生的跌落情况。冲击的波形、最大加速度、速度变化与跌落高度、包装件质量、形态及包装缓冲材料性能有关。跌落试验机如图 8－51 所示，主要由升降机，安装在升降机上的摆臂，包装件夹持装置和固接在基础上的刚性底座构成。其中摆臂的作用是在升降时托住试样，释放时摆臂快速移动使试样自由跌落。当进行角跌落或棱跌落时，要使用夹持装置保持试样在跌落前的姿态。

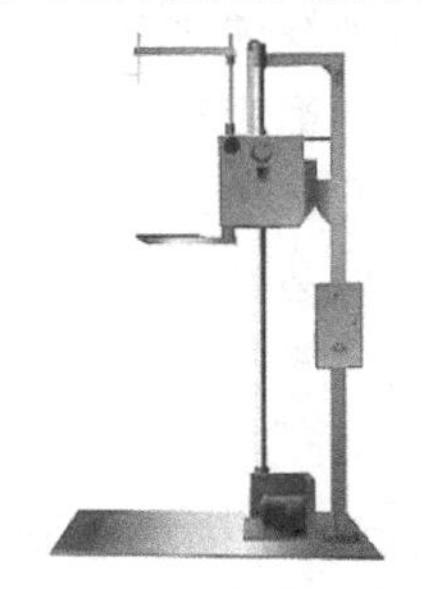

图 8－51　跌落试验机

跌落试验应根据包装件的重量和形式及运输方式确定试验跌落高度、跌落方式和跌落试验顺序。试验时可参考表 8－10 确定跌落高度，其中根据包装件运输环境，试验强度分为 3 个等级，等级 1——非常长距离运输（大于 2500 km），或预期运输路况较差；等级 2——长距离运输，公路、铁路设施完备，气候温和；等级 3——短距离国内运输（小于 200 km），预期没有特殊的危害。

表 8-10　跌落高度与包装件质量的关系

包装件质量/kg	跌落高度/mm		
	等级 3	等级 2	等级 1
＜10	600	800	1000
[10,20)	450	600	800
[20,30)	300	450	600
[30,70)	150	300	400
＞70	100	200	300

对于质量不超过 30 kg 的包装件跌落 3 面、2 面、5 面，底上的 4 条棱与 4 个角；对于超过 30 kg 不超过 70 kg 的包装件分别跌落底面，底面上的每条棱和每个角；超过 70 kg 的包装件跌落底面的两个相邻棱边。

实验步骤：

(1)提起试验样品至所需的跌落高度位置，并按预定状态将其支撑住。其提起高度与预定高度不得超过预定高度的±2%。跌落高度是指准备释放时试验样品的最低点与冲击台面之间的距离。

(2)按下列预定状态，释放试验样品：

①面跌落时，使试验样品的跌落面与水平面之间的夹角最大不超过 2°。

②棱跌落时，使跌落的棱与水平面之间的夹角最大不超过 2°，样上规定面与冲击台面夹角的误差不大于±5°或夹角的 10%(以较大的数值为准)，使试验样品的重力线通过被跌落的棱。

③角跌落时，试验样品上规定面与冲击台面之间的夹角误差不大于±5°或夹角的 10%(以较大的数值为准)，使试验样品的重力线通过被跌落的角。

④无论何种状态和形状的试验样品，都应使试验样品的重力线通过被跌落的面、线、点。

(3)实际冲击速度与自由跌落时的冲击速度之差不超过自由跌落时的±1%。

(4)试验后按有关标准或规定检查包装及内装物的损坏情况。并分析试验结果。

8.5.5.2　水平冲击试验

水平冲击试验是模拟运输工具在运行中的紧急制动和车辆的编组、挂接等实际情况的冲击，用以测定包装件在受到水平冲击时的耐冲击强度及包装对内装物的保护能力。它适用于所有包装件。水平冲击试验方法有斜面冲击试验，吊摆试验和可控水平冲击试验。

1. 斜面冲击试验

本试验是将包装件置于台车上，台车以预定的冲击速度沿斜轨滑行，直至与挡板碰撞。

(1)试验设备。斜面冲击试验机由钢轨道、挡板和台车、释放机构、锁车机构等组成，图 8-52 所示为示意图。其钢轨道由两根平行钢轨组成，它与水平面呈 10°夹角；其表面光滑，并沿斜面以 50 mm 的间距划分刻度；轨道上装有限位装置，以便台车能在任意位置停留。挡板与轨道垂直，安装在轨道最低端，其冲击表面与轨道平面的夹角呈 90°±1°，挡板冲击表面应平整，其尺寸应大于试验样品受冲击部分的尺寸。挡板冲击表面应有足够的硬度与强度。在其表面承受 160 kg/cm^2 的负载时，变形不得大于 0.25 mm。当需要时，可以安装能够记录峰值加速度和冲击速率的测试仪器到台车上。释放装置由滚轮台板、电磁铁等组成，位于台车后端，使用限位开关控制，完成台车与释放装置的挂钩、上行、下行、停止及在轨道预定位置上释放等动作。在挡板下方设置有锁紧机构，当台车上的包装件与挡板相撞后，该机构在台车撞块的作用下，将台车在预定位置锁住，防止往复冲击对试验的影响。

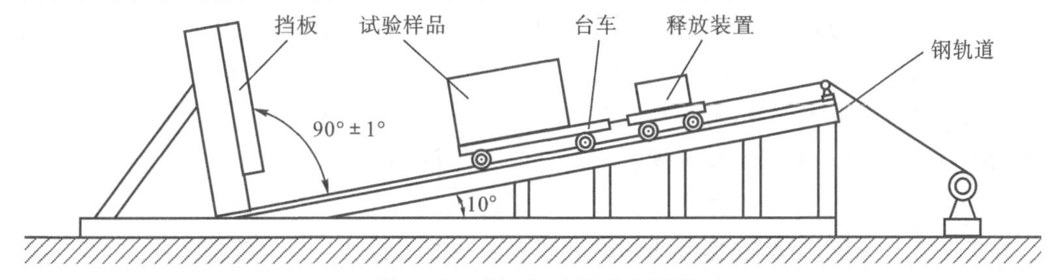

图 8－52　斜面冲击试验机简图

(2)试验方法。把试样放在台车上，所放位置应使试验样品的冲击面或棱与台车前沿平齐以保证试样与挡板相碰撞。根据预定冲击速度，把台车拉到一定位置，然后释放，使样品与挡板发生冲击。冲击时的瞬时速度，随高度不同(即滑行距离不同)而不同。可用下式表示：

$$v = \sqrt{2gH} = \sqrt{2gL\sin 10^\circ} \tag{8-46}$$

式中，v 为冲击处的初速度，m/s；L 为台车的滑行距离，m；H 为台车发车位置的高度，m；g 为重力加速度，m/s^2。

当试验机有测速装置时，应以实际测得的冲击初速为准。一般冲击速度在 1.0～7.0 m/s 范围内选择。对于质量小于 100 kg 的物体允许在任意一个侧面进行冲击，质量大于 100 kg 的物体，对每一个面进行冲击一次。进行面冲击时冲击面与挡板之间的夹角不得大于 2°。

2. 吊摆冲击试验

(1)试验设备。吊摆冲击试验机如图 8－53 所示，主要由悬吊装置、台板和挡板组成。

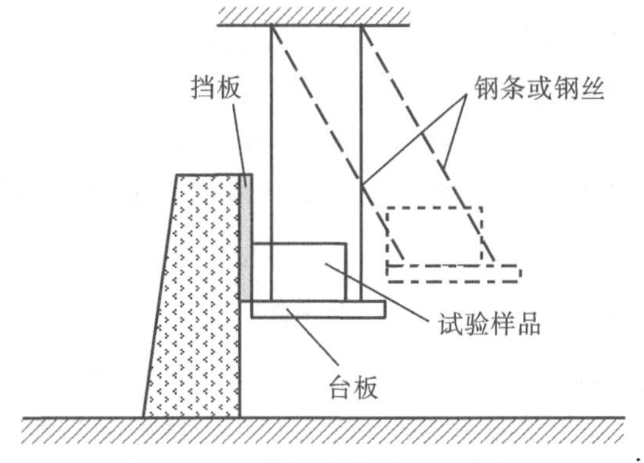

图 8－53　吊摆冲击试验机简图

悬吊装置一般由长方形台板组成，该长方形台板四角用钢条或钢丝绳等材料悬吊起来。台板应有足够的尺寸和强度，当自由悬吊的台板静止时，应保持水平状态。其前部边缘刚好触及挡板。挡板冲击表面应平整，其尺寸应大于试验样品受冲击部分的尺寸。挡板冲击表面应有足够的硬度与强度。在其表面承受 160 kg/cm^2 的负载时，变形不得大于 0.25 mm。当需要时，可以安装能够记录峰值加速度和冲击速率的测试仪器到台板上。

(2)试验方法。

①将试样放在台板上，在台板处于自由悬吊、静止状态下，试验样品的冲击面或棱恰好触及挡板冲击面。

②按照预定的冲击速度，把台板拉到一定位置，然后释放，试样以一个近似的水平速度撞击挡板，形成冲击。冲击速度 v 和台板提升的高度 H 有如下关系：

$$v=\sqrt{2gH} \tag{8-47}$$

冲击速度大小的选择，根据流通情况参照斜面冲击试验中介绍的范围选取。

3. 可控水平冲击试验

可控水平冲击试验是模拟车辆刹车，火车连挂作业等产生的水平冲击。试验样品按预定的状态，以一定的速度进行冲击，通过脉冲程序控制装置控制所需要的冲击脉冲。

(1)试验设备。可控水平冲击试验机如图 8-54 所示，由台车、止回载荷装置、测试系统等组成。

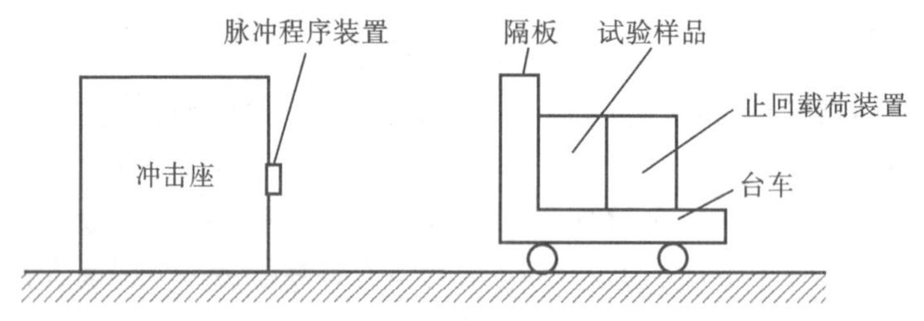

图 8-54　可控水平冲击试验机示意图

台车台面应平整且具有足够的尺寸用以放置包装件和止回载荷装置，应设置足够刚度和强度且尺寸大于包装件受冲击部分尺寸的直立隔板，需要时刻安装障碍物以完成对包装件某一特殊部位的集中冲击，台车具有导向装置，具有防止二次冲击的限制装置。

冲击座应具有足够的质量和尺寸来承受台车的冲击，在冲击座和隔板之间安装脉冲程序装置，冲击时产生所需的冲击脉冲。

一般采用与试验样品相同的包装件作为止回载荷装置，也可采用特殊的止回载荷装置。止回载荷装置与试验样品相接处的面积应相等。所需止回载荷装置质量 m 由式(8-47)确定。

$$m=\frac{m_{\mathrm{p}}F}{L} \tag{8-48}$$

式中，m 为止回载荷装置的质量，单位为千克(kg)；m_{p} 为试验样品的质量，单位为千克(kg)；F 为比例因子，单位为米(m)，经验上，$F=0.89$ m；L 为试验样品在平行冲击方向的长度，单位为米(m)。

测试系统由加速度传感器、信号采集处理系统、显示和记录系统组成，应能显示并记录试验样品所承受的冲击加速度—时间历程。系统频率响应至少为 20 倍测试频率。测试系统精度、测量速度变化的精度应在±5%以内。

(2)试验方法。确定试验参数。试验参数包括冲击速度、冲击次数、冲击波形和冲击加速度。对于一般运输环境下的包装件而言,铁路运输冲击速度一般为 1.8 m/s,冲击加速度为 0.1g～6.0g,最大可达 18g,脉冲持续时间 30～300 ms。公路运输冲击速度为 1.5 m/s;冲击加速度为 0.1g～15g,脉冲持续时间 40～800 ms。一般包装件在运输过程中,水平冲击发生多次,所以试验时的冲击次数取 2～15 次。当托盘货载用叉车装卸时,托盘货载将经受水平冲击力的作用。最大冲击强度为 10g、50 ms 和 40g、10 ms 的脉冲。冲击波形一般为半正弦波。

试验时将包装件放置在台车的轴向中心位置上,接受冲击的面或棱应稳定地靠着隔板,止回载荷装置放在包装件的后部并靠紧。根据要求调试设备脉冲波形脉宽和峰值加速度及速度变化。进行冲击试验,冲击速度误差控制在±5%以内。试验后按要求检查包装及内装物。

8.5.5.3　滚动与倾翻试验

滚动试验和倾翻试验用作研究滚动和倾翻对包装件影响的一个单项试验,也可作为评定包装件在包含有滚动和跌倒危害的流通系统中,抵御能力的一系列试验的一个组成部分。

对于储放、运输中易于跌倒的高包装件(高度大,底面积小,一般情况下用于最长边与最短边之比不小于三比一)或扁平包装件进行倾翻试验,否则进行滚动试验。

试验要求冲击面应平整、重量大、质地硬,以保证试验中不变形。试验应在温湿度预处理之后进行。

1. 滚动试验方法

对于六面体包装件,按标准对各面进行编号后,按图 8－55 所示位置置于冲击面上,然后推动包装件,使之以棱 3—4 为平衡棱,在不加推力的情况下,使其自然失去平衡而跌落,使面 4 受到冲击。之后,按表 8－11 从左至右的顺序依次滚动,直到表中所列顺序完成为止。对于其他形状的包装件,应尽可能按此法试验。

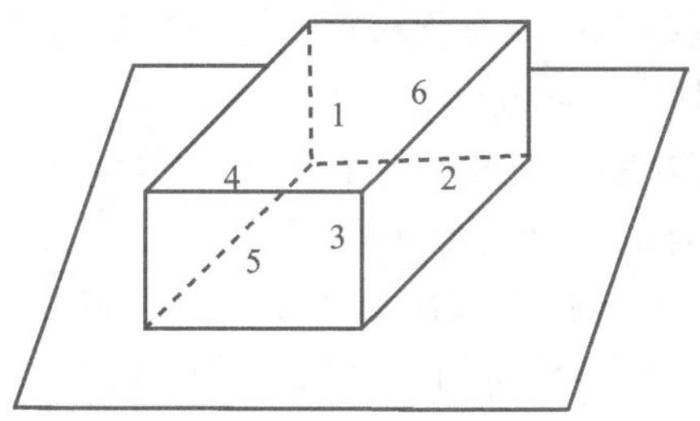

图 8－55　滚动试验

表 8－11　滚动试验顺序

平衡棱	3—4	4—1	1—2	2—3	3—6	6—1	1—5	5—3
被冲击面	4	1	2	3	6	1	5	3

2. 倾翻试验方法

对于如图 8－56(a)所示的高包装件，按表 8－12 顺序进行试验；对于如图 8－56(b)所示的扁平包装件，按表 8－13 顺序进行试验。完成上述试验后应检查包装箱有无破损，内装产品有无物理或功能性损坏。

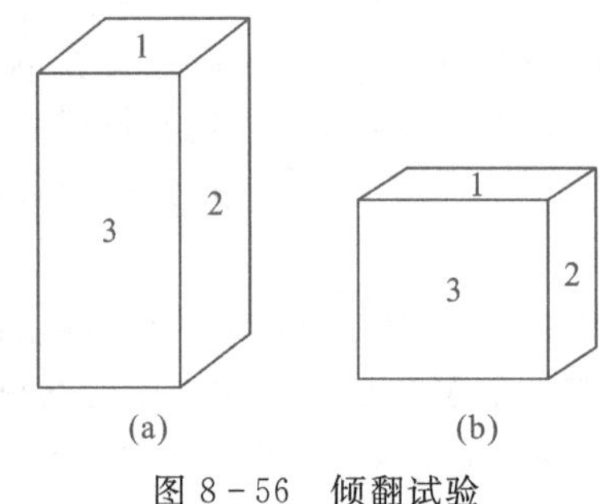

图 8－56　倾翻试验

表 8－12　高包装件倾翻顺序

站立底面	3	3	3	3	1*	1*	1*	1*
旋转底棱	3—6	3—5	3—2	3—4	1—6*	1—5*	1—2*	1—4*
跌倒面	6	5	2	4	6*	5*	2*	4*

* 倾翻顺序用于地面不确定的包装件。

表 8－13　扁平装件倾翻顺序

站立底面	1	2	3	4	1	2	3	4
旋转底棱	1—5	2—5	3—5	4—5	1—6	2—6	3—6	4—6
跌倒面	5	5	5	5	6	6	6	6

8.5.6　大型运输包装件试验

所谓大型运输包装件是指其质量与体积需要机械装卸的运输包装件，常见的一般质量为 70 kg～20000 kg，并至少有一条边长在 120 cm 以上。大型运输包装件，由于体积大，重量大，结构复杂，因而试验方法和所用设备与中、小型运输包装件的基本试验方法有所不同，国标中规定了跌落试验、堆码试验、起吊试验等试验方法。

在进行试验前试验样品各部位应按国标的规定进行编号。包装件内一般应为实际产品，在不能使用实际产品时可采用模拟物。模拟物在质量、形状、重心位置等方面应与实际产品相近。可以采用起重机、叉车、滑轮组、千斤顶或专用试验设备等任何适宜的设备。

8.5.6.1　跌落试验

跌落试验包括面跌落、棱跌落、角跌落和自由跌落。

根据流通条件不同，试验强度分为三级，等级 1——非常长距离运输(大于 2500 km)，或预期运输路况较差；等级 2——长距离运输，公路、铁路设施完备，气候温和；等级 3——短距离国内运输(小于 200 km)，预期没有特殊的危害，见表 8-14。

表 8-14　包装件跌落高度

流通环境等级	等级 3	等级 2	等级 1
跌落高度 H/mm	100	200	300

1. 面跌落试验

此项试验是将包装件置于地面，提起一端至预定的跌落高度后，使其自由落下，产生冲击，如图 8-57 所示为面跌落试验示意图。

2. 棱跌落试验

将试验样品按预定状态放置在冲击台面上，提起一端至垫木或其他支撑物上，再提起另一端至预定的高度后，使其自由落下。垫木或其他支撑物相对试验样品长度方向为直角，垫起高度应保证试验样品在跌落时两端面之间无支撑，且在提起另一端准备跌落时，不应使样品在垫起处产生滑动(见图 8-58 棱跌落试验示意图)。在跌落过程中应防止试验样品产生倾翻。

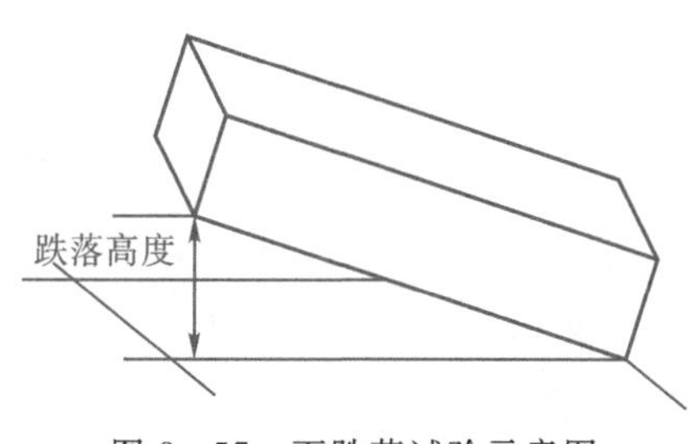

图 8-57　面跌落试验示意图

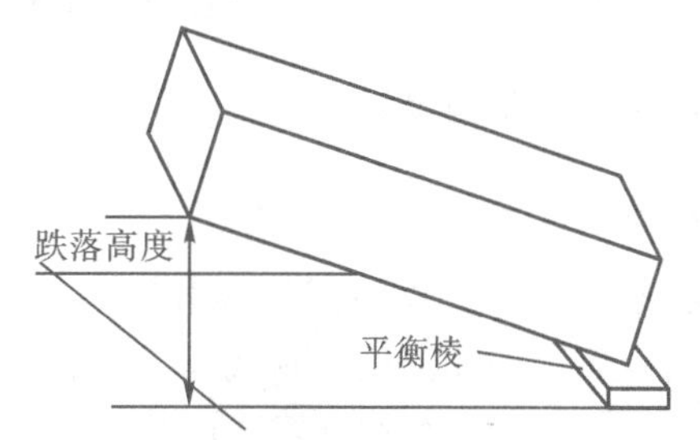

图 8-58　棱跌落试验示意图

3. 角跌落试验

按棱跌落的方法将试验品的一端垫起后将一块 100～250 mm 的垫块垫在已被垫起的一端的一个角下面，再将该角相对的底角提起到预定的跌落高度后使其自由落下产生冲击(见图 8-59 角跌落试验示意图)。在跌落过程中应防止试验样品产生倾翻。

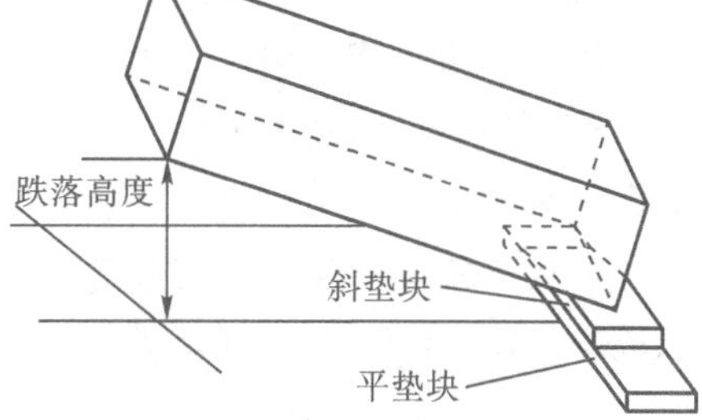

图 8-59　角跌落试验示意图

4. 自由跌落试验

将试验样品提起到冲击台面上方，可采用剪断绳索、电磁控制等方法释放试验样品，令其自由落下；也可以使用专用跌落试验机按 GB/T4857.5 跌落试验方法的规定进行试验。在跌落过程中应防止试验样品产生倾翻。

5. 试验参数的确定

(1)跌落高度。跌落高度参考表 8-14 或不致使包装件翻倒的最大高度。

(2)跌落次数。面跌落试验，分别将每条底棱置于地面使底面跌落，各不少于一次；棱跌落试验为每条棱跌落不少于一次；角跌落试验为每个底面角跌落不少于两次。

6. 跌落试验的测量

包装件平置于地面，跌落前后都应进行测量，棱或角试验也可在将棱或角垫起后，进行测量。测量包装件各面对角线的变形，在跌落前确定各面两条对角线的端点，印上标记并测定两标记间的距离。跌落后测量两标记间的距离，其差值即为各面对角线的变形值。每两条对角线分别是以 a 和 b 线编号，如图 8－60 所示。

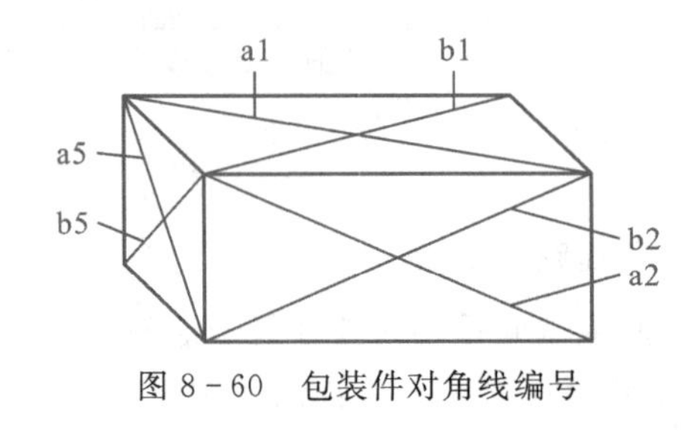

图 8－60　包装件对角线编号

8.5.6.2　倾斜试验

使用链条、吊索等类似工具将试验样品适当固定，防止试验样品在试验过程中倾翻。除非另有规定，将试验样品从垂直位置倾斜 2°观察移动方式（倾翻或回到初始位置），然后将试验样品轻轻放回原来位置。在所有可能不稳定的方向上，重复以上操作。

8.5.6.3　堆码试验

1. 顶面承载试验

需要考核运输包装件顶面承载能力时，应进行顶面承载试验。将底面尺寸为 250 mm×250 mm 的重物放置在试验样品的顶部，施加预定的均匀分布载荷，载荷误差应不大于预定值的 2%，重物放置的位置应在顶面的侧边和端边以内。每 0.1 m^2 的面积放置一个，如图 8－61 所示。

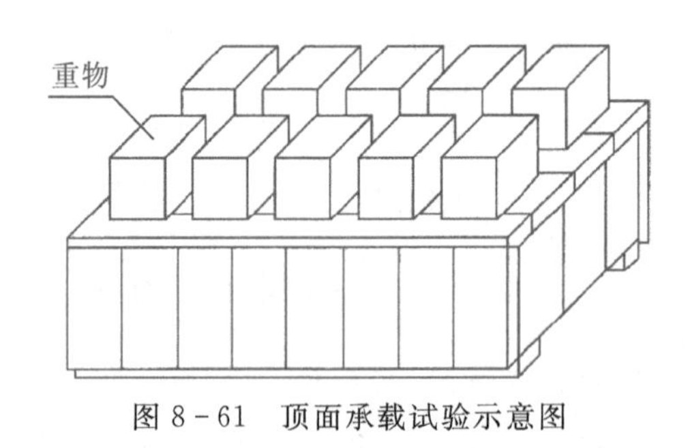

图 8－61　顶面承载试验示意图

2. 侧面承载试验

需要考核运输包装件侧面所承受的上部堆码载荷能力时，应进行侧面承载试验。侧面承载试验按 GB/T4857.3 的规定进行。

8.5.6.4　起吊试验

使钢丝绳与包装件顶面之间的夹角 α 为 45°～50°，用起吊装置以正常速度（见表 8－15）将包装件提升至一定高度（1～1.5 m）后，再以紧急起吊和制动的方式反复上升、下降和左右

表 8－15　起吊速度

包装件质量/t	起吊速度/(m/min)
≤10	18
>10	9

运行 5 min，再以正常速度降落到地面，重复试验 3～5 次。图 8 - 62 所示为起吊试验示意图。

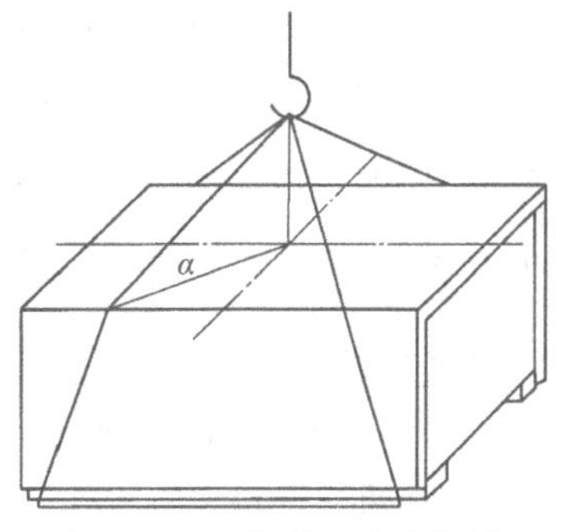

图 8 - 62　起吊试验示意图

起吊时的运行速度和紧急起动、制动的快慢对绳索对包装件的挤压力增量影响很大。在正常紧急制动过程中，钢丝绳对包装箱作用力的增量，一般在 30%～50%范围内。

由于起吊绳索对包装箱的挤压力作用，将使包装箱产生变形甚至损坏，因此进行此项试验是完全必要的。

起吊试验主要测量包装件各面对角线的变形和滑木的挠度。在每次起吊前、后测量各对角线的变形和滑木挠度，起吊后滑木挠度测量应在包装件落于地面之前进行。将测量结果记录下来，同时还应观察并记录包装件的其他损坏情况。

此外应进行按国标进行倾翻试验、滚动试验及喷淋试验，每项试验后按要求检查包装件破损情况，并分析试验结果。

8.6　运输包装件性能试验大纲的编制

运输包装件性能试验大纲是为了确定在流通系统中运输包装件的性能，而进行的单项或一系列的实验室试验所依据的技术文件。流通系统是由一些单个环节组成的，这些环节主要包括：(1)运输包装件以一种或多种的运输方式从一场所运送到另一场所。运输中包括装卸作业。运输方式为公路、铁路、水运、空运。(2)储存。性能试验大纲分为单项试验大纲和多项试验大纲两种。单项试验大纲是用同一种方法进行多次试验的性能试验大纲。一般用于某种特定危害的研究或评定运输包装件对这种危害的适应能力。多项试验大纲是进行某些试验或一系列试验时编制的性能试验大纲。一般用于评定包装件在整个流通过程中的性能。单项和多项试验大纲都可以用于运输包装件的性能比较。

8.6.1　编制性能试验大纲的目的

(1)评价在流通过程中，运输包装件性能是否合格；

(2)研究引起运输包装件损坏的原因和防止措施；

(3)比较运输包装件的合理性，A 包装是否优于 B 包装；

(4)确定运输包装件是否符合标准、规范、法规和法令。

8.6.2　试验大纲的编制的通用规则

编制性能试验大纲对包装件性能试验至关重要，GB/T4857.17 说明了编制的步骤和方法，下面做简要的介绍。

运输包装件实验室试验的目的是模拟与再现流通过程中可能遇到的危害。因此试验方法的选用需要确认危害带来的不利因素；采用特定的试验再现这些不利因素的能力，或产生于与实践情况等同的破损。且试验时试验样品的部分应是可能遭遇危害的主要部位。试验强度的确定与包装件的质量,运输路程与目的地的地理位置,包装件应提供的保险等级及内装物特点、价值与转载频次等有关。

8.6.2.1 方案1

在流通环境确定、危害强度已知的情况下,按GB/T4857系列等试验方法标准选择适当的试验项目、试验顺序和试验强度。具体程序步骤如下。

(1)确认流通环境。

(2)确定流通环境可能导致的危害。

(3)确定哪些试验有必要再现与模拟这些危害。

(4)确定试验顺序,其顺序包括:试验前的调节处理;温湿度试验;振动试验;堆码试验;冲击试验。需要时,可以适当增加其他的试验项目,如果要求不同的试验顺序,应在报告中说明。

(5)依据包装件与流通环境特点确定试验强度。

①温湿度试验优选参数(见表8-16)。

表8-16 温湿度试验优选参数

温度		相对湿度/%
℃	K	
-55	218	—
-35	238	—
-18	255	—
+5	278	85
+20	293	65
+20	293	90
+23	296	50
+27	300	65
+30	303	65
+30	303	90
+35	308	65
+35	308	90
+40	313	65
+40	313	90
+55	328	30

②低气压试验(低气压试验参数见表 8 - 17)。

表 8 - 17　低气压试验优选参数

气压/hPa	相当的高度/m
800	约 2000
650	约 3500
550	约 5000
360	约 8000
190	约 12000

③水平冲击试验。一般水平冲击试验按照表 8 - 18 选用冲击速度,可控水平冲击试验的冲击波形、峰值角速度与冲击时间按表 8 - 18 选择。

表 8 - 18　水平冲击试验优选参数

项目	试验优选参数
冲击速度/(m/s)	1.0、1.3、1.5、1.8、2.2、2.7、3.3、4.0、5.0、7.0
冲击波形	半正弦波、锯齿波、梯形波
峰值加速度/(m/s^2)	50、100、150、200、300、400、500、600、800、1000
冲击作用时间/ms	6、11、20、30、40、50、100

④垂直冲击试验。垂直冲击试验的跌落高度从表 8 - 19 中选择,如有冲击试验机也可以由表 8 - 18 确定冲击波形。

表 8 - 19　垂直冲击试验优选参数

项目	试验优选参数
试验跌落高度/mm	50、100、150、200、300、400、500、600、800、1000、1200、1500、1800、2100
冲击作用时间/ms	6、11、20、30、40、50、70、100
峰值加速度/(m/s^2)	50、100、150、200、300、500、600、800、1000、1200、1500

⑤随机振动试验。随机振动试验按 GB/T4857.23 的规定执行,优先使用 ISO13355 规定的频谱。当可获得流通环境的记录数据时,来自记录数据的试验频谱不应超过 15 个断点,优先从表 8 - 20 中选择参数。安装试验样品时,如果包装件能够以多种已知的方式固定

表 8 - 20　随机振动试验优选参数

项目	试验优选参数
试验频率范围/Hz	3～200、5～300、5～500
均方根加速度/(m/s^2)	3、5、7.5、10、12.5、15
试验时间/min	10、20、30、40、60、90、120
堆码高度/m	1.50、1.80、2.50、3.50

在运输车辆上，则应选择使破损最易发生的方式。如果不确定，则应从各种可能方式中选择最严酷的；如果不可预知包装件在运输车辆上固定的方式，则包装件应依据有关详细的说明书以机械方式固定在试验设备上，该方式应能进行判定并且最易发生破损；如果包装件无须或可能无须牢牢固定在运输车辆上，或者有一定的活动空间，则在试验时无须固定试验样品，但应采取措施，使得试验样品在试验期间不得脱离试验台。

⑥堆码试验。堆码试验采用 8－21、表 8－22 的试验参数。

表 8－21　一般堆码试验优选条件

项目	试验优选参数
堆码高度/m	1.50、2.00、2.50、3.50、5.00、7.00
堆码时间/d	1、2、3、7、14、21、28

表 8－22　采用压力试验机的堆码试验优选参数

项目	优选参数								
载荷/N	250	500	750	1000	1500	2000	2500	3000	1000 的整数倍

⑦模拟不同危害的试验。流通环境可能存在其他方式的危害时，应在试验大纲中加入体现这些危害的试验以再现环境条件。连续冲击试验按 GB/T 4857.7 的规定、倾翻试验按 GB/T 4857.14 的规定、滚动试验按 GB/T 4857.6 的规定、稳定性试验按 GB/T 4857.22 的规定、喷淋试验按 GB/T 4857.9 的规定。

8.6.2.2　方案 2

在流通环境不确定、危害强度未知的情况下，试验大纲选择的因素主要是包装件的质量和运输环境条件。根据具体情况可以更改试验大纲，但应在试验报告中说明变更内容与原因。

1. 试验强度分为 3 个等级

等级 1：非常长距离运输(大于 2500 km)，或预期运输路况较差。

等级 2：长距离运输，公路、铁路设施完备，气候温和。

等级 3：短距离国内运输(小于 200 km)，预期没有特殊的危害。

2. 试验方案

(1)质量不大于 30 kg(见表 8－23)，跌落高度见表 8－24。

表 8－23　质量不大于 30 kg 的包装件试验方案

基本顺序	试验类型	执行标准	试验强度			说明
			等级 3	等级 2	等级 1	
气候条件	试验前的调节处理	GB/T 4857.2	23℃相对湿度 50%			若要求其他处理条件，则从表 1 中选择气候条件
冲击	跌落	GB/T 4857.5	见表 8－24			依据包装件质量选择跌落高度。跌落 3 面、2 面、5 面，底上的 4 条棱与 4 个角

续表

基本顺序	试验类型	执行标准	试验强度			说明
			等级 3	等级 2	等级 1	
压力	堆码	GB/T 4857.4	最大载荷	2 倍的最大载荷	3 倍的最大载荷	最大载荷:堆码时最底层包装件所承受的载荷
运输振动	振动	ISO 13355	15 min	90 min	180 min	优选试验: (1)沿垂直轴向进行试验; (2)若垂直轴向不明确,且包装件的运输放置方向不确定,则沿 3 个轴向进行试验(每个轴向的试验时间为 5 min、30 min 或 60 min)
		GB/T 4857.10	7 m/s^2 15 min	7 m/s^2 90 min	7 m/s^2 180 min	进行变频试验
运输振动	随机振动	ISO 13355	10 min	20 min	30 min	使用随机功率频谱,包装件不固定于试验台面
压力	堆码	GB/T 4857.4	施加最大载荷 24 h			最大载荷:堆码时最底层包装件所承受的载荷
冲击	跌落	GB/T 4857.5	见表 8-24			依据包装件质量选择跌落高度。跌落 3 面、2 面、5 面,底上的 4 条棱与 4 个角

表 8-24　跌落高度

质量/kg	试验强度/mm		
	等级 3	等级 2	等级 1
不大于 10	600	800	1000
大于 10 不大于 20	450	600	800
大于 20 不大于 30	300	450	600

(2)质量大于 30 kg 不大于 100 kg(见表 8-25)。

表 8-25　质量大于 30 kg 不大于 100 kg 的包装件试验方案

基本顺序	试验类型	执行标准	试验强度			说明
			等级 3	等级 2	等级 1	
气候条件	试验前的调节处理	GB/T 4857.2	23℃相对湿度 50%			若要求其他处理条件,则从表 1 中选择气候条件
冲击	水平冲击	GB/T 4857.11	1 m/s	1.5 m/s	2 m/s	允许在任意一个侧面进行冲击

续表

基本顺序	试验类型	执行标准	试验强度			说明
			等级 3	等级 2	等级 1	
压力	堆码	GB/T 4857.4	最大载荷	2 倍的最大载荷	3 倍的最大载荷	最大载荷：堆码时最底层包装件所承受的载荷
运输振动	振动	ISO 13355	15 min	90 min	180 min	优选试验： (1)沿垂直轴向进行试验； (2)若垂直轴向不明确，且包装件的运输放置方向不确定，则沿 3 个轴向进行试验(每个轴向的试验时间为 5 min、30 min 或 60 min)
		GB/T 4857.10	7 m/s^2 15 min	7 m/s^2 90 min	7 m/s^2 180 min	进行变频试验
运输振动	随机振动	ISO 13355	10 min	20 min	30 min	使用随机功率频谱，包装件不固定于试验台面
冲击	跌落(对于不大于 70 kg 的包装件)	GB/T 4857.5	150 mm	300 mm	400 mm	分别跌落底面，底面上的每条棱和每个角
冲击	跌落(对于大于 70 kg 的包装件)	GB/T 5398	100 mm	200 mm	300 mm	跌落试验样品底面的两个相邻棱边

(3)质量大于 100 kg(见表 8-26)。

表 8-26 质量大于 100 kg 的包装件试验方案

基本顺序	试验类型	执行标准	试验强度			说明
			等级 3	等级 2	等级 1	
气候条件	试验前的调节处理	GB/T 4857.2	23 ℃相对湿度 50%			若要求其他处理条件，则从表 1 中选择气候条件
冲击	水平冲击	GB/T 4857.11	1 m/s	1.5 m/s	2 m/s	每面冲击一次
压力	堆码	GB/T 4857.4	最大载荷	2 倍的最大载荷	3 倍的最大载荷	最大载荷：堆码时最底层包装件所承受的载荷

续表

基本顺序	试验类型	执行标准	试验强度			说明
			等级 3	等级 2	等级 1	
运输振动	振动	ISO 13355	15 min	90 min	180 min	优选试验： (1)沿垂直轴向进行试验； (2)若垂直轴向不明确，且包装件的运输放置方向不确定，则沿 3 个轴向进行试验(每个轴向的试验时间为 5 min、30 min 或 60 min)
		GB/T 4857.10	7 m/s^2 15 min	7 m/s^2 90 min	7 m/s^2 180 min	进行扫频试验
运输振动	连续冲击	ISO 13355	10 min	20 min	30 min	使用随机功率频谱，包装件不固定于试验台面
压力	堆码	GB/T 4857.4	施加最大载荷 24 h			最大载荷：堆码时最底层包装件所承受的载荷
冲击	跌落	GB/T 5398	100 mm	200 mm	300 mm	跌落试验样品底面的两个相邻棱边

3. 确定测试设备、仪器

4. 出具试验报

试验报告应包括以下内容：

(1)依据的标准；

(2)鉴定报告的唯一性；

(3)试验人员、职务及签字；

(4)试验样品、环境条件及内装物的详细信息；

(5)测试安排计划；

(6)原始测试计划及相关条款修改记录；

(7)单项试验报告；

(8)与本部分中规定试验方法的偏离；

(9)试验环境条件，可观察到的最大损伤情况；

(10)试验日期，试验地点。

习　题

1. 我国运输包装件基本试验标准规定了哪几种典型的温、湿度处理条件？

2. 运输包装件在试验前为什么要做温、湿度调节处理？

3. 某一包装件重量为 200 kg，高度为 320 mm，在仓库存放高度为 3m(无托盘)，计算该包装件所承受的压力载荷。

4. 堆码试验有哪两种方法?

5. 简述垂直冲击高度与包装件质量的关系。

6. 简述垂直冲击的试验方法。

7. 振动试验台分哪几种类型? 主要技术指标有哪些?

8. 对一外形尺寸为 400 mm×400 mm×190 mm,总质量为 20 kg 包装件进行六角滚筒试验。试计算试验时的预转落次数。

9. 选择题

(1)关于速度变化下面哪种描述是错误的?( )

A 冲击的末速度与初速度之差

B 冲击的末速度与初速度之比

C 冲击加速度一时间函数的积分

(2)关于产品的脆性损坏边界下面哪种描述是错误的?( )

A 产品经历冲击的速度变化和最大加速度交点在损坏区外时,产品不会损坏

B 产品经历冲击的速度变化小于 ΔV_L 时,可承受的加速度值不受限制

C 产品的垂直损坏边界与试验脉冲波形无关

D 产品的水平损坏边界与试验脉冲波形无关

(3)关于缓冲材料振动传递率以下叙述正确的是哪个?( )

A 厚度越大,共振频率越小

B 静应力越大,共振频率越小

C 共振频率仅与材料本身性能有关

10. 简述缓冲材料动态压缩试验步骤及得到 $G_m-\sigma_{st}$(最大加速度-静应力)曲线的方法。

11. 一振动试验要求以 1.5 倍频程/min 扫频速率做 3~100 Hz,0.5g 定加速度正弦振动试验,求一周期往复扫频时间。若振动台最大位移为 40 mm_{p-p},试求该振动台能实现上述加速度值的下限频率。

12. 已知卡车运输随机振动的功率谱总均方根值为 0.15g,行车时间为 10 h。若在实验室条件下用 1 h 的试验时间对运输包装件加速模拟这一过程,求试验随机振动功率谱总均方根值。($K=4$)

13. 已知一产品的易损部件固有频率为 50 Hz,若用半正弦冲击脉冲做临界速度变化损坏边界试验,冲击脉冲的持续时间应有何限制。

第 9 章　虚拟仪器技术

9.1　虚拟仪器概述

9.1.1　概　述

随着计算机技术、大规模集成电路技术和通信技术的飞速发展，测试仪器技术领域发生了巨大变化。从最初的模拟仪器到现在的数字化仪器、嵌入式系统仪器和智能仪器；新的测试理论、方法不断应用；仪器结构也随着设计思想的更新而不断发展，一种崭新的测试及仪器技术——虚拟仪器技术产生了，虚拟仪器把计算机技术、电子技术、传感器技术、信号处理技术、软件技术结合起来，除继承了传统仪器的功能外，还增加了许多传统仪器所不能及的先进功能。

虚拟仪器技术实际上并不虚幻。任何测试仪器大致都可以区分为三个部分：首先是数据的采集，其次是数据的分析处理，最后是结果的显示和记录。传统仪器设备通常是以某一特定的测量对象为目标，将以上三个过程组合在一起，实现性能、范围相对固定，功能、对象相对单一的测试目标。而虚拟仪器则是通过各种与测量技术相关的软件和硬件，与工业计算机结合在一起，用以替代传统的仪器设备，通过或者利用软件和硬件与传统仪器设备相连接，通过通信方式采集、分析及显示数据，监视和控制测试和生产过程。因此，虚拟仪器实际上就是基于计算机的新型测量与自动化系统。

9.1.2　虚拟仪器的概念

虚拟仪器（Virtual Instrument，VI）通过应用程序将通用计算机与仪器硬件结合起来，用户可以通过友好的图形界面（常叫做虚拟前面板）操作这台计算机，像在操作自己定义、自己设计的一台单个传统仪器一样。

虚拟仪器的实质，就是加在计算机上的一些软件和硬件，它们具有和实际独立仪器（如示波器和逻辑分析仪）类似外观和性能，利用 I/O 接口设备完成信号的采集与调理，利用计算机强大的软件功能实现信号的运算、分析处理、存储、显示等功能，从而完成传统测试仪器的功能。它是一种功能意义上的仪器，其核心是在最少量的硬件模块支持下，不强调仪器物理上的实现形式，打破了生产厂家定义仪器机箱的约束，用显示在显示器上的软面板替代原来的仪器面板，用键盘鼠标对测量的参数及进程进行控制。采用虚拟仪器用户可以根据测试的要求不同，设计符合要求的仪器系统，满足多种多样的应用需求。

目前的虚拟仪器产品，包括各种软件产品、GPIB 产品、数据采集产品、信号调理产品、VXI 和 PXI 控制产品等，为构造自己的专用仪器系统提供了完善的解决方案。虚拟仪器的应用多是将它们搭成虚拟仪器系统。在信号调理卡、数据采集卡、GPIB 接口仪器、VXI 接口仪器等硬件支持下，用虚拟仪器软件工作平台将这些硬件和相应的软件组织起来形成系统，如图 9-1 所示。

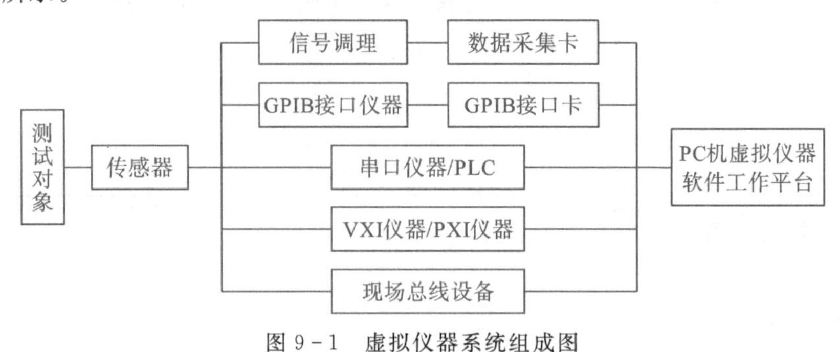

图 9-1　虚拟仪器系统组成图

9.1.3　虚拟仪器演变与发展

虚拟仪器的起源可以追溯到 20 世纪 70 年代，那时计算机测控系统在国防、航天等领域已经有了相当的发展。PC 机出现以后，仪器的计算机化成为可能，甚至在微软公司的 Windows 诞生之前，NI 公司已经在 Macintosh 计算机上推出了 LabVIEW2.0 以前的版本。对虚拟仪器和 LabVIEW 长期、系统、有效的研究开发使得该公司成为业界公认的权威。

普通的 PC 有一些不可避免的弱点。用它构建的虚拟仪器或计算机测试系统性能不可能太高。目前作为计算机化仪器的一个重要发展方向是制定了 VXI 标准，这是一种插卡式的仪器。每一种仪器是一个插卡，为了保证仪器的性能，又采用了较多的硬件，但这些卡式仪器本身都没有面板，其面板仍然用虚拟的方式在计算机屏幕上出现。这些卡插入标准的 VXI 机箱，再与计算机相连，就组成了一个测试系统。VXI 仪器价格昂贵，又推出了一种较为便宜的 PXI 标准仪器。

9.1.4　虚拟仪器构成

典型虚拟仪器结构如图 9-2 所示，从构成上来说，虚拟仪器的硬件可以完成各种测试系统通用的任务，例如信号的放大、滤波、A/D 转换等；而不同的测试系统特有的任务由软件来完成。因此可实现丰富的功能，得到更高的性价比。

图 9-2　典型的虚拟仪器结构

虚拟仪器的构成方式有很多形式，常见的有

(1)PXI 总线结构。PXI(PCI eXtensions for Instrumentation)是 PCI 总线的仪器扩展。这种虚拟仪器结构有一个带总线背板的多槽机箱，计算机被做成一个模块插在 0 槽中做控制器,其他槽中可以插各种数据采集模块,如图 9-3 所示。

(2)USB 总线结构。这种结构的数据采集装置挂在计算机外面,通过 LSSB 口向计算机传输数据,比较适合于用笔记本电脑组成便携式的测试系统。USB 数据采集装置有简单的模块,也有 NI 公司的 Compact DAQ 系统。Compact DAQ 把一组信号调理和数据采集模块装在一个机箱内,机箱与计算机通过 USB 总线通信,如图 9-4 所示。

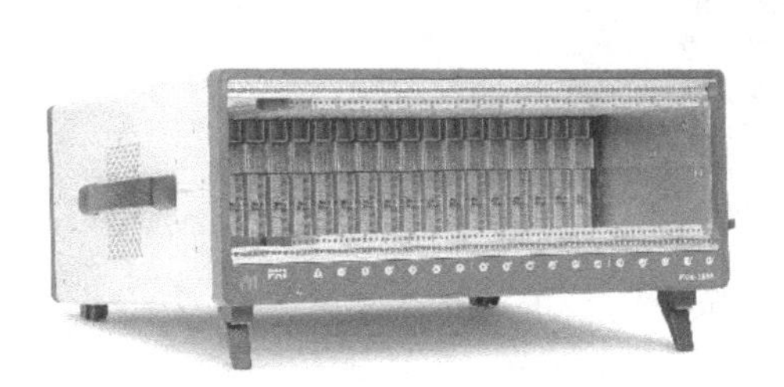

图 9-3　PXI 总线结构

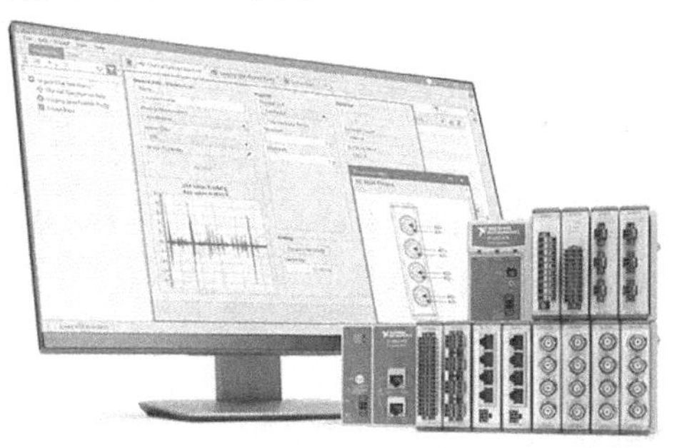

图 9-4　Compact DAQ 结构

(3)分布式系统结构。这种虚拟仪器结构可以在工业现场把数据采集设备安装在被测试对象附近,通过计算机网络、串口或工业现场总线与计算机通信。NI 公司这种产品以 FiledPoint 和 CompactFiledPoint 模块为代表,后者尺寸更小,抗冲击和震动等性能更好,如图 9-5 所示。

(4)GPIB 或串口设备结构。为了有效利用现有的技术资源和发挥传统仪器的某些优势,还可以采用 GPlB 或串口形式的虚拟仪器结构。GPIB(HP-IB 或 IEEE488)——通用接口总线,是计算机与传统仪器的接口,计算机通过内部的 GPIB 通信卡或外部的 GPIB-USB-A 控制器,再通过 GPIB 电缆,实现计算机对传统仪器的控制和访问,如图 9-6 所示。串口也是计算机与传统仪器接口的一种普遍采用的方式,实现对满足一定协议(如 RS232)的传统仪器与计算机的连接。这些与计算机连接的仪器功能是专一、固定的,它们的软件固化在仪器内部。它们完成测试任务也并不依赖于计算机,只是利用计算机的存储、显示、打印等功能,或对测试过程加以某些控制。

图 9-5　FiledPoint 模块计算机

图 9-6　GPIB 结构

(5)CRIO 系统结构。NI 公司的 CRIO(Compact Reconfigurable Input/Output,紧凑型可重配置输入/输出)是一种小巧坚固的新型工业化控制和采集系统,如图 9-7 所示。CRIO 机箱中包括实时控制器、FPGA(现场可编程门阵列)芯片、信号输入输出模块和信号调理模块。CRIO系统的程序开发完成以后，就可以脱离PC独立运行，其实时性、可靠性可与专门定制设计的硬件电路相媲美。

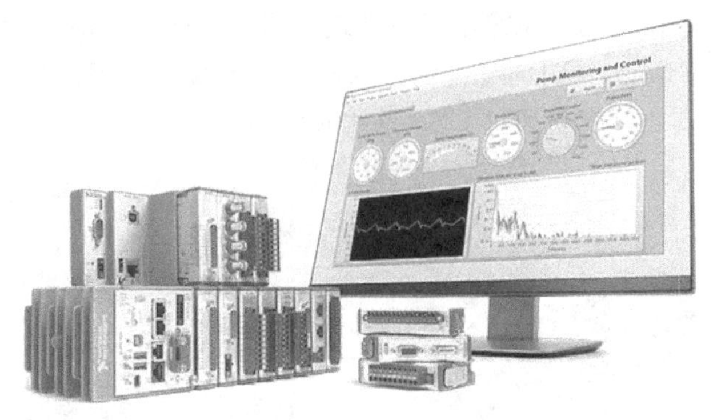

图9-7 CRIO结构

9.1.5 虚拟仪器的特点

虚拟仪器测试系统是测控系统的抽象。但不管是传统的还是虚拟的仪器，它们的功能是相同的：采集数据，数据分析处理，显示处理结果。它们之间的不同主要体现在灵活性方面。虚拟仪器由用户自己定义，这意味着可以自由组合计算机平台的硬件、软件和各种完成应用系统所需要的附件，而这种灵活性由供应商定义，功能固定独立的传统仪器是达不到的。虚拟仪器系统与传统仪器相比，具有功能由用户使用时自己定义，技术更新周期短，价格低廉、可复用与可重配置性强，开放、灵活，与网络及其他周边设备方便互联等优点。

虚拟仪器系统与传统仪器相比(见表9-1)有以下特点：

(1)打破了传统仪器的“万能”功能概念，将信号的分析、显示、存储、打印和其他管理集中交由计算机来处理。由于充分利用计算机技术，完善了数据的传输、交换等性能，使得组建系统变得更加灵活、简单。可充分发挥计算机的能力，有强大的数据处理功能，可以创造出功能更强的仪器。

(2)强调“软件就是仪器”新概念，软件在仪器中充当了以往由硬件实现的角色，用户可以根据自己的需要定义和制造各种仪器。由于减少了许多随时间可能漂移、需要定期校准的分立式模拟硬件，加上标准化总线的使用，提高了系统的测量精度、测量速度和可重复性。

(3)仪器由用户自己定义，系统的功能、规模等均可通过软件修改、增减；可方便地同外设、网络及其他应用连接；不同的软件、硬件组合可以构成针对不同测试对象和测试功能的仪器；一套虚拟测试系统可以完成多种、多台测试仪器的功能。

(4)虚拟仪器的开放性和功能软件的模块化，能够使用户将仪器的设计、使用和管理统一到虚拟仪器标准，提高资源的可重复利用率，缩短系统组建时间，易于扩展功能，并使管理规范，软硬件生产、使用简便、维护和开发的费用降低。

(5)通过软硬件的升级，可方便地提升测试系统的能力和水平。另外，用户可以用通用的计算机语言和软件，如VC++，LabVIEW，LabWindows/CVI，Visual Basic等，扩充、编写软件，从而使虚拟仪器技术更适应和贴近用户自己测试工作的特殊需求。

表 9-1　虚拟仪器与传统仪器的比较

虚拟仪器	传统仪器
软件使得开发维护费用降低	开发维护开销高
技术更新周期短	技术更新周期长
关键是软件	关键是硬件
价格低、可复用、可重配置性强	价格昂贵
用户定义仪器功能	厂商定义仪器功能
开放、灵活可与计算机技术保持同步发展	封闭、固定
与网络及其他周边设备方便互联的面向应用的仪器系统	功能单一、互联有限的独立设备

9.2　LabVIEW 入门

9.2.1　LabVIEW 概述

LabVIEW(Laboratory Virtualinstrument Engineering)是一种图形化的编程语言,它广泛地被工业界、学术界和研究实验室所接受,其被视为一个标准的数据采集和仪器控制软件。LabVIEW 集成了与满足 GPIB、VXI、RS-232 和 RS-485 协议的硬件及数据采集卡通信的全部功能。它还内置了便于应用 TCP/IP、ActiveX 等软件标准的库函数。这是一个功能强大且灵活的软件。利用它可以方便地建立自己的虚拟仪器,其图形化的界面使得编程及使用过程都生动有趣。

图形化的程序语言,又称为"G"语言。使用这种语言编程时,基本上不写程序代码,取而代之的是流程图或流程图。它尽可能利用了技术人员、科学家、工程师所熟悉的术语、图标和概念,因此,LabVIEW 是一个面向最终用户的工具。它可以增强用户构建自己的科学和工程系统的能力,提供了实现仪器编程和数据采集系统的便捷途径。使用它进行原理研究、设计、测试并实现仪器系统时,可以大大提高工作效率。

利用 LabVIEW,可产生独立运行的可执行文件,它是一个真正的 32 位编译器。像许多重要的软件一样,LabVIEW 提供了 Windows、UNIX、Linux、Macintosh 的多种版本。

9.2.2　LabVIEW 应用程序

LabVIEW 程序又称虚拟仪器,即 VI,其外观和操作均模仿现实仪器,如示波器和万用表。每个 VI 都使用函数从用户界面或其他渠道获取信息输入,然后将信息显示或传输至其他文件或计算机。

VI 由以下三部分构成:

(1)前面板,即用户界面。

(2)程序框图,包含用于定义 VI 功能的图形化源代码。

(3)图标和连线板,用以识别 VI 的接口,以便在创建 VI 时调用另一个 VI。当一个 VI 应用在其他 VI 中,则称为子 VI。子 VI 相当于文本编程语言中的子程序。

所有的 LabVIEW 应用程序,即虚拟仪器(VI),它包括前面板(frontpanel)、流程图(blockdiagram)以及图标/联结器(icon/connector)三部分。

1. 前面板

前面板即用户界面,也就是 VI 的虚拟仪器面板,前面板由输入控件和显示控件组成。这些控件是 VI 的输入输出端口。输入控件是指旋钮、按钮、转盘等输入装置。显示控件是指图表、指示灯等显装置。输入控件模拟仪器的输入装置,为 VI 的程序框图提供数据。显示控件模拟仪器的输出装置,用以显示程序框图获取或生成的数据。图 9-8 所示是一个采集信号的简单 VI 的前面板。

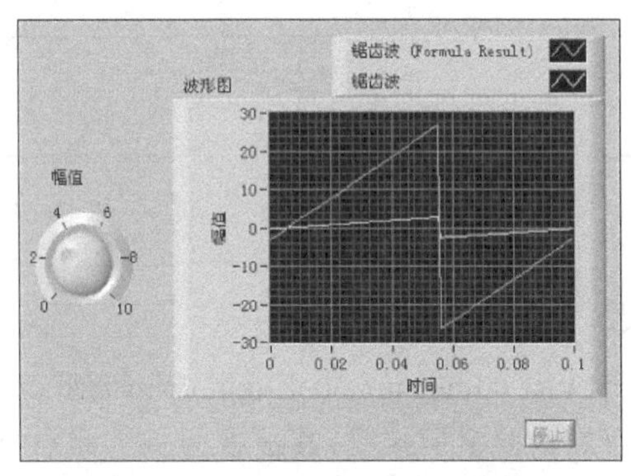

图 9-8 采集信号的 VI 前面板

2. 程序框图

前面板创建完毕后,便可使用图形化的函数添加源代码来控制前面板上的对象。程序框图是图形化源代码的集合,图形化源代码又称 G 代码或程序框图代码,它决定了 VI 的运行方式。前面板上的对象在程序框图中显示为接线端,连线将输入控件和显示控件的接线端与各 ExpressVI、VI 和函数相互连接。数据从输入控件沿着连线流向 VI 和函数,再从这些 VI 和函数流向其他 VI 和函数,最后流向显示控件。数据在程序框图节点中的流动决定了 VI 和函数的执行顺序,这就是数据流编程。图 9-9 是与图 9-8 对应的流程图。如果将 VI 与标准仪器相比较,那么前面板上的东西就是仪器面板上的东西,而流程图上的东西相当于仪器箱内的东西。在许多情况下,使用 VI 可以仿真标准仪器,不仅在屏幕上出现一个

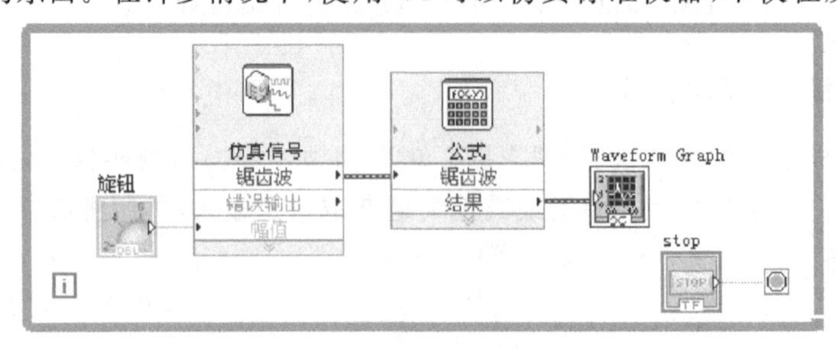

图 9-9 采集信号的 VI 程序框图

惟妙惟肖的标准仪器面板，而且其功能也与标准仪器相差无几。

3. 图标和连线板

创建 VI 的前面板和程序框图后，请创建图标和连线板，以便将该 VI 作为子 VI 调用。图标和连线板相当于文本编程语言中的函数原型。每个 VI 都显示为一个图标，位于前面板和程序框图窗口的右上角，如所示。

图标是 VI 的图形化表示，可包含文字、图形或图文组合。如果将一个 VI 当作子 VI 使用，程序框图上将显示代表该子 VI 的图标，可双击图标进行修改或编辑。如需将 VI 当作子 VI 使用，还需创建连线板，如所示。连线板用于显示 VI 中所有输入控件和显示控件接线端，类似于文本编程语言中调用函数时使用的参数列表。连线板标明了可与该 VI 连接的输入和输出端，以便将该 VI 作为子 VI 调用。连线板在其输入端接收数据，然后通过前面板的输入控件传输至程序框图的代码中，并从前面板的显示控件中接收运算结果传输至其输出端。

9.2.3 LabVIEW 选板

LabVIEW 包含三种选板：控件选板、函数选板和工具选板。控件选板仅位于前面板。控件选板包括创建前面板所需的输入控件和显示控件。根据不同输入控件和显示控件的类型，将控件归入不同的子选板中。函数选板仅位于程序框图。函数选板中包含创建程序框图所需的 VI 和函数。按照 VI 和函数的类型，将 VI 和函数归入不同子选板中。

浏览控件和函数选板，单击控件或函数选板左边的黑色箭头可展开或折叠选板类别。只有设置选板模式为类别(标准)或类别(图标和文本)时，才会显示上述黑色箭头。使用控件和函数选板工具栏上的下列按钮，可查看、配置选板，搜索控件、VI 和函数，如图 9－10 所示。

1. 工具选板

工具选板上的每一个工具都对应于鼠标的一个操作模式。光标对应于选板上所选择的工具图标。可选择合适的工具对前面板和程序框图上的对象进行操作和修改。该选板提供了各种用于创建、修改和调试 VI 程序的工具。如果该选板没有出现，请选择查看→工具选板打开工具选板，如图 9－10 所示。工具图标如表 9－2 所示。

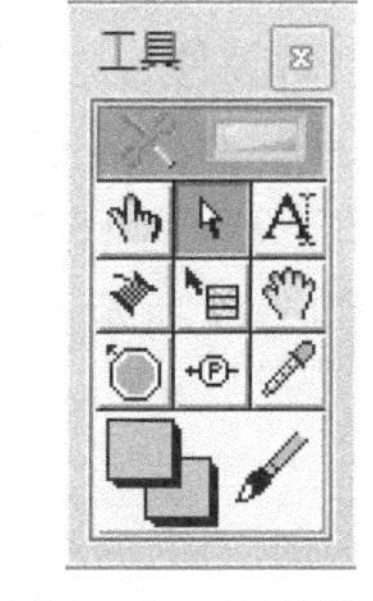

图 9－10　工具选板

表 9－2　工具图标

图标	名称	功能
	自动选择工具	当单击时，鼠标经过前、后面板对象时，系统会自动选择工具选板中相应的工具，方便用户操作
	操作值	用于操作前面板的控制和显示。使用它向数字或字符串控制中键入值时，工具会变成标签工具
	定位/调整大小/选择	用于选择、移动或改变对象的大小。当它用于改变对象的连框大小时，会变成相应形状。

续表

图标	名称	功能
	编辑文本	用于输入标签文本或者创建自由标签。当创建自由标签时它会变成相应形状。
	进行连线	用于在流程图程序上连接对象。如果联机帮助的窗口被打开时，把该工具放在任一条连线上，就会显示相应的数据类型。
	对象快捷菜单	用鼠标左键可以弹出对象的弹出式菜单。
	滚动窗口	使用该工具就可以不需要使用滚动条而在窗口中漫游。
	设置/清除断点	使用该工具在 VI 的流程图对象上设置断点。
	探针数据	可在框图程序内的数据流线上设置探针。通过控针窗口来观察该数据流线上的数据变化状况。
	获取颜色	使用该工具来提取颜色用于编辑其他的对象。
	设置颜色	用来给对象定义颜色。它也显示出对象的前景色和背景色。

2. 控件选板

位于前面板控件选板上的输入控件和显示控件可用于创建前面板。控件的种类：数值控件（如滑动杆和旋钮）、图形、图表、布尔控件（如按钮和开关）、字符串、路径、数组、簇、列表框、树形控件、表格、下拉列表控件、枚举控件和容器控件等。

(1)控件样式。前面板控件有新式、经典和系统三种样式。

新式及经典控件。许多前面板对象具有高彩外观。为了获取对象的最佳外观，显示器最低应设置为 16 色位，而经典选板上的控件适于创建在 256 色和 16 色显示器上显示的 VI，如图 9-11 所示。

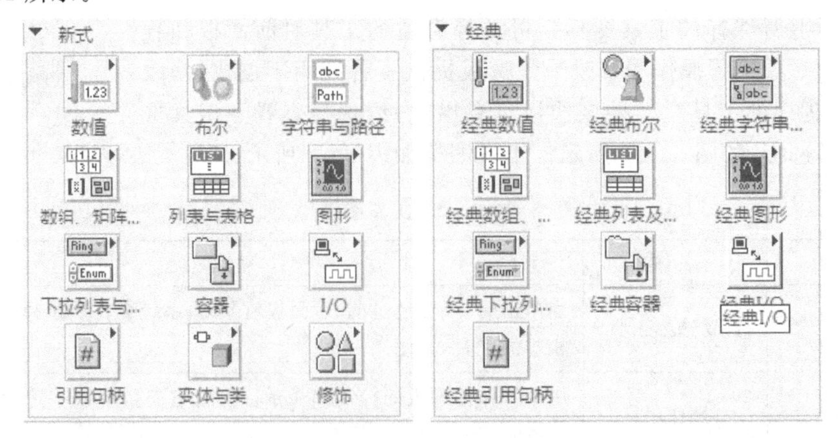

图 9-11　控件选板

(2)系统控件。系统控件专为在对话框中使用而特别设计，包括下拉列表和旋转控件、数值滑动杆、进度条、滚动条、列表框、表格、字符串和路径控件、选项卡控件、树形控件、按钮、复选框、单选按钮和自动匹配父对象背景色的不透明标签，如图 9－12 所示。

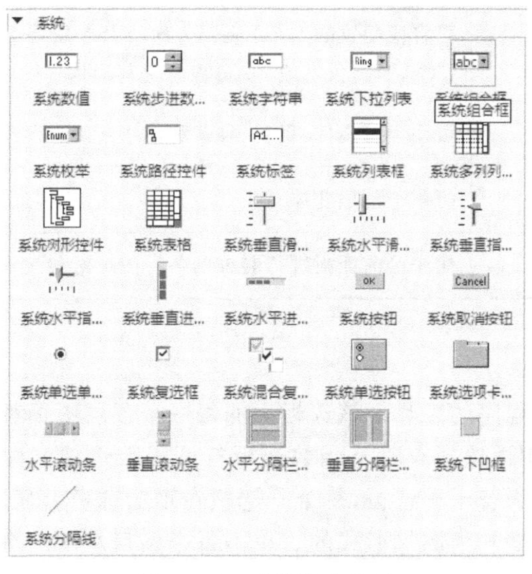

图 9－12　系统控件选板

控件选板用来给前面板设置各种所需的输出显示对象和输入控制对象。每个图标代表一类子控件。如果控制选板不显示，可以用请选择查看→控件选板打开控件选板。新式控件控制包括如表 9－3 所示的一些子选板。

表 9－3　新式控件子选板对象及功能

图标	子选板名称	功能
	数值	可用于创建滑动杆、滚动条、旋钮、转盘和数值显示框。该选板上还有颜色盒和颜色梯度，用于设置颜色值；以及时间标识，用于设置时间和日期值。数值对象用于输入和显示数值
	布尔	逻辑数值的控制和显示。包含各种布尔开关、按钮以及指示灯等
	字符串与路径	字符串和路径的控制和显示
	数组、矩阵与簇	可用来创建数组、矩阵和簇。数组是同一类型数据元素的集合。簇将不同类型的数据元素归为一组。矩阵是若干行列实数或复数数据的集合，用于线性代数等数学操作
	列表与表格	列表和表格的控制和显示
	图形	显示数据结果的趋势图和曲线图
	下拉列表与枚举	可用来创建可循环浏览的字符串列表
	容器	可用于组合控件，或在当前 VI 的前面板上显示另一个 VI 的前面板。(Windows)容器控件还可用于在前面板上显示.NET 和 ActiveX 对象

续表

图标	子选板名称	功能
	I/O	可将所配置的 DAQ 通道名称、VISA 资源名称和 IVI 逻辑名称传递至 I/O VI，与仪器或 DAQ 设备进行通信
	引用句柄	可用于对文件、目录、设备和网络连接进行操作
	变体与类	可用于创建变体与类
	修饰	用于给前面板进行装饰的各种图形对象

3. 函数选板

函数是创建流程图程序的工具。该选板上的每一个顶层图标都表示一个子选板。如果函数选板不显示，可以用请选择查看→函数选板打开函数选板。标准形式的函数选板将程序框图节点按类别划分为若干子选板，每个子选板在顶层选板上显示为一个文本条目，最上面一个“编程”子选板是展开为图标形式的。单击每个条目左侧的黑色三角形可以将这个子选板展开为图标形式；展开为图标形式以后，单子选板左上角的黑色箭头可以将其折叠为一个文本条目，如图 9－13 所示。以下对函数选板中各类别节点做简要介绍。

图 9－13　标准函数选板

(1)编程子选板。“编程”子选板包含了开发 LabVIEW 通用程序的大部分节点，这些节点又按类别划分为若干下级子选板。光标移动到编程子选板某个图标上，会弹出一个标签说明该图标所代表的下级子选板，单击这个图标就会展开该选板。展开后再单击“编程”字符处，会返回“编程”子选板。“编程”子选板各图标所代表的子选板含义如表 9－4 所示。

表 9－4　编程函数子选板

图标	名称	功能
	结构	包括 For 循环、While 循环、定时结构、条件结构、事件结构、平铺和层叠两种顺序结构公式节点、反馈节点、全局变量、局部变量等
	数组	包括操作数组的各种函数、数组外框、数组与簇的转换函数和数组与矩阵的转换函数等
	簇与变体	包括操作簇的各种函数、簇外框、簇与数组的转换函数:变体与数据的转换函数、变体属性操作 VI 等
	数值	包括算术运算符、数值类型转换函数、三角函数、对数函数、复数函数、数值常数、数据操作函数、与信号调理有关的量值转换 VI 等
	布尔	包括逻辑运算符、布尔型常数、布尔量与数值的转换函数等
	字符串	包括对字符串操作的各种函数，字符串与数值、数组和路径的转换函数，字符串常量和创建文本 VI 等
	比较	包括各种比较运算符、选择函数、极值函数、强制范围转换函数、用于比较运算的 VI 等
	定时	包括计时、时间控制、提取系统时间的几个函数和 VI
	对话框与用户界面	包括对话框、错误信息、菜单、光标、帮助、事件等与开发用户界面有关的函数和 VI
	文件 I/O	包括对各种格式文件读写的函数和 VI，对文件及路径进行操作的各种函数和 VI
	波形	包括关于波形操作的函数和 VI
	应用程序控制	包括打开与关闭应用程序和 VI 的引用、属性节点、调用节点、程序的停止和退出等应用程序控制函数，面向对象编程的函数
	同步	包括通知、队列、信号量、事件等与程序同步有关的函数和 VI
	图形和声音	包括三维图形、图片和声音的函数
	报表生成	生成应用程序报表的函数，报表可以使用数字、文本、图像等形式，可以包括前面板、程序框图和说明等内容，可以存储、打印和网络发布

(2)测量 I/O。“测量 I/O”子选板包括用传统 DAQ 方法进行数据采集的子选板、用 DAQmx 方法进行数据采集的子选板等所有涉及 NI 公司硬件设置与调用的 VI。

(3)仪器 I/O。“仪器 I/O”子选板包括仪器驱动程序、GPIB 仪器通信、串口仪器通信、VISA 仪器通信等子选板和仪器输入/输出助手 Express VI。

(4)数学。数学选板包含微积分、概率统计、线性代数、几何等各种各样的数学分析 VI,是取得精确测试结果的必备工具。

(5)信号处理。信号处理选板包含了开发测试系统所必需的几乎所有常规信号处理 VI,包括信号生成、数字滤波、窗函数、频谱分析、卷积、相关、数学变换等,是 LabVIEW 最重要的选板之一。

(6)数据通信。数据通信包括使用各种变量的程序内部通信和使用各种协议的网络通信两类数据传输 VI。

(7)互联接口。互联接口包括库函数调用、代码接 121、执行系统命令、使用.NET 和 ActiveX 技术与其他 Windows 应用程序链接、输入设备控制、I/O 端口操作等各种与外部软硬件资源协调的 VI。

(8)Express。Express 选板包含了 Express VI。

(9)收藏。将函数选板固定在程序框图中,在底层选板的图标上右击,在弹出的快捷菜单中选择“添加项至收藏夹”命令,则这个对象就复制到“收藏”子选板上。把自己编程常用的对象放在收藏夹中便于查找,可以提高工作效率。

(10)用户库。由用户把 VI 放在 National Instruments\LabVIEW 8.2\user.1ib 目录中时,此 VI 将出现在这个子选板中。

9.2.4 Express VI

ExpressVI 被称为通向快速测量的有效途径和一步完成开发的助手。Express VI 的特点为 Express VI 内部封装了更多的 VI 功能,可以完成信号采集、信号分析、数据存储等许多常用的任务,从而使虚拟仪器的开发更加简单。

VI 的某些输入参数值决定 VI 的运行方式和输出结果。标准 VI 这些参数是通过与其他接线端连线赋值的,而 Express VI 中的这些参数可通过在对话框中进行配置赋值,这样就减少了连线,提高了程序开发效率。很多 ExpressVI 的配置对话框还可以同时预览输出结果。一个 Express VI 被调进程序框图时,就自动打开了它的配置对话框。以后需要重新设置 Express VI 时,只要在它的图标上双击或在弹出的快捷菜单上选择“属性”命令即可打开它的配置对话框。

动态数据类型,大部分 Express VI 接受和返回动态数据类型。动态数据类型除了数据本身,还包括信号的属性,例如,信号名、采样时间等信息。数值型、布尔型和波形数据类型的控件都可以接受动态数据类型。

9.3 LabVIEW 程序设计基础

9.3.1 程序结构

结构是传统文本编程语言中的循环和条件语句的图形化表示。使用程序框图中的结构可对代码块进行重复操作，根据条件或特定顺序执行代码。与其他节点类似，结构也具有可与其他程序框图节点进行连线的接线端。输入数据存在时结构会自动执行，执行结束后将数据提供给输出线路。每种结构都含有一个可调整大小的清晰边框，用于包围根据结构规则执行的程序框图部分。结构边框中的程序框图部分被称为子程序框图，从结构外接数据和将数据输出结构的接线端称为隧道，隧道是结构边框上的连接点，结构选板(见图 9-14)中的以下结构可用于控制程序框图的执行方式。

图 9-14　程序结构选板

(1)For 循环：按设定的次数执行子程序框图。

(2)While 循环：执行子程序框图直至满足某个条件。

(3)条件结构：包含多个子程序框图，根据传递至该结构的输入值，每次只执行其中一个子程序框图。

(4)顺序结构：包含一个或多个按顺序执行的子程序框图。

(5)事件结构：包括一个或多个子程序框图，在用户交互产生某个事件时执行。

(6)定时结构：执行一个或多个包括限时和延时的子程序框图。

(7)条件禁用结构：包含一个或多个子程序框图，每个子程序框图均在运行时编译和执行。

(8)程序框图禁用结构：包含一个或多个子程序框图，运行时只编译和执行其中一个子程序框图。

9.3.2　数组和簇

数组和簇控件及函数可将数据分组。数组将相同类型的数据元素归为一组。簇将不同类型的数据元素归为一组。

1. 数组

数组由元素和维度组成。元素是组成数组的数据。维度是数组的长度、高度或深度。数组可以是一维或多维的，在内存允许的情况下每一维度可有多达(231)－1 个元素。可以创建数值、布尔、路径、字符串、波形和簇等数据类型的数组。对一组相似的数据进行操作并重复计算时，可考虑使用数组。数组最适于存储从波形采集而来的数据或循环中生成的数据(每次循环生成数组中的一个元素)。

2. 簇

簇将不同类型的数据元素归为一组。LabVIEW 错误簇是簇的一个例子，它包含一个布尔值、一个数值和一个字符串。簇类似于文本编程语言中的记录或结构体。

将几个数据元素捆绑成簇可消除程序框图上的混乱连线，减少子 VI 所需的连线板接线端的数目。连线板最多可有 28 个接线端。如前面板上要传送给另一个 VI 的输入控件和显示控件多于 28 个，则应将其中的一些对象组成一个簇，然后为该簇分配一个连线板接线端。

9.3.3 图形和图表

图形或图表用于图形化显示采集或生成的数据。图形和图表的区别在于各自不同的数据显示和更新方式。含有图形的 VI 通常先将数据采集到数组中，再将数据绘制到图形中。该过程类似于电子表格，即先存储数据再生成数据的曲线。数据绘制到图形上时，图形不显示之前绘制的数据而只显示当前的新数据。图形一般用于连续采集数据的快速过程。与图形相反，图表将新的数据点追加到已显示的数据点上以形成历史记录。在图表中，可结合先前采集到的数据查看当前读数或测量值。当图表中新增数据点时，图表将会滚动显示，即图表右侧出现新增的数据点，同时旧数据点在左侧消失。图表一般用于每秒只增加少量数据点的慢速过程。LabVIEW 包含以下类型的图形和图表。

1. 波形图和图表

LabVIEW 使用波形图和图表显示具有恒定速率的数据。

(1)波形图。波形图用于显示测量值为均匀采集的一条或多条曲线。波形图仅绘制单值函数，即在 $y=f(x)$中，各点沿 x 轴均匀分布。例如一个随时间变化的波形。图 9-15 显示了一个正弦信号波形图的范例。波形图可显示包含任意个数据点的曲线。波形图接收多种数据类型，从而最大程度降低了数据在显示为图形前进行类型转换的工作量。

(2)波形图表。波形图表是显示一条或多条曲线的特殊数值显示控件，一般用于显示以恒定速率采集到的数据。图 9-16 显示了一个波形图表的范例。

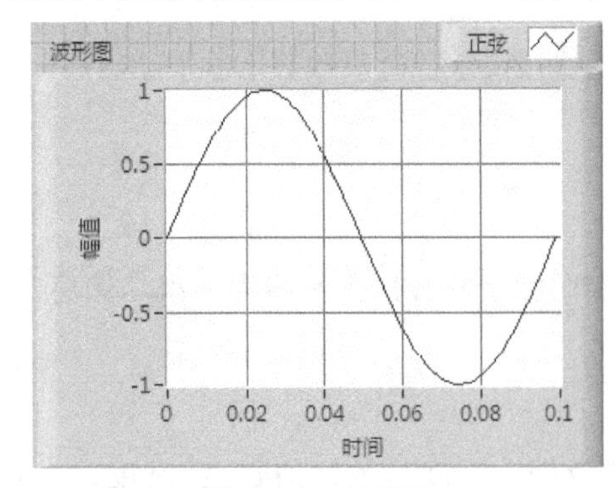

图 9-15 波形图

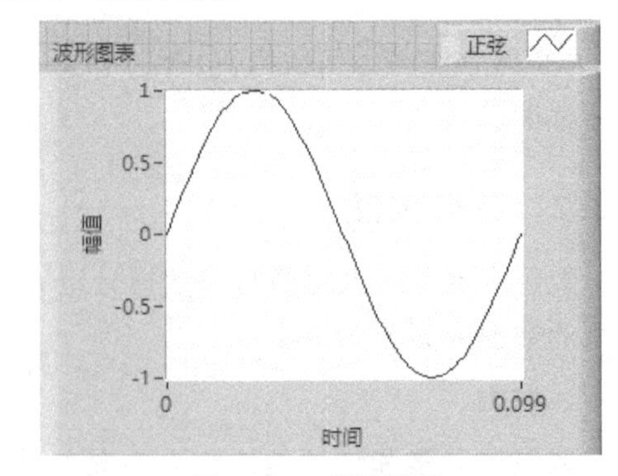

图 9-16 波形图表

波形图表会保留来源于此前更新的历史数据，又称缓冲区。右键单击图表，从快捷菜单中选择图表历史长度可配置缓冲区大小。波形图表的默认图表历史长度为 1024 个数据点。向图表传送数据的频率决定了图表重绘的频率。

2. *XY* 图

显示采样率非均匀的数据及多值函数的数据。*XY* 图是通用的笛卡儿绘图对象，用于绘制多值函数，如圆形或具有可变时基的波形。*XY* 图可显示任何均匀采样或非均匀采样的点的集合。*XY* 图中可显示 Nyquist 平面、Nichols 平面、*S* 平面和 *Z* 平面。上述平面的线和标签的颜色与笛卡儿线相同，且平面的标签字体无法修改。图 9－17 显示了一个 *XY* 图的范例。*XY* 图可显示包含任意个数据点的曲线。*XY* 图接收多种数据类型，从而将数据在显示为图形前进行类型转换的工作量减到最小。

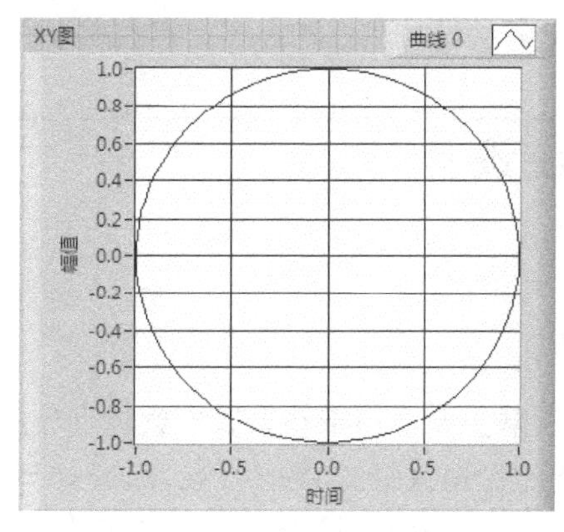

图 9－17　*XY* 图

3. 强度图和强度图表

强度图和强度图表通过在笛卡儿平面上放置颜色块的方式在二维图上显示三维数据，例如强度图和图表可显示温度图和地形图(以量值代表高度)。

4. 数字波形图

数字波形图以脉冲或成组的数字线的形式显示数据。

5. 混合信号图

混合信号图用于显示波形图、*XY* 图和数字波形图所接收的数据类型。同时也接收包含上述数据类型的簇。

6. (Windows)三维图形

在前面板 ActiveX 对象的三维图上显示三维数据。

9.3.4　文件 I/O

文件 I/O 操作可在文件中读写数据。文件 I/O 选板上的“文件 I/O”和函数可实现文件 I/O 的所有功能，其中包括：

(1)打开和关闭数据文件。

(2)读写数据文件。

(3)读写电子表格格式的文件。

(4)移动或重命名文件和目录。

(5)修改文件特性。

(6)创建、修改和读取配置文件。

使用一个 VI 或函数就可进行文件打开、读写和关闭操作,也可分别使用函数控制过程中的各个步骤。“读取测量文件”Express VI 和“写入测量文件”Express VI 可对“.lvm”“.tdm”或“.tdms”文件进行读取数据和写入数据的操作。

根据文件格式选取文件 I/O 选板上的合适 VI。LabVIEW 可读写的文件格式有文本文件、二进制文件和数据记录文件三种。使用何种格式的文件取决于采集和创建的数据及访问这些数据的应用程序。

9.4 虚拟仪器系统设计

9.4.1 数据采集

1. DAQ 系统

LabVIEW 设计的虚拟仪器主要应用于获取真实物理世界的数据,数据采集的重要性就十分显著。它是计算机与外部物理世界连接的桥梁,随着计算机和总线技术的发展,基于 PC 的数据采集(Dam Acquisition,DAQ)板卡产品得到了广泛应用。许多应用通过使用插入式设备采集数据并把数据直接传送到计算机内存中。而在一些其他应用中,数据采集硬件通过并行或串行接口和计算机相连。基于计算机的数据采集系统的组成部分如图 9-18 所示可分 5 个部分:传感器、信号调理、数据采集硬件、计算机、软件。

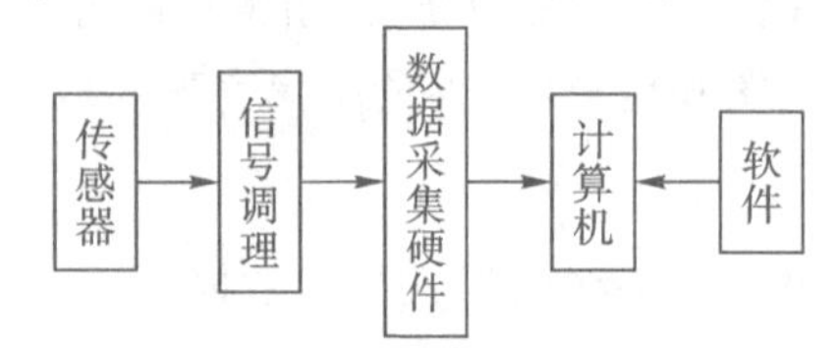

图 9-18 数据采集系统

2. 数据采集硬件

数据采集硬件有多种多样的形式。数据采集硬件的选择要根据具体的应用场合并考虑自己现有的技术资源,选用数据采集硬件可以从以下几个方面考虑:

(1)数据分辨率和精度。在组建测试系统时,对测试结果有一个精度指标,该精度是从整个系统考虑的,不仅涉及 A/D 变换的精度,还必须考虑传感器、信号放大、采样保持、多路开关、参考电压以及计算机数据处理等各部分的误差,要根据实际情况确定对数据采集卡的精度要求。另外,数据采集卡的分辨率往往高于其精度,分辨率等于一个量化单位,和 A/D 变换的位数直接相关,而精度包含了分辨率、零位误差、零漂等各种误差因素。一般 A/D 变换系统的分辨率优于精度一个数量级或按二进制来说高出 2～4 位比较合适。

(2)最高采样速度。数据采集卡的最高采样速度一般用最高采样频率(Hz)来表示;它表示其单通道采样能使用的最高采样频率,这也就限制了该数据采集卡能够处理信号的最高频率(最高采样频率/2)。如果要进行多通道采样,则能够达到的采样频率是原最高采样频率除以通道数。所以在选择这个指标时，首先要明确测试信号的最高频率及需要同时采样的通道数。

(3)通道数。通道数指能够同时采样的通道数，根据测试任务选择。

(4)数据总线接口类型。不同的总线接口类型的数据采集板卡的接口硬件形式不一样，数据传递的规则和数据传递的速度也不一样，PCI 总线是台式计算机中目前最通用的总线；而笔记本电脑中通常用 PMMCIA 总线；PXI 和 VXI 总线是比较新兴的高速传输总线。

(5)是否有隔离。好的数据采集板卡每个通道的输入和输出端之间都带有隔离放大器。对于工作在强电磁干扰环境中的数据采集系统，选择具有隔离配置的数据采集板卡才能保证数据采集的可靠性。

(6)板卡本身是否带有微处理器。自身带有微处理器(CPU)的数据采集卡可以当作主机的下位机使用，自行控制采样的进行。

(7)是否有标定功能。数据采集卡使用一段时间以后，器件值会有变化，基准电压也可能会改变，零点会有漂移。对于高精度的数据采集，需要每隔一段时间进行精度标定，好的数据采集卡具有自我标定功能，但价格也会高很多。

(8)支持的软件驱动程序及其软件平台。和数据采集卡的硬件接口类似，买来的数据采集板卡能在什么软件环境中使用，使用起来是否还需要自己编制驱动程序，这也是选择一款数据采集卡很重要的因素。选择数据采集卡的软件除了和现有的测试系统软件兼容以外，还应考虑其更广泛的兼容性和灵活性，以备在其他测试任务和系统中也能使用。

另外，数据采集卡的选择还有一些常用的指标，如输入电压的最大范围、输入增益的种类、是否有模拟输出、输入触发的类型等。

3. 软件

软件使计算机和数据采集硬件形成一个完整的数据采集、分析和显示系统，没有硬件驱动软件大部分数据采集硬件无法工作，硬件驱动程序是应用软件对硬件的编程接口，它包含着特定硬件可以接受的操作命令，完成与硬件之间的数据传递。依靠硬件驱动程序可以大大简化 LabVIEW 编程工作，提高开发效率，降低开发成本。

利用 LabVIEW 实现数据采集有以下几种方式：

(1)NI-DAQ。National Instruments 的所有测量设备均附带 NI-DAQ 驱动软件，该软件提供了范围广泛的函数及 VI，可从 LabVIEW 调用，从而对 NI 测量设备进行编程。测量设备包括各种 DAQ 设备，如 E 系列多功能 I/O(MIO)设备、SCXI 信号调理模块、开关模块等。驱动软件有一个应用程序编程接口(API)，包括了用于创建某特定设备的相关测量应用所需的 VI、函数、类及属性。在驱动程序的用户接口 MAX(Measurement & Automation Explorer)中用户可以对硬件进行各种必要的设置和测试，LabVIEW 中的数据采集函数按照 Measurement & Automation Explorer 中的设置采集数据，用户调用数据采集函数编写数据采集程序。

(2)利用外部数据采集卡控制的 LabVIEW 实现。如果使用非 NI 公司的数据采集卡，可以利用 LabVIEW 中的动态链接库功能实现数据采集。但这种方式需要同时在 VC 软件和 LabVIEW 软件中编程，还需要在两者之间建立恰当的数据联系，因此这种数据采集方式的实现有一定的难度，需要一些技巧和经验。

9.4.2 信号分析与处理

用于信号分析和处理的虚拟仪器执行的典型测量任务如下：

(1)计算信号中存在的总的谐波失真。

(2)决定系统的脉冲响应或传递函数。

(3)估计系统的动态响应参数。

(4)计算信号的幅频特性和相频特性。

LabVIEW 在信号发生、分析和处理方面有明显的优势，为用户提供了非常丰富的信号发生，以及对信号进行采集、分析、显示和处理的函数、VI 和 Express VI，这些工具可以方便地进行信号发生、分析和处理，如图 9-19、图 9-20 所示。

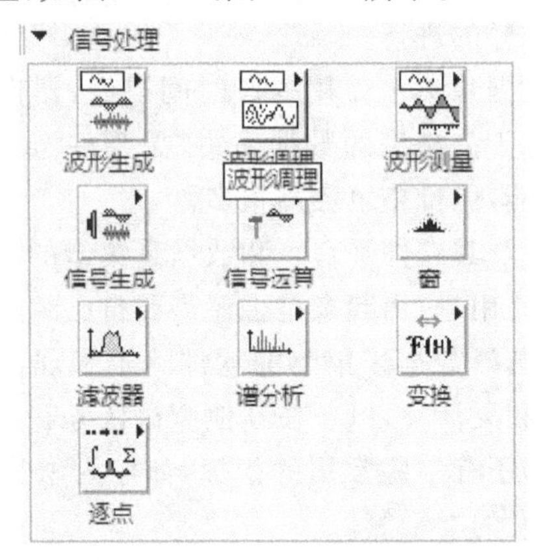

图 9-19 信号处理

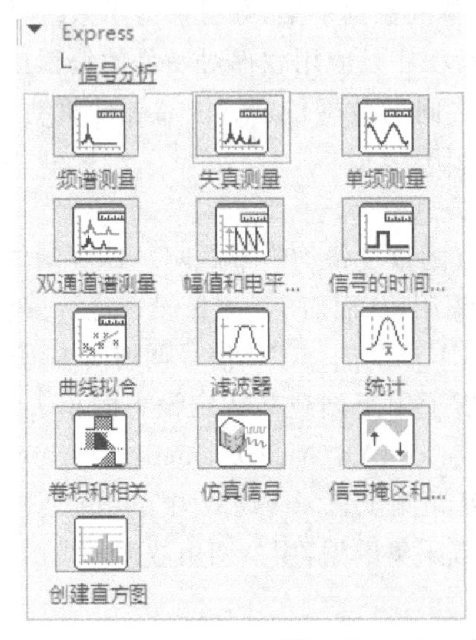

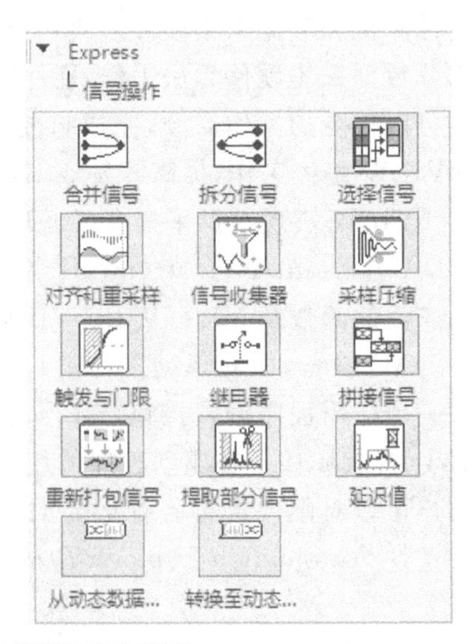

图 9-20 Express 信号分析与操作

9.4.3 虚拟仪器实例

目前，测试中常常要用到采集卡，但采集卡价格昂贵，且更新换代速度快。我们利用声卡作为数据采集装置构建测试系统，不仅造价低廉，性能稳定，完全可以满足试验的要求。

在实例中我们建立一个 VI，具有如下功能：

(1)通过声卡完成对测试信号的采集；

(2)完成对测试信号的滤波，能够设置滤波器高截止、低截止频率；

(3)显示信号时域描述及频域描述；

(4)与输入限制的频率进行比较，频率超过该限制指示灯点亮。

1. 前面板设计

前面板设计如图 9-21 所示，设计步骤如下：

(1)使用控件面板 Express→图形显示控件→波形图，在前面板上放置两个波形图用来显示采集信号的时域描述和 FFT。

(2)使用控件面板 Express→数值输入控件→旋钮，放置 3 个旋钮用来控制滤波器截止频率和限制频率。

(3)使用控件面板 Express→指示灯→圆形指示灯，放置 1 个指示灯用来显示频率是否超过限制频率。

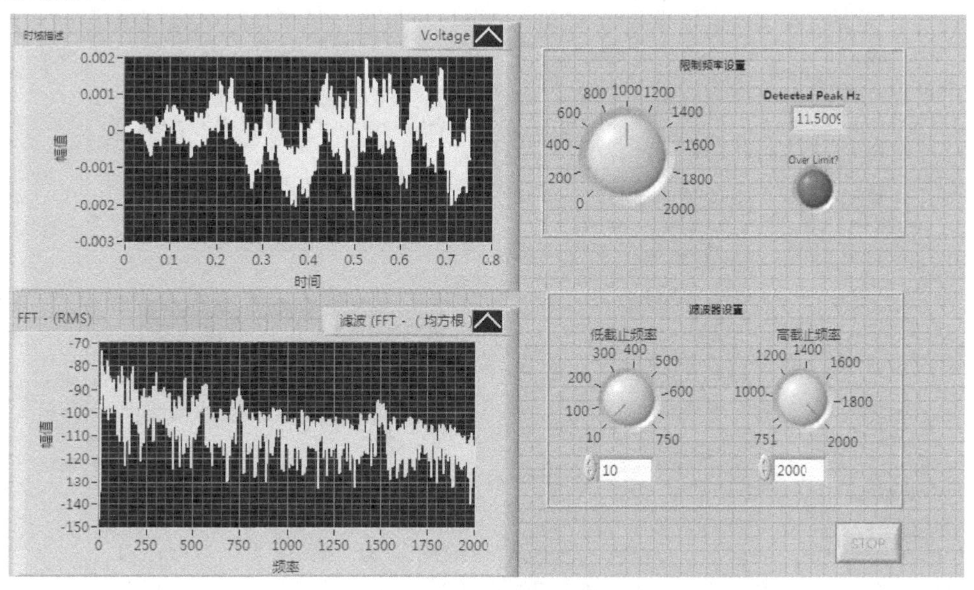

图 9-21　前面板设计

2. 后面板设计

(1)信号采集，函数面板 Express→输入→声音采集，放置在后面板上，会自动弹出配置声音采集对话框，如图 9-22 所示，可以设置采集设备、通道数量、分辨率、持续时间及采样率，设置通道数量为 1，其他参数采用默认设置即可。

(2)滤波器设置，函数面板 Express→信号分析→滤波器，设置滤波器类型为带通，阶数

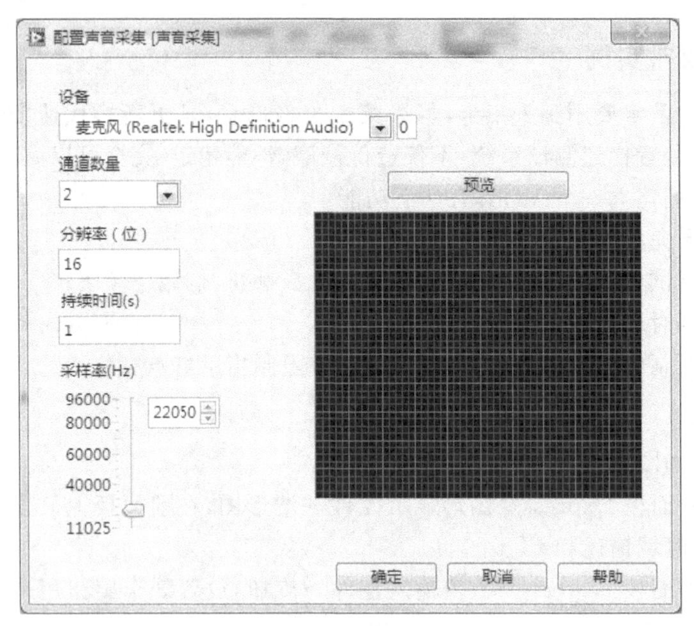

图 9 - 22　声音采集配置面板

为 8，其余为默认设置，如图 9 - 23 所示。

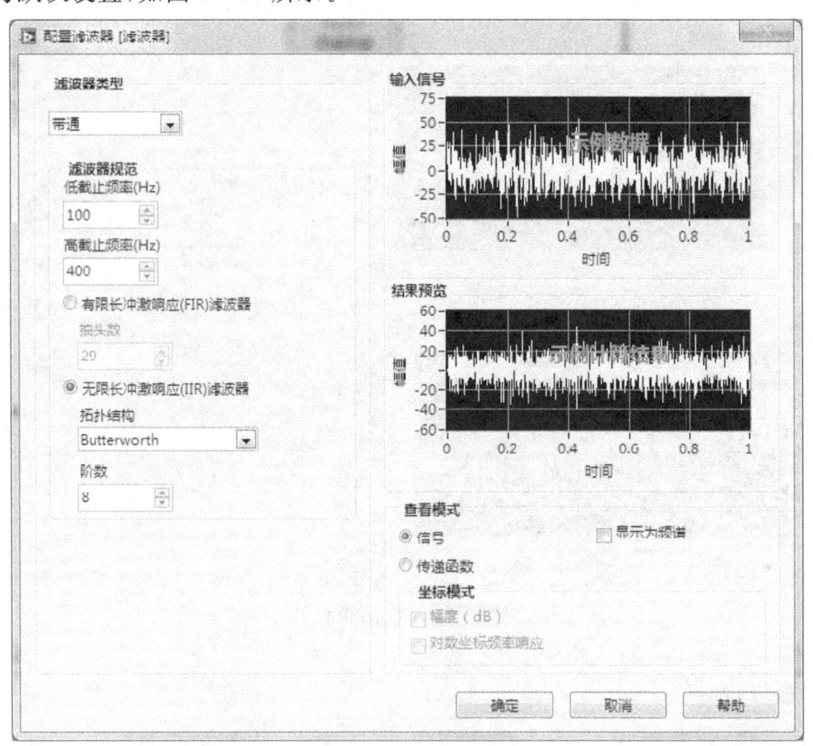

图 9 - 23　滤波器设置

（3）频谱测量，函数面板 Express→信号分析→频谱测量，采用默认设置即可，如图 9 - 24

所示。

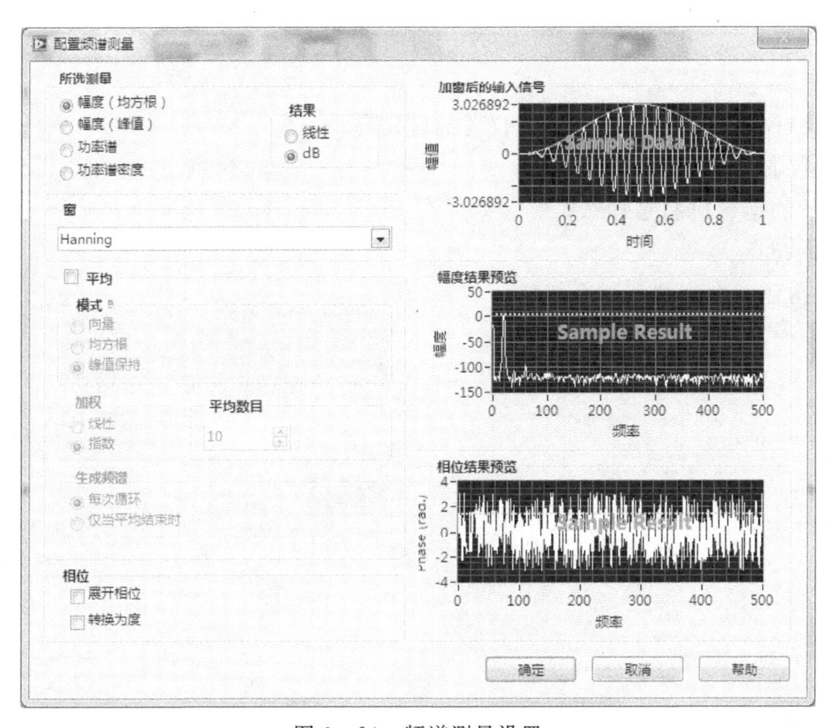

图 9 - 24　频谱测量设置

(4)单频测量，函数面板 Express→信号分析→单频测量，采用默认设置即可。

(5)比较运算，函数面板 Express→算术与比较→Express→大于。

(6)使用连线按图连接各 Express。

(7)While 循环，函数面板 Express→执行过程控制→While 循环，如图 9 - 25 所示。

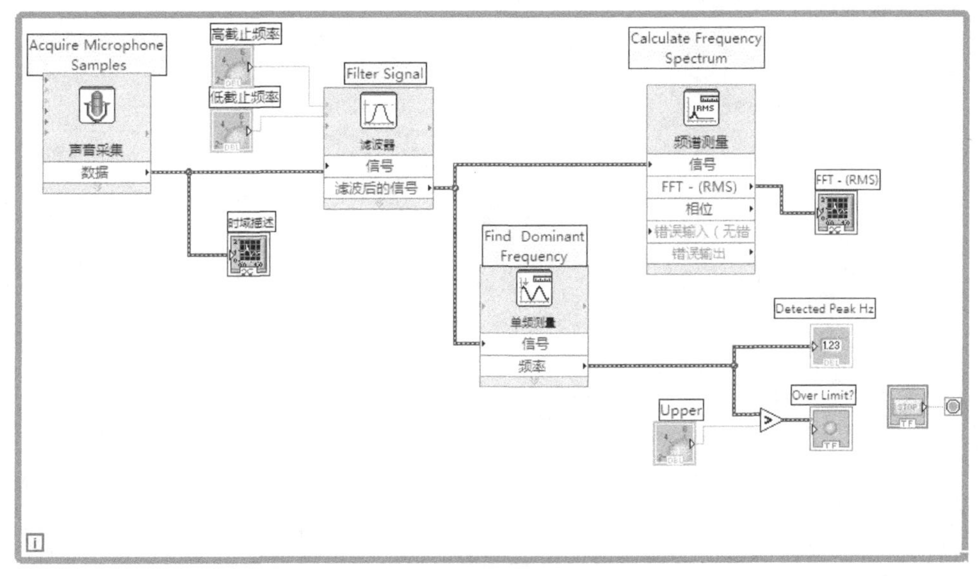

图 9 - 25　后面板程序设计图

习题

1. 什么是虚拟仪器？虚拟仪器与传统仪器的区别是什么？
2. 简述虚拟仪器的构成？
3. LabVIEW 的运行机制是什么？
4. Express 的特点。
5. 利用声卡构建一个虚拟测试系统。

参考文献

[1]曾光奇.工程测试技术基础[M].武汉:华中科技大学出版社,2002
[2]黄长艺,严普强.机械工程测试技术基础[M].武汉:华中科技大学出版社,1999
[3]韩峰,刘海伦,陈爱国.测试技术基础[M].北京:机械工业出版社,1998
[4]李郝林.机械工程测试技术基础[M].上海:上海科学技术出版社,2017
[5]周传德.机械工程测试技术[M].重庆:重庆大学出版社,2014
[6]刘恩宏.蜂窝纸板的特性及其测试[J].中国包装工业,2001(4):29-31
[7]陈国强,范小彬.工程测试技术与信号处理[M].北京:中国电力出版社,2013
[8]王振成,张雪松.工程测试技术及应用[M].重庆:重庆大学出版社,2014
[9]山静民.包装测试技术[M].北京:印刷工业出版社,1999
[10]吴敏.包装工程实验[M].北京:印刷工业出版社,2009
[11]郭彦峰,许文才.包装测试技术[M].北京:化学工业出版社,2006
[12]王怀奥,计宏伟.包装工程测试技术[M].北京:化学工业出版社,2004
[13]陈永常.复合软包装材料的制作与印刷[M].北京:中国轻工业出版社,2007
[14]杨瑞丰.瓦楞纸箱生产实用技术[M].北京:化学工业出版社,2006
[15]骆光林.包装材料学[M].北京:印刷工业出版社,2006
[16]林润惠.包装材料测试技术[M].北京:中国轻工业出版社,2008
[17]刘喜生.包装材料学[M].长春:吉林大学出版社,1997
[18]力学环境试验技术[M].西安:西北工业大学出版社,2003